序言

影片的技能，不該只屬於專業剪輯師

在這個影像即語言的時代，越來越多人不再只是觀看者，而是希望用自己的方式說故事的人。

也許你是想記錄生活點滴的媽媽、剛開啟創業夢想的手作店主、想將教學轉為線上課程的講師，或是正在經營自媒體卻總覺得影片「剪不出理想感覺」的創作者。

不管你是誰，如果你曾在剪輯軟體前遲疑、傍徨，或者明明很想學，卻總是卡在操作細節與不知從哪開始——
那麼，這本書就是為你寫的。

這不是一本教你變成剪輯高手的書，
而是一本讓你「開始剪輯、持續創作」的夥伴書。
我們理解：對大多數人來說，影片製作不是主業，是附加在生活、工作、行銷、分享中的一件事。
所以你需要的，不是一堆複雜術語，也不是看完就忘的範例操作，而是一本可以：
在你想做影片時，馬上翻到重點看懂的參考書
在你不知道怎麼做時，像朋友一樣引導你一步步操作
在你開始剪輯後，幫你把影片變得「更有質感」的實戰工具

這本書，就是這樣的一本「人性化影音操作指南」。

為什麼選擇 CapCut？因為在經營電腦教學 30+ 年中觀察了市場趨勢與技職需求、所以更理解了每位使用者的學習痛點與不知從何著手的困境。

序言

現在有太多剪輯軟體了，但真正能讓「零基礎、非設計背景」的人快速上手，又能做出具備專業感影片的工具並不多。

CapCut 的出現，不只是填補這塊空白，更讓自媒體時代的影像創作變得不再遙不可及。

在 30+ 年的電腦教學歷程中，觀察台灣與亞洲使用者習慣，融合課堂教學經驗與自媒體創作現場需求，量身打造出一套邏輯清晰、步驟簡明的內容結構。從入門到活用，從素材準備到影片產出，從剪輯技巧到 AI 加值應用，全部都放進書中，不藏私分享。

本書閱讀方式｜你可以像操作手冊，也可以像翻一本筆記本

- ✔ 想快速上手？先看「操作介面導覽」與「時間軸剪輯篇」，練習幾次，你會開始有信心。
- ✔ 想進一步提升影片質感？從「字幕設計」「濾鏡運用」「特效與動畫」這幾章開始閱讀。
- ✔ 想學做商用影片或經營自媒體？請參考「圖文整合工具」「AI 工具應用篇」等實例引導實戰應用。
- ✔ 本書分別整理網頁版、桌機版與行動版特色與安裝方式，幫你選對工具不踩雷。

本書章節彼此獨立，你可以從任何一處開始閱讀與練習，不用順著看完才能開始。

本書六大特色｜從學會剪，到剪出價值

- ☑ 友善入門：完全針對零基礎設計，從安裝到剪出第一支影片，只需要一個下午。
- ☑ 全平台適用：電腦、手機、平板皆適用，無論你在哪，都能剪。
- ☑ 生活情境導向：不只是工具說明，更教你如何運用在真實生活中：教學、生活記事、商品展示、Vlog 等。
- ☑ AI ＋剪輯融合：帶你善用 AI 工具如自動字幕、智慧去背、語音轉文字，加快創作速度。
- ☑ 圖文清楚步驟詳實：每個操作都有圖示搭配，像朋友手把手教你。
- ☑ 可當索引工具書使用：有問題時快速翻閱，馬上找到對應解法。

給每一位願意開始的創作者一段話

影像從來不是冷冰冰的技術，而是一種情感、一種連結。

學會剪輯，不是為了炫技，而是讓我們更能把心裡想說的話、腦中想呈現的畫面，具體地做出來。

不論你想做出吸睛的短影音、簡單的 Vlog、帶有溫度的商品介紹、或只是記錄生活，只要你願意開始，這本書會陪你一起走過學習的路，直到你習慣、直到你熟練，直到你發現：原來，我也可以創造出好看的影片。

這是一份屬於你的影音創作起點，也是我誠心為你準備的一份禮物。

歡迎朋友們加入更多學習行列

Facebook 粉絲專頁：鯨創數位電腦學院 https://www.facebook.com/Jinchuangelearn/

Youtube 頻道：https://www.youtube.com/@SkillTrainTW

Line 官方帳號：@ dhh0318k

目錄

第 1 部份　基礎入門與實操

第 1 章　Capcut 簡介與介面導覽
第 1 節　概述與應用場景 1-2
第 2 節　安裝與登錄 1-3
第 3 節　Capcut 首頁導覽 1-14
第 4 節　認識基礎操作 1-17

第 2 章　剪輯前的第一步：素材準備到位，效率翻倍
第 1 節　免費素材庫 2-2
第 2 節　新建專案 2-9
第 3 節　預設素材 2-10
第 4 節　本機素材 2-11
第 5 節　雲端素材 2-13
第 6 節　行動裝置 2-14

第 3 章　精通時間軸操作：剪輯的核心技巧
第 1 節　準備素材 3-2
第 2 節　基本操作 3-4
第 3 節　多軌剪輯 3-10

第 4 章　從細節開始：掌握素材編輯的七大實用技巧
第 1 節　大小縮放 4-2
第 2 節　聚焦裁剪 4-4
第 3 節　背景設定 4-6

第 4 節	橫 / 直裁剪	4-9
第 5 節	旋轉翻轉	4-13
第 6 節	重疊 / 新增重疊	4-15
第 7 節	替換	4-18

第 5 章　進階素材調整術：優化畫質與色彩的實用技巧

第 1 節	顏色調整	5-2
第 2 節	減少影像雜訊	5-3
第 3 節	移除閃動	5-4

第 6 章　聲音設計關鍵技法：控制配樂、節奏與淡出效果

第 1 節	影片配樂	6-2
第 2 節	調整音量	6-5
第 3 節	音樂裁剪	6-8
第 4 節	淡入淡出	6-10

第 7 章　影片輸出與發佈全解析：格式、解析度到社群排程

第 1 節	匯出本機下載	7-2
第 2 節	解析度與格式	7-3
第 3 節	社群分享	7-3
第 4 節	匯出簡報分享	7-5
第 5 節	社群排程設定	7-8

第 8 章　雲端剪輯時代的工作術：專案管理 × 團隊協作

第 1 節	專案建立與分類	8-2
第 2 節	雲端空間管理	8-10
第 3 節	團隊協作管理	8-17

目錄

第 2 部份　實戰應用演練

第 9 章　從零開始剪輯！用 Vlog 記錄你的精彩時刻
- 第 1 節　熱門視頻分析 ... 9-2
- 第 2 節　匯入素材裁剪尺寸 ... 9-3
- 第 3 節　調整片段順序 ... 9-6
- 第 4 節　合併與分割視頻片段 ... 9-7
- 第 5 節　添加轉場效果提升流暢度 ... 9-13
- 第 6 節　音頻與視頻的同步 ... 9-15

第 10 章　3 分鐘搞定短視頻！用範本輕鬆打造吸睛作品
- 第 1 節　熱門視頻分析 ... 10-2
- 第 2 節　選擇合適的範本 ... 10-3
- 第 3 節　替換範本素材 ... 10-5
- 第 4 節　編輯文字與字幕 ... 10-12
- 第 5 節　調整音訊與音樂 ... 10-14
- 第 6 節　優化影片並匯出 ... 10-18

第 11 章　會動的文字更吸睛！讓影片文字變得更有趣
- 第 1 節　熱門視頻分析 ... 11-4
- 第 2 節　基本文字 (字卡) 添加 ... 11-5
- 第 3 節　動態文字效果 ... 11-14
- 第 4 節　字幕與時間配置 ... 11-20
- 第 5 節　字幕匯出與刪除 ... 11-33
- 第 6 節　字幕特效應用 ... 11-38

第 12 章　轉場玩出新花樣！讓影片變得更順暢
- 第 1 節　熱門視頻分析 ... 12-2
- 第 2 節　轉場效果的基礎 ... 12-3
- 第 3 節　創意轉場效果 ... 12-9

第 4 節　自定義遮罩轉場 12-15

第 13 章　關鍵幀玩動畫！打造吸睛的電商廣告影片

第 1 節　熱門視頻分析 13-3
第 2 節　關鍵幀動畫基礎 13-4
第 3 節　大小縮放 13-9
第 4 節　位置移動術 13-11
第 5 節　縮放與位置結合 13-14
第 6 節　透明度漸變 13-16
第 7 節　變色魔法術 13-20

第 14 章　音樂決定氛圍！用聲音讓影片更有感覺

第 1 節　熱門視頻分析 14-3
第 2 節　音樂剪輯與節奏搭配 14-4
第 3 節　音樂與視頻時長 14-14
第 4 節　加入音效與視覺動畫 14-18
第 5 節　音樂可視化與氛圍強化 14-24

第 15 章　Capcut 圖片技巧

第 1 節　視窗快速導覽 15-2
第 2 節　社群圖文設計 15-3
第 3 節　新影像自由創作 15-12

第 3 部份　AI 高級應用

主題 1　善用 ChatGPT，高效完成影音創作設計 16-2

第 1 節　認識 ChatGPT 16-2
第 2 節　從零開始：提示詞撰寫教學 16-6
第 3 節　ChatGPT 三大實戰案例技巧 16-7
第 4 節　ChatGPT + 即夢 AI 結合 16-10

目錄

主題 2　即夢 AI 16-24
- 第 1 節　啟動即夢 AI 16-24
- 第 2 節　提示詞技巧 16-31
- 第 3 節　圖像風格 16-34
- 第 4 節　畫面構圖 16-36
- 第 5 節　後製編輯應用 16-40

主題 3　Pippit 16-58
- 第 1 節　啟動 Pippit 16-59
- 第 2 節　影片生成器 16-60
- 第 3 節　影像工作室 16-78
- 第 4 節　靈感 16-115
- 第 5 節　虛擬替身和語音 16-118

第 4 部份　AI 工具系列 - 用 AI 創作系列功能

主題 1　免費 AI 影片製作工具 17-2
- 第 1 節　啟動與導覽 17-2
- 第 2 節　Instant AI Video 17-3
- 第 3 節　視頻內容修改 17-6

主題 2　片段轉影片 17-15
- 第 1 節　啟動與導覽 17-15
- 第 2 節　編輯更多 17-18
- 第 3 節　匯出並下載 17-19

主題 3　文字轉設計 17-21
- 第 1 節　啟動與導覽 17-21
- 第 2 節　新增頁面 17-22
- 第 3 節　文字轉設計 17-24

| 第 4 節 | 重新設計 | 17-25 |
| 第 5 節 | 檔案下載與輸出 | 17-26 |

主題 4　長片剪成短片 ... 17-30

第 1 節	啟動與導覽	17-30
第 2 節	上傳剪輯	17-31
第 3 節	編輯內容	17-33

第 5 部份　AI 工具 - 用於影片系列

主題 1　AI 字幕 ... 18-2

第 1 節	啟動與導覽	18-2
第 2 節	AI 字幕	18-3
第 3 節	字幕編修	18-5
第 4 節	匯出檔案	18-6

主題 2　移除背景 ... 18-8

第 1 節	啟動與導覽	18-8
第 2 節	手動移除背景	18-9
第 3 節	自訂背景	18-11

主題 3　影片畫質提升器 ... 18-12

第 1 節	啟動與導覽	18-12
第 2 節	提升畫質	18-13
第 3 節	匯出檔案	18-14

主題 4　調整影片大小 ... 18-17

| 第 1 節 | 啟動與導覽 | 18-17 |
| 第 2 節 | 自動調整大小 | 18-18 |

目錄

主題 5　影片穩定 18-20
　第 1 節　啟動與導覽 18-20
　第 2 節　影片修正 18-21

主題 6　超級慢動作 18-23
　第 1 節　啟動與導覽 18-23
　第 2 節　變速設定 18-24

第 6 部份　AI 工具 - 用於影像

主題 1　文字轉影像 19-2
　第 1 節　啟動與導覽 19-2
　第 2 節　進階設定 19-3
　第 3 節　下載與匯出 19-6
　第 4 節　編輯更多 19-7

主題 2　影像轉影像 19-9
　第 1 節　啟動與導覽 19-9
　第 2 節　影像轉影像 19-10
　第 3 節　下載與匯出 19-11

主題 3　老照片還原 19-13
　第 1 節　啟動與導覽 19-13
　第 2 節　修復照片 19-14
　第 3 節　編輯與匯出 19-15

主題 4　人像產生器 19-16

主題 5　影像畫質提升器 19-18

主題 6　影像風格轉移 19-20

主題 7　AI 顏色校正 19-22

| 主題 8 | 照片著色器 | 19-24 |
| 主題 9 | 低光度影像增強器 | 19-27 |

第 7 部份　AI 工具 - 用於音訊

主題 1	文字轉語音	20-2
第 1 節	啟動與導覽	20-2
第 2 節	文字創建	20-3
第 3 節	編輯更多	20-6

| 主題 2 | 變聲 | 20-8 |

第 8 部份　Capcut 手機版專業應用

主題 1	從入門到上手 -Capcut 手機版操作基礎	21-2
第 1 節	認識 Capcut 手機版介面與功能區介紹	21-2
第 2 節	開啟新專案：導入素材與影片剪輯流程	21-4
第 3 節	影片剪接與裁切：靈活調整片段長度	21-28
第 4 節	色彩調整與濾鏡：打造一致色調風格	21-34
第 5 節	基礎轉場特效：讓影片過場更順暢	21-41

主題 2	強化影片風格——進階編輯與美化技巧	21-44
第 1 節	標題與動態文字設計：影片標題怎麼做	21-44
第 2 節	範本與貼圖應用：提升影片視覺吸引力	21-52
第 3 節	節奏與 BGM 搭配：快速掌握情緒節奏感	21-55
第 4 節	封面設計吸睛術：打造高點閱起手式	21-60

| 主題 3 | 影片匯出與發布 | 21-63 |

第 1 部份
基礎入門與實操

- 第 1 章　Capcut 簡介與介面導覽
- 第 2 章　剪輯前的第一步：素材準備到位，效率翻倍
- 第 3 章　精通時間軸操作：剪輯的核心技巧
- 第 4 章　從細節開始：掌握素材編輯的七大實用技巧
- 第 5 章　進階素材調整術：優化畫質與色彩的實用技巧
- 第 6 章　聲音設計關鍵技法：控制配樂、節奏與淡出效果
- 第 7 章　影片輸出與發佈全解析：格式、解析度到社群排程
- 第 8 章　雲端剪輯時代的工作術：專案管理 × 團隊協作

第 1 章

Capcut 簡介與介面導覽

第 1 章　Capcut 簡介與介面導覽

無論你是剛接觸影片剪輯的新手,還是想要用更簡單直覺的方式快速完成社群影音的創作者,現在將是你進入 Capcut 世界的第一扇門。

本章將帶你快速了解 Capcut 的基本特色與應用場景,接著引導你熟悉操作介面,從時間軸、素材庫、預覽畫面到工具列,每個區塊的功能與使用方式都將一一說明,幫助你在最短時間內掌握剪輯的基礎操作,為後續進階教學打下堅實基礎。

首先我們先來認識 Capcut 的基本功能、應用場景與各版本差異,並詳細解析軟體介面,幫助您快速上手,輕鬆掌握短影音學習樂趣。

第 1 節　概述與應用場景

Capcut 是一款由字節跳動推出的免費線上影片剪輯工具,支援中文介面,操作簡單、功能完整,特別適用於短視頻創作、社交媒體、電商行銷、商業廣告等多種場景。不需安裝軟體,只要打開瀏覽器,就能馬上開始剪輯,任何初學者能夠輕鬆快速上手;更支援許多專業級的編輯功能,滿足進階用戶需求。讓影音創作變得比以往更加容易。

01. Capcut 功能特色

- AI 工具提供自媒體創作者、電商運營者,商品主圖合成、一鍵生成短視頻解決方案。
- 豐富 AI 工具,如語音轉文字、自動字幕、智慧背景去除等,提高剪輯效率。
- 提供多樣化影片效果、濾鏡、轉場與動畫特效,讓影音創作更具吸引力。
- 海量音樂素材庫、貼紙、文字樣式等素材,無需額外下載。
- 支援高畫質輸出,可選擇多種格式與解析度。

02. 適用對象與應用場景。

針對不同領域的創作者來說,Capcut 更帶來了商業場景的應用與解決方案

- Vlogger& 部落客:快速製作高質量 Vlog。
- 新手創作者:無需專業剪輯經驗,簡單易學,輕鬆上手影片剪輯創作。
- 電商與行銷人員:商品主圖海報設計、產品影音展示、廣告宣傳影片。
- 教育與培訓:數位課程影片製作、線上教學創作與出版。

- 社交媒體經營者：支援 Tiktok、IG Reels、Youtube Shorts 等短影音平台內容製作發佈。

03. 各版本差異與優勢

Capcut 提供網頁版（Web）、桌面版（PC/Mac）與行動版（Ios/Android）三種主要版本，每個版本因應不同場景需求設計。

▶ 三大平台功能總覽

版本	適用場景	優勢	限制
網頁版（Web）	即時在線編輯，共同協作、雲端存取專案的用戶	免安裝，瀏覽器直接使用 支援多設備同步 豐富 AI 工具功能齊全	依賴網絡速度，影響流暢度
桌面版（PC/Mac）	高效能剪輯，大量素材管理的專業用戶	獨立運行，不受網速影響 具備進階多軌編輯與多層圖層功能	需下載安裝 佔用電腦存儲空間
行動版（Ios/Android）	短視頻剪輯，隨時隨地快速創作	手勢操作直覺 內建 AI 自動剪輯、濾鏡等特效 可快速分享到社交平台	螢幕較小，不適合精細剪輯 進階功能較少，受設備性能限制

▶ 分析與建議：

- 完整剪輯功能：桌面版是最佳選擇，支援快捷鍵、完整音軌編輯、多層編輯。
- 快速創作、社交平台發佈：行動版最適合，內建 AI 自動剪輯與社交平台分享功能。
- 雲端存取(共同協作)、跨裝置使用：網頁版方便在不同設備間編輯，但受限於網速與特效數量。

第 2 節　安裝與登錄

認識了各版本的差異化後，接續讓我們來瞭解如何註冊 Capcut 帳號、安裝步驟與基本介面認識，確保讀者能夠順利開始使用 Capcut，並設定最佳化的工作環境。

第 1 章　Capcut 簡介與介面導覽

01. 網頁版註冊登入

Capcut 網頁版（Web），提供朋友們可以利用 Google、Tiktok、Facebook 及其它協力廠商 Email 等方式來進行註冊與綁定，在此我們將以 Google 帳號為示範說明，如此在後製剪輯完成後，可以利用帳號連動排程並發布至 Youtube 頻道，一站式管理社群功能。

Step1. 於 Google 搜尋 Capcut，Www.Capcut.Com。

Step2. 點選右上角 , 試用 Capcut 線上版，即可進入註冊綁定帳號作業

Step3. 點選使用 Google 繼續 (以 Google 帳號進行綁定)，也可於下方選擇其它社群帳號綁定。

說明：除了透過社群帳號綁定外，也可由下方輸入其它電子郵件進行註冊綁定帳號即可。

1-4

第 2 節　安裝與登錄

Step4. 輸入您要綁定的 Google 帳號，並點選下一步。

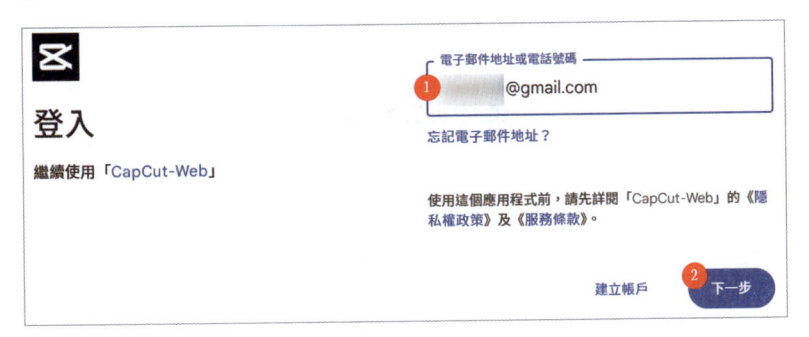

Step5. 輸入您的 Google 密碼，並點選下一步。

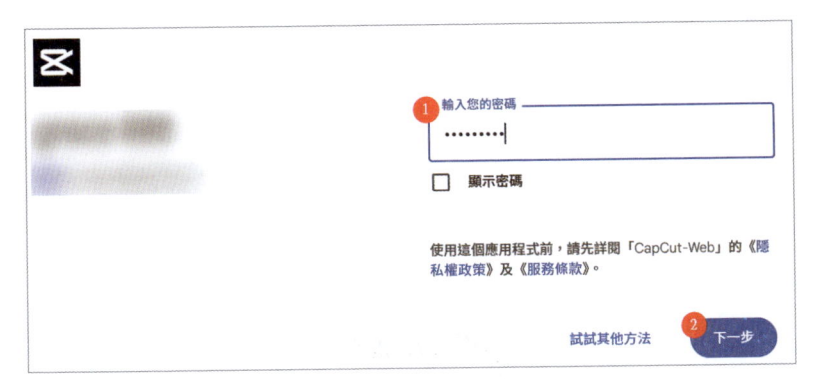

Step6. 設定空間名稱 (中英文均可)，或以系統預設名稱啟用，點選建立空間。

說明：在此的空間是指，於 Capcut 網頁版編輯時，系統會自動儲存檔案所存放的雲端空間名稱。

1-5

第 1 章　Capcut 簡介與介面導覽

Step7. 請問您的角色，官方進行簡易問卷調查 (可複選)，也可直接點選右上角跳過即可，在此依您的使用情境進行回覆，並點選下一步即可。

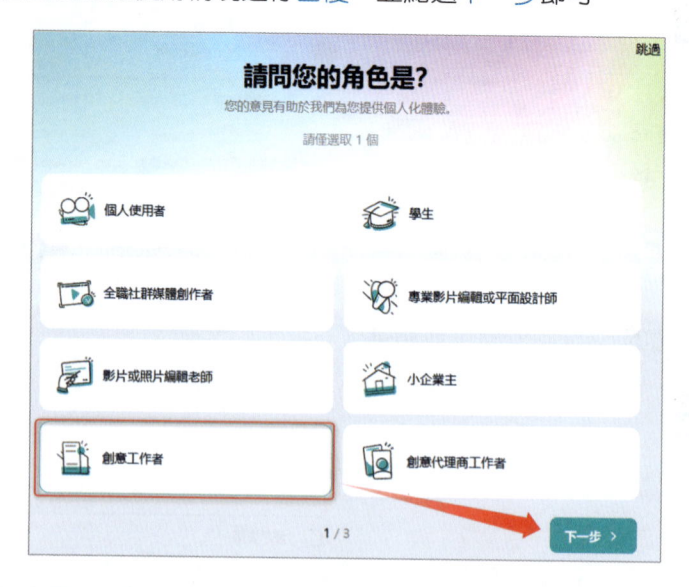

Step8. 依您的需求選擇您想做什麼 (可複選)，並點選下一步。

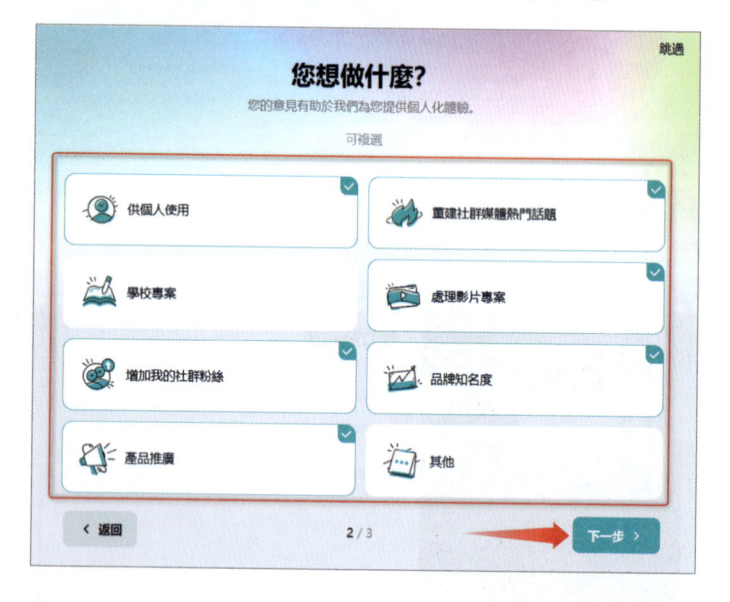

Step9. 點選您使用 Capcut 創作哪些類型影片 (可複選)，完成後提交即可，依序各頁回覆問題直到進入首頁頁面為止。

Step10. 於上方分頁切換回 Capcut 首頁視窗即可，即完成註冊並登入。

02. Capcut 與 Pippit 切換

在此特別說明，Capcut 網頁版有兩大功能，一是影音剪輯，另一類是電商應用 AI 工具，我們先認識如何切換兩大視窗的首頁，在此很容易混淆以致常找不到工具位置，所以我們先認識一下切換技巧。

1-7

第 1 章　Capcut 簡介與介面導覽

進入首頁後，於左上方點選 CapCut 即可進行功能切換，分別為 Capcut、Pippit，所以在操作學習中，務必注意視窗功能位置變化。

▶ Capcut 首頁視窗

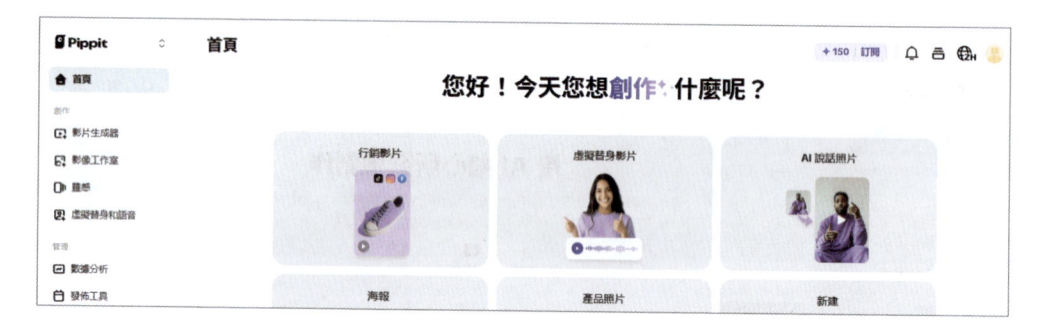

▶ Pippit 首頁視窗

03. 桌面版安裝

在上一本著作中「剪映 - 剪出新視野」即針對「剪映官方 - 桌面版」有全方位應用與詳細的教學，其中更包含影音範例示範步驟說明。

當然自出版至今剪映功能持續更新中，並增加許多工具尤其部份功能也開始採取收費制，但並不影響工具應用的邏輯性，無論您使用的是「剪映官方版」還是「剪映國際版 Capcut」，只要能掌握工具操作的邏輯性，未來即使更新任何版本，都能以自學方式完成學習。

第 2 節　安裝與登錄

接續我們來說明，如何安裝 Capcut 桌面版的操作技巧。

Step1.　於 Google 搜尋 Capcut，點選 Capcut 桌面下載，進入下載頁面

Step2.　點選右上角下載按鈕

Step3.　等待 2-3 秒即自動彈跳出另存新檔視窗，指定儲存位置、檔案名稱以預設即可，點選存檔，即開始進行下載

Step4.　下載後可於視窗右上方，該圖示位置查看下載狀態，點選檔案名稱，進入安裝程式

1-9

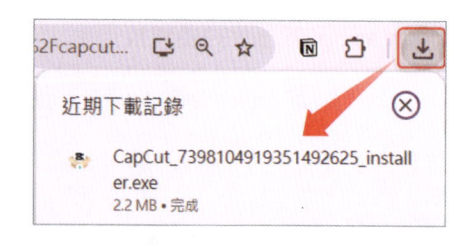

第 1 章　Capcut 簡介與介面導覽

Step5. 依畫面引導點選「是」，進入安裝作業，如下圖所示，待進度至 100% 即完成安裝作業。

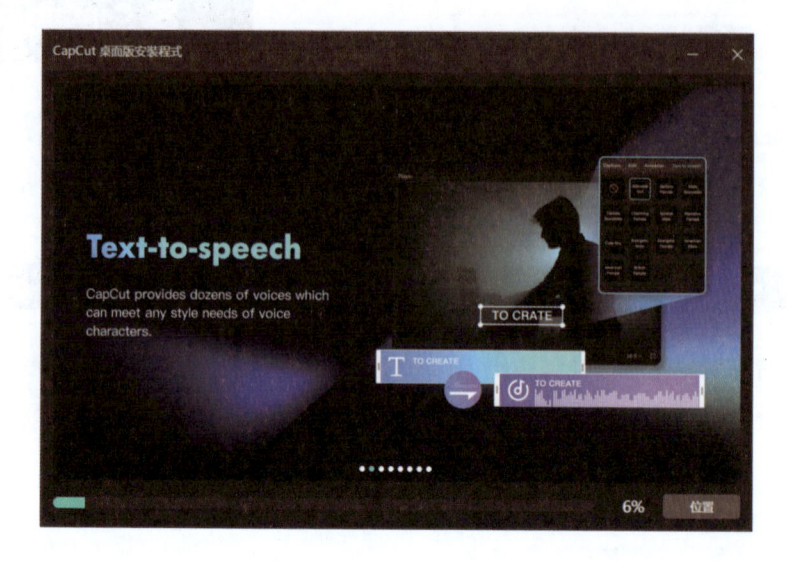

Step6. 完成安裝後，於桌面 Capcut 圖示，左鍵 2 下即可啟動 Capcut，啟動後視窗如下。

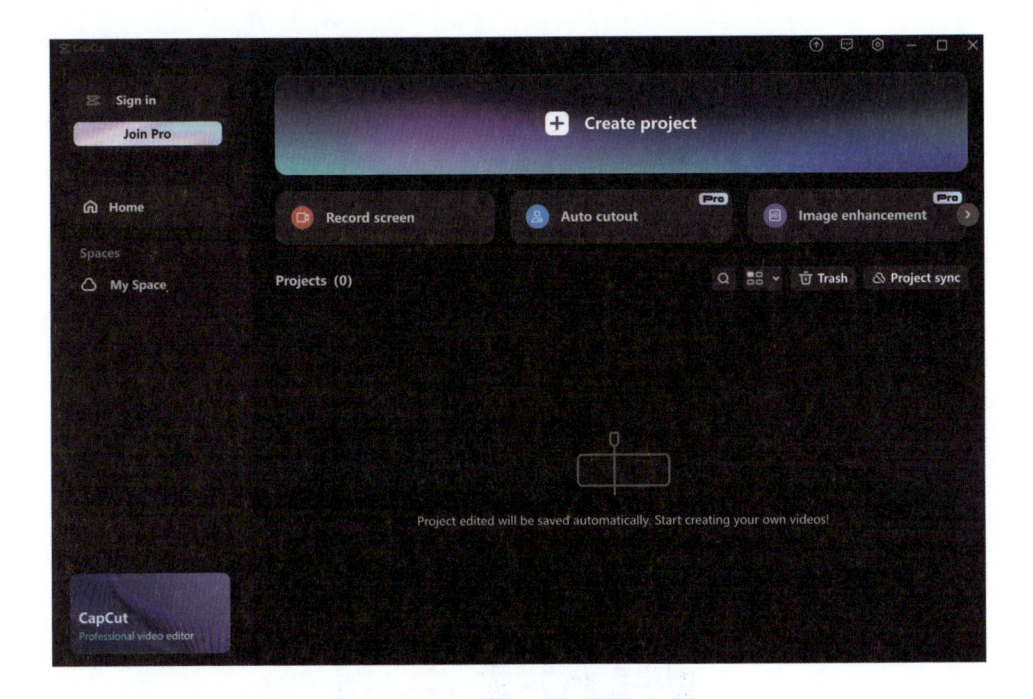

04. 手機版安裝設置

安卓 Android 系統可先開啟 Play 商店，ios 系統請開啟 Applestore 進行搜尋即可。

Step1. 開啟 Play 商店搜尋 Capcut (在此將以 Android 系統為示範說明)，點選安裝。
說明：注意以圖示識別清楚，才能安裝正確的 Capcut 版本。

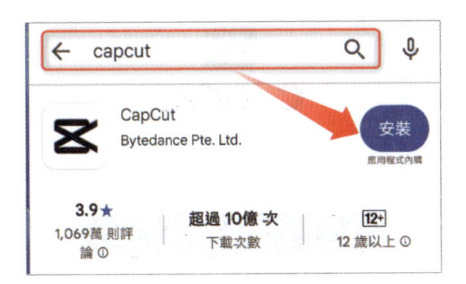

Step2. 安裝完成後啟動，進入畫面如下，預設會停駐在範本區，切換至我 (即開始綁定帳號)。

1-11

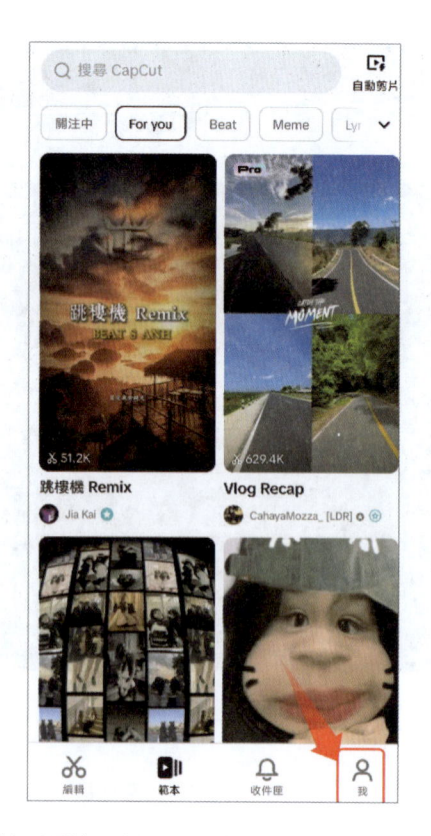

第 1 章　Capcut 簡介與介面導覽

Step3. 選擇您要綁定的社群帳號類型，特別注意的是若需要將網頁版 Capcut 空間資料同步，則建議以相同帳號綁定，如此空間內容才可同步至手機編輯。

Step4. 點選編輯，返回主頁面點選開始創作，我們必需先啟動存取裝置權限。

Step5. 在此的權限請務必選擇允許，否則無法讀取手機的照片與影片素材進行剪輯設計。

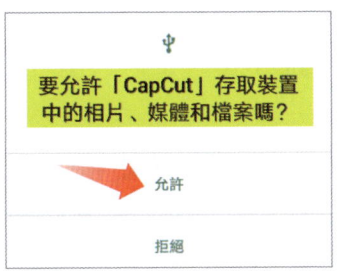

以上即是各版本安裝技巧，實際可依個人需求再選擇安裝即可，在此將以網頁版＋手機版帶領讀者進行學習與操作。

特別注意的是，官方常有升級與更新的需求，所以在啟動後，若有更新通知建議直接進行升級，如此您才能享有最新工具與豐富素材庫資源來進行更豐富的創作。

第 3 節　Capcut 首頁導覽

01. Capcut 首頁認識

進入 Capcut 首頁後，左側為主要功能分類 (新建、功能區、空間)，而最近草稿 (舊檔) 即是當我們編輯專案完成後，所有舊檔設計的儲存位置，空間為資料儲存的管理區，每個帳號最多只能創建 3 個空間，每個空間免費 5GB 容量。

我們分為三區來介紹分別為新建、功能區、空間；點選不同主題並於右側視窗同步瀏覽內容。

1. 新建：在進行所有編輯設計前，第一步即是新建專案，意即開新檔案之意。
2. 功能區：提供使用者可應用範本快速創建影片、AI 素材中心、AI 工具等有著豐富的 AI 工具匯集、而雲端編輯檔案記錄儲存於最近草稿、完成後的設計作品可直接分享社群或是以排程發佈等，無需再由第三方軟體編輯後再匯入，提供創作者全方位的設計應用一站式解決方案。
    - 開始 (首頁)：為 Capcut 所有功能總覽，官方最新素材與資源更新瀏覽區。
    - 範本：官方提供熱門範本設計，供使用者直接更換素材後，即快速完成影音創作。
    - 最近草稿：於網頁端編輯的檔案歷程清單儲存位置。
    - AI 素材中心：提供由 AI 創建的語音資料庫資源。
    - 分享並排程：完成影音設計後，可直接分享至社群，也可於 Capcut 直接進行排程發佈。
    - AI 工具：適用於電商與自媒體創作者使用的 AI 工具匯集。
3. 空間：每個帳號可提供免費 3 個空間創建，每個空間有 5GB 免費儲存容量可供使用，可支援共同協作，最多 2 名成員 (包含自己，限邀請 1 位)。

第 3 節　Capcut 首頁導覽

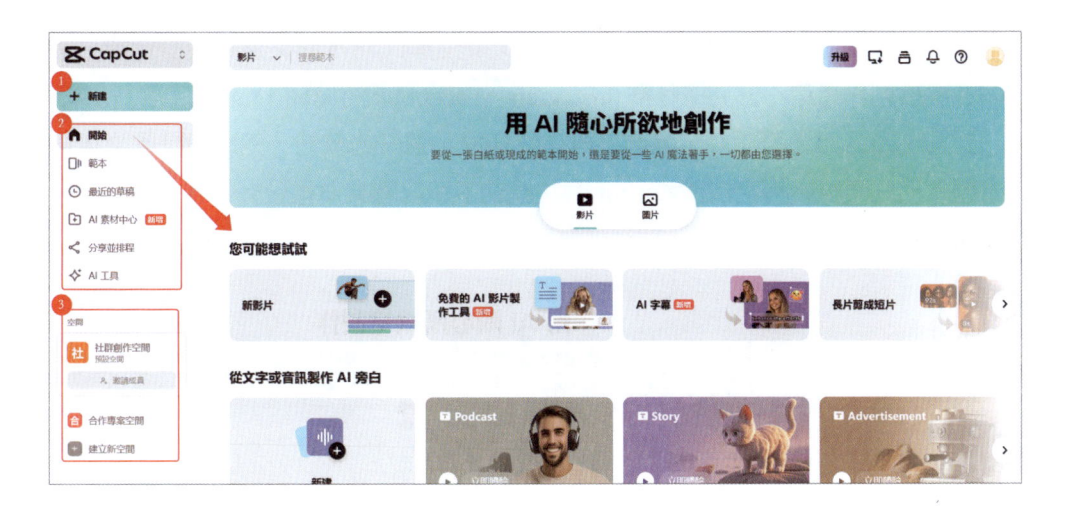

02. 四大工具類型

在此依實務應用分為四大工具主題,我們也將在不同章節中分別介紹這四大類型工具的操作與實務應用技巧。

Capcut 可分為下列四大工具應用:

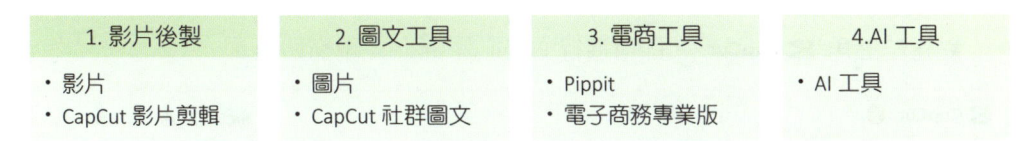

1. 影片後製	2. 圖文工具	3. 電商工具	4.AI 工具
・影片 ・CapCut 影片剪輯	・圖片 ・CapCut 社群圖文	・Pippit ・電子商務專業版	・AI 工具

1. Capcut 影片剪輯:點選「影片」位置;專注於自媒體和社交媒體內容設計,創建產品影片、知識教學和生活 Vlog 等影片創作功能。

1-15

第 1 章　Capcut 簡介與介面導覽

2. **Capcut 圖文工具**：點選「圖片」位置；功能如同 Canva 圖文海報設計功能，主要提供創作者可一站完成社群 (Instagram、Facebook、Tiktok、Youtube 等) 貼文、封面、及各類海報設計，我們不再需要切換至第三方軟體，完成設計圖文後再匯入形成素材，可直接於 Capcut 圖片模式下完成圖文海報設計內容。

3. **Pippit**：原 Capcutcommercepro 商務專業版主要為快速並簡化電子商務內容創作流程；(如：產品去背、一鍵更換背景、批量生成短視頻、網址生成視頻等。) 點選左上角 CapCut，即可進行 Pippit 與 Capcut 視窗切換。

1-16

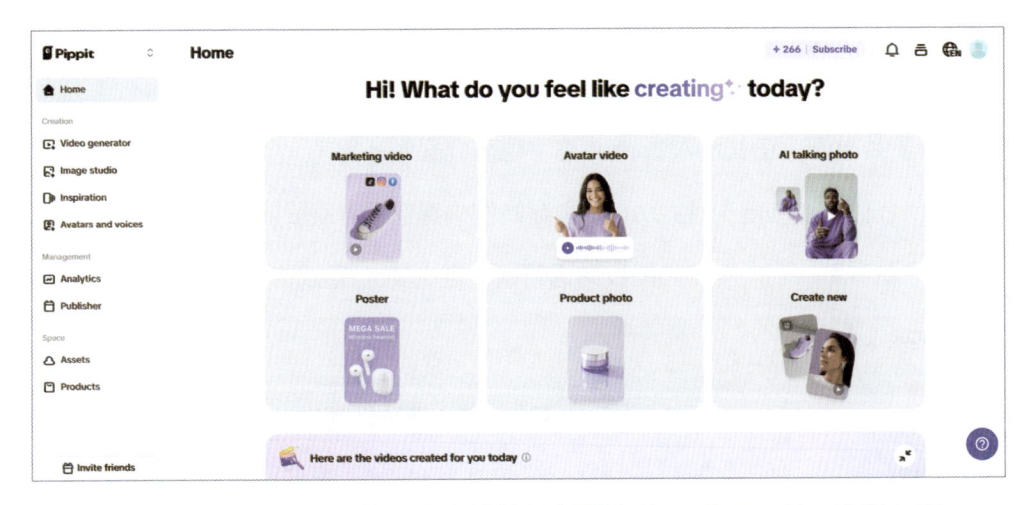

4. **AI 工具**：專業 AI 工具匯集，官方持續更新豐富的 AI 應用工具，點選左側 AI 工具箱，即可見到所有 AI 工具匯集，至截稿前<u>均為免費使用</u>。

如：文字轉語音、變聲、AI 模特兒、批量編輯、移除背景等，多項 AI 工具均可免費使用。

第 4 節　認識基礎操作

開始進入剪輯創作的第一步即是新建專案文件 (即開新檔案)，瞭解我們所要發佈的平台規範選擇適當的尺寸，進行創作設計。在此我們將說明，如何建立新專案與專案視窗中 (時間軸、時間線、時間格式以及預覽窗格) 等基礎觀念與工作流程。

第 1 章　Capcut 簡介與介面導覽

01. 七大區域總覽

在啟用任何一項設計前，第一步即是新建專案，才正式進入編輯視窗，在此我們將以 9:16 影片為例，正式進入 Capcut 專案視窗介面。

Step1. 我們將以創建 15 秒 9:16 短視頻為例，建立新專案設計。

Step2. 點選影片，於左側功能表點選新建，選擇 9:16 直式影片。

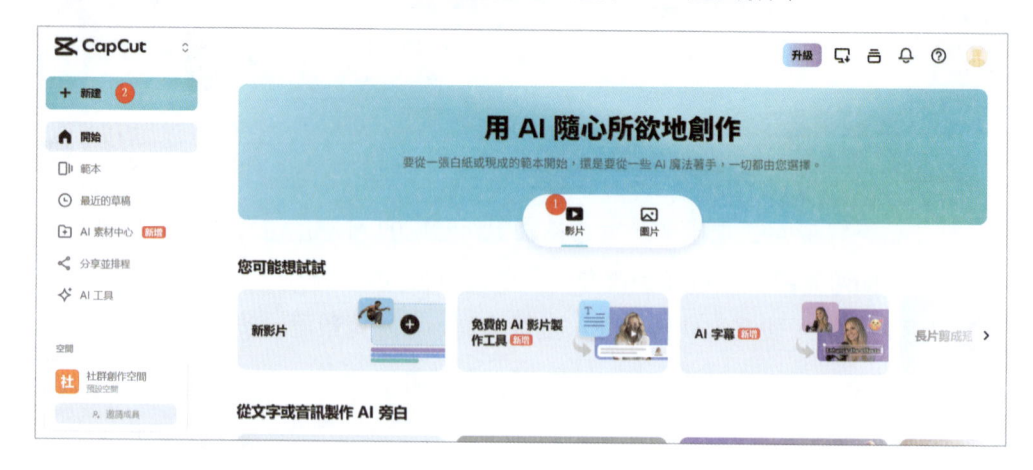

1-18

Step3. 區域功能概述

進入主視窗後，我們可以先點選元素，並拖拉一張直式照片到時間軸中來瞭解整體視窗結構。

我們將視窗分為七大區域來介紹：

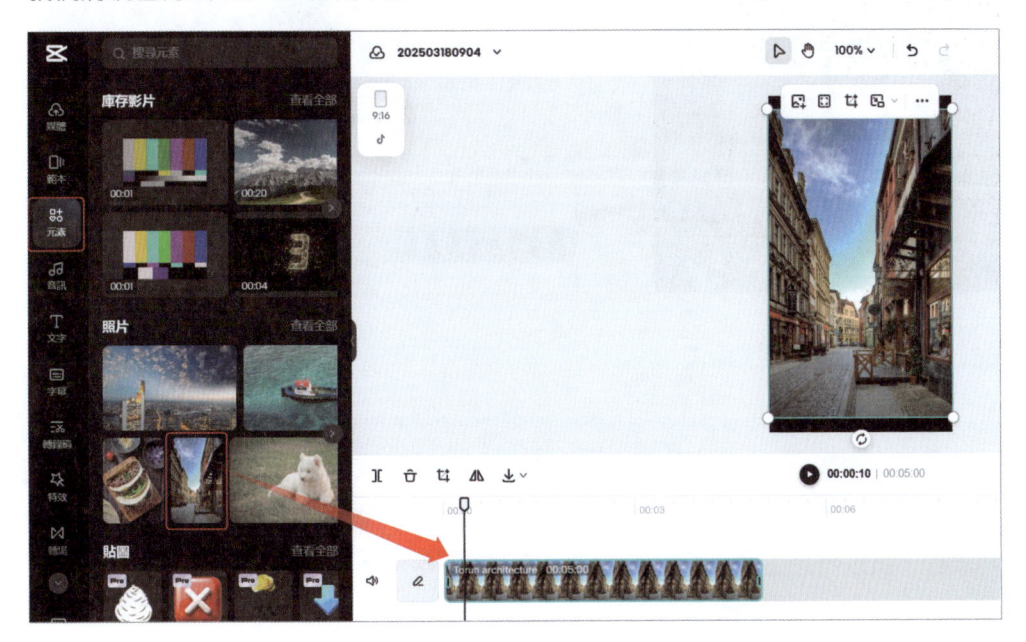

1. 主功能區：為 Capcut 主要功能列，為剪輯所需應用的主要工具。
2. 媒體素材庫：依主功能的工具點選，顯示對應的素材庫資源，如：目前停駐在元素，即顯示所有元素中的素材庫 (庫存影片、照片、貼圖等)。
3. 時間軸：我們也可以稱為時間軌，系統預設位置我們所謂的主軌道，為剪輯專用軌道，排列與編輯影片片段，是剪輯的核心區域。
4. 工具列：在此的工具列，主要以時間軸中，依所點選的素材提供對應編修工具。
5. 預覽視窗：顯示當前剪輯的影片，方便即時預覽效果
6. 屬性設定區：依時間軸點選的素材，對應的屬性工具面版 (如：基礎、背景、智慧型工具等細節設定)。
7. 匯出與儲存區：完成剪輯後，進行影片匯出發佈與下載至本機。

1-19

第 1 章　Capcut 簡介與介面導覽

02. 主功能區介紹

1. 媒體

在進行剪輯作業前，我們必需於媒體區將所需要的素材內容 (照片、影片、音樂、音訊) 等先上傳 (也稱為匯入) 到 Capcut 中，而後才開始進行素材的編輯與後製剪輯流程，所以媒體工具，是工具中關鍵操作第一步，換句話說當我們隨時需要使用素材時，第一步即是切換到媒體中進行上傳素材操作。

1-20

2. 範本

也可稱為模版或樣版，由 Capcut 內建設計好的時下熱門風格集合 (視覺效果、轉場、音效和特效) 為一個專案檔案，提供使用者只需上傳並更換成自己的素材（如影片、照片），即可快速套用生成專業級影片，無需設計或調整複雜的編輯動畫與參數。

3. 元素

為系統預設的媒體素材庫，素材類型包含有影片、照片、貼圖、Giphy 素材等，提供使用者豐富素材庫來增加創作靈感。

4. 音訊

為內建豐富的音樂素材庫，包含有背景音樂與音效，涵蓋多重風格 (流行、電子、古典等)，當然我們也可以於媒體上傳自己收錄或由 AI 創作的音樂來進行配樂，打造專屬的影片氛圍。

5. 文字

我們也可稱為字卡設計，應用於影片中添加自訂文字特效，例如：適用於影片標題、強調說明、重要標語、特效語氣等，幫助影片內容更具吸引力和資訊傳達。

說明：如 Youtube 影片中我們常見應用於封面設計中的字卡設計技巧。

6. 字幕

系統提供<u>手動字幕</u>和 AI <u>自動字幕</u>兩種方式；應用場景即為影片中包含有語音內容，需要將「語音自動轉字幕」，或是「手動輸入字幕」等這類創作內容時，即是我們所謂的字幕，幫助使用者快速為影片生成字幕說明，提高可讀性與觀看體驗。

說明：以 Youtube 字幕的應用為例，開啟字幕 CC 功能，並可進行語系切換，隨語系不同字幕顯示不同，這即是實務中所謂的 CC 字幕。

第 1 章　Capcut 簡介與介面導覽

7. 轉錄稿

字幕＋剪輯同步應用功能，在過去我們都是先完成影片內容剪輯後，才進行第二階段字幕設計作業流程，在此我們可以直接利用轉錄稿工具，在進行字幕校對同時，刪減字幕同步刪除對應時間軸片段，簡化了過去耗時的剪輯流程。

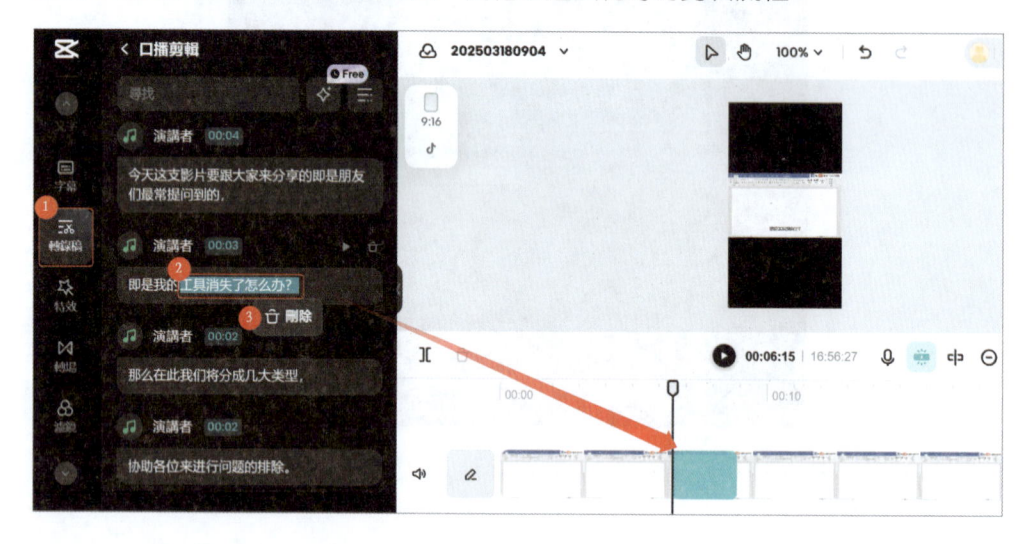

1-24

8. 特效

將媒體素材加入特效，增強視覺氛圍、流暢銜接場景，為影片加入個性化風格，都可提升影片的視覺效果進而增加吸引力與創意度。

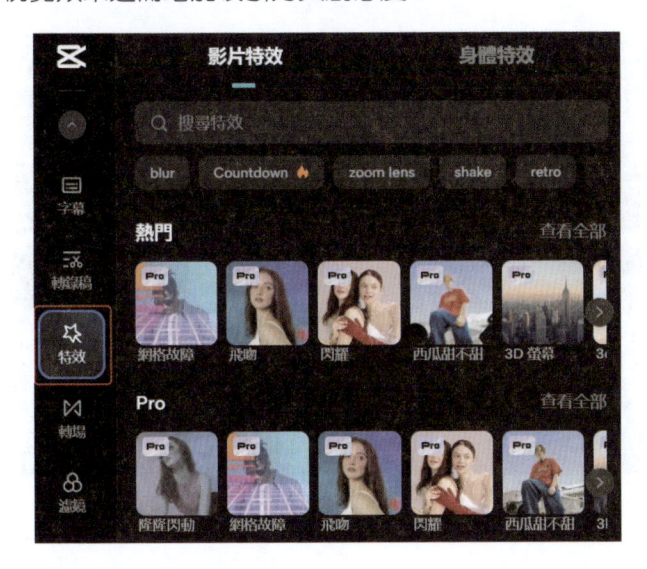

9. 轉場

內建豐富轉場效果，包括基本轉場、動態轉場、3D 轉場、風格化轉場等，讓創作者能夠輕鬆打造專業級的視覺體驗。

10. 濾鏡

調整影片的色調、風格和氛圍，讓影像更具質感。無論是復古、電影感、清新、夢幻、懷舊或黑白風格，都能透過濾鏡一鍵美化影片，讓視覺效果更具吸引力。

11. 品牌套件

專為企業、內容創作者和品牌設計的品牌識別工具，可幫助影片保持一致的視覺風格，提升專業度和品牌辨識度。特別適合應用於企業品牌營銷、社群媒體運營、自媒體創作者等需要長期製作品牌影片的用戶。

12. 外掛程式

藉由協力廠商程式來擴展影片編輯功能,提升創意編輯效率。

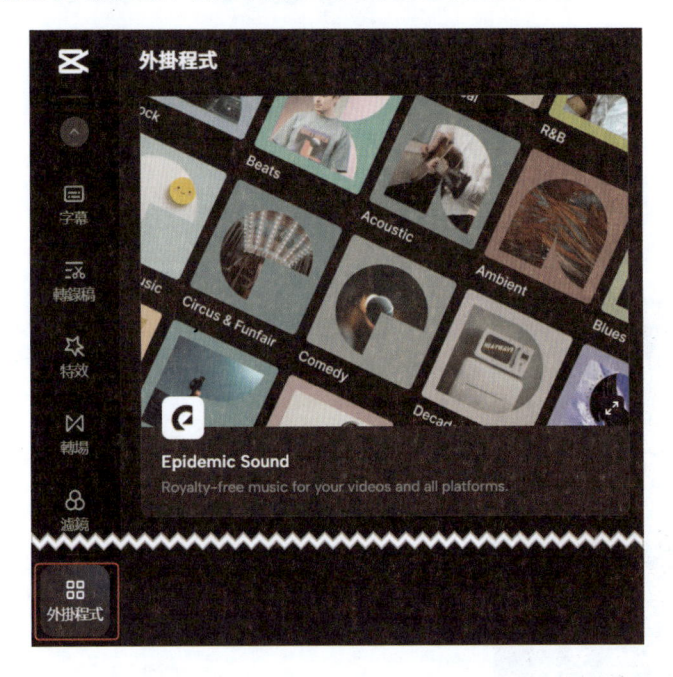

13. 快速鍵

以簡化執行中常見的編輯操作,並減少對滑鼠使用的需求。

快速鍵					
Globe		**Timeline**		**Canva**	
全部選取	Ctrl A	分割	Ctrl B	全螢幕	Ctrl Shift F
選取多個片段	Ctrl 按滑鼠左鍵	放大	Ctrl +	移動	V
拷貝	Ctrl C	縮小	Ctrl −	手工具	H
剪切	Ctrl X	上下捲動	捲動	放大	Shift +
貼上	Ctrl V	左右捲動	Shift 捲動	縮小	Shift −
刪除	Backspace / Delete	最後影格	Ctrl ←	縮放至適當大小	Shift F
復原	Ctrl Z	下一個畫面	Ctrl →	縮放至 50%	Shift 0
重做	Ctrl Shift Z	開啟或關閉預覽軸	S	縮放至 100%	Shift 1
播放或暫停	空間	附盯	N	縮放至 200%	Shift 2
自動換行	Ctrl Enter	分離或還原音訊	Ctrl Shift S	上移 1 px	↑
分句	Enter	新增或移除節拍	M	下移 1 px	↓

第 1 章　Capcut 簡介與介面導覽

03. 瞭解操作區域

瞭解從媒體到時間軸工作流程，以及如何預覽剪輯內容，為日後剪輯建立正確的基礎操作觀念

Step1. 媒體素材庫：隨著左側主功能區的工具切換，右側顯示對應的素材內容與設定功能。

方式一、本機上傳素材：我們可以由下列三區位置，進行本機電腦素材上傳 (第 2 章有詳細教學說明)。

方式二、系統素材庫：切換至元素，拖拉兩張照片素材到時間軸中，以完成接下來的練習。

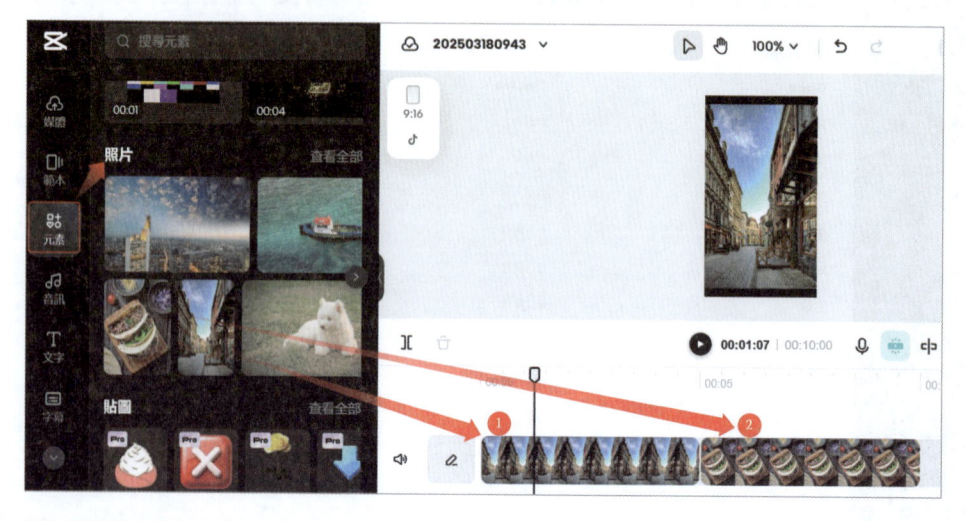

Step2. 預覽視窗：即時檢視剪輯結果，並提供播放、暫停、快轉等基本控制功能。

1-28

1. 時間線：預覽視窗播放的位置由時間線停駐點決定。
   說明：00:01:07 ｜ 00:10:00 (格式：目前時間位置：影片總時長)，簡單的說即是，目前時間線位置停駐在 01 秒 :07 幀的位置 (即預覽窗格所見的內容)；而影片總時長為 10 秒 (1 張圖片預設 5 秒)。
2. 播放控制 (空白鍵)：進行播放、暫停控制，或拖曳時間線到特定片段進行檢視。
3. 全螢幕模式 (Shift+Ctrl+F)：點擊右下角圖示，可放大預覽畫面，細部檢查剪輯效果，ESC 返回編輯視窗。

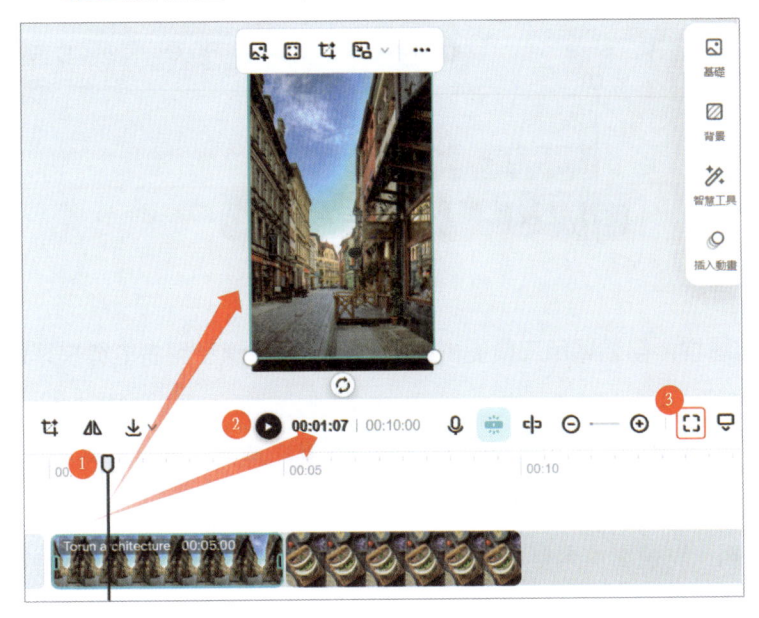

Step3. 時間軸

時間軸是影片剪輯的主要區域，用於管理各類素材片段的進場順序排列 (腳本) 與特效編輯。

1. 素材編輯工具：點選素材 (呈藍色外框)，自動顯示對應工具：分割、刪除、水平翻轉、下載片段。
2. 即時工具：依點選素材顯示即時工具，如：新增重疊、填滿、裁剪、重疊、更多選項。
3. 時間軸工具：多軌道與多素材編修時，可適當縮放時間軸比例，隨時綜觀全影片剪輯概況。

第 1 章　Capcut 簡介與介面導覽

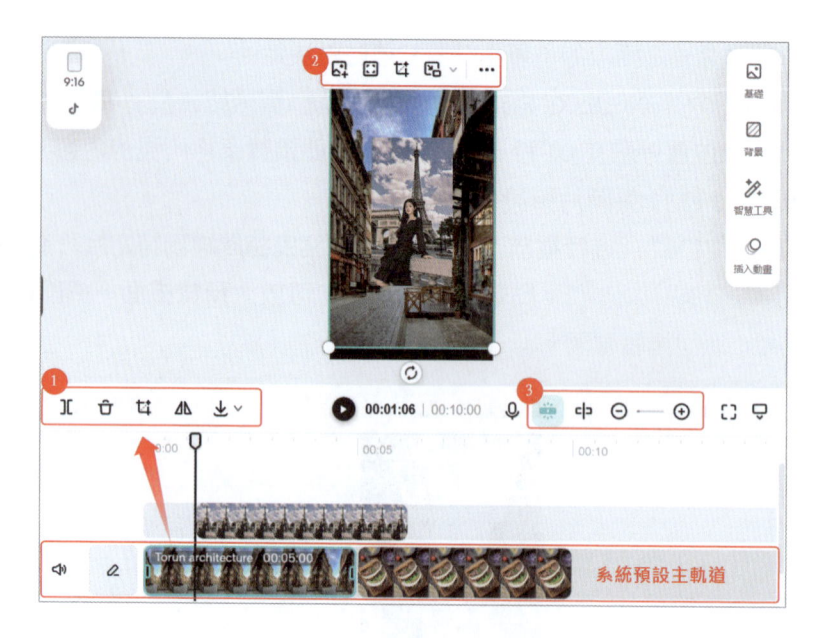

Step4.　工具列

隨點選素材屬性，自動顯示工具提供各種剪輯功能，讓使用者能夠快速進行基本調整。

說明：可以於元素中，拖拉不同素材到時間軸中 (照片、影片、貼圖等)，依序點選不同素材，觀看工具列的變化。

1. 素材編輯：點選影片素材 (呈藍色外框)，除基礎編輯外，增加了倒轉、定格、口播剪輯等應用。

   說明：因素材屬性不同，工具應用即不同，在此先了解觀念即可。

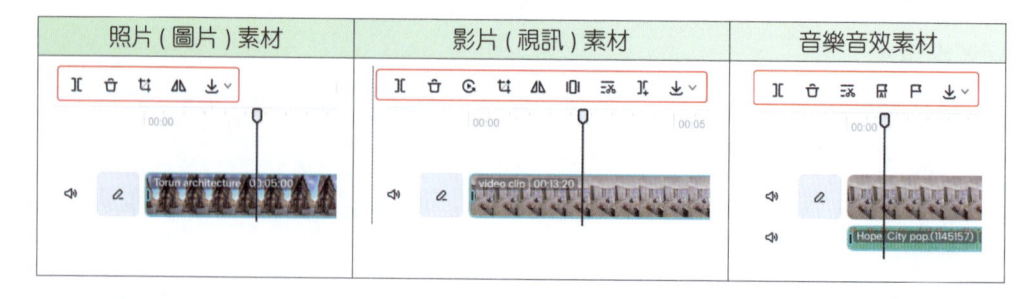

照片 (圖片) 素材	影片 (視訊) 素材	音樂音效素材

2. 多軌編輯：時間軸進行 (上下堆疊軌道時) 則工具列顯示也將不同；如：新增重疊、填滿、裁剪、重疊、更多選項。

1-30

第 4 節　認識基礎操作

Step5. 屬性設定區

屬性設定區位於右側，當選取素材片段時，可進行更進階參數調整，例如：

1. 遮罩轉場：可為影片片段添加進場、出場等過渡動畫，讓畫面更具動感。
2. 顏色調整：可修改亮度、對比度、飽和度等，提升影片畫質。
3. 透明度與混合模式：可設定畫面透明度，或使用疊加效果創造特殊視覺感。

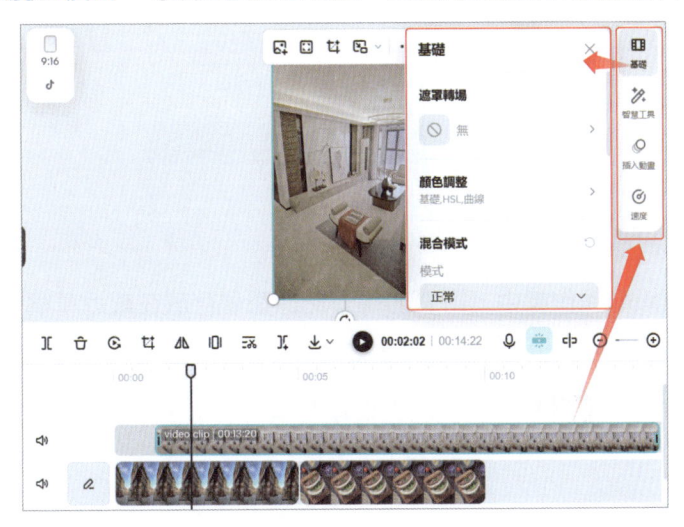

Step6. 匯出與儲存區

由右上角點選匯出，並下載即可；剪輯完成後最後一步，需將影片匯出為 MP4 檔案，依序設定所需條件，完成後再次點選匯出。

1-31

第 1 章　Capcut 簡介與介面導覽

1. 解析度：可選擇 720p、1080p 或 4K，解析度越高，畫質越清晰。
2. 畫面速率：可調整 24fps、30fps 或 60fps，影響影片的流暢度；在此建議至少 30fps。
3. 影片格式：目前主要支援 MP4 格式，適用於多數自媒體平台。

04. 草稿檢視

於 Capcut 網頁版編輯作業中，所有的編修記錄都會存放在最近草稿中，供使用者可以再次開啟進行編修設計，無需要手動儲存檔案。

Step1. 　點選左上角 ⊠ 返回 Capcut 首頁視窗中，即可看見左側最近草稿檔案歷程清單記錄。

1-32

第 4 節　認識基礎操作

Step2.　點選更多 ⋯ 即可進行重新命名、分享、移至垃圾桶等檔案管理作業。

1-33

第 1 章　Capcut 簡介與介面導覽

第 2 章

剪輯前的第一步:素材準備到位,效率翻倍

第 2 章　剪輯前的第一步：素材準備到位，效率翻倍

第 1 節　免費素材庫

在進行影音創作前期，素材準備是最重要一項工作，我們可以利用自己所拍攝的影片、照片內容外，也可應用 Capcut 官方提供素材資源；此外對於不同主題創作時希望有更豐富的素材可應用時，我們就必需藉由素材資源網站來搜尋使用。

然而在使用網路所下載的素材資源時，請特別注意各平台的授權使用條款與細則，務必詳閱並充分理解，以免在作品發布後，因未符合版權規範而引發爭議。對於計劃長期經營自媒體的創作者，我建議選擇付費授權的素材資源。

這樣不僅能安全地使用素材庫中的內容，降低誤用版權素材的風險，同時也能支持創作者提供高品質作品的產出，共同打造良性的創作生態。

01. 免費與商用授權的比較

對於自媒體創作需求的您，我們需要將創作的作品發布到許多不同的平台發表，此時建議創作者以商用付費的類型來進行創作，如此可減少許多因版權所造成的不必要風險。

1. **免費音樂的特性與風險**

免費音樂資源是指無需付費即可使用的音樂檔案，常見於開放授權（Creative Commons, CC）網站；另需特別注意的其它風險如下：

- 標示不清的素材易誤用。
- 部分平台後期可能更改授權方式。
- 用於 Youtube 變現時可能仍被標示為「協力廠商內容」。

2. **商用授權音樂的優勢**

商用授權音樂是指經過購買或訂閱後，允許用於商業用途（如 Youtube 營利影片、廣告、Podcast）的音樂素材。

▶ 主要優點：

- 明確授權範圍，適用於變現與商業用途。
- 品質高、音樂庫豐富。
- 通常含授權證明，可應對 Youtube 版權申訴。

第 1 節　免費素材庫

▶ 常見授權方式：

- 單次購買授權（如 Audiojungle）。
- 月租訂閱制授權（如 Artlist 等）。

02. 照片影片

1. Pexels

Step1.　連結官方，Https://Www.Pexels.Com/Zh-Tw/，可於右上角授權區瞭解授權規範；在此我們以影片為例，搜尋想要的素材關鍵字 (建議以英文為主) 後 Q 或 Enter 搜尋。

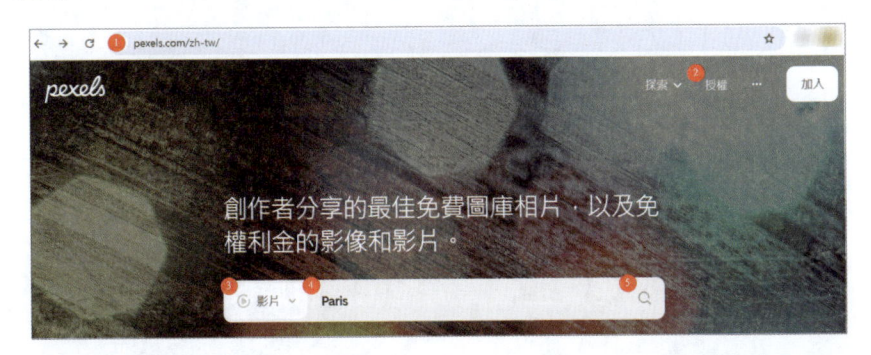

Step2.　停駐在我們所要的素材上點選下載功能，特別注意的是贊助影片內容是付費資源，選擇時請特別注意。

說明：選擇素材時，可分為直式 9:16、橫式 16:9，正確下載即可減少後製編輯問題。

2-3

2. Pixabay

Step1. 連結至官網 Https://Pixabay.Com/Zh/ 由探索瞭解許可證摘要規範，若需要註冊會員，點選右上角加入以 Google 帳號綁定即可。

Step2. 在此我們以影片類別為例，輸入搜尋關鍵字 (如 :Paris)，按 Enter 搜尋。

說明：上方列即為該站可下載的資源類型（照片、插畫、向量、影片等）非常豐富且多樣化。

Step3. 點選需要的素材，進入下載頁面。

Step4. 點選下載，選擇所需下載的影片尺寸，在此我們也可以預設尺寸下載。

03. 音樂音效

1. Pixabay

Step1. 連結至官網 Https://Pixabay.Com/Zh/ 由探索瞭解許可證摘要規範，若需要註冊會員，點選右上角加入以 Google 帳號綁定即可。

Step2. 搜尋音樂風格類型：輸入您喜歡的音樂風格類型 (如 :Smooth Jazz)，並且將類型變更為 Music 音樂或 Sound Effects 音效。

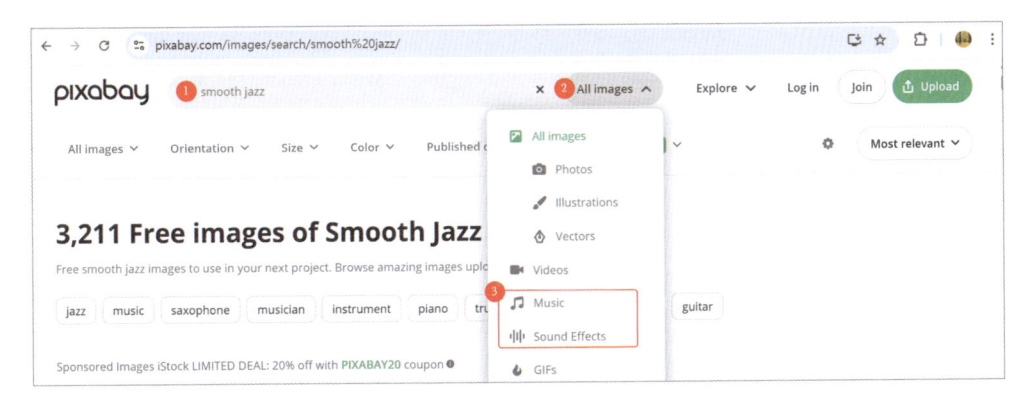

第 2 章　剪輯前的第一步：素材準備到位，效率翻倍

Step3. 試聽與下載：於圖示上點選即可播放試聽，若是喜歡的音樂可於右側點選下載即可。

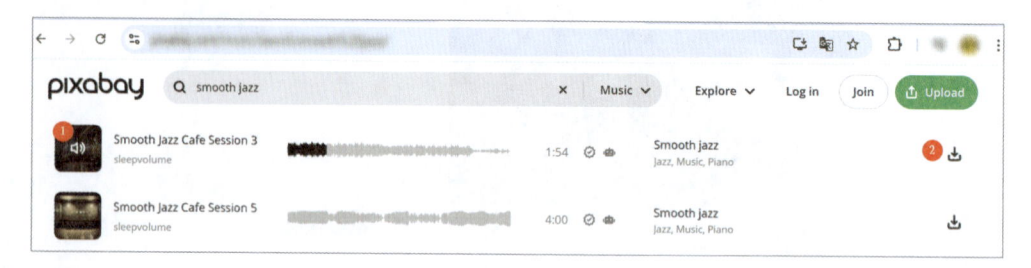

Step4. 查看下載檔案：於 Chrome 瀏覽器上，點選下載 ⬇ 圖示即可見下載狀態。

Step5. 自動儲存下載路徑：開啟檔案總管視窗，於下載路徑中即可見下載的檔案清單。

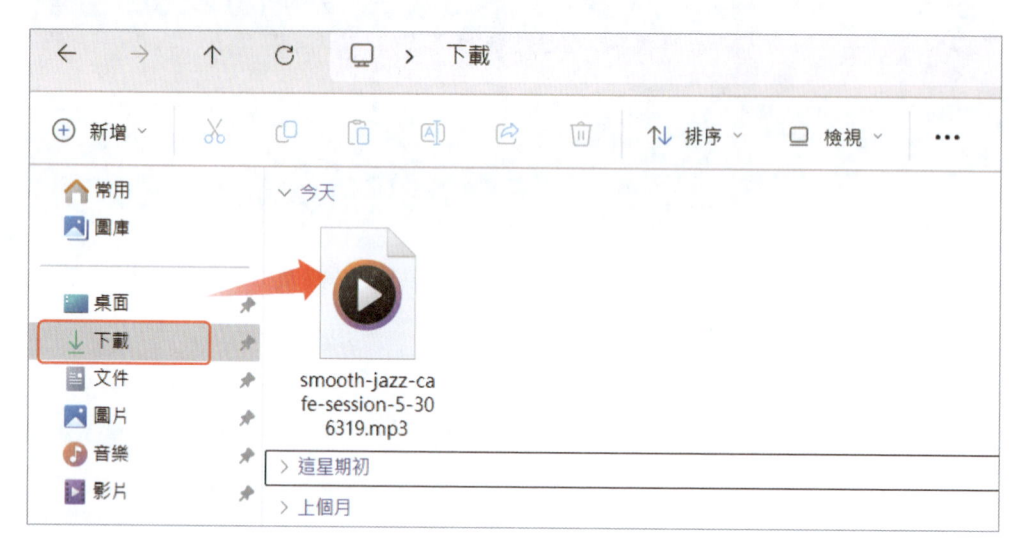

2. **Youtube 官方音樂庫**

Step1. 登入 Google 帳號，並連結至 Youtube 首頁，點選右上角大頭貼圖示

Step2. 進入 Youtube 工作室。

2-6

第 1 節　免費素材庫

Step3. 進入後台後左上方即為 Studio(Youtube 後台管理視窗)，於左側向下捲動，找尋音樂庫。

Step4. 篩選所需要的音樂類型與相關條件。

Step5. 點選播放即可試聽音樂。

Step6. 點選即可下載音樂至本機電腦中。

Step7. 在此可先閱讀音樂庫的條款與細則，部分音樂需標示來源，請特別留意授權類別。

3. Artlist.Io

Step1. 連結至官網 Https://Artlist.Io/ 首頁，點選定價可查看付費方案，使用前需登入帳號，可綁定 Google 帳號註冊會員。

說明：於視窗中空白處點選右鍵，翻譯成中文 (繁體)，即可以中文瀏覽。

2-7

第 2 章　剪輯前的第一步：素材準備到位，效率翻倍

Step2. 付費方案說明：在此可查看各方案與付費服務範圍說明 (以官方最新公告為主)。

Step3. 關於授權範圍規範：於付費方案頁向下捲動，即可見常見問題與授權說明。

2-8

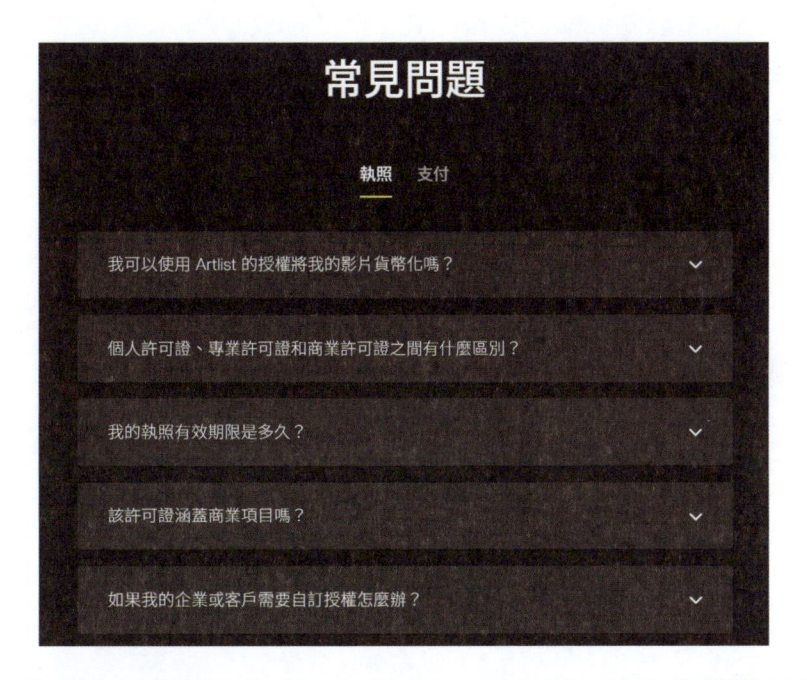

Step4. 搜尋音樂類型：點選 Logo 返回 Artlist 首頁，輸入音樂風格關鍵字 (如 :Smooth Jazz、R&B 等)，按 Enter 搜尋後，可點選播放試聽後再下載。

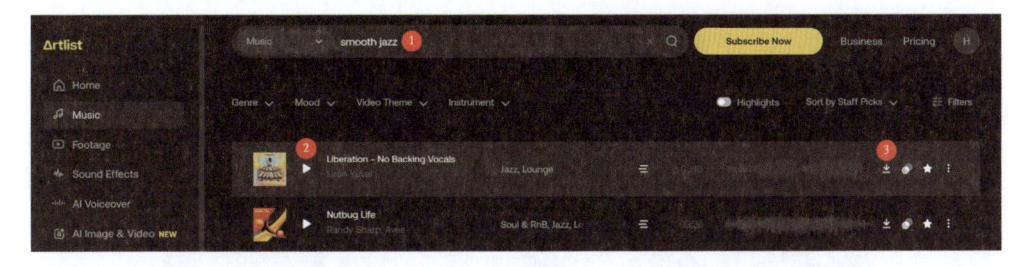

第 2 節　新建專案

在此我們將以 9:16 為例，建立新專案後，正式進入 Capcut 專案視窗，來瞭解如何將素材匯入至 Capcut 並且進行相關管理技巧。

於 Capcut 首頁視窗中，點選新建，並且選擇 9:16 直式影片尺寸，作為接下來的練習。

第 2 章　剪輯前的第一步：素材準備到位，效率翻倍

第 3 節　預設素材

首先點選元素即可見素材的分類有庫存影片、照片、貼圖、Giphy 等，唯獨要注意的是 Pro 圖示的素材，為升級付費會員才可使用。

2-10

第 4 節　本機素材

在進行本機素材上傳作業時，建議先將相關素材檔案以資料夾進行分類管理後，再以上傳資料夾方式進行上傳，方便於日後的檔案管理與維護作業 (這點很重要請務必養成習慣)。

在此我們將以資料夾上傳方式，來說明本機素材上傳技巧。

說明：讀者可先將自己想要剪輯的素材練習上傳，首先於桌面上建立新資料夾後，將所有需要使用的素材 (照片、影片、音樂音效等) 拷貝至資料夾內，再接續下列的本機素材上傳練習。

Step1. 媒體上傳：於左側媒體，右側視窗中點選上傳，並且上傳資料夾。

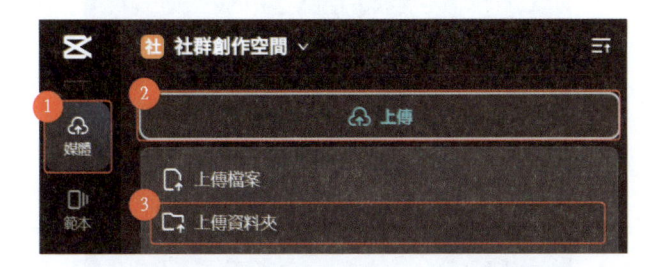

Step2. 素材路徑：找尋欲上傳資料夾路徑，點選資料夾名稱後上傳即可。

第 2 章　剪輯前的第一步：素材準備到位，效率翻倍

Step3.　上傳素材：再次點選上傳

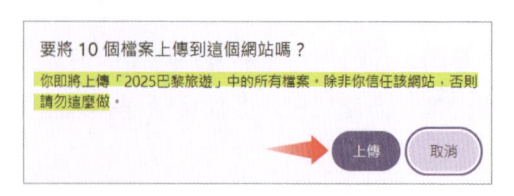

Step4.　增加素材：日後添加素材只要再次點選媒體，切換至資料夾內，再次點選上傳，此時選擇上傳檔案即可。

說明：切換至資料夾內再上傳以方便統一管理素材，對於日後維護與管理很重要。

說明：如何識別素材類型？我們可以下列位置來進行判斷，影片類型：左下角有時間標記 (Mp4)；音樂素材：縮圖中以音符 🎵 呈現 (Mp3)；圖片素材 (PNG、JPEG、JPG 等類型)，可以由縮圖來識別素材類型。

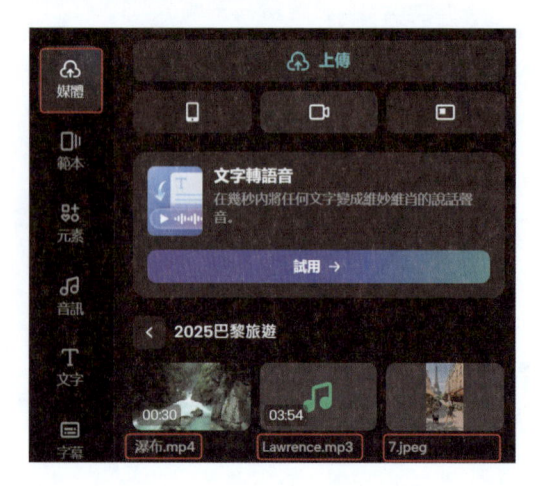

2-12

第 5 節　雲端素材

Capcut 也支援 Google 雲端硬碟、Dropbox、連結分享等雲端上傳素材方式，在此我們將以 Google 雲端硬碟上傳為例。

Step1. 點選①上傳，② Google 雲端硬碟 (與右側視窗圖示相同)。

Step2. 點選③繼續，在此需綁定您的 Google 帳號

Step3. 點選您想要④綁定的 Google 帳號。

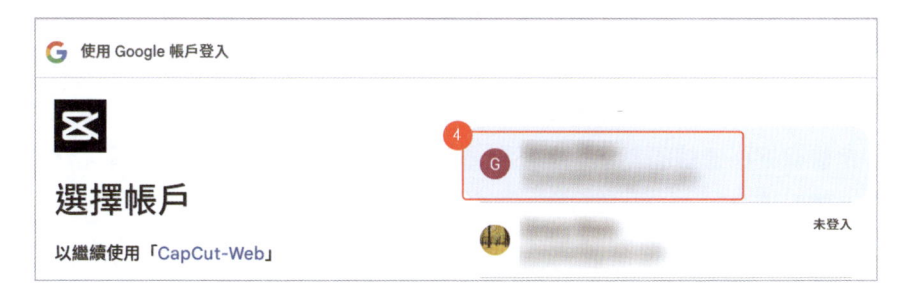

2-13

第 2 章　剪輯前的第一步：素材準備到位，效率翻倍

Step4. 接續以下步驟，都以⑤繼續進行回覆。

Step5. 點選⑥想要上傳的檔案，若是在此未見想要的檔案，可點選⑦返回首頁，再次搜尋。

Step6. 完成檔案勾選後，點擊下方⑧選取即可載入至 Capcut 媒體庫。

第 6 節　行動裝置

對於行動裝置使用者，如：手機、平板電腦等設備，Capcut 更提供了貼心的設計，我們可以直掃描 Qrcode 後即可用手機直接上傳到媒體區完成發佈作業，不再需要透過傳輸線或是第三方儲存空間後傳輸後，才能載入到媒體庫；但由於是以網路傳輸，因此會有網路連線的需求，對於計量型網路服務的朋友，還是建議先傳輸到電腦端再上傳最適合。

Step1. 點選手機上傳

Step2. 此時會顯示 Qrcode，我們只要將手機拿起進行掃描即可。

Step3. 掃描後，點選上方藍色網址連結 (也可將網址列以連結分享，進行共同協作上傳素材)。

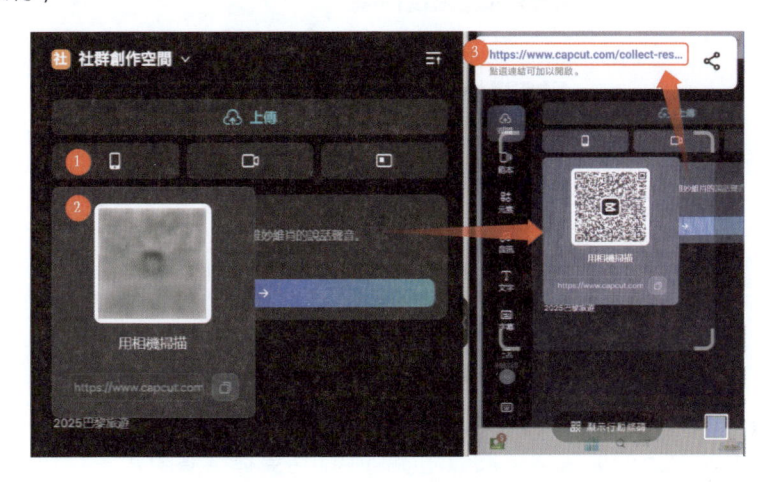

Step4. 再次確認上傳空間位置，並且點選新增檔案。

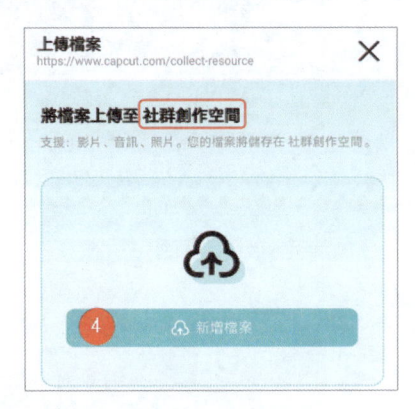

Step5. 於檔案名稱位置處，手指按壓停駐 2 秒進行選取，所需檔案選取後，點選右上選取位置，即開始進行上傳檔案。

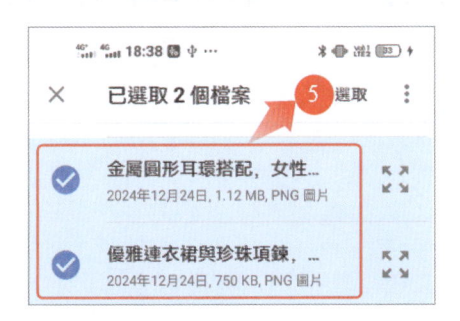

2-15

上傳後如下圖所示

Step6. 所有檔案上傳完成後，於媒體視窗中即可見檔案清單。

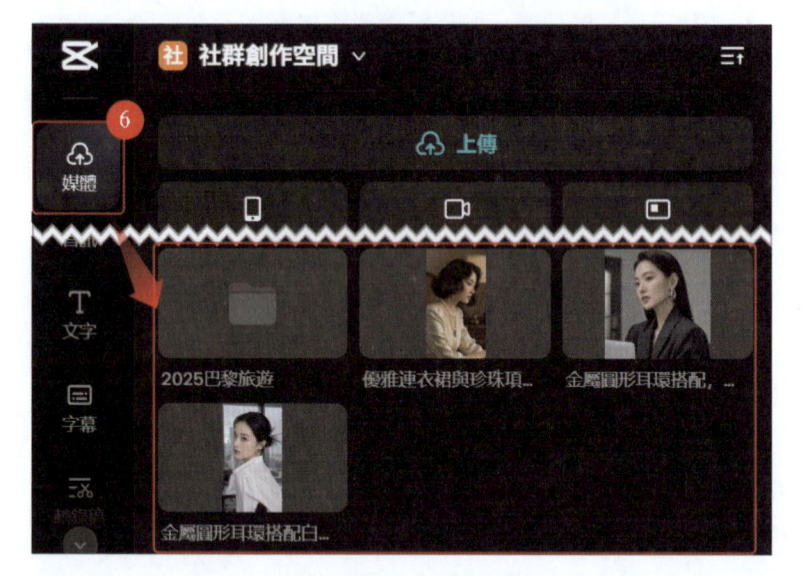

說明：因部份手機機型用 Line 掃描後會有上傳檔案異常問題，因此若無法正常上傳檔案時，建議以 Google 智慧鏡頭來進行 Qrcode 掃描，而後再上傳檔案即可。

第 3 章

精通時間軸操作：剪輯的核心技巧

第 3 章　精通時間軸操作：剪輯的核心技巧

時間軸（Timeline）我們也可以稱為時間軌，是影片剪輯的核心，主要用來管理不同素材（照片、影片、音訊音樂、文字、特效）在時間上的排列與基本結構。

當素材放入至時間軸中，即開始用影片來說自己的故事，所以你必需要有一個想要呈現的故事腳本，例如：到了旅遊景點的第一站、各景點的拍攝等，你會有你想要呈現的影片順序，如同看著影片說故事的過程，所以接下來即是學習如何將素材放置到時間軸中，並且進行基本的操作應用技巧，開始練習說自己的故事吧。

1. 系統預設時間軌：在未安排任何素材前，僅存在主軌道，與上方為時間軸專屬工具位置。

2. 準備作業：在此我們利用系統預設的素材庫「元素」，於照片類別中找尋直式的圖片素材，作為接下來練習的主要內容；當然也可以利用上一小節所學習匯入素材，或以自己的素材庫作為練習。

第 1 節　準備素材

前置作業媒體素材準備可利用系統素材庫 (元素)，或讀取媒體素材操作技巧說明。

Step1. 搜尋元素素材：點選元素 / 照片 / 查看全部

第 1 節　準備素材

Step2. 查看推薦：由推薦類別中再次點選查看全部

Step3. 安排素材：在此我們選擇 3 張不同直式素材圖片，並且左拖拉至時間軸上，由左往右堆疊排列。

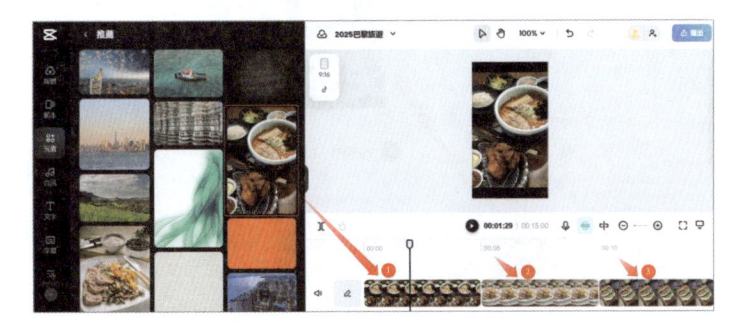

Step4. 匯入外部素材：點選媒體工具，即可查看外部匯入的素材來進行新增作業，選擇您想要的素材拖拉至時間軸即完成素材新增。

說明：時間軸的順序 (由左至右) 即決定圖片素材進場順序，也就是你說故事順序，對於已加入時間軸的素材，媒體庫會有標示「已新增」以做為識別。

3-3

第 3 章 　精通時間軸操作：剪輯的核心技巧

▍第 2 節　基本操作

了解時間軸中的素材如何進行縮放、移動、分割、修剪、複製與多軌剪輯技巧。

01. 放大 / 縮小

調整時間軸瀏覽長度，當素材數量較多時，會產生水平捲動軸，我們必需不停左右捲動編輯，此時可以適當使用縮放時間軸功能，來幫助我們放大 ⊕ 精準剪輯，縮小 ⊖ 總覽影片佈局進行編修。

02. 素材移動

點選素材 (呈藍色外框)，直接進行左右 (順序) 拖拉，或上下 (軌道) 移動；素材順序 = 影片進場順序，由左至右、由 0 秒至影片最後，所以排列順序決定了圖片故事發展的先後關係。

03. 時間線移動 (預覽)

在剪輯作業中，我們會隨時播放預覽剪輯效果，我們必需先移動時間線到想要觀看的時間點位置，才能在預覽窗格中看見想要的內容，所以預覽是以時間線停駐的位置作為開始播放時間點。

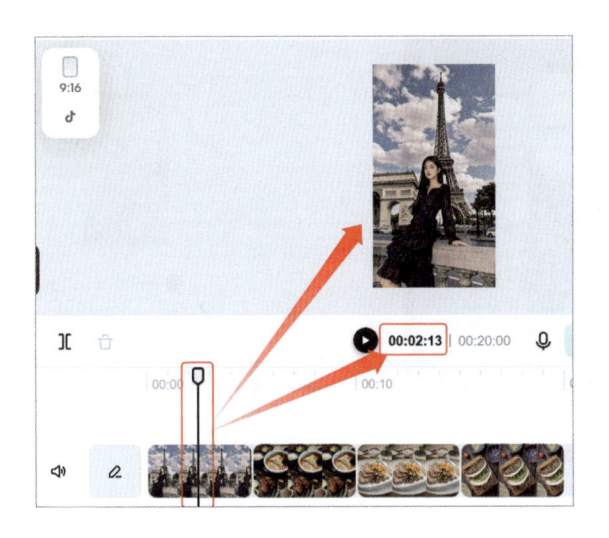

04. 分割

所謂的分割 (Split) 就是把一段影片、音訊剪成兩段或多段,方便我們編輯、刪除、加特效,讓影片更有層次感。

分割功能的應用技巧

◆ 刪除不需要的片段:快速剪掉失誤或多餘的部分,讓影片更精簡。

◆ 搭配轉場效果:在分割處加轉場 (如淡入淡出、閃白效果),讓畫面更順暢。

◆ 精準卡點剪輯:分割後對齊音樂節奏,讓影片更有節奏感!

◆ 剪出連續動作:透過分割 + 變速,讓動作更具節奏也更有趣 (例如「變身」效果)。

分割應用以下列三個場景為例:

刪前段	刪中段	刪後段
分割點 前段	分割點　分割點 　　中段	分割點 　　　後段

1. 刪前段

Step1. 安排影片素材:我們先於元素中拖拉一支影片素材到時間軸,來作為分割技巧練習

3-5

第 3 章　精通時間軸操作：剪輯的核心技巧

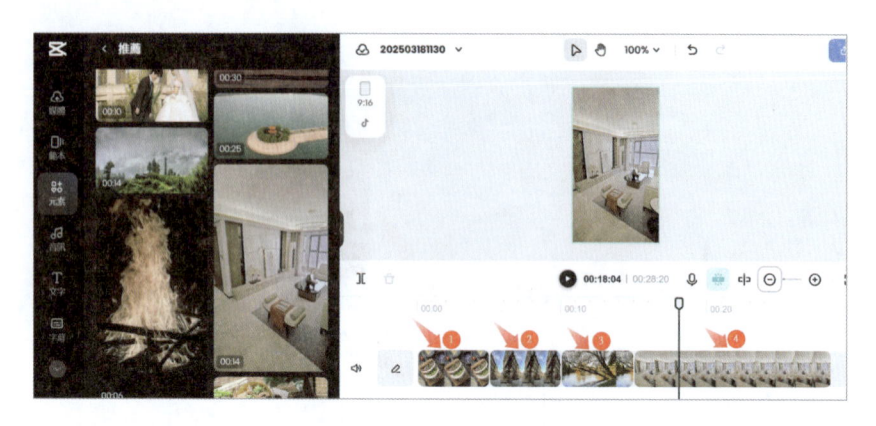

Step2.　停駐分割點：移動時間線停駐在你要分割的素材時間位置 00:18:04，點選素材 (藍色外框)，於上方工具列中，點選分割。

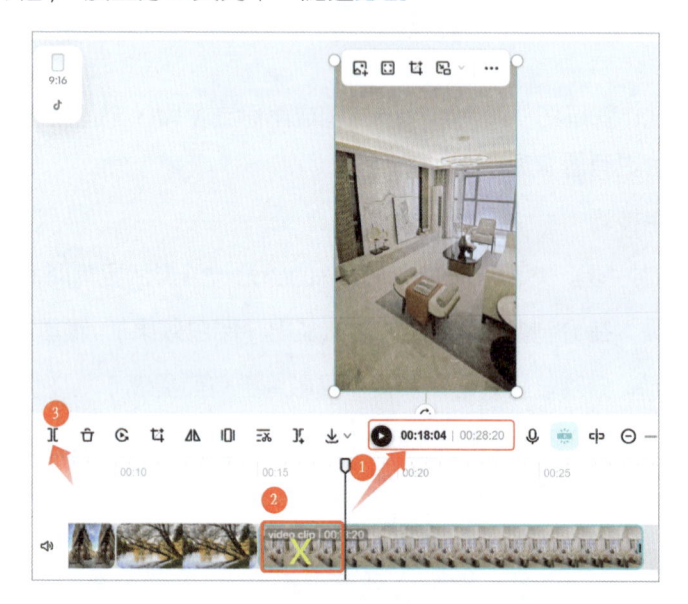

Step3.　分割後片段編輯：在此即形成獨立片段，再次點選該片段 (藍色外框)，可利用上方工具進行 (刪除、旋轉、裁剪、水平翻轉等) 工具應用。

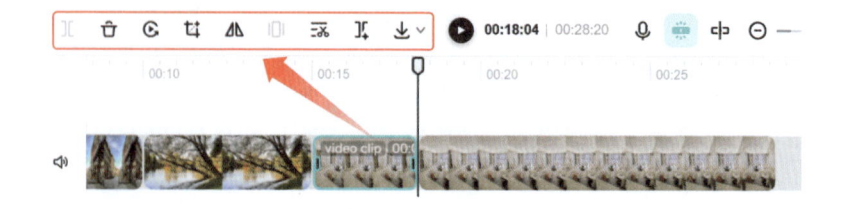

3-6

2. 刪後段

依據上述原理，我們來進行後段分割技巧練習。

Step1. 停駐分割點：移動時間線停駐在你要分割的素材時間位置 00:25:18，點選素材 (藍色外框)，於上方工具列中，點選分割。

Step2. 分割後片段編輯：在此即形成獨立片段，再次點選該片段 (藍色外框)，可利用上方工具進行 (刪除、旋轉、裁剪、水平翻轉等) 工具應用。

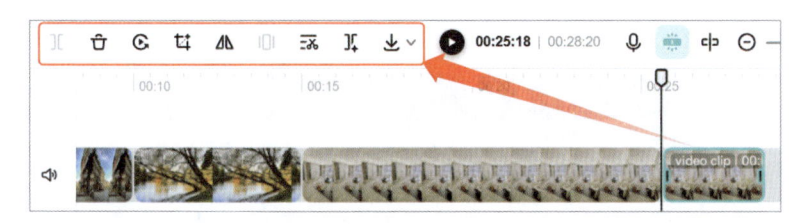

3. 刪中段

當影片中需要分成數個片段時，必需先找出起、迄時間點位置，進行 2 次性分割，即可得到中段的影片內容。

Step1. 停駐分割點：移動時間線停駐在你要分割的素材時間位置的 A 起、B 迄時間點位置，分別點選分割，如此即可將這中間片段素材獨立分割完成。

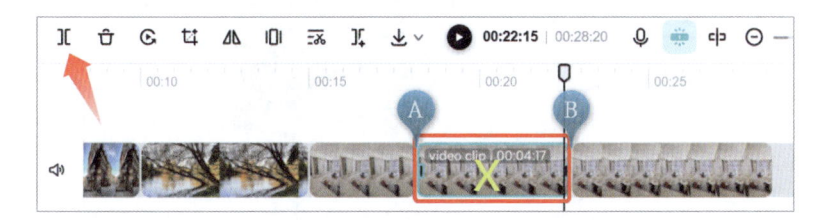

Step2. 分割後片段編輯：在此即形成獨立片段，再次點選該片段 (藍色外框)，可利用上方工具進行 (刪除、旋轉、裁剪、水平翻轉等) 工具應用。

3-7

第 3 章　精通時間軸操作：剪輯的核心技巧

05. 刪除 / 還原

進行刪除前，我們必需先將欲刪除的區段獨立分割後，才能選取刪除。

Step1. 移動時間線停駐在你要刪除素材時間位置的 A（起點）、B（迄點）時間點位置，分別點選分割，形成獨立片段。

Step2. 點選工具列中的 🗑 刪除。

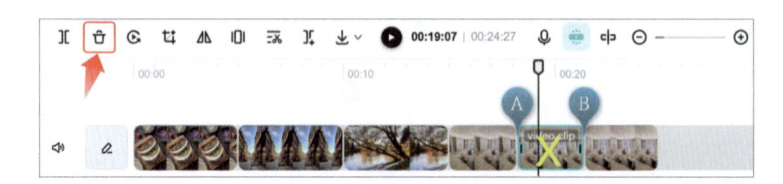

Step3. 還原片段：在此的還原除了我們所熟悉的 Ctrl+Z 之外，還記得我們介紹過，可於原素材的前、後段位置，以左拖拉方式將剛才刪除的片段，重新拖拉回來即可復原刪除片段。

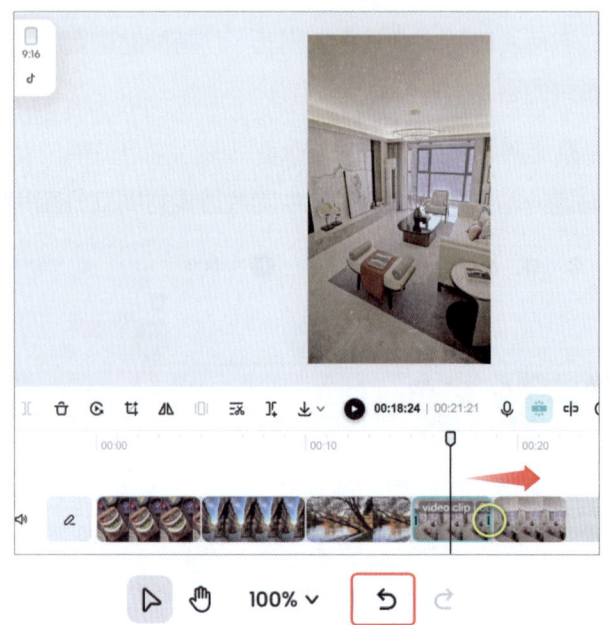

06. 修剪片段

修剪應用於片頭、片尾處我們直接透過左拖拉方式，來完成剪輯 (細剪) 技巧，另一使用情境是我們也可利用片頭片尾處拖拉復原已刪除的片段，由此可知所謂的刪除，並不是破壞性的刪除，而僅僅是「隱藏」片段而已。

點選素材 (呈藍色外框)，於最右側或最左側邊框處呈現 ✥ 進行拖拉即可。

說明：系統預設圖片素材時長 5 秒 / 張，我們可以直接向右拖拉延長，向左拖拉縮短時間設定，來作為修剪技巧。

說明：圖片素材可由拖拉增加時長，但影片素材不可由拖拉增加時長。

07. 複製片段

對於精彩片段我們希望複製置於片頭作為吸睛黃金 3 秒，我們也可將 NG 片段複製或截錄至片尾作為幕後花絮，這時我們都會需要將相同片段，再次複製重覆使用，這即是複製片段使用情境。

特別注意的即是，我們必需將所需要的片段獨立分割後才可自由移動與複製。

Step1. 停駐時間點：移動時間線停駐在你要複製的素材位置，點選素材 (藍色外框)，按右鍵快顯功能表，點選製作副本 (Ctrl+D)。

說明：製作副本的單位為獨立片段為主。

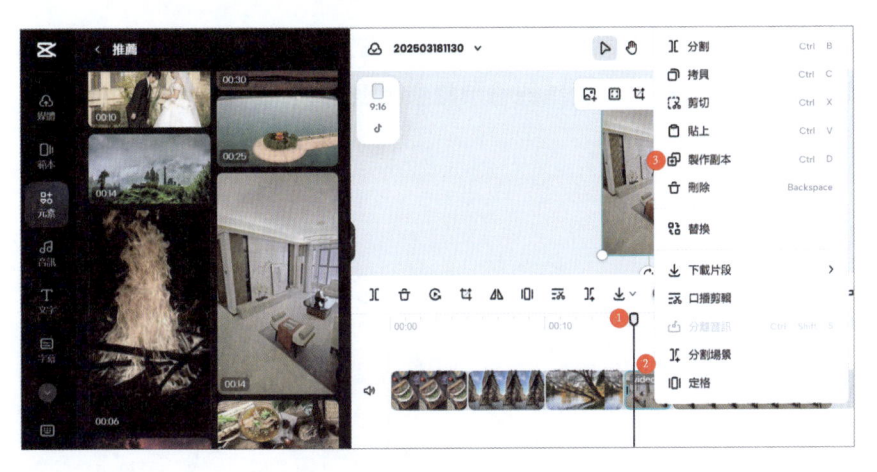

第 3 章　精通時間軸操作：剪輯的核心技巧

Step2. 製作副本：此時會依據時間線停駐位置，作為新片段的起點形成上下軌道排列，我們可以左拖拉決定放置位置。

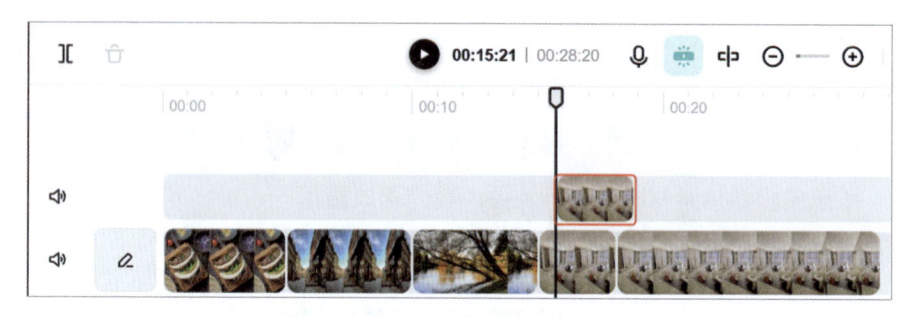

Step3. 重新排列順序：左拖拉放置於片頭即會自動插入該片段。

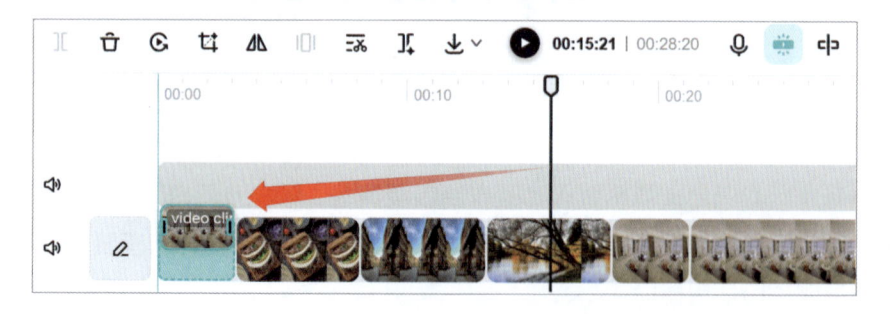

第 3 節　多軌剪輯

隨著故事腳本的安排，素材內容也越加豐富，也因此僅有主軌道設計是無法滿足影片創作需要，此時我們必需以多軌道並列來呈現故事的脈絡與影片內容。

Step1. 上下堆疊軌道：我們可以將素材改變為上下堆疊、交錯排列的方式來進行時間軸設計，然後 Play 播放測試觀看預覽窗格變化。

第 3 節　多軌剪輯

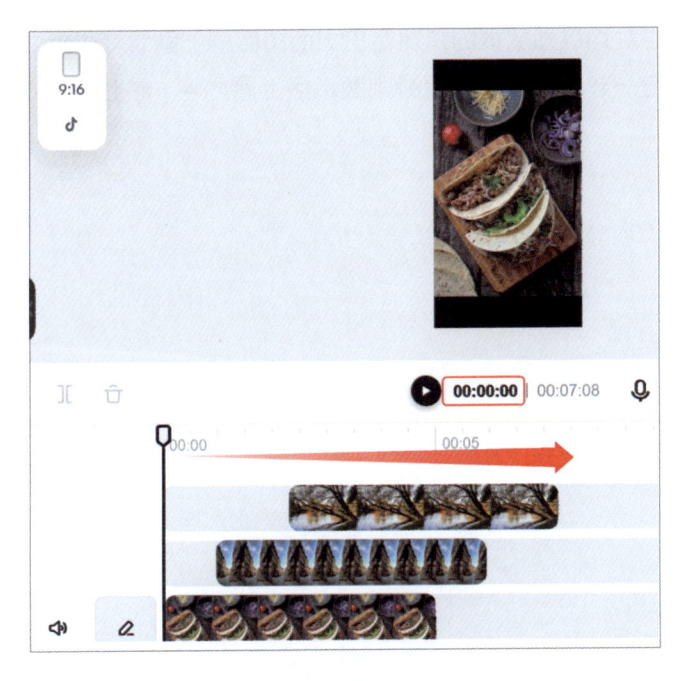

Step2. 上下軌道觀念：播放中可以瞭解幾項重要觀念，隨著時間線<u>由左向右</u>移動播放，未重疊處可顯示原軌道的素材內容，<u>重疊處僅顯示上方內容</u>，到<u>片尾時</u>僅播放<u>最後的素材</u>內容。

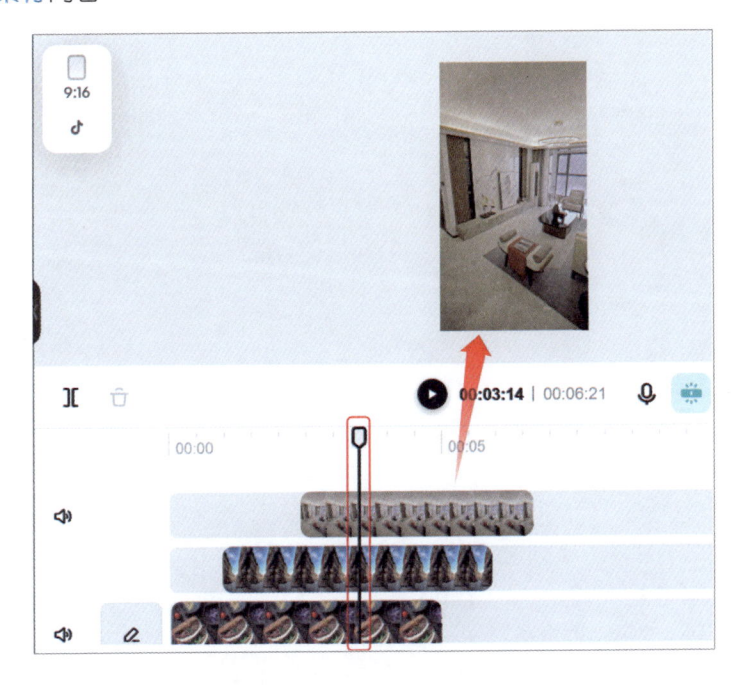

3-11

第 3 章　精通時間軸操作：剪輯的核心技巧

說明：所有的設計均以播放後的預覽為主，而時間線的觀念為由上而下貫穿同一時間點，不同軌道一起播放，若有重疊則顯示最上層內容 (最上方軌道即為最上層定義)。

第 4 章

從細節開始：掌握素材編輯的七大實用技巧

第 4 章　從細節開始：掌握素材編輯的七大實用技巧

在影片剪輯的流程中，導入素材只是開始，真正展現剪輯實力的關鍵，在於如何靈活運用各種編輯工具，精修每個畫面細節。本章將帶你掌握素材常用的編輯技巧，包含畫面大小縮放、聚焦裁剪、背景設定、橫直裁剪、刪除與還原、旋轉與翻轉、畫面重疊與素材替換等操作。透過這些技巧，你不僅能改善構圖比例、調整畫面重點，還能提升影片的一致性與觀感節奏，打造更具專業感的視覺呈現。現在，就從強化每個畫面的編輯開始，讓影片更貼近你想傳達的故事節奏與風格。

前置素材準備，您可以自元素素材庫中，拖拉 4 個素材 (2 張直式照片、1 張橫式照片、1 支直式影片) 到時間軸上，或由媒體庫中上傳自己素材，並完成以下的實作練習，讓我們開始熟悉剪輯中常用的剪輯技巧。

以下是時間軸上的進場順序，您也可以設計自己的腳本順序。

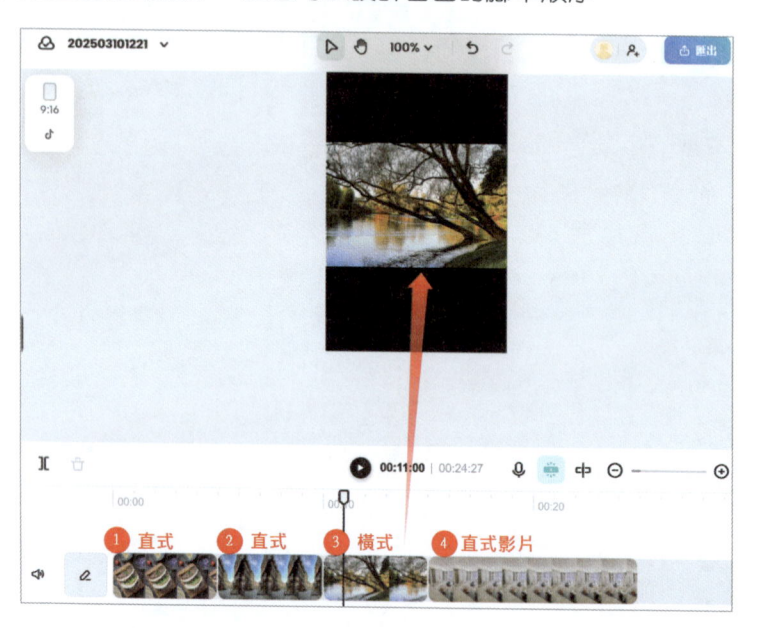

第 1 節　大小縮放

了解素材尺寸大小改變，如何透過手動縮放與精準縮放兩個技巧完成設計。

01. 手動縮放

移動時間線停駐在你要變更的素材位置，點選素材 (藍色外框)，於預覽窗格中四個端點，滑鼠呈現，即可進行拖拉縮放 (向外放大、向內縮小)。

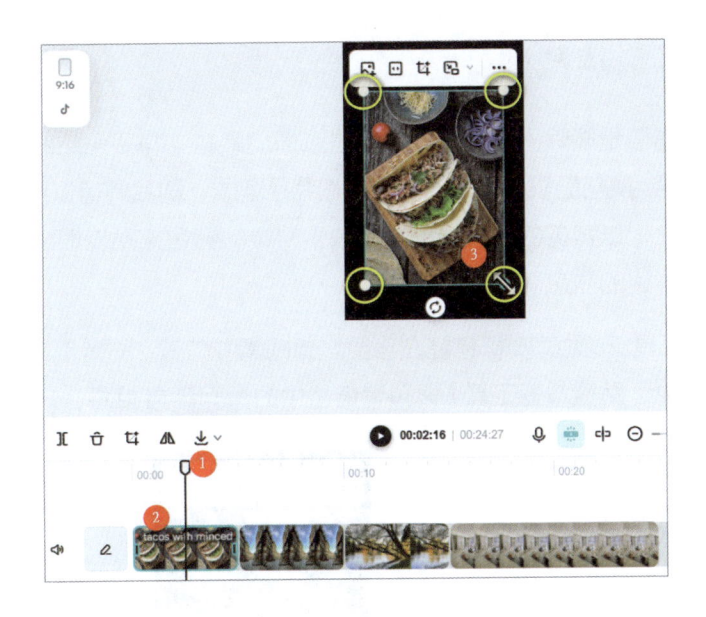

第 1 節　大小縮放

02. 精準度縮放

移動時間線停駐在你要變更的素材位置，點選素材 (藍色外框)，於右側屬性工具列中，點選基礎後，向下捲動尋找轉換定義中的縮放，在此以百分比例設定。

說明：當我們需要將所有素材統一比例大小時，是無法以拖拉大小完成一致性比例，此時我們會需要以設定方式來定義一致性大小需求。

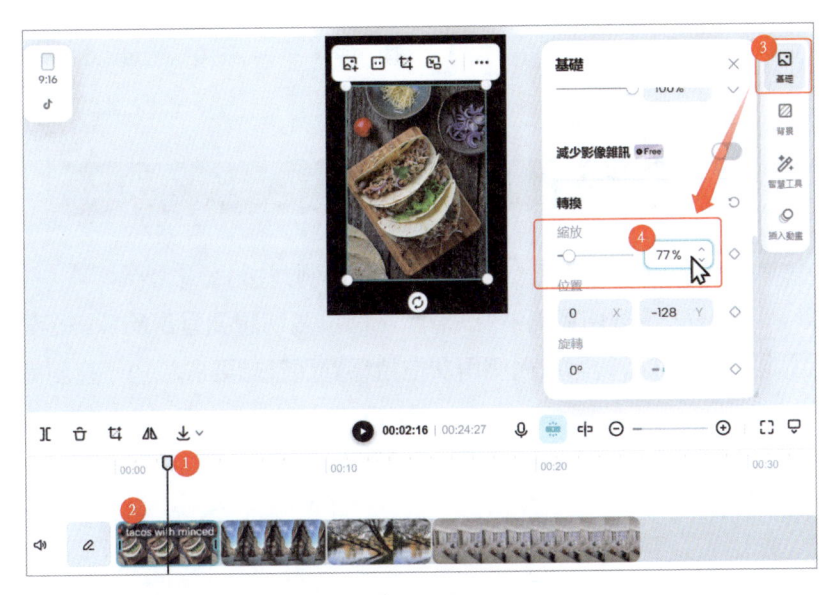

4-3

第 4 章　從細節開始：掌握素材編輯的七大實用技巧

▌第 2 節　聚焦裁剪

裁剪的目的不僅僅是刪除不要的部份，而是聚焦於素材中特定焦點的思路，專注於想要呈現的內容；換句話說若是素材中有 3 個特色焦點，則我們可以用同一張素材，拖拉並排 3 張後，以裁剪的方式分別將 3 張素材中的特色焦點提取出來，讓視角更聚焦於您想要傳達的訊息內容。

Step1. 裁剪工具：移動時間線停駐在你要變更的素材位置，點選素材 (藍色外框)，於上方工具列中，點選裁剪工具 (與預覽窗格中的裁剪工具相同)。

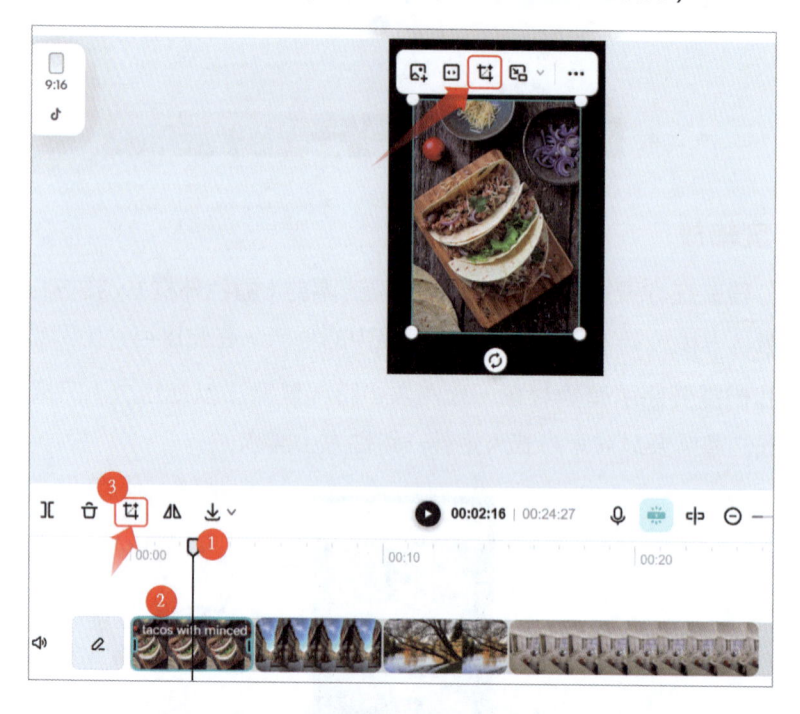

Step2. 手動裁剪：以自定方式 (指不鎖定長寬比例裁切)，手動裁切於 (四個端點對角裁切、四邊 1/2 處裁切寬高)，以滑鼠左拖拉裁切想要呈現的焦點位置 (灰色部份即為刪除區)；裁剪後可於內側再次拖拉移動調整想要的視角，直到完成後套用即可。

4-4

第 2 節　聚焦裁剪

Step3. 裁剪後預覽：裁剪後的結果，可將所要呈現的訊息更聚焦集中顯示。

4-5

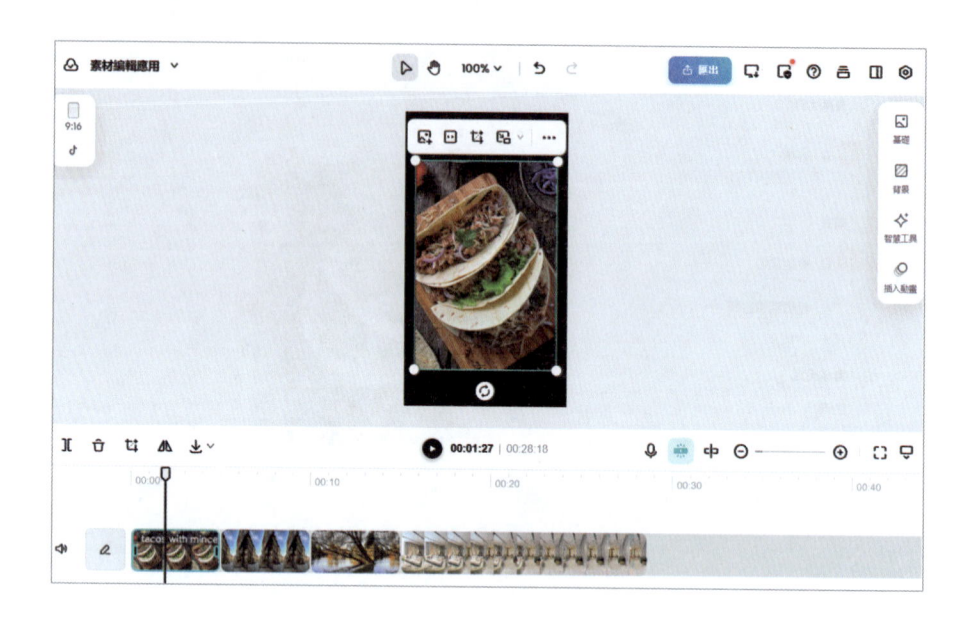

第 4 章　從細節開始：掌握素材編輯的七大實用技巧

第 3 節　背景設定

當素材在預覽窗格中會有黑色背景呈現時，即代表素材尺寸並未符合 9:16，為求視覺效果一致性，希望素材滿版設計 (不要看見黑色背景)，我們可以下列方式解決。

4-6

第 3 節　背景設定

01. 填滿背景

移動時間線停駐在你要變更的素材位置，點選素材 (藍色外框)，於上方工具列中，點選填滿 / 最適螢幕大小，系統自動將素材放大填滿至預覽窗格，至於超出螢幕的位置在放映時即自動裁剪不顯示；再次點選即可回復原素材尺寸 (最適螢幕大小)。

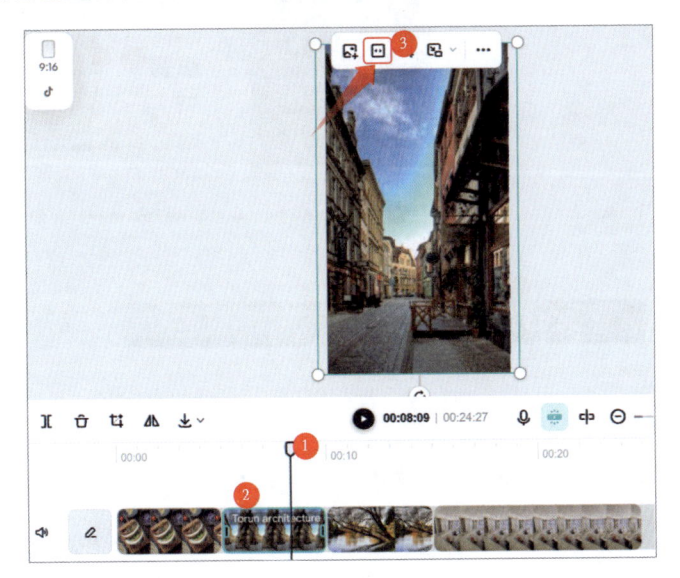

02. 背景色彩

移動時間線停駐在你要變更的素材位置，點選素材 (藍色外框)，於右側工具列中，點選背景，選擇背景色彩即套用；預覽窗格中可見原先黑色背景即變更為自訂色彩。

說明：當素材未能填滿全螢幕時，實務中我們會利用這空白背景區，來進行文字內容設計，如：字幕、字卡、行銷資訊等，所以並不是一定非要全螢幕填滿素材來剪輯設計。

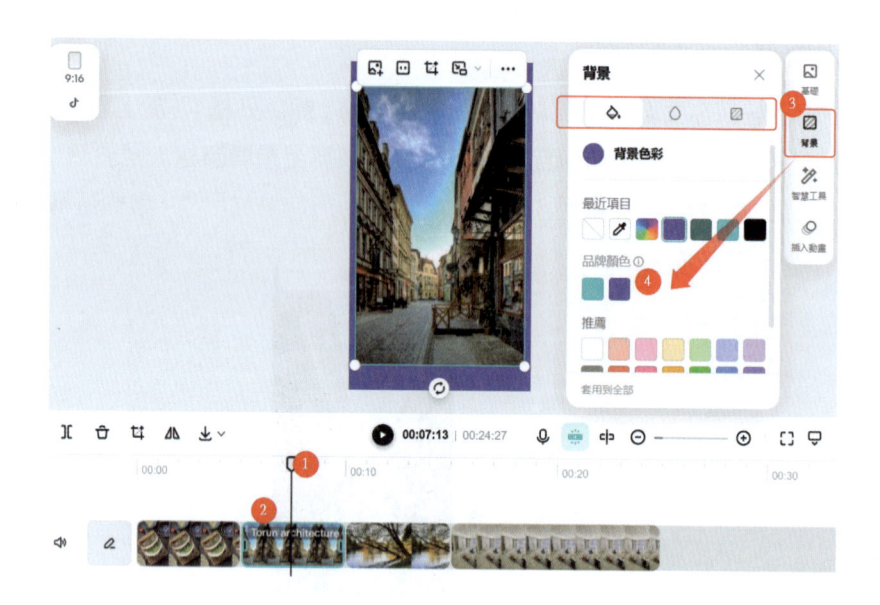

第 4 章　從細節開始：掌握素材編輯的七大實用技巧

03. 三大類型背景

分別為顏色、模糊、格式進行背景設計，而 ⊘ 符號即為取消設定。

說明：特別注意的即是，背景的層級是在最底層（即所有素材的後方），所以必需是素材小於背景尺寸時才可看見背景狀態，簡單的說即是素材縮小才可見背景，但若是素材大小正好填滿螢幕大小時，則背景將無法看見，不是沒有背景，而是被上面的素材遮住了，這部份是最常見的實務觀念問題。

類型	顏色	模糊	格式
屬性			
效果			

4-8

第 4 節　橫 / 直裁剪

另一個進階的裁剪技巧即是應用於我們常見的橫式轉直式、直式轉橫式的場景中，簡單的說即是如何將短視頻與中長視頻，利用裁剪手法完成滿版設計技巧，在此我們將分別以時間軸中的不同比例素材來進行說明。

01. 直式滿版設計

Step1.　直式滿版設計：移動時間線停駐在你要變更的素材位置，點選素材 (藍色外框)，於上方工具列中，點選裁剪 (與預覽窗格中裁剪相同)。

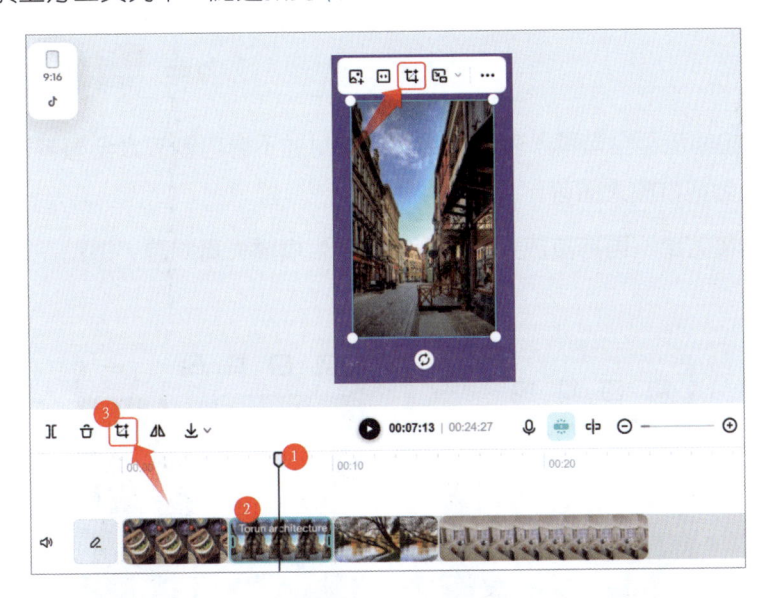

Step2.　聚焦裁剪：以 9:16 等比例進行手動裁剪，此時我們可以將不需要的背景同時裁剪，保留焦點訊息即可，完成後套用。

4-9

第 4 章　從細節開始：掌握素材編輯的七大實用技巧

Step3. 拖拉縮放至全螢幕：裁剪套用後，素材並不會自動放大全螢幕滿版，所以我們要再手動拖拉放大即可。

說明：裁剪後的比例再拖拉放大後，會容易產生模糊失真問題，這點在製作上需要特別注意。

Step4. 完成後全螢幕效果呈現。

4-10

第 4 節　橫 / 直裁剪

02. 橫式裁剪直式

Step1. 　裁剪工具：移動時間線停駐在你要變更的素材位置，點選素材 (藍色外框)，於上方工具列中，點選裁剪 (與預覽窗格中裁剪相同)。

Step2. 　橫式裁剪直式：以 9:16 等比例進行手動裁剪，此時我們可以將不需要的

4-11

第 4 章　從細節開始：掌握素材編輯的七大實用技巧

背景同時裁剪，保留焦點訊息即可，完成後套用。

Step3. 縮放至全螢幕：套用後，拖拉縮放至全螢幕。

第 5 節　旋轉翻轉

旋轉功能可修正拍攝時的畫面方向錯誤，將畫面以特定角度旋轉，常見如 90 度、180 度、270 度；而水平翻轉則是左右對調效果。

01. 手動旋轉

移動時間線停駐在你要旋轉的素材片段，點選素材 (藍色外框)，於預覽窗格中，左拖拉旋轉鈕，調整所需角度即可。

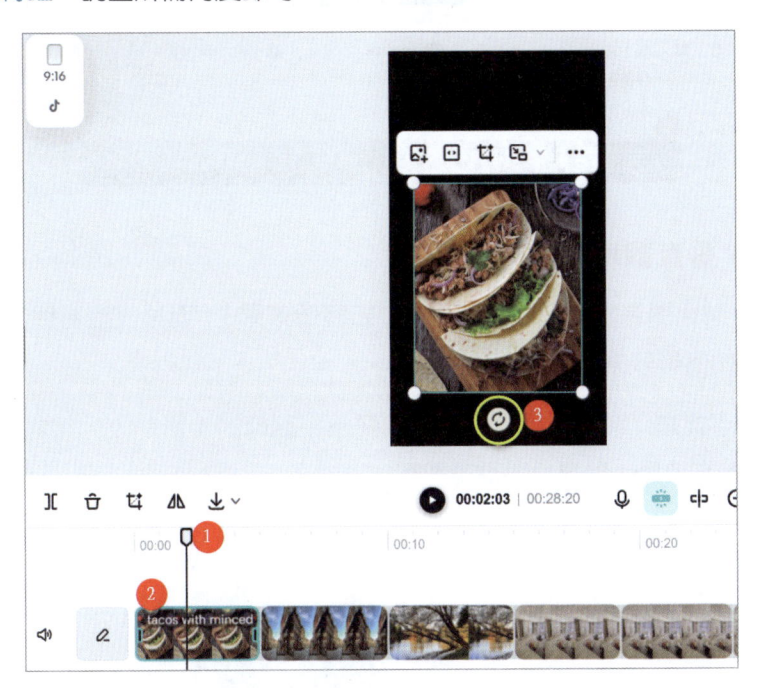

02. 精準度旋轉

移動時間線停駐在你要旋轉的素材片段，點選素材 (藍色外框)，於右側屬性工具，點選基礎，向下捲動尋找旋轉設定即可。

說明：旋轉設定，向上點選 (+) 往右旋轉、向下點選為 (-) 往左旋轉；也可直接輸入旋轉角度。

4-13

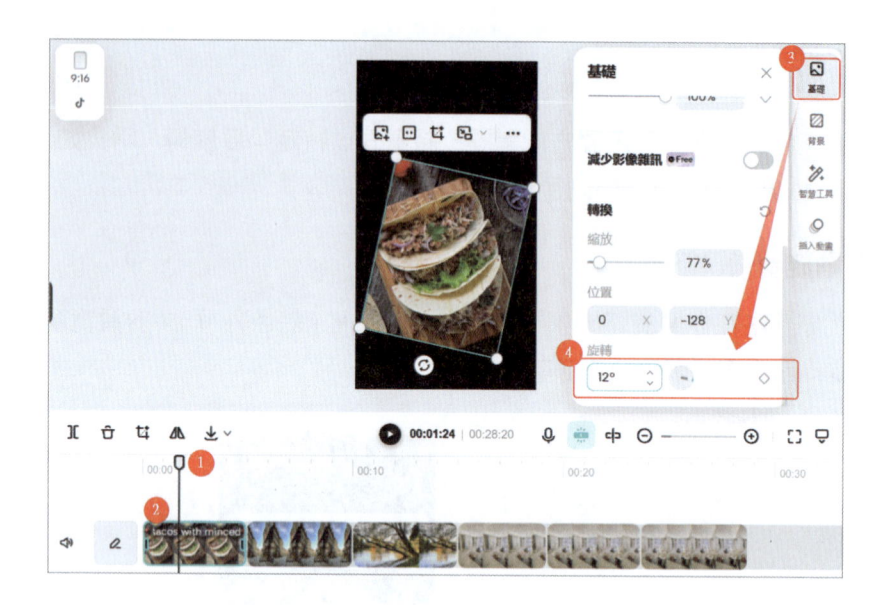

第 4 章　從細節開始：掌握素材編輯的七大實用技巧

03. 水平 / 垂直翻轉

所謂的水平翻轉即為左右畫面進行對調 (如鏡像效果)；而垂直翻轉即為上下畫面進行對調 (如倒影效果)。

Step1. 水平翻轉：移動時間線停駐在你要水平翻轉的素材片段，點選素材 (藍色外框)，於上方工具，點選水平翻轉即可。

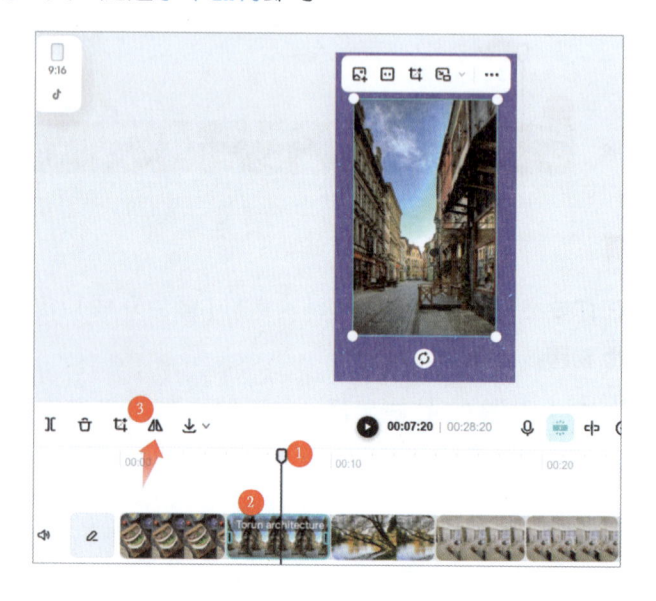

4-14

Step2. 垂直翻轉：移動時間線停駐在你要垂直翻轉的素材片段，點選素材 (藍色外框)，於預覽窗格中，點選更多 ••• 向下尋找翻轉，點選垂直翻轉即可。

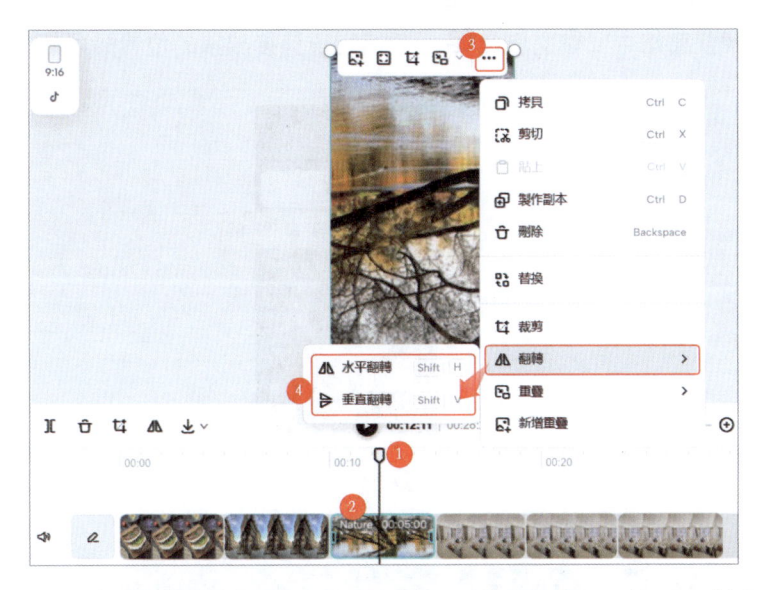

說明：旋轉 / 翻轉的單位是以獨立片段為單位，所以若是同一片段，僅需要一部份旋轉翻轉 (例如：特效應用) 時，則必需先將此片段先完成分割後再旋轉翻轉。

第 6 節　重疊 / 新增重疊

在此的重疊即多軌道設計應用，如何於不同軌道中重疊素材，了解重疊與新增重疊的差異性。

01. 重疊

是指在主軌道的基礎上，將所選取的素材移至上一層與主軌道重疊，並重新指定放置的位置。

主要應用於以下幾類型設計

- 影片（疊加畫面，如子母畫面）
- 圖片（Logo、浮水印、標語、字卡貼圖）
- GIF 或動畫元素 (視覺效果)
- 字幕或特效文字 (特效語氣)

4-15

第 4 章　從細節開始：掌握素材編輯的七大實用技巧

- 去背人物、透明 PNG(畫中畫)

Step1. 重疊素材：移動時間線停駐在你要設計重疊的素材片段，點選素材 (藍色外框)，於預覽窗格中，點選重疊，並指定重疊後放置的位置即可

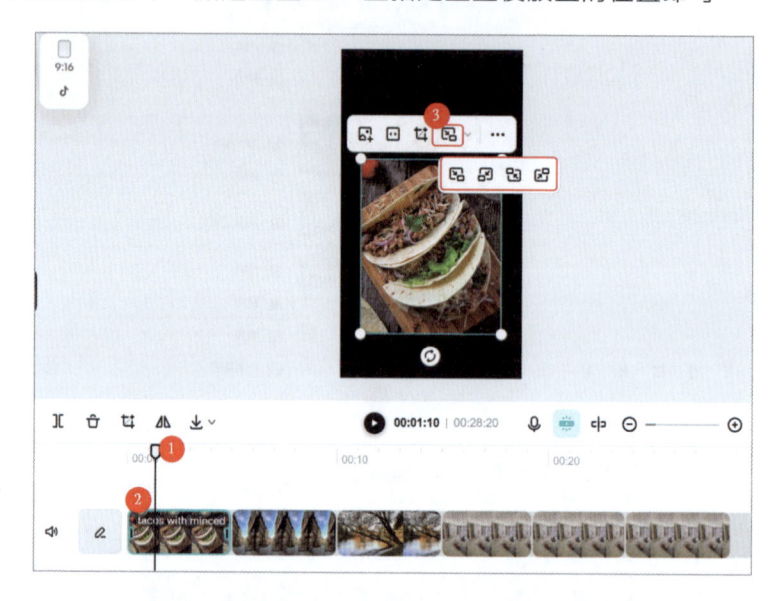

Step2. 重疊位置調整：點選重疊於右下角後，注意軌道即自動上移一層，並且原素材縮小放置於右下角位置。

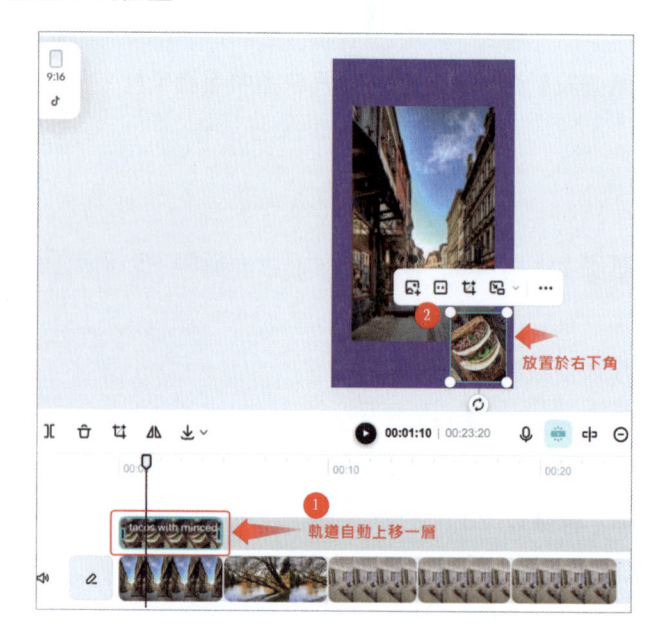

4-16

02. 新增重疊

是指由外部檔案新增素材至時間軸中，並形成上下重疊的排列效果；當然新增後的素材，可以自由調整大小、位置、透明度、混合模式等，以創造豐富的視覺效果。

Step1. 新增重疊：移動時間線停駐在你要新增重疊的時間位置，點選素材 (藍色外框)，於預覽窗格中，點選新增重疊 🔄 即可。

說明：簡單的說即是當影片播放至 00:06:11 的時間時，安排新素材進場；這類動作需求，其實我們也可以自左側的媒體、元素等素材庫中，直接拖拉形成上下軌道重疊操作相同。

在時間軸的位置處，可以看見為上下排列，上方軌道 (即為置前)，下方軌道 (即為置後) 的圖層定義)，如圖所示，上方軌道的素材會遮住下方軌道的素材顯示；所以時間軌道除了上下排列的差異化之外，最重要的觀念是置前置後的圖層觀念。

說明：重點總結重疊是針對原素材進行的軌道重疊，新增重疊即是新增素材後形成的軌道重疊，當然即使不使用該控制鈕，我們直接於左側素材庫拖拉素材後重疊設計，結果是一樣的。

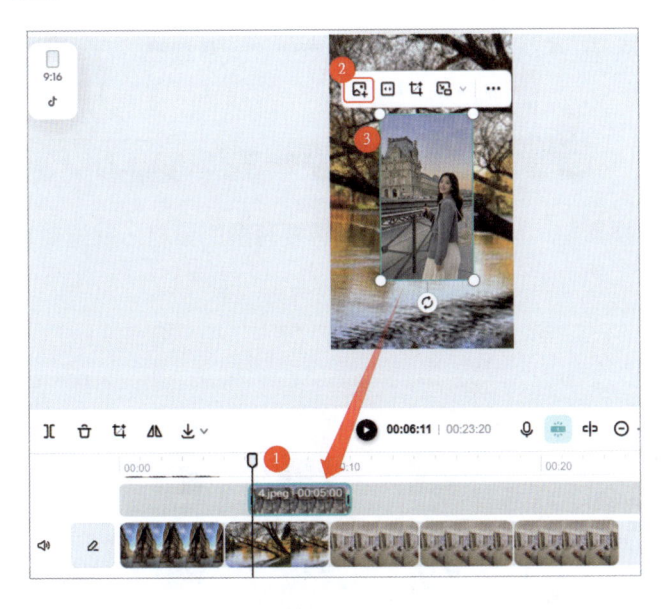

第 4 章　從細節開始：掌握素材編輯的七大實用技巧

第 7 節　替換

意指在不影響原始時間軸腳本設定 (如動畫、效果、時間長度、遮罩等) 的前提下，將影片或照片素材直接更換為新的內容。主要應用於批量製作影片、自訂範本等快速創建影片的技巧。

Step1.　替換功能：移動時間線停駐在你要新增替換的素材位置，點選素材 (藍色外框)，於預覽窗格中，點選更多···，即可見替換功能。

Step2.　匯入替換素材：於本機電腦中找尋要替換的素材，點選素材並開啟，即完成替換作業。

4-18

Step3. 播放預覽效果：完成素材替換效果，但時間軸的位置與時長並未有任何改變，這即是替換功能。

說明：換個思路來想想，其實就模版設計的概念，我只要將腳本 (素材、音樂音效、文字等) 設定一個專屬的模版，日後只要將素材替換後，就能快速創建影音內容，這對於短視頻的創作，將更快速且更有效率。

第 4 章　從細節開始：掌握素材編輯的七大實用技巧

第 5 章

進階素材調整術：優化畫質與色彩的實用技巧

第 5 章　進階素材調整術：優化畫質與色彩的實用技巧

如何讓您的影片更專業的關鍵細節，從調色到去除雜訊、移除閃動全面升級！

剪輯應用中常見的三個編輯功能：顏色調整、影像雜訊去除與閃動移除。這些工具能讓你拍攝的素材更乾淨、色彩更飽和，呈現更穩定的畫面效果，特別適用於婚禮、訪談、旅遊影片等需要畫面品質的內容。

第 1 節　顏色調整

顏色調整中包含了調整亮度、對比、飽和度、色溫、色調等基本項目，幫助統一影片色調、增強氛圍或修正曝光問題。

Step1.　調整素材顏色：移動時間線停駐欲觀看素材的時間點，點選素材 (呈藍色外框)，於右側視窗中點選基礎功能，點選顏色調整進行相關調色設置。

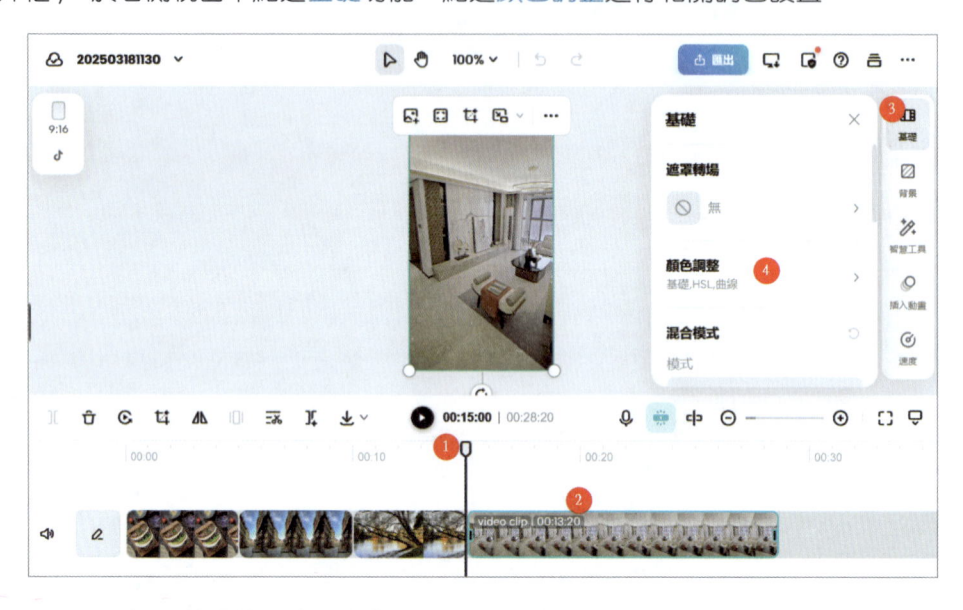

Step2.　各類參數調整：為使整部影片風格與主題色調相符，可以利用以下參數進行微調設定 (如：飽和度、色溫、色調、亮度、對比度等) 依實際影片氛圍進行自定義調整即可。

5-2

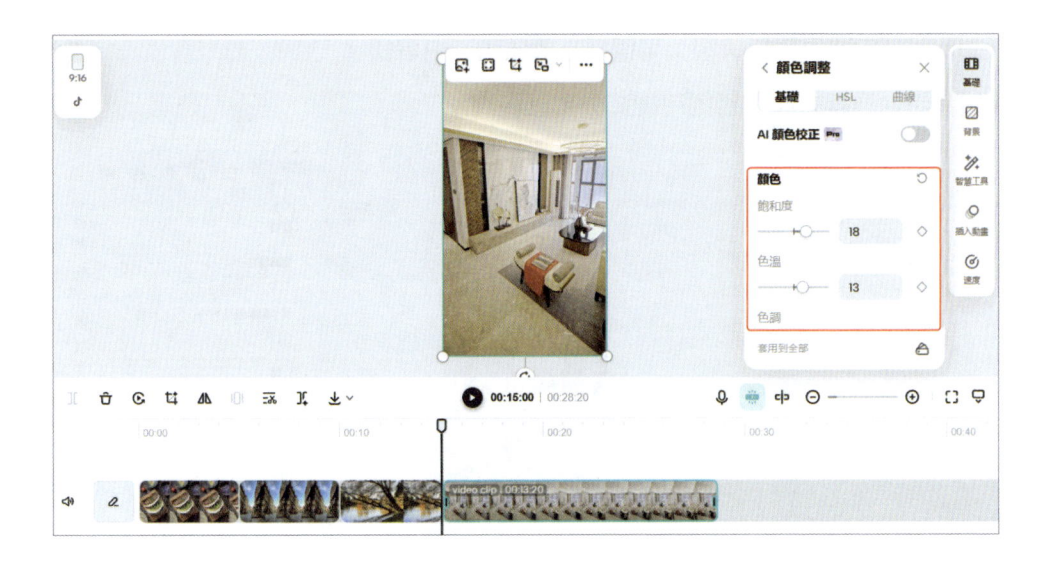

第 2 節　減少影像雜訊

第 2 節　減少影像雜訊

當使用手機或低光環境拍攝影片時，常會出現顆粒狀「雜訊」（Noise）。因此 Capcut 的「減少影像雜訊」功能可有效讓畫面看起來更乾淨。

Step1.　減少影像雜訊設定：移動時間線停駐欲觀看的時間點，點選素材（呈藍色外框），於右側視窗中點選基礎，選擇減少影像雜訊 On（目前為免費 Free 使用）。

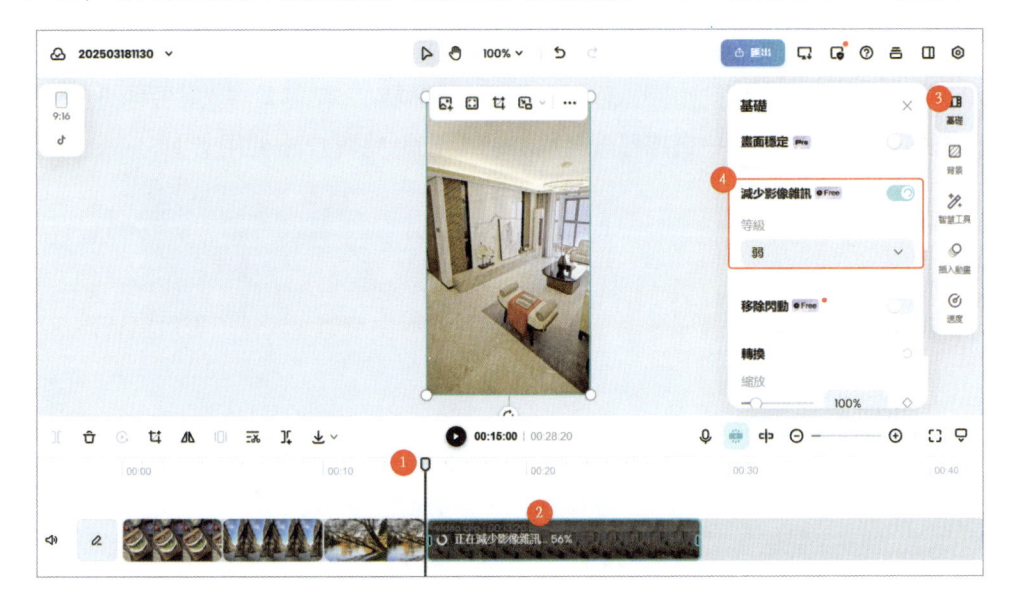

5-3

Step2. 設定減少雜訊等級：可選擇去雜訊強、弱等級。

說明：請勿過度去噪，否則可能造成畫面模糊。

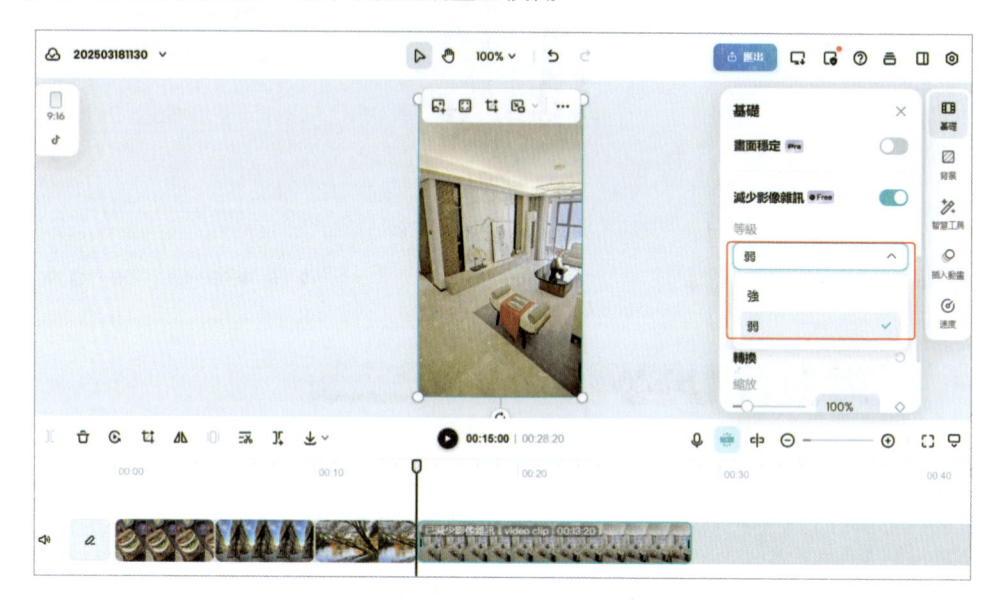

第 3 節　移除閃動

若影片中出現燈光閃爍（如室內螢光燈、顯示螢幕拍攝），Capcut 提供「閃爍移除」功能，能降低這些頻率不一致造成的視覺干擾。

Step1.　移除閃動：移動時間線停駐欲觀看的時間點，點選素材（呈藍色外框），於右側視窗中點選基礎，選擇移除閃動 On（目前為免費 Free 使用）。

第 3 節　移除閃動

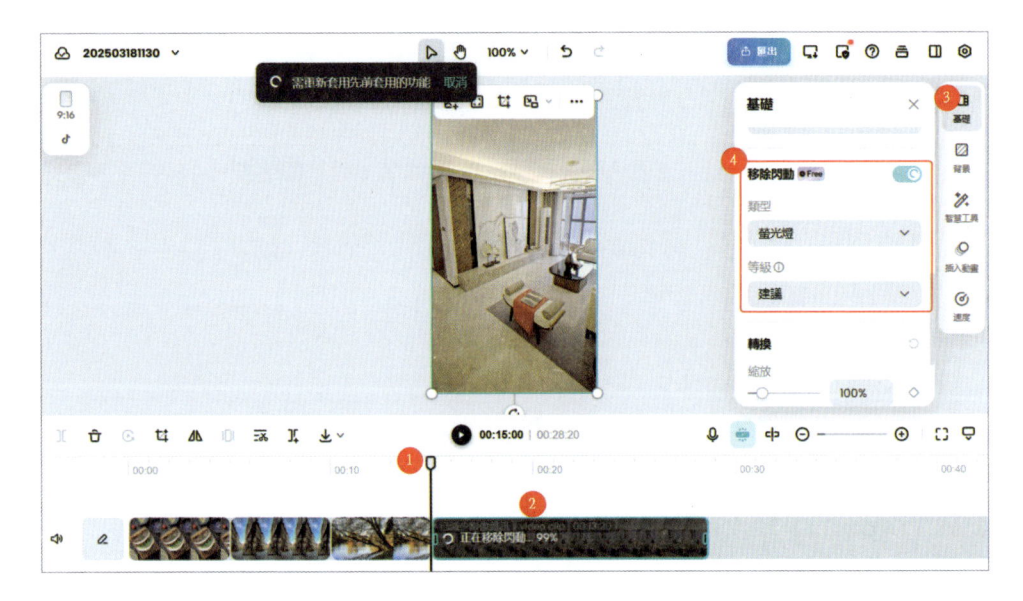

Step2. 自訂類型與等級：可自訂類型、等級相關設定。

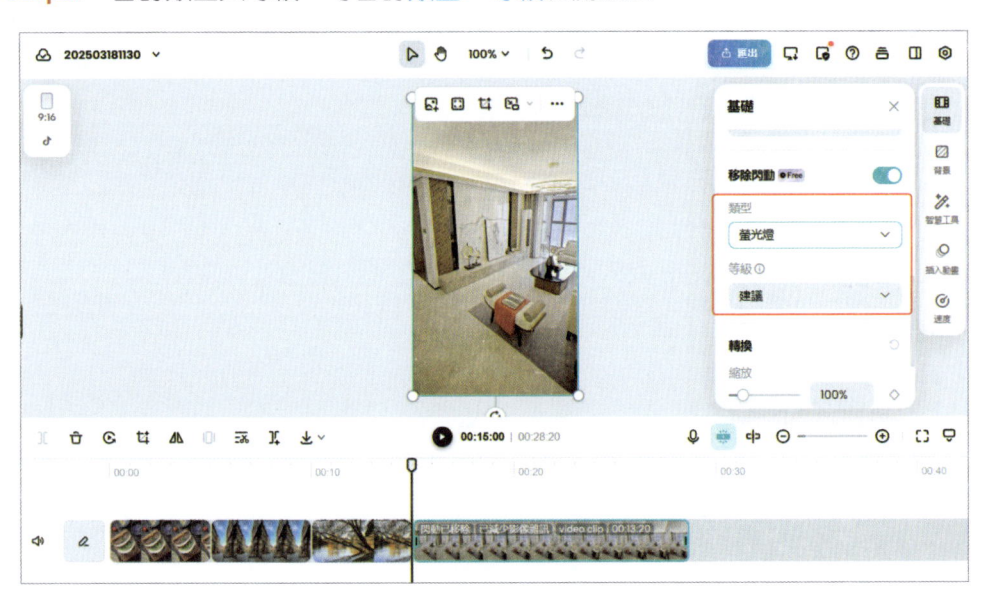

5-5

第 5 章　進階素材調整術：優化畫質與色彩的實用技巧

第 6 章

聲音設計關鍵技法：控制配樂、節奏與淡出效果

第 6 章　聲音設計關鍵技法：控制配樂、節奏與淡出效果

在影片創作中，配樂與音效不僅是背景的點綴，更是提升氛圍、強化情感、引導觀眾情緒的重要元素。無論是輕快的旋律帶來愉悅感受，還是細膩的環境音效營造真實感，都能讓影片更加生動且富有層次，不僅能讓內容更加吸引人，也能強化影片的情感共鳴與故事張力。

第 1 節　影片配樂

在第 2 章第 1 節中，我們介紹了如何下載 (照片、影片、音樂音效) 素材資源技巧，當然我們也可以直接利用 Capcut 提供的音樂素材庫來進行配樂設計，準備好音樂素材讓我們開始吧！

01. 本機音樂上傳

首先若是下載至本機電腦的音樂，我們必需先上傳至 Capcut 後，才能加入到時間軸中進行配樂。

Step1. 上傳音樂素材：點選媒體，若是以資料夾進行的專案分類，則先左 2 下打開資料夾 (如圖所示)，再點選上傳。

說明：專案管理中若是以資料夾管理，記得上傳作業前務必先進入資料夾後，再點選上傳。

Step2. 上傳音樂素材：點選上傳檔案 (新增音樂素材) 上傳，即會將該檔案放入資料夾內統一匯整管理。

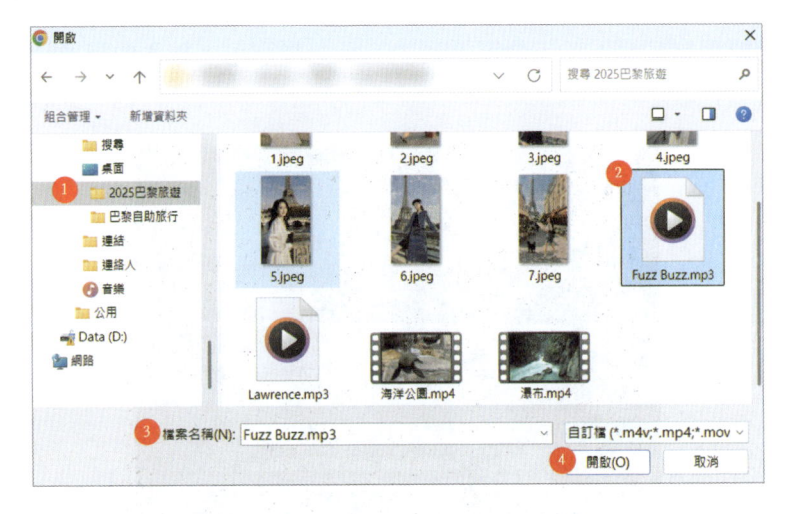

Step3. 指定音樂路徑：開啟素材資料夾位置，點選音樂檔案 (MP3)，點選開啟。

Step4. 插入音樂：移動時間線停駐至影片開始位置 00:00:00，決定音樂開始插入位置。注意：音樂軌必需置於主軌道的下方。

說明：任何素材 (圖片、影片、音樂音效) 在加入時間軸前，會以「時間線」停駐的位置作為起始位置 (如圖所示)，我們希望音樂在影片一開始放映時即同步播放音樂，則音樂就必需於起點即 00:00:00 與影片同步的時間點；所以可以瞭解時間線的位置，決定任何素材曝光的時間點，這點觀念很重要。

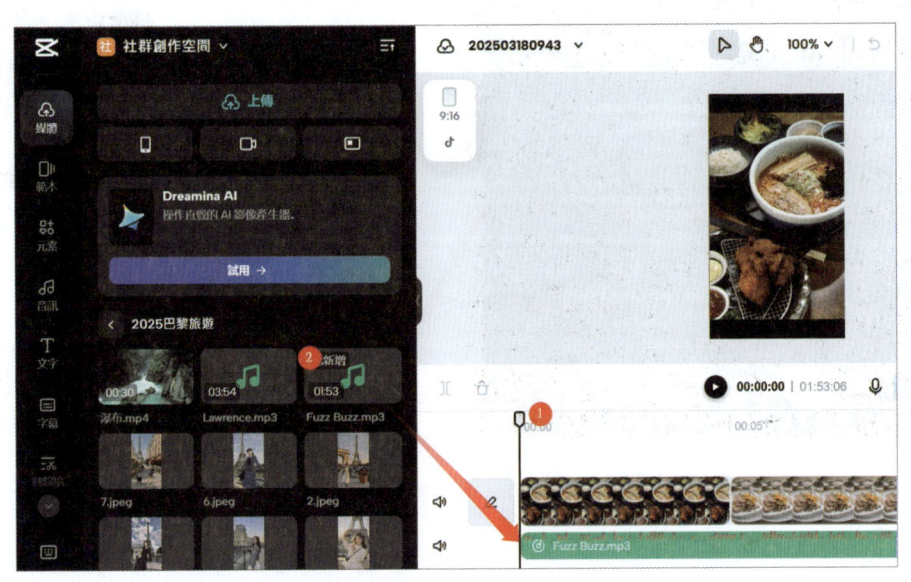

6-3

第 6 章　聲音設計關鍵技法：控制配樂、節奏與淡出效果

02. 預設音樂素材

Step1. 音樂素材搜尋：於左側點選音訊，音樂類別下，輸入曲風 (Lofi)，於下方清單中可播放試聽。

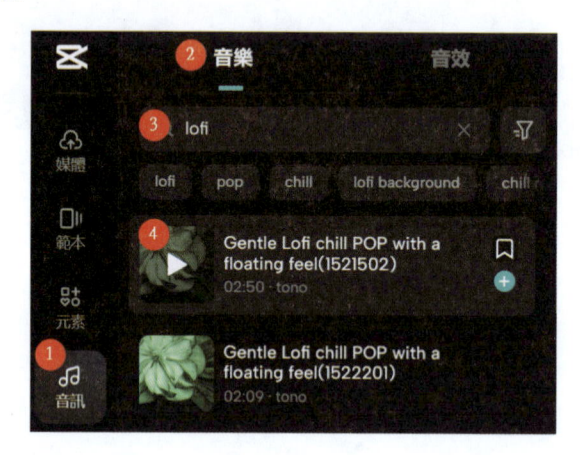

Step76. 插入音樂：移動時間線，決定音樂播放的時間點，按下 ➕ 新增到時間軸，也可直接左拖拉音樂素材到時間軌道即可。

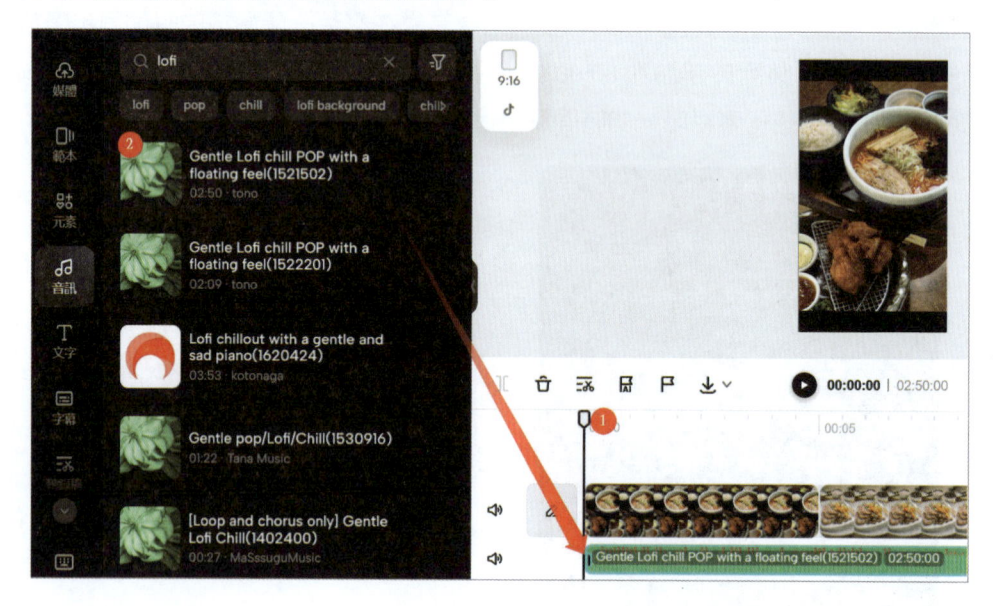

第 2 節　調整音量

學習如何調整影片整體音量、靜音設定以及片段音量技巧。

01. 整體靜音

Step1.　音量設定：點選軌道最左側 🔊，即為音量調整，預設為開啟音量。

Step2.　軌道靜音：於音樂軌左側點選一下，即為靜音 🔇，指整個軌道所有素材全數靜音設定。

我們可以於元素中找尋庫存影片內容，拖拉一支影片素材，放置在時間軸中，來瞭解相關音量定義與設定技巧 (如下圖所示)。

說明：圖片素材本身不具有音量屬性；但若是在主軌道上有圖片與影片穿插素材並列時，若點選靜音，則該軌道所有素材都將全面靜音，可由素材上方標記瞭解目前屬性狀態。

02. 整體音量

除了靜音設定外，我們可以將整體音量調大或調小，在此我們將藉由屬性面版完成設定。

音量調整：點選音樂軌道 (呈藍色外框)，右側面版點選「基礎」，選擇音量調整，預設為 0 即為原素材音量，向右移為 (＋) 增加音量，變大聲；向左移為 (-) 降低音量、變小聲。

第 6 章　聲音設計關鍵技法：控制配樂、節奏與淡出效果

說明：為避免找不到工具，操作中務必記得工具顯示原則，任何素材在進行屬性工具設定時，一定要先點選素材 (如：音樂、圖片、影片) 點選後呈藍色外框後，右側即會自動顯示相對應的屬性面版工具。

03. 片段音量

首先我們必需先瞭解所謂的「片段」定義，簡單的說即是獨立區段，所以在進行片段音量前，該區段必需是獨立，才能進行音量設定。

我們以下列情境來說明，片段音量使用的時機：

您是否曾經看過有些影片背景音樂音量太大，造成完全聽不到影片中到底在說什麼的情形，沒錯這即是我們接下來要討論的情境。

當影片中有示範與說明的口播內容或其它的音效等，不希望被背景音樂干擾時，在此有兩種音量我們需要控制，分別是影片音量 (原始聲音) 我們可以加大，背景音樂我們必需調小甚至靜音。

第一步：首先調整素材音量

以下為影片素材，影片中有著口播的聲音為例來進行說明；讀者可自行加入素材練習。

第 2 節　調整音量

Step1. 原始音量增加：點選影片素材 (呈藍色外框)，點選音訊，點選音量，向右移為 (＋) 變大聲；向左移為 (-) 變小聲，可播放試聽調整最適合的音量。

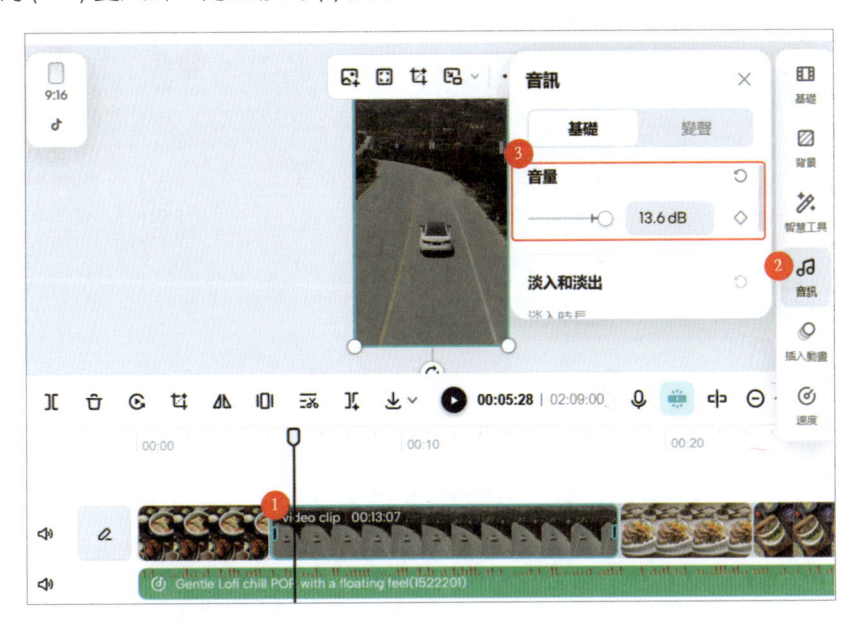

第二步：將背景音樂分割成獨立片段

接續我們要處理的是背景音樂的音量大小技巧。

Step1. 音樂片段分割：移動時間線，對齊影片素材的 (A 點) 起始位置，點選音樂軌道，點選分割 (音樂軌必需分割獨立片段)，重覆上述動作進行 (B 點) 終止位置音樂片段分割。

說明：由 A、B 兩點分割後，形成獨立片段即可獨立調整音量設定，不影響前後段的原始背景音樂音量。

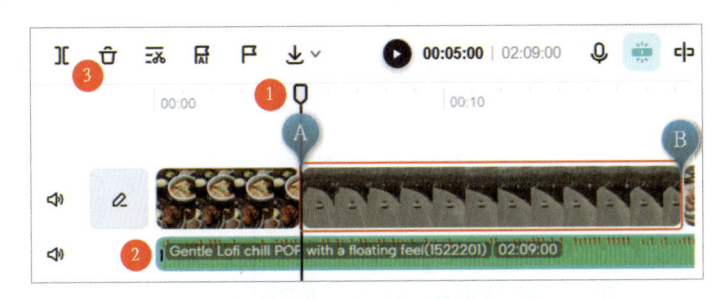

6-7

第 6 章　聲音設計關鍵技法：控制配樂、節奏與淡出效果

Step2.　背景音樂音量調整：點選音樂片段（呈藍色外框），點選右側基礎功能，調整音量大小。

第 3 節　音樂裁剪

當音樂時長大於影片內容時，我們就必需將多餘的音樂進行裁剪刪除，如此才不會影片已播完而音樂還在播放；相對的，另一情境即是影片太長，而音樂太短時，我們可以複製相同音樂素材，或以不同音樂來填滿影片總時長即可。

01. 分割刪除

Step1.　分割音樂：縮小時間軸檢視比例，我們看見音樂時長超過影片，將時間線移動到影片最後方，作為分割音樂時的參考線，點選音樂軌道（呈藍色外框），點選分割，形成獨立片段。

Step2. 刪除音樂片段：點選欲刪除的音樂片段 (呈藍色外框)，點選刪除即可。

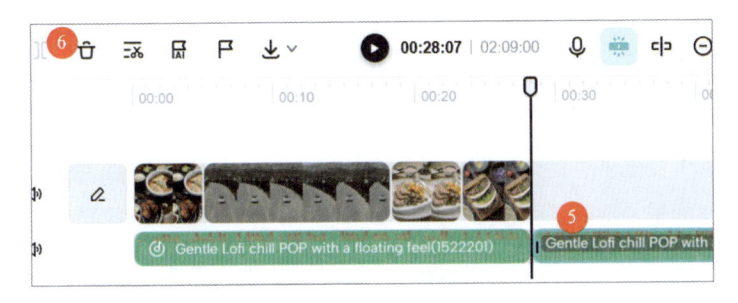

Step3. 播放預覽試聽：將音樂素材與影片素材時長一致性對齊，如此才能同步播放結束。

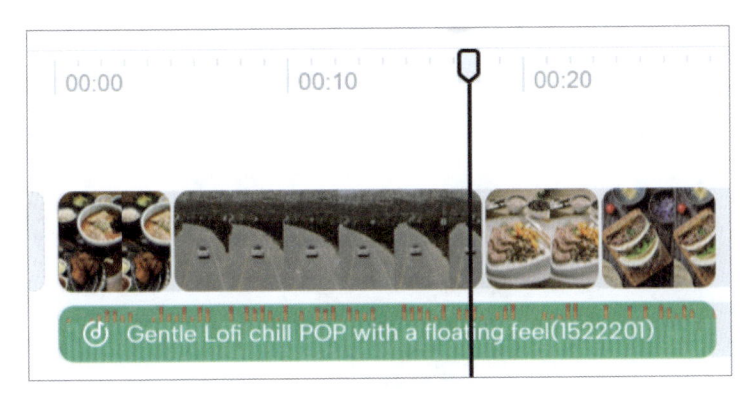

02. 復原設定

除了我們所熟悉的 Ctrl+Z 復原，其實所有的素材在進行刪除時並非破壞性刪除，我們都可以直接點選音樂軌道，並且於音樂軌道最右側出現 ✥ 標記時，直接向右拖拉，即可復原原始素材時長，相對的向左拖拉即是我們所見的刪除，我們也可以稱為隱藏設定。

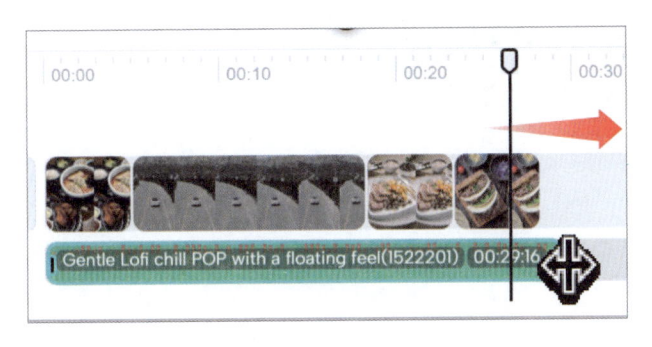

6-9

第 6 章　聲音設計關鍵技法：控制配樂、節奏與淡出效果

▎第 4 節　淡入淡出

為使得音樂在過渡中更加自然、並且提升影片整體質感的關鍵元素，我們會在音樂中加入「淡入淡出」技巧。

播放試聽看看，在影片開始播放時，背景音樂進場會不會突然很大聲？以及影片結束後的背景音樂會不會有突然被切斷的感覺呢？沒錯！這即是我們要解決的問題，所以音樂要在進場與出場中過渡更加自然；我們可以利用淡入 (漸強)、淡出 (漸弱) 來優化音樂效果。

Step1.　淡入淡出：點選背景音樂軌道，點選右側基礎工具，捲動至下方，設定淡入淡出 (時長)，除了拖拉捲動軸外，也可直接輸入數字以精確值設定。

說明：淡入 (漸強)：為進場時的過渡設定，聲音由小漸變大；淡出 (漸弱)：為出場時的過渡設定，聲音由大漸變小。

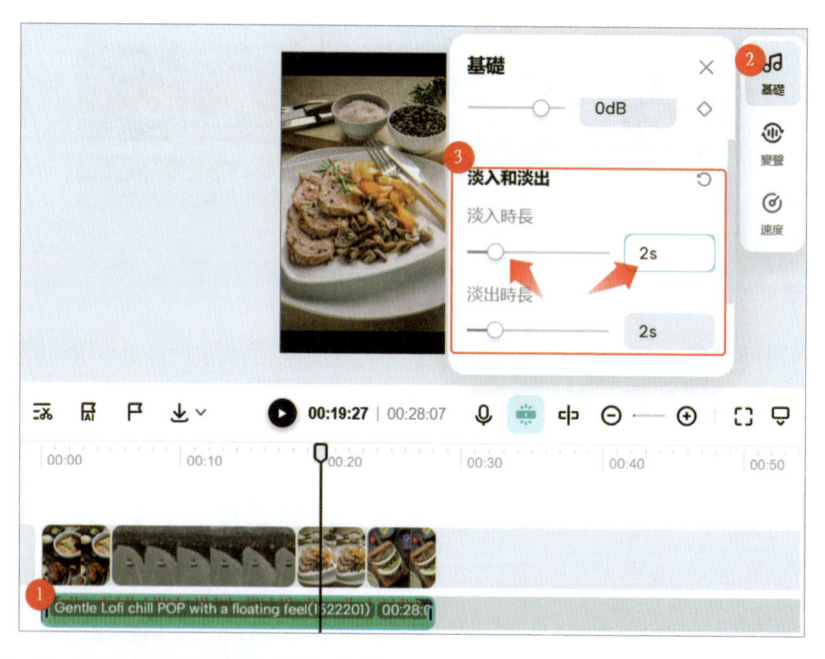

我們可以放大時間軸來觀看音樂軌道變化。

6-10

第 4 節　淡入淡出

Step2. 淡入：由 00:00:00-00:02:00，聲音漸強。

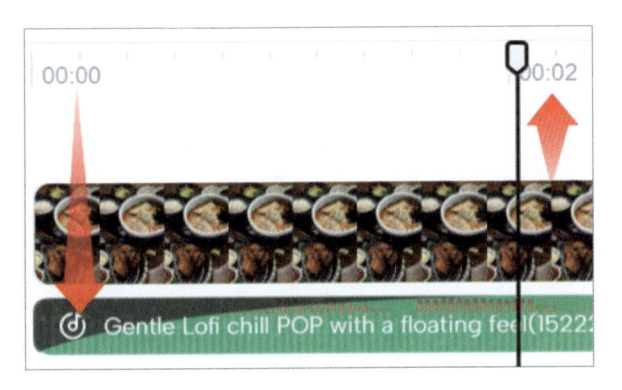

Step3. 淡出：由 00:26:00-00:28:00，聲音漸弱，直到消失。

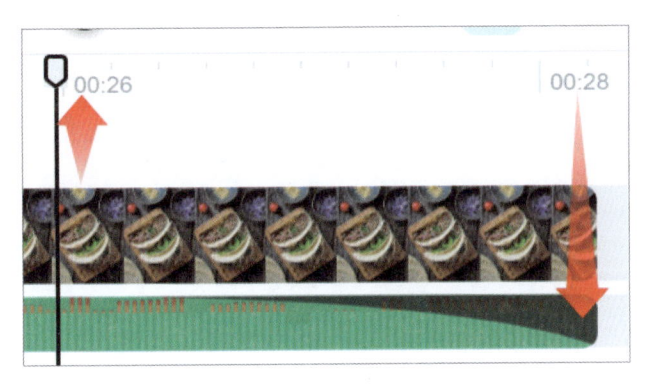

第 6 章　聲音設計關鍵技法：控制配樂、節奏與淡出效果

第 7 章

影片輸出與發佈全解析：格式、解析度到社群排程

第 7 章　影片輸出與發佈全解析：格式、解析度到社群排程

完成影片後製剪輯後，最後一步就是「輸出」與「分享」。無論是發佈至社群平台、還是存檔備份，選擇正確的輸出設定都至關重要，因為影片的解析度、格式、幀率、檔案大小等細節，都將直接影響畫質與播放體驗。

第 1 節　匯出本機下載

不同平台對於影片格式、解析度都有不同要求，輸出前應根據需求選擇最佳設定。

Step1. 匯出影片：點選右上角匯出，點選下載。

說明：在此我們以下載至本機電腦為匯出設定。

Step2. 匯出影片：再次點選匯出即可。

7-2

第 2 節　解析度與格式

Step1.　選擇適合的解析度（高至低排列）：依據所需發佈的平台來決定。

- 4K(超高清)：適合高品質影片，如專業短片、電視播放，但檔案較大。
- 1080p(Fullhd)：適合 Youtube、Facebook、Instagram，畫質清晰，檔案大小適中。
- 720p(HD)：適用於行動裝置分享，檔案較小但畫質稍微降低。

Step2.　畫面速率 (幀率)：確保影片流暢播放，不同平台的推薦幀率如下 (高至低排列)：

- 60FPS：適合遊戲影片、動作場景較多的影片，提供更順暢的視覺效果。
- 30FPS：適合一般社群影片 (Youtube、IG、Facebook、Tiktok)。
- 24FPS：適合電影風格，營造較為自然的視覺體驗。

Step3.　影片格式

- MP4(常見格式，適合大部分平台)
- MOV(適用於專業編輯或高畫質需求)

說明：建議選擇 MP4 格式，相容性最高，適合所有社群平台與裝置播放。

第 3 節　社群分享

Capcut 支援直接上傳影片至 Youtube、Tiktok、Instagram 等平台，我們可以直接登入帳號後，上傳發佈影片同時進行影片後台管理設置。

Step1.　Youtube Shorts 發佈：點選匯出，分享到社群平台，在此我們以 Youtube Shorts 為例。

第 7 章　影片輸出與發佈全解析：格式、解析度到社群排程

Step2. 登入 Google 帳號：輸入你要發佈的 Youtube 帳號，依序點選繼續，直到再次按下匯出。

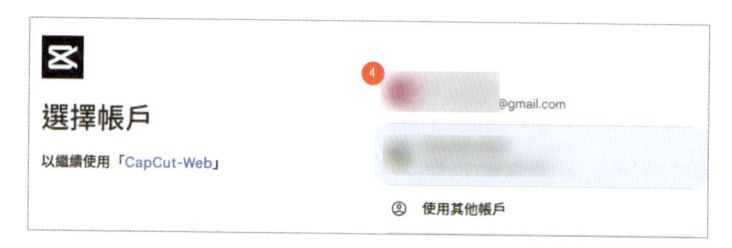

Step3. 輸入影片資訊：依序輸入標題、說明、顯示設定 (觀看權限)、標記 (影片關鍵字)，確認後按分享即可。

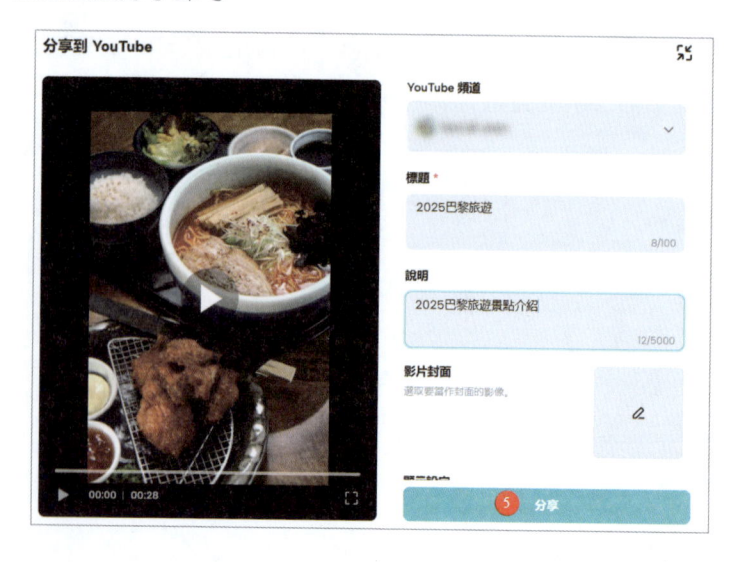

7-4

第 4 節　匯出簡報分享

Step4. 分享影片：發佈後即可於 Youtube 上直接觀看影片，或分享連結影片無需再切換至 Youtube 後台進行操作管理。

第 4 節　匯出簡報分享

將完成的影片輸出成簡報並分享連結技巧。

Step1. 將影片以簡報分享：點選匯出，選擇作為簡報分享。

Step2. 設定匯出格式：依序輸入影片名稱、解析度、畫面速率、格式等資訊，在

7-5

第 7 章　影片輸出與發佈全解析：格式、解析度到社群排程

此我們依預設值輸出設定即可，並點選匯出。

Step3. 設定影片資訊：隱私權設定 (知道連結的所有人都可觀看)，是否允許下載、是否顯示自動字幕、影片標題與說明等資訊，可依需求條件完成設定。

Step4. 拷貝連結：可依社群、電子郵件等方式分享，在此我們將以拷貝連結方式分享。

7-6

第 4 節　匯出簡報分享

Step5. 貼上連結完成分享：在此我們以 Line 為例說明，進入聊天視窗後，點選貼上後送出，即可見該影片的連結網址。

說明：由於 Capcut 並未支援所有社群類型，因此我們除了另外上傳影片外，也可直接以分享連結至其它社群媒體來觀看影片內容，主要差異在於播放平台不同而已。

第 7 章　影片輸出與發佈全解析：格式、解析度到社群排程

第 5 節　社群排程設定

我們可以直接於 Capcut 進行所有影片同步發佈到不同社群中，並同時進行排程設定，無需下載再上傳後才發佈至社群進行排程管理。

Step1.　匯出排程設計：點選匯出後選擇排程設定。

說明：在過去我們都需先將檔案完成匯出下載後，再重新上傳至所需要的平台 (如：Youtube、IG、FB 等社群)，然而此項功能大大簡化了這項作業流程，因為我們可以直接在此進行排程發佈，由 Capcut 在指定的時間內自動完成發佈至平台的作業程序。

Step2.　設定匯出格式：依序輸入影片名稱、解析度、畫面速率、格式等資訊，在此我們依預設值輸出設定即可。

第 5 節　社群排程設定

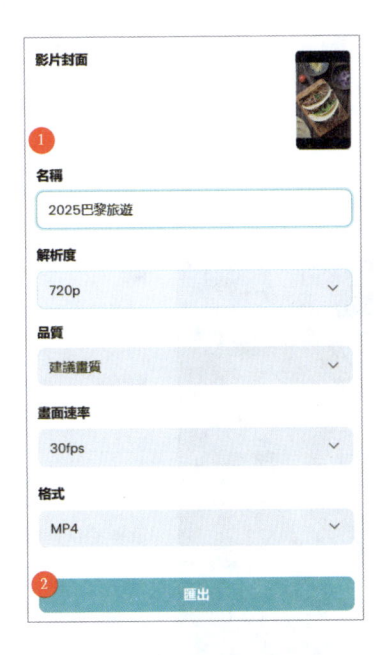

Step3. 排程設定：在此我們選擇分享到 Youtube Shorts、分享日期為：設定未來日期、時間可安排熱門時段，選取帳號 (指你要發佈到哪一個 Youtube 帳號)，標題 (發佈後所顯示的影片標題)。

說明：關於時間設定，點選您所要的排程時間後，記得按一下 ENTER 才能確認變更，以免時間又再次回復預設值。

7-9

第 7 章　影片輸出與發佈全解析：格式、解析度到社群排程

Step4. 影片資訊設定：繼續輸入影片說明 (影片內容介紹最多可 5000 字)、顯示設定 (是否公開觀看)、標記 (為 Youtube 影片關鍵字)，每組文字後按 Enter 形成獨立標記即可。

Step5. 變更影片封面：點選影片封面右側縮圖 ✎ 進入編輯模式。

第 5 節　社群排程設定

Step6. 選擇封面圖片：進入編輯模式後，從影片中移動時間線從影格中挑選出最吸睛的畫面做為封面來增加點擊率，或是另外上傳自訂的封面圖片來做為封面設計，確認後點選設定封面即可。

說明：在此的封面設定不相容於 Youtube Shorts 封面設定，需於 Youtube APP 再另行設定才可。

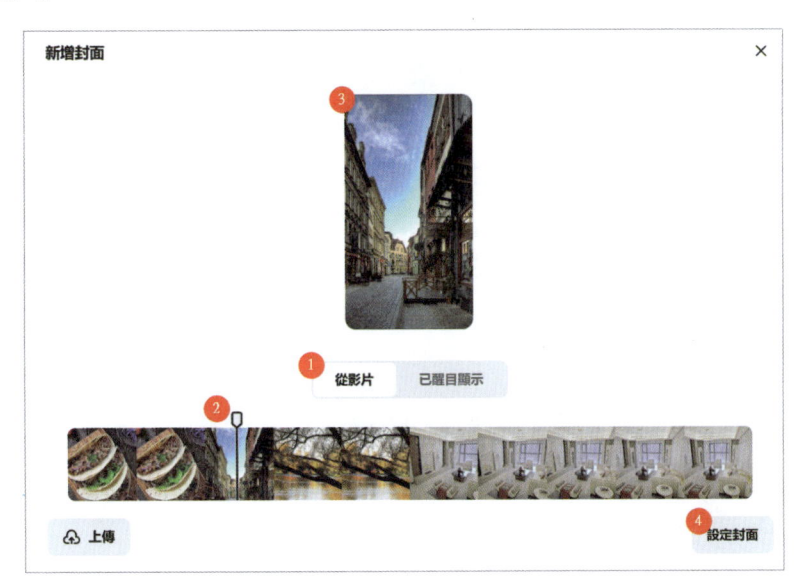

Step7. 確認排程發佈：確認所有影片資訊後，點選排程即正式發佈。

7-11

第 7 章　影片輸出與發佈全解析：格式、解析度到社群排程

Step8. 檢視排程：系統依排程時間自動發佈，我們可以檢視排程狀態。

Step9. 總覽排程表：我們可以於 3/26 當日中看見排程的記錄內容，此時即確認完成排程設定。

說明：我們也可於 Capcut 首頁中，點選分享並排程設定功能，即為排程總覽視窗中，看見所有排程記錄內容。

第 8 章

雲端剪輯時代的工作術：專案管理 × 團隊協作

第 8 章　雲端剪輯時代的工作術：專案管理 × 團隊協作

Capcut 不僅是一款功能強大的剪輯工具，更提供雲端專案管理、跨平台同步、多人協作等強大功能，使用者能夠在不同裝置間無縫切換，與團隊成員即時共用專案與素材。

Capcut 的專案管理，包括專案建立與分類、雲端空間管理、團隊協作管理等，幫助你掌握更高效的工作方式，讓影片製作不再受到時間與地點的限制。

第 1 節　專案建立與分類

認識專案管理應用與最近草稿歷程清單管理技巧。

01. 最近草稿

最近草稿所放置的是過去編輯的檔案清單，簡單而言即是雲端編輯時，系統自動儲存的檔案記錄；不必擔心因網速問題所造成的延遲或當機、以及檔案遺失或未儲存，因為都可在最近草稿中找到剛才編輯的檔案內容。

Step1. 切換最新草稿：首先點選左上角 CapCut 圖示，返回首頁位置處，點選最近的草稿即可見過去的檔案歷程清單。

說明：00:29 指影片總時長；202503101221 系統預設檔案名稱，為 2025 年 03 月 10 日 12 點 21 分的開檔時間，可重新自訂檔案名稱。

Step2. 重新命名：點選更多 … 重新命名即可。

第 1 節　專案建立與分類

02. 空間名稱

空間名稱中即為完整的專案管理介面，包含最近草稿、匯出的影片 MP4、材料 (指上傳的素材檔案)、上傳媒體、新增資料夾、垃圾桶等，都可在此進行完整的專案管理作業。

Step1.　上傳媒體：點選左側空間名稱，於右側視窗中點選上傳媒體，上傳資料夾將整理後的素材資料夾匯入。

Step2.　導入素材：於本機電腦中點選所需要的資料夾位置，在此我以母親節活動資料夾為例，依序點選上傳，即可。

說明：由於我們所指定的是上傳資料夾，所以在此是無法看見檔案清單，只要確認

8-3

第 8 章 雲端剪輯時代的工作術：專案管理 × 團隊協作

資料夾名稱與路徑即可。

Step3. 指定素材路徑：於右下角視窗即會呈現上傳狀態，直到上傳成功即可關閉視窗。

Step4. 上傳顯示：上傳後，如圖所示 4 個項目 (即 4 個檔案內容)。

8-4

第 1 節　專案建立與分類

Step5. 查看資料夾：開啟資料夾，可查看素材狀態；同時注意上方資料夾路徑 (社群創作空間 > 母親節活動)，未來要新增更多素材時，我們只要在這個資料夾下，再次點選<u>上傳媒體</u>即可。

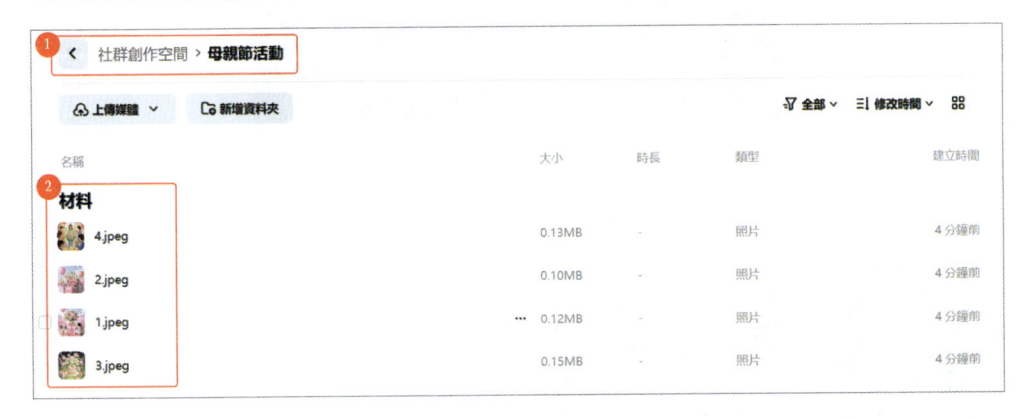

03. 新建專案

Step1. 新建專案：<u>點選空間名稱</u>，直接在此點選<u>建立影片或製作影像</u>，即可<u>進入專案視窗</u>中進行編輯作業。

Step2. 瀏覽素材：進入專案視窗後，左側<u>點選媒體</u>工具，即可見剛才我們<u>上傳的資料夾</u>素材庫。

8-5

第 8 章　雲端剪輯時代的工作術：專案管理 × 團隊協作

Step3. 開啟資料夾：點選媒體，並開啟資料夾 (母親節活動)，即可看見素材內容，依進場順序拖拉至時間軸即可開始進行剪輯設計。

04. 刪除與清理

返回 Capcut 首頁視窗，點選左上方 ⬚，再次點選左側空間名稱，我們來瞭解如何進行刪除等管理作業。

第 1 節　專案建立與分類

1. 草稿刪除

Step1.　刪除草稿：點選左側空間名稱，勾選欲刪除的草稿名稱，點選移至垃圾桶（刪除）。

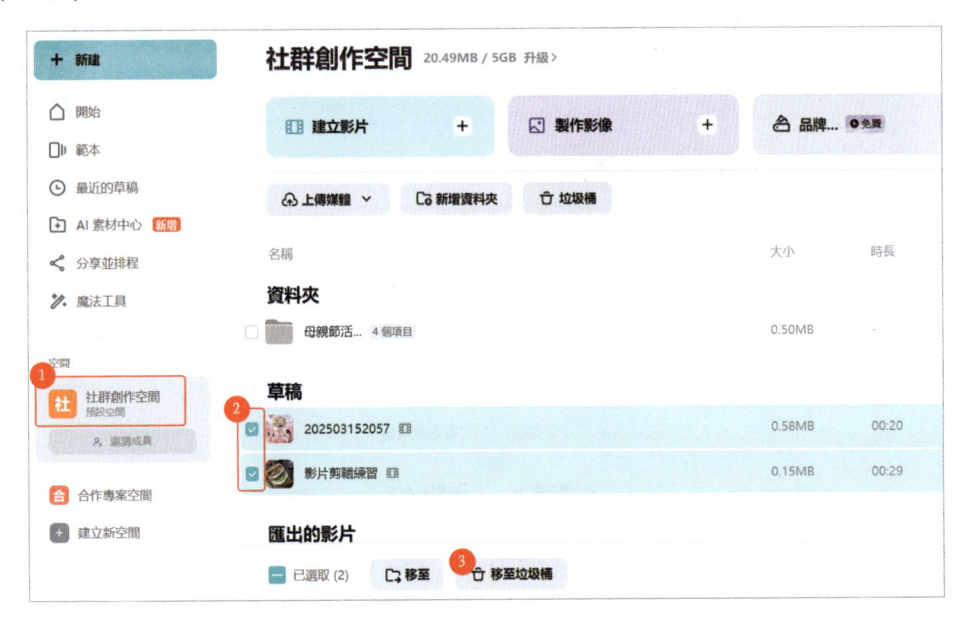

Step2.　確認刪除：再次確認是否刪除，系統會保留 30 天的資料內容。

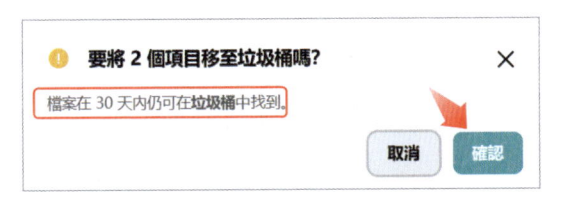

2. 資料夾刪除

關於資料夾刪除作業，需先將資料夾內的檔案完全刪除後，才可刪除資料夾。

Step1.　檔案刪除：點選空間名稱，於上方路徑顯示為資料夾內，此時勾選所需刪除的素材檔案，而後再次確認刪除即可。

說明：在進行素材刪除時，尤其要特別注意提示視窗中的警告訊息，這些檔案已套用到專案草稿檔中，若是未來素材 30 天後直接刪除，也會造成草稿檔內容檔案遺失問題。

8-7

第 8 章　雲端剪輯時代的工作術：專案管理 × 團隊協作

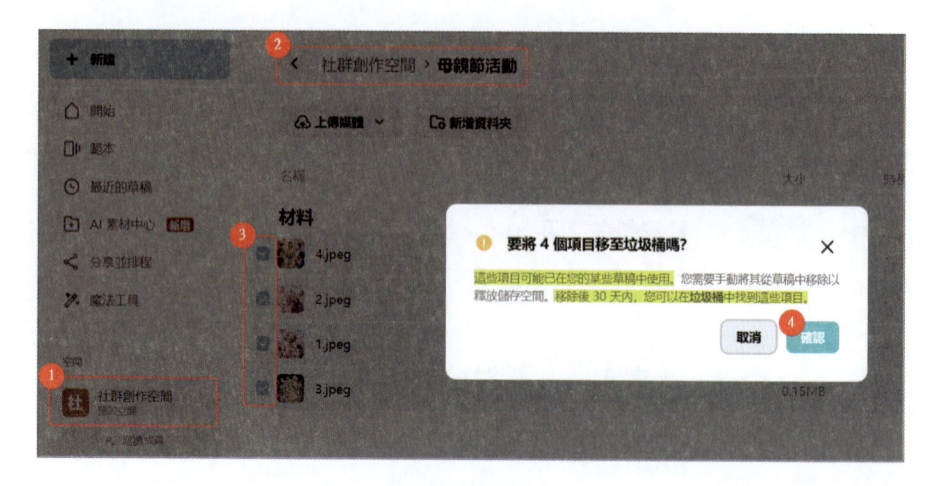

Step2. 返回主目錄：返回上一層路徑 (即空間名稱主頁)，路徑切換位置以此處點選為主。

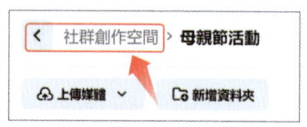

Step3. 刪除資料夾：於空間名稱主頁中，勾選資料夾名稱，即可於下方點選刪除即可。

8-8

3. 復原與永久刪除

Step1. 查看刪除資料：點選 垃圾桶，查看刪除的檔案概況。

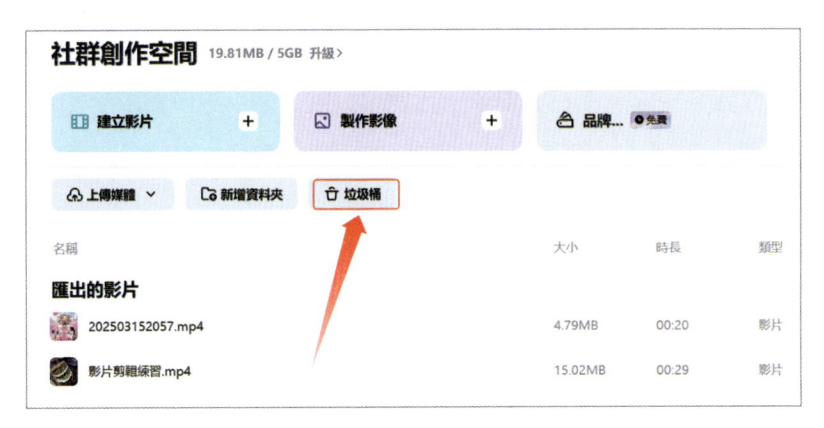

Step2. 還原檔案：在此可見剛才刪除的草稿與材料 (素材)；再次 勾選檔案，點選下方 復原 (還原) 或刪除 (永久刪除)。

說明：注意上方的說明事項，最多保留 30 天，隨時可復原，但 30 天後將永久刪除，此時才會 真正釋放出雲端儲存空間。

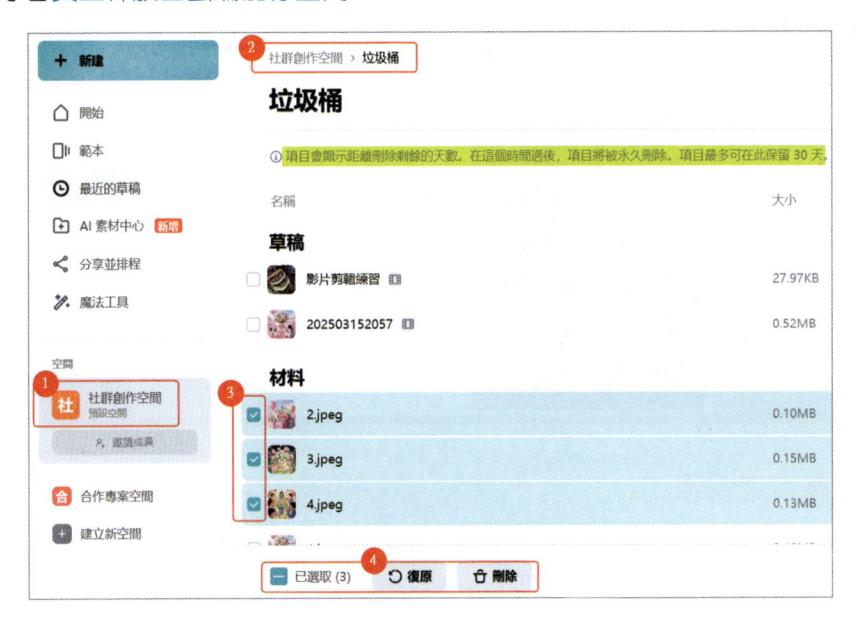

第 8 章　雲端剪輯時代的工作術：專案管理 ✕ 團隊協作

第 2 節　雲端空間管理

Capcut 在啟動時，提供我們的預設雲端儲存空間 (5GB)，每個帳號最多可創建 3 個空間 (也就是有 15GB 容量)，而每個空間最多可邀請 2 名成員 (包含自己計入 1 位) 加入共同協作與分享媒體素材等資源，我們可以於下圖中瞭解實際配置資訊。

01. 系統設定管理

Capcut 的後台設定主要涵蓋帳戶管理、空間管理 (建立、刪除、設定)，根據不同版本（網頁版、桌上出版、行動版）都有所不同。在此我們分為兩大類的設定；分別為 Capcut 系統設定與個別空間設定來進行說明。

第 2 節　雲端空間管理

Step1. 首頁設定：於 Capcut 首頁中，點選右上角個人圖像 (大頭貼)， 設定功能即為系統設定管理區。

Step2. 帳號管理：帳號資訊與刪除帳號管理，包含初次註冊時所綁定的各項資訊查詢位置。

Step3. 空間設定管理：再次點選左側空間，於右側選擇欲管理空間名稱，點選更多 … 即可看見設定，在此的設定即是空間管理的設定區。

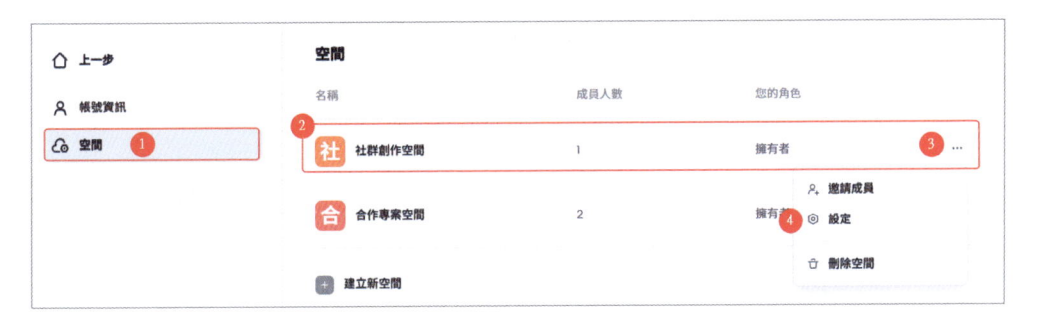

8-11

第 8 章　雲端剪輯時代的工作術：專案管理 × 團隊協作

Step4. 返回 Capcut 首頁：點選上一步即可再次返回 Capcut 首頁。

02. 空間設定管理

在此的空間設定管理除了上一節中所提到的方式外，我們也可直接由左側的空間名稱位置來啟動設定功能。

Step1. 空間設定：左側點選需異動的空間名稱，於右上角點選 ⚙ 設定，即可進入後台設定。

說明：在此的設定為每個空間的獨立後台，依所點選的空間名稱進行的設定管理，不會異動到其它空間名稱。

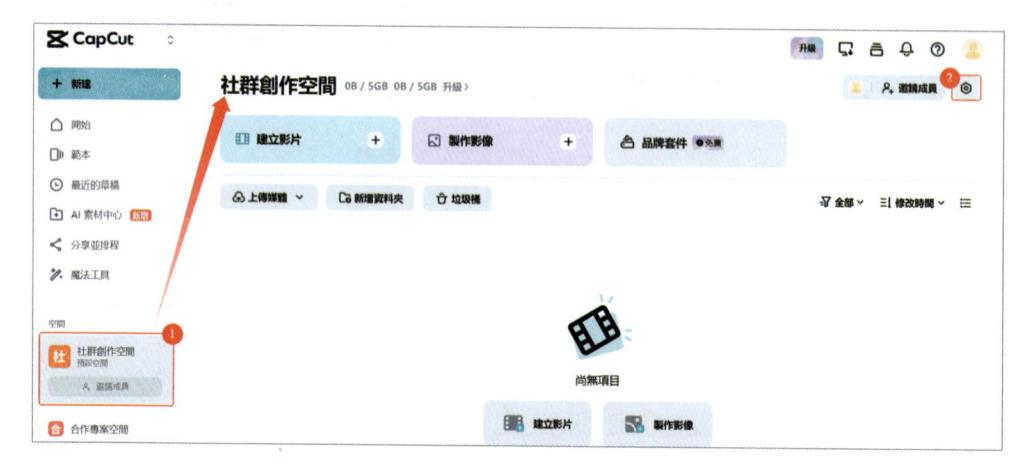

Step2. 成員管理：左側為空間設定管理功能，包含成員邀請、權限設定、自動同步等。

8-12

第 2 節　雲端空間管理

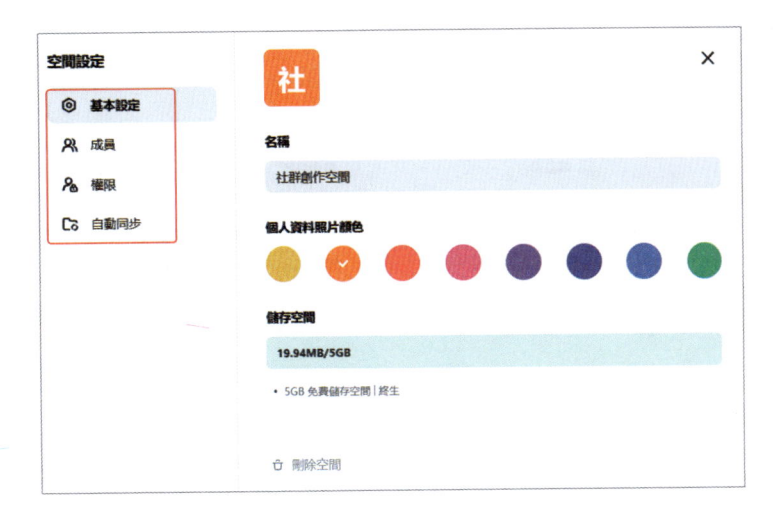

03. 更名與色彩

於基本設定位置，名稱 (可重新自訂新名稱)、個人資料照片顏色 (指空間圖標色彩)、儲存空間可隨時觀看空間使用量，要特別注意的是一個空間限 5GB 容量限制，完成後 ✕ 關閉視窗即可。

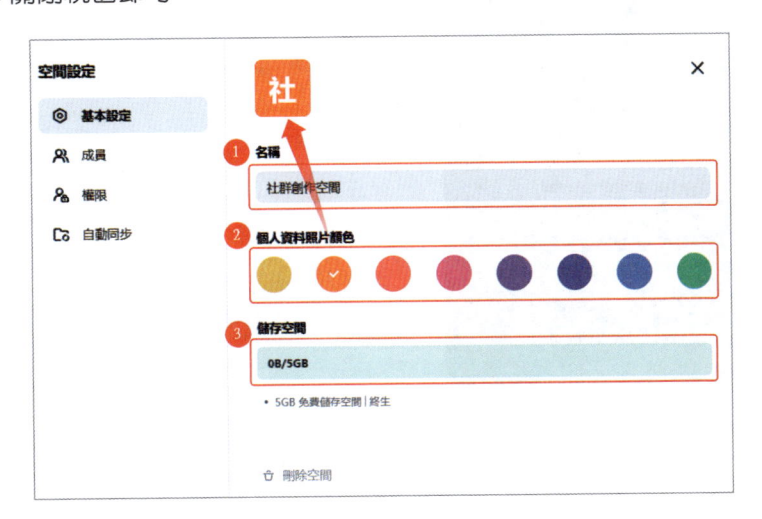

04. 建立新空間

點選 CapCut 返回首頁視窗，於左側功能列最下方，點選建立新空間即可。

8-13

第 8 章　雲端剪輯時代的工作術：專案管理 × 團隊協作

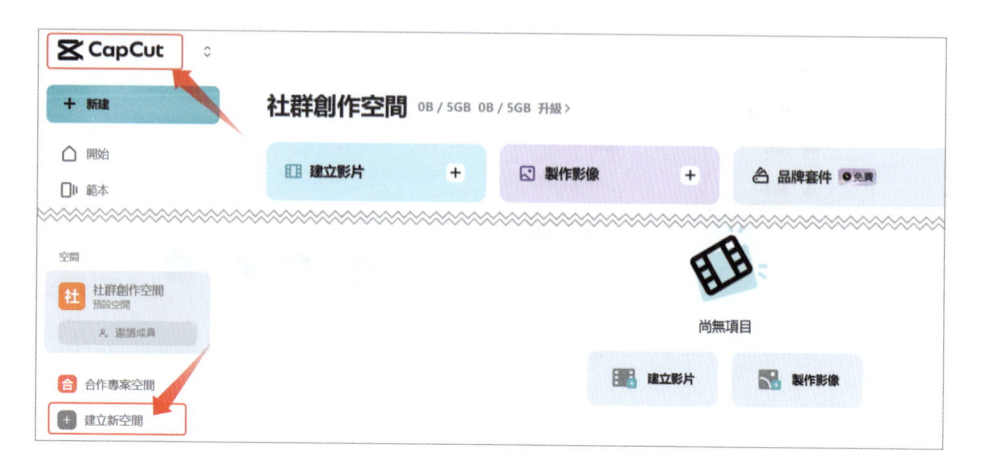

Step1. 建立空間：輸入空間名稱 (中英文均可)，若需要邀請成員，可輸入成員 Email 後，按 Enter 為一個獨立標記，即可再新增其它成員，不需邀請時，也可省略不輸入，點選建立空間。

Step2. 空間名稱列表：於左側視窗即可見「測試空間」建立完成。

8-14

第 2 節　雲端空間管理

05. 刪除空間

在進行刪除空間作業前,請務必確認空間內的所有資料已備存,因系統會將資料全部刪除,包含空間內的成員也會一併移出,但仍可在 30 天內還原空間。

Step1. 空間設定:點選欲刪除的空間位置,由右上方點選 ⚙ 設定功能進入

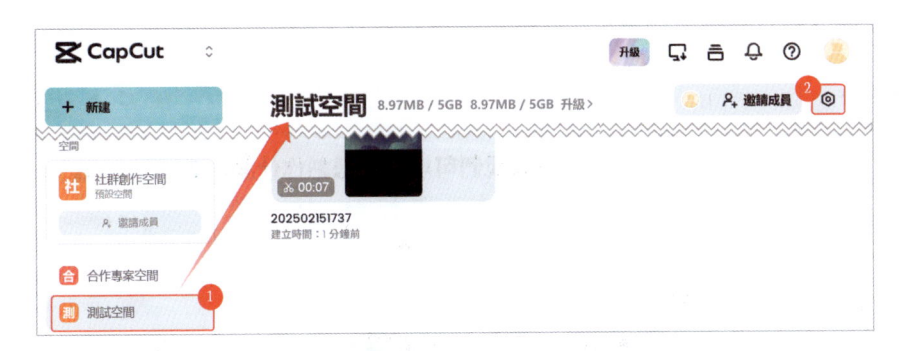

Step2. 刪除空間:再次確認欲刪除的名稱,點選刪除即可。

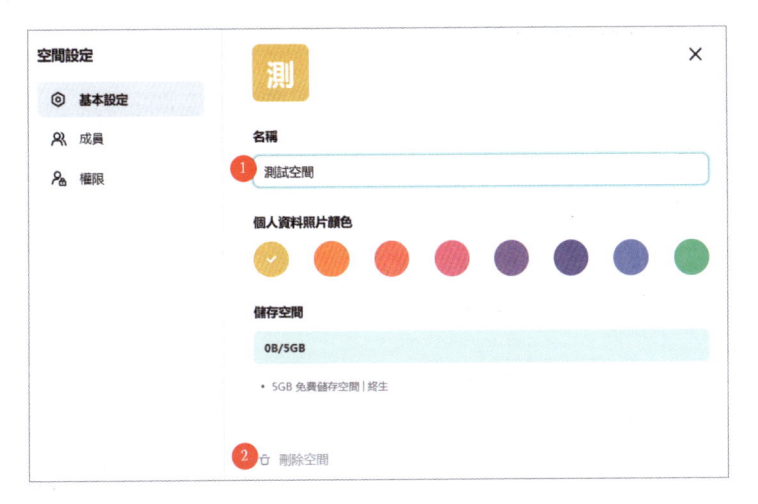

Step3. 確認刪除:再次輸入空間名稱 (可參考上方標題文字) 必需輸入相同名稱,主要是再次確認您是否真的要刪除,點選刪除後即正式刪除。

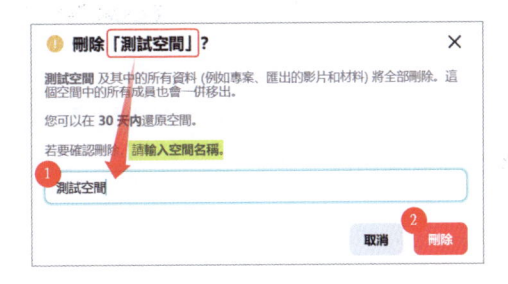

8-15

06. 還原 / 刪除空間

在此的還原刪除設定，我們要回歸到系統管理的邏輯，所以必需於 Capcut 首頁位置處，點選右上角個人頭像 (大頭貼) 設定進入管理。

Step1. 系統設定：點選右上角個人頭像 (大頭貼)，點選設定。

說明：此項設定意指針對系統帳號管理的後台設定，即全站的設定。

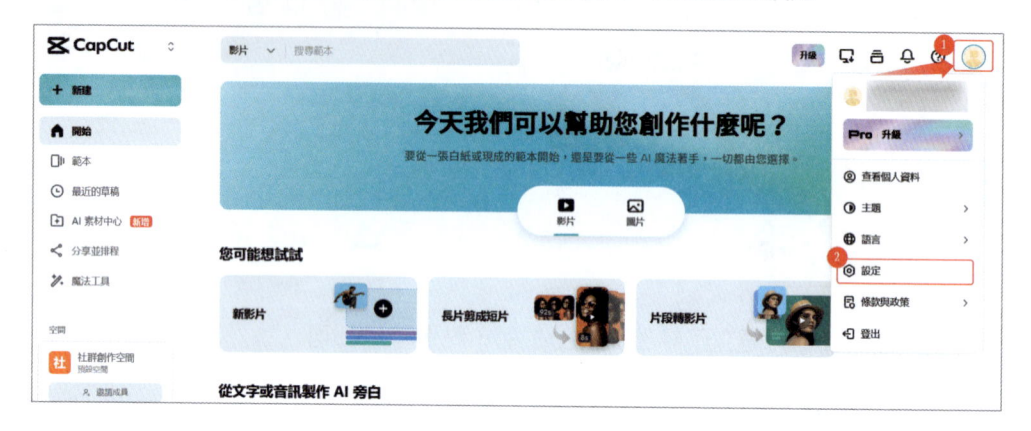

Step2. 還原空間：於左側點選空間，右側尋找欲還原空間名稱 (測試空間)，點選更多 … 即可還原或是永久刪除。

Step3. 返回 Capcut 首頁：完成後，點選左上角 CapCut 或點選上一步，返回首頁即可。

說明：初學的朋友們常會因視窗位置找不到而迷路，建議操作中只要迷路了，就是點選左上角 CapCut 即可返回首頁。

8-16

第 3 節　團隊協作管理

Capcut 允許團隊成員共同編輯專案、管理素材、分配權限，並透過雲端同步進行高效協作，對於內容創作公司、品牌行銷團隊、Youtuber 團隊等能更有效率完成專案創作。

01. 連結邀請成員

透過連結邀請成員，可於任何的社群媒體對話窗口 (FB Message、Line 聊天室、IG 聊天室等) 與成員分享；意即只要知道該連結的人，都可以加入協同作業；相對的一但專案負責人將連結取消，則該成員也將無法再登入。

另一使用情境即是因為沒有對方 Email 連絡方式的前提下，我們即直接以分享連結方式進行邀請。

Step1.　空間成員邀請：切換至指定的專屬空間 (如：合作專案空間)。

Step2.　邀請成員：於右上角邀請成員。

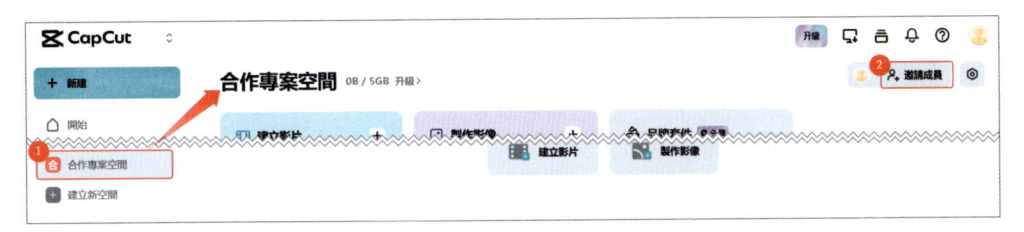

Step3.　成員權限：指定邀請成員的權限 (注意：先指定權限、再點選拷貝)。

1. 管理員權限：可以編輯和管理空間中的所有視頻文件。

2. 協作者權限：只能編輯和管理他們自己在空間中發佈的視頻檔。

Step4.　邀請連結：點選拷貝連結邀請。

第 8 章　雲端剪輯時代的工作術：專案管理 × 團隊協作

在此我們以 Line 聊天室示範邀請作業。

Step5.　分享連結：於聊天對話框中，貼上後 Enter 送出。

說明：電腦版 Line(點選右鍵 / 貼上)、手機版 Line(手指按住 2 秒 / 貼上)。

Step6.　等待回應：待對方點選聊天對話中的連結文字。

8-18

第 3 節　團隊協作管理

Step7. 綁定帳號：您可以選擇用 Google 帳號、Tiktok、Facebook 帳號綁定加入協作。

Step8. 第三方 Email：或是由其它電子郵件加入綁定協作即可。

Step9. 依序完成：點選繼續。

Step10. 確認資訊：再次確認綁定帳號資訊。

Step11. 提交完成：點選提交即可。

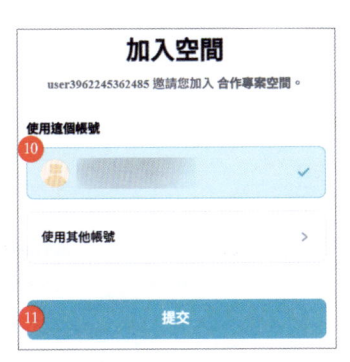

此視窗即為對方成員加入後的編輯主視窗。

Step12. 查看加入成員：左側為成員的帳號資料，對應合作專案空間的位置。

第 8 章　雲端剪輯時代的工作術：專案管理 ✕ 團隊協作

Step13. 圖示識別：右上角有 2 個頭像圖示，示意為共同協作空間。

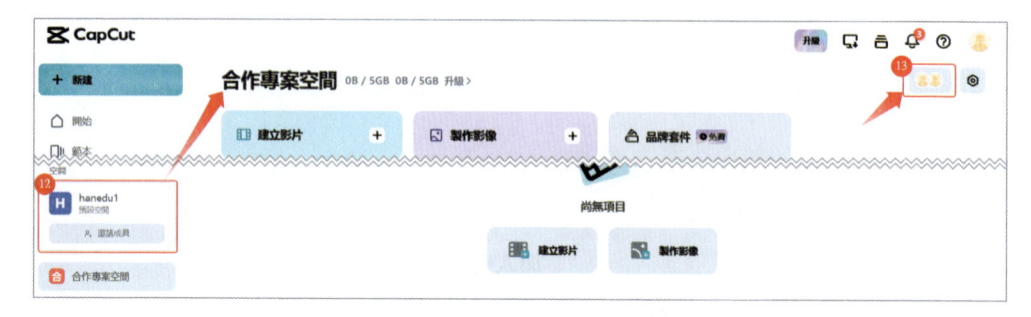

讓我們來對比一下，專案負責人的視窗變化，右上角即顯示 2 位成員頭像。

說明：空間人數已達上限，2 位成員中包含自己 1 位，其實只剩邀請 1 位成員。

02. Email 邀請成員

另一邀請方式即是透過 Email，我們再次以專案負責人的角度出發，返回管理頁面中。

Step1.　邀請空間：確認欲邀請成員的空間位置。

Step2.　邀請成員：點選邀請成員。

Step3.　成員 mail 信箱：輸入欲邀請成員 Email 信箱，按 ENTER 獨立一個標記。

Step4.　設定權限：設定成員權限 (管理員、協作者)。

Step5.　發出邀請：點選邀請。

第 3 節　團隊協作管理

對方信箱即可見邀請信件，開啟信件加入空間即完成邀請作業。

Step6. 回復邀請：點選 Join 即完成加入邀請作業。

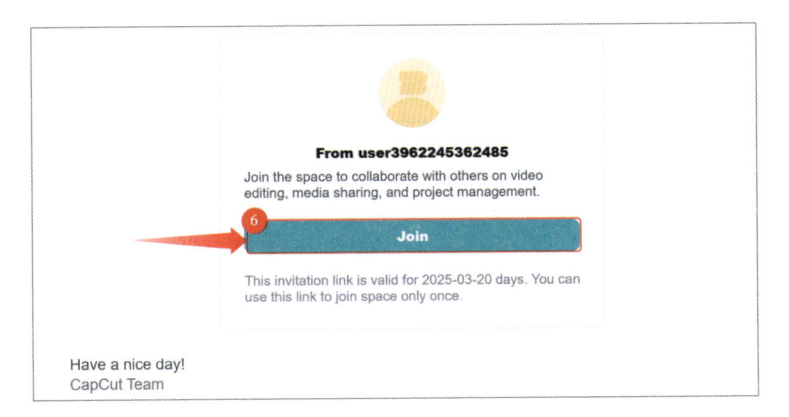

03. 權限異動 / 刪除

在進行共同協作時，若因應編輯的需求，需再次將成員權限進行異動，我們可以利用下列方式完成變更權限。

8-21

第 8 章　雲端剪輯時代的工作術：專案管理 × 團隊協作

Step1. 點選協作圖示：返回 Capcut 首頁視窗，點選空間名稱 (合作專案空間)，點選右上角個人頭像 (大頭貼)。

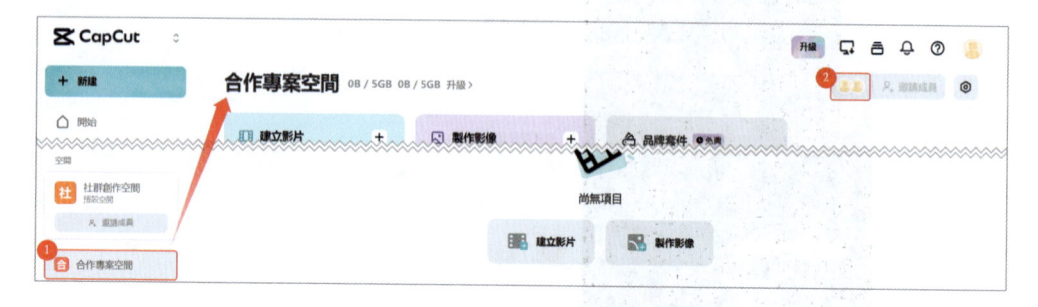

Step2. 變更權限：於左側點選成員，右側 (成員列表名單)，選擇欲變更權限成員帳號，下拉功能表中即可變更為管理員或協作者，當然也可在此進行成員刪除。

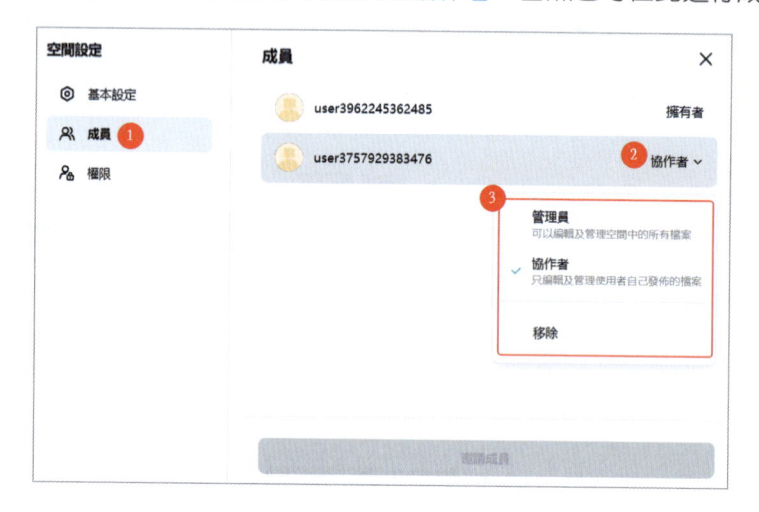

第 2 部份

實戰應用演練

- 第 9 章　從零開始剪輯！用 Vlog 記錄你的精彩時刻
- 第 10 章　3 分鐘搞定短視頻！用範本輕鬆打造吸睛作品
- 第 11 章　會動的文字更吸睛！讓影片文字變得更有趣
- 第 12 章　轉場玩出新花樣！讓影片變得更順暢
- 第 13 章　關鍵幀玩動畫！打造吸睛的電商廣告影片
- 第 14 章　音樂決定氛圍！用聲音讓影片更有感覺
- 第 15 章　Capcut 圖片技巧

第 9 章

從零開始剪輯！用 Vlog 記錄你的精彩時刻

第 9 章　從零開始剪輯！用 Vlog 記錄你的精彩時刻

Youtube 熱門影片創作類型中 Vlog（Video Blog），主要分享日常生活、旅行、美食或特別時刻的熱門影片創作。本章將教你如何從素材整理、剪輯、轉場到添加音樂，打造流暢又吸引人的 30 秒 Vlog，讓觀眾沉浸在你的故事中！

實例演練：製作一支 Youtube Vlog 影片、影片尺寸：橫式 16:9、影片時長：30 秒。

素材準備：參考第 2 章第 1 節免費素材下載，並匯集整理至資料夾中，上傳至 Capcut 媒體庫。

素材庫資源：也可於 Capcut 中元素搜尋 (圖片或影片素材)、音訊搜尋 (音樂、音訊) 直接進行練習。

第 1 節　熱門視頻分析

了解熱門視頻市場分析與影片結構設計。

01. 熱門需求導向 - 讓 Vlog 影片更吸睛、更有流量

☑ **熱門主題 Vlog 類型**

- 日常生活 Vlog（輕鬆記錄一天，但畫面要精緻）
- 旅行 Vlog（異國風情 + 風景大片 + 美食體驗）
- 挑戰 / 實驗 Vlog（如「24 小時不說話挑戰」、「一週極簡生活」）
- 美食 Vlog（特色餐廳、自己下廚、街頭美食探店）
- 開箱 Vlog（新玩具、新科技、新潮商品體驗）

☑ **符合觀眾需求**

- 娛樂派（輕鬆有趣，適合邊看邊放鬆）
- 學習派（想透過 Vlog 獲得資訊，如旅遊攻略、生活技巧）
- 情感派（想感受真實情緒，如個人成長、感人故事）

02. 影片結構設計 - 完整 Vlog 框架，讓內容更吸引人

◆ 開場（0-5 秒）：直接抓住觀眾！

☑ 用最有趣、最特別的一幕開場（如驚喜發現、新嘗試、搞笑片段）

☑ 說出「今天要做什麼」，提高觀眾期待感（如：「今天來挑戰不花錢過一天！」）

☑ 簡短自我介紹（可省略，但如果是新觀眾看到，有介紹會更有連結感）

◆ 主體（6 秒 -25 秒）：有故事感 + 畫面有層次

【前】鋪陳（簡單講今天要做的事，分享自己的期待或想法）

【中】體驗過程（記錄重點時刻，如旅行時的美景、美食、特別發現）

【後】感受回顧（簡單說一下今天的收穫，或帶點情緒，比如「這餐真的太值了！」）

◆ 結尾（最後 5 秒）：增加互動 & 讓觀眾記住你！

☑ 提問吸引留言（如：「你們覺得這趟旅行最棒的地方是哪裡？」）

☑ 口說或字幕引導觀眾訂閱 & 追蹤（如：「喜歡這類 Vlog 的話記得按讚 + 訂閱哦！」）

☑ 最後放上一個輕鬆美好的畫面（如夕陽、笑容、乾杯）

03. 魔鬼藏在細節裡

✔ 字幕：適量添加對話、關鍵資訊，幫助觀眾理解

✔ 音樂選擇：搭配 Vlog 氛圍（輕快音樂適合日常，慢節奏適合治癒風）

✔ 轉場特效：用平滑剪輯 + 適量特效，避免讓畫面太生硬

第 2 節　匯入素材裁剪尺寸

上傳資料夾素材，安排故事腳本並統一素材尺寸設定。

01. 建立專案匯入素材

Step1. 新建專案：於 Capcut 首頁，點選新建，影片選擇 16:9 尺寸。

Step2. 導入素材：點選媒體，上傳需要剪輯的視頻素材，點選上傳資料夾，更改專案名稱 (如 : 巴黎自助旅行)，並再次確認影片尺寸為 16:9。

Step3. 安排腳本：開啟資料夾 (巴黎自助旅行)，依序拖拉素材到時間軸，安排故事腳本，並適當縮放時間軸大小，以方便素材排列與綜觀全部素材。

02. 如何裁剪視頻尺寸

Step1. 裁剪素材：預覽所有素材尺寸，利用裁剪將所有素材尺寸統一 (16:9)，移動時間線停駐要修改的素材位置，點選素材 (呈藍色外框)，點選裁剪。

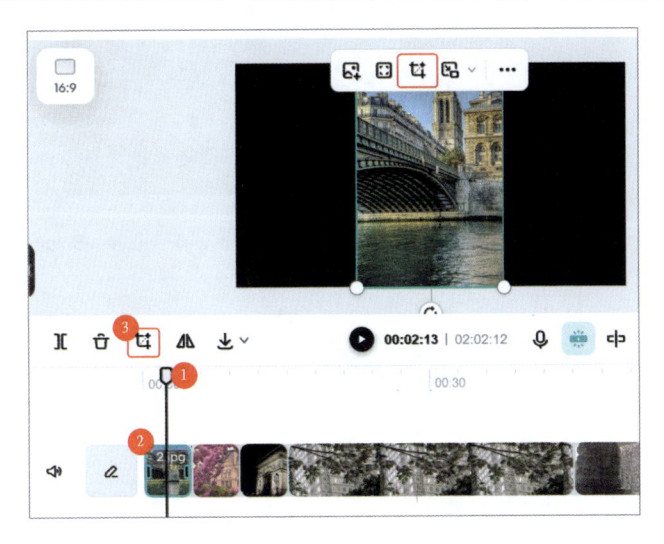

Step2. 手動裁剪：長寬比例 16:9，手動裁切模式，右側視窗裁切所需大小並決定焦點顯示位置後，套用即可。

說明：重覆此動作，將所有素材統一致性大小。

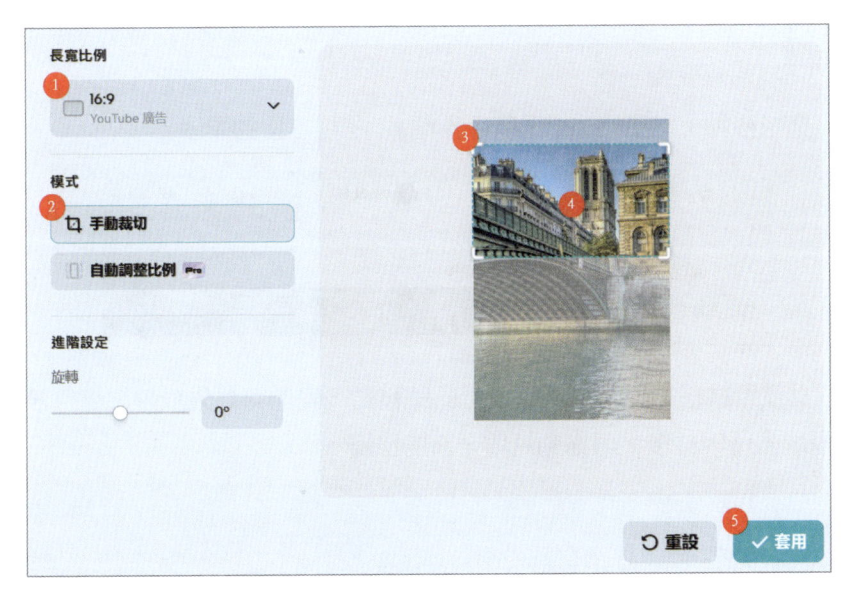

9-5

Step3. 統一素材尺寸：裁剪後即可以全螢幕 (滿版) 顯示素材內容。

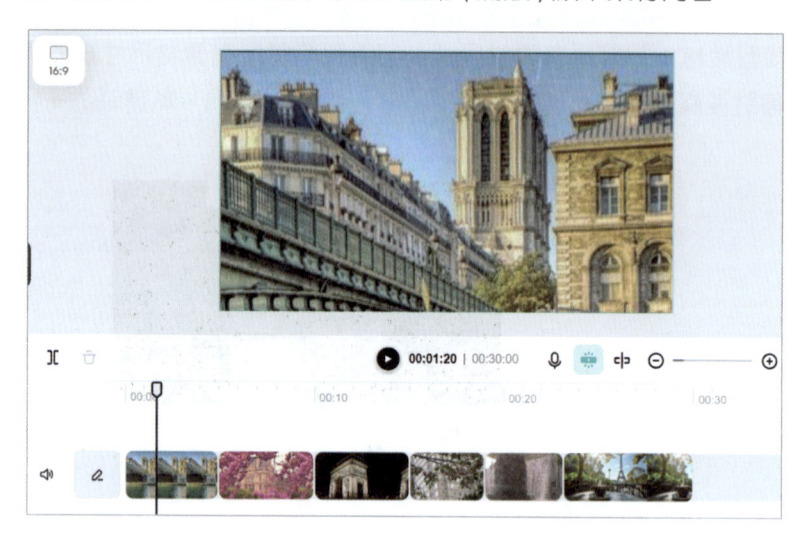

第 3 節　調整片段順序

如何重新調整時間軸素材與進場順序。

01. 如何調整視頻片段順序

當素材置入時間軸後，我們仍可以重新調整排列順序，只要於素材上點選後直接左拖拉即可。

Step1. 拖拉移動：點選素材 (呈藍色外框)，左拖拉移動順序。

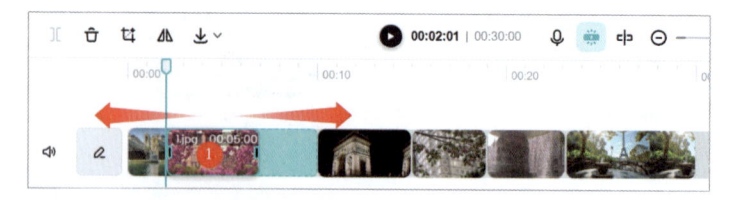

Step2. 批量素材移動：若是多段素材同時移動，我們可以先於外側進行左上右下框選，選取多段素材後，再拖動片段至新的位置。

第 4 節　合併與分割視頻片段

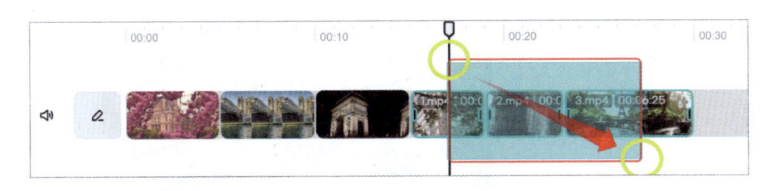

Step3. 批量拖拉：此時左拖拉，即批量移動素材順序。

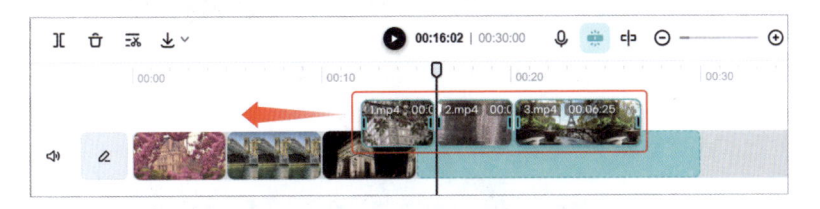

Step4. 播放預覽：完成後的素材排列狀態，播放預覽效果。

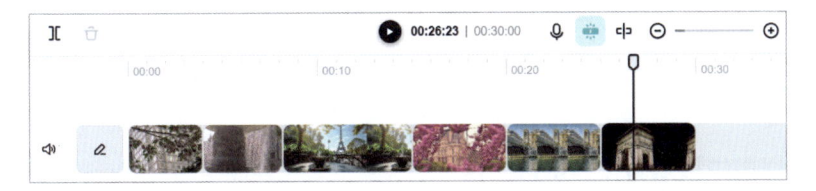

第 4 節　合併與分割視頻片段

影片素材如何分割與合併操作技巧說明。

01. 分割長片段成為數個小片段

如何將影片濃縮為 30 秒精華片段，我們將利用分割 (粗剪) 與修剪 (細剪) 將不必要的片段刪除。

先預覽影片播放內容，接下來同時思考哪些片段需要刪除。

Step1. 分割：移動時間線停駐在所要分割的時間位置 (25:17)，點選素材 (呈藍色外框)，點選分割，該區段即形成獨立片段後，點選刪除即可。

說明：如圖希望自 (25:17) 起至片尾刪除，所以必需在此進行獨立分割，重覆此動作，我們將每個素材先做第一階段的分割刪除 (粗剪) 作業。

9-7

第 9 章　從零開始剪輯！用 Vlog 記錄你的精彩時刻

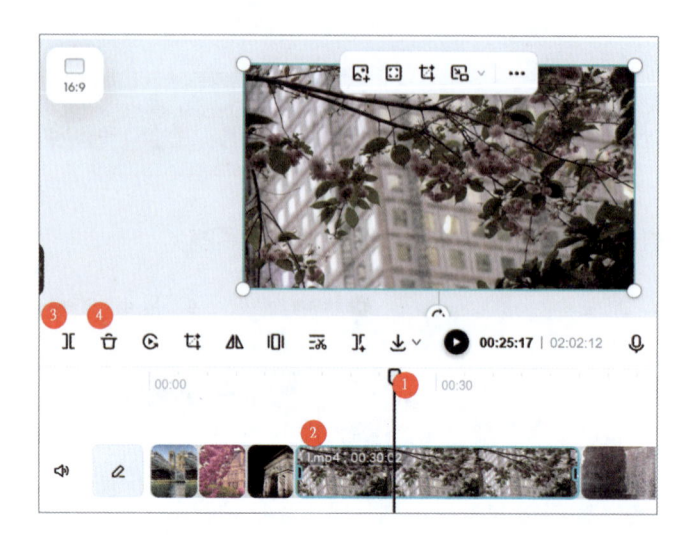

Step2. 修剪時長：將影片總時長修剪至 30 秒內，小技巧在進行修剪細部時，適時放大時間軸，並移動時間線作為參考線基準，再修剪素材的內容，這即是細剪的過程。

說明：在修剪中請隨時預覽影片內容，避免重要畫面與訊息不小心刪除或遺漏。

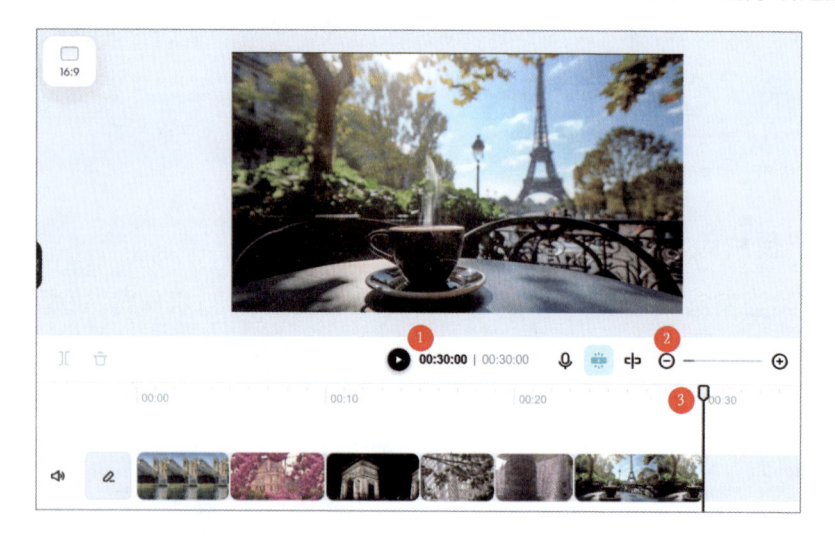

第 4 節　合併與分割視頻片段

02. 修剪視頻的入點和出點

完成了初步的粗剪後，播放測試觀看影片內容是否流暢與過渡自然，接續我們將利用修剪(細剪)方式，再將入點與出點再處理的更自然更流暢。

首先我們先瞭解何謂入點與出點(呈藍色外框範圍)，如圖所示：

Ａ：為該片段的入點。

Ｂ：為該片段的出點。

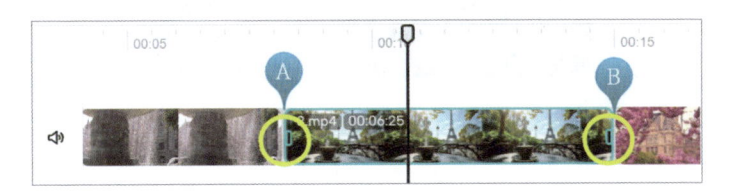

Step1. 入點修剪：移動時間線停駐在你要修剪的片段位置，拖拉入點(向右修剪)。

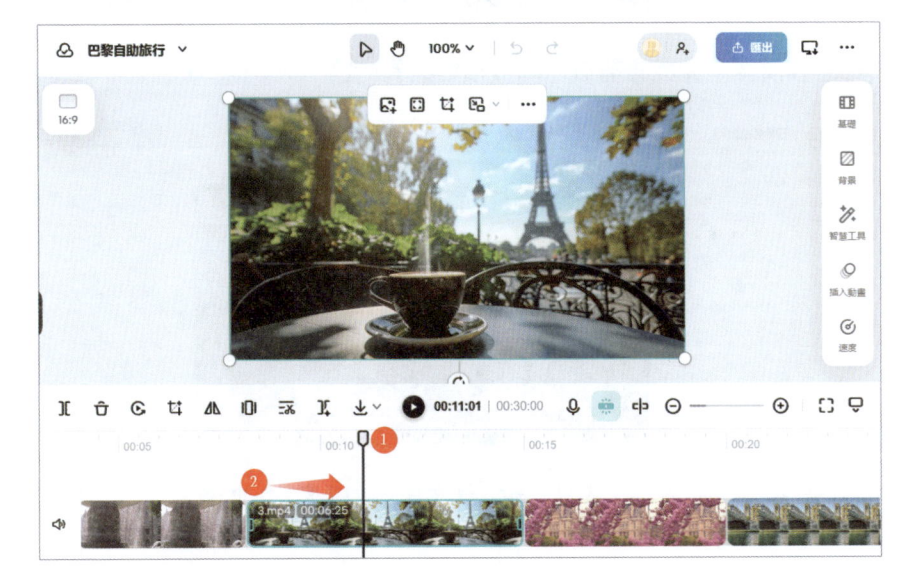

9-9

第 9 章 從零開始剪輯！用 Vlog 記錄你的精彩時刻

Step2. 出點修剪：拖拉出點 (向左修剪)，中央區段即為保留的視頻內容區段。

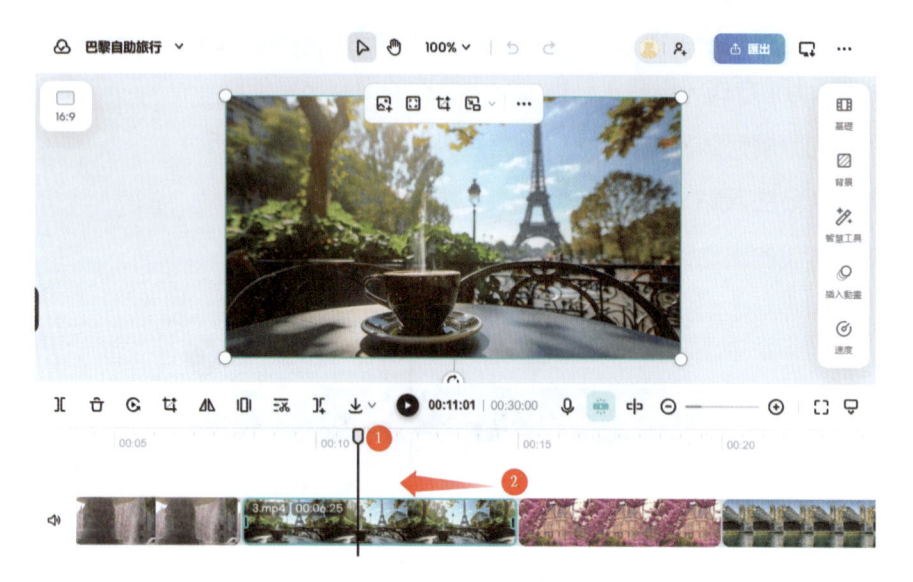

Step3. 播放預覽：完成修剪後，播放預覽觀看內容。

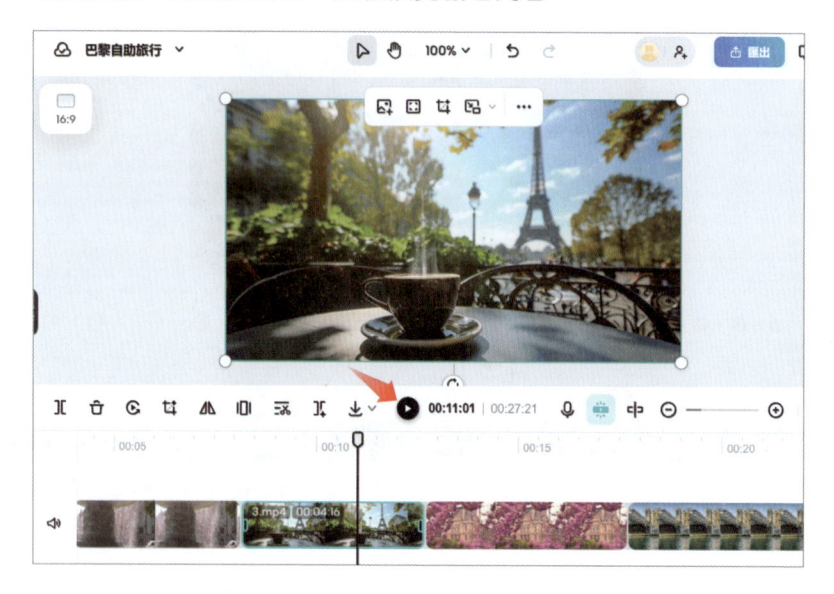

9-10

第 4 節　合併與分割視頻片段

03. 將多個素材合併為一個

當時間軸隨著時長的變化，素材堆疊數量會隨之增加，若是需要將某一區段的數個片段集合，形成獨立的影片檔案時，在此我們即可使用合併影片並下載方式來進行片段輸出。

Step1. 　選取素材：移動時間線停駐在想要預覽的位置，於空白處進行片段素材框選 (呈藍色外框)。

說明：在此我希望將前 2 個片段內容獨立輸出成為片頭開場，並且合併輸出後，可再次於其它專案中重覆匯入使用，如此即可簡化再重新修剪的過程，相同原理也可應用於片尾或其它的設計需求。

9-11

第 9 章　從零開始剪輯！用 Vlog 記錄你的精彩時刻

Step2. 下載選取片段：點選下載，再次點選下載選取的片段。

說明：下載範圍僅限選取的片段 (呈藍色外框範圍)，不包含上方軌道素材。

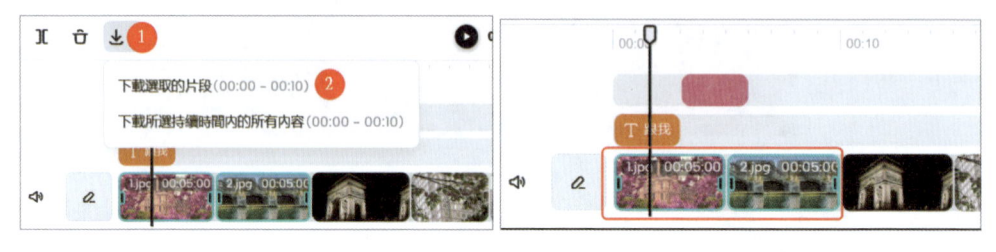

另外若是選取下載所選持續時間內的所有內容，則是以框選的時間區段，將該時間區段中所有軌道的素材，一併輸出 (即同時段所有素材下載)。

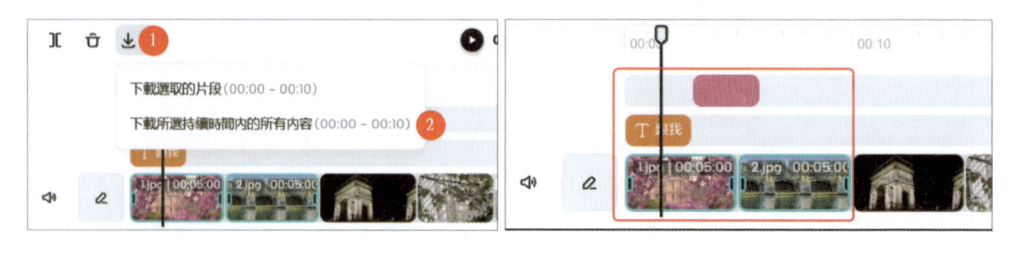

9-12

Step3. 輸入影片名稱：輸入片段名稱 (巴黎自助旅行 - 片頭)，其餘以預設值即可，點選下載。

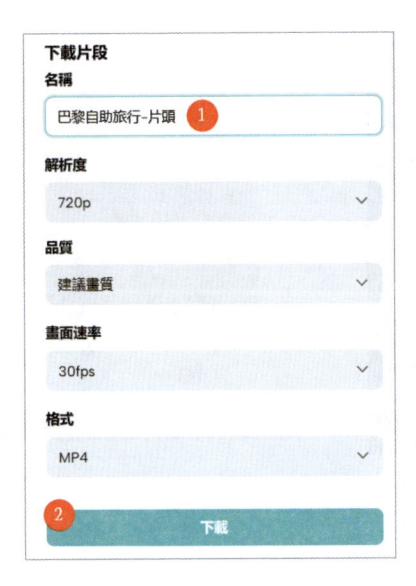

Step4. 查看下載：於右上角下載圖示點選，即可看見檔案名稱 (巴黎自助旅行 - 片頭)，點選播放測試。

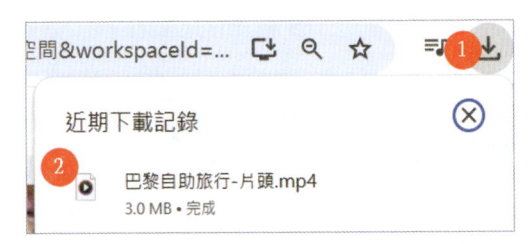

第 5 節　添加轉場效果提升流暢度

當畫面經由修剪後，片段與片段間的過渡該如何才能夠流暢與自然，在此即是所謂的轉場，簡單的說即是片段 1 轉片段 2 中間的過渡設定。

Step1. 轉場設定：移動時間線停駐在變動的素材位置，左側切換至轉場工具，即可瀏覽轉場類型 (熱門、訂閱 VIP、重疊等)，點選重疊並拖拉眩光疊化至兩片段之間，套用轉場效果。

說明：素材左上方的 Pro 圖示為付費會員素材，點選查看全部可以預覽更多轉場效果。

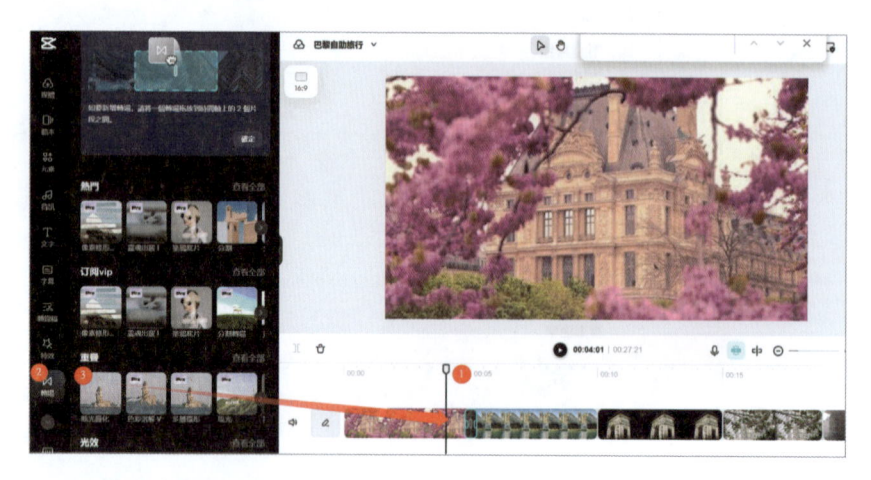

Step2 調整轉場速度：點選轉場片段 (呈藍色外框)，右側視窗點選基礎，時長調整 (向右增加、向左減少)，若需取消設定，點選 ↻ 復原，當所有片段需要使用相同轉場時，我們也可直接點選套用全部即可。

說明：時長秒數越長速度越慢，秒數越短速度越快，但需注意的即是 1 秒的時長是使用片段 1 後方 0.5 秒；片段 2 前方 0.5 相加後的總時長，這觀念務必清楚。

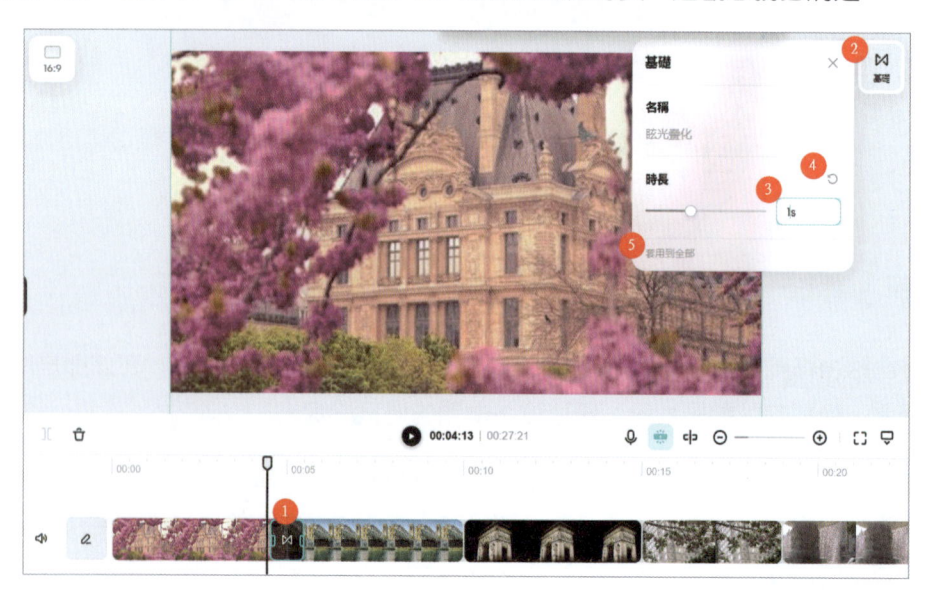

Step3. 套用全部：在此我們選擇套用到全部，即可見片段間即自動套用相同轉場效果。

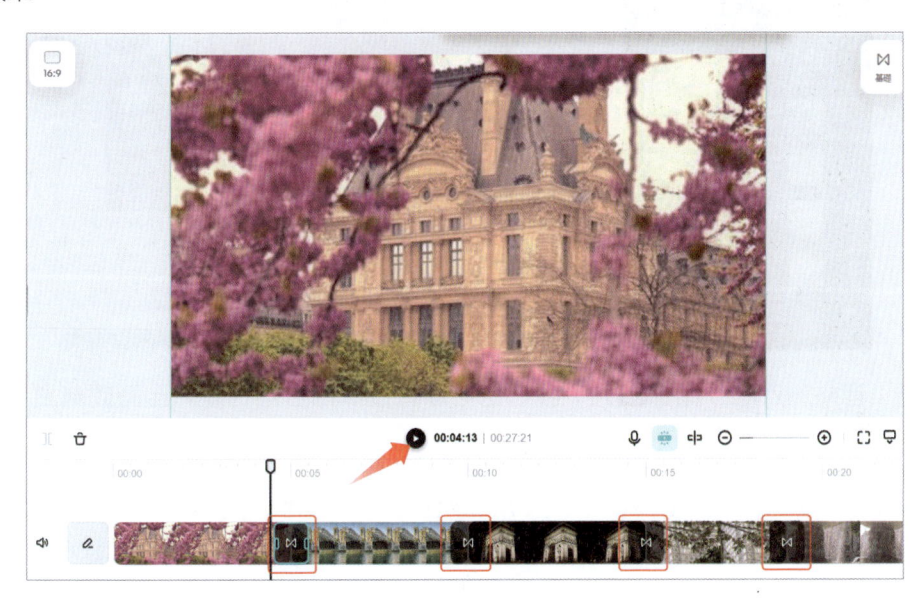

第 6 節　音頻與視頻的同步

透過音頻與視頻的同步能提升影片質感，使內容更流暢。接續將說明如何添加背景音樂、調整音量，以及精確對齊音頻與視頻，打造專業級效果。

01. 如何添加背景音樂並調整音量

Step1. 加入背景音樂：將主軌道的 音訊先關閉 🔊（左一下），關閉所有素材中的聲音；移動時間線至影片起點 00:00:00 處，意即我們需要將背景音樂從頭開始插入，點選 音訊 選擇 音樂，輸入曲風 (Vlog)，試聽播放音樂，對於喜歡的音樂我們可以點選 🔖 我的珍藏，或直接點選 ➕ 加入到時間軌中，形成背景音樂。

第 9 章　從零開始剪輯！用 Vlog 記錄你的精彩時刻

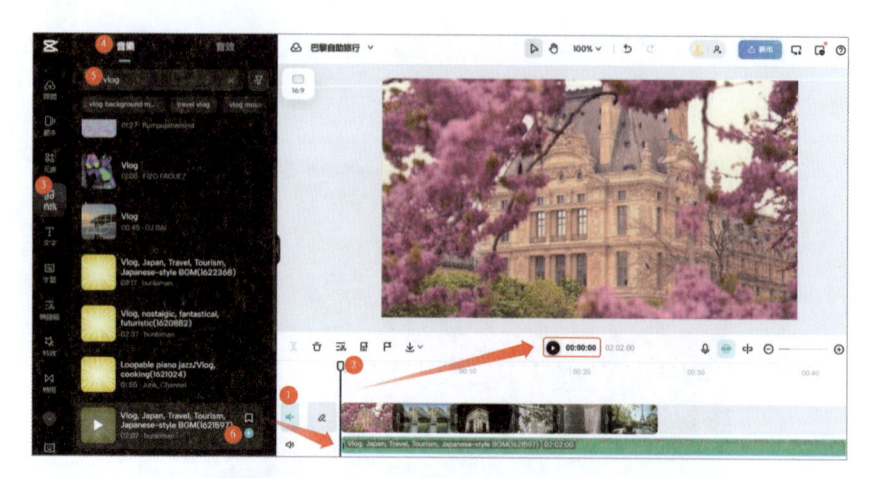

說明：音樂加入除了點選➕外，我們也可以直接以拖拉方式置入至時間軌道中，作用是相同的。

Step2.　音量調整：移動時間線至影片起始位置 00:00:00，點選音樂軌（呈藍色外框），於右側視窗中點選基礎，選擇音量設定，向右＋增加音量，向左 - 減少音量。

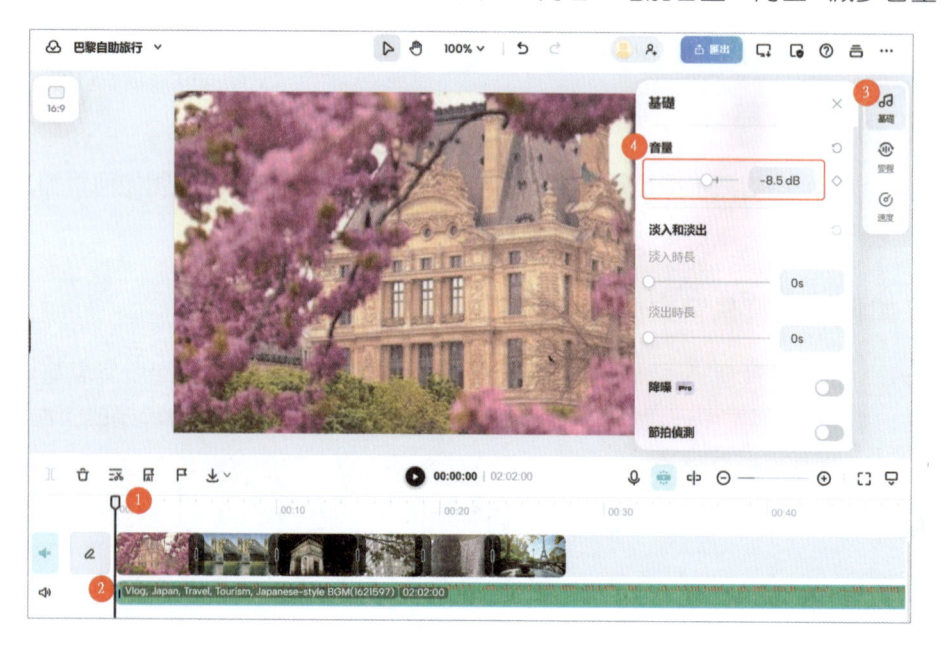

9-16

02. 音頻和視頻的剪輯與對齊

當音樂置入後，我們看見總時長為 02:02:00，所以我們需修剪音樂長度與影片一致為 30 秒內容。

Step1. 停駐分割點：移動時間線至片尾處 00:30:00，點選音樂軌（呈藍色外框），點選分割形成獨立片段。

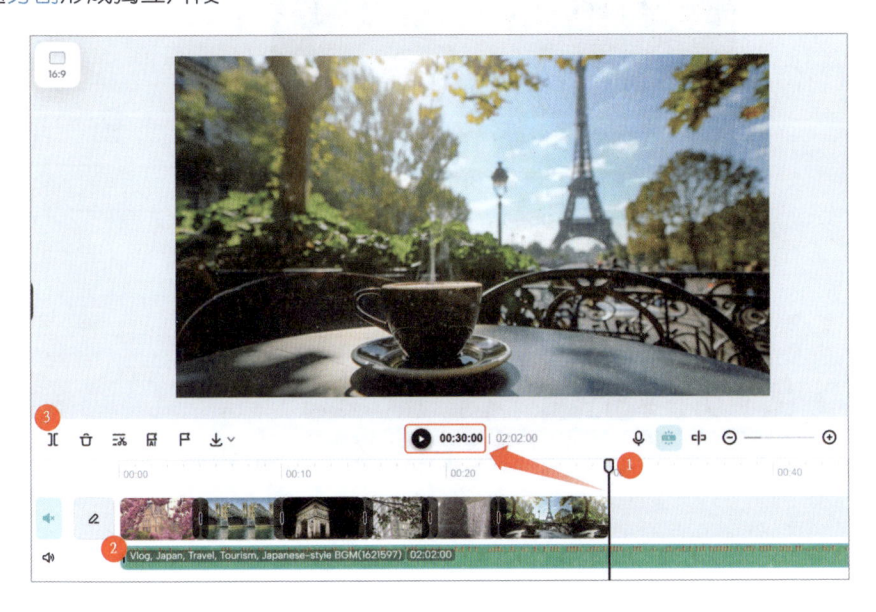

Step2. 刪除音樂：選取欲刪除的音樂軌（呈藍色外框）刪除。

第 9 章　從零開始剪輯！用 Vlog 記錄你的精彩時刻

Step3. 淡入淡出：點選音樂軌道，右側視窗中點選基礎，於淡入淡出輸入時長，完成後播放預覽效果。

說明：時長可依需求自訂，不妨輸入不同數值播放試聽最佳效果即可。

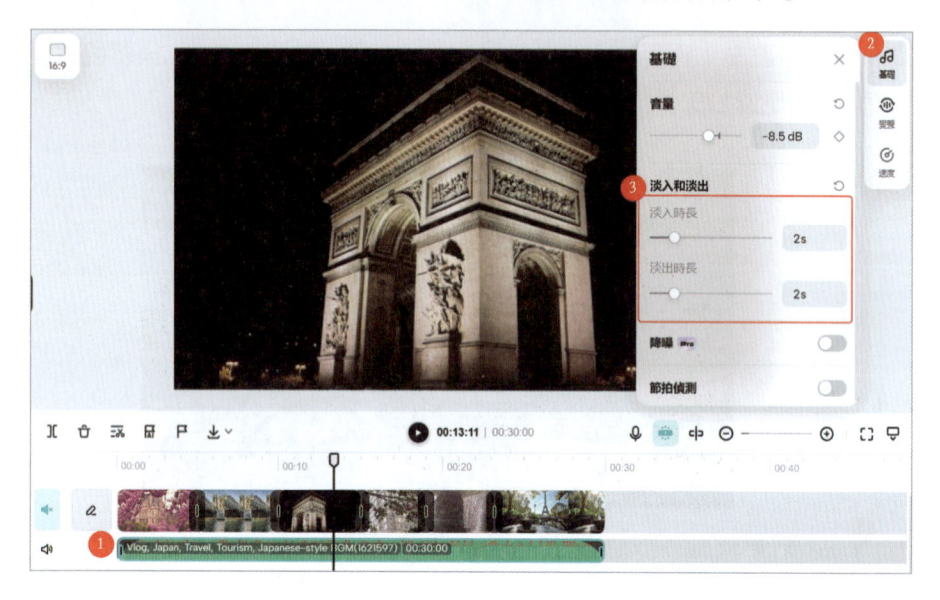

第 10 章

3 分鐘搞定短視頻！用範本輕鬆打造吸睛作品

第 10 章　3 分鐘搞定短視頻！用範本輕鬆打造吸睛作品

短視頻時代，速度就是一切！你不需要從零開始剪輯影片，只要善用範本，就能快速製作出專業級的短視頻。本章將帶你掌握範本的選擇、素材替換、文字編輯與輸出技巧，讓你用最短的時間，打造一支社群爆款短視頻！

實例演練：快速製作一支社群爆款短視頻、影片尺寸：直式 9:16、影片時長：不限。

素材準備：參考第 2 章第 1 節免費素材下載，並匯集整理至資料夾中，上傳至 Capcut 媒體庫。

素材庫資源：也可於 Capcut 中元素搜尋 (圖片或影片素材)、音訊搜尋 (音樂、音訊) 直接進行練習。

第 1 節　熱門視頻分析

01. 熱門需求導向 - 讓短視頻製作更簡單、更吸睛

☑ 熱門短視頻類型
- 快剪風格（3 秒一個重點，節奏快）
- AI 範本 + 自動生成（讓新手也能做出專業級效果）
- 搞笑對話 + 表情包字幕（適合娛樂型內容）
- 電影級轉場（用範本做出大片感）

☑ 符合觀眾需求
- 新手：快速學會，不想花時間剪輯（用範本一鍵生成）
- 內容創作者：想做吸睛短片，提升觀看率（加特效、字幕、音樂）
- 企業 & 自媒體：要高質感又省時的影片（提升品牌形象）

02. 影片結構設計 -3 分鐘快速上手框架

◆ 開場（0-5 秒）：超快吸引目光！
- ☑ 直擊痛點：「還在花好幾小時剪影片？」
- ☑ 展示範例：「這支影片就是用範本 3 分鐘搞定！」
- ☑ 快速對比：「這是普通剪輯 ▶ 這是用範本做的效果 」

◆ 主體（6 秒 -25 秒）：範本實戰教學

1. 選擇範本（尋找最吸睛熱門風格範本）
2. 替換內容（簡單換圖、改字、加音樂）
3. 調整細節（加特效、轉場、字幕）
4. 輸出與發佈（一鍵完成，高質感成品）

◆ 結尾（最後 5 秒）：加強記憶點，誘導行動！

☑ 前後對比（「3 分鐘前 VS 3 分鐘後的影片效果」）
☑ 行動呼籲：「還不試試看？現在就下載試做！」
☑ 短片特效收尾（如「Boom！」字樣 + 快閃音效）

03. 魔鬼藏在細節裡

✔ 字幕：強調關鍵詞（如「一鍵搞定」、「超簡單！」）
✔ 音樂選擇：節奏感強，吸引注意力
✔ 畫面切換：快剪 + 對比畫面，讓觀眾感受效果

第 2 節　選擇合適的範本

瀏覽搜尋範本類型，並評估範本與產品的相符性。

01. 瀏覽與篩選範本

Step1.　範本首頁：返回 Capcut 首頁，點選左側範本，於搜尋框中輸入範本類型，下方視窗為最新範本快速瀏覽。

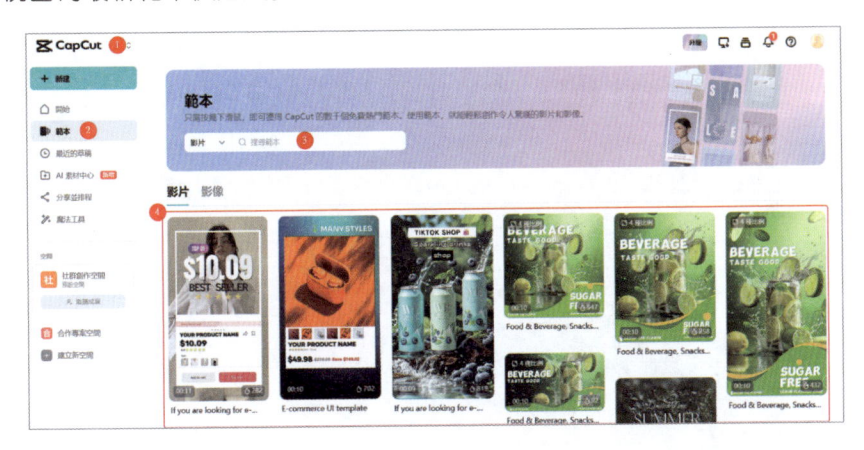

第 10 章　3 分鐘搞定短視頻！用範本輕鬆打造吸睛作品

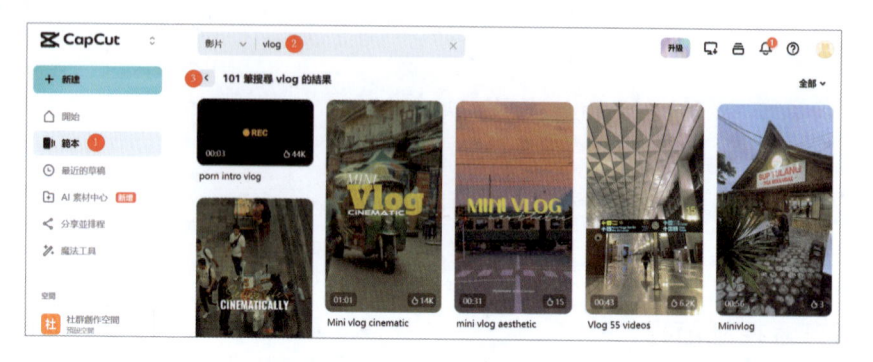

Step2. 搜尋範本類型：依據您想要的類型，輸入關鍵字（如：旅遊、美食、Vlog），在此我們將搜尋 Vlog，下方為搜尋後的結果共 101 筆，每個縮圖右下角的 🔥14K 圖示即為範本的熱度，可以分析哪些類型、哪些範本最熱門。

Step3. 選擇套用範本：自由選擇您喜歡的範本風格點選進行套用。

Step4. 查看範本資訊：點選後進入範本資訊說明，包含 11 片段、時長為 13 秒、目前有 645 人使用、共 3 段文字內容、影片長寬比例 9:16，點選使用此範本，進入編輯模式。

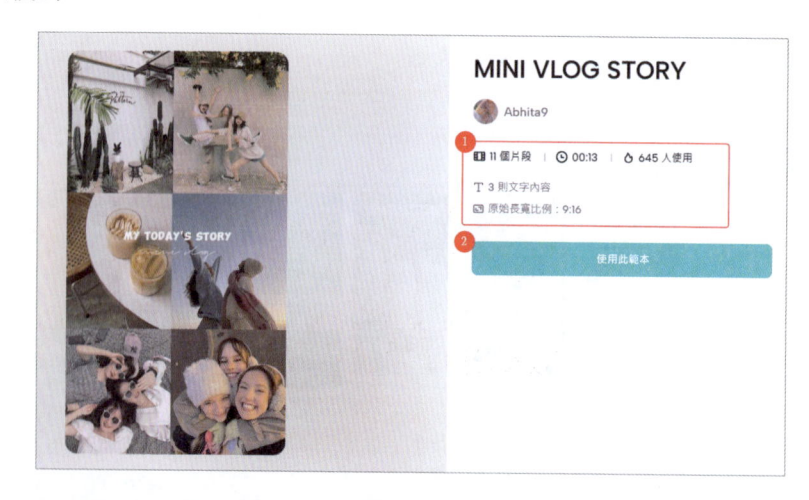

02. 評估範本適用性

1. 確認範本的片段數量是否符合你的素材。
   說明：播放預覽範本時，除了選擇喜愛的風格設計與背景音樂外，最重要的參考因素為，範本資訊中所提到的，需使用的素材數量與影片尺寸，如此才能以最少的時間完成影片快速創作；至於數量若是少於範本需求時，素材仍可重覆套用來完成範本設計。
2. 檢查範本的字幕、動畫效果是否可編輯。
   說明：範本中的文字與動畫多為固定的模版，若需修改則必需先確認這些元素是否提供編修功能。
3. 預覽範本的音樂風格，確保符合影片氛圍。
   說明：播放預覽範本，確認排版、音樂風格等符合所需使用的素材內容與影片氛圍。

第 3 節　替換範本素材

如何替換範本素材圖片，與上傳本機素材使用技巧說明。

01. 上傳並更換圖片 / 視頻

素材庫準備可參考第 2 章免費資源下載，或由本機電腦上傳後完成下列練習。

Step1.　重疊替換：媒體上傳所需使用的素材資料夾 (2025 巴黎旅遊)，切換至資料夾內瀏覽素材清單，點擊範本內的素材 1 縮圖，於左側直接拖拉素材重疊即完成替換素材。

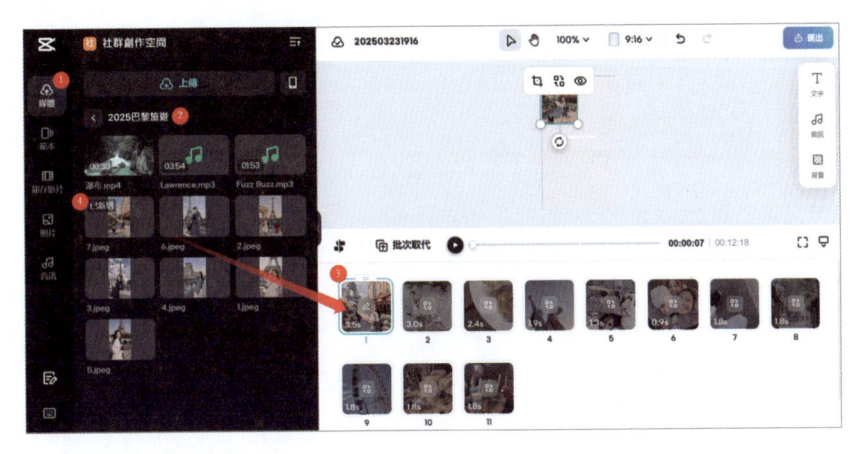

10-5

第 10 章　3 分鐘搞定短視頻！用範本輕鬆打造吸睛作品

Step2. 替換素材：另一種方式即是直接點選素材縮圖中的 替換，來變更素材。

Step3. 尋找素材位置：切換素材資料夾位置，點選素材圖片 1.Jpeg，確認檔案名稱後開啟，依序完成所有素材的替換作業，若是素材數量不夠也可重覆使用替換。

Step4. 調整素材比例：查看素材替換後有無比例不符的問題，依腳本的設計適當調整大小，不要有黑色背景出現，並確保畫面不被裁切。

第 3 節　替換範本素材

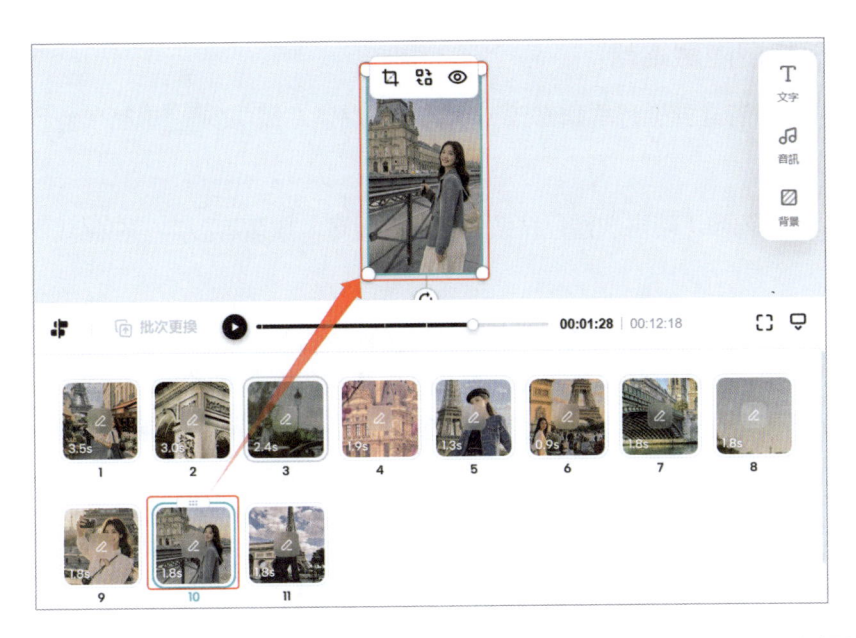

Step5.　影片播放預覽：點選素材 1，進行影片播放預覽，確保所有片段順暢銜接。

10-7

02. 裁剪修剪隱藏編輯

套用後的素材若需要進行編輯修改，我們可以點選縮圖中的 ✎ 編輯，進行二次性的修改設計。

Step1. 素材編輯：可再次進行替換、裁剪、隱藏、恢復等設定，在此我們以裁剪練習。

說明：各位是否發現為何此項中無修剪功能，原因是當素材是「圖片」時，則無修剪的需求；反之若素材是影片時，才具有修剪功能，因為圖片就是一張定格畫面，無論怎麼修剪都是一樣的；而影片每一幀畫面都不同，才有修剪畫面的需求。

Step2. 裁剪旋轉比例：利用四個端點裁剪的控點，向內或向外拖拉移動，重新裁剪所需要的焦點，並且拖拉中央位置移動裁剪視角，若是畫面角度需要調整，可於左下角設定旋轉角度，確認後任務完成即套用。

說明：尺寸比例為範本設定所規範的大小，所以只能依比例調整，長寬比例無法變更。

第 3 節　替換範本素材

Step3.　影片素材編輯：點選範本縮圖 (如 : 第 3 個縮圖)，在此我們替換的素材為影片 (可自行套用一個影片素材練習)，因此當我們點選編輯 ✐ 時，即可見修剪功能來進行影片內容的修剪設定，在此我們將進行修剪設定。

說明：由範本縮圖中可見，該段素材所需要的秒數為 2.4s(2.4 秒) 的內容，當我們套用的影片素材時長大於該範本時長時，我們就有修剪的空間可使用，簡單的說即是，我們可以決定該影片內容想要呈現的 2.4 秒的所在位置，將最精華的片段呈現出來。

關鍵思考：所以在此我們瞭解到，若是想要影片內容能夠播放更多時長時，在我們進行替換素材的同時，觀看左下角的秒數 (即是重要的思路)，將秒數較長的區段套用影片，秒數較短的區段除了影片外，也可以直接使用圖片素材，所以範本素材可以是影片、圖片素材交叉套用設計。

10-9

第 10 章　3 分鐘搞定短視頻！用範本輕鬆打造吸睛作品

Step4. 影片素材修剪：移動修剪外框 (2.4s 呈藍色外框)，選擇想要呈現的關鍵 2.4 秒位置，並且隨時播放觀看修剪後的內容，是否為您要的影片內容，另外由於素材是影片，所以會有環境音，在此系統預設為靜音，為確保以範本的背景音樂為主，不干擾背景音樂播放效果，完成後點選任務完成即可。

Step5. 素材隱藏設定：點選範本縮圖 (呈藍色外框)，點選編輯中的隱藏設定。

第 3 節　替換範本素材

Step6.　隱藏素材：點選隱藏設定後，該縮圖位置會呈現 👁‍🗨（注意預覽窗格中即會呈現背景色彩白色）狀態，而影片總時長 00:12:18，並不會因為隱藏素材而縮減該區段的秒數設定。

說明：取消隱藏設定，再次點選 👁‍🗨 即可再次顯示；另外若需要回復範本原始設定，即是點選恢復即可。

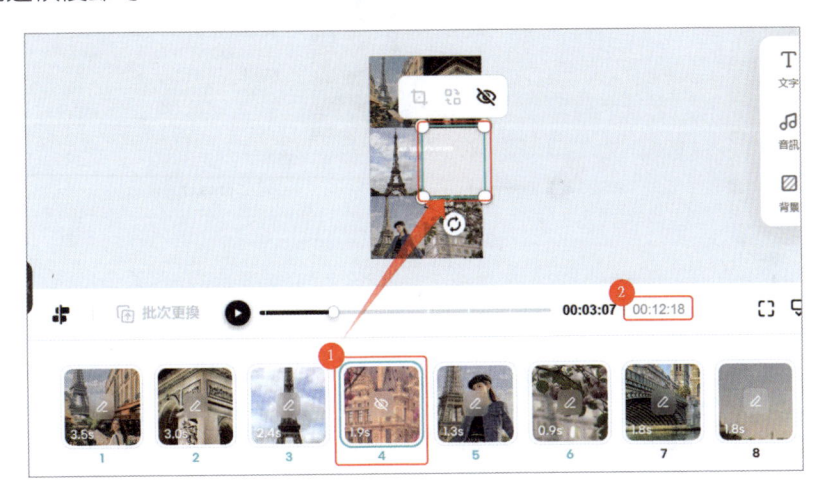

03. 調整播放順序

Step1.　拖拉移動順序：點選範本縮圖（呈藍色外框），拖拉左右移動，即可重新調整素材播放順序。

說明：由於範本的設計與每張素材秒數其實都是依據音樂的節奏與整體風格設計後的腳本，因此若非必要，不然一般很少進行素材順序調整，其實以替換素材即可解決順序的問題。

10-11

第 10 章　3 分鐘搞定短視頻！用範本輕鬆打造吸睛作品

Step2. 播放預覽測試：檢查所有素材時長是否與範本音樂節奏匹配。

說明：所有素材編修與排序後，最後別忘了播放預覽影片觀看內容是否與音樂節奏匹配。

第 4 節　編輯文字與字幕

範本文字編修與縮放、裁剪、移動技巧。

01. 修改範本文字

Step1. 修改文字內容：點選右側文字功能，進入編輯模式，依文字框提示該範本共有 3 個文字物件，至於如何查看每個文字進場的時間點，只要點選文字區 (呈藍色外框)，對照下方時間點位置，即可觀察進場時間點。

說明：我們點選第 3 個文字框，瞭解到該文字進場時間為 00:03:24(3 秒 24 幀) 位置。

10-12

第 4 節　編輯文字與字幕

Step2.　輸入文字內容：點選文字框輸入標題 (如：2025 巴黎自助旅遊)，也可點選 🗑 直接刪除文字框。

Step3.　文字編輯技巧：點選文字框 (呈藍色外框) 由於文字為白色，所以我們先將時間點移動至後方 (如 :00:03:23) 位置，有背景圖片讓文字清楚呈現後，即自由調整所需要的文字大小與位置。

Step4.　預覽窗格縮放：為方便進行文字框細部修改設計，我們可以適當的縮放預覽窗格大小比例，將視窗拉近檢視來進行編修設計。

10-13

02. 縮放裁剪移動

Step1. 編輯變形技巧：文字外框<u>左上</u>拖拉◯大小<u>縮放</u>、<u>右側</u>▯<u>裁剪</u>比例，<u>內側</u>拖拉<u>移動</u>文字至適當位置，也可進行文字自由旋轉◯。

Step2. 觀看效果：編輯後播放預覽，要注意避免遮擋重要畫面或與其它文字重疊設計。

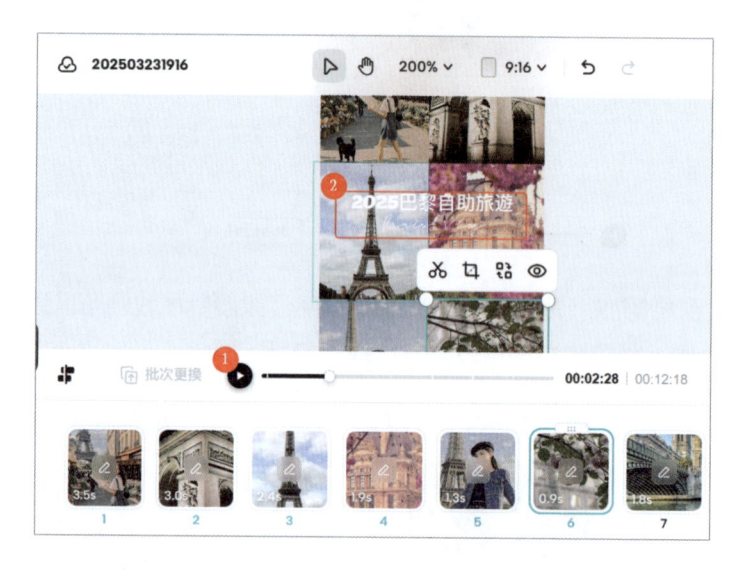

第 5 節　調整音訊與音樂

由於範本設計中針對每張素材秒數節奏、背景音樂氛圍，都是精心設計的腳本配置，所以在進行素材與背景音樂變更時，都需要再播放觀看素材、音樂、風格、節奏等各元素之間是否流暢，才不會失去了套用範本的優勢。

第 5 節　調整音訊與音樂

01. 更換背景音樂

Step1.　時間軸編輯：若需要變更背景音樂，我們將以時間軸模式作為編輯瀏覽。

Step2.　搜尋音樂素材：點選左側音訊並選擇音樂類型，可於下方類別推薦中找尋喜歡的曲風，或是以關鍵字進行音樂搜尋，在此我們將選擇 Vlog。

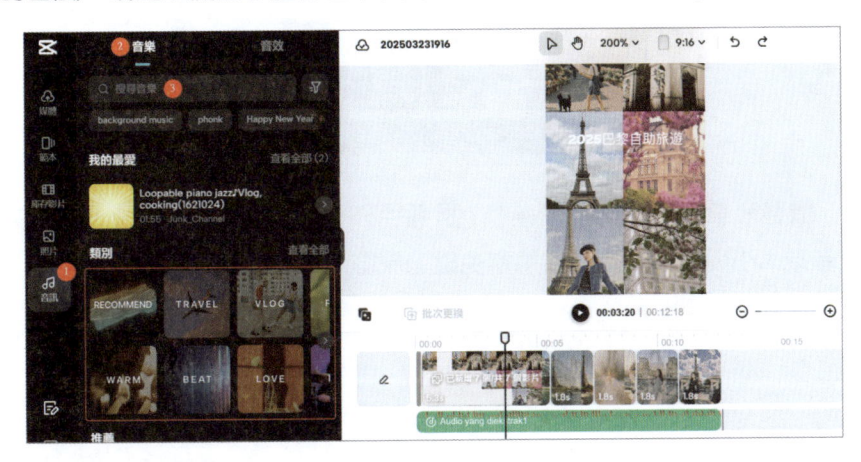

Step3.　替換音樂素材：選擇音樂素材，並拖拉至時間軌中自動替換音樂。

說明：替換音樂定義即是指以範本原訂的音樂時長為主，系統會自動修剪音樂時長。

10-15

第 10 章　3 分鐘搞定短視頻！用範本輕鬆打造吸睛作品

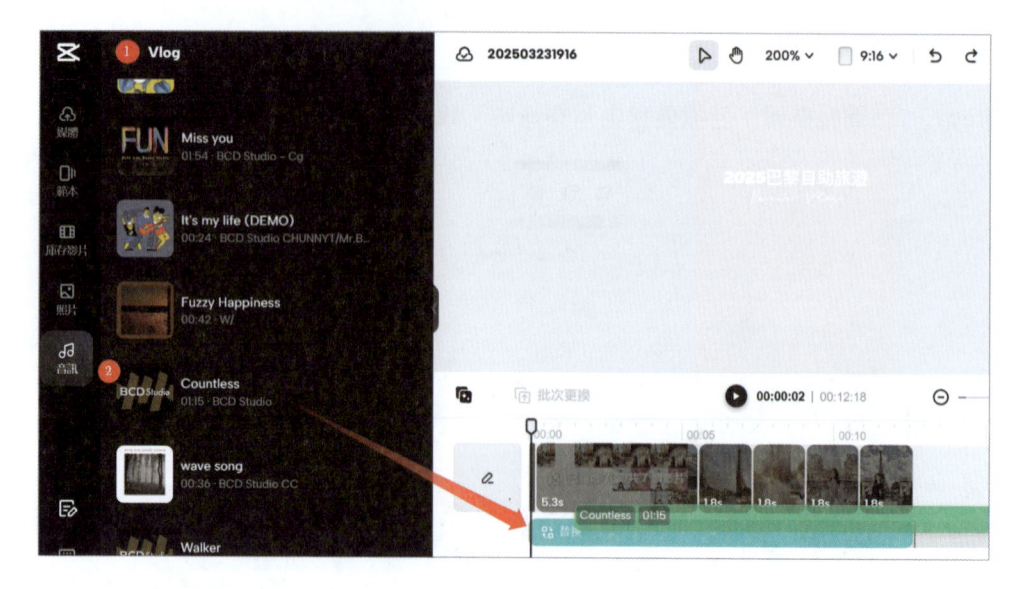

Step4. 自動修剪音樂：原音樂時長為 01:15，經替換後以範本音樂時長為主「自動修剪」為 00:12:18。

Step5. 調整音樂音量：點選音樂軌 (呈藍色外框)，點選右側音訊，可依需求再次調整音量大小與降噪設定，注意避免壓過原影片語音，測試播放預覽影片。

說明：取消音量設定，點選 ⟲ 重設即可。

10-16

第 5 節　調整音訊與音樂

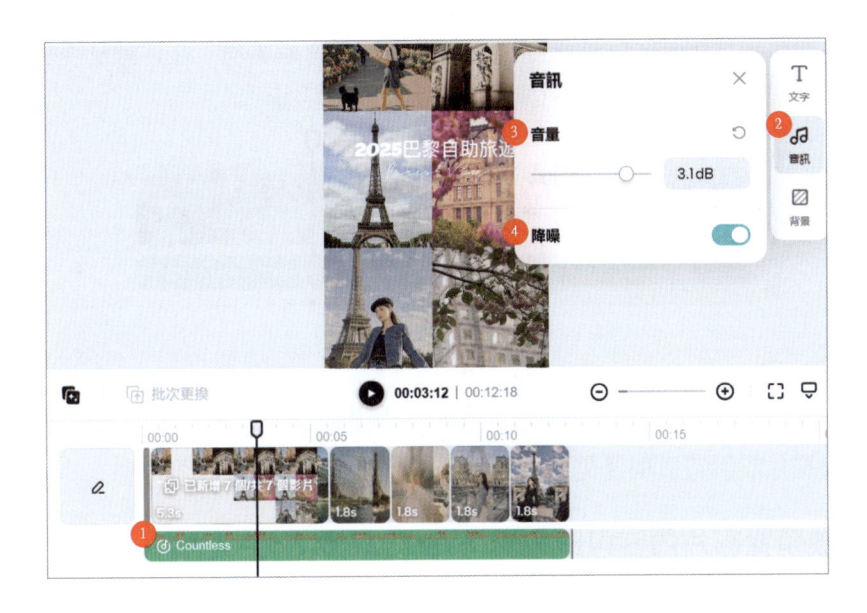

02. 調整音樂片段

Step1. 修剪音樂編輯：點選音樂軌道(呈藍色外框)，於音樂軌道處點選右鍵修剪，進入編輯模式。

說明：由於替換音樂素材時，系統自動裁剪前段音樂，並不是我們想要的音樂區段，所以我們必需再次修剪選擇我們想要的音樂片段。

Step2. 音樂修剪套用：音樂修剪模式中，灰色區段為完整音樂內容，而呈藍色外框為原範本音樂時長(固定大小)，所以於呈藍色外框內側左拖拉移動(即進行音樂區段選取)，決定想要的音樂片段後，於空白處點選左鍵後，即完成音樂修剪。

10-17

第 10 章　3 分鐘搞定短視頻！用範本輕鬆打造吸睛作品

Step3. 對齊影片時長：完成後即自動套用原範本音樂素材，並注意是否對齊影片時長。

第 6 節　優化影片並匯出

如何提升影片設計質感與優化影片主要評估要素。

01. 播放預覽影片內容與節奏相符

1. 確認所有畫面是否對齊，不出現黑邊或裁切不當。

2. 檢查影片過渡是否流暢，避免過於突兀或過快切換。

3. 播放整體影片，確保影片節奏符合社群短視頻的快節奏需求。

02. 設定匯出格式與解析度

Step1. 匯出並下載：點選匯出並下載影片。

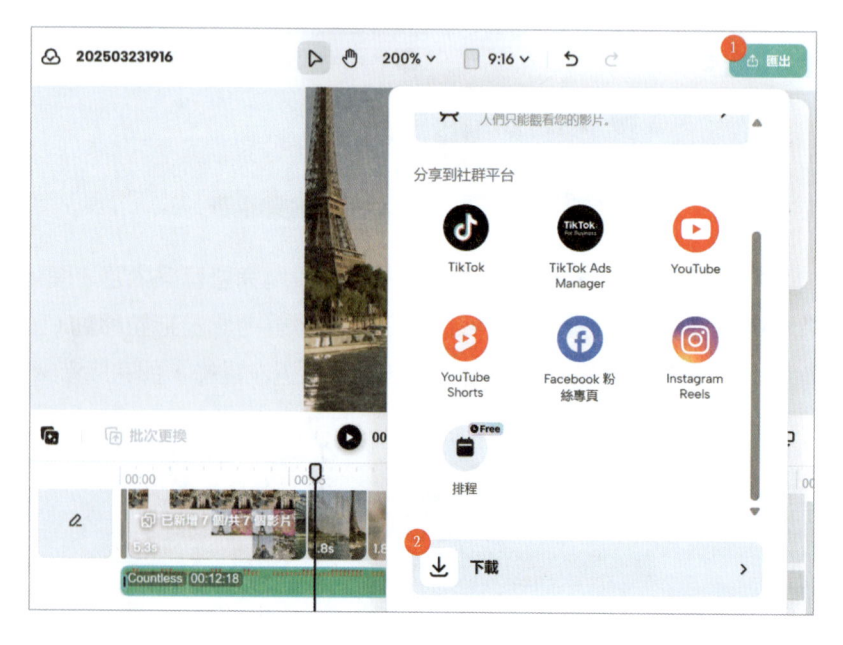

10-18

第 6 節　優化影片並匯出

Step2. 匯出格式設定：輸入影片名稱、解析度至少 720p 等各項參數設定，可依預設完成匯出即可。

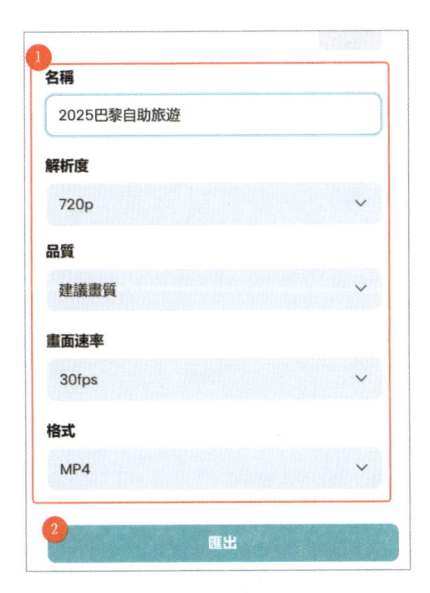

Step3. 下載至本機電腦：點選匯出後系統即自動輸出成 Mp4 影片，此時在雲端空間自動存檔，並同時下載至本機電腦中，由右上角下載圖示即可看見本機下載訊息位置，若未成功下載則再次點選下載即可。

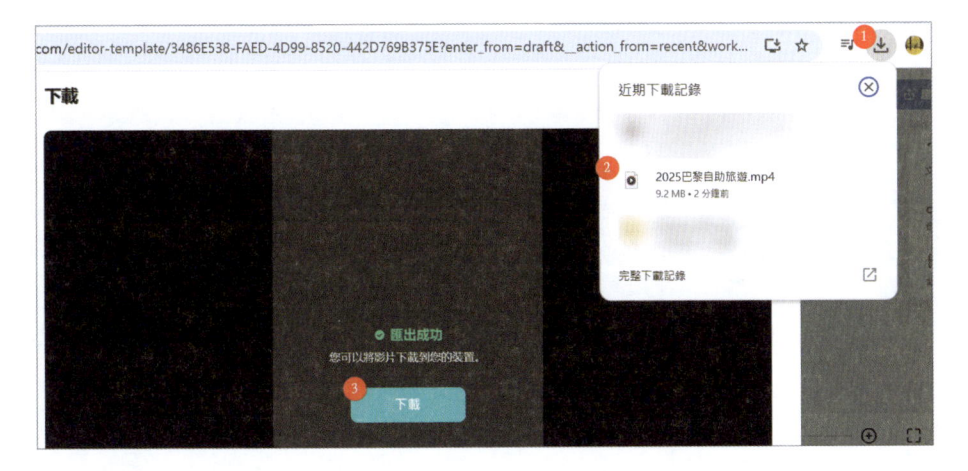

10-19

第 10 章　3 分鐘搞定短視頻！用範本輕鬆打造吸睛作品

第 11 章

會動的文字更吸睛！讓影片文字變得更有趣

第 11 章　會動的文字更吸睛！讓影片文字變得更有趣

字幕不僅能提升影片的可讀性，還能讓觀眾更容易理解內容，尤其是在美食教學影片中，字幕能夠標示食材名稱、步驟提示、料理小技巧等關鍵資訊。本章將教你如何添加靜態與動態文字，使用動畫與特效，讓你的文字更具吸引力！

實例演練：製作一支 Youtube 美食教學影片、影片尺寸：橫式 16:9、影片時長：不限。

素材準備：參考第 2 章第 1 節免費素材下載，並匯集整理至資料夾中，上傳至 Capcut 媒體庫。

素材庫資源：也可於 Capcut 中元素搜尋 (圖片或影片素材)、音訊搜尋 (音樂、音訊) 直接進行練習。

首先該我們先來認識何謂文字？何謂字幕？不僅是工具上差異。最關鍵是設計上的應用差異我們必需先詳細瞭解。

1. **定義與使用情境**

文字：用來添加標題、標語、說明文字，或是特效字，通常是手動輸入的，適用於強調關鍵資訊、品牌名稱、社群媒體標籤等。

字幕：通常指的是影片中的對話或旁白轉換成文字 (簡單的說即是語音內容自動生成文字)，主要用於提高可讀性或讓聽障人士理解內容，可以手動添加，也可以透過 AI 自動轉換語音為字幕。

2. 文字與字幕識別：

文字：於 Youtube 影片封面縮圖最常見的設計，主要用於標題、強調語氣、重點..等設計。

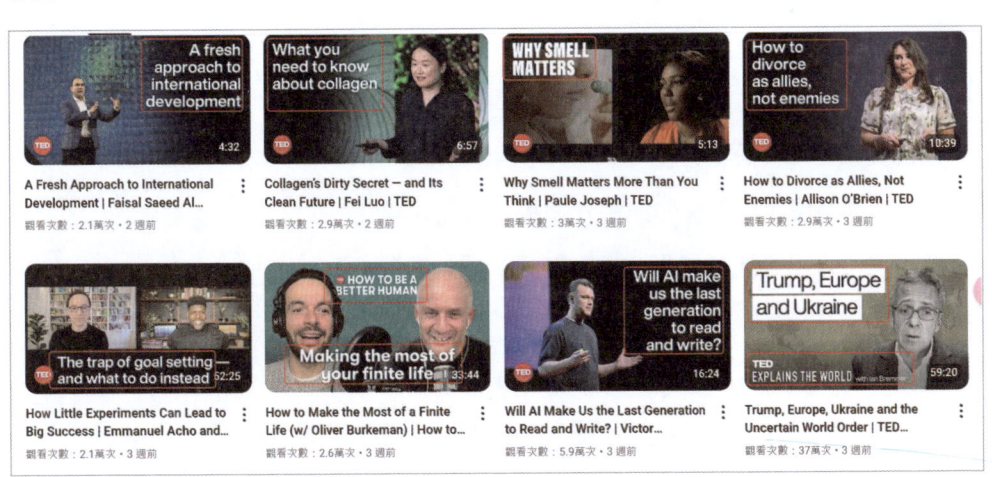

CC 字幕：於 Youtube 播放中，開啟ＣＣ字幕後所顯示的內容稱為字幕 (A)，而另一設計 (B) 如我們所說的用於標題、強調語氣所以稱為文字 (B)。

11-3

第 11 章　會動的文字更吸睛！讓影片文字變得更有趣

A Fresh Approach to International Development | Faisal Saeed Al Mutar | TED

第 1 節　熱門視頻分析

01. 熱門 & 需求導向 - 讓美食教學影片更吸引人

☑ 熱門風格

- 快節奏短教學（1-3 分鐘快速上手，適合短影音）
- 慢節奏療癒風（細節慢拍 +ASMR，讓觀眾沉浸）
- 搞笑 / 翻車風（做菜失敗或意外趣事，增加娛樂性）
- 電影質感派（高質感畫面 + 精緻剪輯，提升專業度）

☑ 符合觀眾需求

- 新手：想要簡單、步驟清楚（用字幕 + 特效標示重點）
- 愛美食者：想學餐廳級做法（提升細節拍攝 + 專業講解）
- 自媒體創作者：想提升影片質感（運鏡 + 音樂搭配更重要）

02. 影片結構設計 - 完整的美食教學框架 -

◆ 開場（0-5 秒）：快速吸引觀眾

☑ 成品展示：「今天教你做爆汁牛排」(特寫慢動作 + 動態字幕）

☑ 勾起興趣：「這個方法，5 分鐘就能做出餐廳級美味！」

☑ 短片預覽（快閃展示步驟，讓人期待學習過程）

◆ 主體（6 秒 -2 分 30 秒）：步驟清晰 + 關鍵畫面

1. 準備食材（文字標示「食材」+ 畫面對焦）
2. 烹飪過程（強調「火候控制」+ 食物聲音 ASMR）
3. 擺盤與點綴（畫面 + 音樂變柔和，營造成品美感）
4. 試吃 & 評價（大口吃下 +「太好吃了！」字幕強調）

◆ 結尾（最後 30 秒）：加強記憶點 + 引導行動

☑ 關鍵字幕：「簡單又好吃！你也快試試～」

☑ 對話互動：「下次想學什麼？留言告訴我！」

☑ 行動召喚（CTA）：「記得按讚 + 訂閱，不錯過更多美味食譜！」

03. 魔鬼藏在細節裡

✔ 鏡頭運用：食材特寫、慢動作、翻炒快剪增加層次

✔ 特效搭配：切菜聲、鍋內滋滋聲、輕快或療癒背景音樂

✔ 字幕風格：用彈跳字體、顏色標記關鍵詞提升觀感

第 2 節　基本文字 (字卡) 添加

認識文字基本應用、文字格式、直式文字、文字時長等相關設計。

01. 建立專案匯入素材

Step1. 新建 16:9 專案：於 Capcut 首頁，點選新建，影片選擇 16:9 尺寸。

第 11 章　會動的文字更吸睛！讓影片文字變得更有趣

Step2.　上傳素材資料夾：點選媒體，導入需要剪輯的視頻素材，點選上傳資料夾，更改專案名稱 (美食教學 -Pizza 篇)，並再次確認影片尺寸為 16:9。

Step3.　安排教學腳本：切換至媒體 (美食教學 -Pizza 篇) 資料夾，依序拖拉素材到時間軸，安排教學腳本，適當縮小時間軸大小，以方便素材排列與總覽全部素材。

說明：在進行 Capcut 網頁版操作時常會有時間延遲或卡住無法瀏覽問題，此時記得只要點選瀏覽器中 ↻ 重新載入此頁後，即可正常操作使用。

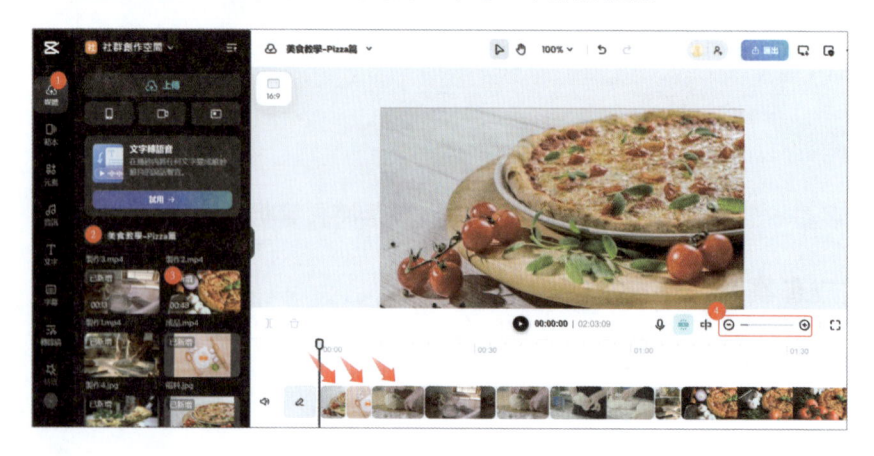

第 2 節　基本文字 (字卡) 添加

Step4. 填滿背景色彩：以背景色填滿影片背景，放大時間軸大小，移動時間線停駐在最前方，點選素材 (呈藍色外框)，點選右側功能背景，於背景色彩中點選 🖋，將滑鼠移動到圖片位置上進行色彩取樣左一下，即完成取色並直接套用至背景色彩中，可重覆多試幾次選擇最滿意的色彩。

說明：檢視每張素材比例是否符合影片尺寸，如圖中所示素材 1 尺寸小於 16:9，所以我們會看見黑色背景存在，在此我們不再使用裁剪比例，而是利用另一種設計方式來解決比例問題，我們以背景色填滿，並將多餘的空白保留做為文字文案設計空間。

Step5. 保留文字空間：將素材大小縮放，並移動保留文字設計空間位置。

11-7

第 11 章　會動的文字更吸睛！讓影片文字變得更有趣

Step6. 調整所有素材比例：依序完成所有素材檢查，並調整成您想要的比例。

02. 建立標題文字

Step1. 影片標題設計：放大時間軸比例，我們將進行細部文字編輯，移動時間線停駐在要輸入文字的時間點，點選文字，選擇新增標題 (較大文字)，於右側屬性功能中點選基礎，於基礎文字框中輸入標題文字內容，如「零失敗！美味 Pizza 攻略」，並以 Enter 換行輸入即可。

說明：時間線停駐的位置決定素材的開始，所有的編輯前，請記得時間線的停駐的位置很重要。

11-8

第 2 節　基本文字 (字卡) 添加

Step2.　文字格式設計：調整字型設定，大小，以及粗體、斜體等格式設定，我們也可以直接於左側物件框中，進行四個端點的拖拉縮放來改變大小，直接拖拉文字框內側即可進行文字移動。

說明：在此的字型多數為簡體字型，因此套用時會有部份文字無法套用成功，建議可選擇思源系列字型套用。

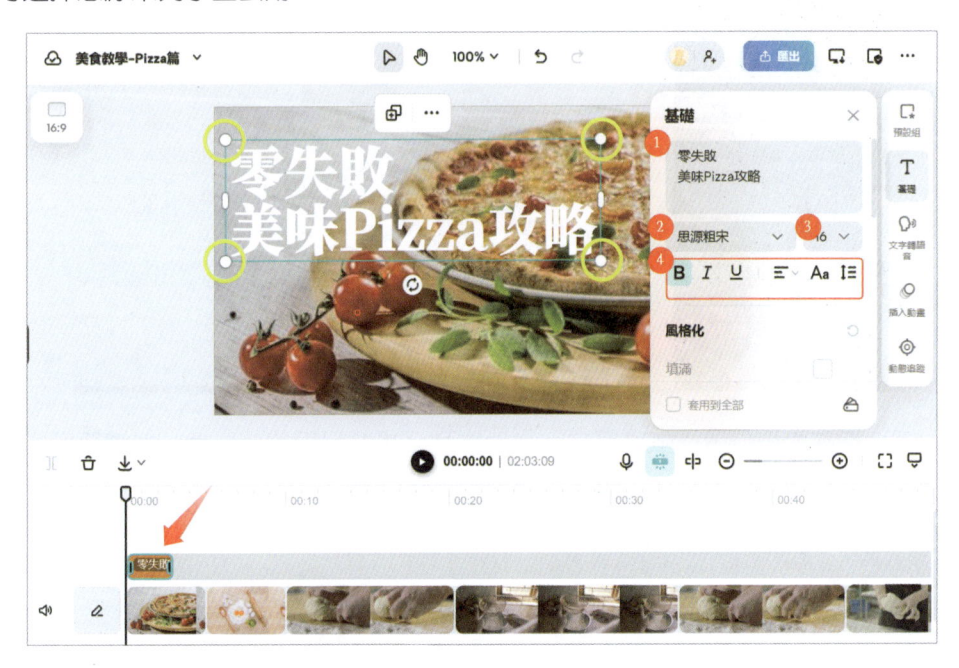

Step3.　多行文字對齊：文字框中進行 Enter 換行後形成的多行文字，可直接點選對齊功能，進行靠左、靠中、靠右對齊。

11-9

03. 直式文字技巧

Step1. 品牌名稱設計：移動時間線停駐輸入文字的時間點，點選文字，選擇新增標題，於右側屬性點選基礎，輸入文字（如：輕煮食堂），調整文字大小後，點選對齊設定，下方即為直式文字技巧。

Step2. 縮放大小位置：依序將文字物件排列至想要呈現的位置處，後續再進行格式美化設計。

04. 格式與顏色設置

Step1. 文字填滿：點選文字框 (呈藍色外框)，右側點選基礎，向下捲動選擇風格化設定中的填滿即文字色彩設定。

11-10

第 2 節　基本文字 (字卡) 添加

說明：取消色彩設定，點選 ⬚ 圖示即可。

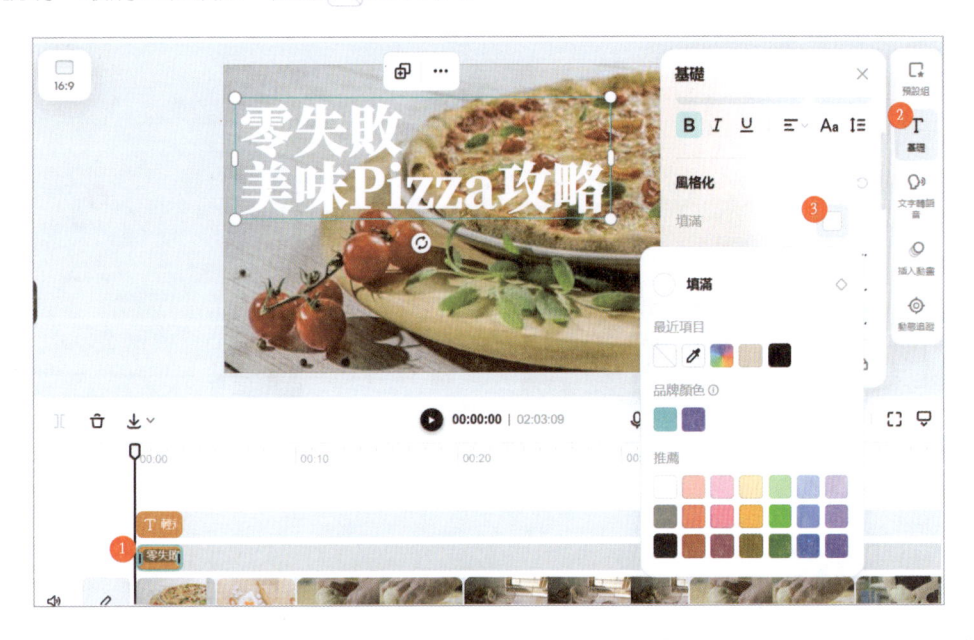

Step2. 文字描邊：使用白色填滿、棕色描邊、描邊 ⬚ (粗細) 大小設定。

說明：以深淺對比配色更能突顯主題文字效果。

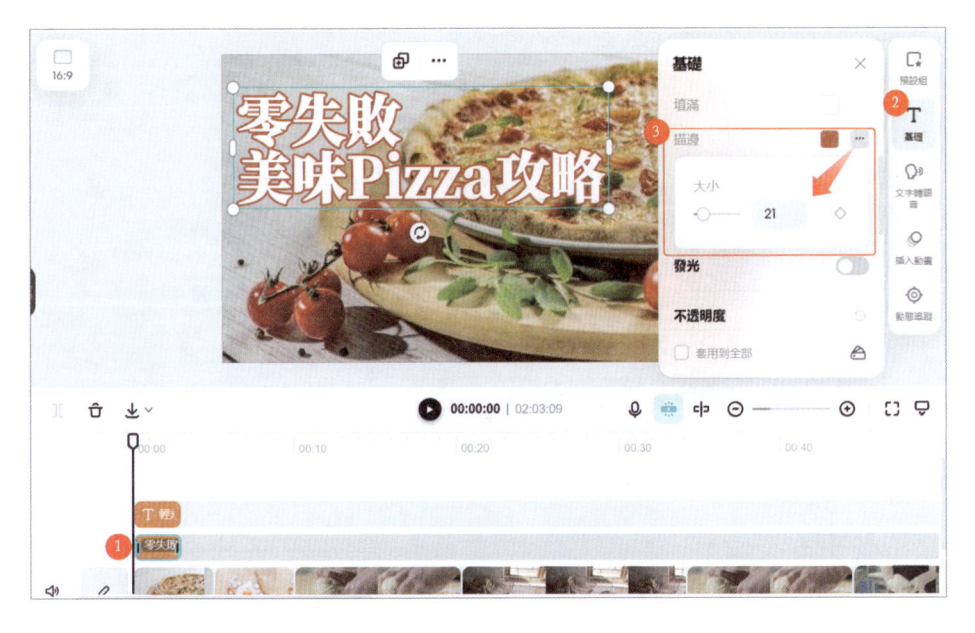

11-11

Step3. 文字背景：除了以描邊設計可突顯主題外，我們也可以背景色彩方式，來提升文字可讀性；在此我們將以 (輕煮食堂) 品牌名稱來做修改，點選品牌名稱文字框 (呈藍色外框)，點選右側基礎功能，選擇背景設定即可。

Step4. 文字陰影 (暗調)：點選主題文字框 (呈藍色外框)，右側基礎，選擇暗調自訂色彩與不透明度等屬性設定，讓文字更具有立體視覺效果。

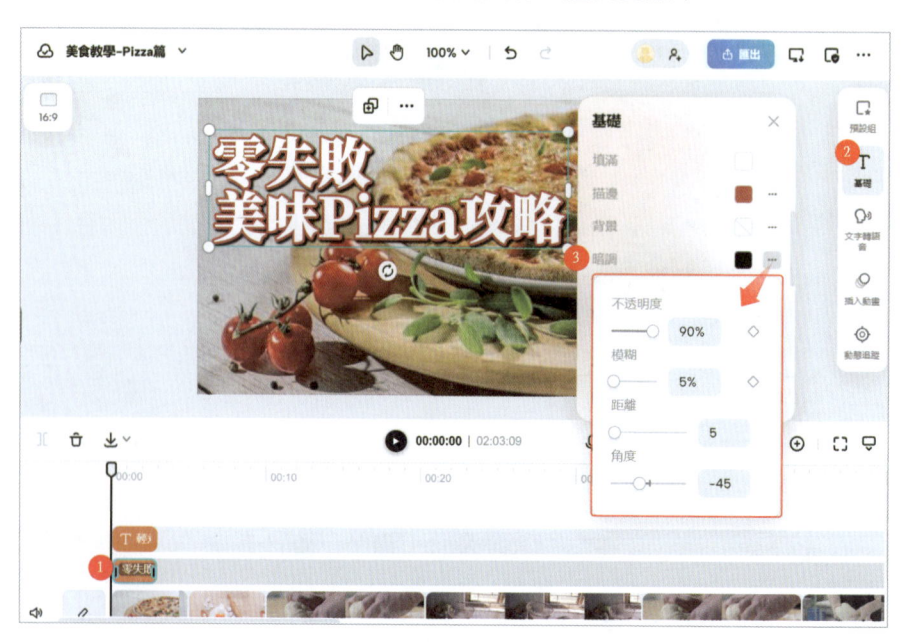

05. 調整文字時長

Step1. 標題文字時長：放大時間軸方便進行操作，點選標題文字框 (呈藍色外框)，拖拉出點位置向右延伸，我們僅限於封面前 5 秒顯示此標題，所以時長與素材相同，當然也可依需求改變秒數，關鍵在於文字顯示時間＝時長設定。

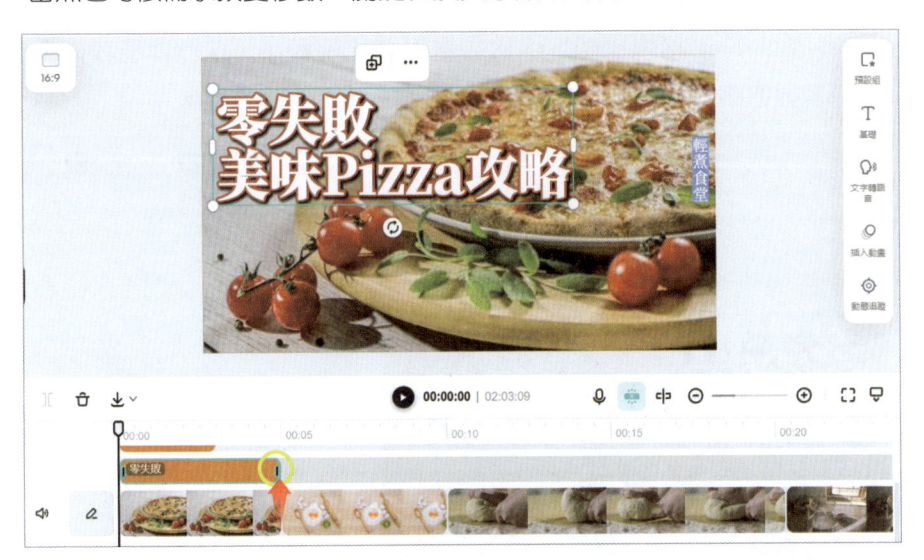

Step2. 品牌文字時長：由於品牌名稱希望自影片開始至結束都要顯示，所以時長必需拖拉至終點，與最後素材時長對齊即可，記得此時先縮小時間軸能夠完整看見全部素材後，再拖拉文字框 (呈藍色外框) 出點，才能精準又快速。

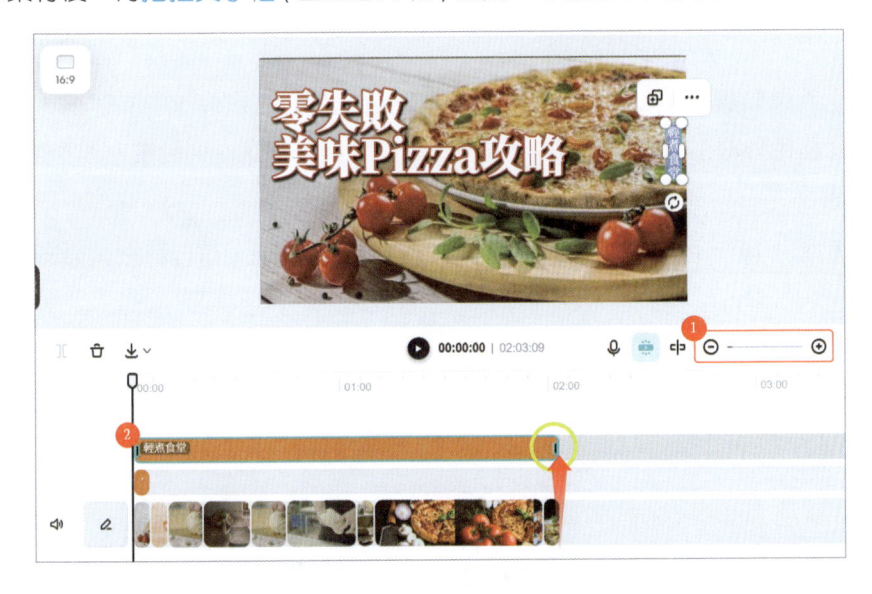

第 11 章　會動的文字更吸睛！讓影片文字變得更有趣

第 3 節　動態文字效果

利用動畫增強文字 (如：文字變速、動畫與音效增強等) 效果設計。

01. 用動畫效果讓文字更加生動

Step1. 縮放 Chrome 檢視比例：由於動畫視窗比例較小，在此建議我們先調整 Chrome 瀏覽器的縮放比例後，再進行下列練習會比較方便瀏覽。

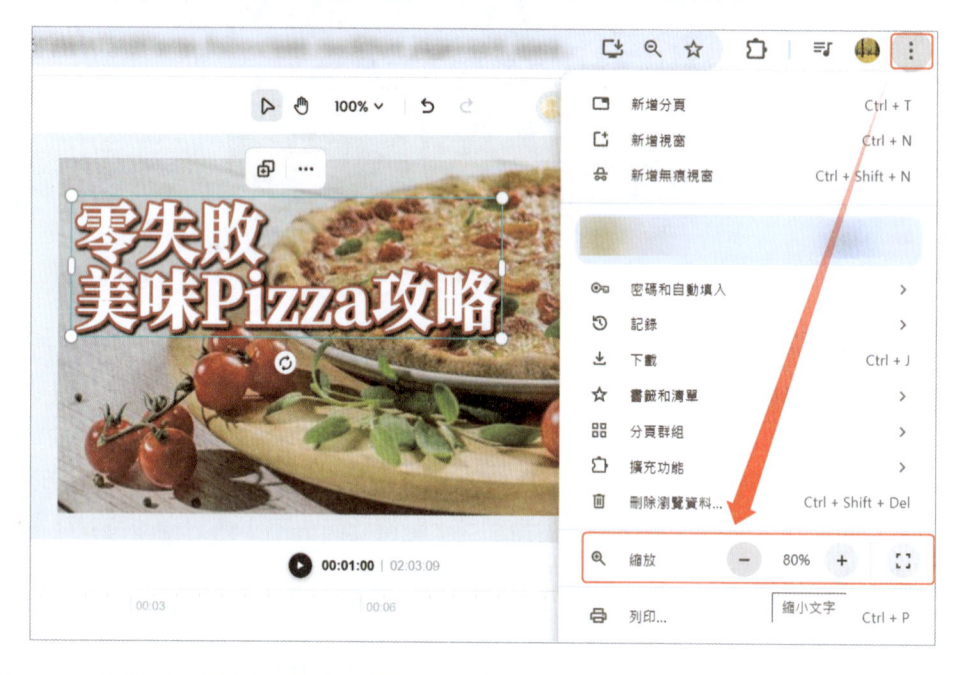

Step2. 入場動畫設計：放大時間軸，移動時間線停駐在欲修改的文字框，點選文字框 (呈藍色外框)，選擇右側視窗中插入動畫功能，點選進場動畫 (逐字彈跳) 即套用動畫。

注意：縮圖上標示 Pro 的為付費會員素材，使用時需注意，可自行測試最滿意的動畫特效。

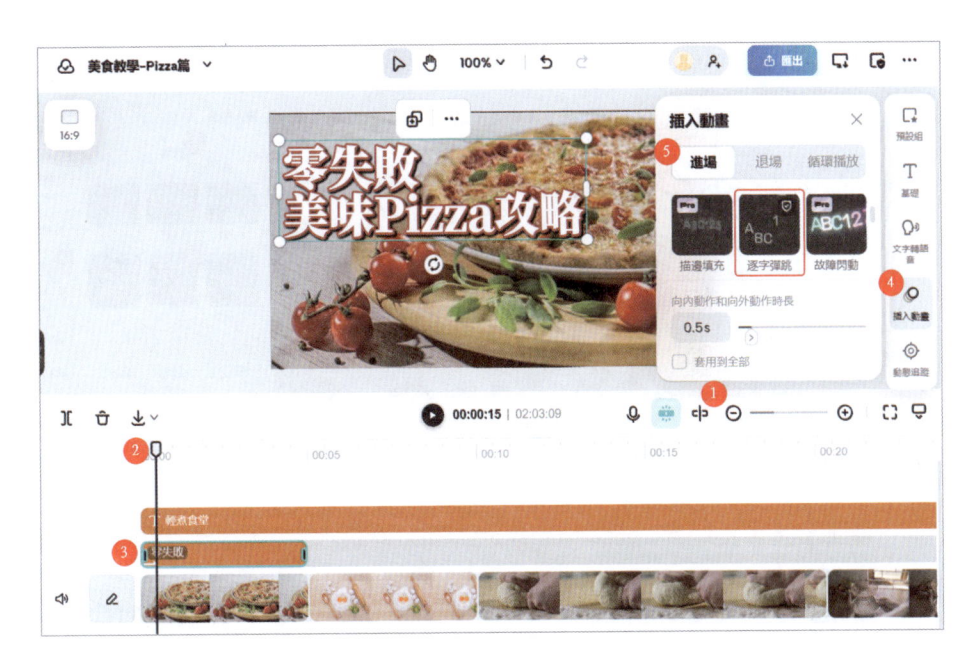

第 3 節　動態文字效果

Step3.　時間軸檢視：在進行進場動畫套用後，注意觀看時間軸上的文字框會呈現進場動畫標記。

說明：文字時間軸在未點選時，時間軸上標記為 T，即為文字時間軌定義。

Step4.　出場動畫設計：放大時間軸，移動時間線停駐在欲修改的文字框，點選文字框 (呈藍色外框)，選擇右側視窗中插入動畫功能，點選退場動畫 (向左滑動) 即套用動畫。

注意：縮圖上標示 Pro 的為付費會員素材，使用時需注意，可自行測試最滿意的動畫特效。

11-15

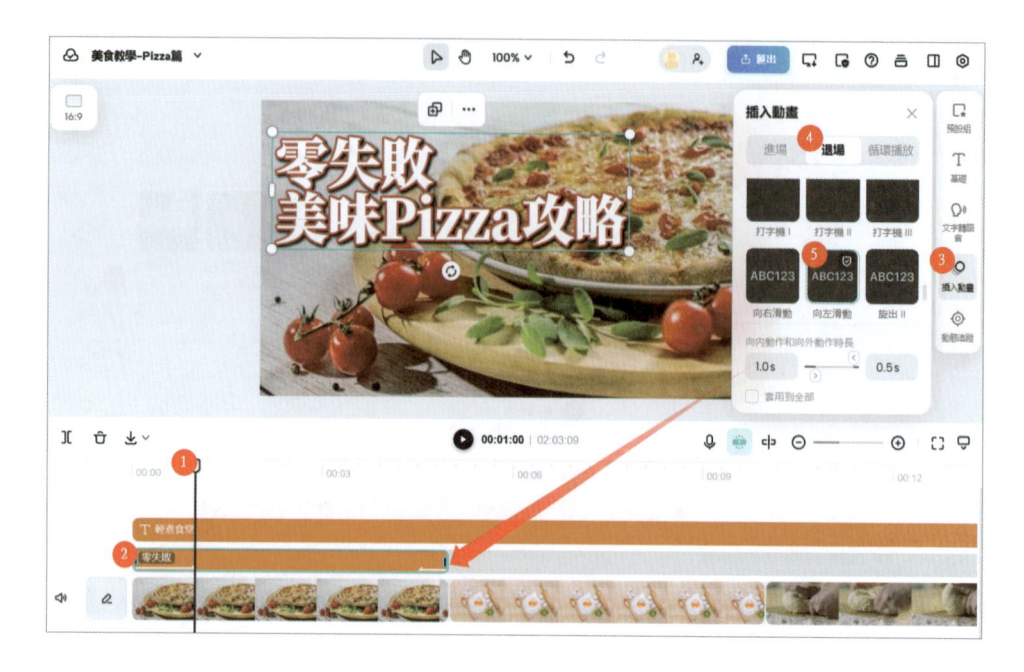

第 11 章　會動的文字更吸睛！讓影片文字變得更有趣

02. 變速與取消

Step1. 調整動畫速度：(A) 進場時長秒數、(B) 出場時長秒數；如何設定動畫秒數，即是<u>時間越長動畫越慢</u>、<u>時間越短動畫越快</u>只要掌握這個原則即可；但需特別注意，避免過快或過慢影響閱讀體驗。

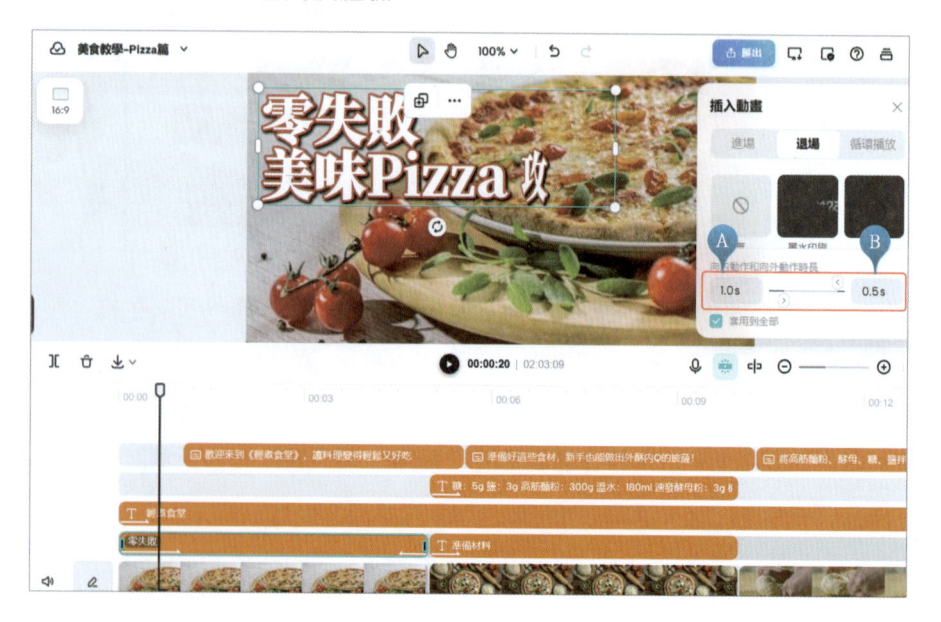

11-16

第 3 節 動態文字效果

Step2. 套用全部動畫：可以單一動畫套用到全部，系統會以目前選取的文字動畫套用到其它所有文字動畫中，如此可簡化逐項設定動畫的過程，同理若需要取消全部動畫，則先選取無，再進行套用到全部，則一次性取消所有動畫設定。

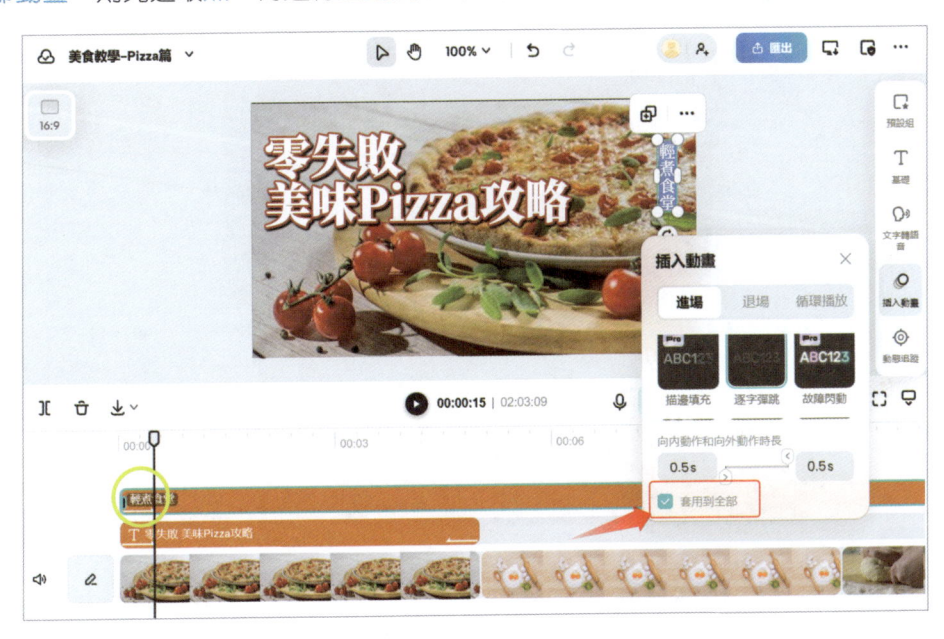

Step3. 取消動畫設定：無論進場或退場若需要取消動畫設定，只要向上捲動移至頂端選取無即可。

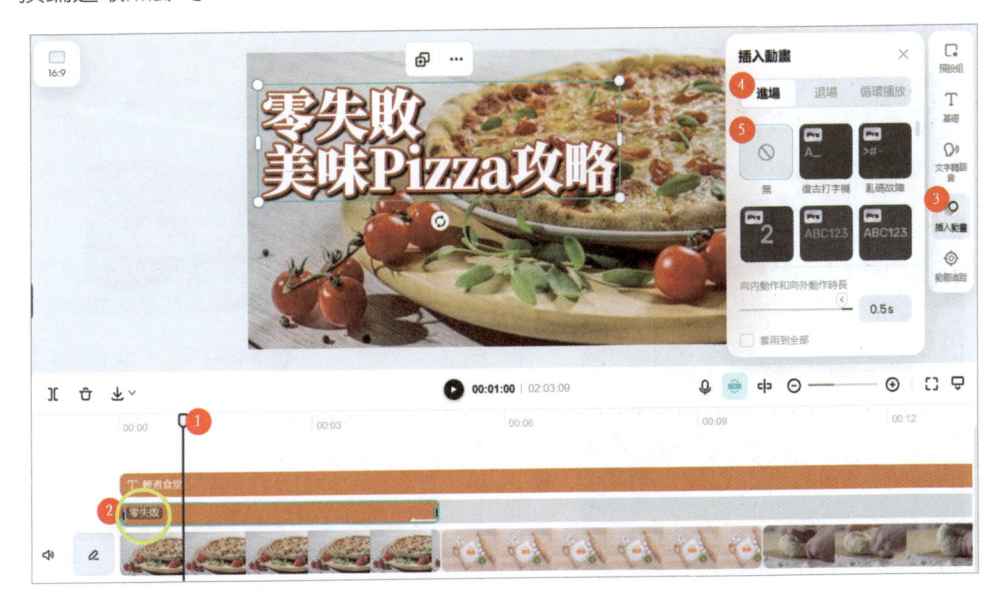

11-17

第 11 章　會動的文字更吸睛！讓影片文字變得更有趣

Step4. 完成文字說明：以下為備料的文字內容參考設計，依序將每個素材對應的文字加入適當的說明與創意設計。

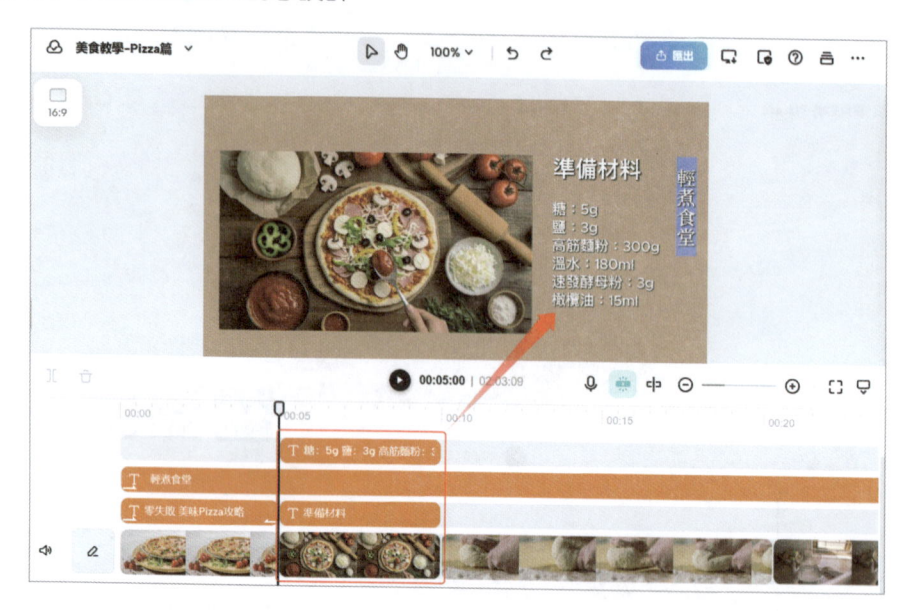

03. 動畫 + 音效增強效果

Step1. 搜尋適用音效：移動時間線至音樂插入點 00:00:00，點選左側功能表中音訊，選擇音效類型，可直接輸入關鍵字搜尋 (Bubbles)，並點選播放試聽，拖拉至時間軸設定為片頭文字音效。

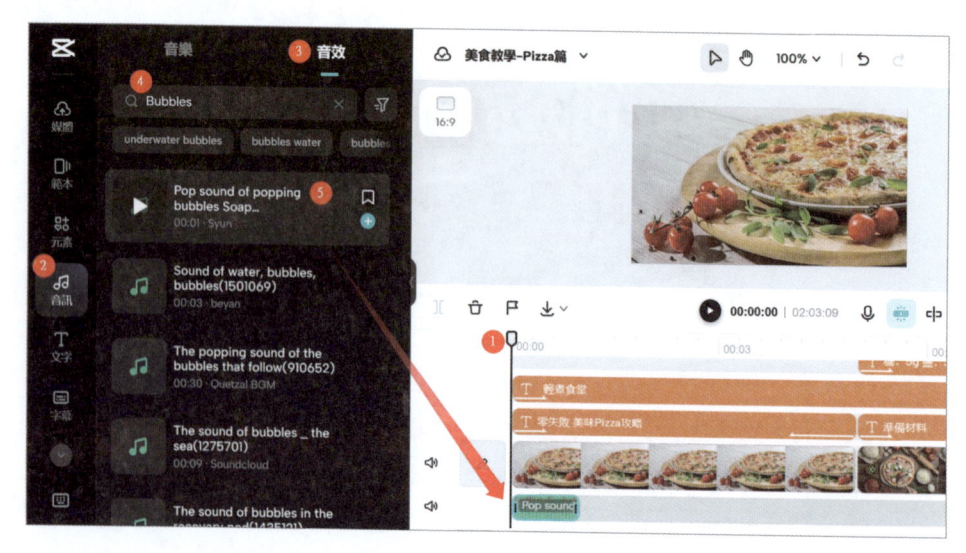

11-18

第 3 節　動態文字效果

Step2. 文字與音效同步：移動時間線停駐在音樂插入起點，點選文字框 (呈藍色外框)，點選插入動畫中的進場，並將進場動畫秒數調整為 1 秒，與音效時長相同，播放測試看效果。

說明：秒數一致性不是必要動作，可以多加測試調整出您最滿意的效果即可。

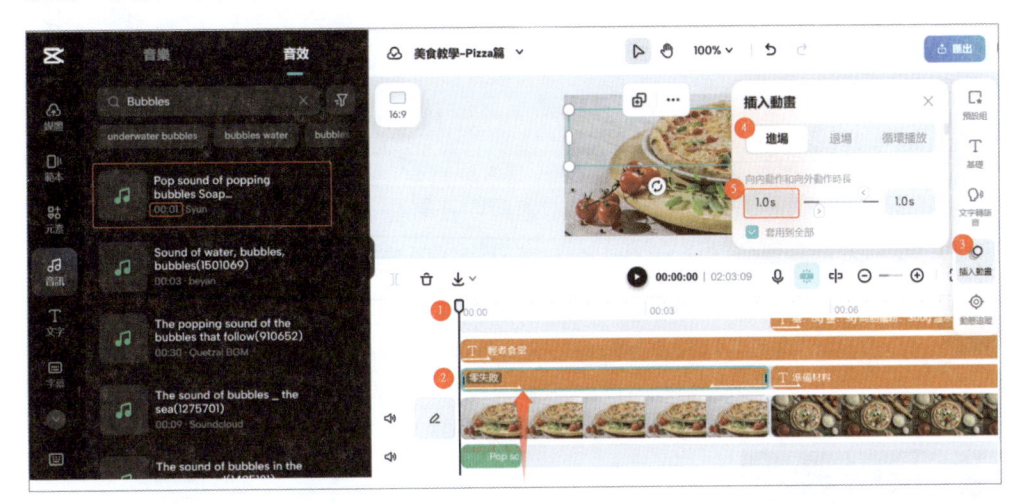

Step3. 調整音量：移動時間線至音樂插入點，點選音效軌 (呈藍色外框)，於右側視窗中點選基礎音量設定向右 (＋) 增強、向左 (－) 減弱，以確保不會影響主要影片內容，完成後播放預覽效果。

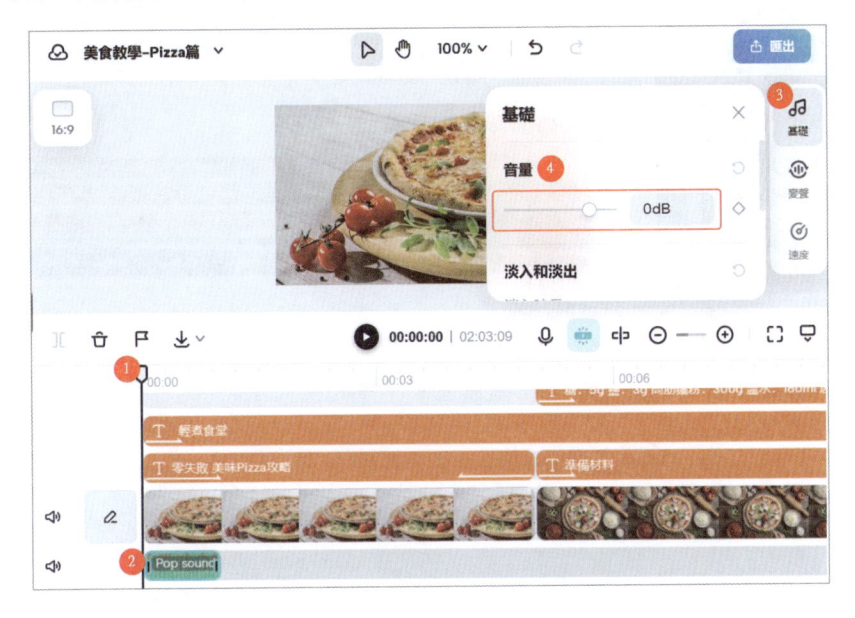

11-19

第 11 章　會動的文字更吸睛！讓影片文字變得更有趣

第 4 節　字幕與時間配置

認識何謂字幕設計、以及如何設定字幕格式與時長配置技巧。

01. 建立字幕與設計

Step1.　字幕旁白設計：接續我們將設計旁白介紹，在此我們將藉由手動字幕來完成旁白解說功能，移動時間線在文字動畫之後（如動畫 00:01:01 之後），點選字幕選擇手動字幕設定。

說明：當影片中有動畫時觀看的注意力會集中在動畫，此時不適合字幕或其它特效同步出現，因為容易分散注意力；而文字設計也就失去聚焦的目的。

所以設計中要特別注意，不要在同一個時間點有太多的訊息量，如此不僅太雜亂也容易分散注意力，實務中會循序漸進式的提供情緒價值起伏與節奏，如此才能有效增加完播率的提升。

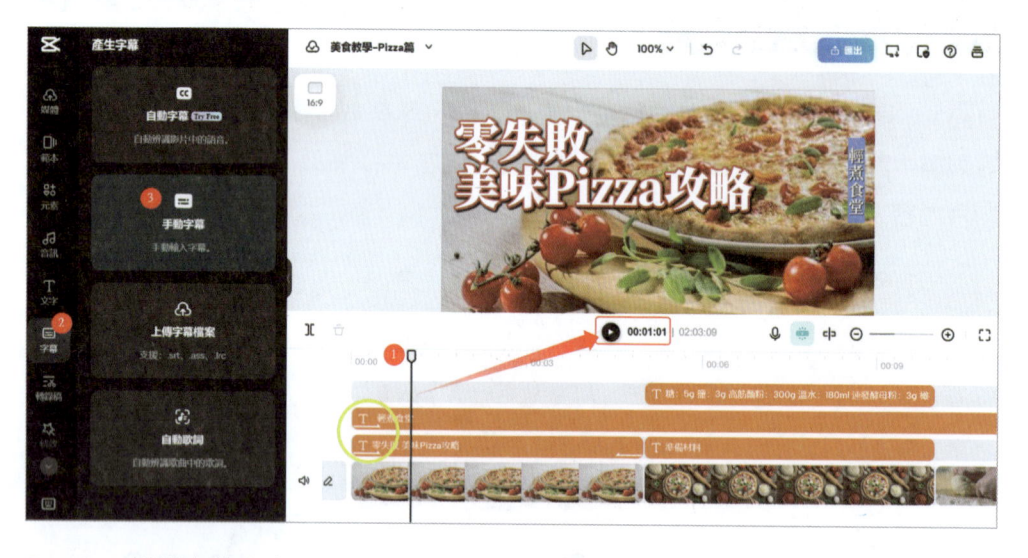

Step2.　新增字幕文字：移動時間線停駐在動畫之後，點選右側基礎並於文字框內輸入旁白字幕內容「歡迎來到《輕煮食堂》，讓料理變得輕鬆又好吃」開場介紹。

第 4 節　字幕與時間配置

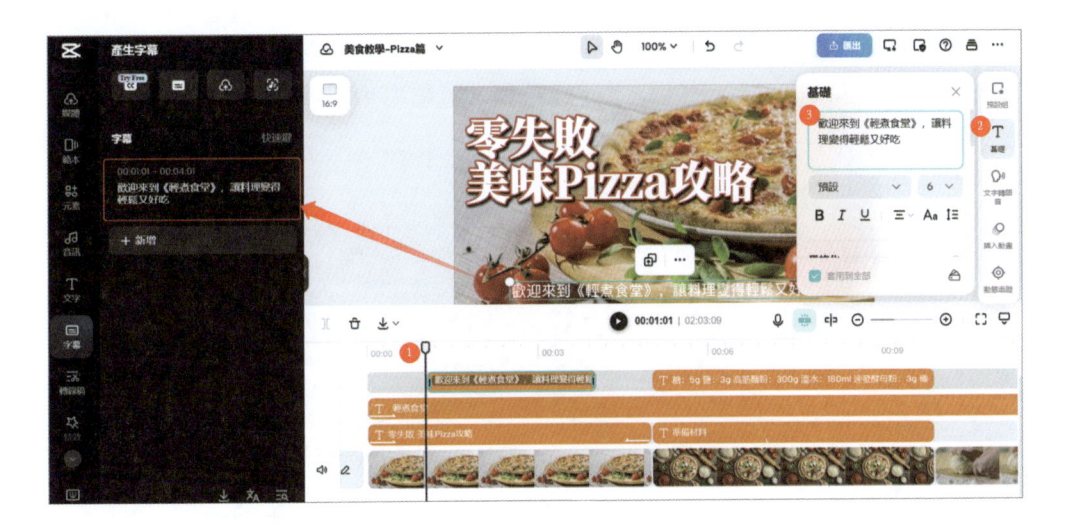

02. 調整字幕時長

Step1. 調整字幕時長：點選字幕文字框 (呈藍色外框)，在時間軸上拖動字幕出點向右延長，或向左縮短顯示時間，同時也要依據目前素材畫面內容與旁白同步。

說明：在此旁白尚未套用語音生成，所以屬靜態字幕 (無聲) 設計；若加入語音設計，則字幕長度應與語音長度同步時長。

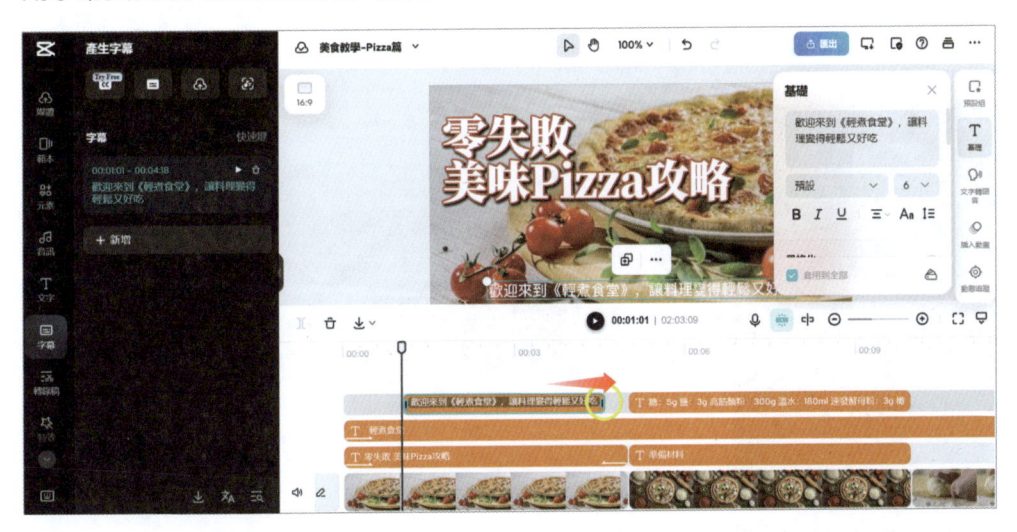

11-21

第 11 章　會動的文字更吸睛！讓影片文字變得更有趣

Step2. 播放預覽：在此階段設計為確認字幕時長是否適合觀眾閱讀速度，隨時將時間線移回起點 00:00:00 處並點選播放預覽，觀看影片與字幕內容是否流暢與節奏是否適當。

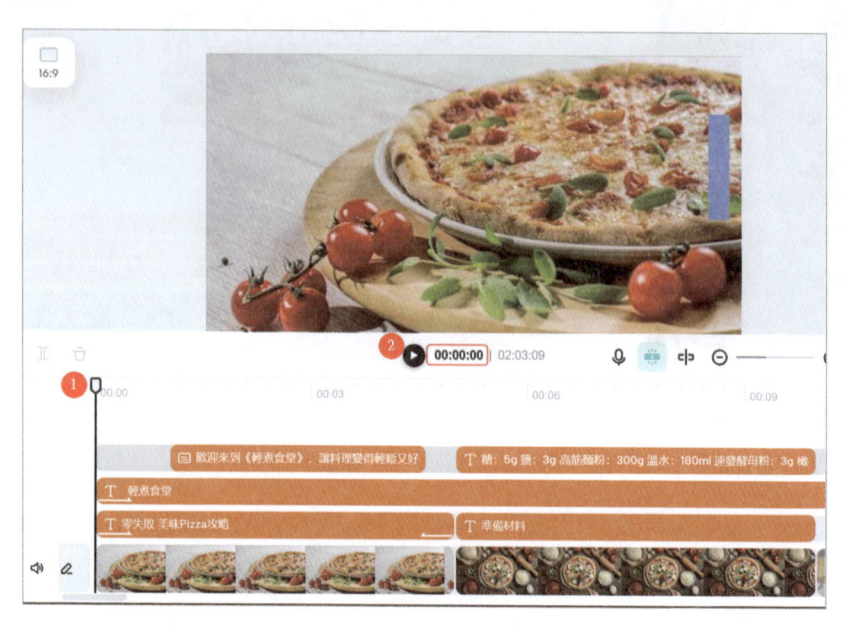

Step3. 完成其它字幕：移動時間線至素材 2 的位置 (00:05:09)，繼續進行素材 2 的字幕設計，點選左側新增，建立新的字幕塊。

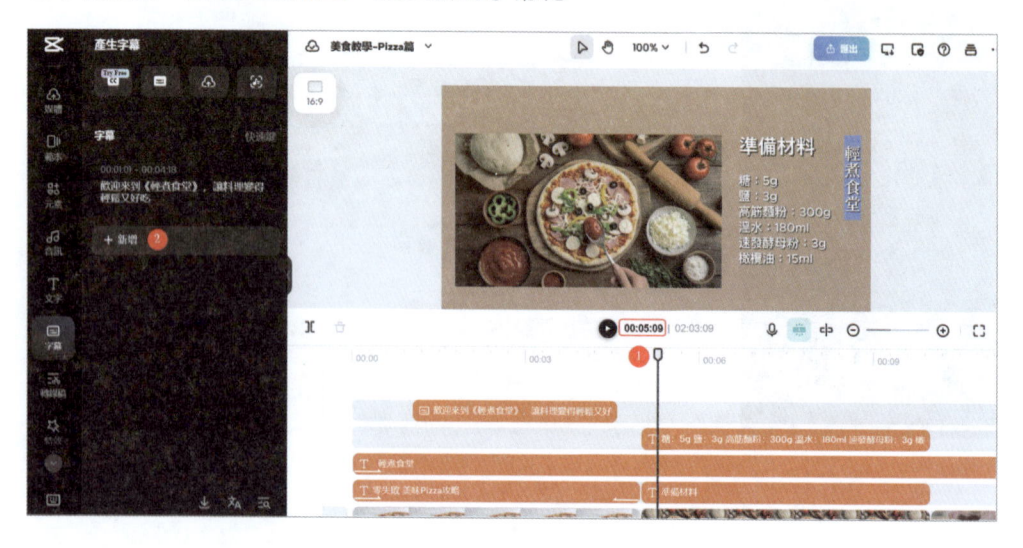

11-22

Step4. 輸入字幕內容：點選左側基礎，於文字框中輸入所需字幕內容。

說明：系統會自動將上一個字幕軌道並列在一起，當圖示顯示 🔲 即為字幕軌定義。

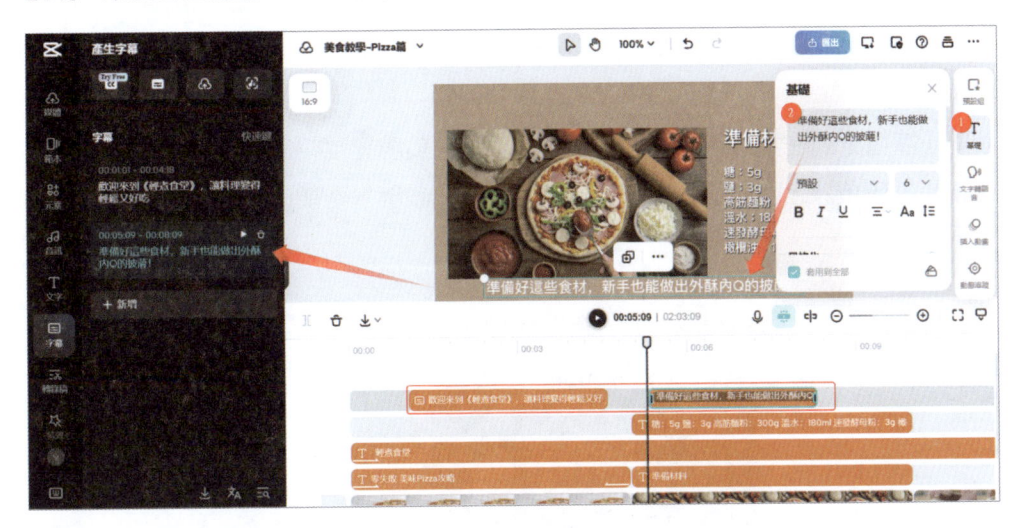

Step5. 完成字幕設計：重覆步驟 3-4 完成影片所有字幕設計，每段字幕字數不宜過長，若字數太多時，建議獨立字幕塊設計。

11-23

03. 字幕格式設定

Step1. 字型大小格式：移動時間線停駐欲觀看的文字框，點選文字框 (呈藍色外框)，點選右側基礎，即可進行與文字物件相同的字體、大小、粗體、斜體等格式設定。

說明：字幕格式在預設基礎上是套用到全部，對於視覺風格會較有一致性，另外設定後需播放預覽全部內容後，才會決定最終格式設計，不能以單一畫面格式做為標準。

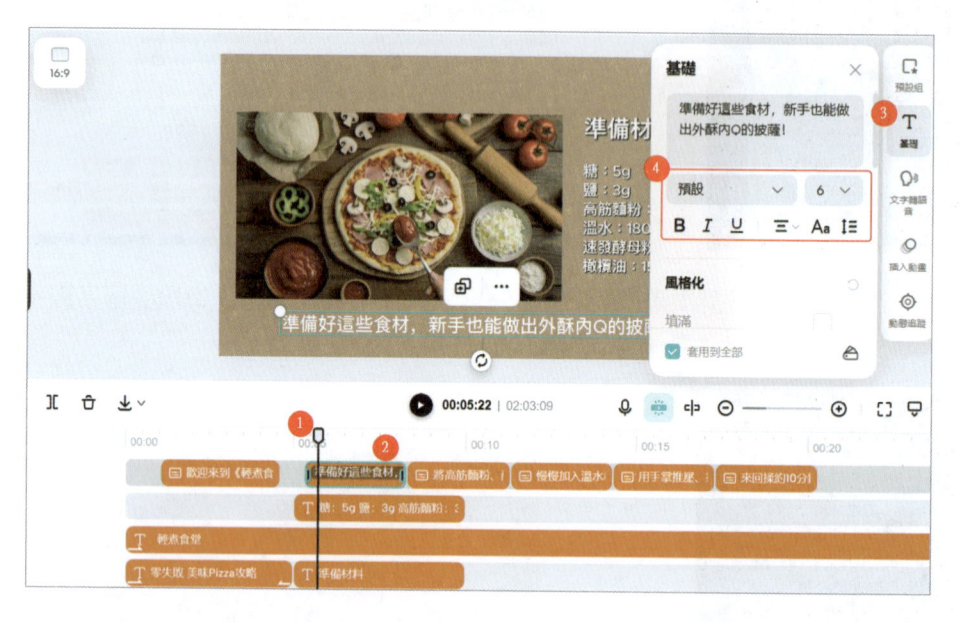

Step2. 風格化字幕：在預設組功能中，樣式提供一系列預設好的靜態風格化字幕格式，我們也可直接套用，如此設計可與畫面素材形成強烈對比效果。

說明：取消風格化樣式設計，只要點選 ⊘ 即可。

第 4 節　字幕與時間配置

Step3. 修改風格化字幕：對於套用後的風格化設計，我們可再次切換回基礎功能中，向下捲動於風格化位置重新定義填滿、描邊、背景、暗調等相關設定。

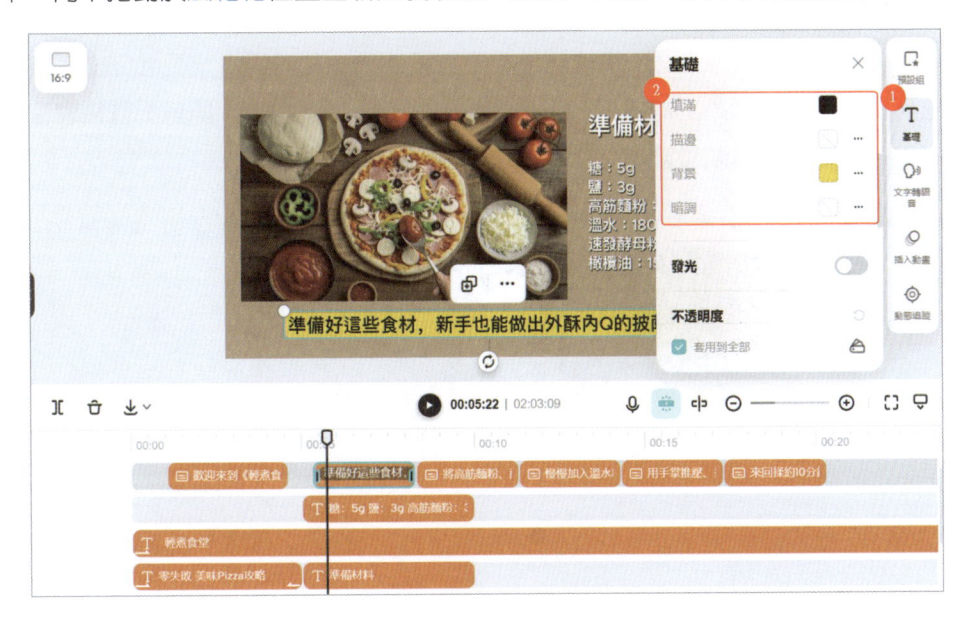

11-25

04. 字幕與語音同步

Step1. 調整 Chrome 檢視比例：在進行語音字幕設計前，我們先將 Chrome 瀏覽器檢視比例調整至 75% 左右 (可依需求自訂)，方便視窗瀏覽。

Step2. 調整視窗上下比例：接續調整視窗上下比例，我們將下方視窗向上擴大方便語音配置後觀看音軌上的變化，記得音軌位置在主軌道下方，語音配置後會在主軌道下方自動形成音軌設計。

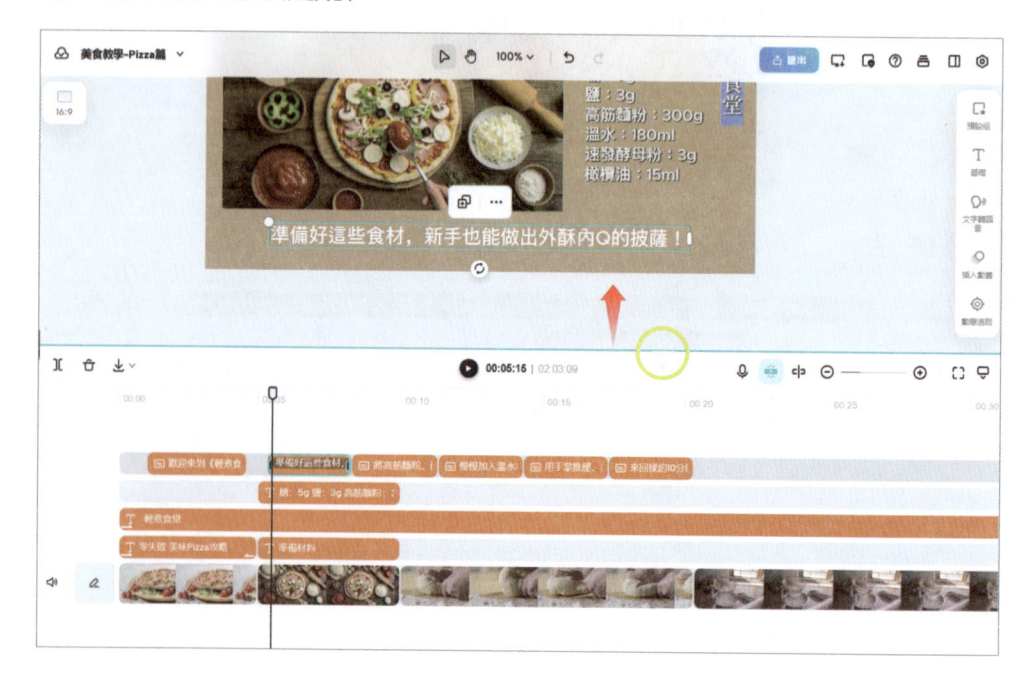

第 4 節　字幕與時間配置

Step3. 預設狀態瀏覽：未開始加入語音設計前，字幕軌是同一列，主軌道下是空白列，當語音加入後即會於主軌道下方顯示語音軌的變化。

說明：未加入語音前，設計思路是字幕顯示位置依「素材畫面的訊息」決定，而字幕時長是依「觀眾閱讀文字的速度」決定，然而當加入語音後就會產生「語速」的變化，如何調整語速、畫面、字幕三元素能夠同步與流暢，即是接下來我們要設計的重點技巧。

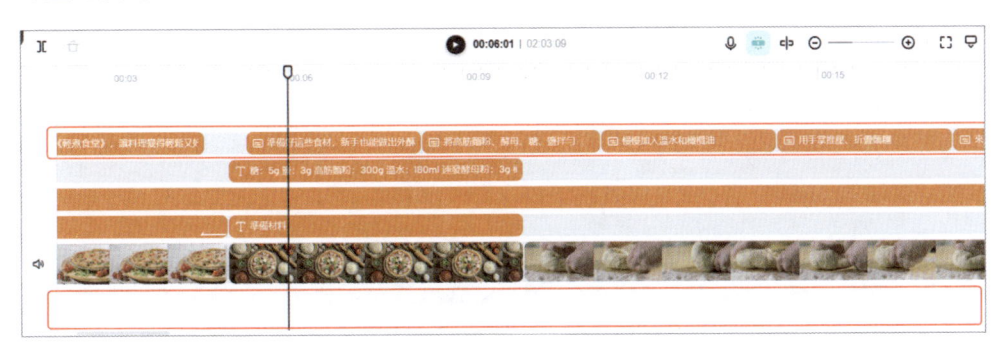

Step4. 文字轉語音：移動時間線停駐觀看的文字框位置，點選右側文字轉語音，選擇中文或其它 (可自訂)，開啟商業用途可瀏覽更多語音類型，利用滑鼠滾輪即可捲動語音清單，點選即可試聽，在此我們先開啟同步語音與文字，試聽效果並同時觀看時間軸上的變化。

說明：此處設定在課堂中往往同學會誤以為無法使用，其實主要因素是瀏覽器檢視比例太大，以致於看不見語音清單，所以無法選擇並套用，這即是為什麼一開始要先進行視窗調整的重要原因。

第 11 章　會動的文字更吸睛！讓影片文字變得更有趣

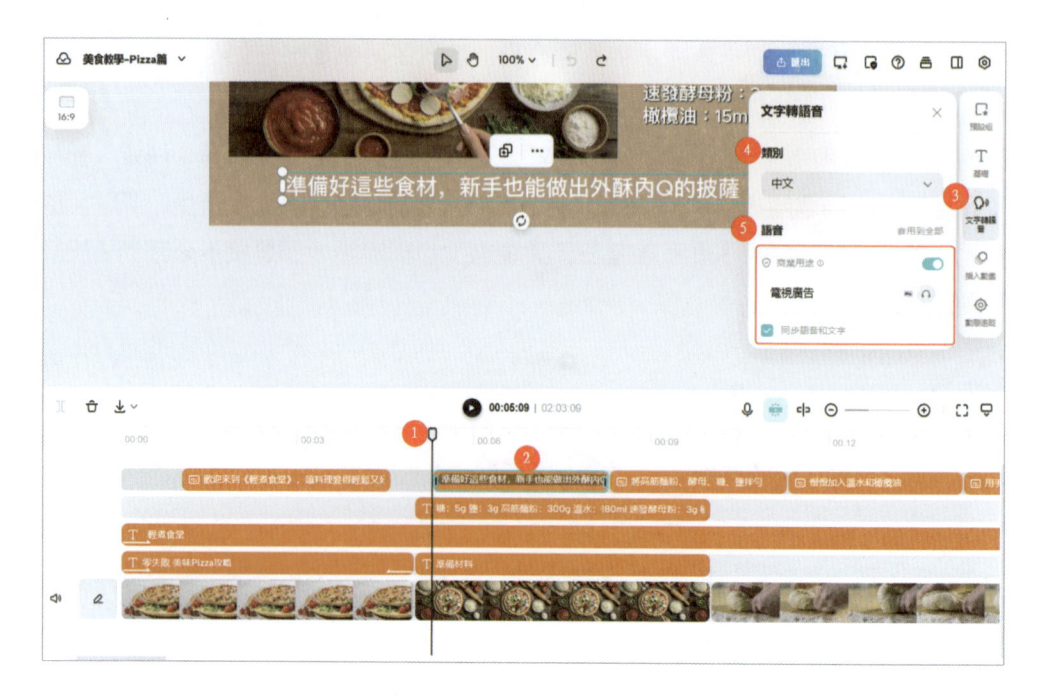

Step5. 語音轉錄進度：在進行轉錄過程，注意畫面上方會有轉錄進度，待轉錄至 100% 後時間軌才會正式套用完成，此時需要時間等待。

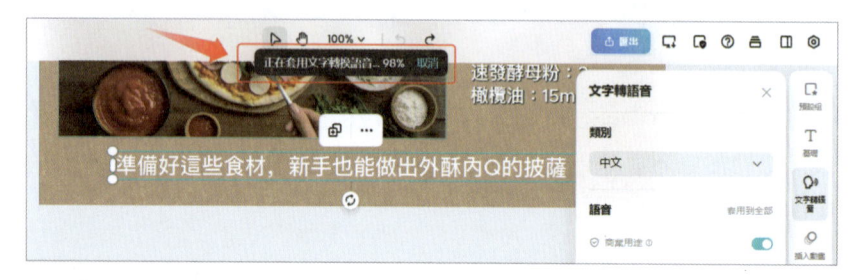

Step6. 語速與音調調整：於配音員的右側圖示即可重新調整速度與音調設定。

說明：說話的速度向右 (+) 加速、向左 (-) 減速；音調向右 (+) 增加、向左 (-) 減少，可多次試聽後選擇最佳速度。

第 4 節　字幕與時間配置

Step7. 同步語音與字幕：轉錄完成後，系統會依據語音的語速，自動調整字幕顯示長度；因原來的字幕軌不夠空間使用，所以系統會自動向上移動一個軌道來顯示字幕內容，由此可知軌道數量會隨著編輯作業中持續再擴增。

說明：特別注意的即是，在進行語音轉錄時，時間線停駐的位置很重要，因為會自時間線起點做為語音輸出的起始點，當然位置都可再自由調整，但能一次到位可減少修改與編輯的次數。

另外在此的語音多數都是 Pro 付費會員素材，所以使用上也請多加注意；如何使用免費語言技巧可參考第七部份 - 主題 1、文字轉語音應用。

11-29

第 11 章　會動的文字更吸睛！讓影片文字變得更有趣

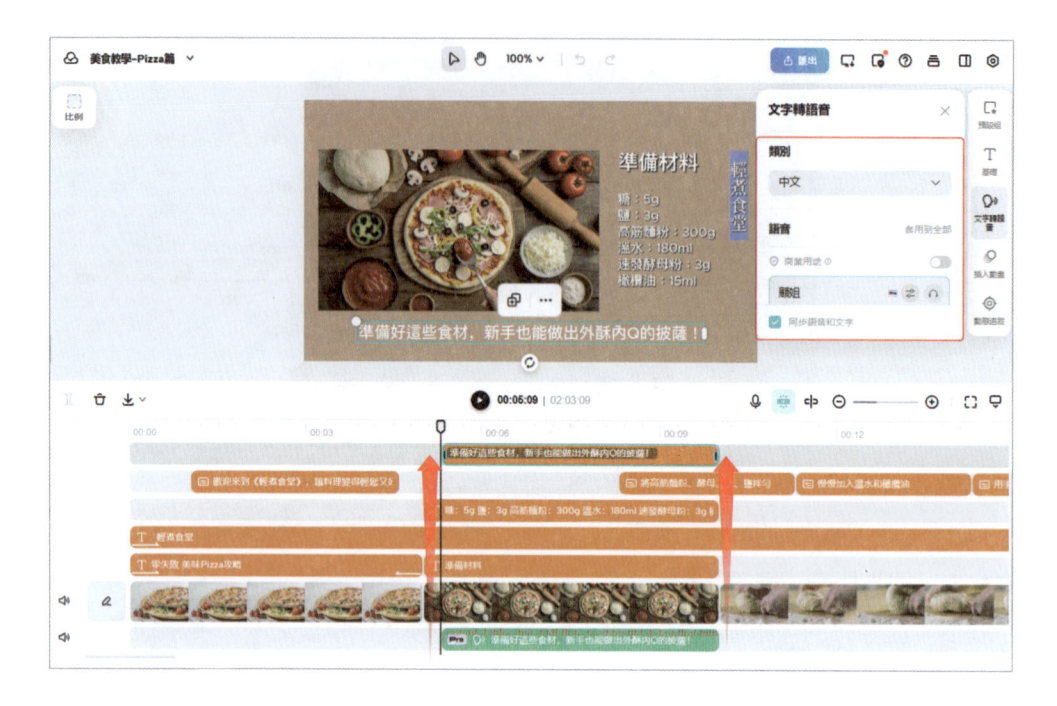

05. 語音轉錄全部套用

Step1. 語音套用到全部：相關設定確認後，我們可以套用到全部完成一次性所有語言生成，不用逐一轉錄語音設定，如此可以簡化許多編輯時間。

說明：因語音為 Pro 付費會員素材，因此在匯出 Mp4 時會有付費訊息，所以在此可以先簡單練習瞭解技巧即可；更多免費文字轉語音技巧，參考第七部份 - 主題 1、文字轉語音應用，將文字先進行語音轉錄後，再匯入進行影片編輯即可，完全免費自由創作。

第 4 節　字幕與時間配置

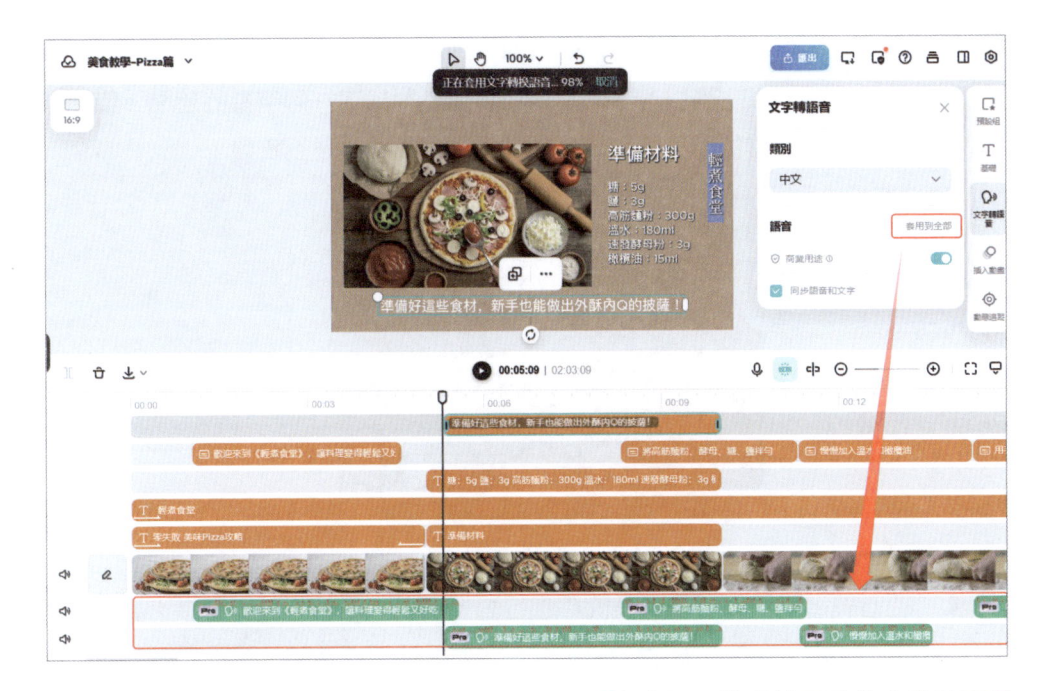

Step2.　重疊字幕問題：確認配音員後，播放預覽時是否發現某區段的字幕是重疊的，即是 (如圖中我們所框選的部份) 這部份的字幕時間是重疊的，所以畫面會產生如下的顯示問題，接續我們要解決即是字幕時長的調整。

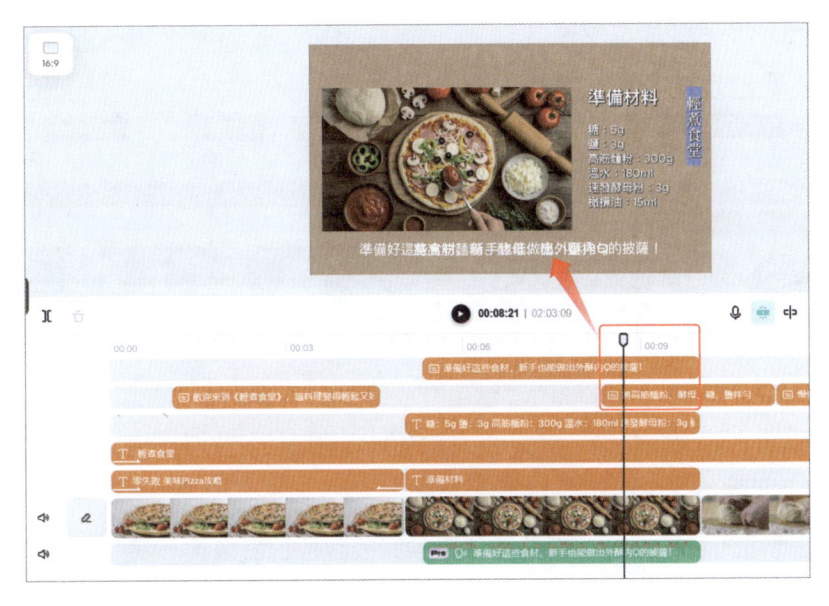

11-31

第 11 章　會動的文字更吸睛！讓影片文字變得更有趣

Step3. 調整字幕時長：以語音時長為標準來調整字幕的時長，手動拖拉微調字幕的 A 入點 (起始點)、B 出點 (結束點) 即可，另外對於下一個字幕的起點，無需求緊接其後，可以有幾秒的時差再出現即可，播放預覽檢視是否流暢。

Step4. 語音與字幕同步：移動時間線進行對齊，以 A 語音時長為標準 (不改變大小)，調整 B 字幕塊時長 (改變大小)；由左至右逐項進行調整，若語音與上段音軌重疊時，記得拖拉語音區塊向右移動即可，不是縮減改變大小。

說明：每段語音的起迄都是依語速調整後生成的結果，所以在最後進行同步處理時，我們會以 A 語音區塊的長度為標準，來縮減原先的字幕時長，如圖所示才是我們最後修訂後的同步設計效果。

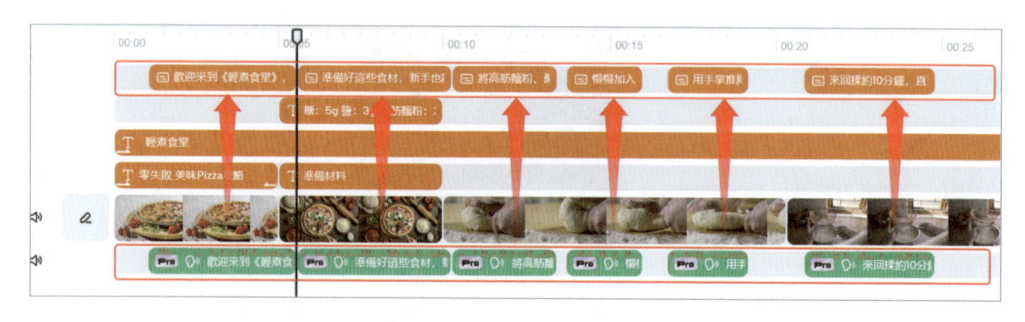

Step5. 字幕內容校正：移動時間線停駐欲修改文字框位置，點選文字框 (呈藍色外框)，點選右側視窗基礎，於文字內容區即可重新校訂文字；但不同的是語音必需刪除後重新轉錄。

說明：由此可知字幕校訂應於語音轉錄前完成全部校訂後再一次進行語言轉錄作業。

11-32

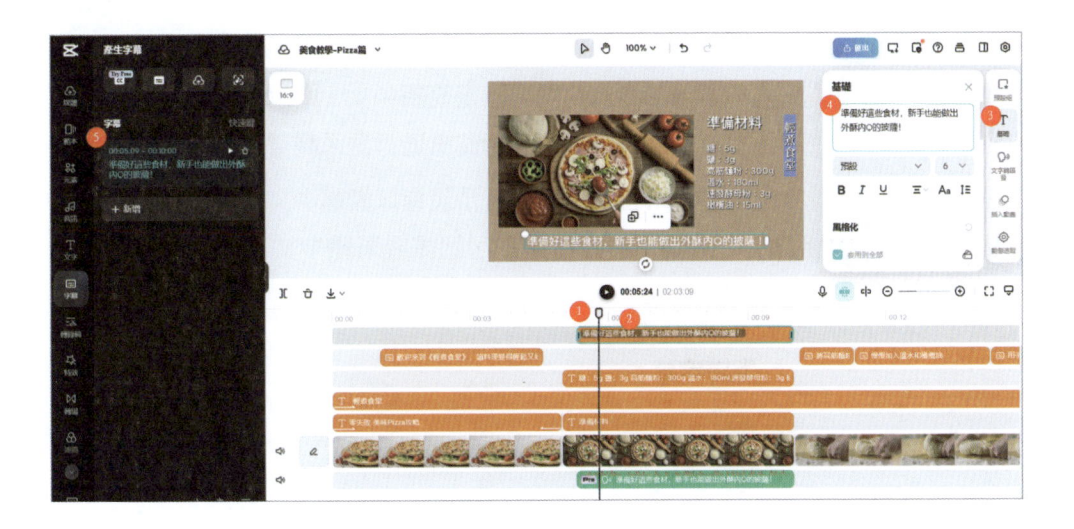

第 5 節　字幕匯出與刪除

如何將字幕匯出成 CC 字幕檔與字幕刪除技巧。

01. CC 字幕生成與匯出

Step1. 確認匯出語系：移動時間線停駐在修改的文字框位置，點選文字框 (呈藍色外框)，於左側視窗切換至字幕，即可看見字幕軌上的所有字幕內容，每個字幕區段起迄時間都有詳細的記錄，點選翻譯，即可進行語系轉換。

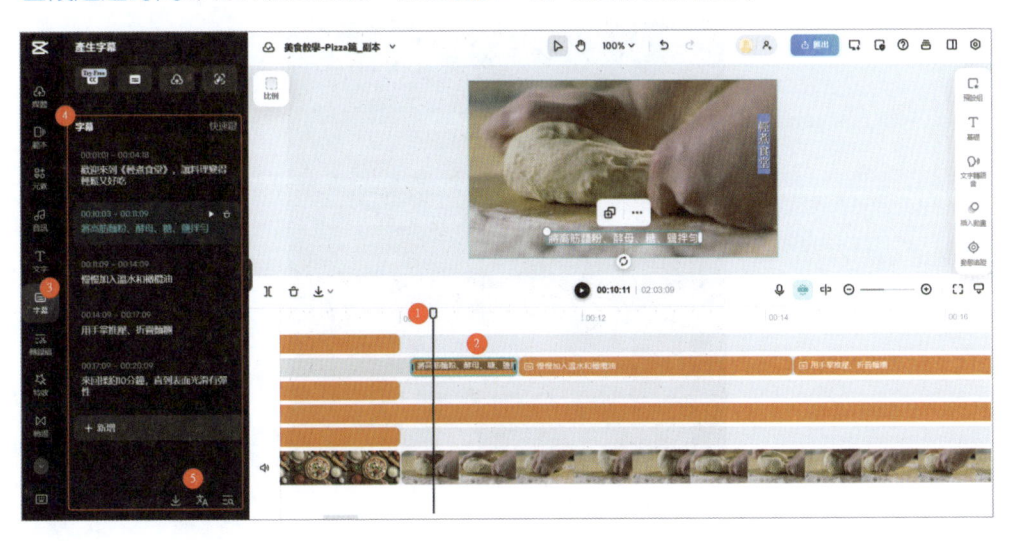

11-33

Step2. 語系轉換：選擇原生字幕語系 (如：繁體中文)，翻譯為 (您要的語系類型)，再點選翻譯即可；此範例中因為我們的語系已是繁體中文，所以在此不需要翻譯；但若是原生字幕生成是簡體中文時，即可利用此處進行語系翻譯技巧。

說明：當我們使用的是自動字幕生成時，系統預設會以簡體中文顯示字幕，此時我們只要點選 🗛 翻譯來更改語系，則字幕即可翻譯成繁體中文，無需再利用第三方軟體來轉語系。

Step3. 匯出 CC 字幕：點選匯出字幕，並選擇 SRT 檔案。

說明：所謂的 CC 字幕即是指含有時間標記的 SRT 檔案，而 TXT 檔案是不含時間標記的純文字檔案；CC 字幕匯出主要應用於影音平台 (如 :Youtube)，依觀看者播放時隨選語系，並進行翻譯的標準輸出檔案格式。

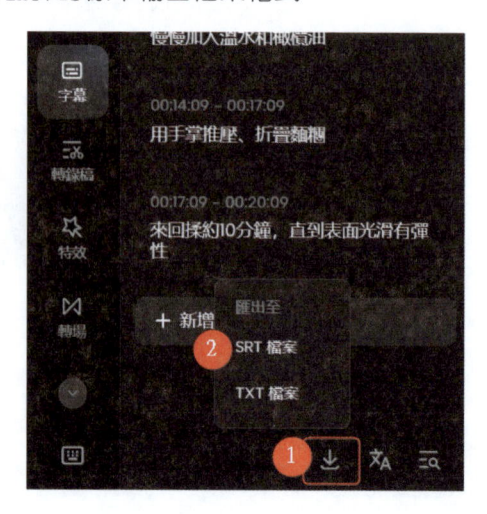

第 5 節　字幕匯出與刪除

Step4　下載匯出檔案：點選後系統自動下載，我們只要點選下載 ⬇，開啟檔案瀏覽內容 ⧉。

說明：注意只有「字幕」屬性的內容才可匯出 CC 字幕 (*.SRT 檔案)，而文字不具有此屬性。

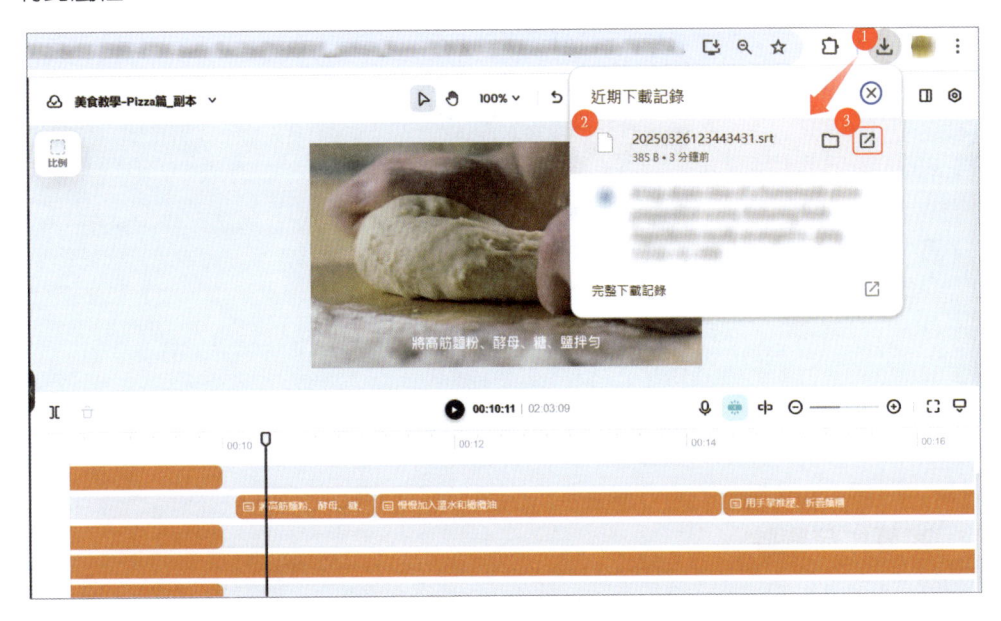

Step5.　開啟 SRT 瀏覽：選擇 Notepad 記事本，並以一律以記事本開啟 .Srt 檔案，日後即不會再詢問。

11-35

第 11 章　會動的文字更吸睛！讓影片文字變得更有趣

Step6. 認識 SRT 檔案結構：Srt 即是指包含時間標記的文字字幕檔案，與 TXT 純文字檔是不同的。

說明：匯出字幕後並非一定要開啟瀏覽，主要是認識 CC 字幕定義與檔案格式的差異。

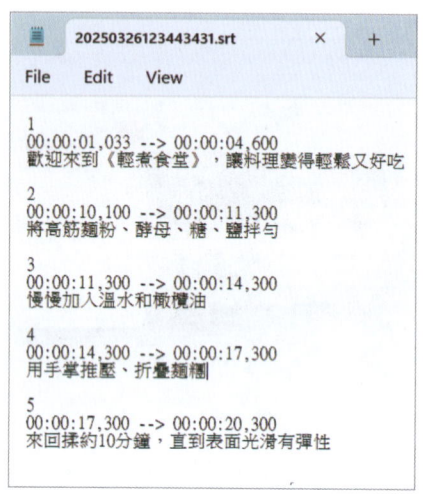

```
20250326123443431.srt

File    Edit    View

1
00:00:01,033 --> 00:00:04,600
歡迎來到《輕煮食堂》，讓料理變得輕鬆又好吃

2
00:00:10,100 --> 00:00:11,300
將高筋麵粉、酵母、糖、鹽拌勻

3
00:00:11,300 --> 00:00:14,300
慢慢加入溫水和橄欖油

4
00:00:14,300 --> 00:00:17,300
用手掌推壓、折疊麵糰

5
00:00:17,300 --> 00:00:20,300
來回揉約10分鐘，直到表面光滑有彈性
```

02. 字幕如何刪除

Step1. 方式一：於時間軌道上，點選字幕文字框，點選刪除 🗑 即可。

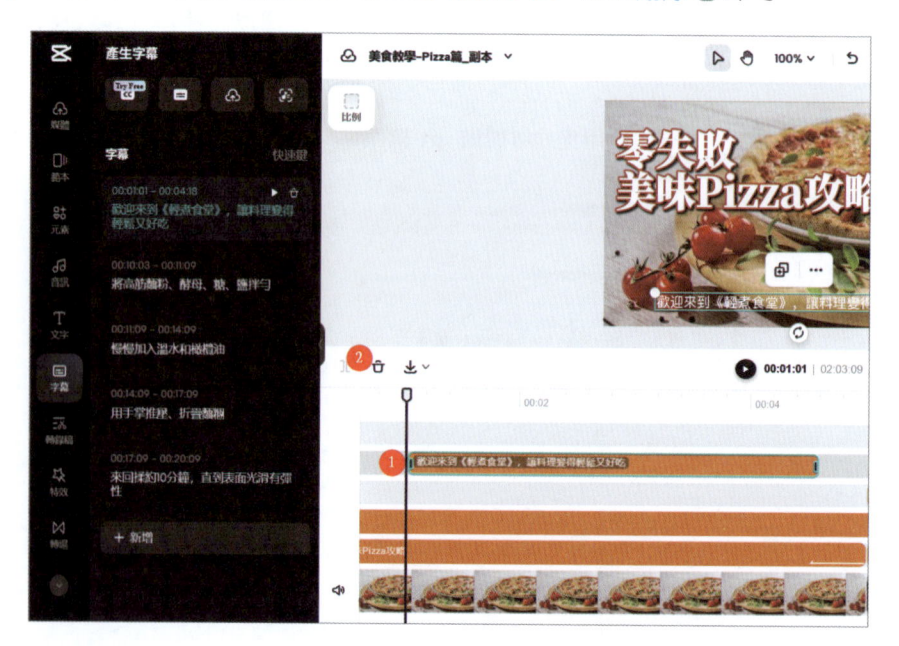

11-36

第 5 節　字幕匯出與刪除

Step2. 方式二：切換至字幕功能，點選字幕框點選右側刪除 🗑 圖示即可。

Step3. 方式三：批量刪除：縮小時間軸大小，總覽所有字幕軌內容，並於外側空白處進行框選 (左上右下) 將所有字幕塊選取 (呈藍色外框)，再進行刪除即可。

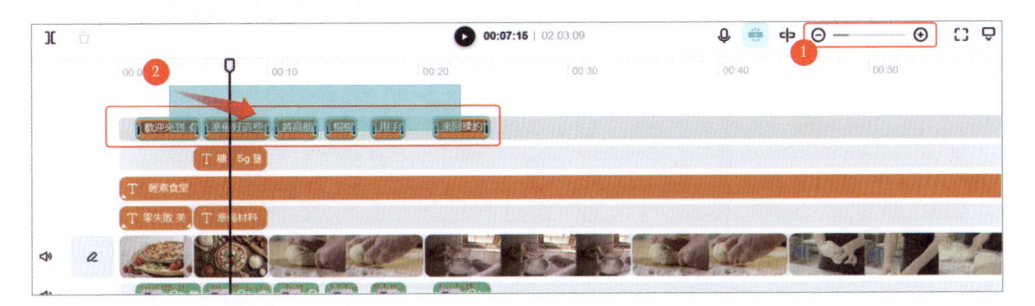

Step4. 刪除選取字幕：完成選取後（呈藍色外框），點選刪除即可。

11-37

說明：相同若是要將付費語音進行刪除，只要框選所有語音文字框，點選刪除即可 (在此我們可以先刪除)。

第 6 節　字幕特效應用

套用系統預設字幕特效，加入自訂進場、退場等文字動畫，強化視覺效果。

01. 字幕動畫特效

Step1. 移動時間線停駐在欲修改的文字框，點選字幕文字框 (呈藍色外框)，於右側點選預設組，選擇範本即是字幕動畫設計位置，可套用測試瀏覽最佳效果。

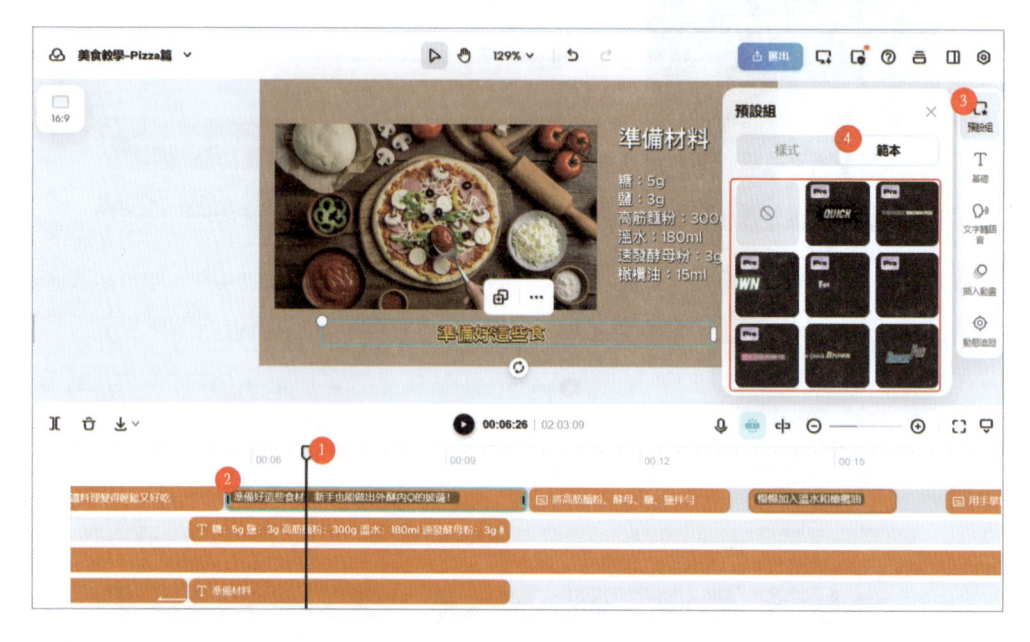

Step2. 動畫格式設定：套用範本後的字幕動畫，仍可重新設定格式效果，重新點選基礎，向下捲動於風格化位置，重新定義填滿、描邊、背景、暗調等即可。

第 6 節　字幕特效應用

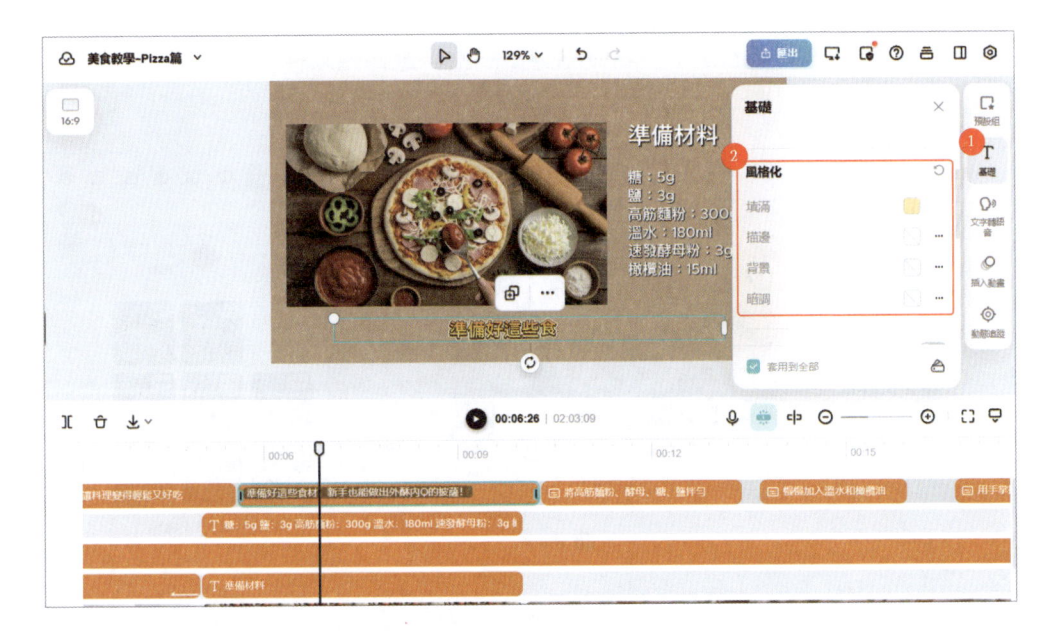

Step3. 全部套用動畫：系統預設字幕格式設定都是以全部套用為主要範圍，所以無論您點選哪一組字幕框都會套用至全部；以整體性而言一致性的字幕格式也是最佳設計效果。

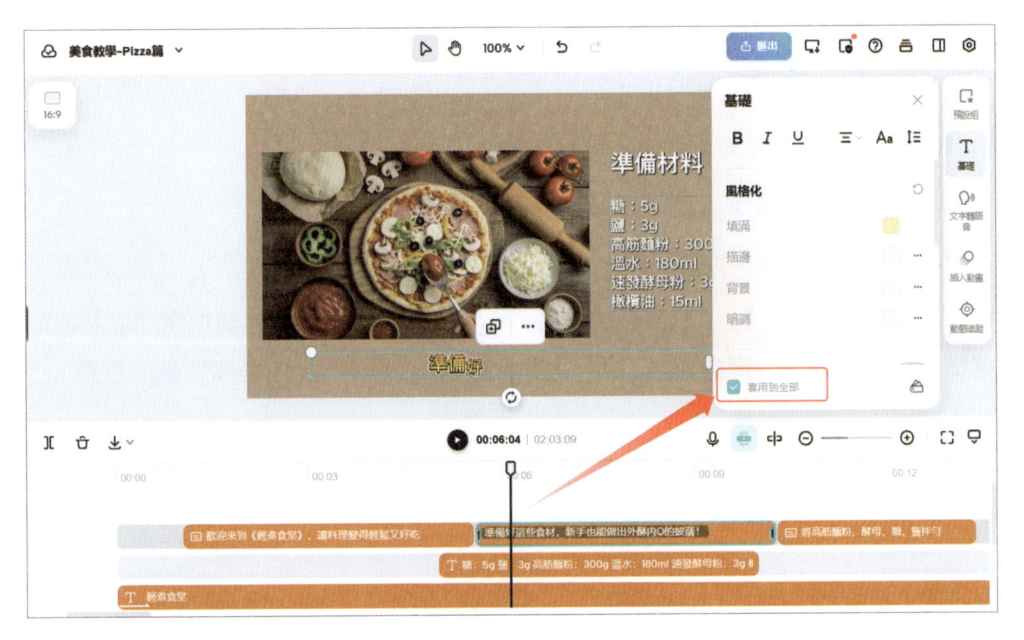

11-39

第 11 章　會動的文字更吸睛！讓影片文字變得更有趣

Step4. 取消字幕動畫設定：於右側點選預設組，選擇範本標籤中 ⊘ 即為取消字幕動畫設定。

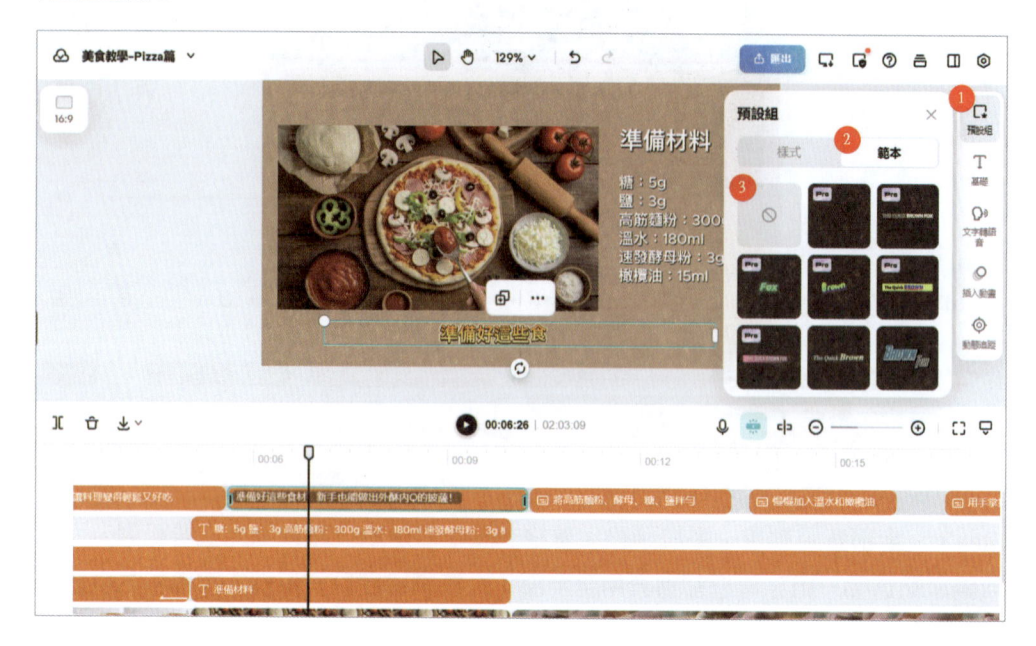

02. 進退場動畫效果

讓字幕更有吸引力的幾種特效：

- 漸變色字幕（提升質感，適合標題字幕）
- 波浪動態文字（模仿手寫風，適合趣味性字幕）
- 閃爍文字（強調重點資訊，如「必看重點」）

Step1. 自訂進場動畫：點選任一個字幕塊 (呈藍色外框)，於右側點選插入動畫，選擇進場動畫類型，選擇動畫效果 (彈簧)，點選套用全部 (所有字幕全部套用)。

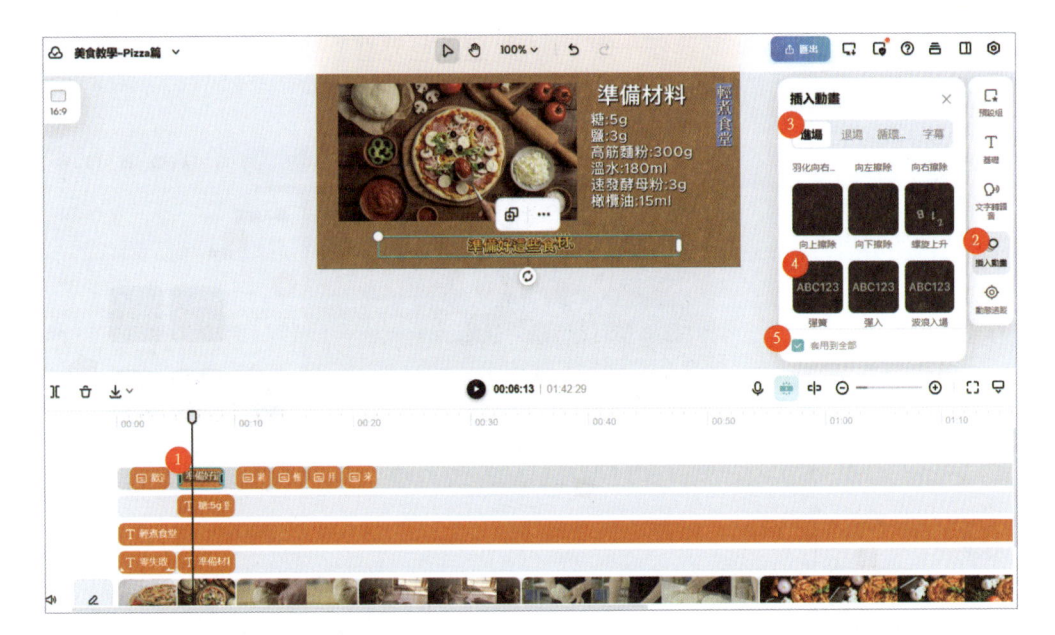

第 6 節　字幕特效應用

Step2. 自訂退場動畫：點選任一個字幕塊 (呈藍色外框)，於右側點選插入動畫，選擇退場動畫類型，選擇動畫效果 (漸隱閉幕)，點選套用全部 (所有字幕全部套用)。

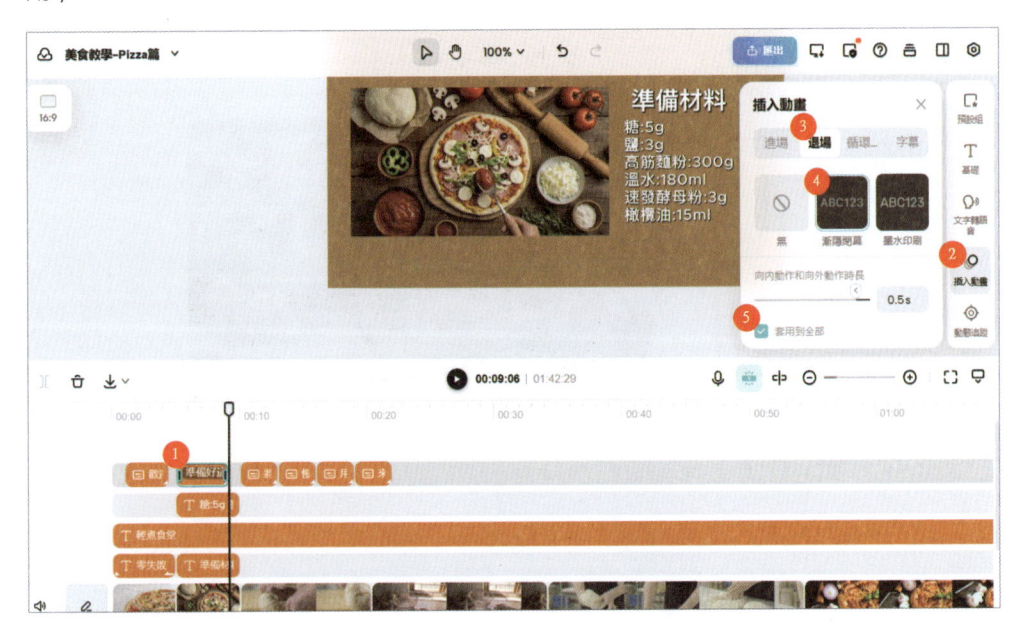

11-41

第 11 章　會動的文字更吸睛！讓影片文字變得更有趣

Step3.　取消動畫設定：點選任一個字幕塊 (呈藍色外框)，於右側點選插入動畫，於進場 / 退場動畫中，選擇無即全部取消動畫設定。

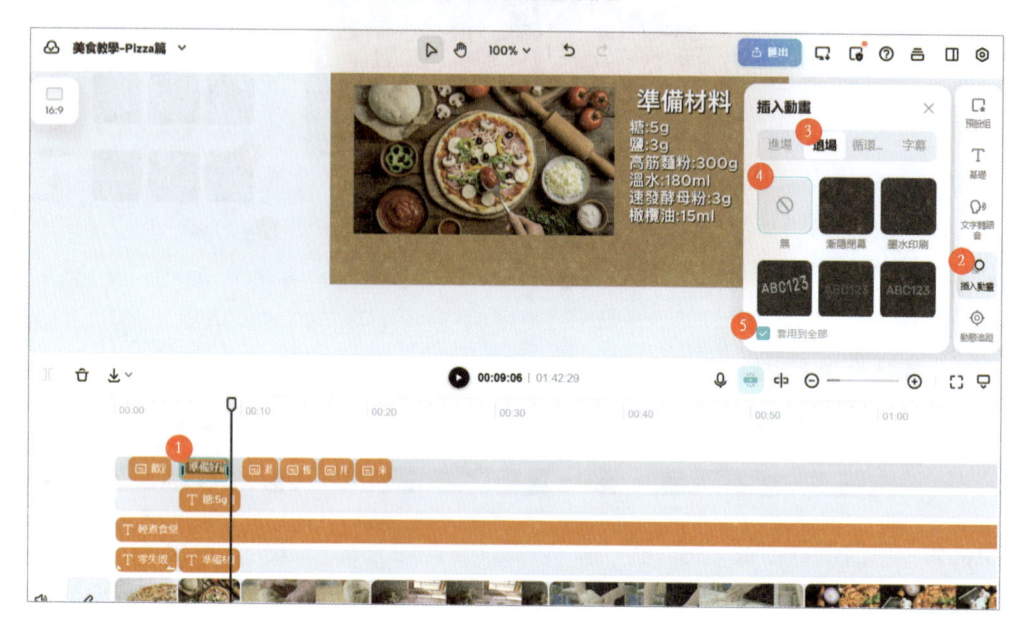

Step4.　播放預覽效果：適當調整動畫類型與速度使字幕符合影片內容。

11-42

第 12 章

轉場玩出新花樣！
讓影片變得更順暢

第 12 章　轉場玩出新花樣！讓影片變得更順暢

轉場指的是影片畫面從一個場景切換到另一個場景時的過渡效果，讓畫面流暢地轉換，而不會顯得生硬或突兀。在影片編輯中，轉場可以是簡單的淡入淡出，也可以是動態的滑入、旋轉、縮放等視覺效果。

在自媒體行銷中，轉場（Transitions）不僅可提升視覺效果，也與觀看體驗、完播率、用戶參與度等流量指標密切相關。因此適當使用轉場效果，可幫助創作者提升視頻的專業感，吸引觀眾持續觀看，進而提高平台推薦權重。

本章將帶你從基礎轉場到進階動態轉場，並學習自訂遮罩轉場技巧，確保每個畫面轉換都能提升故事的流暢度與觀感。

實例演練：製作一支感動滿滿的婚禮精華影片、影片尺寸：橫式 16:9、影片時長：不限。

素材準備：參考第 2 章第 1 節免費素材下載，並匯集整理至資料夾中，上傳至 Capcut 媒體庫。

素材庫資源：也可於 Capcut 中元素搜尋 (圖片或影片素材)、音訊搜尋 (音樂、音訊) 直接進行練習。

第 1 節　熱門視頻分析

01. 熱門 & 需求導向 - 讓婚禮短片更感人、更吸睛

☑ 熱門風格

- 電影感唯美風（柔焦 + 慢動作 + 感人旁白）
- 故事敘事風（從相識到婚禮，全程回顧）
- 歡樂派對風（強調婚禮互動與親友反應）
- 紀錄片風（真實對話 + 親友祝福，讓情感更真摯）

☑ 符合觀眾需求

- 新人：想要一生回味的感動影片（氛圍唯美、故事完整）
- 親友：想分享與收藏婚禮的珍貴時刻（畫面精緻、充滿回憶）
- 觀眾：被愛情故事打動，願意觀看與分享（有情感共鳴）

02. 影片結構設計（完整的婚禮精華短片框架）

◆ 開場（0-5 秒）：快速營造情感氛圍
- [ ] 感動瞬間特寫（新郎看到新娘的第一眼、新娘落淚、擁抱親人）
- [ ] 溫暖旁白或字幕：「這一天，他們的故事迎來最美的篇章…」
- [ ] 快閃回憶畫面（交叉剪輯戀愛過程、求婚、婚禮當天準備畫面）

◆ 主體（6 秒-2 分 30 秒）：完整敘事，串聯感動時刻
1. 婚禮前的準備（新娘化妝、新郎整理西裝、親友祝福）
2. 進場與誓言交換（慢動作進場、新人誓言、戒指交換）
3. 感人擁抱與親友祝福（爸媽牽手、親友落淚、擁抱畫面）
4. 歡樂派對（拋花球、切蛋糕、敬酒、舞會）

◆ 結尾（最後 30 秒）：營造溫馨回憶 + 引導分享
- [ ] 最後的擁抱 / 親吻特寫（燈光柔和，慢鏡頭放大幸福感）
- [ ] 經典語錄 / 字幕：「願此刻，成為永恆的幸福」
- [ ] 影片收尾（新郎新娘走向遠方，搭配唯美音樂淡出）

03. 魔鬼藏在細節裡

- ✓ 字幕風格：手寫字體、淡入淡出效果，讓畫面更有溫度
- ✓ 音樂選擇：輕柔鋼琴或弦樂，烘托情感氛圍
- ✓ 鏡頭運用：特寫 + 慢動作增強情緒，航拍畫面提升視覺震撼

第 2 節　轉場效果的基礎

常見基礎轉場效果與取消轉場設定。

01. 建立專案匯入素材

Step1. 新建 16:9 專案：於 Capcut 首頁，點選新建，影片選擇 16:9 尺寸。

第 12 章　轉場玩出新花樣！讓影片變得更順暢

Step2. 上傳素材資料夾：點選媒體，由上傳中點選上傳資料夾導入素材內容，並更改專案名稱 (BGM 音樂視頻)，再次確認專案比例為 16:9。

說明：在此也可直接於元素中搜尋圖片、影片素材；於音訊中搜尋音樂曲風來進行以下練習。

Step3. 安排故事腳本：點選左側媒體工具，切換至資料料夾 (婚禮精華)，依序拖拉素材到時間軸，安排婚禮精華腳本，適當縮放時間軸大小，方便素材排列與總覽全部素材。

Step4. 調整素材比例：移動時間線停駐所需調整素材位置，點選素材 (呈藍色外

第 2 節　轉場效果的基礎

框)，於預覽視窗工具中點選填滿，即可以原素材填滿整個背景大小。

說明：在此的填滿主要是以縮放原理放大至螢幕大小，所以改變的是素材的大小比例，與裁剪定義不同。

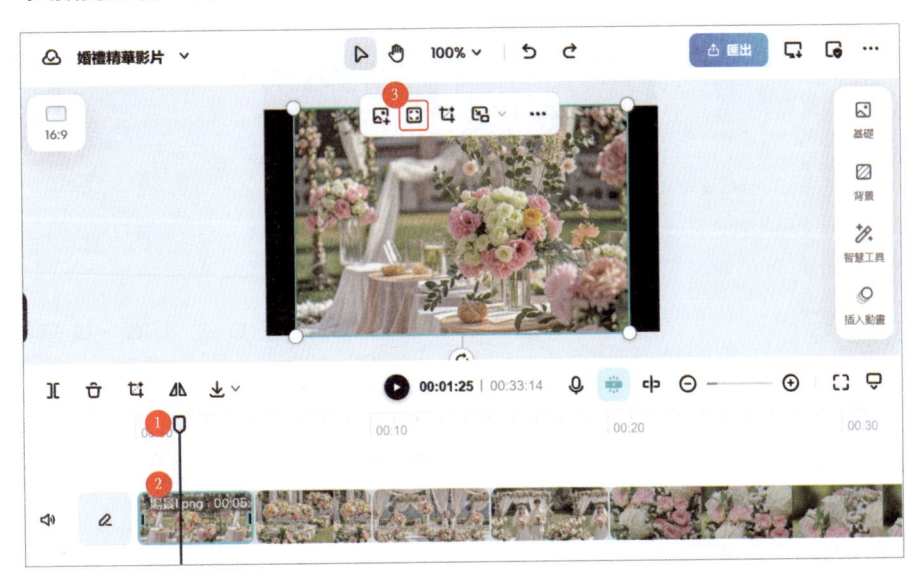

Step5. 調整素材位置：於預覽窗格中，左鍵拖拉移動重新調整素材中所要呈現的焦點位置。

12-5

Step6 完成所有素材調整：重覆 Step4、Step5 依序完成所有素材比例檢查，填滿螢幕大小比例。

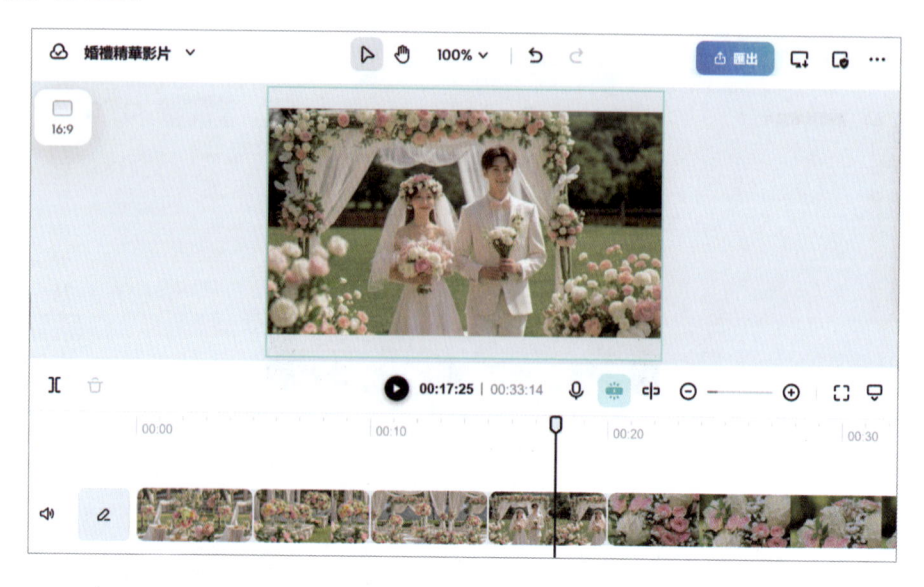

02. 光線與色彩調整

Step1. 素材顏色調整：移動時間線停駐在欲修改的片段，點選素材 (呈藍色外框)，於右側點選基礎，選擇顏色調整。

Step2. 縮放 Chrome 檢視比例：於 Chrome 的更多⋮選項中，將縮放比例縮小 (80%)，方便 Capcut 功能設定與瀏覽。

說明：Capcut 中進行功能操作時，要特別注意先將瀏覽器檢視比例縮小後，才再進行 Capcut 面版操作，以免許多功能無法瀏覽或是無法點選設定。

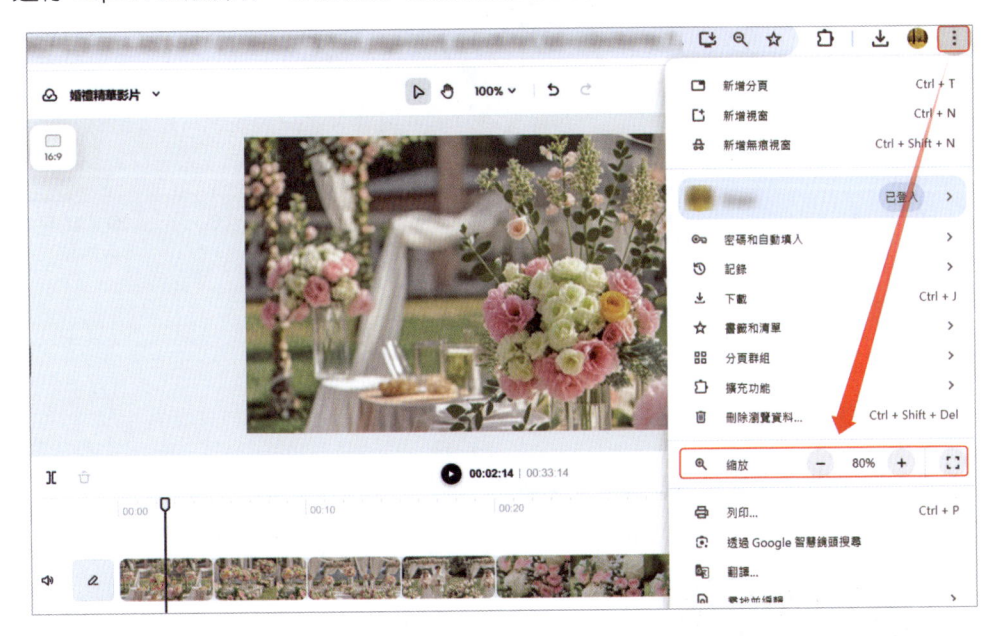

Step3. 調色與亮度對比：於右側基礎功能中，點選顏色調整，於基礎面版向下捲動，即可調整飽和度、色溫、色調、亮度、對比度等相關設定參數，依序完成每張素材最佳調色。

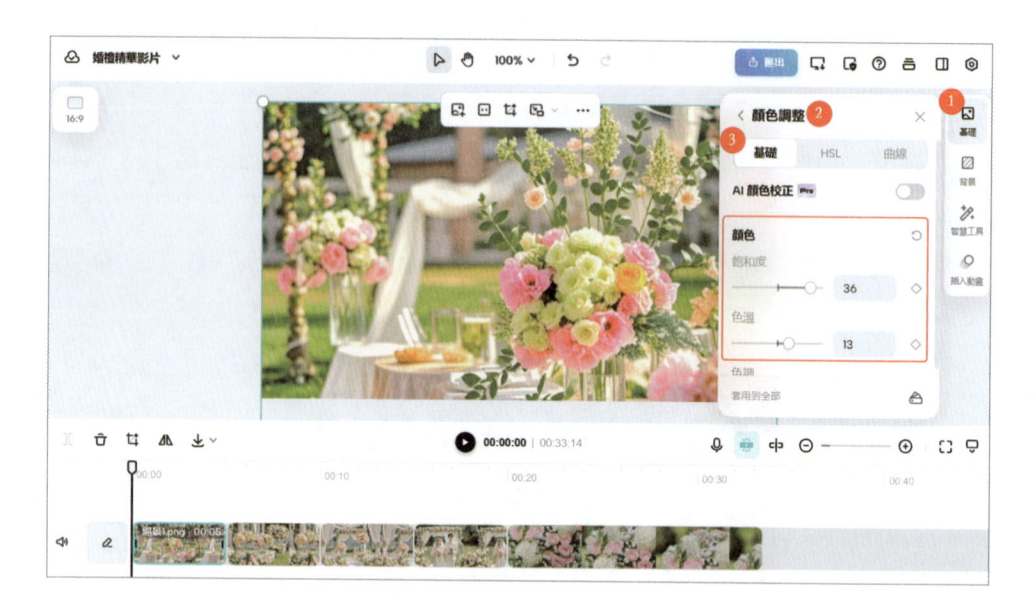

第 12 章　轉場玩出新花樣！讓影片變得更順暢

03. 基礎轉場效果

Step1.　轉場設定條件：轉場設定必需為<u>兩個獨立片段的交接處</u>，才可套用；換句話說，若是在同一片段中想要加入轉場效果時，必需先分割後才可套用。

Step2.　轉場套用技巧：<u>移動時間線</u>停駐在欲修改的素材位置，<u>放大時間軸</u>比例 (方便瀏覽套用轉場位置)，點選左側<u>轉場</u>工具，選擇<u>重疊</u> (眩光疊化)，左拖拉至兩片段交界處，即完成轉場套用。

12-8

第 3 節　創意轉場效果

04. 刪除轉場設定

Step1. 取消轉場設定：點選轉場特效框 (呈藍色外框)，點選刪除 🗑 或按 Delete 即可。

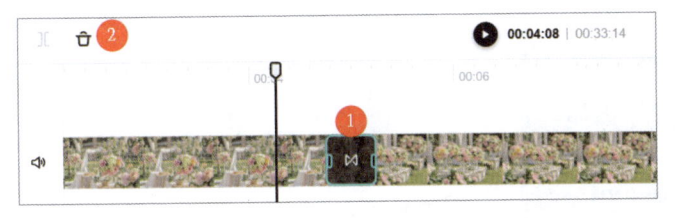

Step2. 播放預覽效果：刪除轉場設定後，並不影響原素材片段內容，可播放預覽效果。

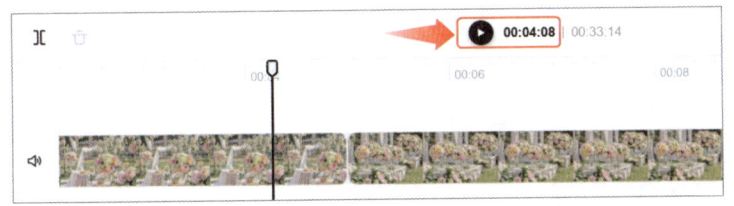

第 3 節　創意轉場效果

利用創意轉場特效，增強視覺效果，轉場時長與速度調整應用。

01. 創意轉場增強視覺效果

創意轉場比基礎轉場更具視覺衝擊力，適合婚禮影片中的進場、誓詞交換、親吻、

12-9

敬酒等重要時刻。

熱門創意轉場推薦：

☑ 雲朵：讓畫面柔焦夢幻疊化，適合幸福時刻。

☑ 愛心：畫面以心形方式轉換，增添浪漫氛圍。

☑ 水墨：柔和地過渡兩個場景，適合溫馨回顧畫面。

Step1. 套用轉場特效：移動時間線停駐預覽素材位置，點選左側轉場功能，選擇遮罩轉場，向下捲動選擇雲朵Ⅱ，拖拉至兩獨立片段中間 (如：黃色框選處)，完成轉場特效套用。

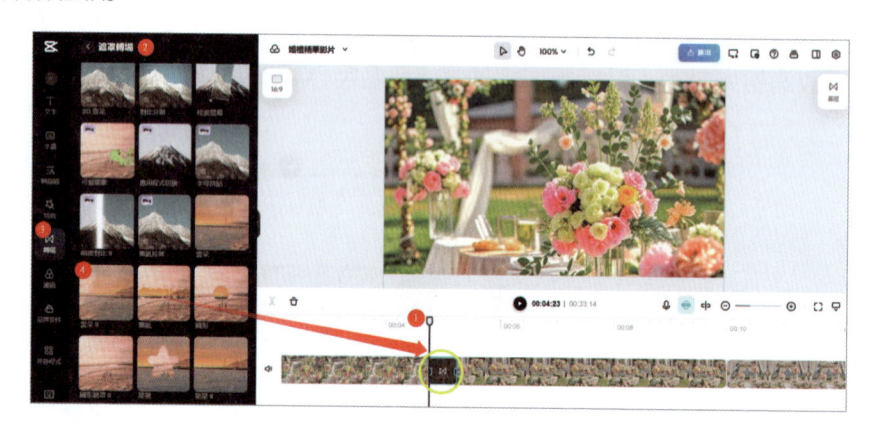

Step2. 取代轉場特效：再次選取其它轉場特效設定，重新拖拉至轉場處，即完成取代轉場效果。

說明：轉場可重複套用，系統僅保留最後一次設定，可自行測試找出最佳轉場效果。

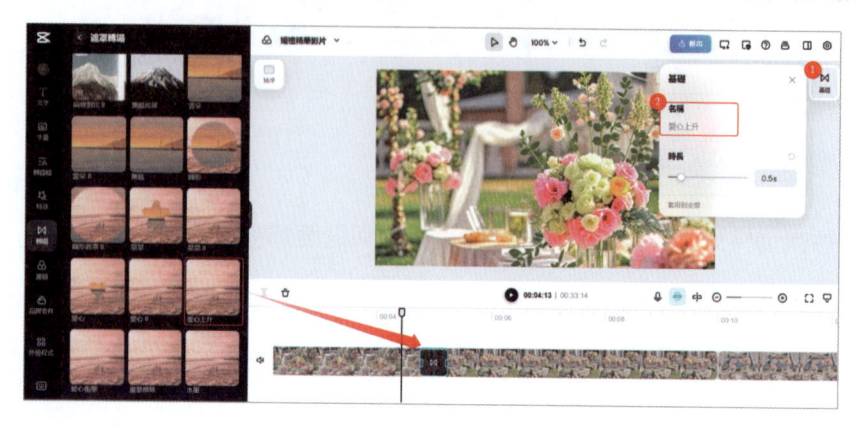

第 3 節　創意轉場效果

Step3. 播放預覽：移動時間線至影片起始處 00:00:00，播放預覽測試轉場效果。

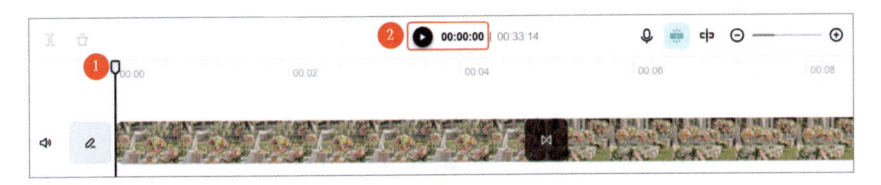

02. 調整轉場時長與速度

轉場時間的影響：

☑ 0.3-0.5 秒：轉場速度快，適合活潑、有節奏感的影片。

☑ 0.5-1 秒：標準轉場時間，適合婚禮等溫馨影片。

☑ 1-1.5 秒：轉場較慢，適合回憶場景或慢動作畫面。

說明：依故事腳本時長均可自定義。

Step1. 轉場速度：點選轉場片段 (呈藍色外框)，點選右側視窗中的基礎，於時長輸入所需秒數，在此我們變更為 1s(1 秒)。

說明：時間愈長速度愈慢，時間愈短速度愈快。

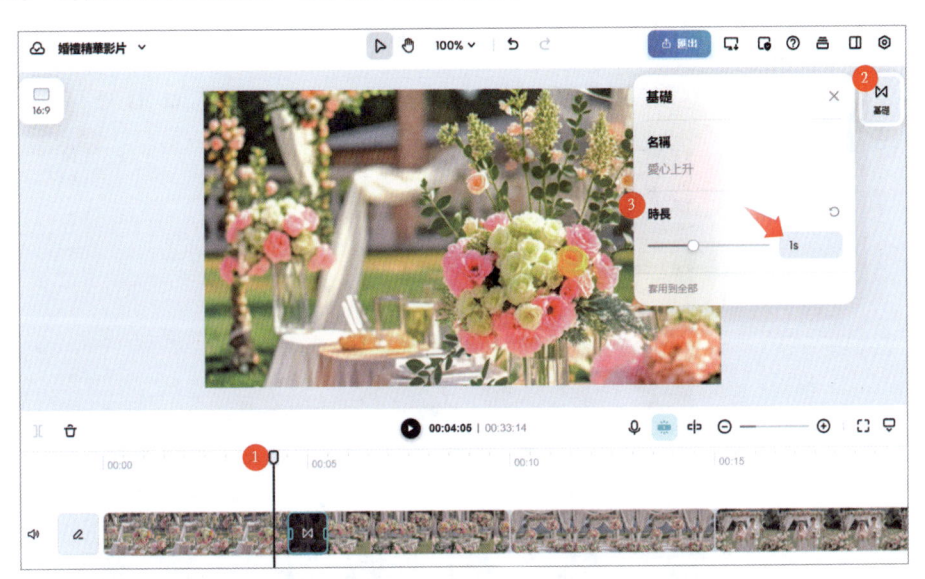

Step2. 手動改變轉場速度：另一操作方式可於時間軸位置處，轉場片段入點 A、

12-11

第 12 章　轉場玩出新花樣！讓影片變得更順暢

出點 B 位置，直接左拖拉縮放來改變轉場的時間。

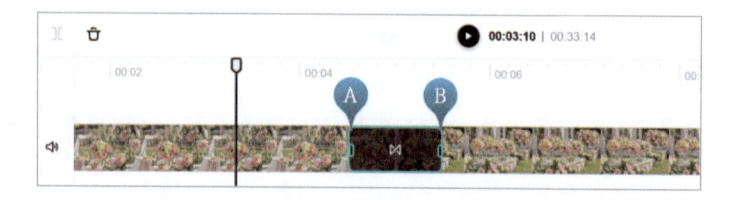

Step3. 播放預覽：移動時間線至影片起始處 00:00:00，播放預覽轉場效果。

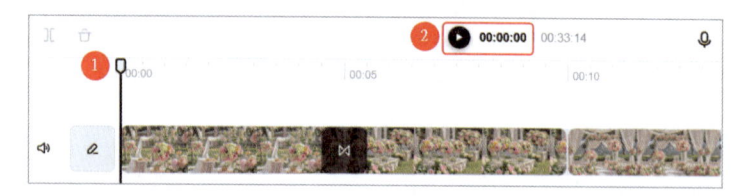

03. 套用至全部與取消

Step1. 轉場套用全部：點選轉場片段 (呈藍色外框)，於右側基礎視窗中，再次確認時長 (速度)，我們變更為 2s(2 秒)，並以套用到全部完成所有片段轉場設計，無需逐項拖拉套用。

說明：套用全部後，仍可重新設定轉場，只需重覆套用全部即可。

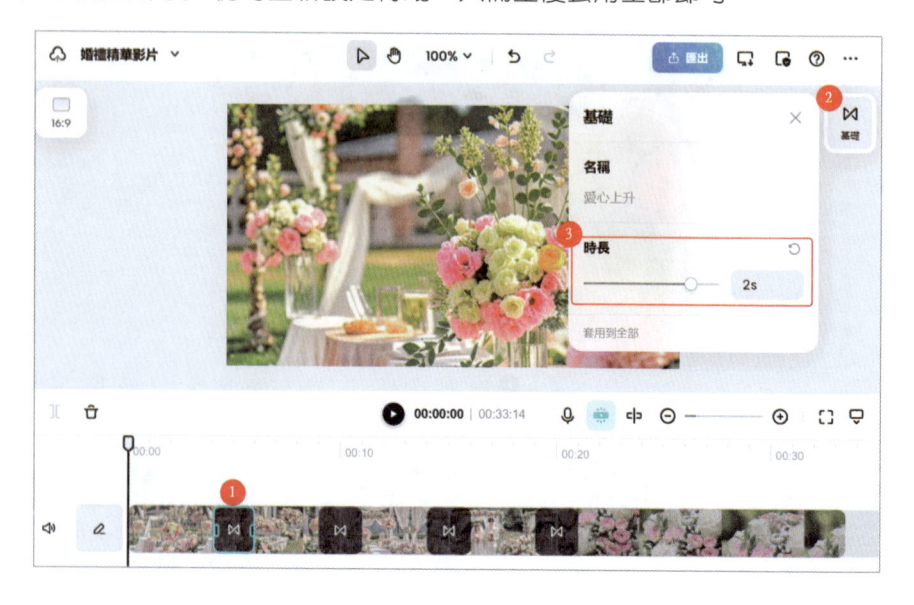

12-12

Step2. 完成全部套用效果：所有獨立片段的中間過渡區即加入轉場效果，可逐項檢查均為統一 2s(2 秒) 設定。

說明：在此若想要刪除所有轉場設定，只能逐項刪除，沒有全部刪除功能項。

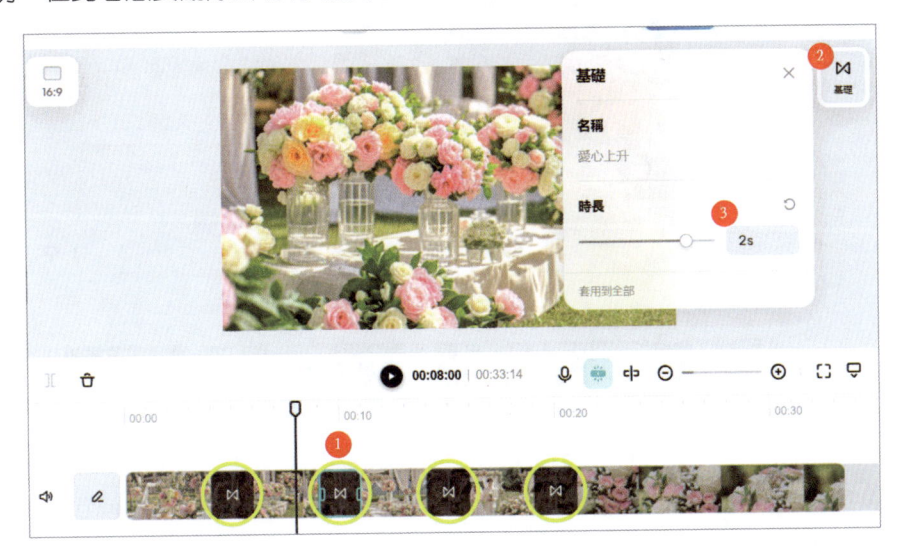

04. 轉場時長原理

Step1. 轉場時長：點選轉場特效區段 (呈藍色外框)，在基礎面版中時長設定我們定義為 1 秒。

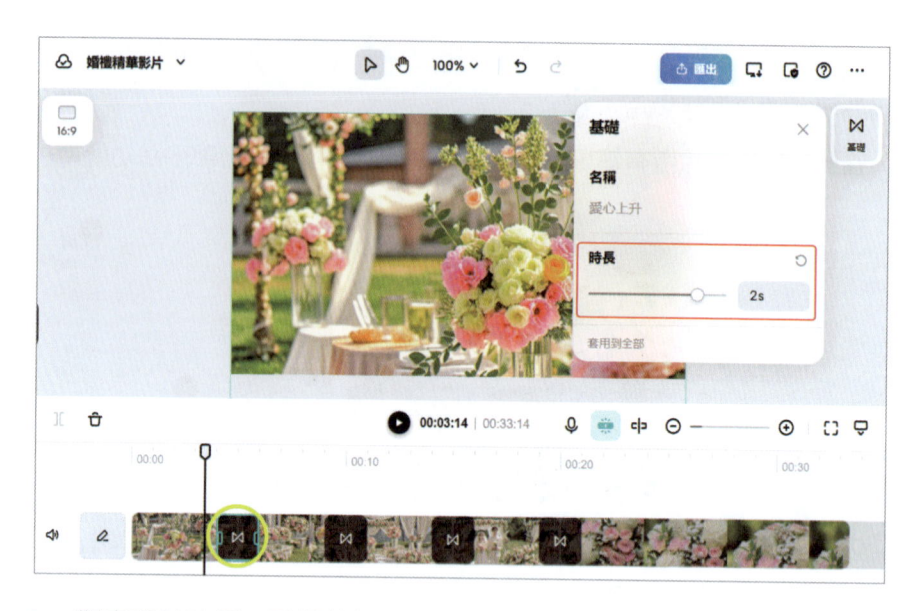

第 12 章　轉場玩出新花樣！讓影片變得更順暢

Step2. 觀察素材時長：點選轉場前方的素材片段 (呈藍色外框)，注意包含轉場的區段 (黑色)；原素材 1 時長仍為 00:05:00(5 秒)，但最後片尾的 1 秒被套用轉場，同理素材 2 的片頭 1 秒被套用轉場，因此轉場的 2 秒範圍為 (1+1=2 秒)，這即是轉場時長的觀念。

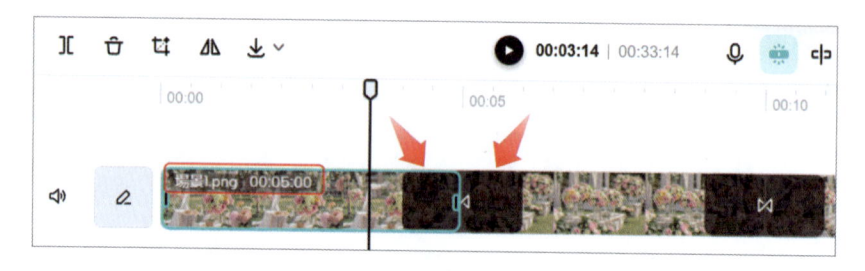

Step3. 轉場時長的範圍：由下圖可知轉場時長是佔用前後兩素材的區段進行 1/2 平均秒數計算；簡單的說，轉場的時長不會改變原影片的總時長，因為它是重疊於兩素材的時長。

說明：實務中要注意的設計即是，我們習慣影片最後放置一些文字或文案資訊內容，此時若是再加上轉場設計，而且秒數短 (速度快) 那麼將會因為轉場動畫干擾，而未能完全顯示或來不及閱讀您想要傳達的內容資訊，所以在進行轉場設計時，這點務必要特別注意，千萬別因為特效而錯失了資訊曝光機會。

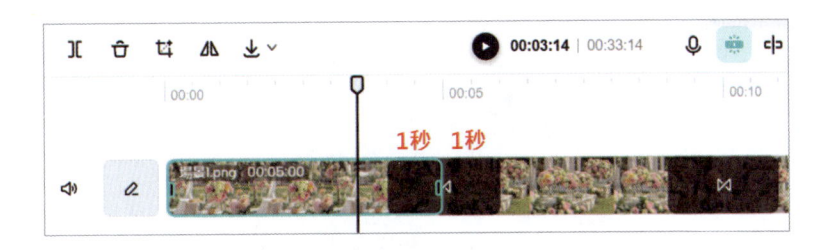

第 4 節　自定義遮罩轉場

第 4 節　自定義遮罩轉場

除了利用系統預設的轉場效果外，如何自定義遮罩效果完成轉場設計。

01. 認識遮罩轉場

所謂的自定義轉場在剪輯應用來說，也可稱為遮罩轉場或蒙版轉場，與上述轉場中的預設遮罩轉場不同 (屬簡易版直接套用)，在此的遮罩轉場可由使用選擇形狀模版外，再加入自定義的羽化、大小、位置、旋轉等細節參數，創作更豐富的視覺效果設計；多數應用在專業剪輯中因應場景需求來強化視覺轉場特效。

02. 遮罩模版原理

什麼是遮罩 (Mask) ？重點在於灰白兩色，而形狀為動畫的視覺效果；在未套用遮罩前我們的視圖是上層遮住下層物件來理解，簡單的說重疊區域只會顯示上層的內容 (素材 B)；但套用遮罩後只有白色區域會顯示上層內容 (素材 B)，灰色區或會被隱藏起來透視到下層內容 (素材 A)。

Step1.　套用遮罩前：兩軌道上下重疊的區域，只顯示上層的內容，而下層會被遮蔽住。

12-15

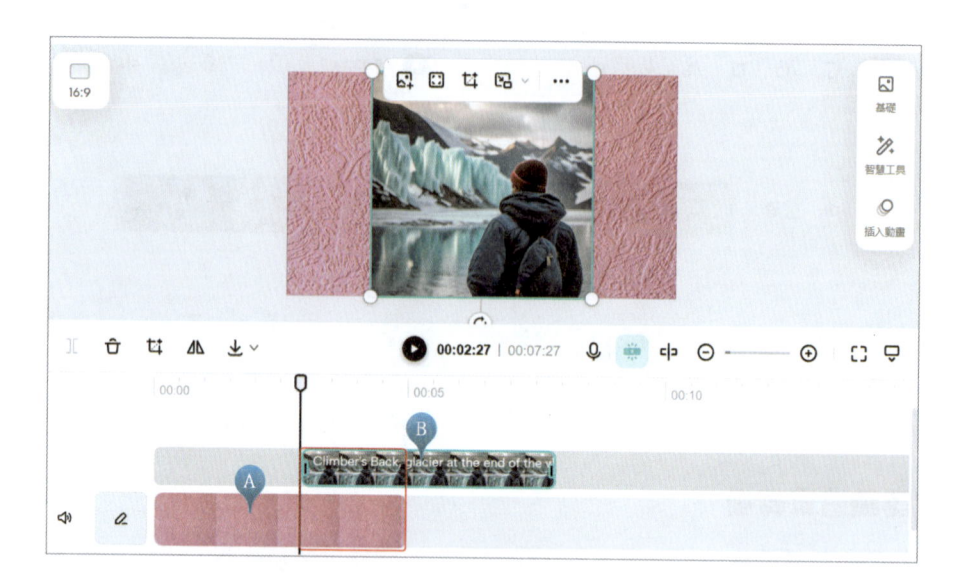

第 12 章　轉場玩出新花樣！讓影片變得更順暢

Step2. 套用遮罩後：在套用心形的遮罩後 ♡ 形狀改變了，白色 (心形) 顯示素材 B 內容，而灰色 (隱藏) 透視到下層顯示素材 A 的內容。

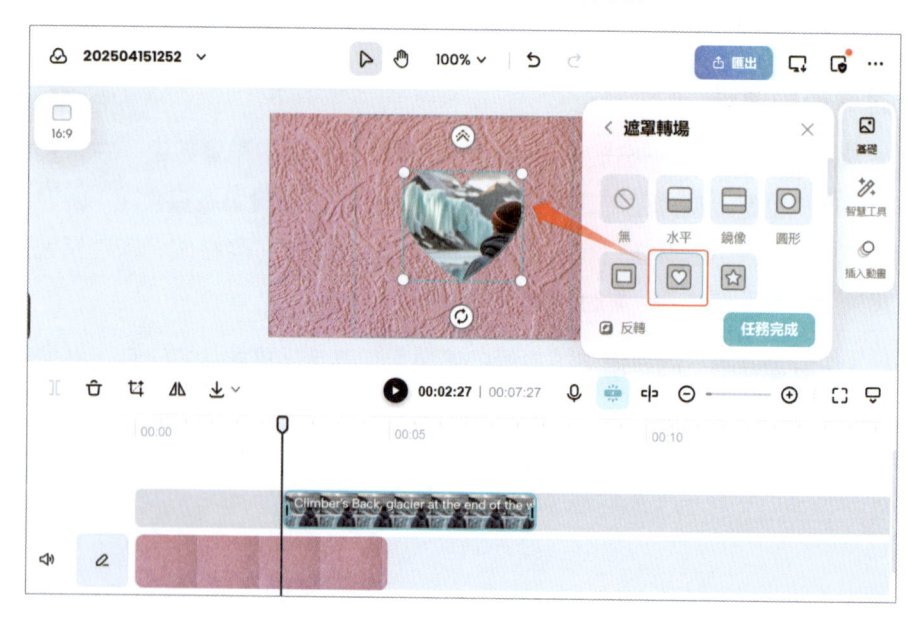

Step3. 取消遮罩：只要再次點選 ⊘ 無，即可取消遮罩，並將素材 B 內容還原，還原素材內容，由此可證素材 B 並未因套用遮罩而進行任何裁剪變形。

12-16

第 4 節　自定義遮罩轉場

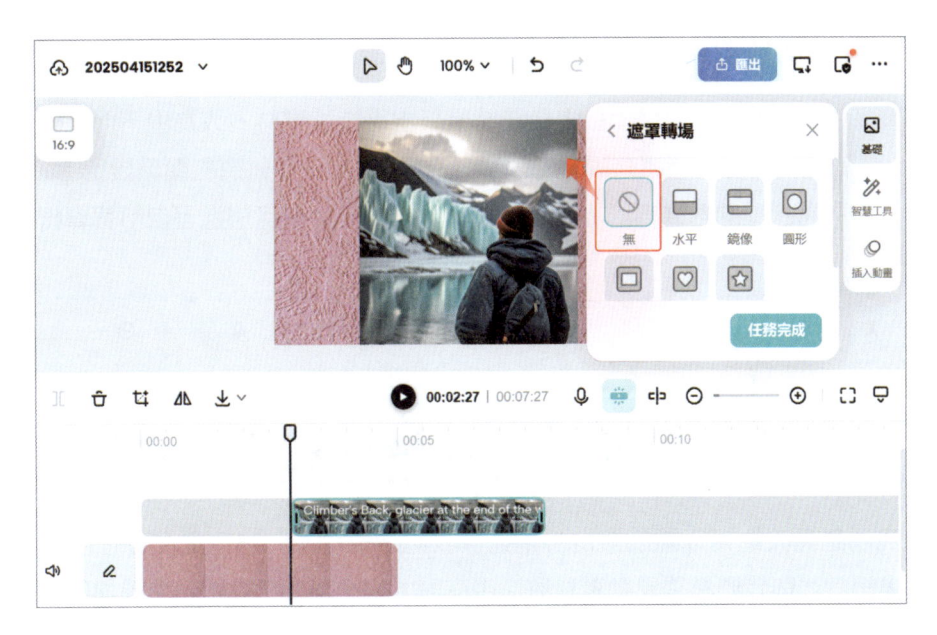

Step4. 遮罩色彩識別：我們可以透過色彩來記憶遮罩技巧，白色(顯示)、灰色(隱藏)，所以你只要選擇你喜歡的形狀(白色識別)即可，而灰色區域即隱藏透視下方軌道內容的定義。

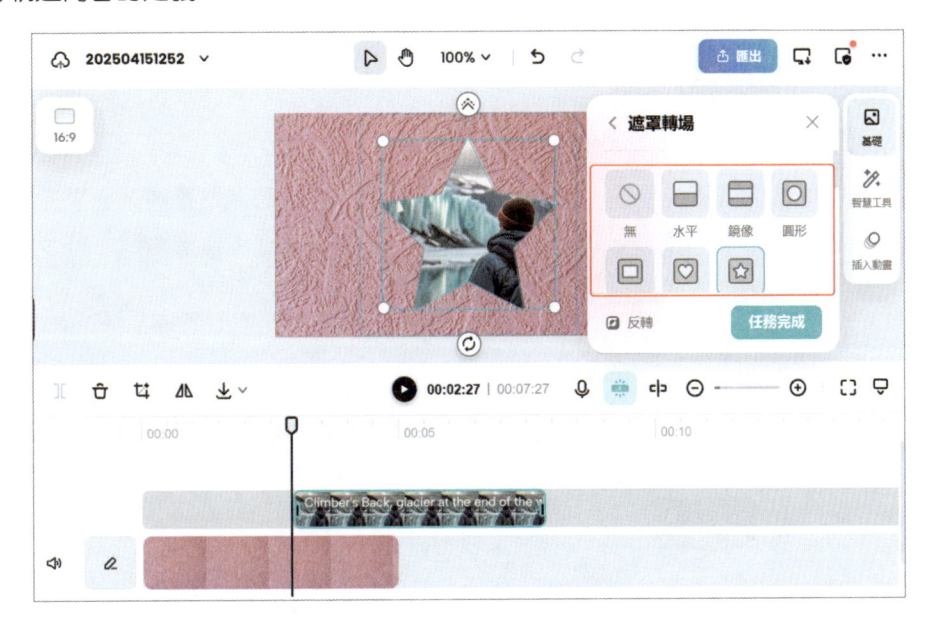

12-17

03. 自訂轉場前置作業：

Step1. 必需上下堆疊素材：首先必需將原來水平排列素材，改為由下而上軌道排列(以主軌道為基礎，邏輯來說)，因為遮罩原理為上下層軌道的關係設定。如圖：原素材排列為水平向右進行腳本設計，此類型排列設計是無法進行自訂遮罩轉場效果。

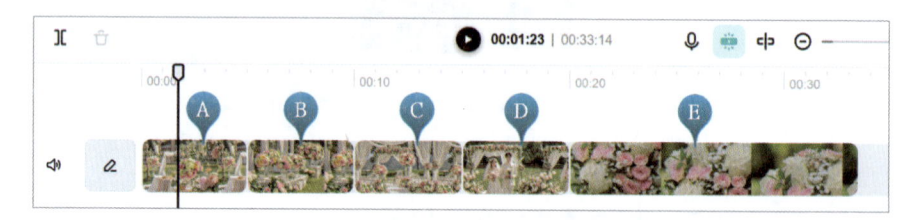

所以我們必需改為如下圖的設計，例如：我們想要將 A、B、C 素材進行自定義遮罩轉場設計，則我們必需異動素材改為由下而上進行堆疊，其餘不需轉場部份，依序保持水平排列。

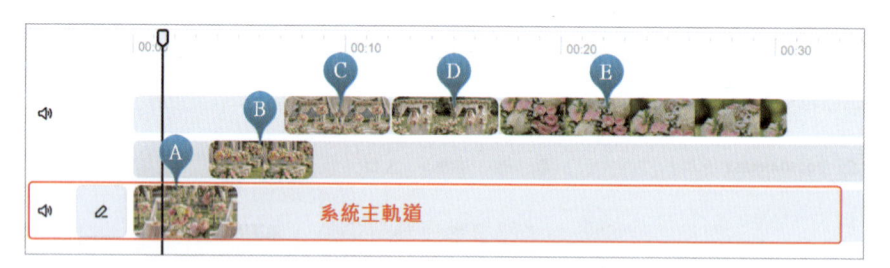

Step2. 素材間必需部份重疊：當 A、B、C 素材進行由下而上堆疊時，必需保有部份重疊區域，因為這即是轉場過渡的時間範圍；重疊區域愈大速度愈慢，反之愈小速度愈快，如圖所標示的區域。

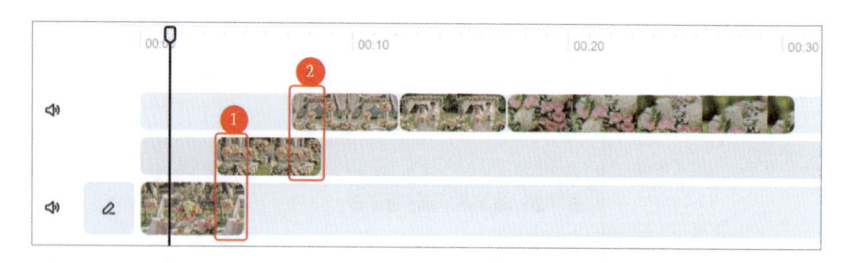

Step3. 重疊軌道的圖層關係：此時要注意一個重要觀念即是，當素材重疊於主軌

12-18

道上方時，則只會顯示上層素材內容，下方軌道素材會被隱藏遮蔽住，如同所謂的越上層的軌道為置前，而系統主軌道為最底層的圖層概念；如圖我們將時間線停駐在素材 B 與素材 A 重疊位置處時，我們只能看見素材 B 的內容。

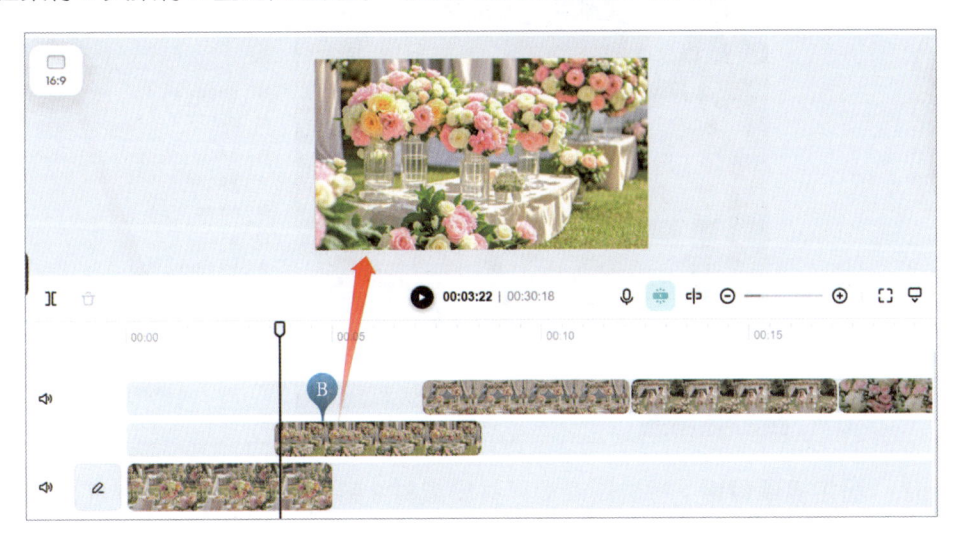

04. 套用遮罩轉場模版

Step1. 縮放檢視比例：為方便總覽遮罩轉場面版設定，我們先將 Chrome 瀏覽器檢視比例縮放至 67%。

第 12 章　轉場玩出新花樣！讓影片變得更順暢

Step2. 設定遮罩轉場：移動時間線停駐於素材 B 轉場入點，點選素材 B(呈藍色外框)，於右側視窗中點選基礎，選擇遮罩轉場進入。

說明：注意時間線可再向入點內側移動一些，才能順利看見後續套用遮罩轉場後的模版效果。

第 4 節　自定義遮罩轉場

Step3. 套用遮罩模版：進入遮罩轉場後，選擇圓形，此時畫面中即有一圓形遮罩模版套用，並同時注意下方大小參數值 (寬 :648、高 :432) 並非正圓形大小。

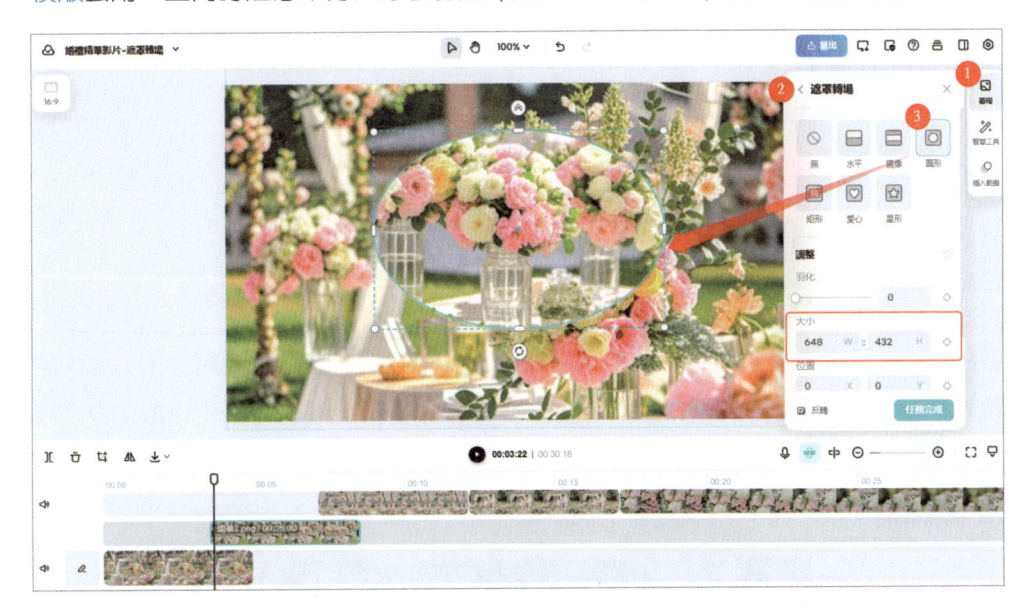

Step4. 改變遮罩大小：點選一下 先解除大小的鎖定比例， 解除後才可輸入大小的寬 W、高 H 值，(如 : 寬 W :100、高 H :100) 正圓形。

說明：此動作為美化轉場視覺效果，當然你也可以用橢圓形來進行設計。

Step5. 鎖定長寬比例：當大小寬高值確認後，再次點選鎖定比例 ，即為 1:1 的

12-21

第 12 章　轉場玩出新花樣！讓影片變得更順暢

邏輯，後續我們異動數值時，只要調整其中任一個，則另一個自動同步。

說明：數值設定原則，1. 先解除鎖定 🔓 ，2. 輸入寬高數值，3. 再鎖定 🔒 即確認高比例。

Step6.　遮罩位置調整：我們希望遮罩特效自中心原點，產生一個圓形由小變大的視覺效果，所以我們要確保位置目前為位於影片正中央，我們可以由位置參數來設定座標值 (X:0、Y:0)

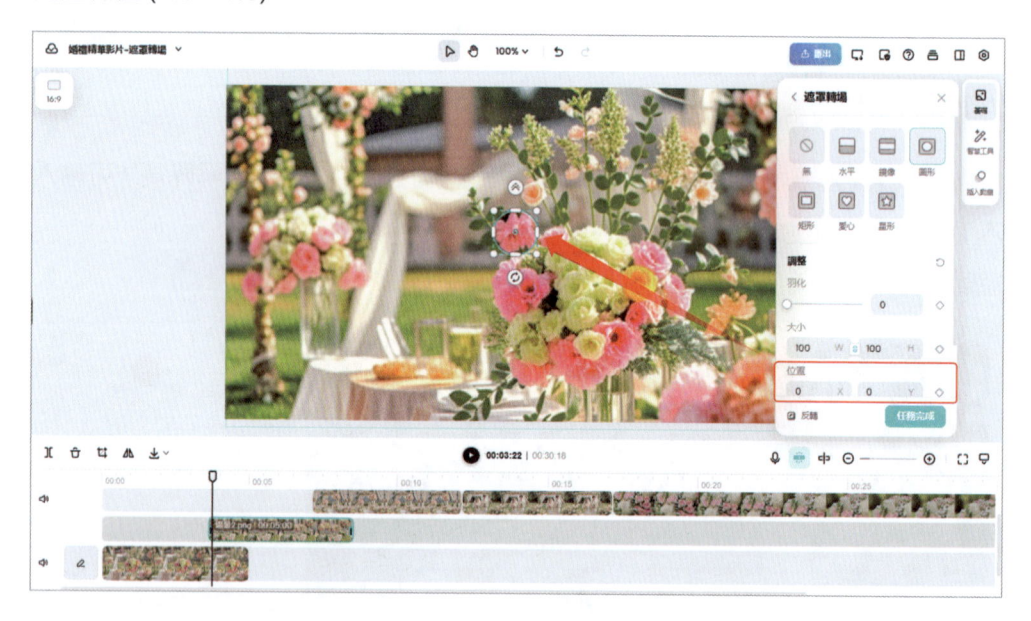

05. 設定關鍵幀技巧

接續才是自定義遮罩轉場的關鍵流程，首先說明我們所要的轉場特效需求，我們希望在影片正中央由一個小圓慢慢變成大圓的過程中，漸進式看見素材 B 的內容。

所以在此有兩個觀念：畫面正中央開始 (這是位置定義)，由小圓變大圓 (這是大

12-22

第 4 節　自定義遮罩轉場

小定義)；然而位置始終沒變都在原點，只有大小在改變，因此我們要設定的關鍵幀即為大小。

設計流程如下：

➤ 起點設定：移動時間線停駐變小圓時間點 ▶ 新增大小關鍵幀 ▶ 大小 (寬 :100、高 :100)

➤ 終點設定：移動時間線停駐變大圓時間點 ▶ 新增大小關鍵幀 ▶ 大小 (寬 :1500、高 :1500)

說明：關於關鍵幀的完整應用我們在第 13 章有詳細的教學說明。

Step1. 設定起點關鍵幀：移動時間線停駐在動畫起點處 (如 :00:03:22)，於大小面版中關鍵幀圖示點選一下新增 ◆ (呈藍色)，即完成大小 (100*100) 的標記。

說明：步驟先設關鍵幀再調數值；或是先調數值再加關鍵幀其定義都是相同的。

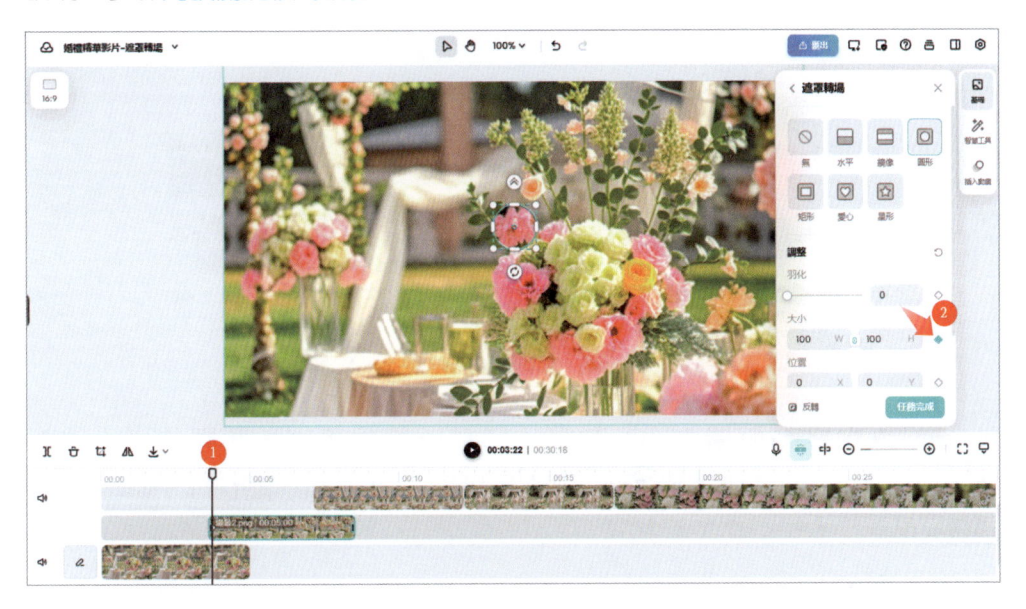

Step2. 設定終點關鍵幀：移動時間線停駐在動畫終點處 (如 :00:04:26)，於大小面版中關鍵幀圖示點選一下新增 ◆ (呈藍色)，下一步我們將改變圓的大小。

12-23

第 12 章　轉場玩出新花樣！讓影片變得更順暢

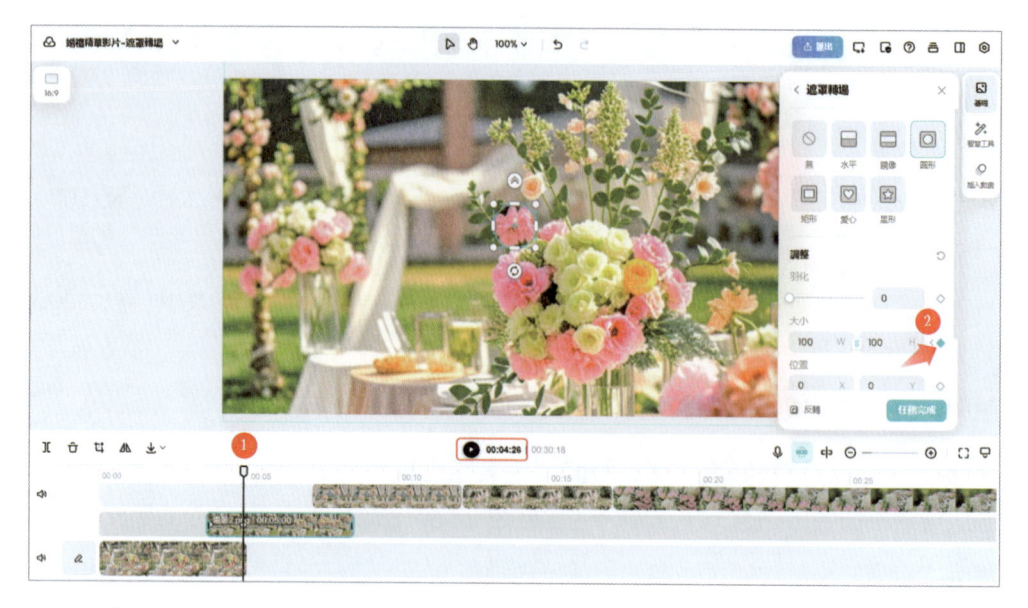

說明：此時注意於時間軸上會出現關鍵幀標記符號。

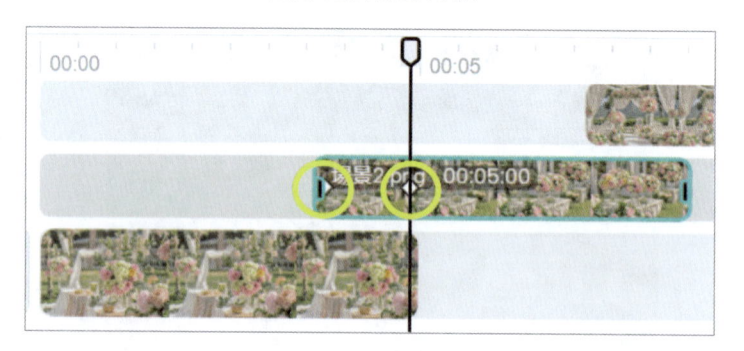

Step3. 改變終點遮罩大小：在終點關鍵幀標記下 ◆，將圓的大小改為 1500*1500，我們刻意將圓放大至超出預覽視窗的大小 (如箭頭所示)，強化更好的視覺效果。

說明：在此的終點我們可以素材 A 的出點做為參考值。

第 4 節　自定義遮罩轉場

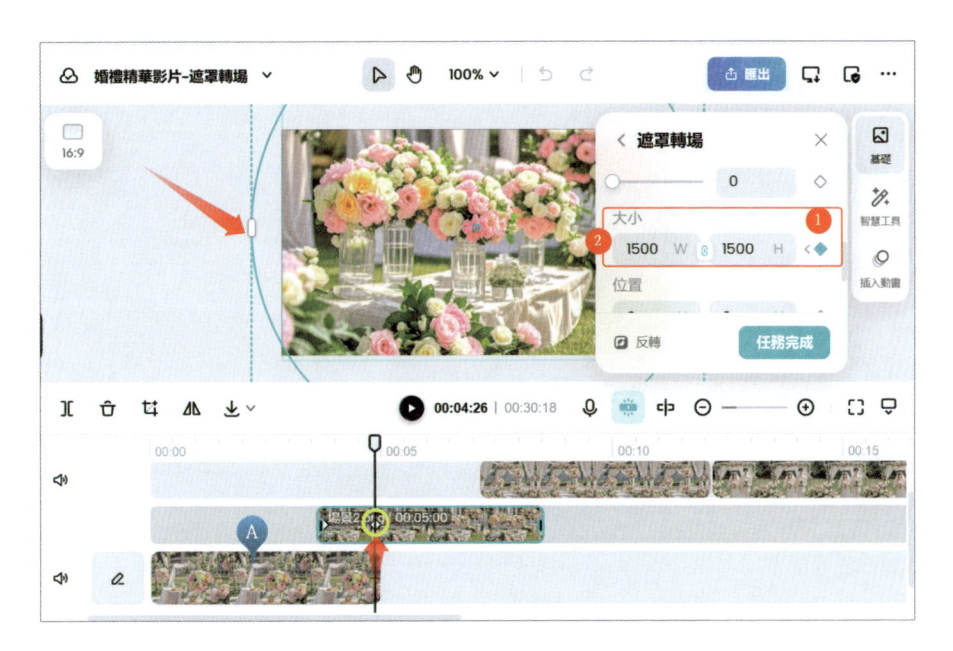

Step4. 播放預覽效果：移動時間線至影片起始點 (00:00:00)，播放預覽觀看轉場效果。

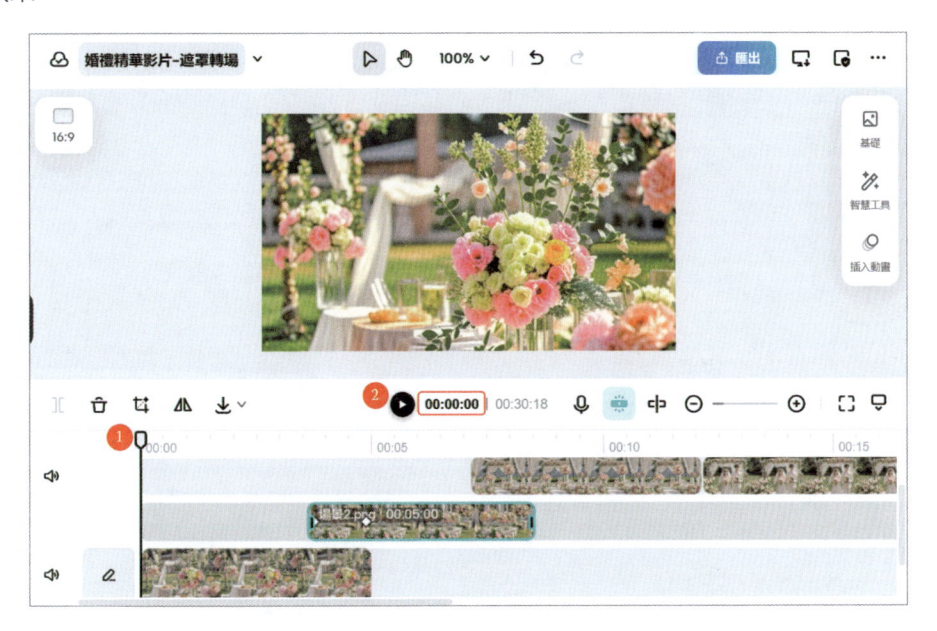

12-25

第 12 章 轉場玩出新花樣！讓影片變得更順暢

第 13 章

關鍵幀玩動畫！打造吸睛的電商廣告影片

第 13 章　關鍵幀玩動畫！打造吸睛的電商廣告影片

在影音剪輯中，常可聽見關鍵幀（Keyframe）的用語，然而什麼是關鍵幀，以及實際運作原理如何，讓我們先來簡單的認識一下。

「關鍵幀（Keyframe）」是影音剪輯中用來自訂動畫編輯工具，主要控制影像元素中的（圖片、影片片段、文字、貼紙等）在時間軸上進行的動態變化。

運作原理即是於一段起、迄時間點上定義物件屬性（如位置、大小、透明度等）狀態的標記點(即關鍵幀)。而在此起迄之間，系統會自動完成自動補間物件狀態的變化，產生流暢的動畫效果。

例如： 我們希望在起點 A (1 秒)、迄點 B(3 秒) 期間物件由小變到大的過程，呈現漸變的過程，在此期間我們即需要兩個關鍵幀來定義起、迄的大小參數，而中間 (1-3 秒) 的變化過程將由系統自動產生由小到大的漸變，即是所謂的自動補間的意思。

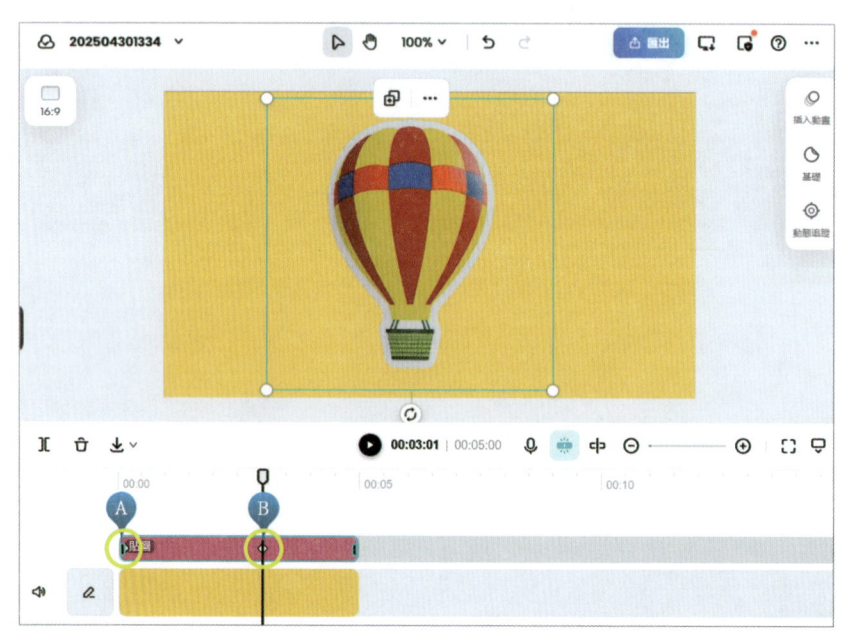

- 實例演練：製作一支吸睛的電商廣告影片、影片尺寸：橫式 9:16、影片時長：15 秒。

- 素材準備：參考第 2 章第 1 節免費素材下載，並匯集整理至資料夾中，上傳至 Capcut 媒體庫。

- 素材庫資源：也可於 Capcut 中元素搜尋 (圖片或影片素材)、音訊搜尋 (音樂、音訊) 直接進行練習。

第 1 節　熱門視頻分析

01. 熱門 & 需求導向 - 讓廣告影片又快又有效打動人

☑　熱門風格
- Tiktok ／ Reels 爆款風格（快速、直白、有衝擊力）
- 「Before/After」對比風格（改變感強烈，例如皮膚保養、清潔商品）
- 倒數限時促銷感（結合數字、紅色字、動態特效）

☑　市場需求與痛點
- 滑手機速度快，「前 3 秒沒吸引到人就跳過了」
- 想知道：產品有什麼用？憑什麼要買？現在買有什麼好處？
- 看完影片就要「知道重點」+「能快速下單」

02. 影片結構設計（高轉換電商廣告影片基本框架）

◆ 開場（0-3 秒）：吸睛衝擊
☑　用大字＋強力關鍵字出場：「油光滿面？這瓶救了我！」、「3 秒清潔！地板秒變亮」
☑　搭配對比畫面（油膩→清爽／髒→亮）或誇張反應（驚訝、快轉動作）

◆ 主體（4-10 秒）：直接亮出賣點
☑　「零添加，天天用不刺激！」
☑　「比手洗快 5 倍，省時又省力」
☑　一句話一個重點，不要塞滿商品規格
☑　加入文字動畫，強調賣點（彈跳字、放大效果）

◆ 結尾（11-15 秒）：行動召喚（CTA）＋製造緊迫感
☑　「限時買 1 送 1！點這裡搶購」
☑　「滑上去、立即下單」、「點連結，最後一天！」
☑　可加入閃爍紅色大字＋倒數秒數＋箭頭動畫強化動機

03. 魔鬼藏在細節裡

✓　人物出鏡效果更好：真人示範、開箱、表情誇張 → 拉近距離感

第 13 章　關鍵幀玩動畫！打造吸睛的電商廣告影片

✔ 音效快節奏＋關鍵字配音：「超值！快搶！」用語音＋字幕同步強化
✔ 動態字幕重點提示：像「免安裝！免插電！」這類字眼一定要醒目
✔ 畫面比例：9:16 手機全螢幕最有效，尤其在 Reels / Tiktok / Shorts 上

第 2 節　關鍵幀動畫基礎

認識關鍵幀定義、如何新增移除關鍵幀設定技巧。

01. 建立專案

Step1. 新建 9:16 專案：於 Capcut 首頁，點選新建，影片選擇 9:16 尺寸。

Step2. 上傳素材資料夾：點選媒體，由上傳中點選上傳資料夾導入素材內容，並更改專案名稱 (電商廣告 - 運動鞋)，再次確認專案比例為 9:16。

說明：在此也可直接於元素中搜尋圖片、影片素材；於音訊中搜尋音樂曲風來進行以下練習。

第 2 節　關鍵幀動畫基礎

Step3. 安排故事腳本：點選左側媒體工具，左 2 下開啟資料夾 (電商廣告)，依序拖拉素材到時間軸，安排廣告腳本，適當縮放時間軸大小，以方便素材排列與總覽全部素材。

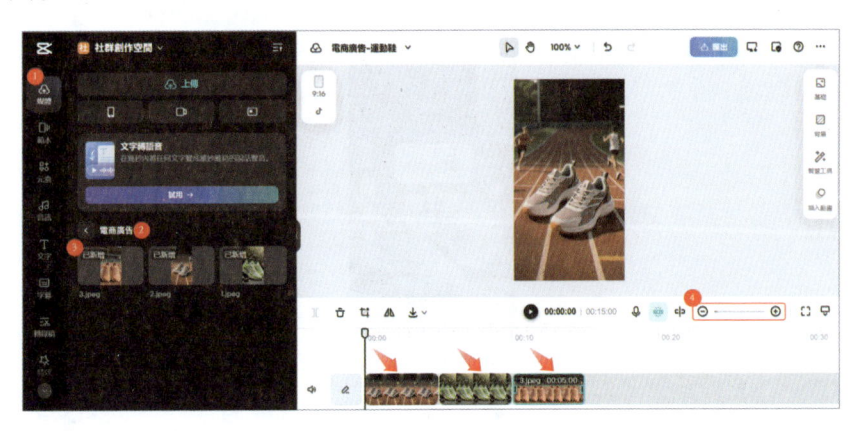

02. 關鍵幀新增移除

如何新增與刪除關鍵幀的基礎操作，我們以下列流程來說明。

☑ 決定時間點→加入關鍵幀→調整參數 (大小、位置、旋轉等)。

在此我們於時間軸位置中，新增一個文字物件來進行簡單練習。

Step1. 新增文字物件：移動時間線停駐在起始時間點 (00:00:00)，於左側點選文字工具，點選新增標題，隨即產生一個文字物件框。

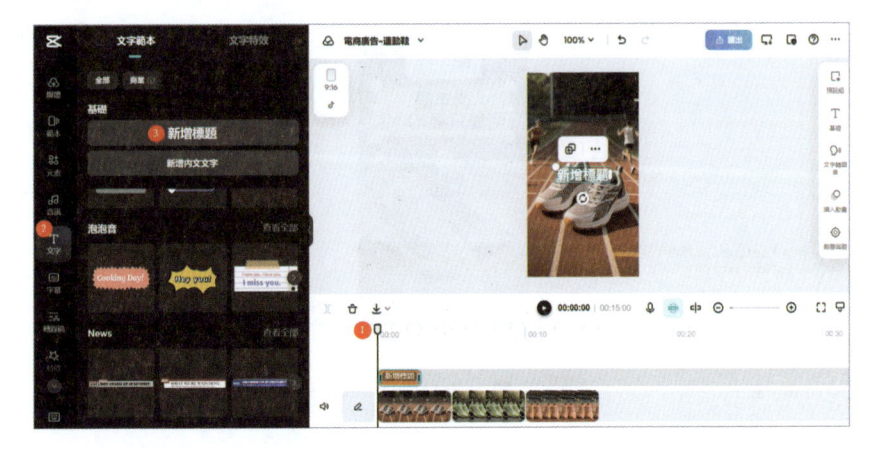

13-5

第 13 章　關鍵幀玩動畫！打造吸睛的電商廣告影片

Step2. 編輯文字內容：點選文字物件 (呈藍色外框)，於右側點選基礎，輸入文字內容 (週年慶兩雙只要 XXX!) 文字換行按 ENTER 即可，對齊設定為置中。

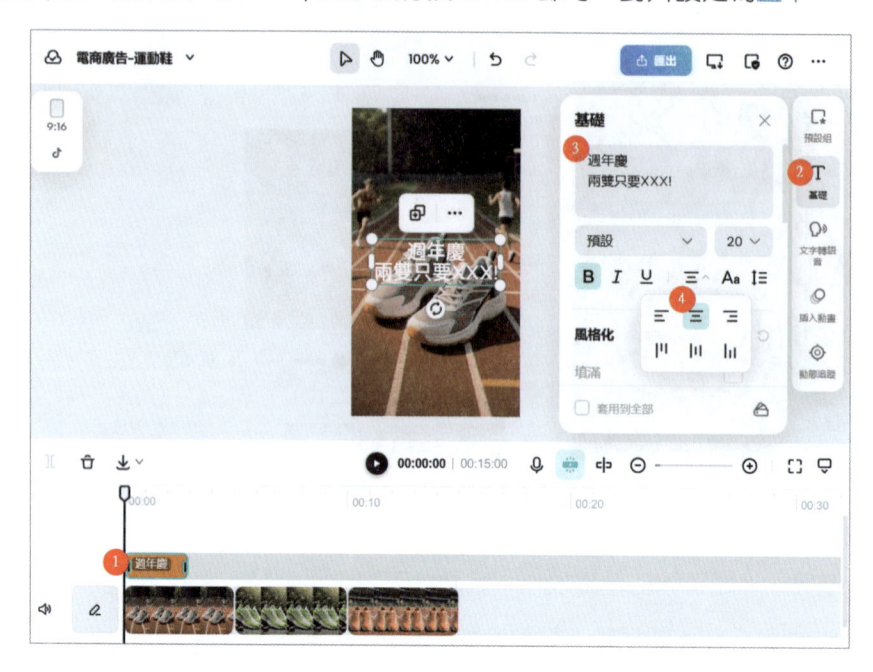

Step3. 文字格式設定：移動文字物件於上方，並於右側視窗中點選預設組，選擇喜愛的樣式套用。

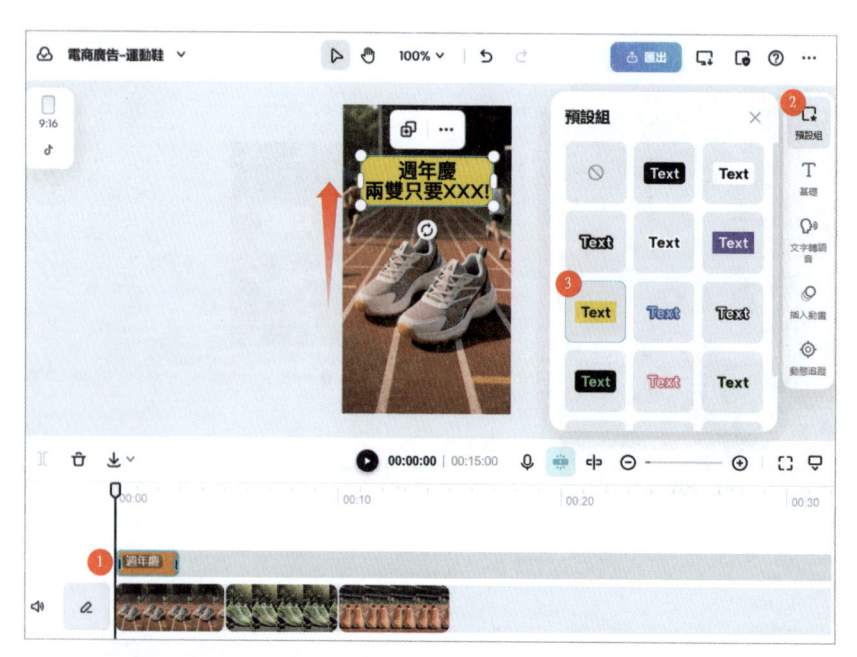

Step4. 文字物件時長：將文字物件時長，調整為 (5 秒)，在此以圖片素材時長為參考，調整時長一致。

說明：素材顯示時長可依使用者需求自訂即可。

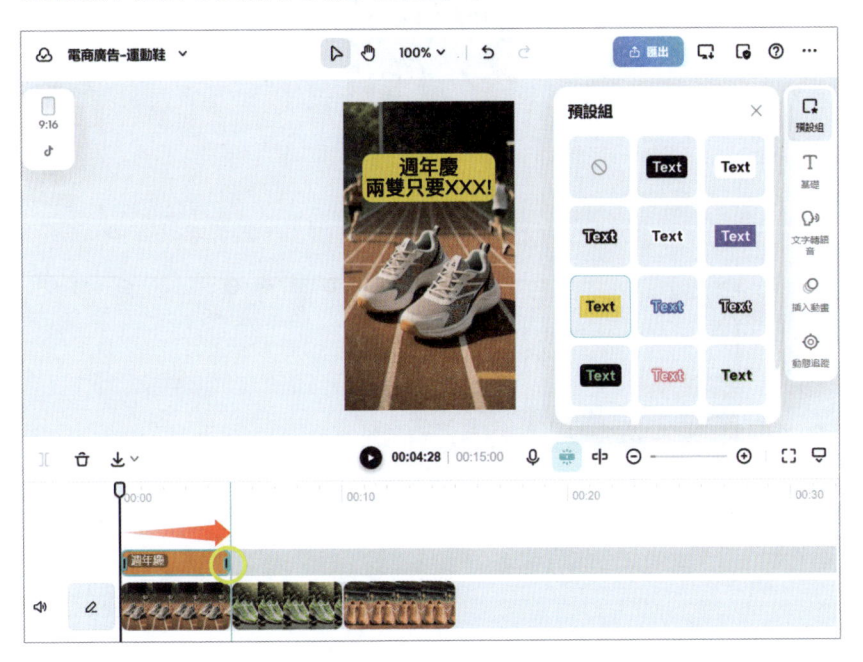

Step5. 新增關鍵幀：移動時間線停駐於處 (00:00:00) 為練習，右側點選基礎，向下捲動於縮放位置處，點選 ◇ 標記變成藍色 ◆，即新增關鍵幀。

說明： ◇ 白色為取消， ◆ 藍色為新增。

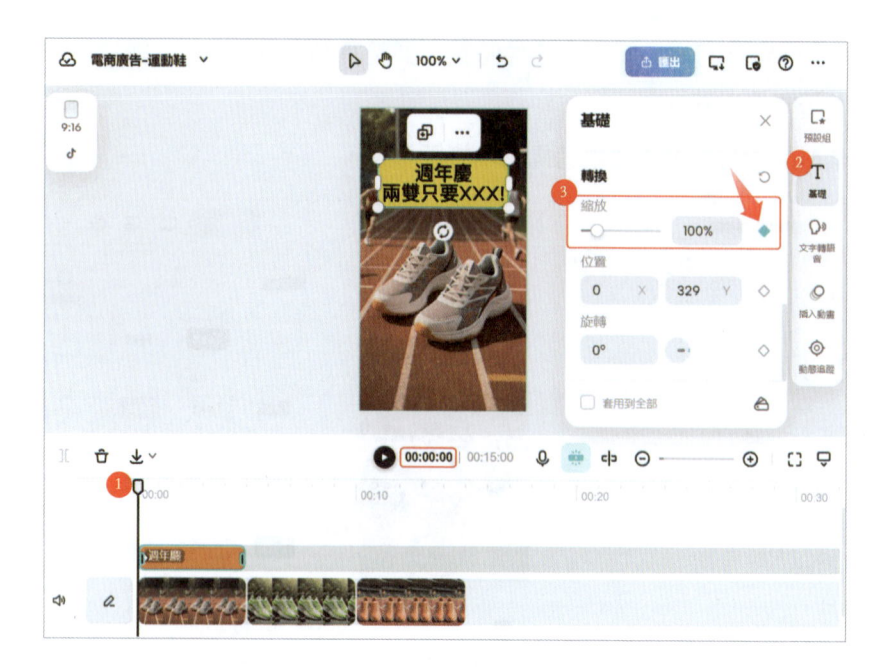

第 13 章　關鍵幀玩動畫！打造吸睛的電商廣告影片

Step6. 刪除關鍵幀：移動時間線停駐在欲刪除的關鍵幀位置，請注意這點操作很重要，再於縮放位置處即可見 ◆ 藍色標記關鍵幀，再次點選一次 ◇ 呈白色即刪除完成。

說明：簡單的說即是點選一次新增、再點一次即刪除。

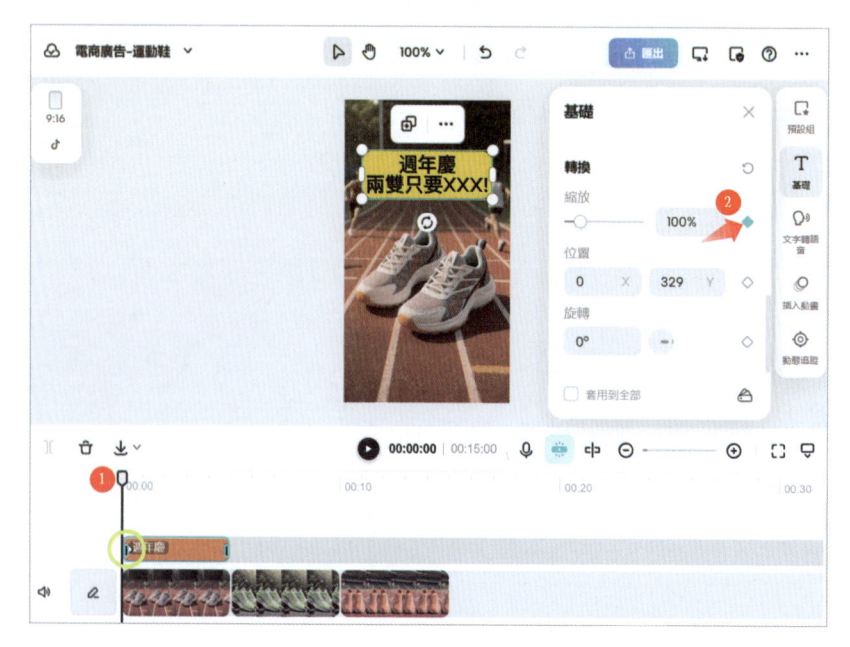

Step7. 注意操作事項：在進行操作關鍵幀時，朋友們最容易誤解的觀念即是，看到 ◇ 就點，這是不對的，請記得每個 ◇ 都有對應的屬性關係，如上例我們所示範的是「縮放」的關鍵幀。

說明：如圖所示縮放、位置、旋轉都有各自的關鍵幀設定位置，請注意這點非常重要；另外如何理解這些屬性如何應用呢？你可以這樣記大小變化即(縮放)、改變位置移動即(位置)、旋轉物件即(旋轉)等，此外您可以在許多面版中都可見 ◇ 標記，即代表該屬性也可以進行關鍵幀設計。

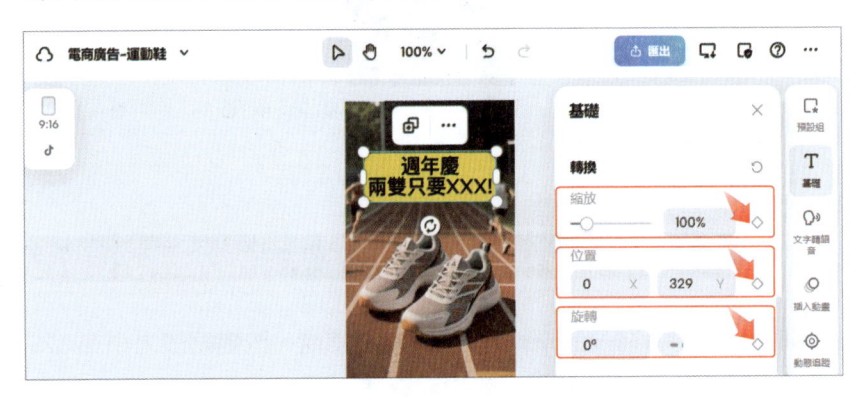

第 3 節　大小縮放

將商品主圖進行縮放設計，隨時間漸變放大、縮小，突出重點產品訊息，吸引眼球。

Step1. 商品主圖大小變化：移動時間線停駐於起點(00:00:00)，於右側點選基礎，縮放屬性中點選新增關鍵幀(呈藍色標記)。

說明：原物件在沒有異動大小的預設下即是 100%，所以現在我們請系統記憶起點關鍵幀的大小為 100%，並且注意時間軸中該素材位置是否成功標註關鍵幀符號。

13-9

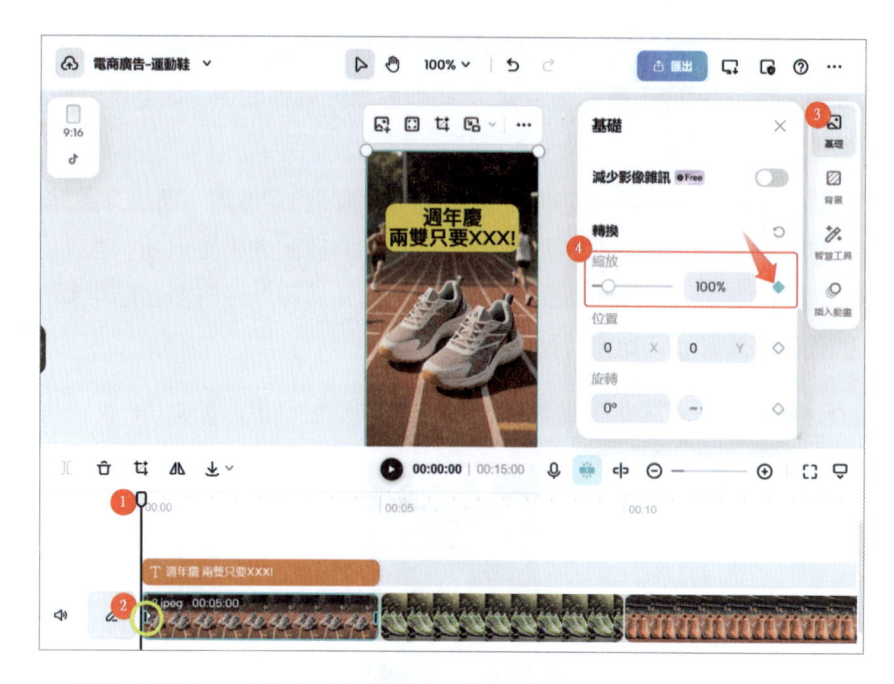

第 13 章　關鍵幀玩動畫！打造吸睛的電商廣告影片

Step2. 移動時間點：移動時間線停駐於 3 秒位置處，改變縮放大小為 125，輸入後按 Enter，此時您會發現系統自動新增關鍵幀標記，原因是與上一點關鍵幀產生了縮放屬性變化，所以系統也會自動標記，若沒有加入也可手動標記。

說明：此時我們就完成了 1-3 秒間商品主圖由 100% 漸變到 125% 變化。

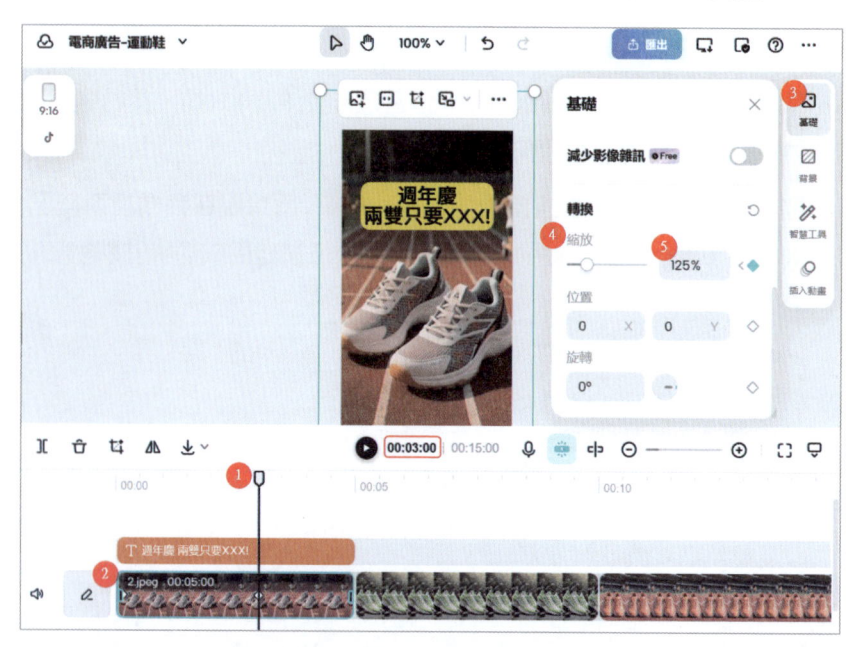

13-10

Step3. 再次改變時間點：移動時間線停駐在 (5 秒) 位置，並點選圖片元素 (呈藍色外框)，於右側點選基礎，再次將縮放比例還原至 100%。

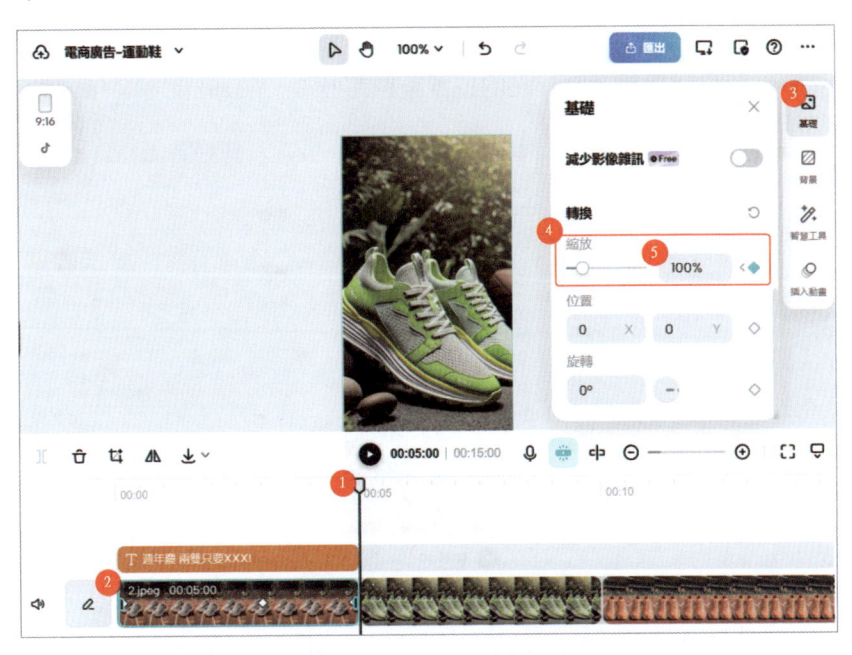

Step4. 播放預覽效果：將時間線移動至起點處，播放預覽即可見商品主圖會有動態效果，也就形成了視覺焦點停留效果。

說明：簡單的說我們設計了由 A(100%) → B(125%) → C(100%) 的大小縮放動畫設計。

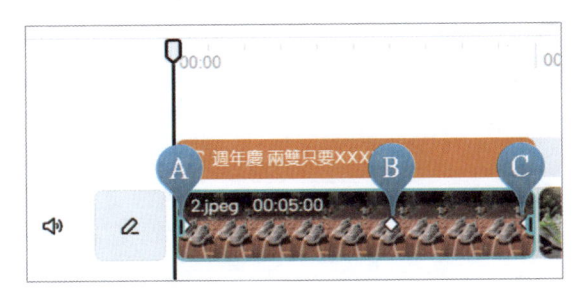

第 4 節　位置移動術

將促銷活動標語進行移動設計，立即抓住目光。

第 13 章　關鍵幀玩動畫！打造吸睛的電商廣告影片

Step1. 定義起始位置：移動時間線停駐於起點時間點 (00:00:00)，點選剛才我們安排的文字物件 (呈藍色外框)，點選右側視窗中基礎，尋找位置屬性並新增關鍵幀。

說明：此時系統會記錄起始時間點的位置座標為 (X:0、Y:329)。

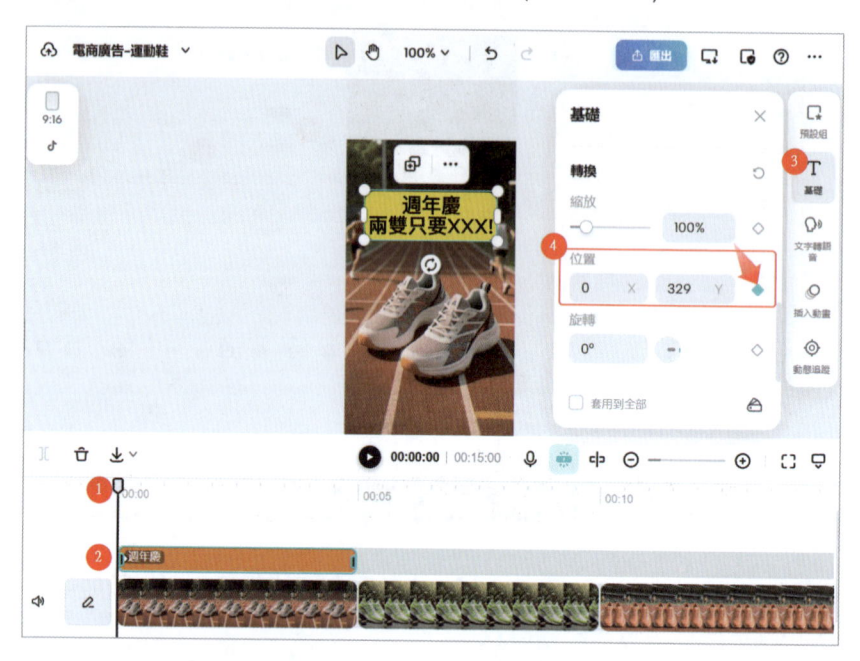

Step2. 移動時間點位置：移動時間線停駐於起點時間點 (00:02:00)，點選文字物件 (呈藍色外框)，點選右側基礎，於位置中設定 Y:380(向上移動)。

說明：隨著上一個素材的縮放大小同時，文字也同時移動改變位置，如此可避免文字與商品主圖重疊。

第 4 節　位置移動術

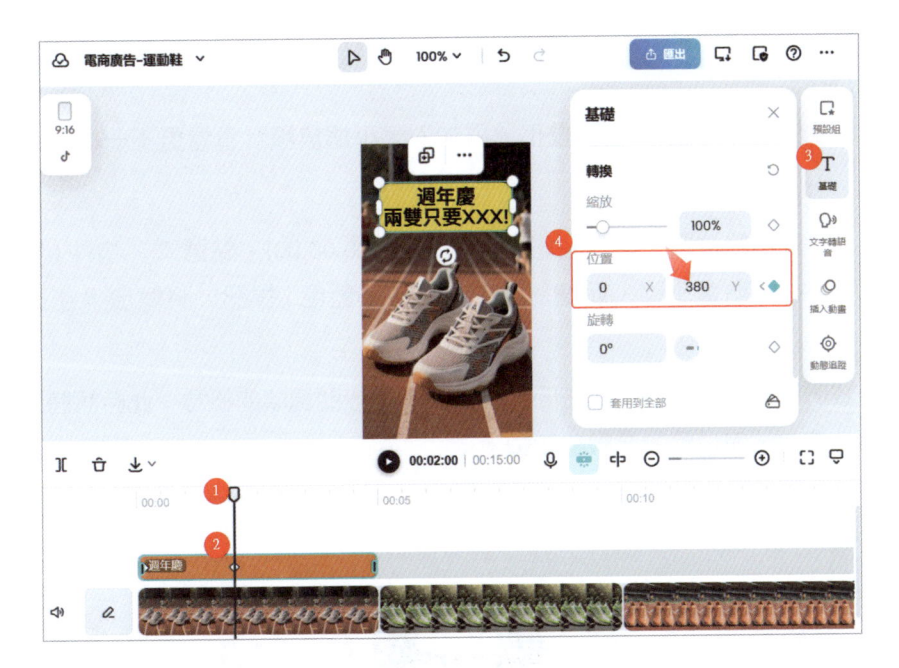

Step3. 回到原點位置：移動時間線停駐於起點時間點(00:03:28)，點選文字物件(呈藍色外框)，點選右側基礎，於位置中再次設定 Y:329(原點座標)。

說明：時間點可由使用者需求自訂即可。

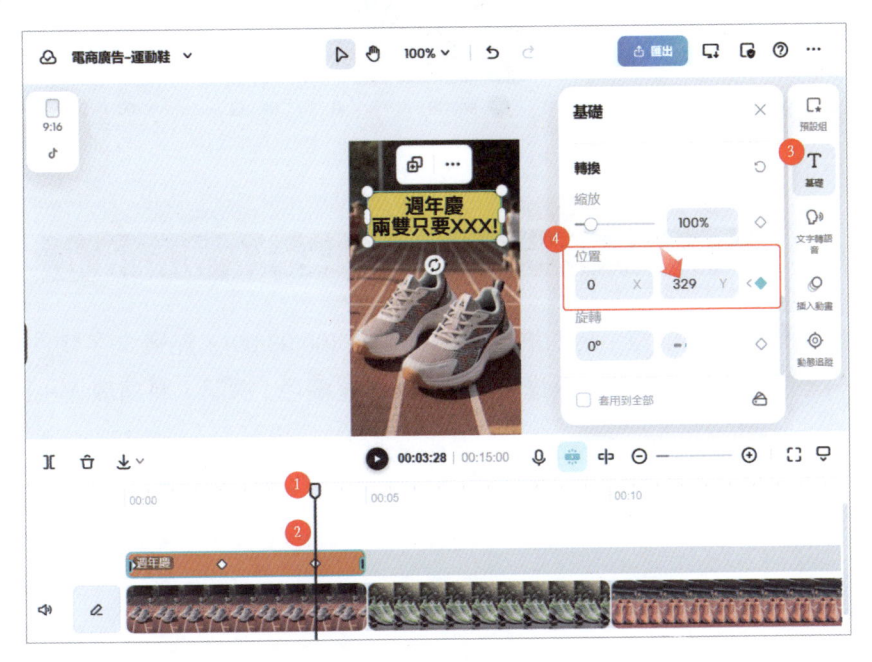

13-13

第 13 章　關鍵幀玩動畫！打造吸睛的電商廣告影片

▌第 5 節　縮放與位置結合

我們可以利用上一小節的位置變化，再加入大小縮放設計看看更不一樣的動畫技巧。

Step1. 定義起始位置：再次將時間線移動至 (00:00:00)，點選文字物件 (呈藍色外框)，於右側點選基礎，新增縮放關鍵幀 (呈藍色) 標記，將縮放大小改變為 50%。

說明：我們將依位置關鍵幀的時間點軌跡加設縮放關鍵幀的概念；此時該時間點同時記錄了縮放、與位置的參數關鍵幀。

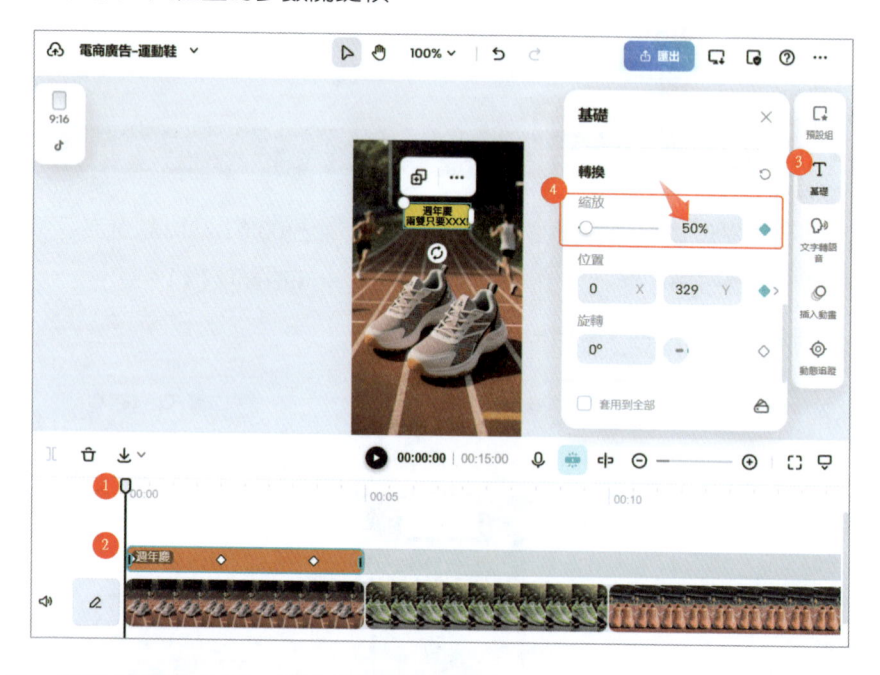

Step2. 移動時間點位置：再次將時間線移動至 (00:03:00)，點選文字物件 (呈藍色外框)，於右側點選基礎，新增縮放關鍵幀 (呈藍色) 標記，將縮放大小改變為 100%。

第 5 節　縮放與位置結合

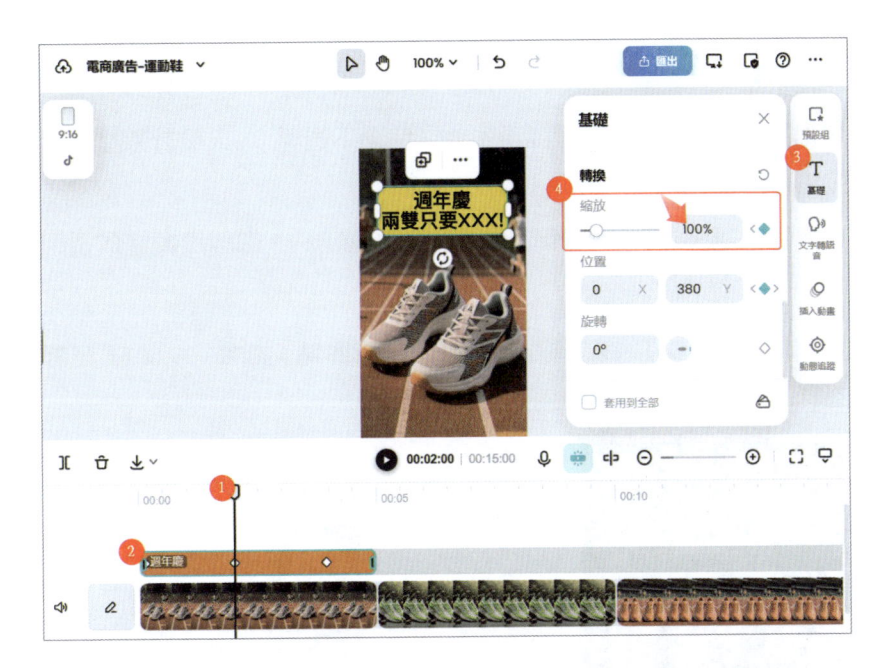

Step2.　播放預覽效果：將時間點移至起點位置，播放預覽效果即可看見，文字在移動的過程中也同時在縮放大小變化，如此對於關鍵幀的應用是否更加瞭解了呢？

說明：當熟練關鍵幀技巧後，有許多物件屬性都可整合使用，讓你的動畫不同於一般直接套版後效果，而是更多樣化的視覺與感官的技巧，再加入音效的輔助將更提升視覺與感官效果。

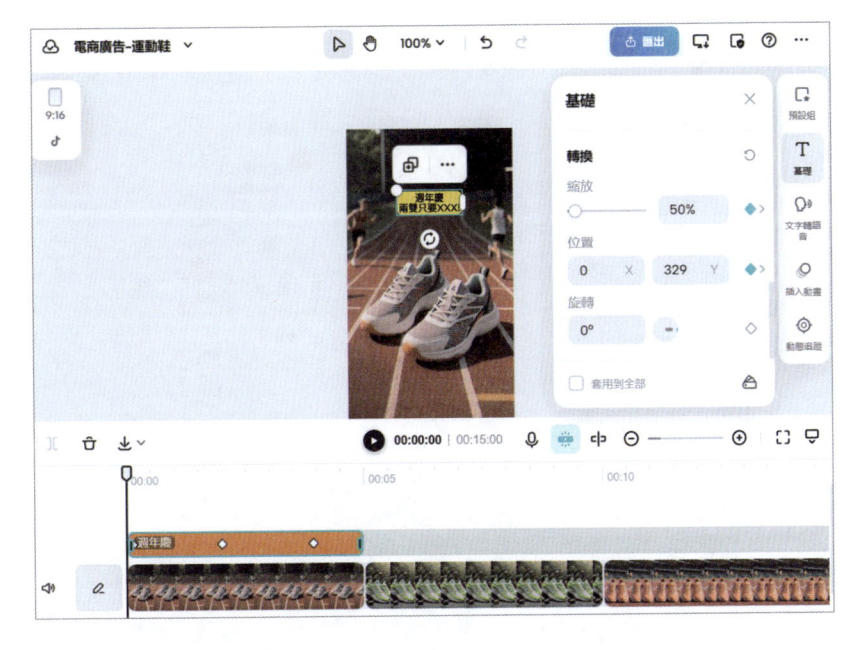

13-15

第 13 章　關鍵幀玩動畫！打造吸睛的電商廣告影片

第 6 節　透明度漸變

透明度變化主要由 0%(完全透明) 至 100%(完全不透明)，來設計素材進行透明度變化特效應用。

我們將以促銷標語來設計 A（顯示)-B(隱藏)-C(顯示) 3 個關鍵幀完成透明度漸變效果。

Step1.　新增文字物件：移動時間線停駐所需時間點 (如 :00:05:00)，左側視窗點選文字工具，並選擇新增標題。

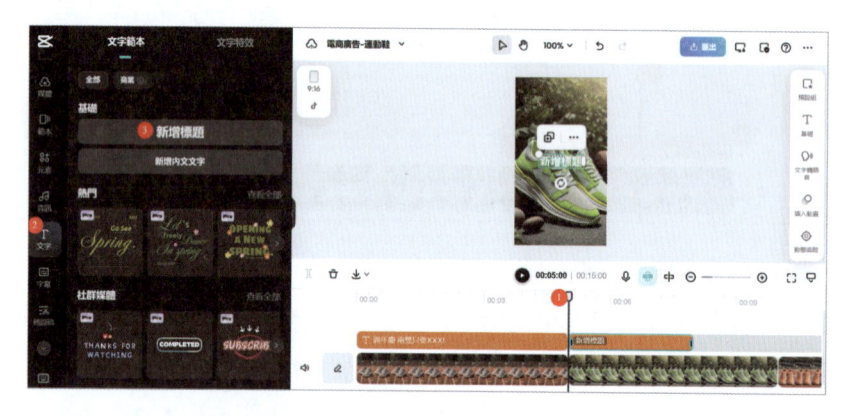

Step2.　輸入促銷標題：點選文字物件 (呈藍色外框)，右側點選基礎，並於文字框中輸入促銷標語 (全館滿 1000 送 100 活動)，並且將文字置中對齊。

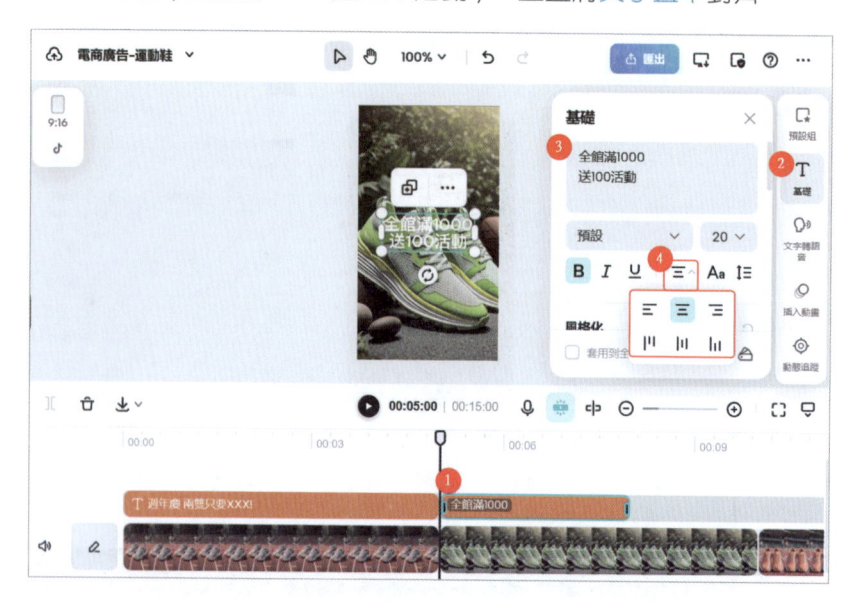

13-16

第 6 節　透明度漸變

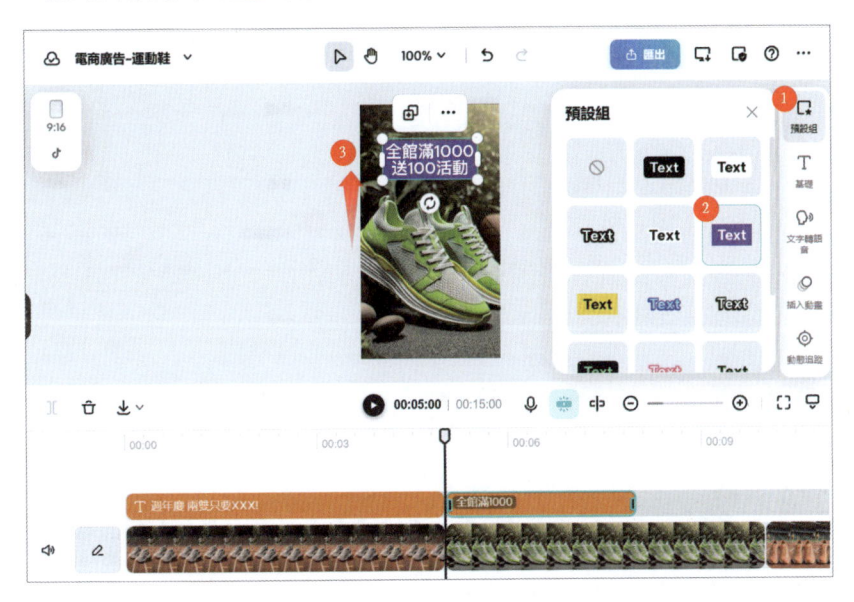

Step3. 格式與移動：點選預設組選擇適用的文字格式，並且將文字物件向上移動。

Step4. 調整文字時長：於時間軸中將文字物件時長，調整與素材 2 時長等長。

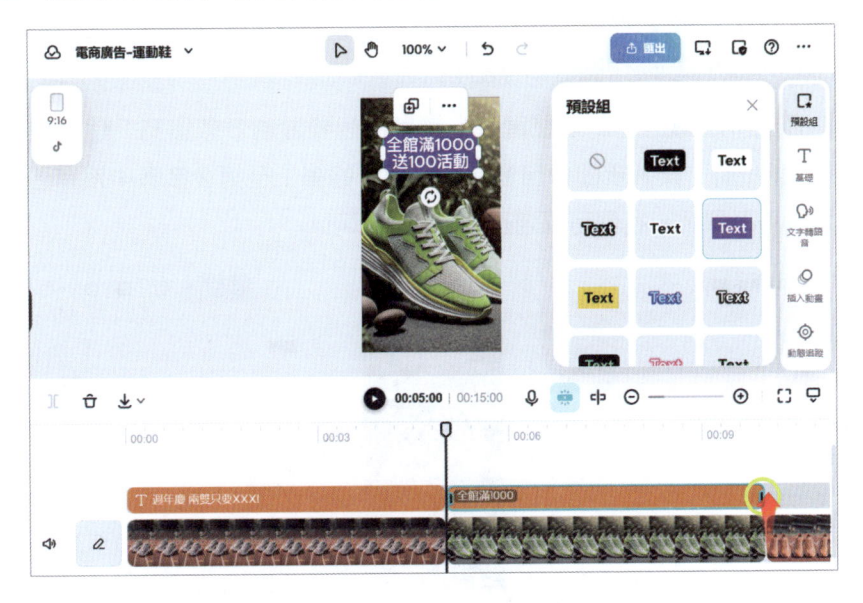

Step5. 定義 A 顯示：移動時間線停駐於起始時間點 (00:05:00)，點選文字物件 (呈藍色外框)，右側視窗點選基礎，向下捲動於不透明度 100% 屬性中，點選新增 ◆ 關鍵幀。

13-17

第 13 章　關鍵幀玩動畫！打造吸睛的電商廣告影片

說明：目前關鍵幀記錄為 100%(不透明)，即是完全顯示定義。

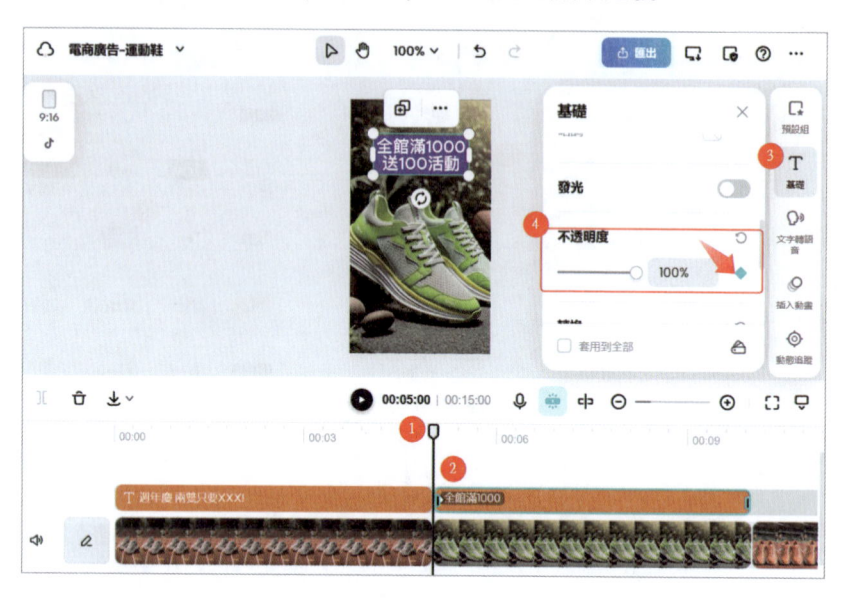

Step6. 定義 B 隱藏：移動時間線停駐欲改變時間點 (如 :00:07:12)，點選文字物件 (呈藍色外框)，於右側視窗中點選基礎，再次於不透明度中將數值改為 0%(隱藏)，此時系統會自動新增關鍵幀標記 (藍色)。

說明：為什麼系統會自動新增關鍵幀？當第 1 個關鍵幀參數與第 2 個參數不同時 (如：由 100%-0%)，其系統即會自動標記；相對的第 1 至第 2 參數中沒有任何變化時，則系統即不標記，我們可以自己手動設定即可。

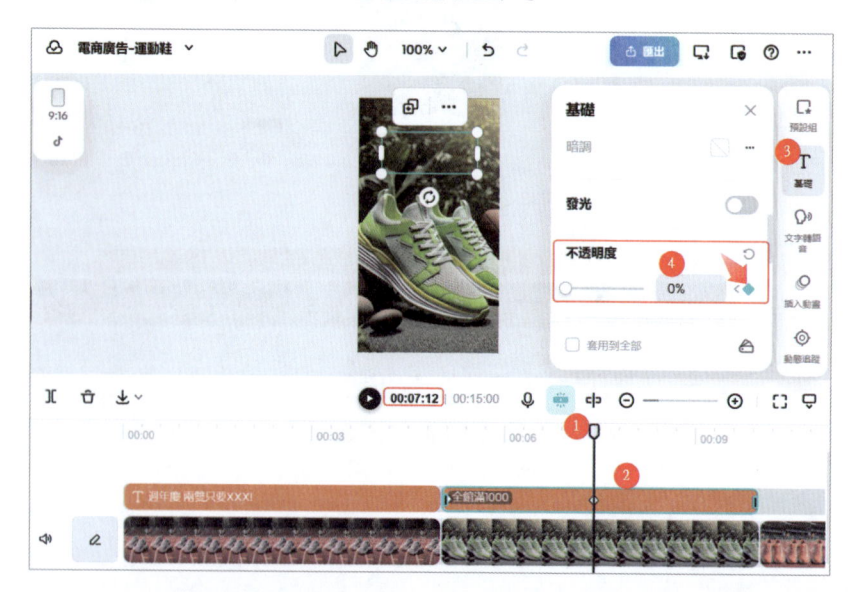

Step7. 定義 C 顯示：移動時間線停駐欲改變時間點 (如 :00:09:27)，點選文字物件 (呈藍色外框)，於右側點選基礎，再次於不透明度中將數值改為 100%(顯示)，此時系統會自動新增關鍵幀標記 (藍色)。

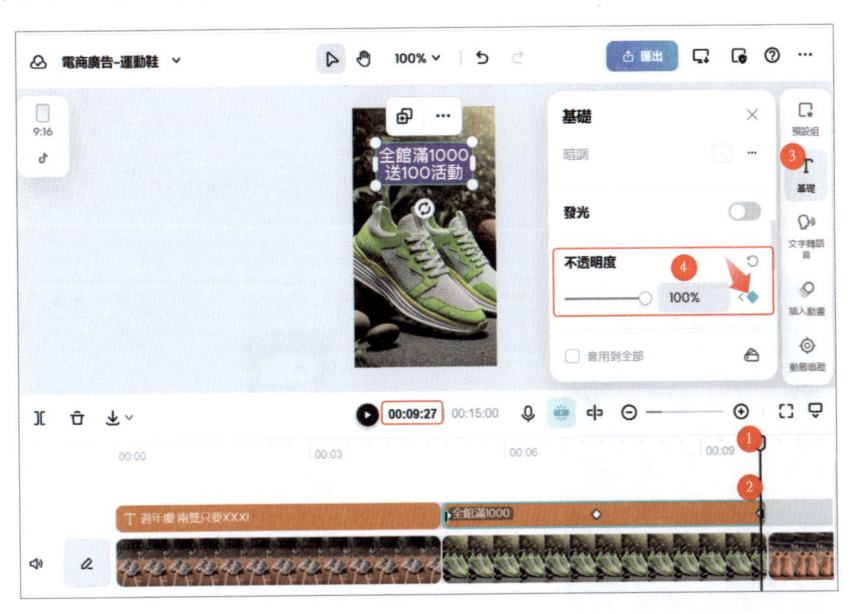

Step8. 播放預覽效果：將時間點移至 A 起點位置，播放預覽效果即可看見，文字在移動的過程中也同時在進行透明度漸變效果。

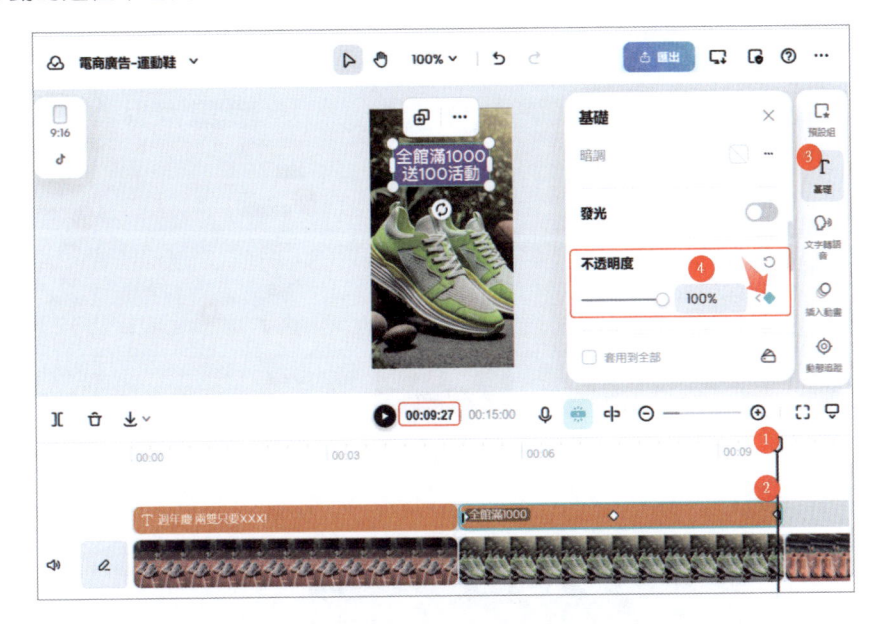

第 13 章　關鍵幀玩動畫！打造吸睛的電商廣告影片

第 7 節　變色魔法術

色彩加上關鍵幀設計，即可在指定時間內進行階段性不同色彩變化，應用場景如：片尾中加入行動呼籲時，以色彩漸變來達到吸睛效果。

我們將以行動呼籲來設計 A (色彩 1)-B(色彩 2)-C(色彩 3) 3 個關鍵幀完成色彩漸變效果。

Step1. 新增文字物件：移動時間線停駐所需時間點 (如 :00:10:00)，左側視窗點選文字工具，並選擇新增標題。

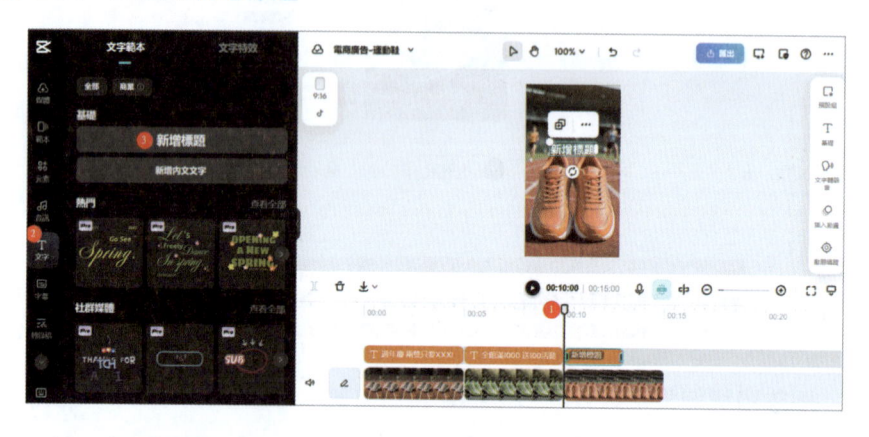

Step2. 輸入行動呼籲：點選文字物件 (呈藍色外框)，右側視窗點選基礎，並於文字框中輸入 (立即搶購)，將文字置中對齊。

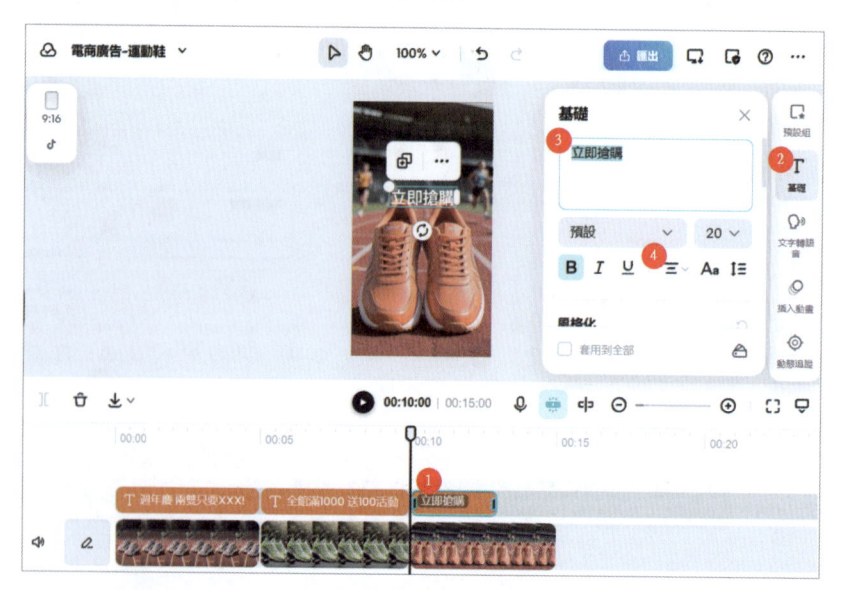

13-20

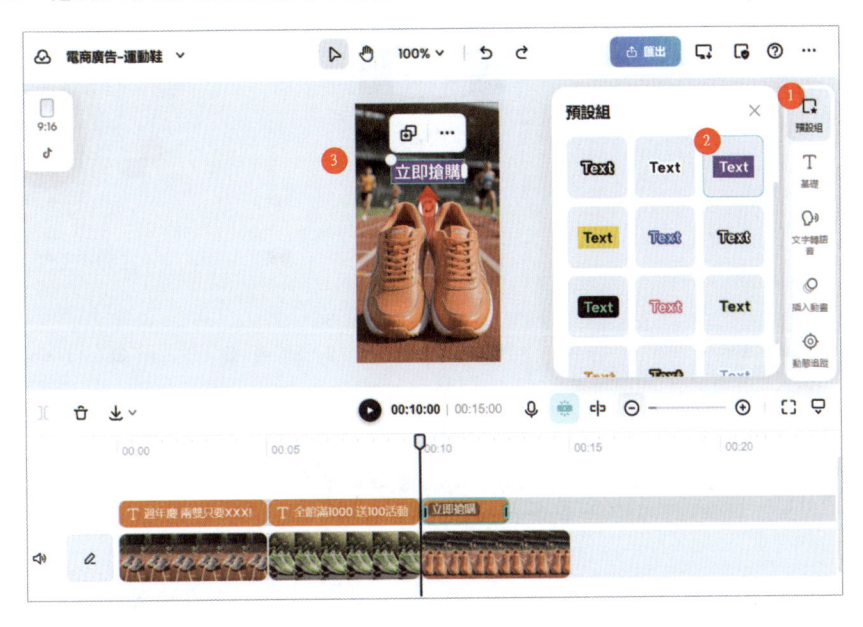

Step3. 格式與移動：點選預設組選擇適用的文字格式，並且將文字物件向上移動。

Step4. 調整文字時長：於時間軸中將文字物件時長，調整與素材 2 時長等長。

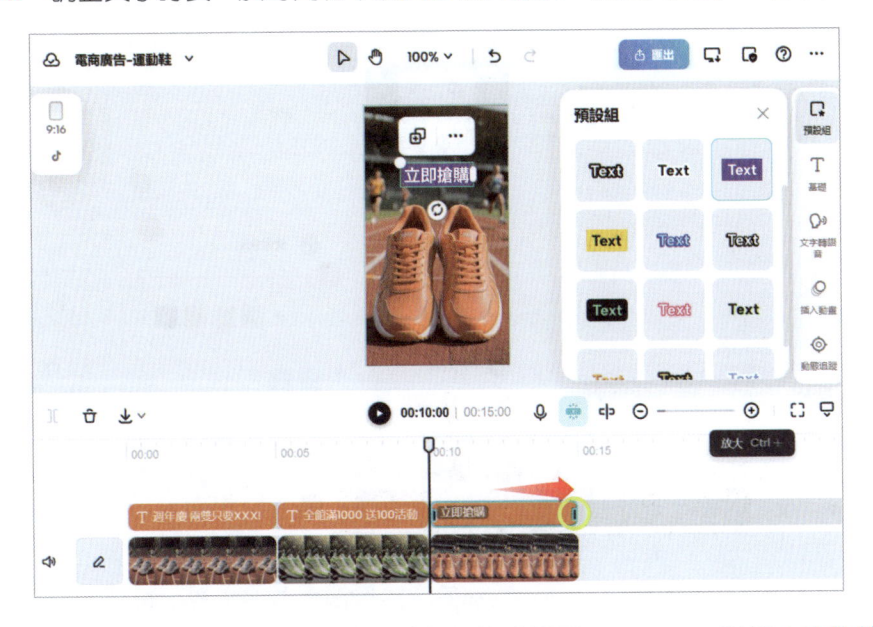

Step5. 進入背景設定：移動時間線停駐於起始時間點(00:15:00)，點選文字物件(呈藍色外框)，右側點選基礎，向下捲動背景設定。

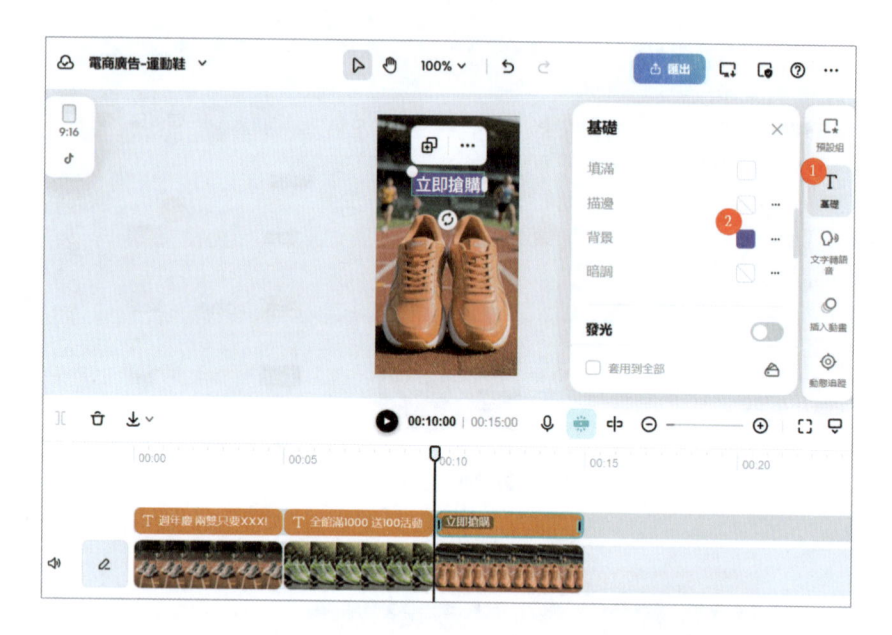

第 13 章　關鍵幀玩動畫！打造吸睛的電商廣告影片

Step6. 定義 A 色彩 1：點選新增關鍵幀 ◆ ，並於下方位置重新選擇背景色彩。

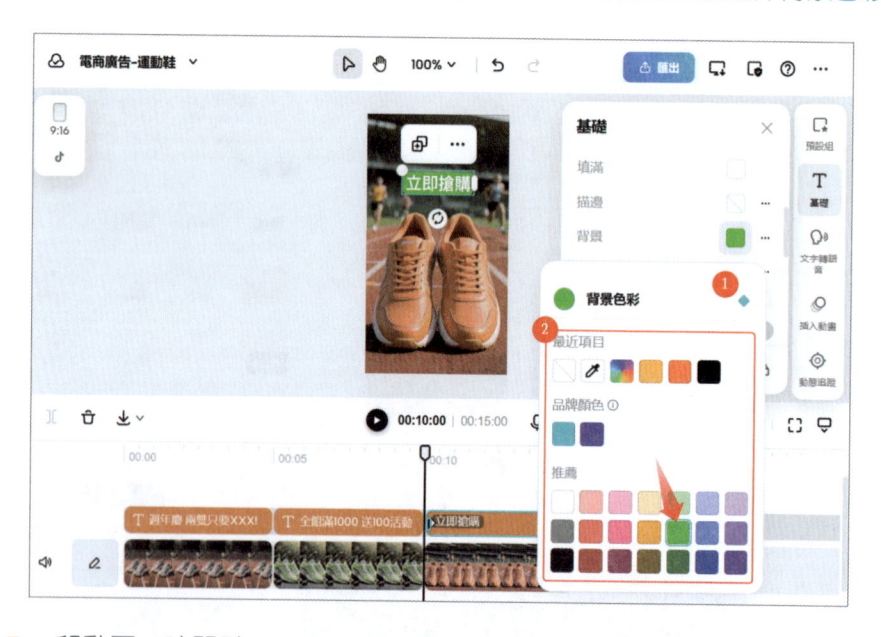

Step7. 移動至 B 時間點：移動時間線停駐於欲改變的時間點 (00:12:11)，點選右側基礎，向下捲動點選背景。

13-22

第 7 節　變色魔法術

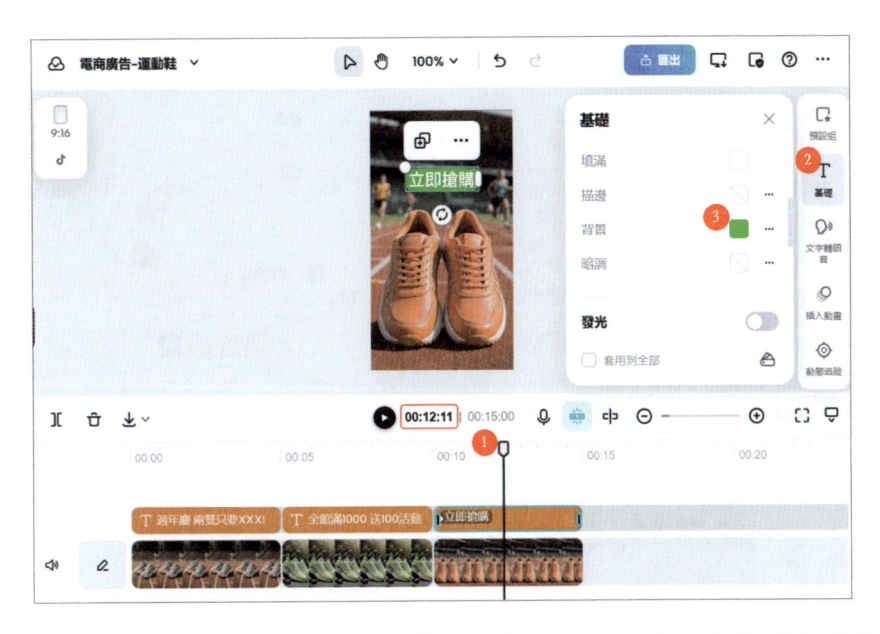

Step8. 定義 B 色彩 2：點選<u>新增關鍵幀</u>◆，並於下方位置重新選擇<u>背景色彩</u>。

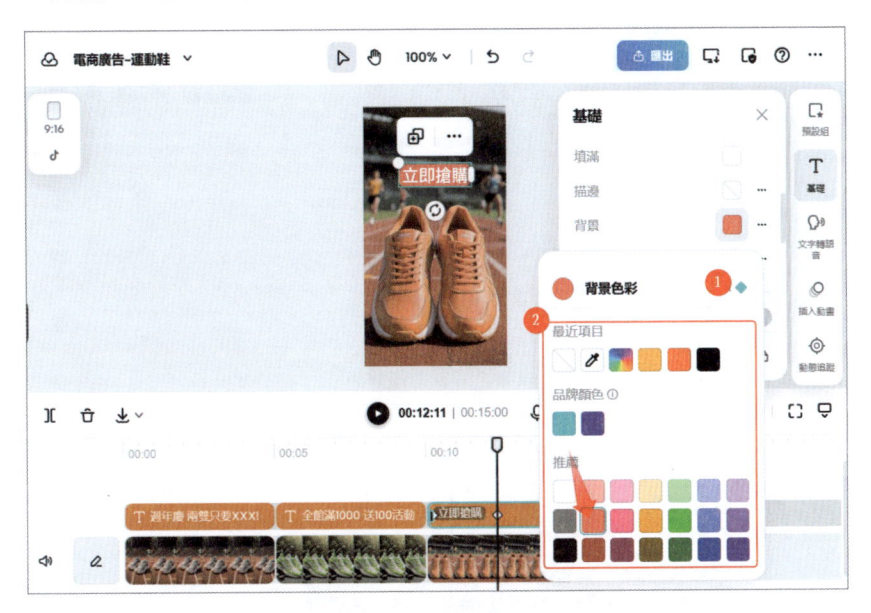

Step9. 定義 C 色彩 3：重覆步驟 7-8，完成色彩 3 背景設定。

說明：關鍵幀技巧口訣：移動時間點、設定參數、再重覆即可。

13-23

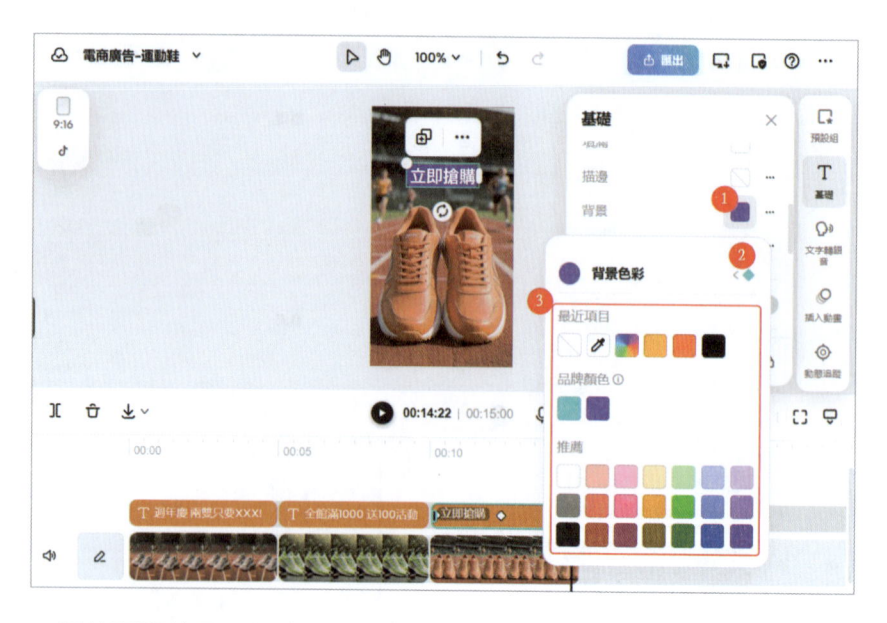

第 13 章　關鍵幀玩動畫！打造吸睛的電商廣告影片

Step10. 播放預覽效果：將時間點移至 A 起點位置，播放預覽效果即可看見，色彩漸變效果如同霓虹燈的文字看版視覺特效。

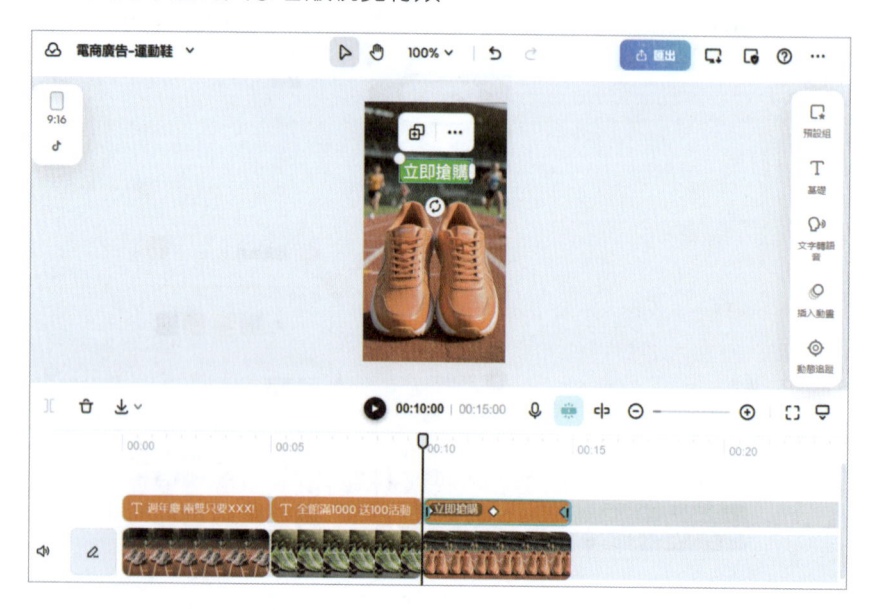

13-24

第 14 章

音樂決定氛圍！用聲音讓影片更有感覺

第 14 章 音樂決定氛圍！用聲音讓影片更有感覺

您是否也曾在夜深人靜時，開啟 Youtube 播放喜歡的音樂陪伴著您工作，而這類搜尋關鍵字 (白噪音、純音樂、頌缽、冥想、舒壓等) 所呈現的視頻內容都是以純音樂為主，帶給人輕鬆舒壓的感覺，這即是 BGM(Background Music) 背景音樂視頻創作。

讓我們來分析一下，為何這類視頻觀看量都非常的驚人；因為當我們播放音樂時，不需要專注坐電腦螢幕前，觀看者可以自由做任何的事情，更不會刻意點擊略過廣告等問題，只是單純的聽音樂；還有最關鍵的因素即是隨著時間的增長，不只大量累積播放量，重覆播放的頻率非常高，即使沒有更新內容喜歡的音樂仍然會一直重覆播放，這即是 BGM 音樂視頻最大的優勢。

實例演練：製作一支療癒系 BGM 音樂視頻、影片尺寸：橫式 16:9、影片時長：不限。

素材準備：參考第 2 章第 1 節免費素材下載，並匯集整理至資料夾中，上傳至 Capcut 媒體庫。

素材庫資源：也可於 Capcut 中元素搜尋 (圖片或影片素材)、音訊搜尋 (音樂、音訊) 直接進行練習。

第 1 節　熱門視頻分析

01. 熱門 & 需求導向 - 讓音樂與畫面一起治癒人心

☑ **熱門風格**

- Lo-Fi 慢節奏風格（適合讀書、下雨天、靜靜放空）
- 自然聲 + 輕音樂融合（森林、溪流、海浪聲與鋼琴結合）
- 純鋼琴 / 木吉他 / 電子冥想風（適合瑜伽、冥想、睡前）
- 城市夜景 + 柔光音樂（城市孤獨感與溫暖音符交錯）

☑ **符合觀眾需求**

- 想放鬆大腦、不想看複雜畫面
- 想一邊工作 / 念書 / 睡覺一邊聽音樂
- 喜歡重播長時間的背景音樂當「情緒陪伴」
- 想找質感好、沒廣告中斷的純淨聲音

02. 影片結構設計（療癒音樂 BGM 影片的理想框架）

開場（0-10 秒）：建立療癒氛圍

☑ 標題畫面：「放鬆的午後音樂 | 30 分鐘靜心陪伴」
☑ 柔和轉場或模糊、淡入畫面（搭配森林、雲朵、水面、夜景等）
☑ 音樂不突兀切入（前奏自然過渡，別太突顯）

主體（10 秒～整段影片）：重點是節奏平穩、畫面輕柔

1. **音樂特色建議：**
   - 節奏平均、旋律單純、不突兀
   - 避免突發高頻或鼓聲（容易驚醒、分心）
   - 適合循環播放 10 ～ 60 分鐘節奏

2. **畫面建議搭配：**
   - 動態背景：水波、雲層飄動、大海、森林、下雨、陽光灑落、夜景閃爍。

第 14 章　音樂決定氛圍！用聲音讓影片更有感覺

- AI 生成插畫風：放鬆感插畫角色（如貓咪看雨、女孩聽歌）。
- 慢慢變化的城市 / 大自然背景：讓人不知不覺放鬆。

◆ **結尾（最後 10 ～ 20 秒）：收尾 + 延續陪伴感**

- ☑ 漸弱音樂 + 緩慢淡出畫面
- ☑ 畫面可留下一句文字：「Take A Deep Breath, You'Re Doing Fine.」
- ☑ 引導動作 CTA（行動呼籲）：「記得訂閱收藏支持頻道！」

03. 魔鬼藏在細節裡

- ✔ 加入 Youtube 時間戳記（例如：00:00 放鬆、10:30 冥想、20:00 睡眠）→方便觀眾分節播放
- ✔ 搭配輕柔自然音效（鳥叫、水聲、風聲）→增加沉浸感
- ✔ 封面設計：用插畫風格搭配柔和字體，像一本靜靜躺著的詩集

第 2 節　音樂剪輯與節奏搭配

風格化音樂收錄與下載、素材氛圍調整、音量與淡化特效技巧。

01. 創作類型分析

當音樂成為了主角，其它元素成了配角創作的思路也在這一刻全然不同。在此我將這類視頻創作分成幾類型的設計分析：

1. 音樂＋圖片：以背景音樂為主，視頻僅以一張圖片做為封面。
2. 音樂＋影片：以背景音樂為主，加入影片做為動態視頻呈現，但此時影片以靜音素材為主。
3. 音樂＋圖片、影片 + 特效：以背景音樂為主，將元素 (圖片、影片) 再加入動態特效 (雨、雪花、煙) 等視覺重疊特效來加強感官刺激，以增加視覺停留效果。

說明：例如於 Youtube 搜尋 @Bigjohhqc 頻道，開啟任一視頻播放，我們可見其設計元素為，圖片 (人物)+ 特效 (雪花裝飾)+ 元素 (AUDIO WAVE 音頻可視化) 所完成的音樂視頻。

第 2 節　音樂剪輯與節奏搭配

Feel the Soul & R&B | Warm & Comforting R&B Grooves for a Happy Heart | リラックス/ 作業/ インディー/ バラード/ ドライブ/

02. 音樂風格收錄

Step1.　Youtube 音樂下載：首先登入 Google 帳號後，進入 Youtube 首頁，於點選右側大頭貼圖示，進入 Youtube 工作室。

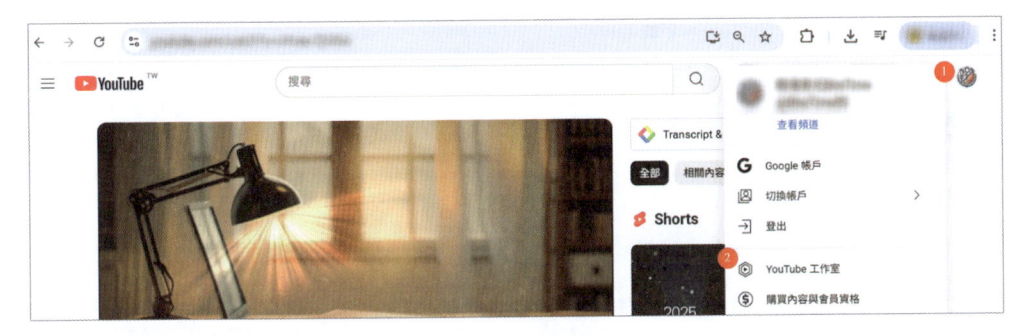

Step2.　音樂素材庫：進入後台後，點選左側音樂庫，並且於篩選區設定我們所要的條件。

14-5

第 14 章　音樂決定氛圍！用聲音讓影片更有感覺

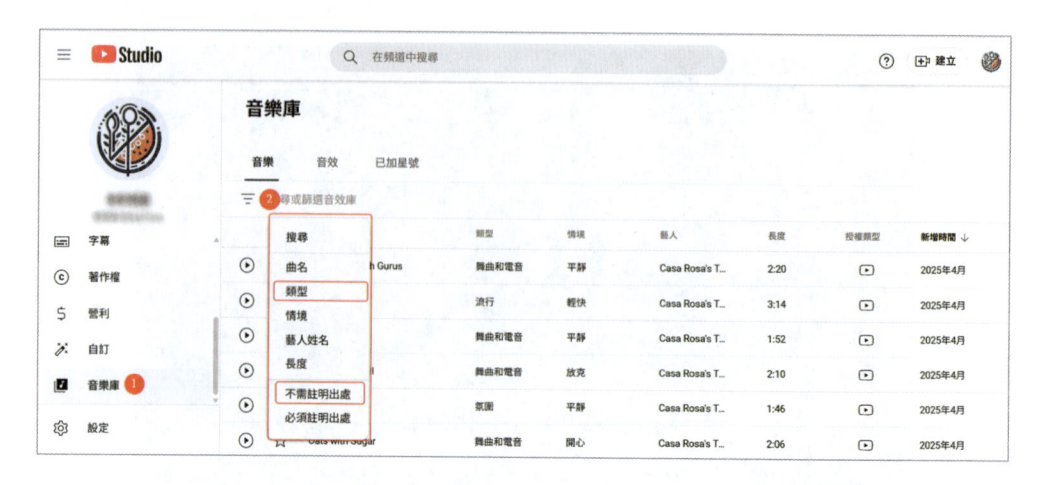

Step3. 音樂風格篩選：於篩選區必要設定不需要註明出處、至於類型、情境等條件可自訂，在此我們將以類型搜尋 (爵士和藍調)，勾選後點選套用即可。

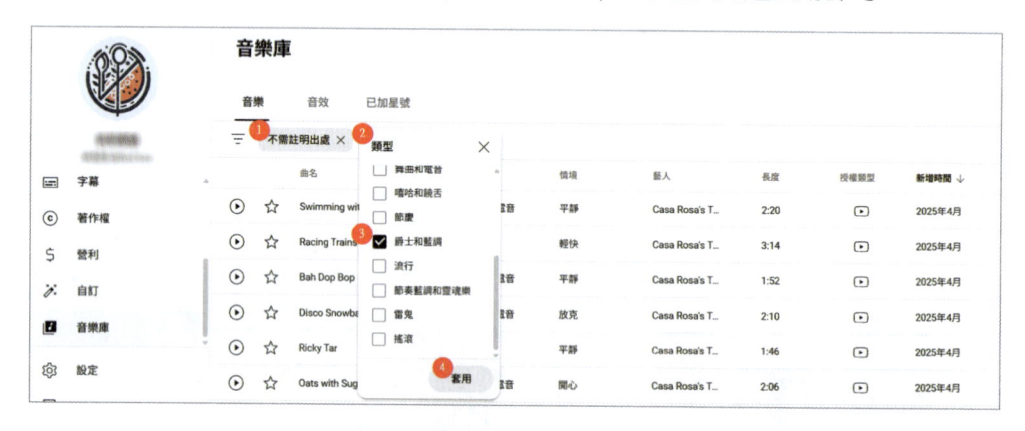

Step4. 試聽與收藏：點選播放試聽音樂，同時將喜歡的曲風點選星號收藏，待試聽完成後，再一併進入下載，當然也可以直接單曲下載。

14-6

第 2 節　音樂剪輯與節奏搭配

Step5. 收藏音樂下載：點選已加星號即是剛才我們收錄的音樂曲風，此時再依序進行所需音樂下載即可。

Step6. 資料夾匯整素材：依序收錄相同風格的圖片、影片素材，並且以資料夾集合 (如：BGM 音樂視頻) 素材內容，並於 Capcut 上傳進行剪輯設計。

說明：音樂視頻的創作，影片時長建議可製作長達 1 小時以上的音樂播放。

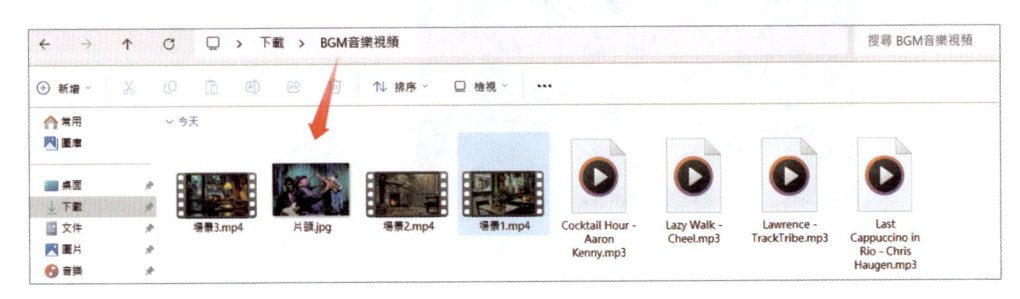

14-7

第 14 章　音樂決定氛圍！用聲音讓影片更有感覺

03. 建立專案匯入素材

Step1. 新建 16:9 專案：於 Capcut 首頁中，點選新建選擇 16:9 視頻創作。

Step2. 上傳素材資料夾：點選媒體，由上傳中點選上傳資料夾導入素材內容，並更改專案名稱 (BGM 音樂視頻)，再次確認專案比例為 16:9。

說明：在此也可直接於元素中搜尋圖片、影片素材；於音訊中搜尋音樂曲風來進行以下練習。

Step3. 安排故事腳本：點選左側媒體工具，切換至資料夾 (BGM 音樂視頻)，依序拖拉素材到時間軸，安排音樂故事腳本，適當縮放時間軸大小，以方便素材排列與總覽全部素材。

14-8

第 2 節　音樂剪輯與節奏搭配

注意：系統主軌道僅能放置圖片、影片素材，音樂軌道必需置於主軌道下方位置，並且時間點由 00:00:00 開始。

Step4. 調整素材比例：移動時間線停駐所需調整素材位置，點選素材（呈藍色外框），於預覽視窗工具中點選填滿，即可將原素材填滿整個背景大小。

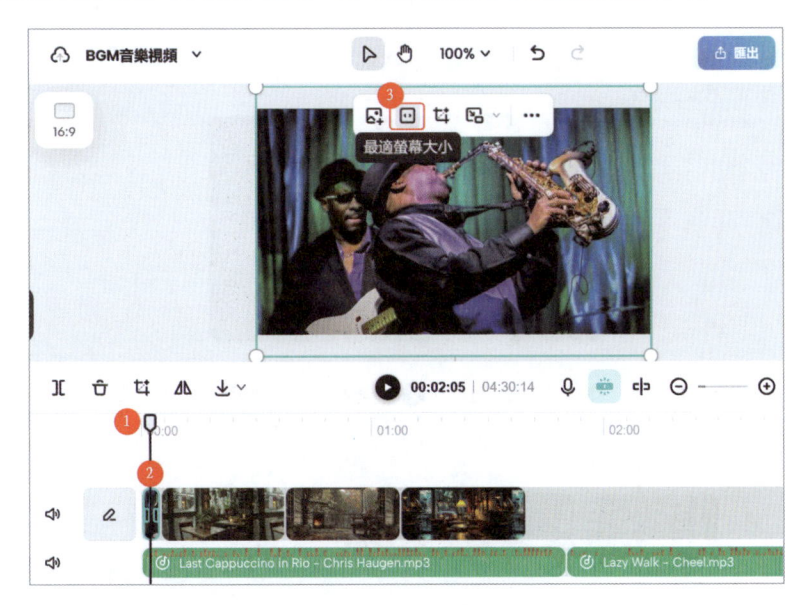

Step5. 調整素材位置：於預覽窗格中，左鍵拖拉移動重新調整素材中所要呈現的焦點位置。

14-9

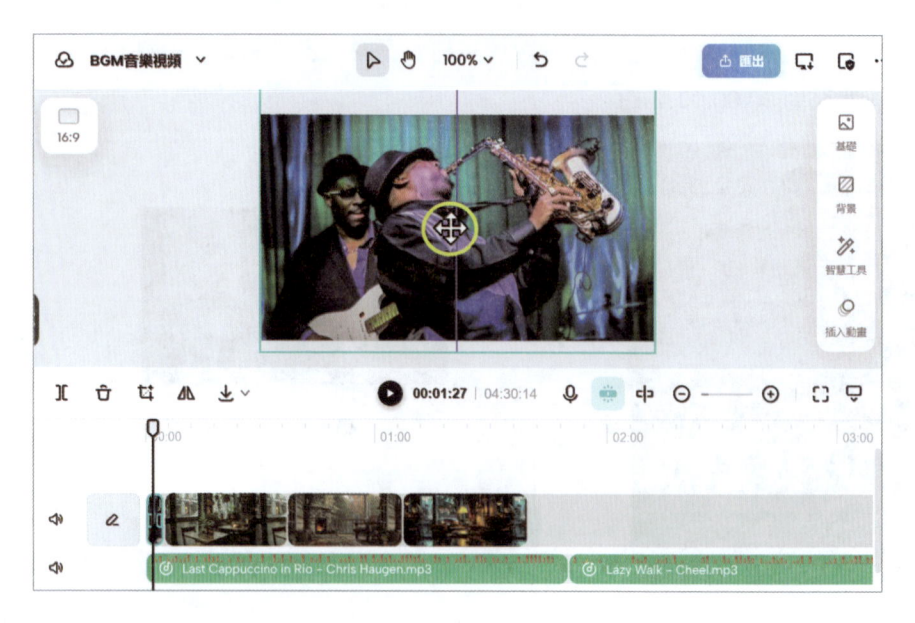

第 14 章　音樂決定氛圍！用聲音讓影片更有感覺

Step6. 完成所有素材調整：重覆 Step4、Step5 依序完成所有素材比例檢查，填滿螢幕大小比例。

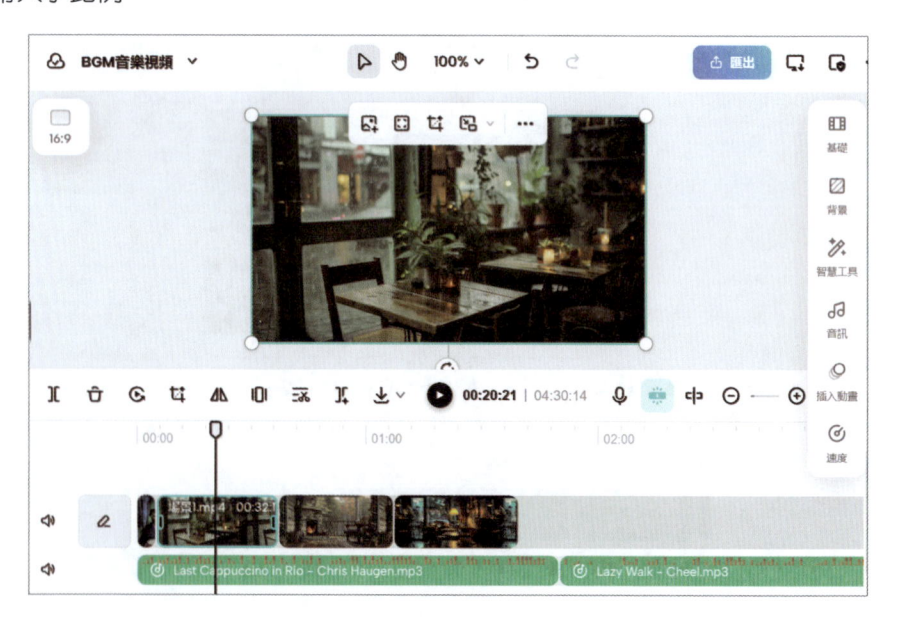

04. 光線與色彩調整

Step1. 素材顏色調整：移動時間線停駐在欲修改的片段，點選素材 (呈藍色外框)，於右側視窗中點選基礎，選擇顏色調整。

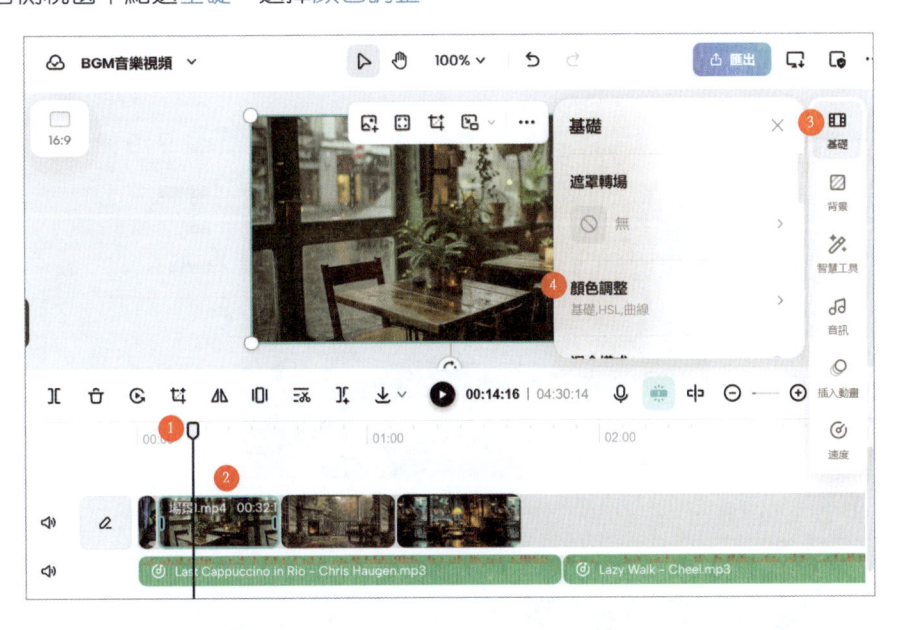

Step2. 縮放 Chrome 檢視比例：於 Chrome 的更多⋮選項中，將縮放比例縮小 (80%)，方便 Capcut 視窗中的功能設定瀏覽。

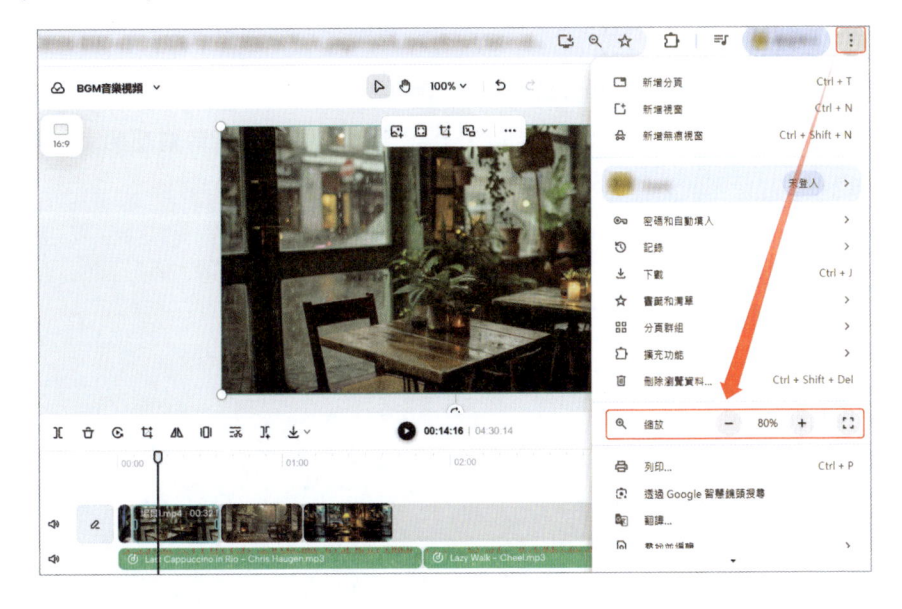

14-11

第 14 章　音樂決定氛圍！用聲音讓影片更有感覺

Step3.　調色與亮度對比：於右側基礎功能中，點選顏色調整，於基礎面版向下捲動，即可調整飽和度、色溫、色調、亮度、對比度等相關設定參數，依序完成每張素材最佳調色。

說明：在此依據音樂的情境氛圍適當的進行色彩、亮度、對比度、飽和度、色溫等參數設定。

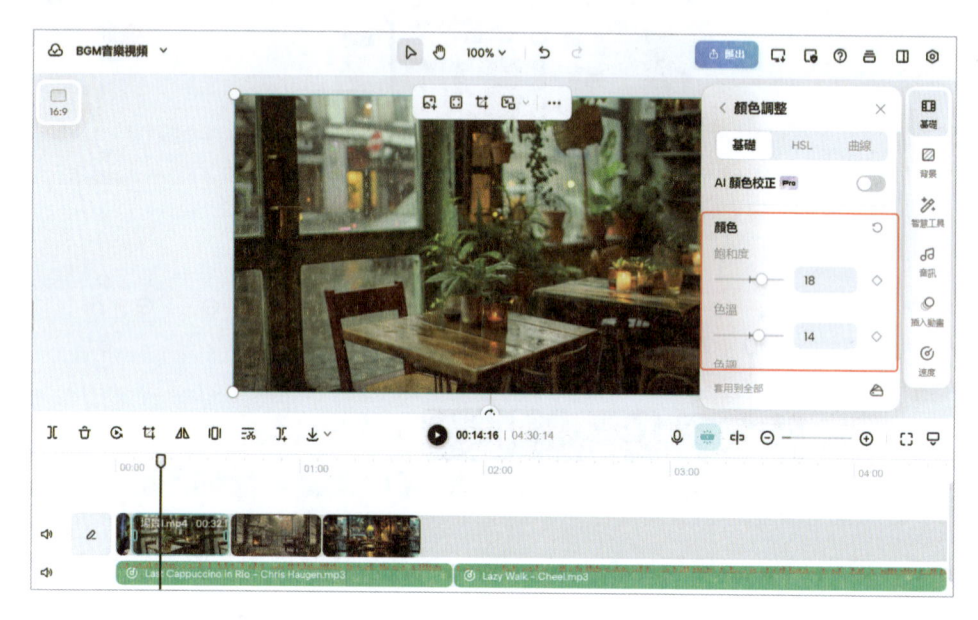

05. 調整音量與淡入淡出

Step1.　淡入淡出設定：點選音樂素材 (呈藍色外框)，點選右側視窗中基礎，向下捲動尋找淡入淡出，在此我們分別以 (2s) 設定，依序將每段音樂都適當加入淡入淡出設定。

第 2 節　音樂剪輯與節奏搭配

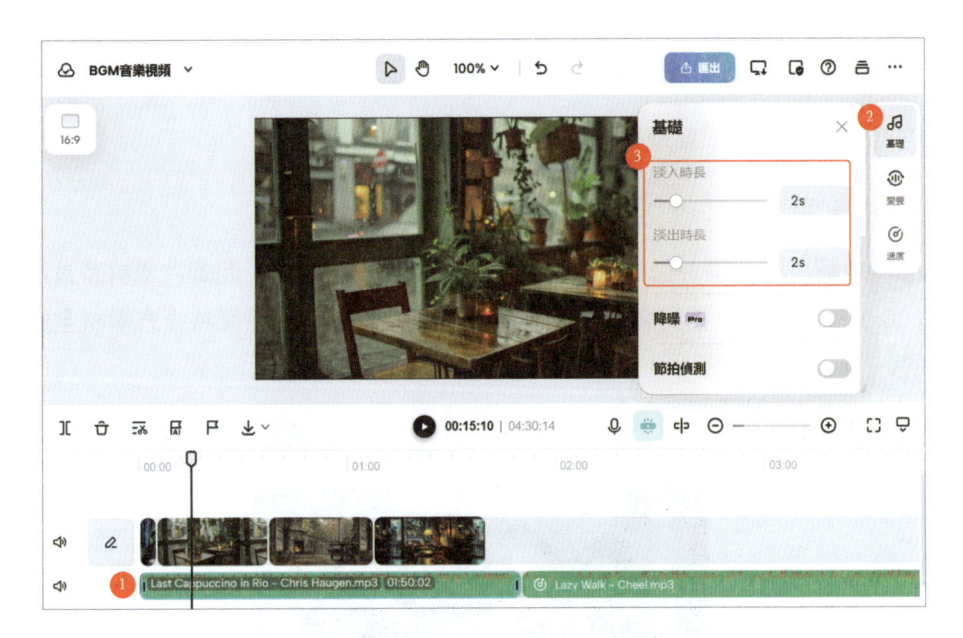

Step2. 播放試聽音樂：完成淡入淡出設定後，不妨播放試聽音樂效果；此時您是否發現為什麼音樂還在播放但是沒有畫面，這即是接下來我們所要解決的問題，視頻與音樂時長設定。

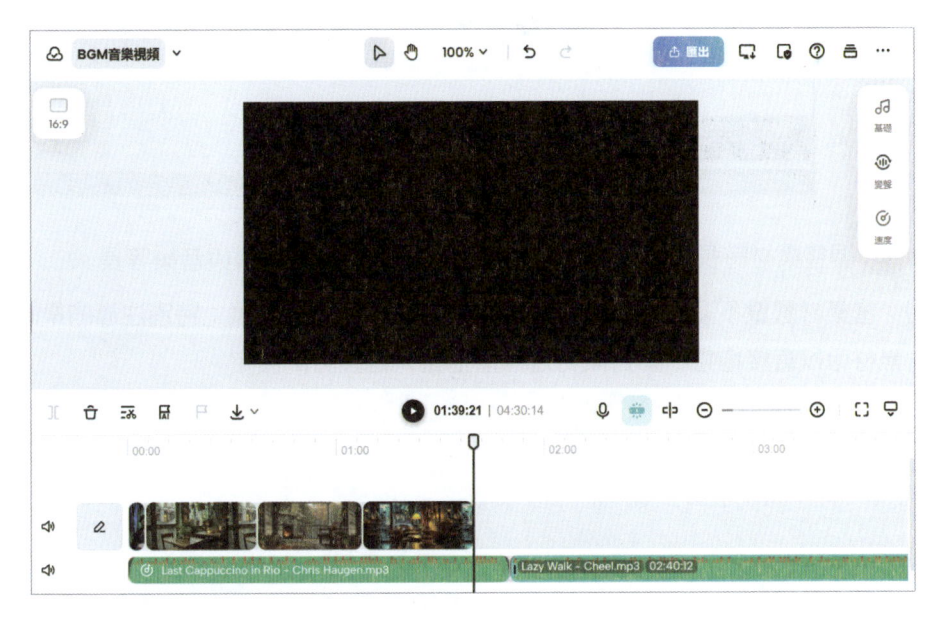

14-13

第 14 章　音樂決定氛圍！用聲音讓影片更有感覺

第 3 節　音樂與視頻時長

依三大設計情境，完成音樂與視頻時長同步設計。

01. 圖片＋音樂

Step1.　單圖匹配音樂：首先我們看見影片總時長 04:30:14，而圖片素材時長預設只有 00:05:00(5 秒)，我們將以單張圖片貫穿全部音樂，先將圖片後方素材全數框選刪除，僅保留單張圖片。

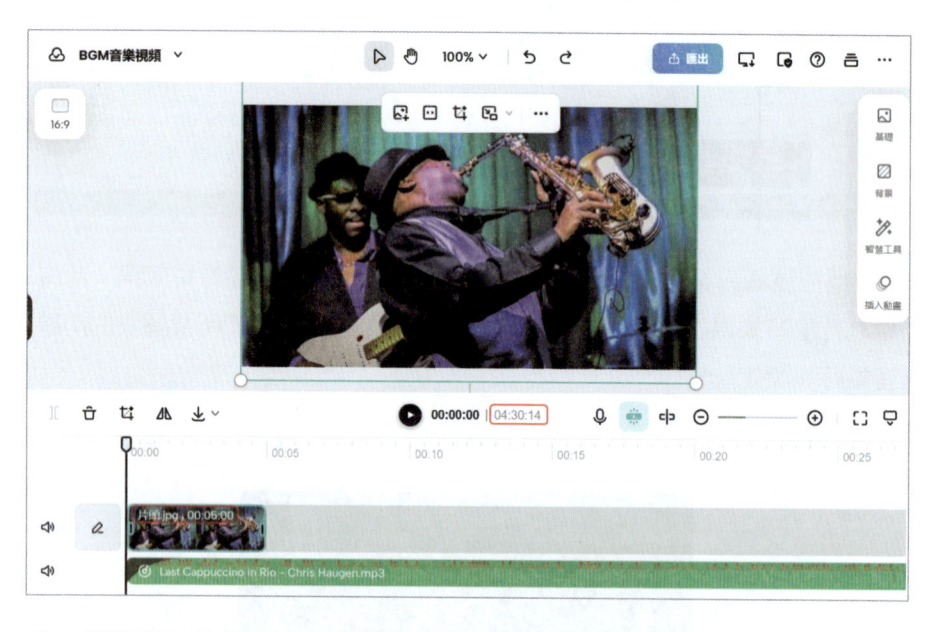

Step2.　調整素材時長：縮小時間軸比例，拖拉圖片素材時長與音樂等長。

說明：當素材數量不多時，可直接以單素材完成視覺設計效果；特別注意的是唯有圖片素材可以直接拖拉，影片素材是無法拖拉來延長時間設定。

14-14

第 3 節　音樂與視頻時長

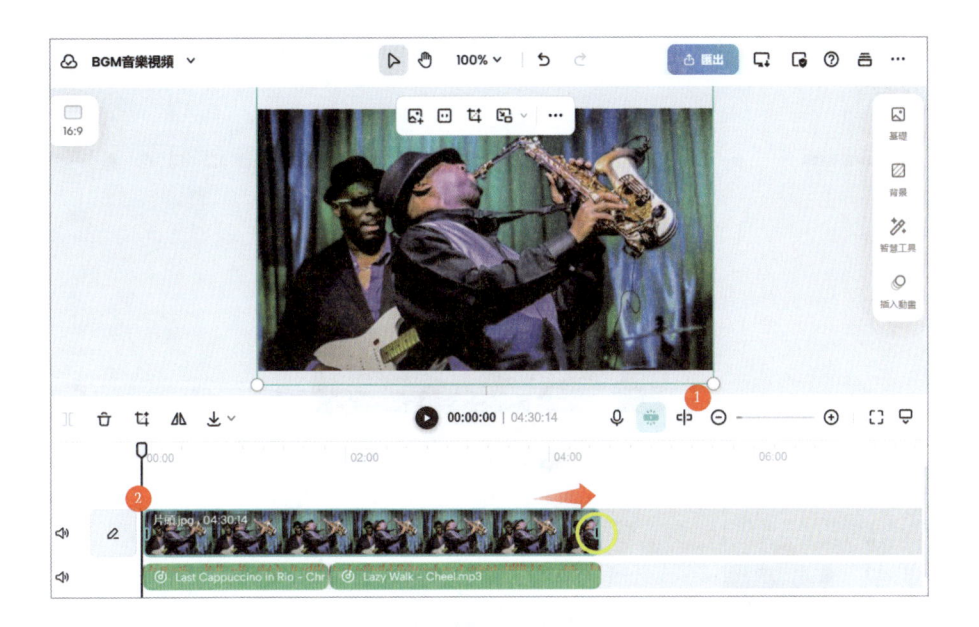

02. 影片＋音樂

Step1. 單影片匹配音樂：依序我們保留一支影片做為背景音樂視覺設計，首先我們看見素材時長 (00:32:12)32 秒，但音樂總時長 (04:30:14)，所以當影片播放到 00:32:12 之後就會形成黑幕。

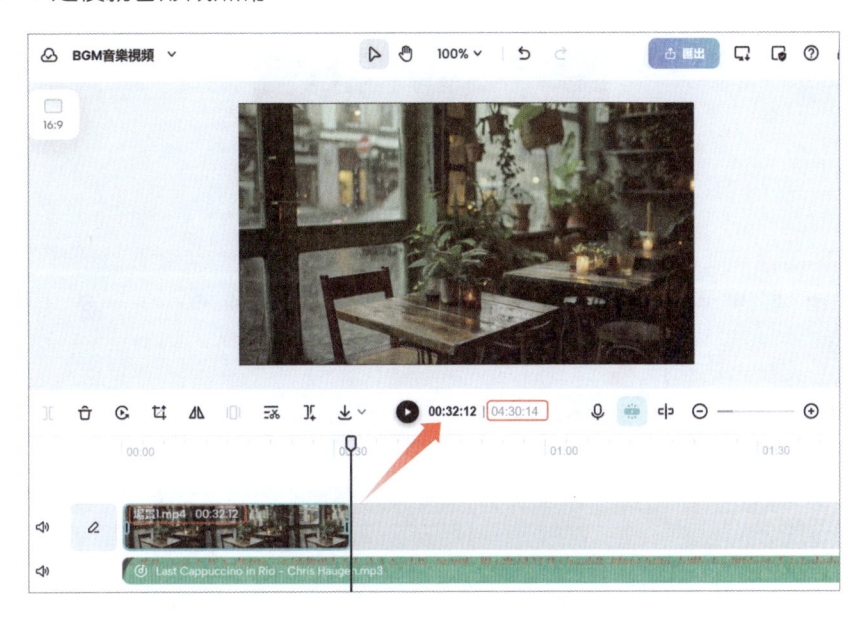

14-15

第 14 章　音樂決定氛圍！用聲音讓影片更有感覺

Step2. 停駐再製位置：移動時間線停駐欲接續的時間點，點選欲複製的素材 (呈藍色外框)。

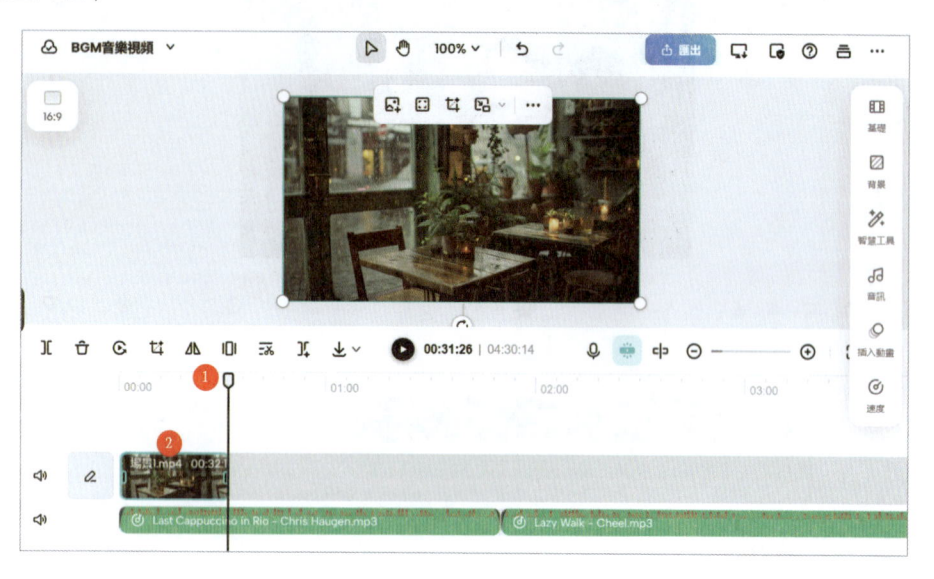

Step3. 再製素材：按下 Ctrl+D 再製相同素材於時間線的後方，並且會自動向上移動一軌，我們可以再拖拉並列於同軌道即可。

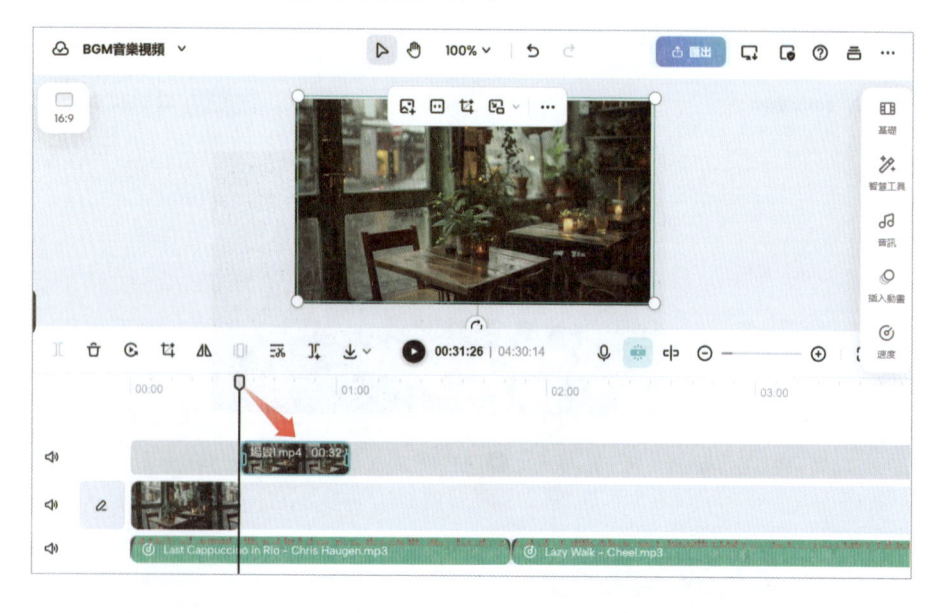

第 3 節　音樂與視頻時長

03. 混合素材 + 音樂

Step1.　混合素材匹配音樂：如同一開始我們安排腳本時即是混合素材技巧，只是如何匹配音樂時長，我們即可利用上述所學到的技巧，如：延長圖片時間、再製影片素材、多素材排列都可以，由自己發想創作設計。

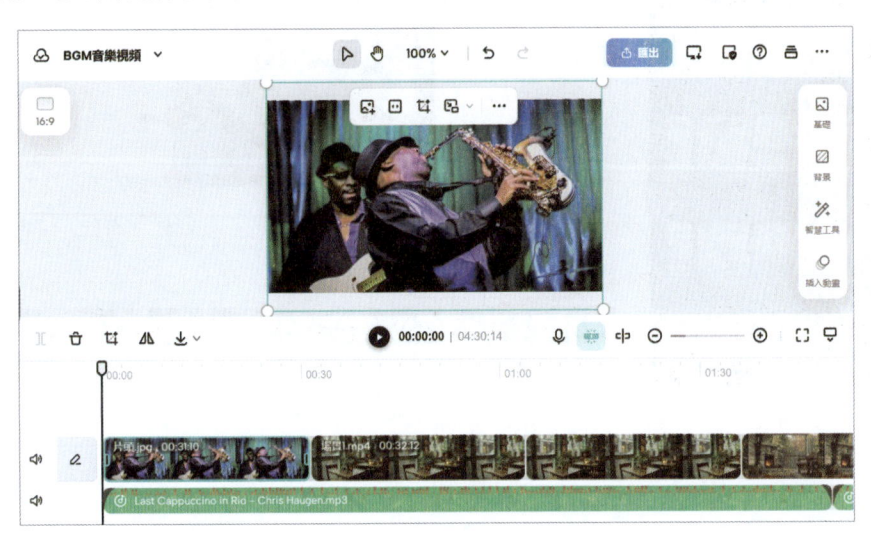

Step2.　播放試聽音樂：在確認不刪減音樂前提下，我們必需將素材時長與音樂等長，最後播放試聽並觀看效果。

說明：進階技巧不妨可以配合音樂節奏來變化畫面素材內容，進行不同視覺設計效果。

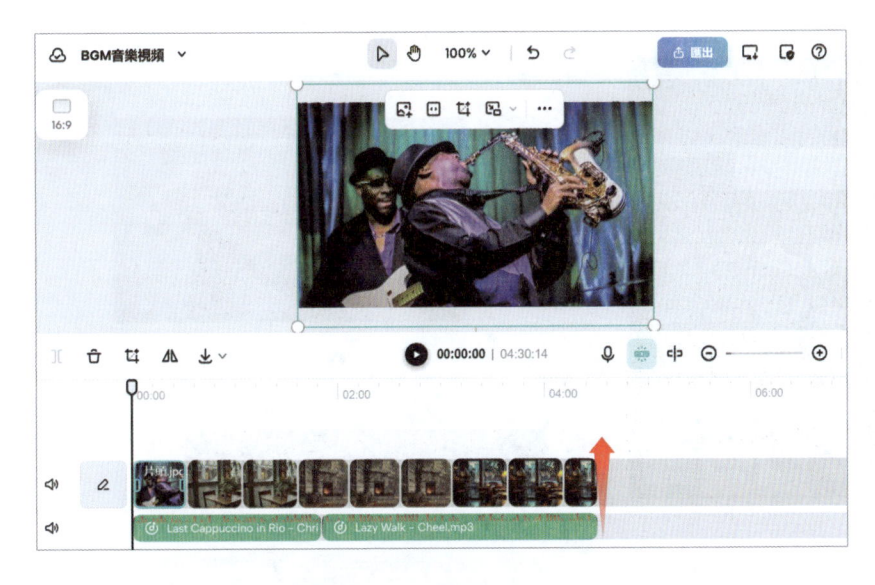

14-17

第 14 章　音樂決定氛圍！用聲音讓影片更有感覺

Step3. 加入轉場視覺效果：為使素材間過渡自然，點選轉場設定，選擇適用轉場特效 (如：重疊／眩光疊化)，並且於右側點選基礎，設定轉場時長 (如 :3s)，並且全部套用轉場。

第 4 節　加入音效與視覺動畫

加入音效強化場景氛圍並結合特效與動態濾鏡效果。

01. 訂閱頻道動畫插入

Step1. 搜尋動畫元素：移動時間線停駐於影片開始 00:00:00，點選左側元素功能並搜尋 Subscribe，即可於下方視窗看見一系列動態元素設計，點選 Giphy 查看全部。

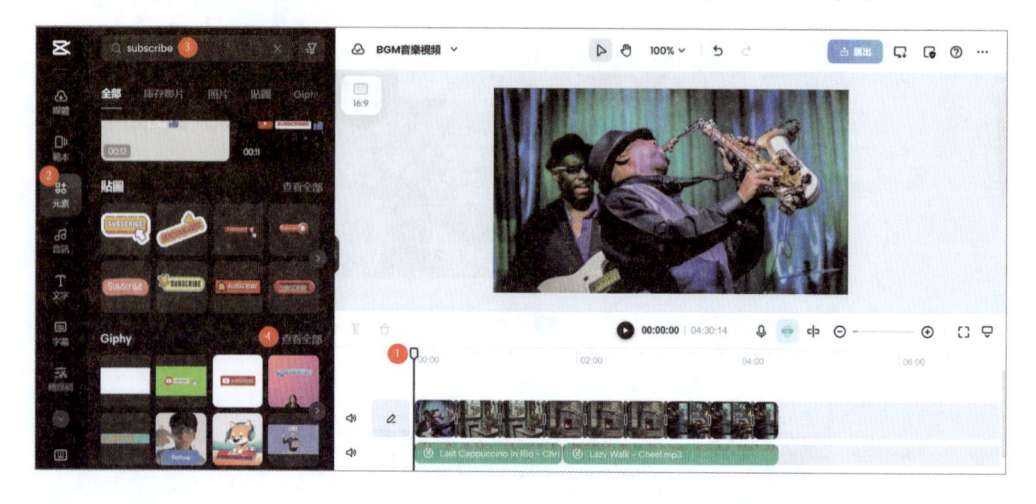

14-18

第 4 節　加入音效與視覺動畫

Step2. 安排動畫元素：移動時間線停駐於 00:00:00 為動畫元素插入位置，並於下方選擇喜歡的 Subscribe 動畫類型，左拖拉放置於時間軌中，此時於預覽畫面即可見該物件的大小。

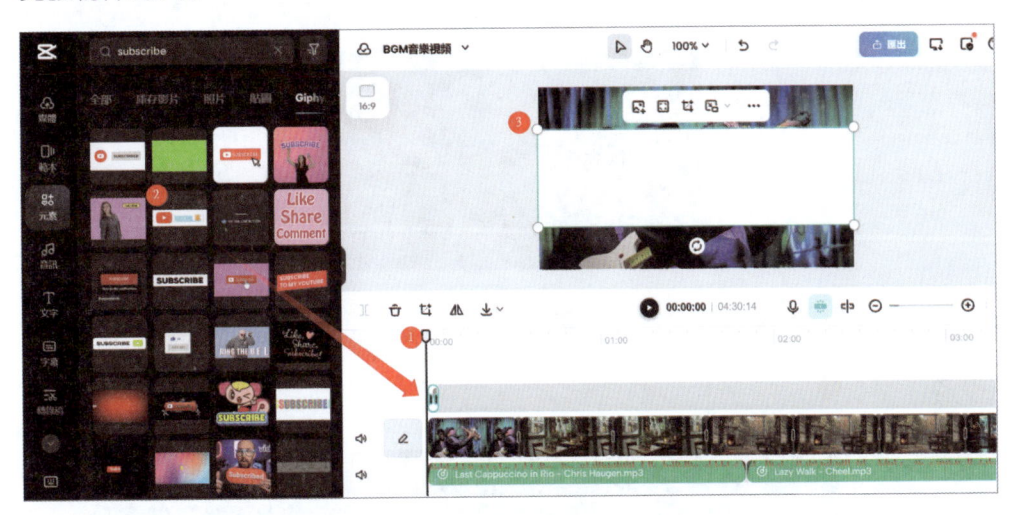

Step3. 調整大小與位置：拖拉外側四個縮放控點，改變大小，並於內側左拖拉移動改變位置 (如：左下方)。

說明：貼圖元素中部份具有背景色彩功能，在此是無法進行去除背景設定。

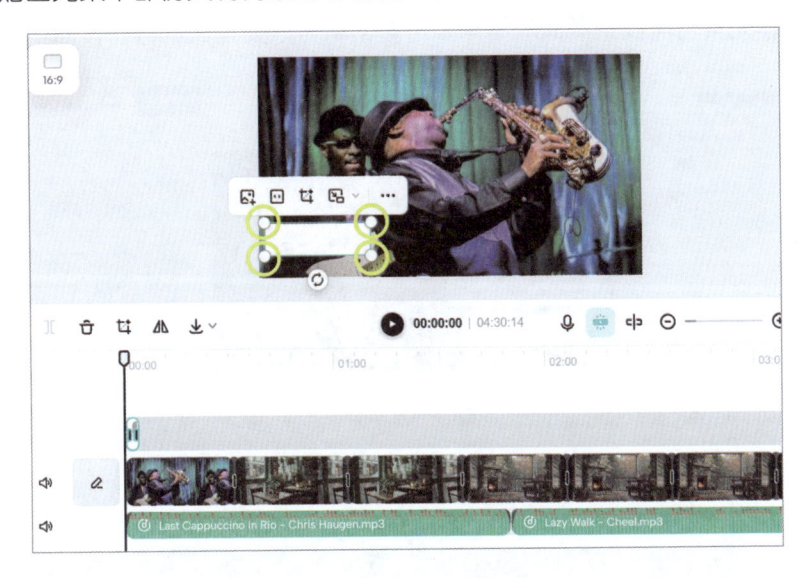

14-19

第 14 章　音樂決定氛圍！用聲音讓影片更有感覺

Step4. 查看動畫時長：首先我們先<u>放大時間軸</u>方便檢視<u>貼圖素材</u>，目前所見區塊大小 (呈藍色外框) 即動畫時長，意即一個動畫時間為 04:16(4 秒 16)。

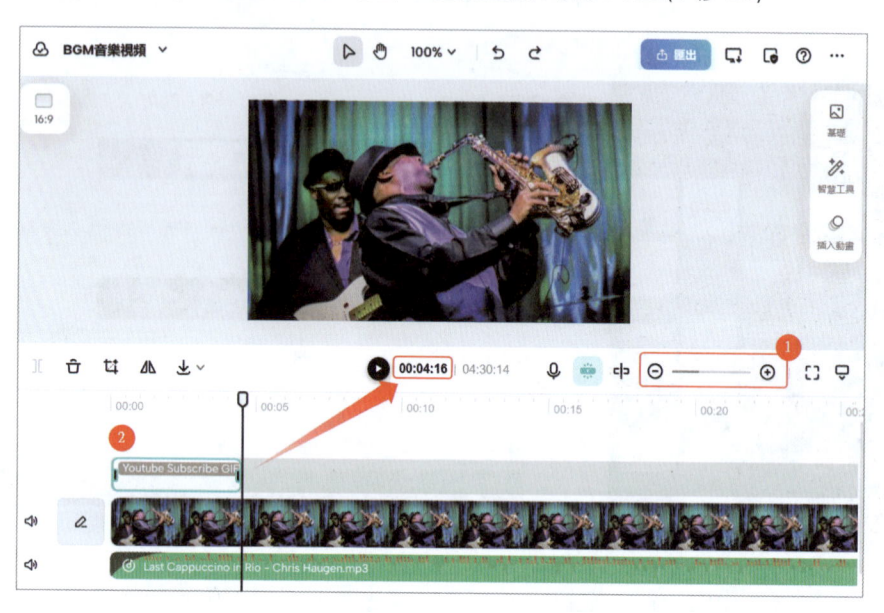

Step5. 重複動畫技巧：<u>拖拉貼圖</u>元素時長 (如：延長至 10 秒)，此時即可重複動畫播放次數。

說明：貼圖元素若需要重複播放不需要再製素材，只要延長素材時長即可。

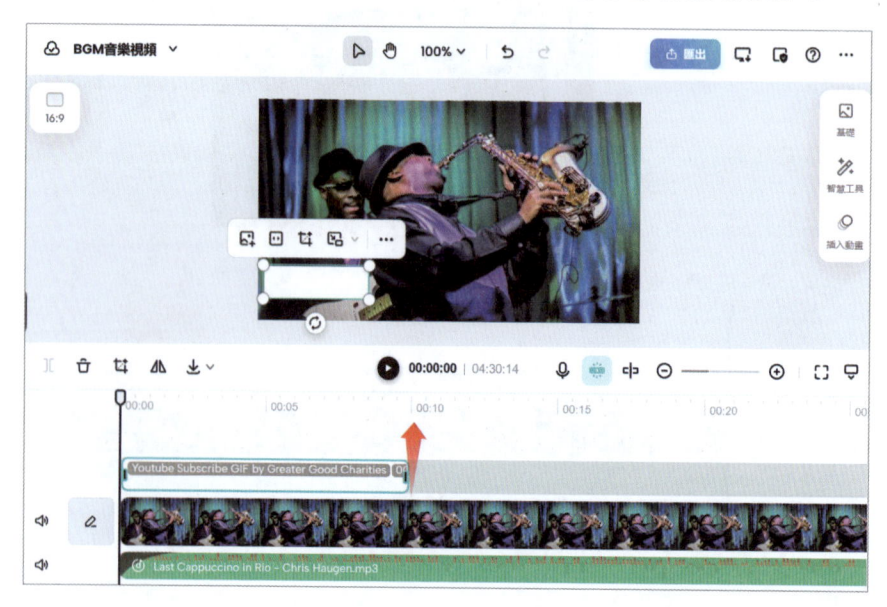

14-20

第 4 節　加入音效與視覺動畫

Step6. 片尾再次行動呼籲：點選片頭貼圖元素 (呈藍色外框)，移動時間線停駐欲插入時間點位置，按 Ctrl+D 再製物件，即再製一個相同大小位置的貼圖放置於片尾，簡化編修的次數。

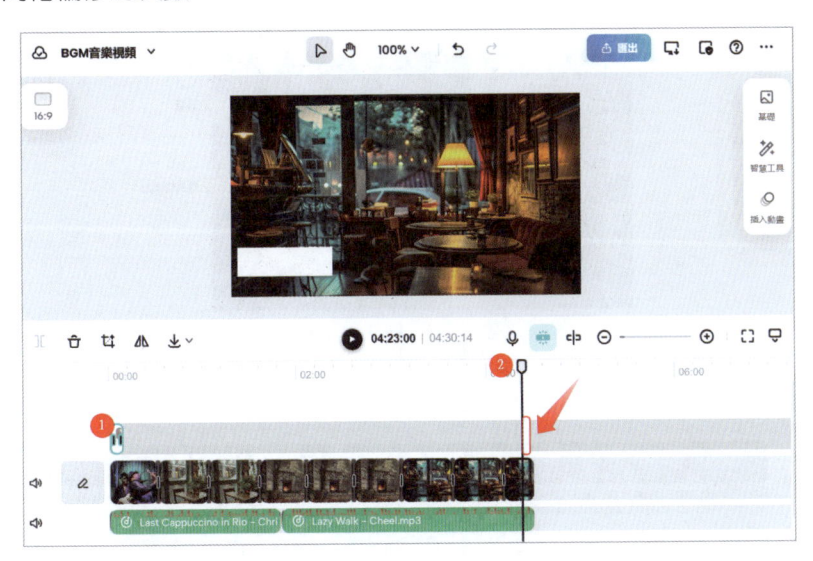

02. 加入環境音與氣氛音效

Step1. 搜尋氛圍音效：左側視窗中點選音訊選擇音效類型，由於影片素材中窗外有雨的氛圍，因此我們來尋找 Rain 雨聲音效，選擇喜愛的音效後拖拉至時間軸，於主軌道下方與背景音樂重疊形成多軌道排列。

說明：氛圍音效可視需求增加，並非必要的特效設計。

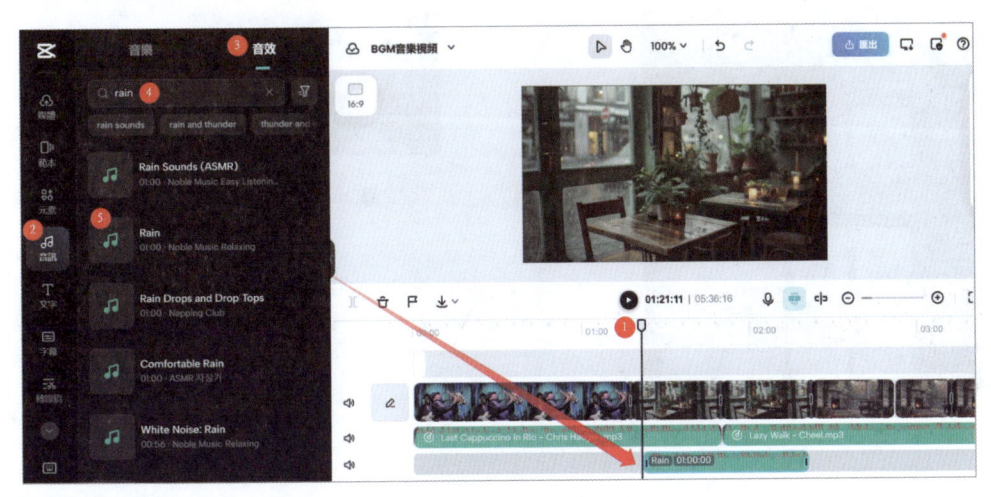

14-21

第 14 章　音樂決定氛圍！用聲音讓影片更有感覺

Step2. 音量與淡入淡出：點選音效素材 (呈藍色外框)，於右側點選基礎，調整音量、淡入、淡出等設定，以不干擾背景音樂為主。

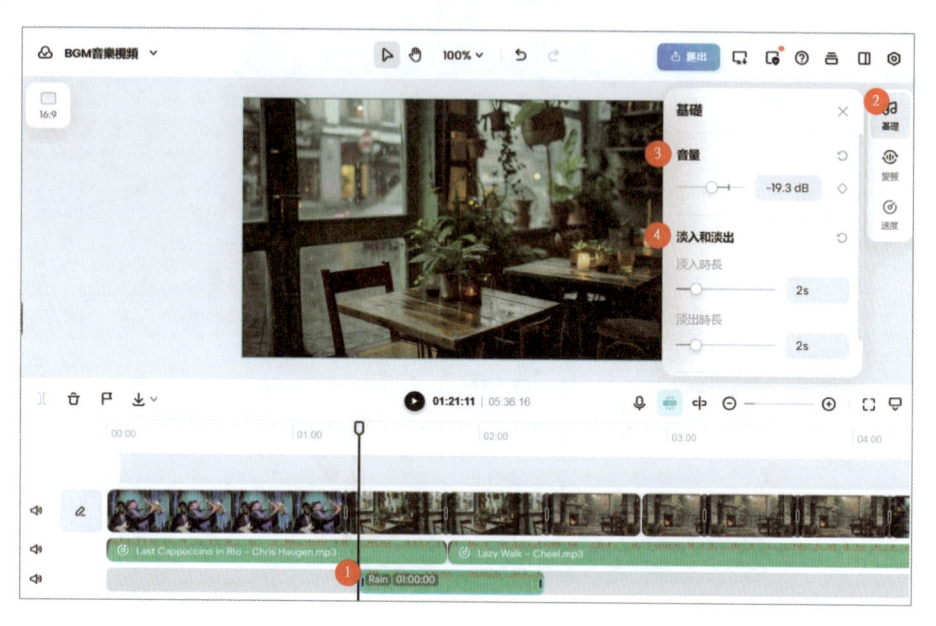

03. 特效與動態濾鏡

Step1. 搜尋特效素材：移動時間線停駐欲插入時間點，點選左側特效於熱門類型中，點選查看全部，瀏覽免費適用的特效素材。

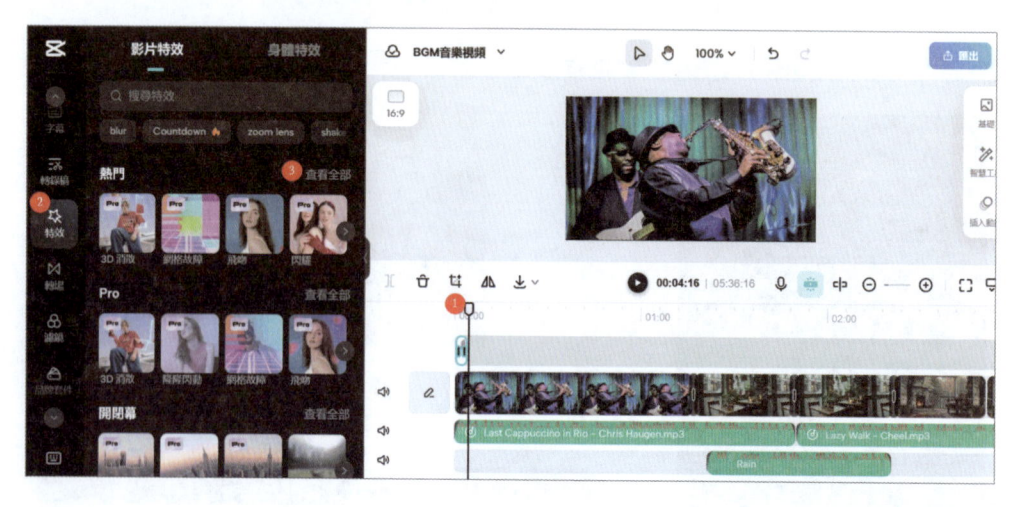

14-22

第 4 節　加入音效與視覺動畫

Step2.　插入螢火特效：於特效中選擇適用的類型（如：螢火），左拖拉至時間軸自動向上新增一軌排列。

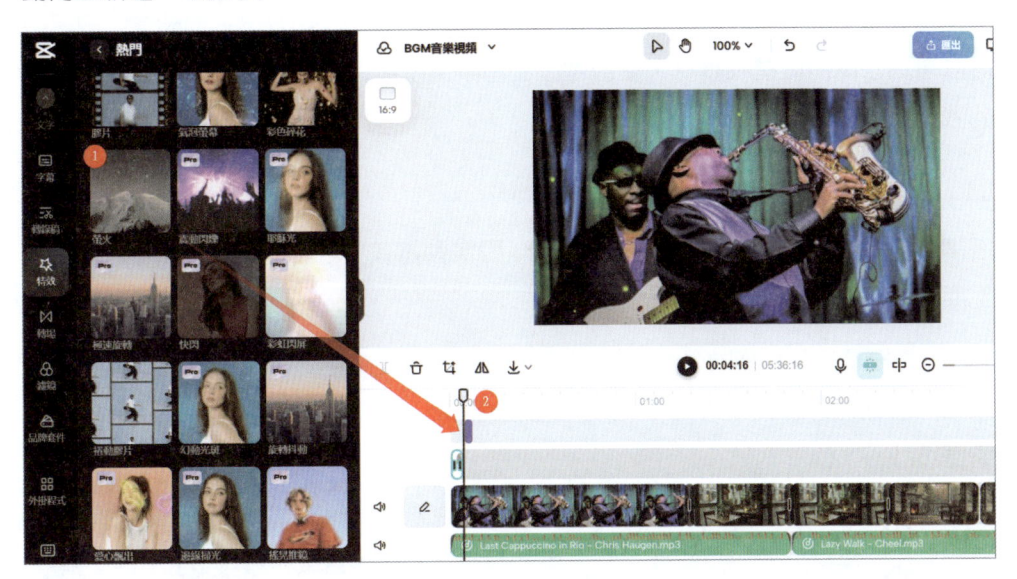

Step3.　特效時長改變：特效區域大小即等於時長，同理我們要將時長增加與圖片素材同步時，只要拖拉特效素材出點向後延伸即可。

說明：可依據不同圖片、影片素材加入不同特效氛圍。

14-23

第 14 章　音樂決定氛圍！用聲音讓影片更有感覺

第 5 節　音樂可視化與氛圍強化

上述幾類型設計，可利用貼圖、元素、特效等技巧增加視覺效果，另外還有一類型設計是為了增加節奏感設計，使觀眾感受音樂情境，我們稱為音樂可視化設計，在此我們分別介紹常用的兩類型設計。

01. 音頻可視化 - 非同步

所謂的非同步意指單純的加入貼圖元素（固定動畫效果），節奏並不會隨著音樂變化而改變。

Step1.　搜尋可視化素材：移動時間線停駐欲插入素材時間點，於左側視窗中點選元素，並輸入 Audio Wave，即可見如圖的可視化素材，拖拉至時間軌與素材重疊軌道設計。

說明：此類素材我們稱為綠幕素材，我們只要將綠色背景去背後，即可以透明方式重疊於任何素材上形成多軌道設計，專業應用多為影片合成特效設計技巧。

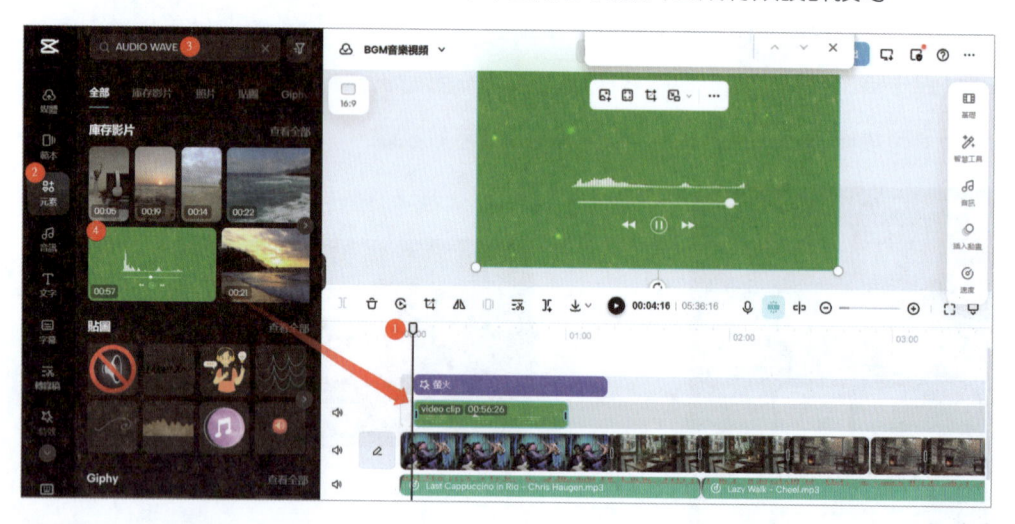

Step2.　移除綠幕背景設定：於時間軸中點選可視化素材（呈藍色外框），於右側點選智慧工具中移除背景。

說明：除了使用 Capcut 系統素材外，也可於其它素材網搜尋 Audio Waves 免費素材，再次提醒 Pro 為付費會員功能，但我們仍可先練習瞭解如何處理色度去背技巧，最

第 5 節　音樂可視化與氛圍強化

後再移除即可。

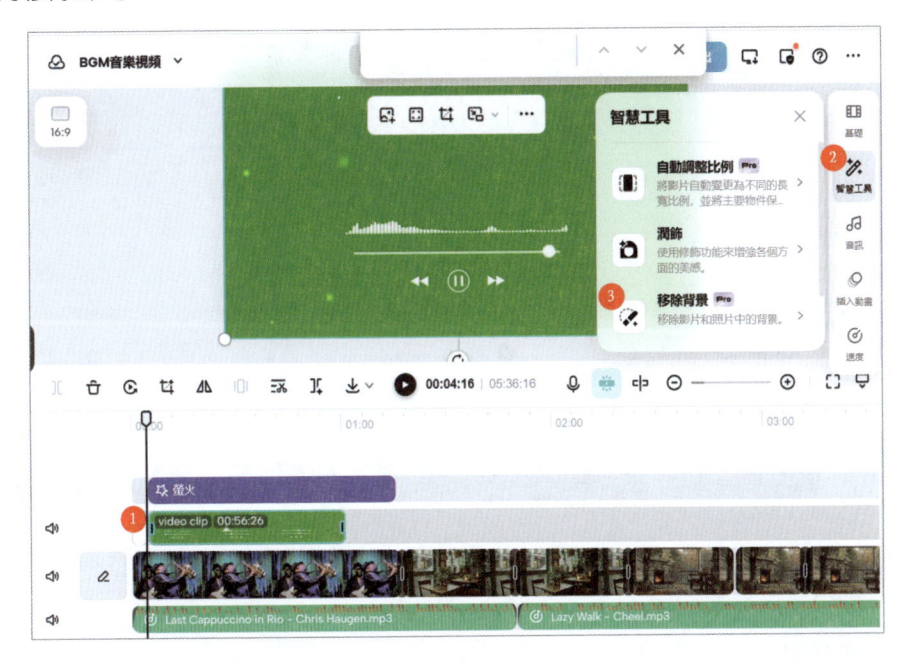

Step3.　色度去背技巧：開啟色度鍵 On(呈藍色)，點選 🖋 圖示，於畫面中綠色位置點選一下，背景色彩即自動形成透明背景。

說明：🖋 點選位置為希望去除的背景顏色。

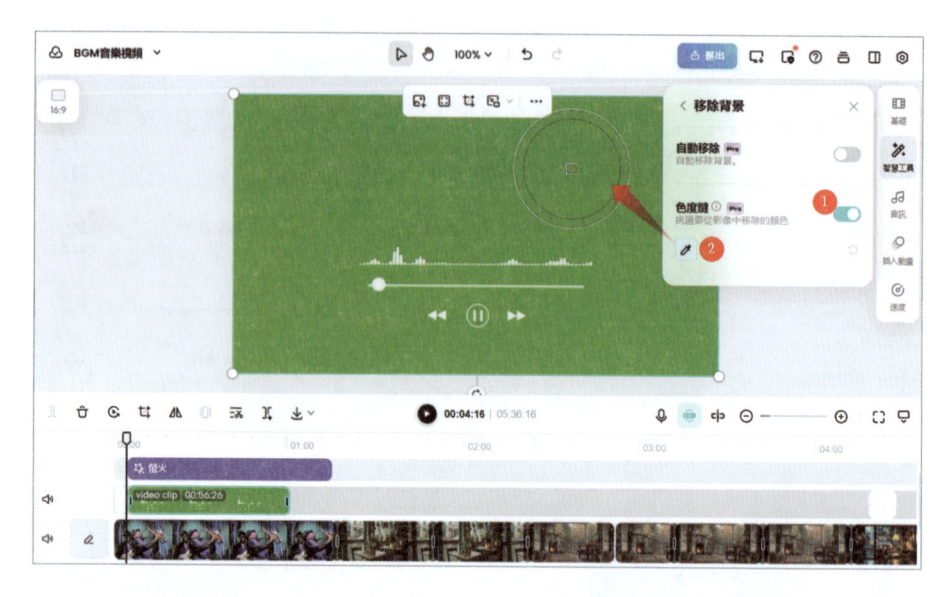

第 14 章　音樂決定氛圍！用聲音讓影片更有感覺

Step4. 綠幕強度調整：畫面中仍隱約可見有綠色邊緣色彩，此時我們只要將強度增加，即可修飾綠邊問題。

說明：強度調整不宜過大以免影片畫質失真。

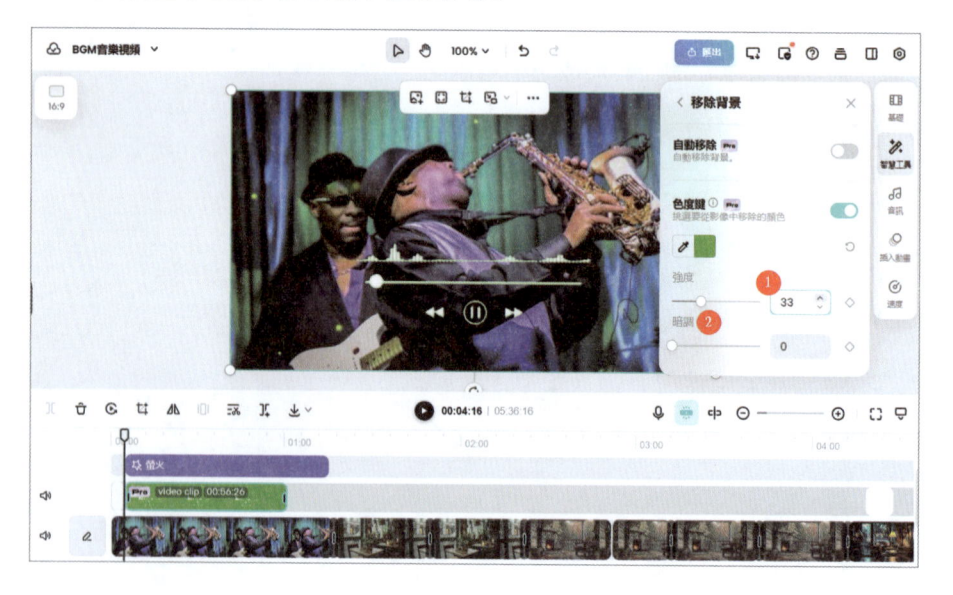

14-26

第 5 節　音樂可視化與氛圍強化

Step5.　調整大小與位置：於外側<u>四個端點處拖拉縮放</u>改變大小，並於中央位置拖拉素材移動至適當位置即可。

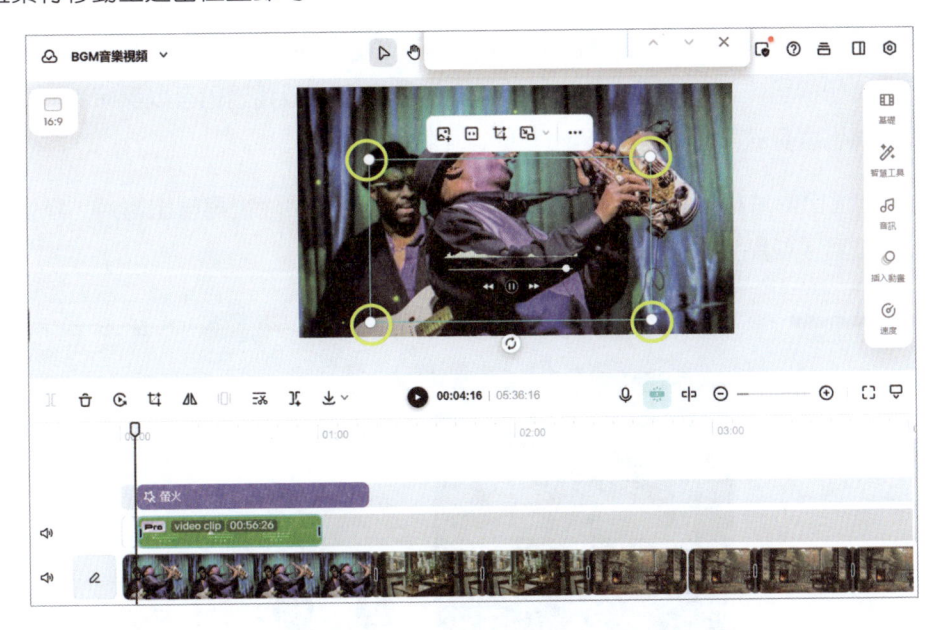

Step6.　增加素材時長：<u>點選原始可視化素材</u>，移動時間線停駐欲再製時間點，按 Ctrl+D 再製即可。

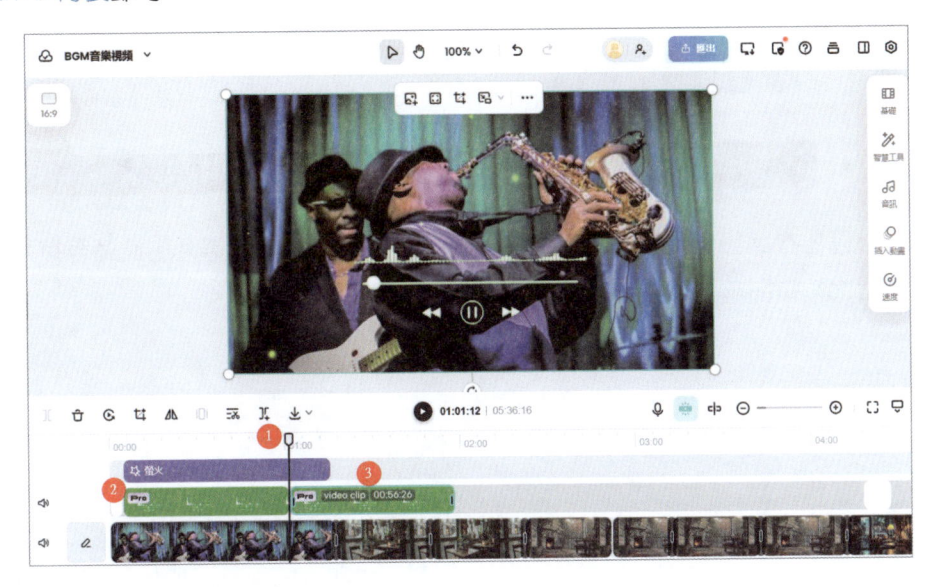

14-27

02. 音頻可視化 - 同步

網路上有許多工具支援音頻可視化，相對部份工具仍為付費服務才可使用；在此我們介紹 Echowave.Io 網站為付費會員服務；若以免費版服務使用，則匯出影片時會帶有浮水印標記，並且限個人使用，不具有商業授權；但我們仍可以瞭解音樂節奏同步可視化視覺效果體驗。

Step1. 匯出影片檔案：我們可以先將 Pro 可視化素材移除後再匯出影片，點選上方匯出工具，並點選下載來進行影片匯出。

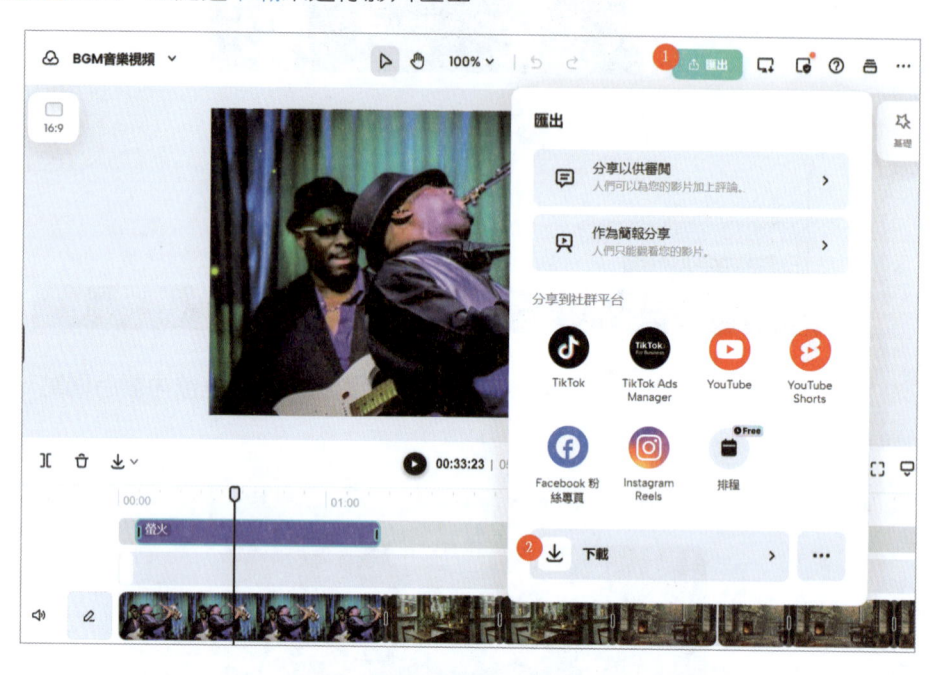

Step2. 匯出檔案設定：在此我們將以預設值參數為主，並點選匯出此時等待系統執行至 100% 後即自動下載至本機電腦中。

第 5 節　音樂可視化與氛圍強化

Step3. 查看下載檔案位置：開啟檔案總管，並切換至下載路徑中，即可見剛才匯出的影片檔 Mp4。

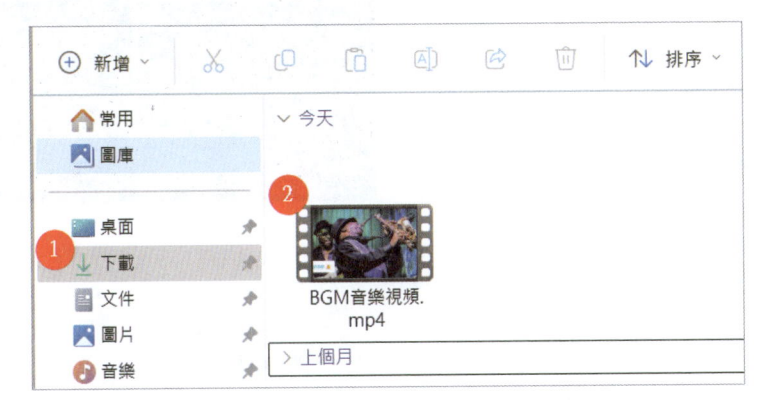

Step4. 音頻可視化網站：連結至官網 Https://Echowave.Io/，並且點選右上角新影片功能。

說明：在此可以 Google 帳號來進行註冊會員綁定。

14-29

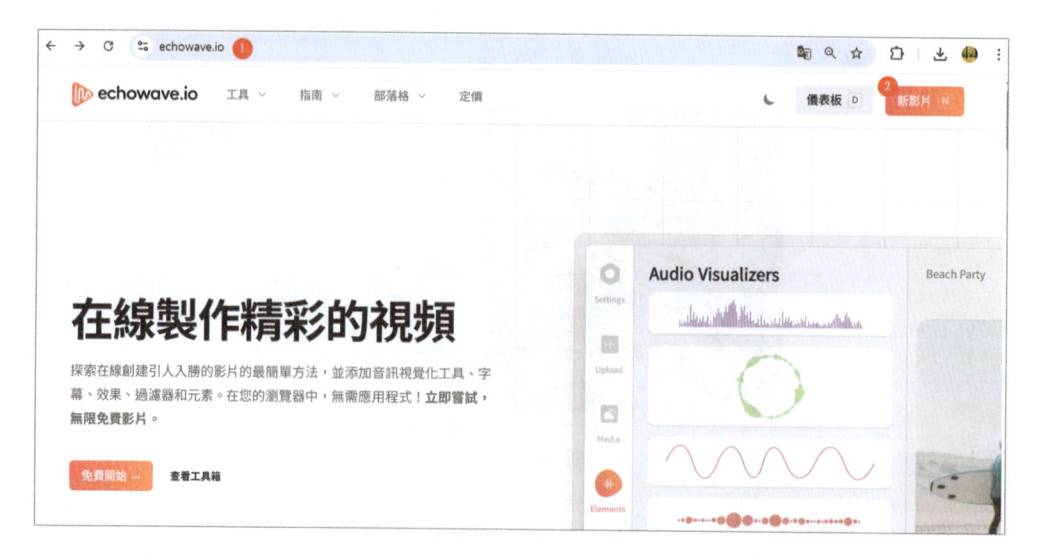

第 14 章　音樂決定氛圍！用聲音讓影片更有感覺

Step5. 上傳影片檔案：點選**上傳照片、影片或音訊**，將視頻上傳進行可視化設定。

Step6. 指定上傳設備：點選**我的設備**，進行本機檔案讀取。

Step7. 指定檔案路徑上傳：點選**下載**路徑，由右側視窗中尋找所需**檔案名稱**，點選**開啟**。

14-30

第 5 節 音樂可視化與氛圍強化

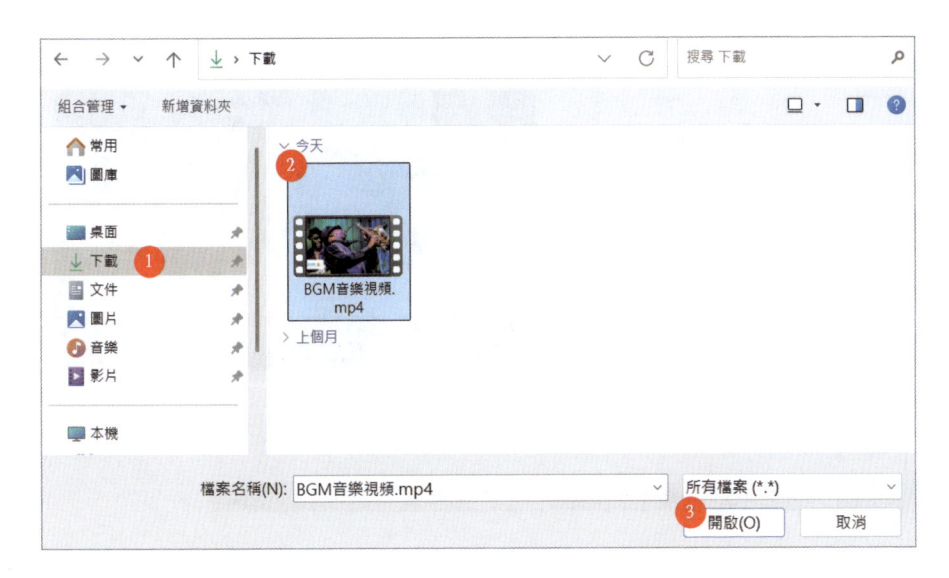

Step8. 選擇可視化元素：移動時間線停駐在欲顯示時間點，點選左側元素，於喜歡的可視化樣式點選即套用，此時自動於時間軸上方自動新增視覺化工具軌道，與原影片素材重疊並列。

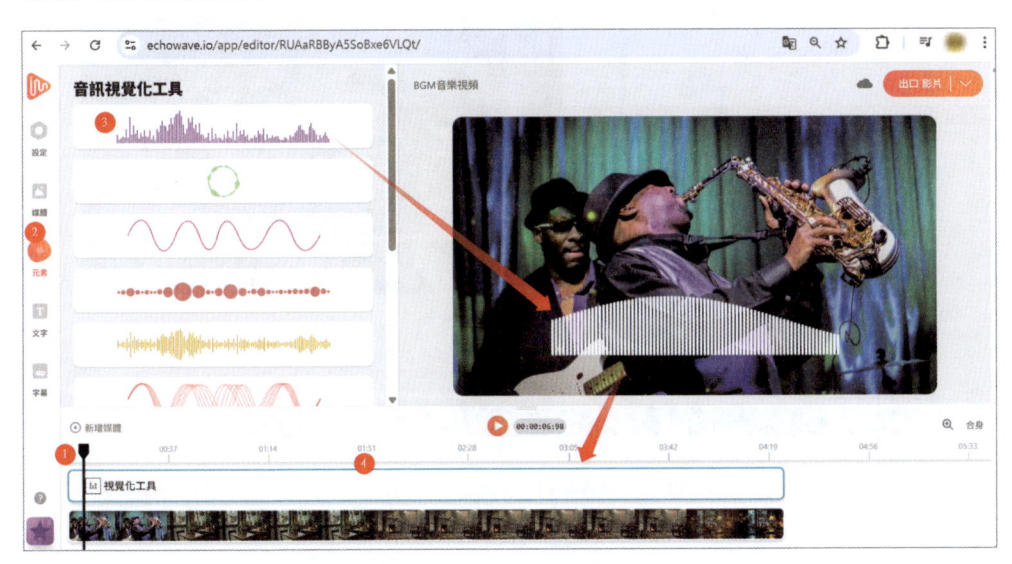

Step9. 調整大小與位置：點選可視化素材(呈藍色外框)，並於四個端點縮放大小，內側拖拉移動重新調整位置，或於左側面版中直接進行大小、位置數值設定即可。

14-31

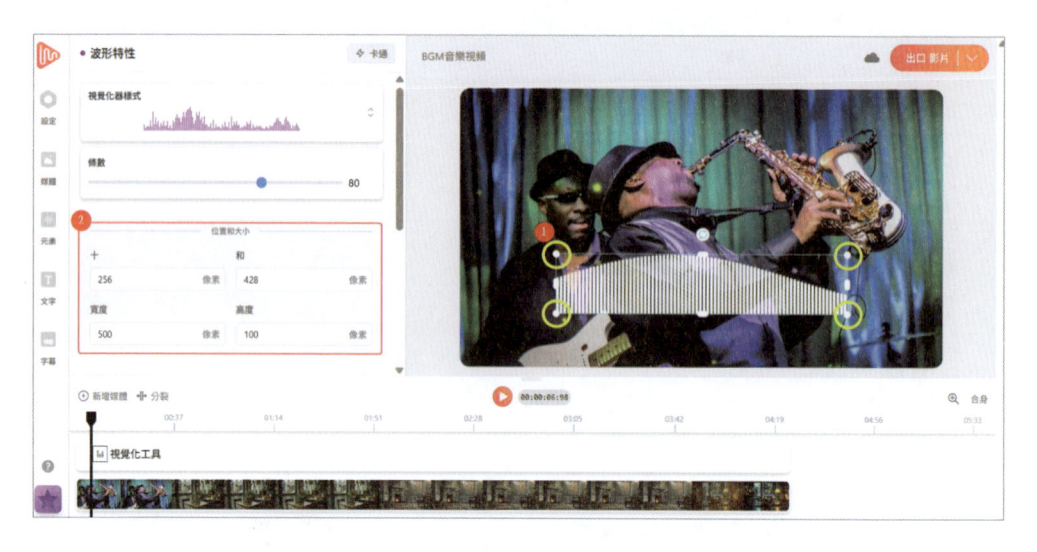

第 14 章　音樂決定氛圍！用聲音讓影片更有感覺

Step10. 可視化參數調整：於左側視窗中，視覺化器樣式、條數等都可重新自訂，完成後即可播放觀看視覺效果。

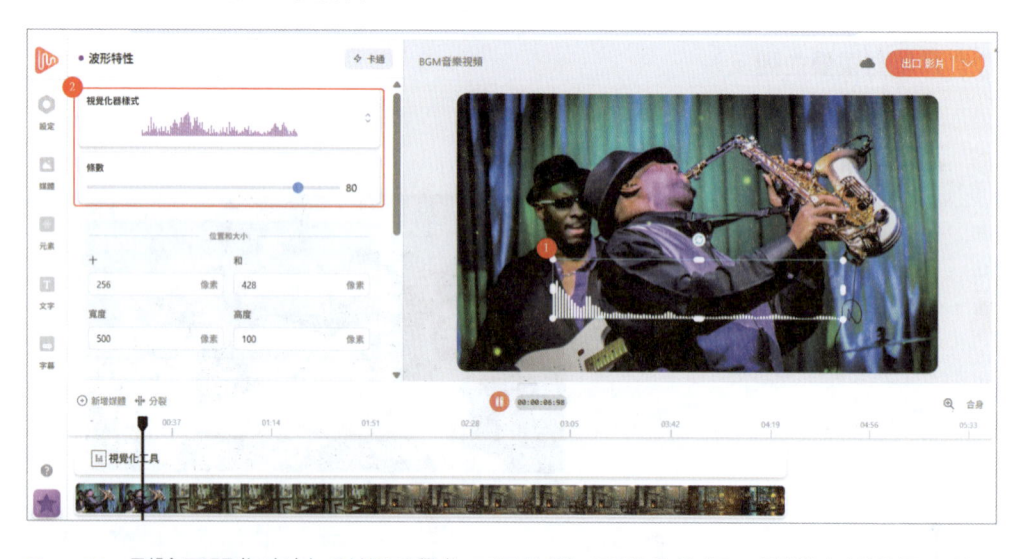

Step11. 刪除可視化素材：點選視覺化工具軌道 (呈藍色外框)，點選右鍵選擇刪除，或於上方面版中移動至最下方仍有刪除與重置功能可設定。

說明：特別注意的是在套用新的可視化素材前，必需先刪除原來素材後再套用，否則動畫特效是重疊累加設定。

14-32

第 5 節　音樂可視化與氛圍強化

Step12. 匯出影片：完成可視化設計後，點選出口影片影片即開始進行匯出。

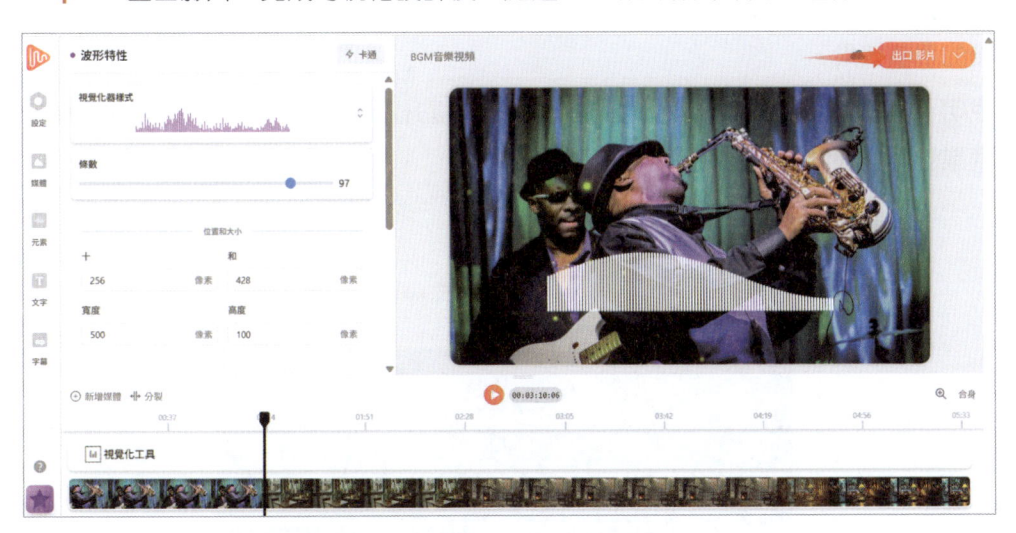

Step13. 下載影片：完成匯出後即可進行下載影片檔案。

14-33

第 14 章　音樂決定氛圍！用聲音讓影片更有感覺

Step14. 關於商業授權限定：在下載影片時，無浮水印並可商用則必需升級付費會員，若是以免費下載除了有浮水印標記外，也僅供個人使用，在此可依需求決定即可；我們將以免費版 (具浮水印) 功能來瞭解設計效果，下載後即可播放觀看設計後的視頻效果。

說明：對於自媒體創作者來說付費功能不僅能提升設定功能完整性，更能確保允許商業使用，對於創作來說將更具完整授權。

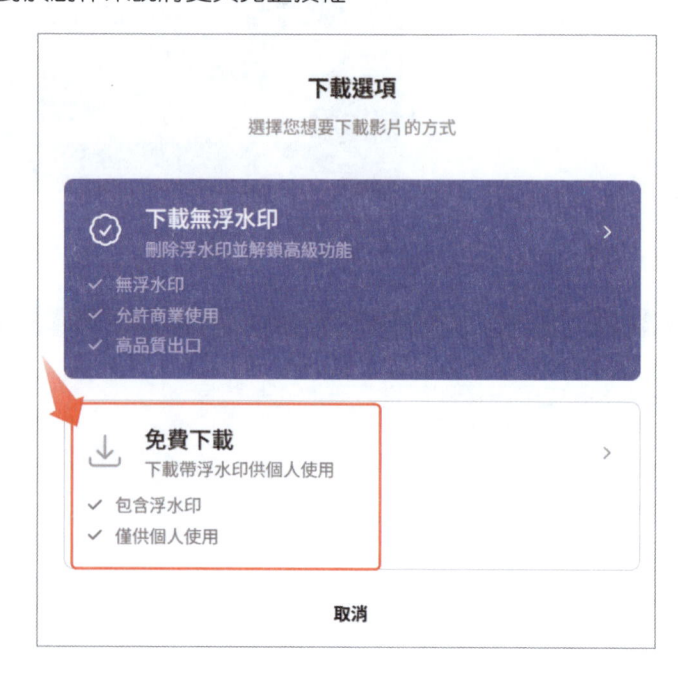

14-34

第 15 章

Capcut 圖片技巧

第 15 章　Capcut 圖片技巧

朋友們對於 Capcut 的認識多數是以影音剪輯應用，然而在網頁版中更提供了靜態圖文編輯設計，這類設計許多朋友們多數會藉由第三方軟體來完成如：Canva、Adobe Express、Photopea 等，在此我們可以直接由 Capcut 圖片功能完成所有社群圖文、電商圖文等各類圖文海報編排與發布應用。

第 1 節　視窗快速導覽

Capcut 圖片專案視窗編輯與快速導覽。

Step1. 啟動圖片編輯：於 Capcut 首頁，並於中央導覽視窗位置處，點選圖片功能。

Step2. 常見編輯應用：我們可以直接上傳影像檔案，來進行舊檔案編修，或是依推薦類別中以社群或行業類別範本，來進行快速編修設計，當然也可直接以新影像創作屬於自己的新圖文內容。

15-2

第 2 節　社群圖文設計

在此我們將以目前最熱門的 IG 社群貼文為例，來說明如何應用版型＋熱門風格設計快速完成貼文內容創作。

01. IG 貼文設計

Step1. 　Instagram 發佈內容：點選社群媒體類別，選擇 Instagram 發佈內容進行貼文設計。

Step2. 　視窗導覽：①主功能導覽列 ②檔案名稱 ③預覽窗格、目前頁數 ④頁面管理 ⑤屬性工具 ⑥圖層管理。

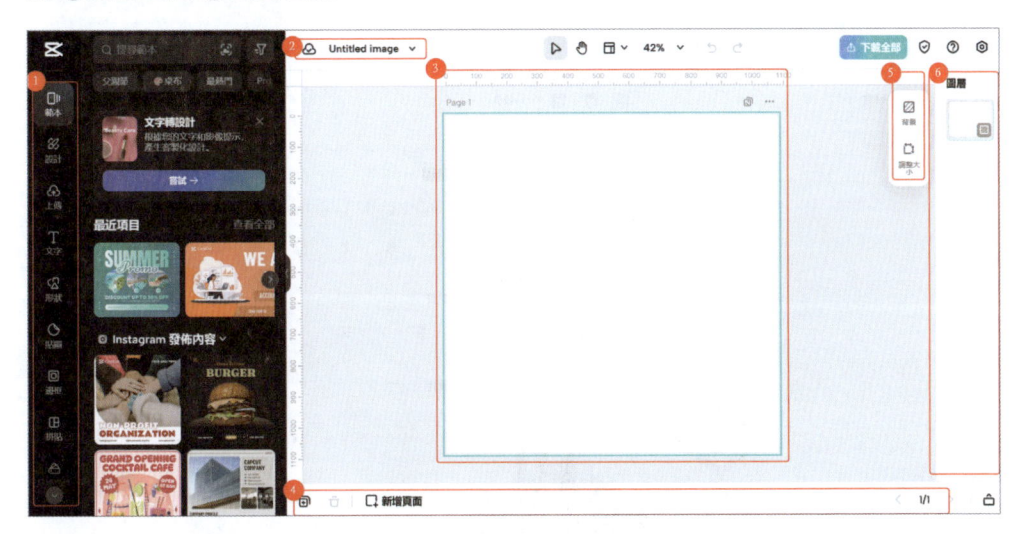

15-3

第 15 章　Capcut 圖片技巧

Step3. 套用範本：目前停駐頁為 Page1，首先更改檔名方便未來管理，於範本主題中搜尋類別 (如 :Makeup)，選擇喜歡的風格版型，點選即套用。

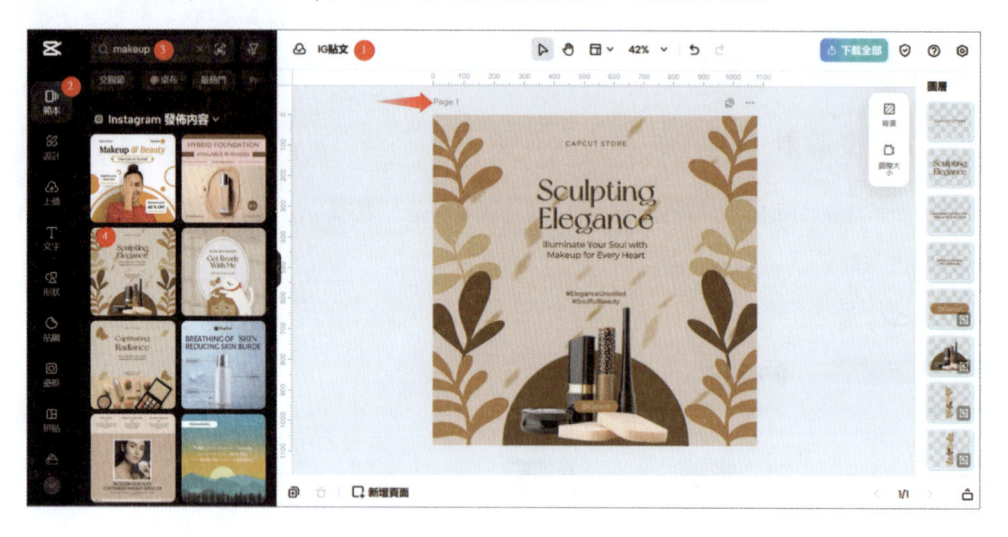

02. 文字編修

Step1. 選取文字物件：點選欲修改的文字物件，於文字框框內側點選左鍵 3 下即全選，即可輸入文字內容；若是文字物件數量較多時，可以利用右側圖層管理區來尋找文字物件位置。

15-4

第 2 節　社群圖文設計

Step2. 美化文字編排：點選文字物件框，於右側點選基礎功能，可重新定義格式 (字型、大小、樣式)、間距 (行距、字距) 等設定。

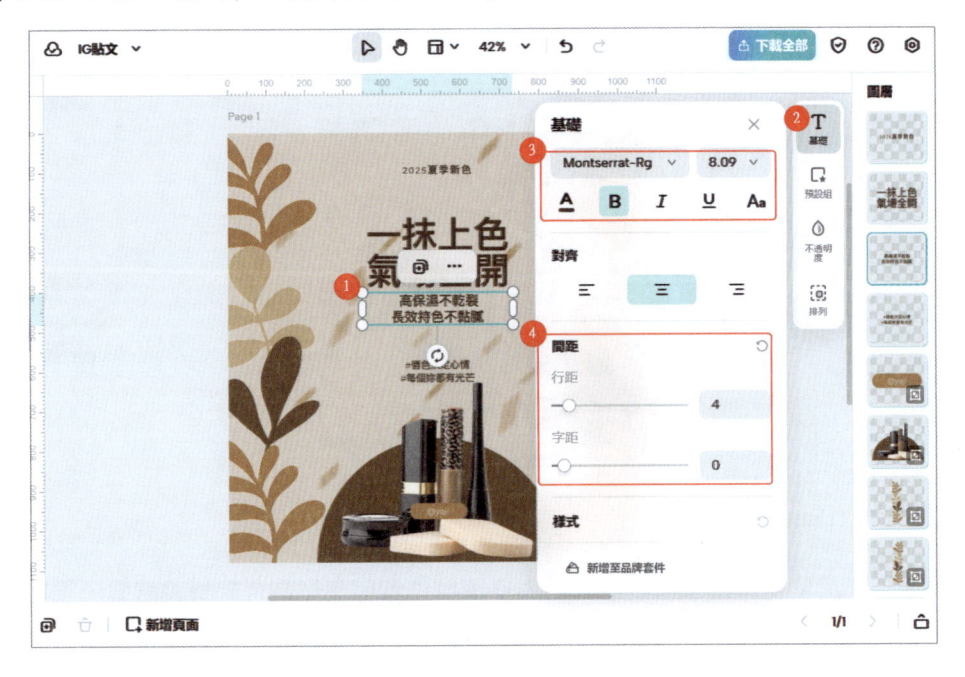

03. 更換素材

Step1. 取消群組：點選下方素材區，先進行取消群組後 (拆解成獨立物件後)，再逐項替換所需素材圖片。

說明：可查看圖層狀態，該區所有素材為一個物件 (單一圖層)。

15-5

第 15 章　Capcut 圖片技巧

Step2. 更換素材：取消群組後，於右側圖層位置即可見圖片素材與背景已獨立圖層，點選圖片素材 (呈藍色外框)，點選替換，來進行所需素材圖片替換。

15-6

第 2 節　社群圖文設計

Step3. 上傳本機素材：點選從電腦選取，於本機電腦中選取檔案後，點選開啟。

說明：於右側點選上傳功能，也可讀取本機或雲端素材庫的資源。

Step4. 素材縮放裁剪：完成素材更換後，可以利用 8 個編輯控點完成縮放與裁剪控制。

說明：4 個端點處為縮放點，4 邊 1/2 處為裁剪控點。

15-7

04. 更換色彩

Step1. 文字色彩：點選文字物件框 (呈藍色外框)，於右側基礎面版中選擇文字色彩，自訂所需色彩。

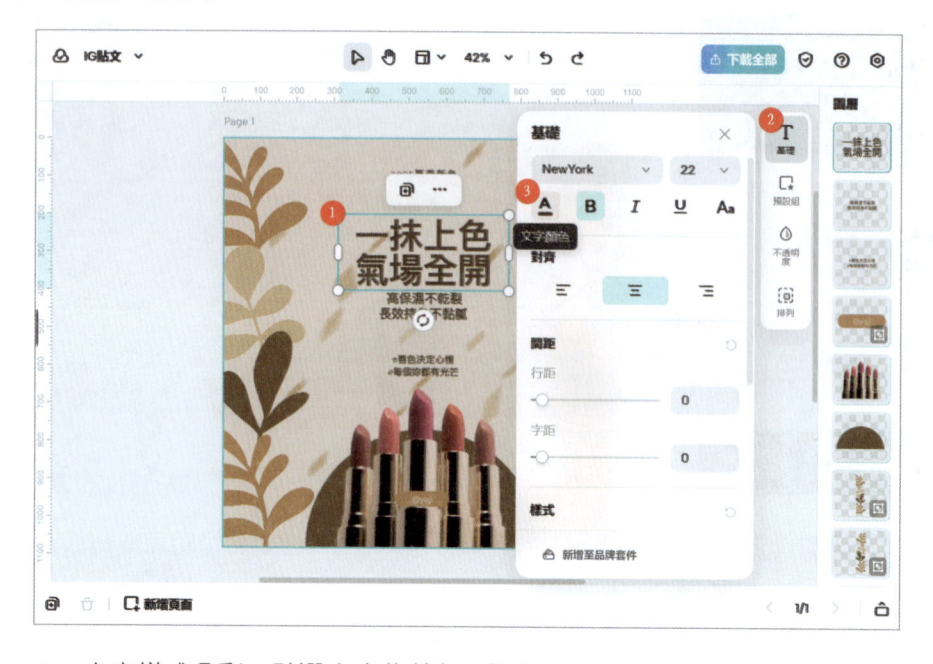

Step2. 文字樣式色彩：點選文字物件框，於右側基礎進行樣式設定 (如：陰影)，➕ 加入樣式設定、➖ 刪除樣式設定。

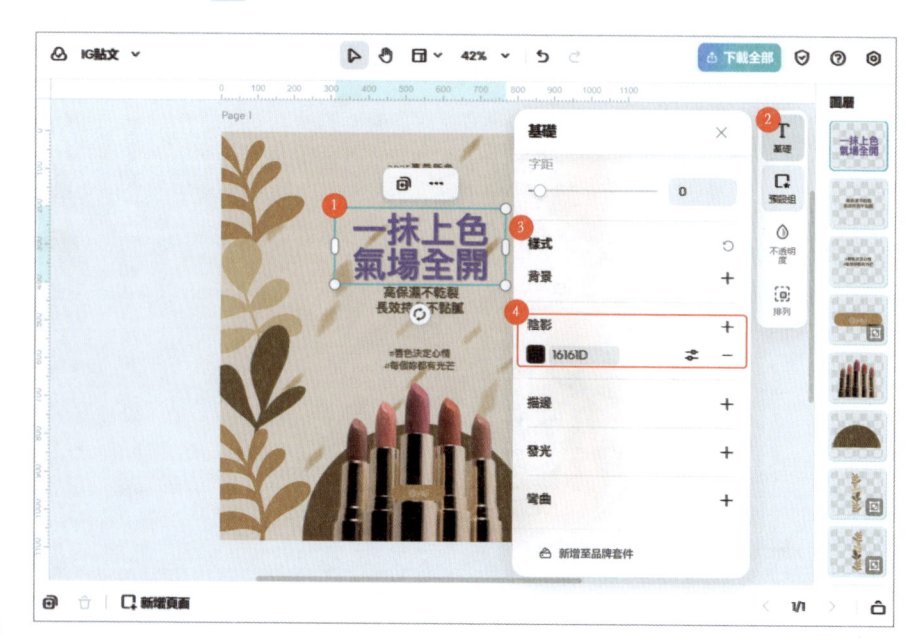

第 2 節　社群圖文設計

Step3. 物件色彩：於圖層區點選欲修改物件(呈藍色外框)，右側填充顏色工具中，下方自選色彩配色。

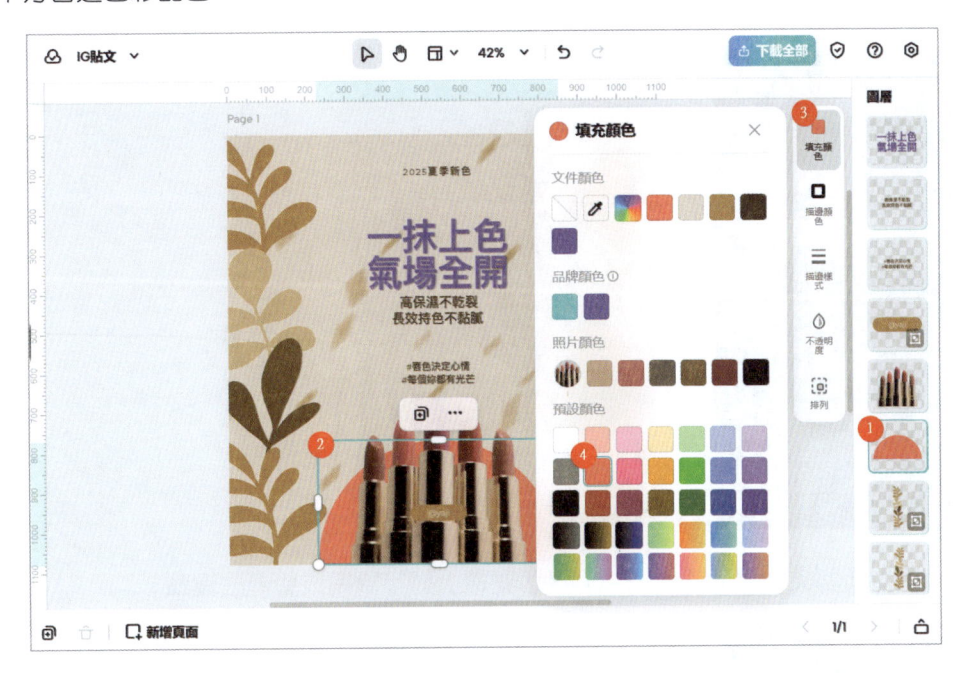

Step4. 群組物件修改：對於群組物件內容(可不需取消群組)，必需點選到獨立物件框後，再於右側顏色方案中點選所需自訂色彩後，套用即可。

15-9

05. 新增頁面

Step1. 新增頁面：點選下方新增頁面，可新增相同大小或自訂大小頁面。

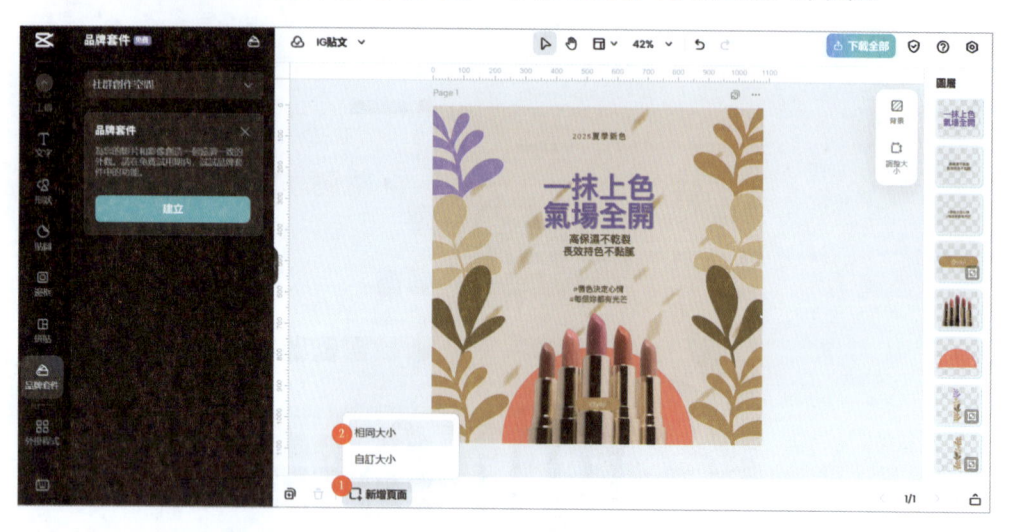

Step2. 新貼文編輯：於新增頁面後，重覆上述步驟完成新頁面編輯。

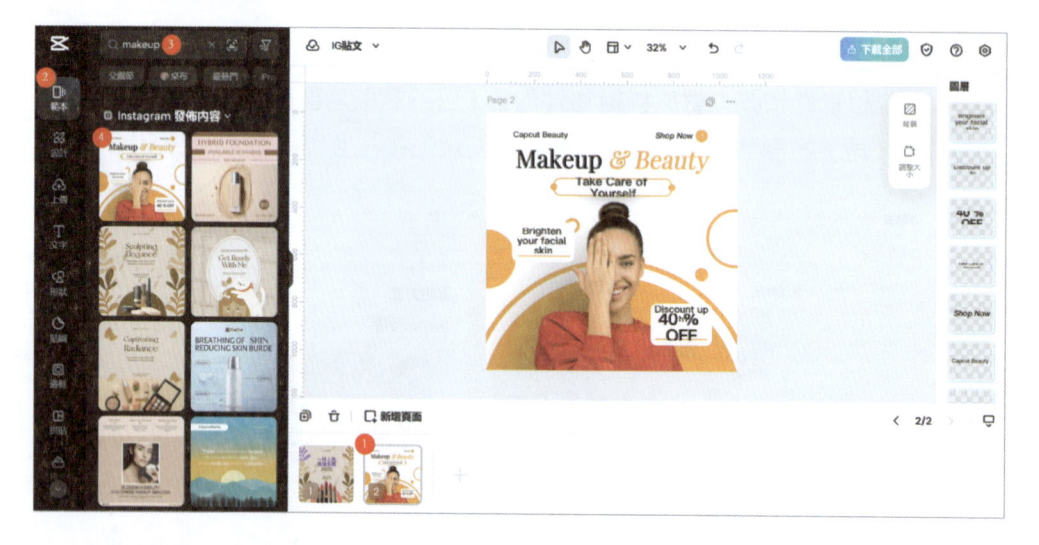

06. 下載匯出

Step1. 下載檔案：點選右上角下載全部，再次點選下載。

第 2 節　社群圖文設計

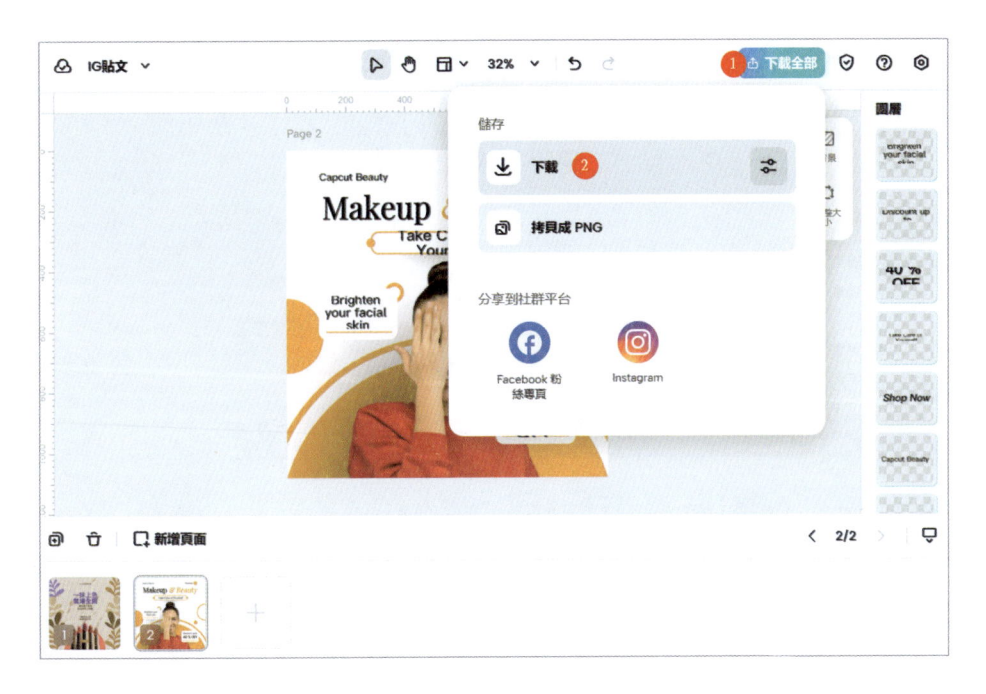

Step2. 查看下載檔案：於 Chrome 右上角 ⬇ 下載圖示中，即可查看下載狀態。

Step3. 解壓縮檔案：開啟檔案管理，切換至下載路徑中即可見下載檔案，於該檔案位置點選右鍵，進行解壓縮全部。

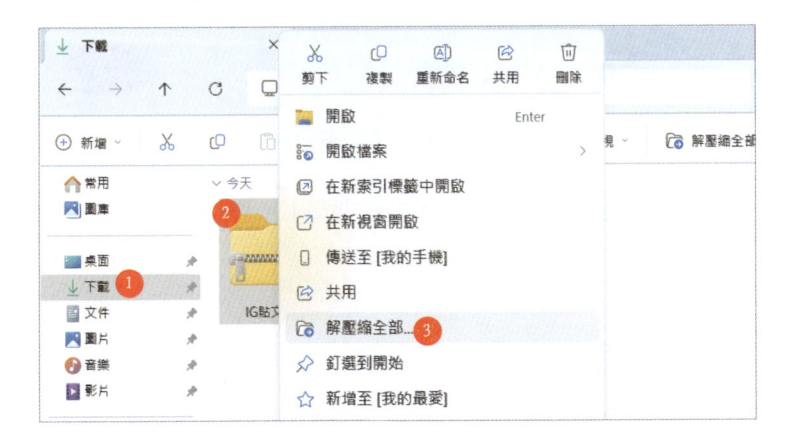

15-11

第 15 章　Capcut 圖片技巧

Step4. 預覽圖文：完成解壓縮後，即可見 2 頁的圖文內容為獨立檔案。

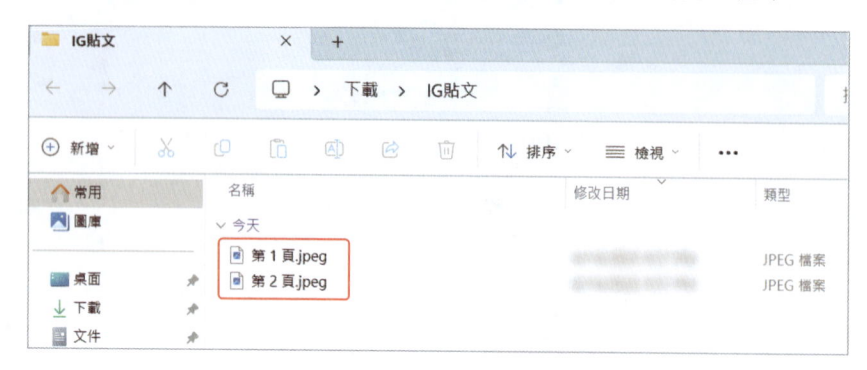

第 3 節　新影像自由創作

建立專案 (即新影像設計)，決定設計類型、尺寸、風格版型等編輯技巧。

01. 新影像創作

Step1. 新影像創作：於 Capcut 首頁中，點選圖片，選擇新影像進入編輯視窗。

Step2. 自訂大小：可自定義寬度、高度尺寸大小，單位為 Px 像素，確認後點選創作。

第 3 節　新影像自由創作

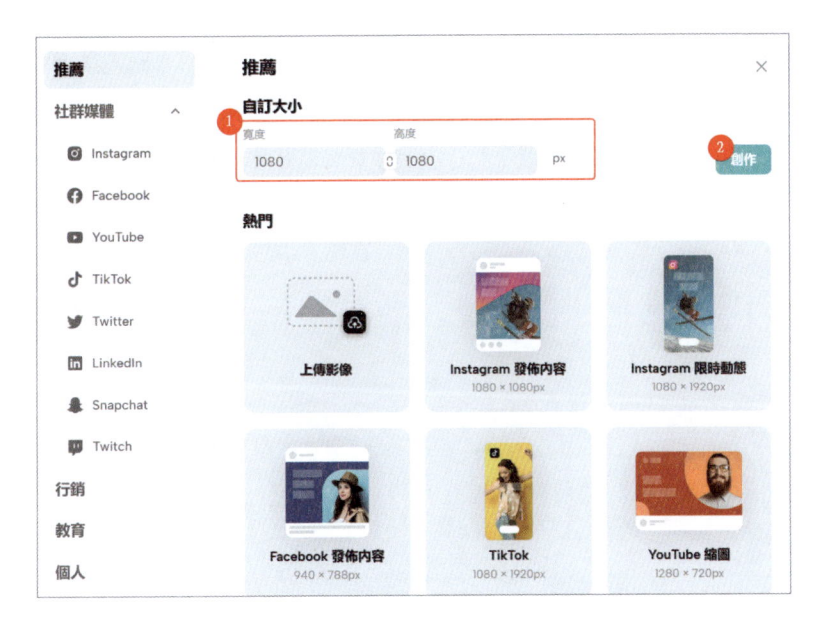

Step3. 選擇 Youtube 縮圖：於左側選擇社群媒體類型 (Youtube)，並選擇 Youtube 縮圖 1280*720 Px。

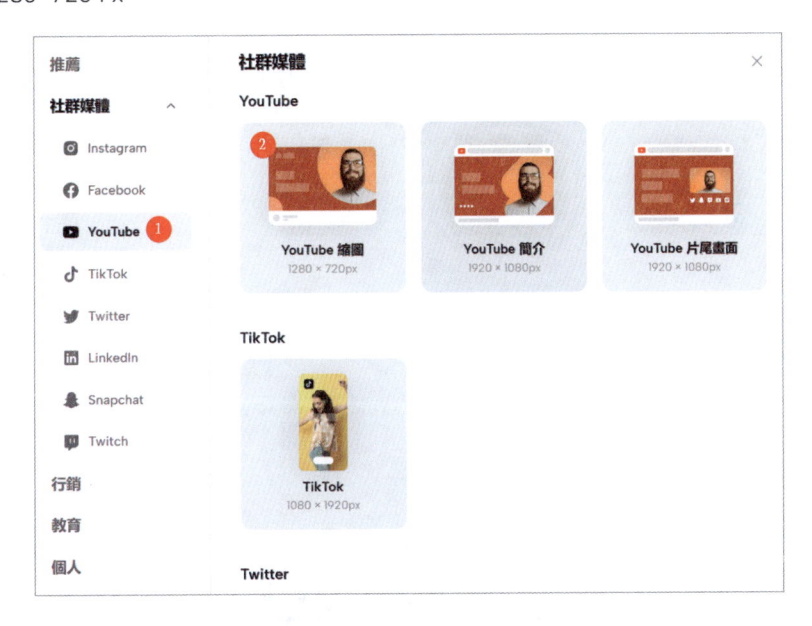

Step4. 更名與調整大小：於左上角重新定義檔案名稱，右側調整大小可重新定義頁面尺寸。

15-13

第 15 章　Capcut 圖片技巧

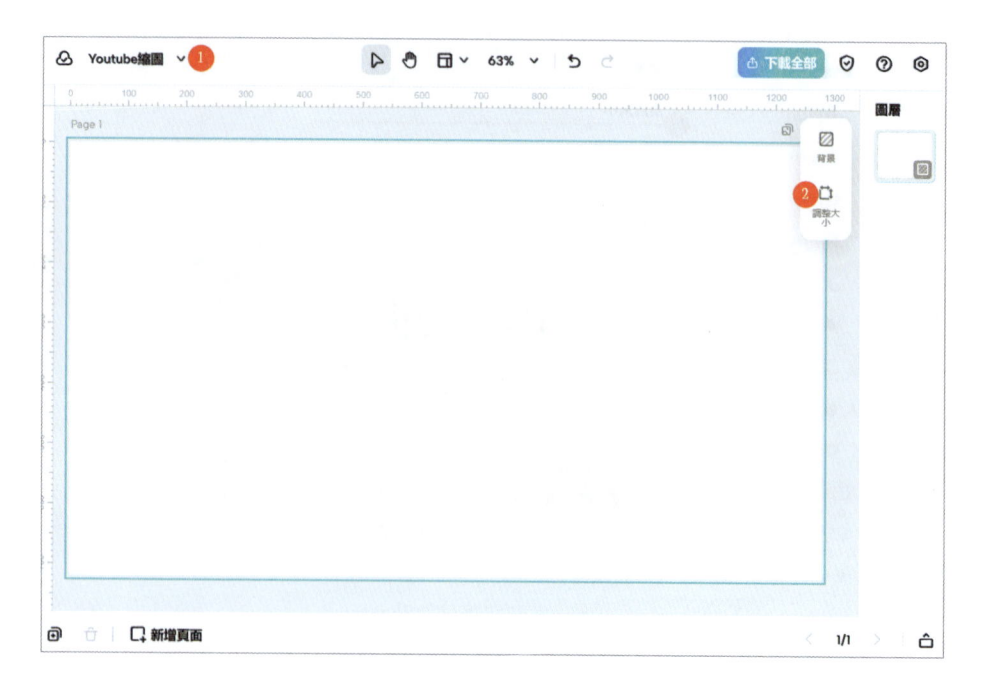

02. 設計範本應用

Step1.　自訂背景色彩：於新頁面中，右側點選背景工具，於色彩中自選背景色。

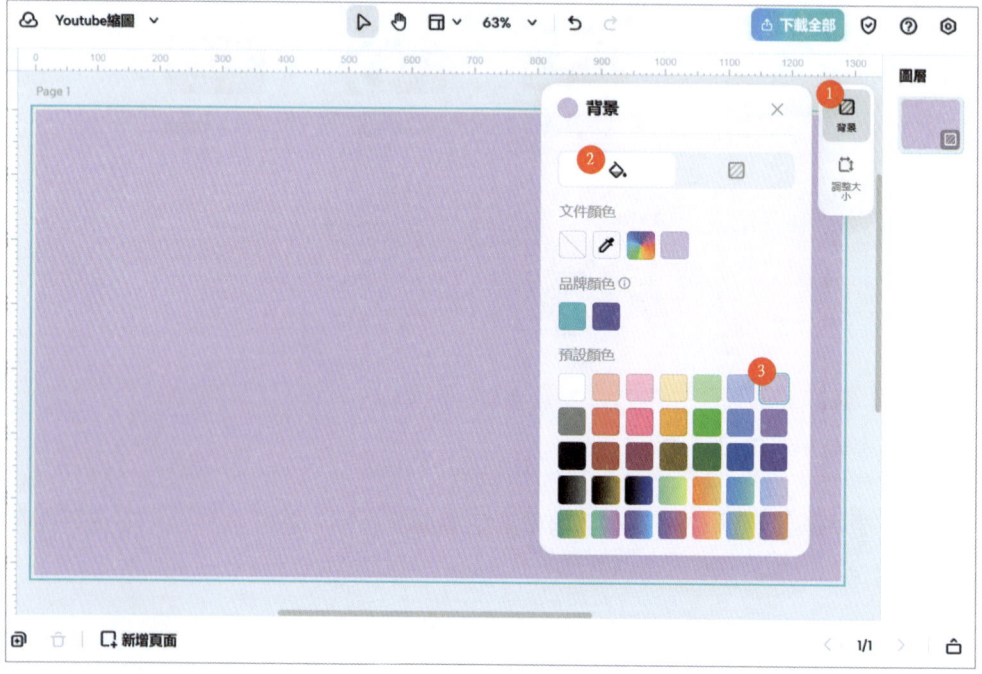

15-14

第 3 節　新影像自由創作

Step2. 設計品牌配色：左側點選設計功能，並於主題區點選查看全部，選擇品牌配色。

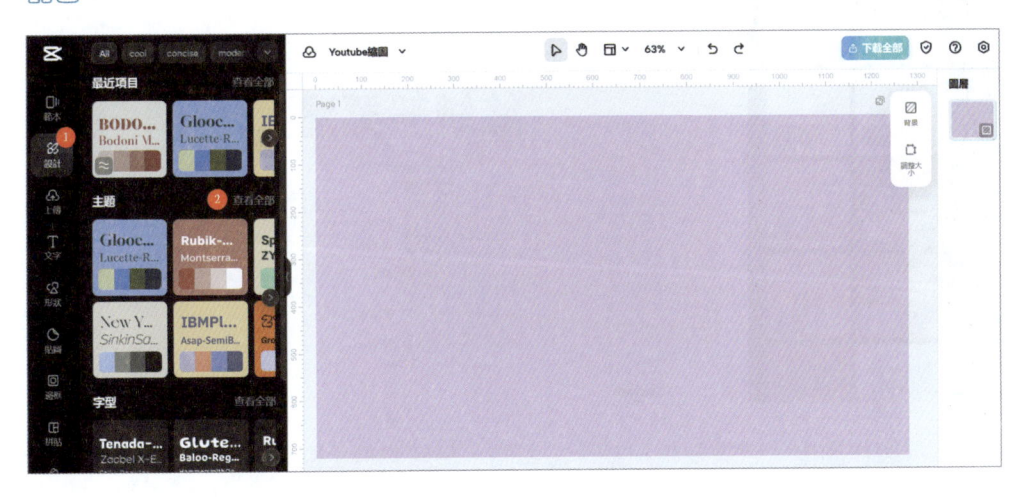

Step3. 色彩套用：點選喜愛配色後即完成整體色彩配置，右側圖層管理同時顯示標題、字幕、內文文字物件編輯。

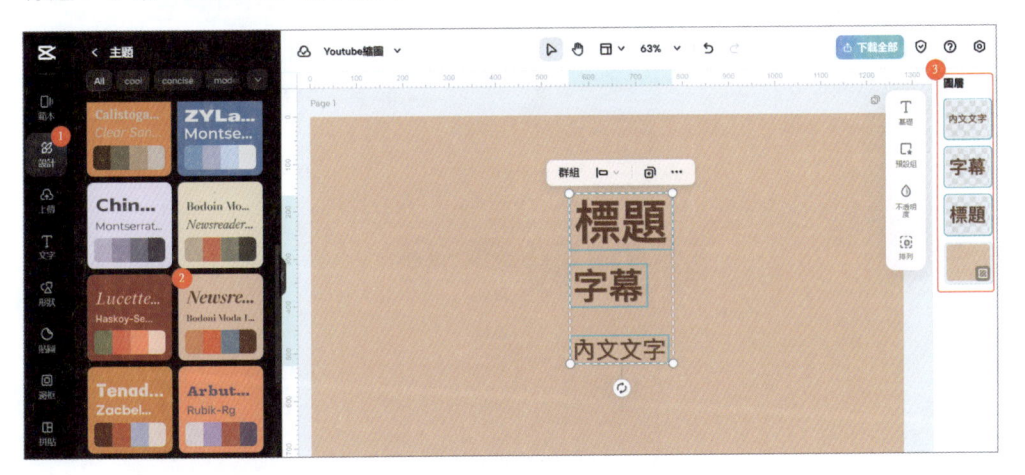

03. 文字編輯與刪除

Step1. 編輯與刪除：點選文字物件內側左 2 下，即可進行文字內容編輯，欲刪除的文字物件，只要點選右鍵 / 刪除即可。

說明：物件編輯時除了於預覽視窗中操作外，也可由圖層點選物件後再編輯。

15-15

第 15 章　Capcut 圖片技巧

Step2. 製作副本：若需要相同物件編輯時，於該物件上點選右鍵 / 製作副本（同 ⧉ ），即可以相同屬性大小物件，快速製作相同內容。

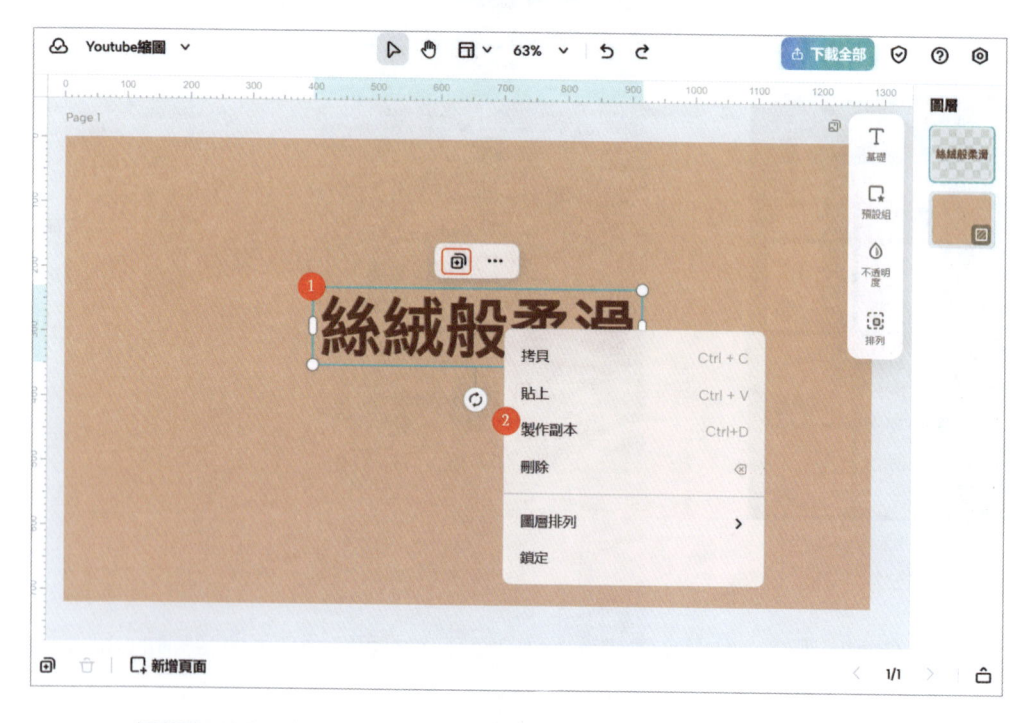

Step3. 編輯與移動：製作副本後，重新修改文字內容，左拖拉移動至新位置即可；於圖層結構上來說，新物件將置於上層，舊物件則向下堆疊。

15-16

第 3 節　新影像自由創作

說明：圖層原理置於上層物件會遮蓋住下層物件，形成置前、置後關係，所以若是有物件需調整順序，我們可以利用圖層管理層次問題，也可利用右鍵快顯功能表完成置前、置後設定。

04. 新增物件

Step1.　新增幾何物件：點選左側形狀工具，選擇適合形狀後於預覽視窗中進行物件編輯；於右側視窗中點選填充顏色，即可套用物件新色彩。

Step2.　縮放與旋轉：物件四個端點處，左拖拉縮放控制；1/2 處為裁剪控制，利用 旋轉控制鍵可自訂旋轉角度。

15-17

第 15 章　Capcut 圖片技巧

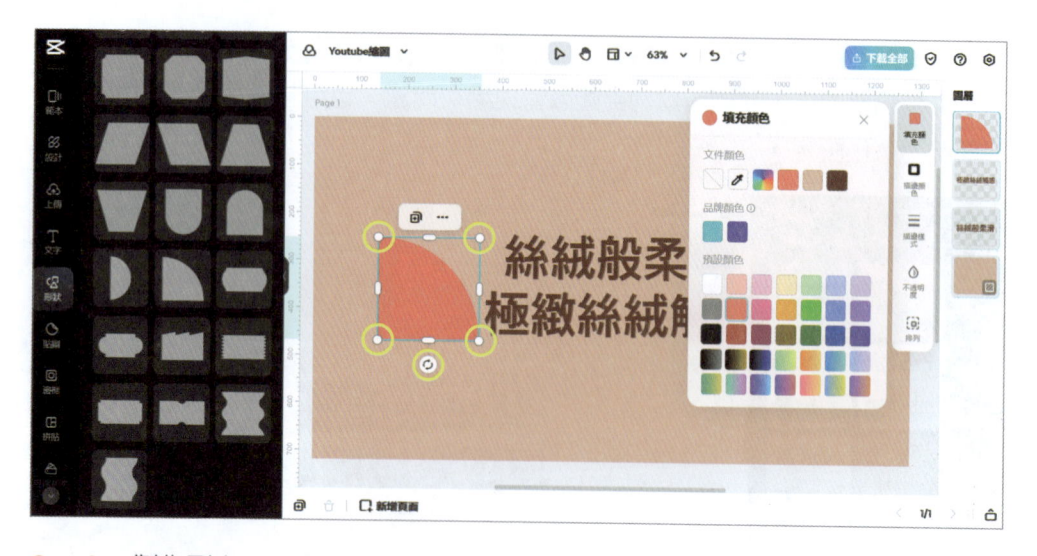

Step3. 製作副本：利用製作副本、縮放、旋轉完成如圖設計。

說明：此時圖層排列新增的物件將置於頂層，若與文字重疊時將會有遮蔽的問題。

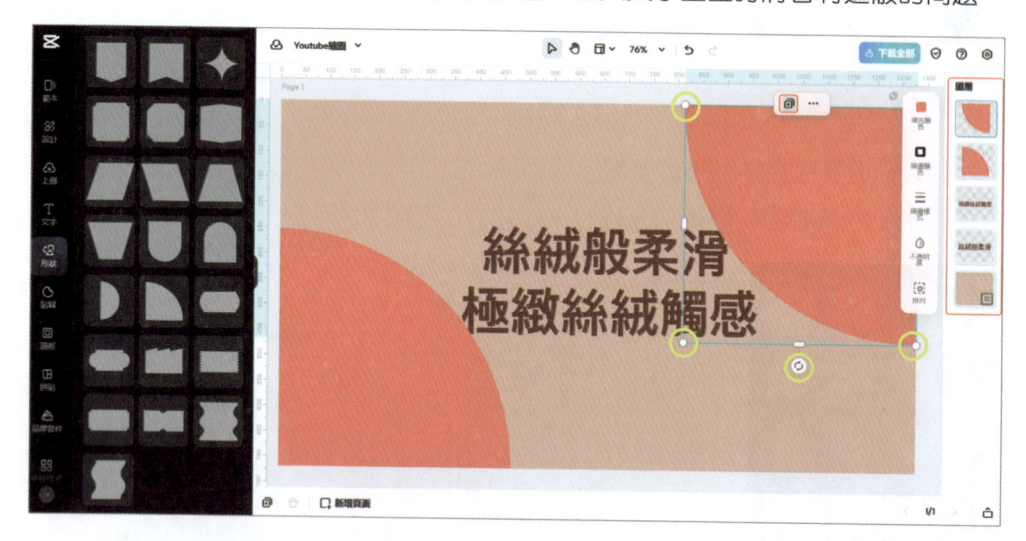

Step4. 調整圖層順序：方式一直接於圖層位置處，對於該物件進行左拖拉向上或向下移動；方式二即於物件位置處，點選右鍵 / 圖層排列來進行置前或置後即可。

15-18

第 3 節　新影像自由創作

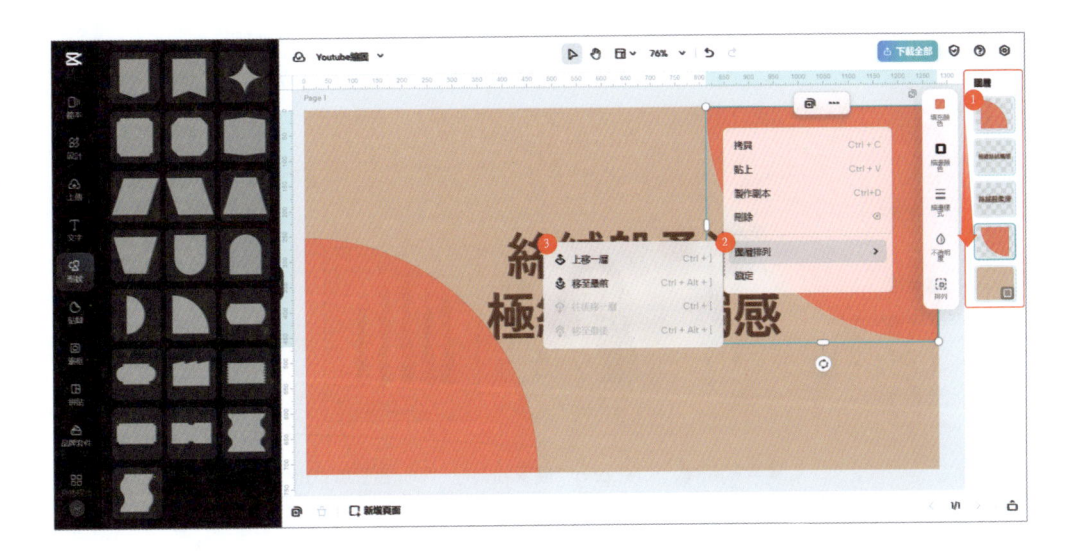

05. 上傳本機素材

Step1. 上傳本機圖片：於左側點選上傳，再於上傳位置選擇從這台裝置，即可讀取本機電腦圖片。

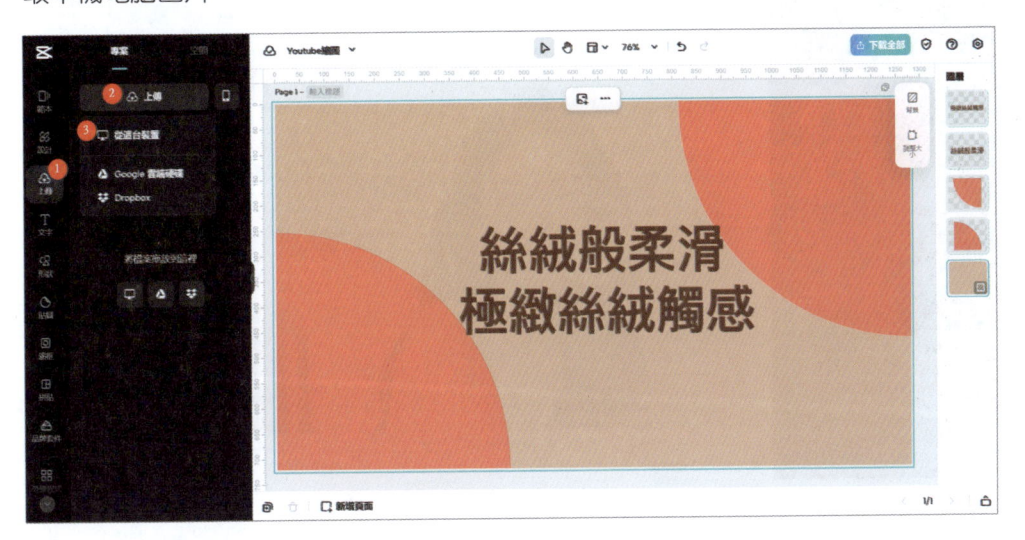

Step2. 選取素材檔案：指定檔案存取路徑後，可利用 Ctrl+ 左鍵一下進行不連續檔案選取後，點選開啟。

15-19

第 15 章　Capcut 圖片技巧

Step3. 插入物件編排：將圖片物件拖拉置入後，縮放大小、位置、文字調整等完成版面設計。

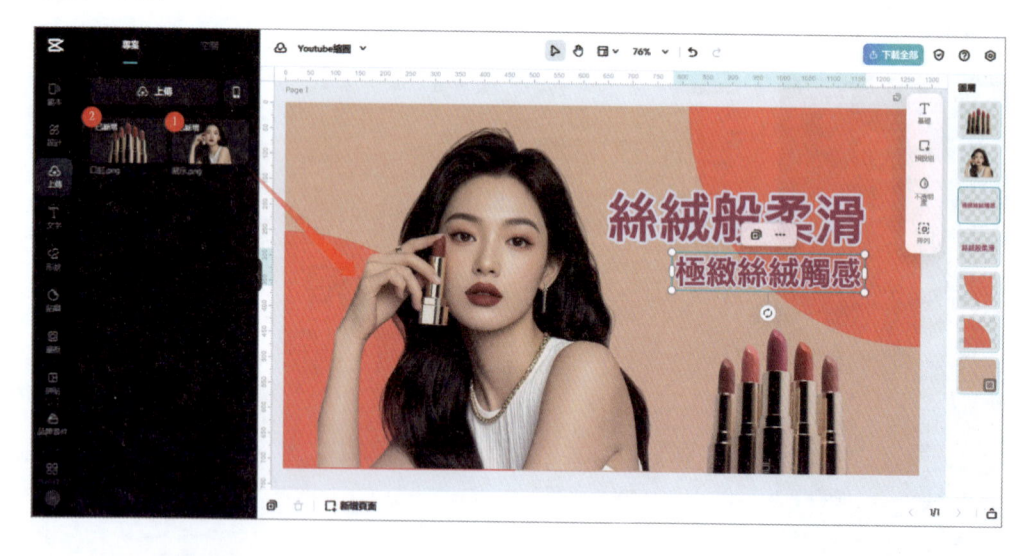

06. 不透明度設定

Step1. 貼圖元素加入：選擇貼圖元素，讓畫面設計更加豐富與動感（如：Paper-Cut Embossing)。

15-20

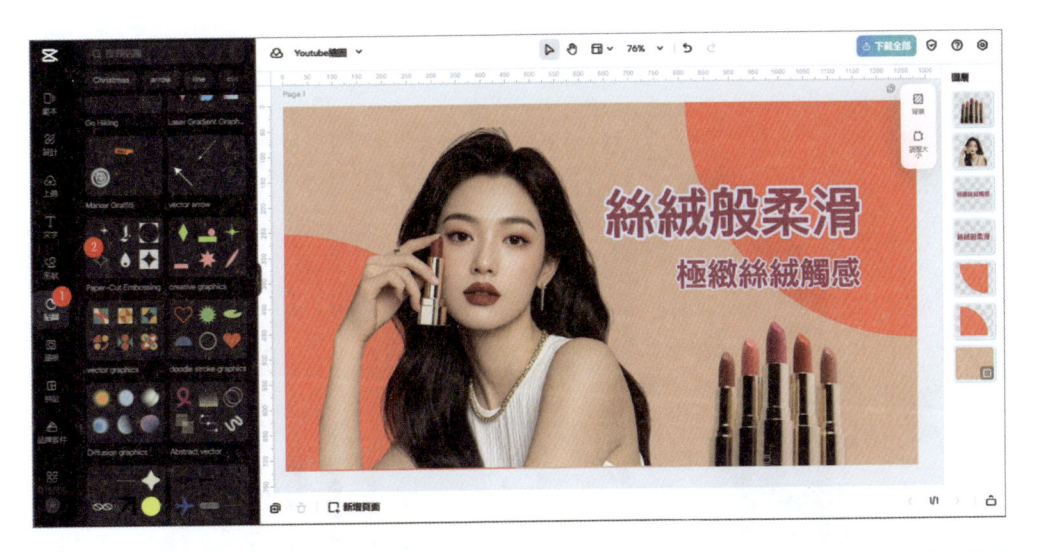

Step02. 幾何背景設計：點選左側貼圖，並於 Paper-Cut Embossing 類別下，選擇圖形並於右側顏色方案中選擇喜愛色彩後套用。

Step3. 調整不透明度：點選幾何物件，於右側點選不透明度設定，數值愈小愈透明，反之不透明。

第 15 章　Capcut 圖片技巧

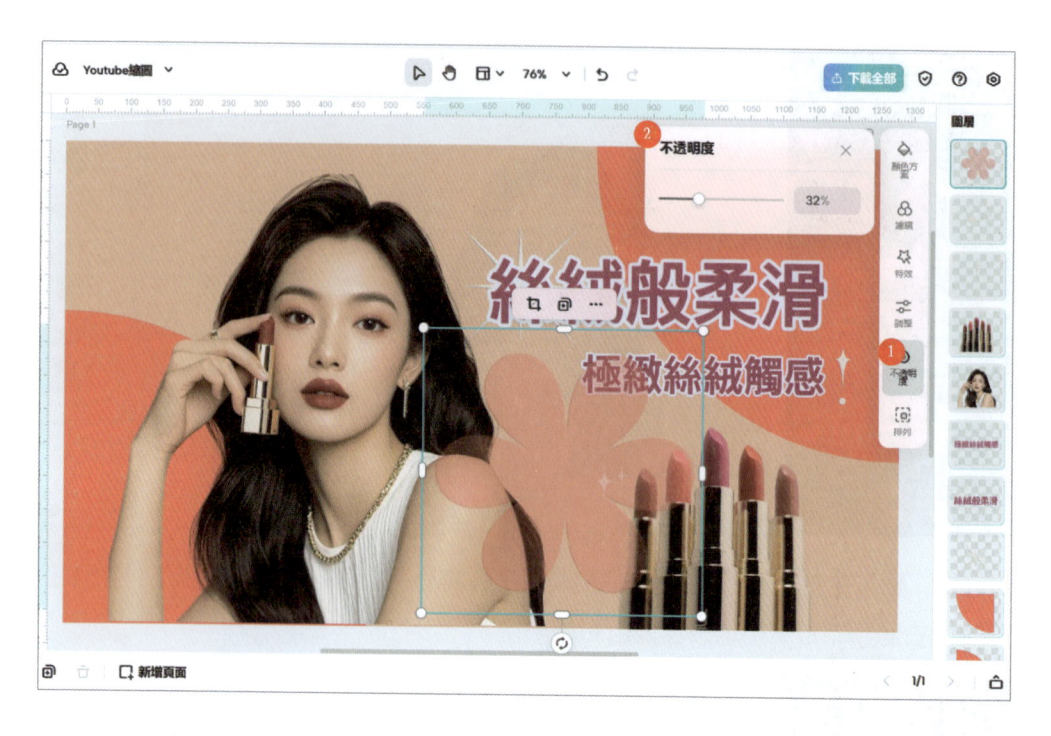

Step4. 調整圖層順序：利用製作副本、調整圖層順序、縮放、旋轉等修改完成海報設計，完成後下載全部即可輸出檔案內容設計。

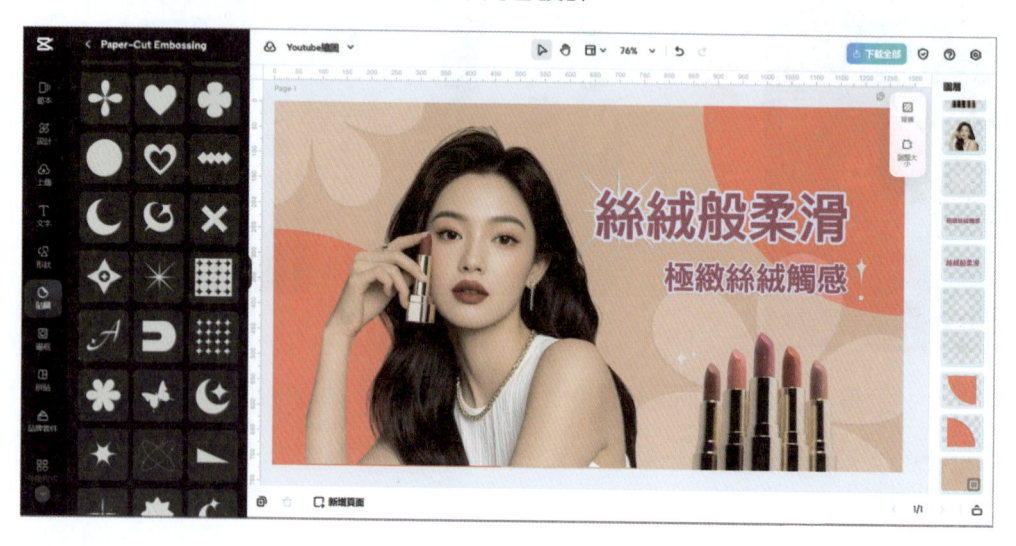

15-22

第 3 部份

AI 高級應用

- 主題 1　善用 ChatGPT，高效完成影音創作設計
- 主題 2　即夢 AI
- 主題 3　Pippit

主題 1
善用 ChatGPT，高效完成影音創作設計

在 ChatGPT 的世界裡，「你給什麼指令，AI 就給什麼回答」。提示詞（Prompt）就是與 AI 對話的關鍵語言。掌握提示詞撰寫邏輯，你就能讓 AI 產出更精準、有創意的內容。

第 1 節　認識 ChatGPT

ChatGPT 是一個智慧對話工具(如聊天機器人)，能夠理解並生成自然語言，協助各類解答問題、創建內容、提供建議等。並且於教育、商業、創意寫作等領域有廣泛應用，透過簡單的對話，幫助用戶提高工作效率並激發新的思維。

01. 註冊登入

Step1.　註冊並登入 ChatGPT：連結至 https://chatgpt.com/ 官網，第一次啟用需註冊帳號，待綁定帳號後，未來可直接以登入即可進入首頁。

說明：在此以 GOOGLE 帳號綁定說明，登入帳號後未來所有對話記錄才能保存。

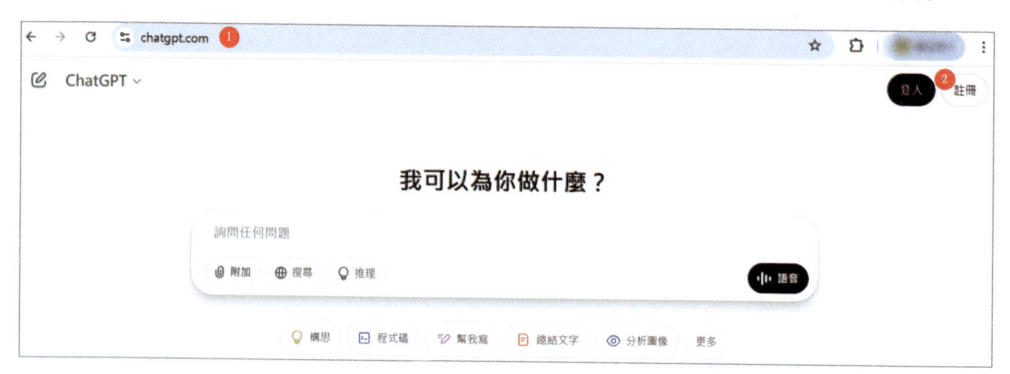

第 1 節　認識 ChatGPT

Step2.　ChatGPT 視窗導覽：左側為 ChatGPT 主功能區，下方為帳號後台管理，中央為 AI 對話視窗位置，主要為文字輸入提示詞，也可直接用麥克風進行語音轉文字、或是以語音直接與 ChatGPT 對話。

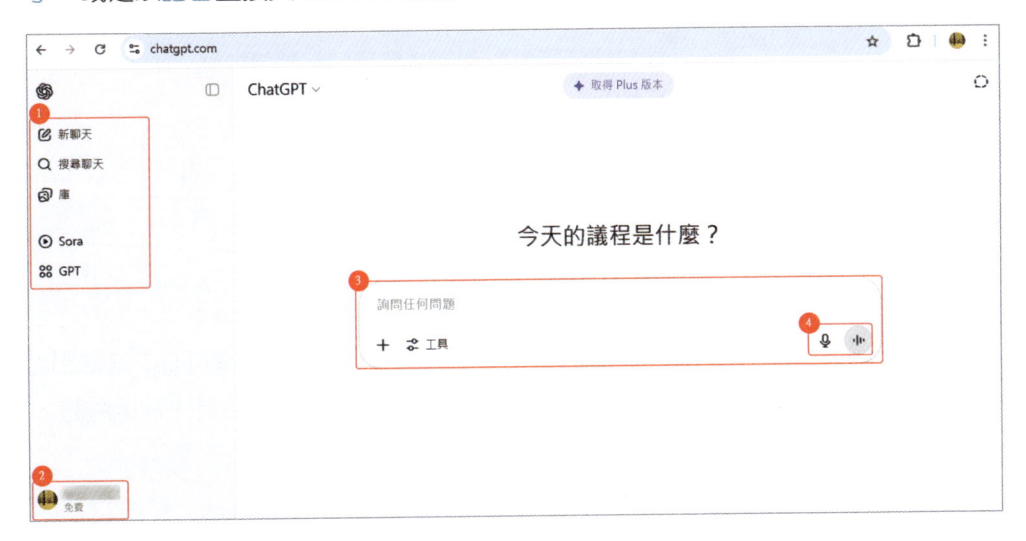

02. ChatGPT 基礎對話練習

Step1.　提示詞輸入並送出：輸入您的任務與需求後，點選送出 (或按 ENTER)。

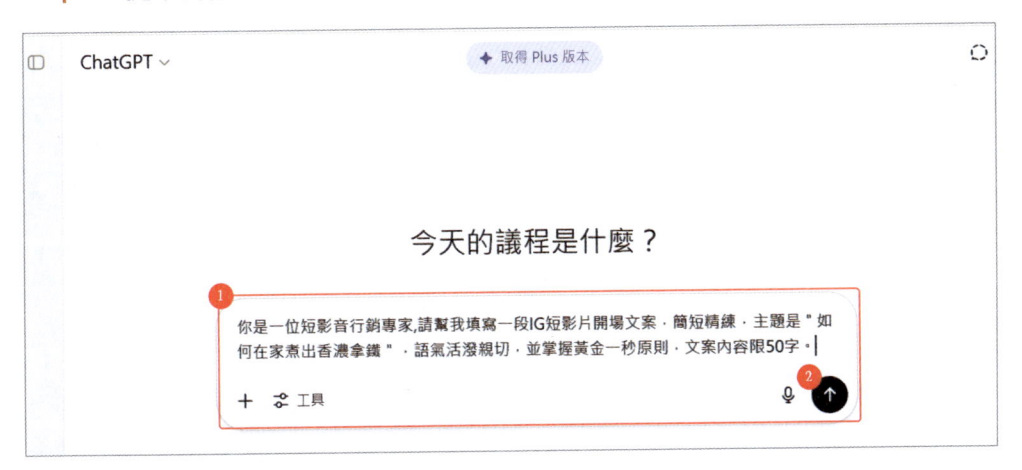

Step2.　ChatGPT 回應：送出提示詞後，後方即為 ChatGPT 的回應，同時於畫面左側會出現對話記錄清單列表，下方文字框中，可繼續進行迭代提示詞，使回覆更加精準且符合我們的需求。

主題 1　善用 ChatGPT，高效完成影音創作設計

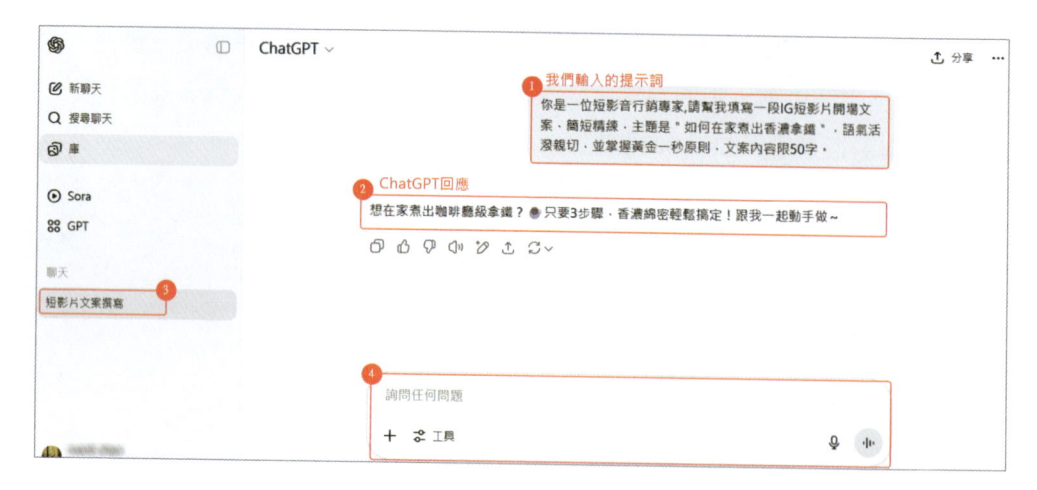

Step3.　迭代與修正：再次輸入新的需求進行二次問題迭代，輸入後按 ENTER 送出，此時畫面中呈現 ⬛ 代表 AI 還在生成內容當中，靜待完成即可，若是主題偏離時，也可直接中斷。

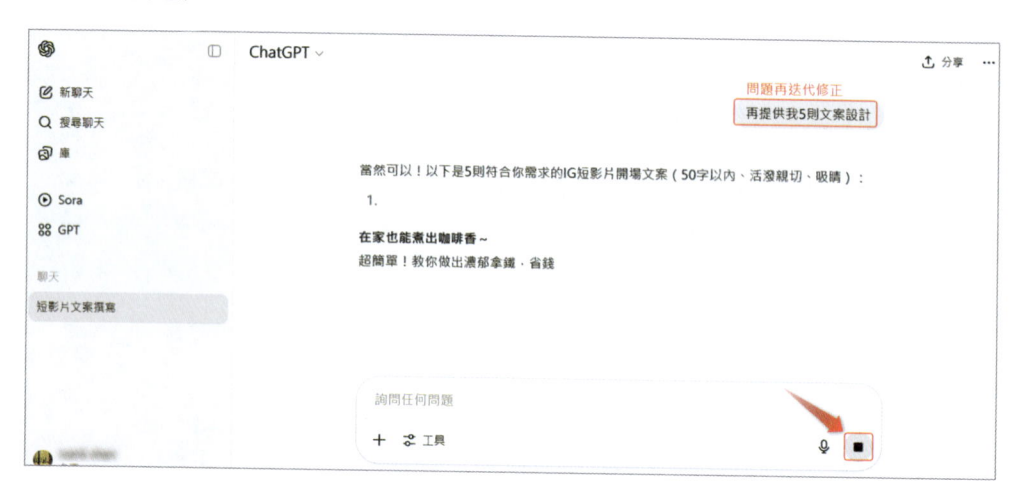

03. 修改與刪除

Step1.　修改提示詞：於先前的提示詞點選後，即可見編輯訊息圖示，點選後即可於原文字框內進行提示詞的修改，但需特別注意的即是，下方原生成的內容即會全部刪除，將以新的內容顯示於下方。

16-4

第 1 節　認識 ChatGPT

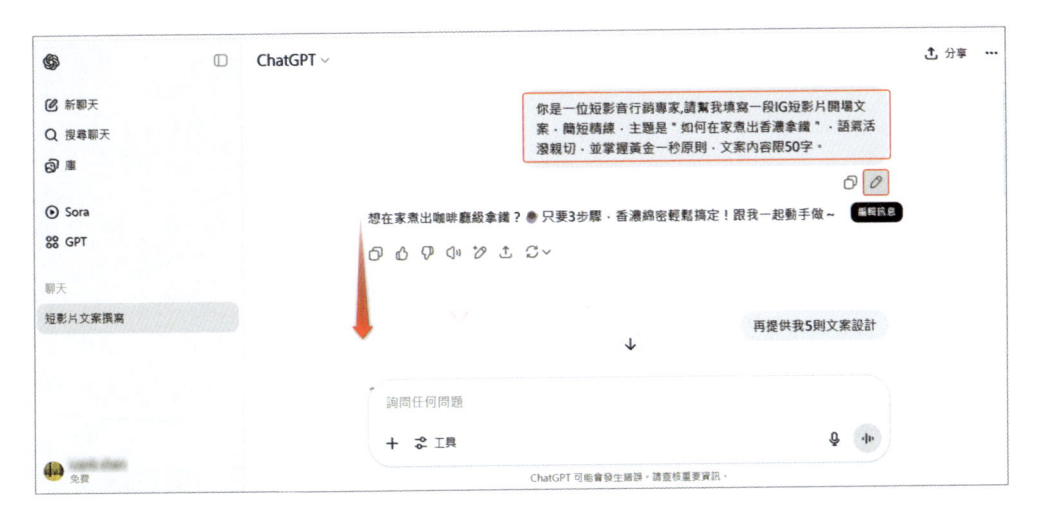

Step2. 最新內容顯示：於原提示詞修改後，下方畫面內容即自動刷新保留最新生成的結果。

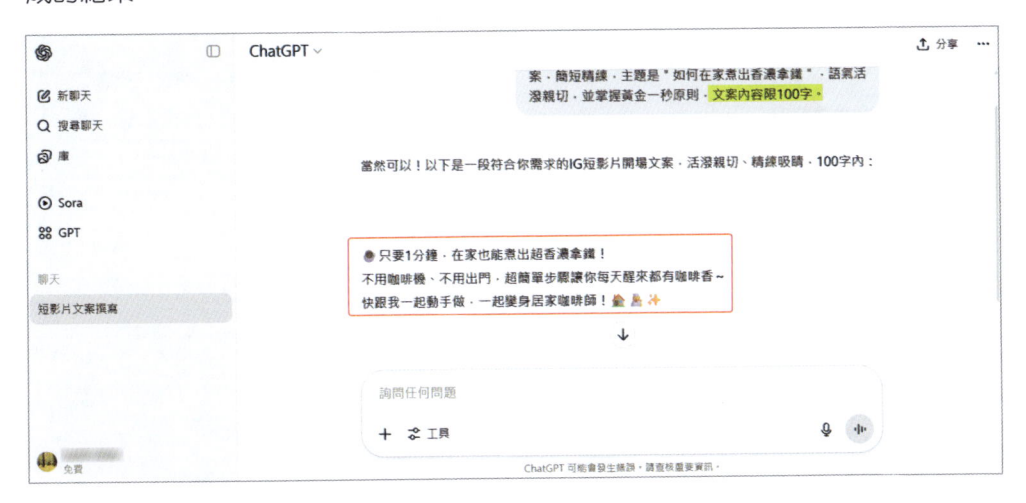

Step3. 刪除聊天記錄：於左側視窗中點選 ••• 更多，並點選刪除即可。

16-5

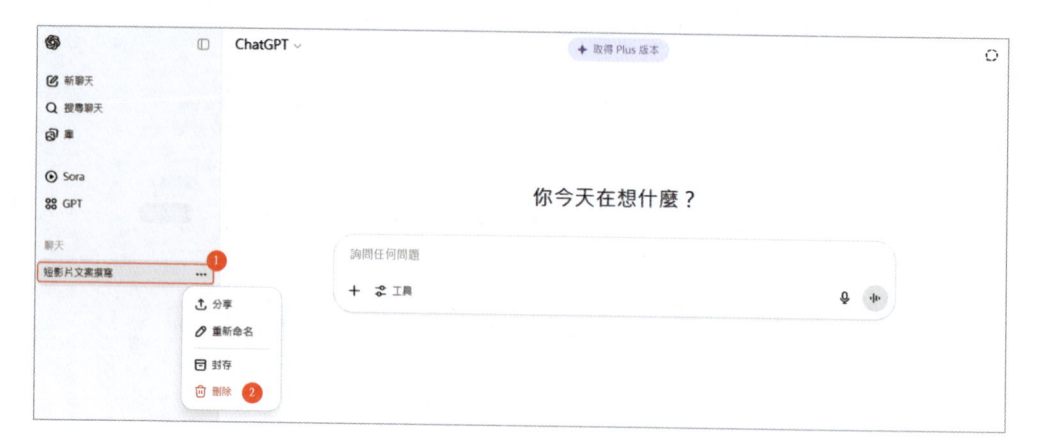

主題 1　善用 ChatGPT，高效完成影音創作設計

Step4. 啟動新聊天對話：點選新聊天功能，即啟動新的對話視窗，於文字框輸入任務需求即可。

說明：因對話具上下文的關連性，所以對於不同主題的任務需求時，建議以不同的聊天視窗對談，如此，才可避免偏離主題。

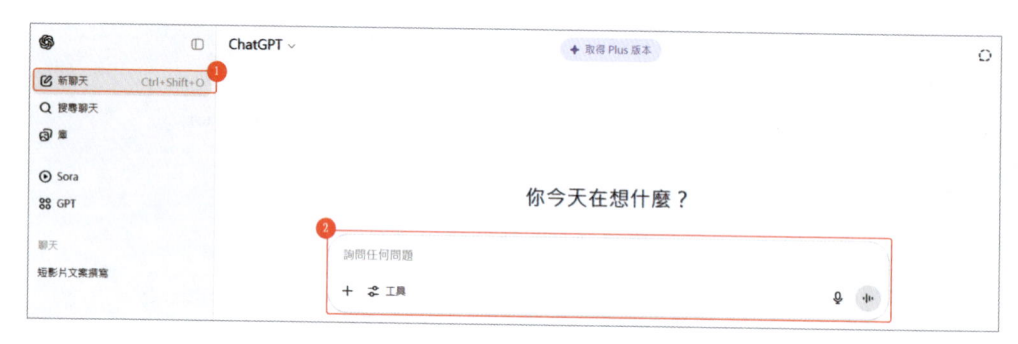

第 2 節　從零開始：提示詞撰寫教學

在初步瞭解如何使用 ChatGPT 基礎對話技巧後，如何正確的交談，並提出需求讓 AI 幫我們完成所需任務，我們將於下列幾個主題來討論並說明示範。

提示詞撰寫基本框架：

〔身份設定〕+〔任務說明〕+〔內容格式〕+〔語氣 / 風格 / 限制〕

▶ 範例 1：要為短影片撰寫能吸引點閱的標題與 Hashtag

ChatGPT 提示詞輸入

> 你是一位專業社群行銷顧問，請幫我設計 5 個短影片吸睛標題與對應 Hashtag，主題是「減醣便當料理」，觀眾是 30 歲以上的上班族女性，語氣活潑且實用。

▶ 範例 2：為一支 10 秒開場短影片設計腳本，主題是「生活小技巧」

ChatGPT 提示詞輸入

> 你是一位短影音腳本創作者，請幫我撰寫一段 10 秒的影片腳本，主題是「5 秒解決耳機線打結的方法」，語氣輕鬆有趣，並提供畫面內容提示詞描述。

▶ 範例 3：撰寫教學文案腳本，主題為「如何用 Capcut 自動產生字幕」，限 200 字以內。

ChatGPT 提示詞輸入

> 你是一位影音剪輯教學講師，請幫我撰寫一段簡潔的教學文案，用於長影片中，教學主題是「如何在 Capcut 中自動產生字幕」，文字需簡明易懂，限 200 字以內。

第 3 節　ChatGPT 三大實戰案例技巧

01. 影片標題、文案、腳本一鍵搞定！

▶ 範例一：產出影片文案與標題
▶ 任務：要為「自製減糖黑糖珍珠奶茶」影片撰寫腳本與貼文描述

ChatGPT 提示詞輸入

> 你是一位 Youtube 美食短影片腳本專家，請幫我撰寫一段影片文案與一則貼文，主題是「自製減糖黑糖珍珠奶茶」，觀眾為女性上班族，語氣輕鬆實用，影片長度約 30 秒。

說明：於 ChatGPT 生成的內容可直接複製貼上至 Capcut 字幕欄或 Youtube 影片描述欄！

主題 1　善用 ChatGPT，高效完成影音創作設計

02. 影音分鏡腳本設計

➤ 範例二：協助設計短影片的拍攝分鏡腳本

➤ 任務：為 IG Reels 製作 15 秒文字特效廣告影片

ChatGPT 提示詞輸入

> 你是一位社群影片導演，請設計一支 15 秒的 Reels 廣告分鏡腳本，主題是「學會 5 種快速提升效率的 AI 工具」，每個畫面控制在 3 秒內，並搭配文字與建議視覺內容。

說明：可直接轉化為 Capcut 時間軸中的片段配置與字幕設計依據！

03. AI 生圖提示詞撰寫（搭配即夢 AI 使用）

➤ 範例三：用 ChatGPT 生成即夢 AI 專屬圖像提示詞（Prompt）

➤ 作業流程：ChatGPT 生成即夢 AI 提示詞→貼入即夢 AI 生成圖像

➤ 任務：影片封面、動態背景、插圖生成

ChatGPT 提示詞輸入

> 你是一位 AI 繪圖專家，請撰寫即夢 AI 可用的圖像提示詞，主題是「夢幻森林中的可愛狐狸」，風格為手繪插畫，畫面溫暖、細節豐富，構圖簡潔，構圖比例為 16:9。

Step1. 於 ChatGPT 取得提示詞：輸入上述提示詞內容文字後，下方即為圖像提示詞內容，我們只要點選複製，待啟動即夢 AI 後貼上提示詞來進行圖像生成。

第 3 節　ChatGPT 三大實戰案例技巧

ChatGPT 提示詞
你是一位AI繪圖專家，請撰寫即夢AI可用的圖像提示詞，主題是「夢幻森林中的可愛狐狸」，風格為手繪插畫，畫面溫暖、細節豐富，構圖簡潔。

以下是適用於即夢AI的圖像提示詞，主題為「夢幻森林中的可愛狐狸」，風格為手繪插畫，並強調溫暖氛圍、細節豐富與簡潔構圖：

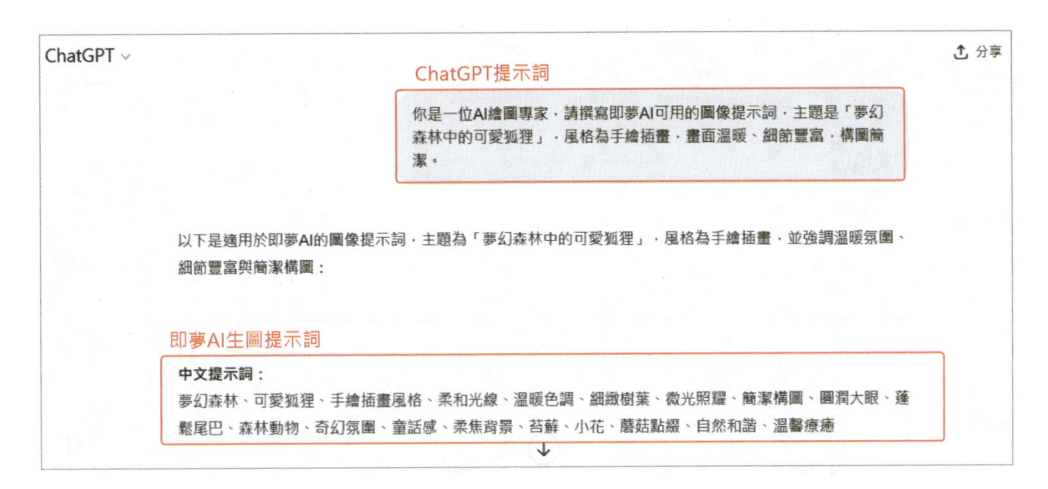

即夢AI生圖提示詞
中文提示詞：
夢幻森林、可愛狐狸、手繪插畫風格、柔和光線、溫暖色調、細緻樹葉、微光照耀、簡潔構圖、圓潤大眼、蓬鬆尾巴、森林動物、奇幻氛圍、童話感、柔焦背景、苔蘚、小花、蘑菇點綴、自然和諧、溫馨療癒

Step2. 啟動即夢 AI 生圖：貼上剛才生成的提示詞後，設定尺寸為 16:9，點選產生即可生圖。

說明：關於即夢 AI 應用我們在下個主題將有完整介紹說明。

Step3. 圖像生成：系統自動生成 4 張圖像，選擇喜歡的圖片即可下載。

說明：再次點選重新產生，即可依原提示詞內容，重新生成新的 4 張圖像。

主題 1　善用 ChatGPT，高效完成影音創作設計

第 4 節　ChatGPT+ 即夢 AI 結合

在此我們將以 4 大商務場景來介紹如何應用 ChatGPT+ 即夢 AI 來生成圖片素材庫資源技巧。

01. 影音剪輯學習者

▶ 場景：短視頻腳本 → 背景畫面生成

▶ 案例：想做一支「穿越時空的森林探險」短影片，需要配一張奇幻感背景圖。

▶ 流程：ChatGPT 生成短片腳本文案 → 提取關鍵元素＋生成即夢 AI 提示詞 → 即夢 AI 生成圖片

Step1. ChatGPT 生成腳本文案：輸入以下提示詞，「請寫一段描述 " 穿越時空的森林探險 " 短影片旁白，風格奇幻、文字 100 字以內。」

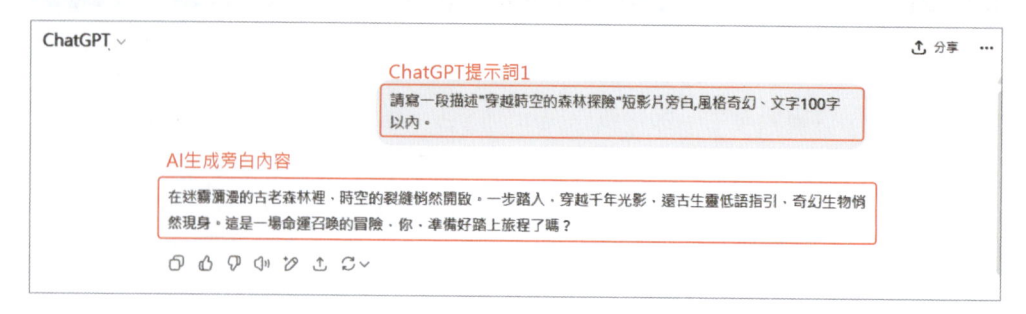

16-10

第 4 節　ChatGPT+ 即夢 AI 結合

Step2. 提取並生成即夢 AI 提示詞：接續輸入以下提示詞,「請根據這段旁白,提取可視化關鍵畫面元素,並整理成一段適合用於即夢 AI 繪圖的中文提示詞,保留奇幻風格。」

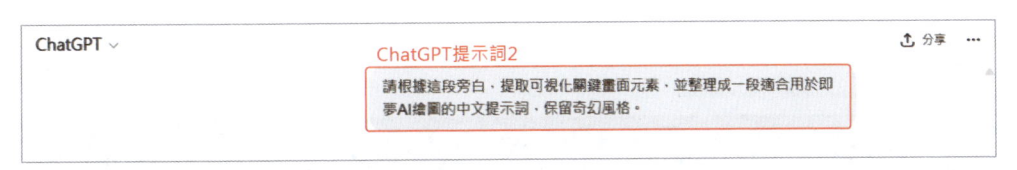

Step3. 複製即夢提示詞：於對話下方中,將即夢提示詞進行反白選取後,CTRL+C 進行複製 (或右鍵點選複製),待貼入即夢 AI 生圖。

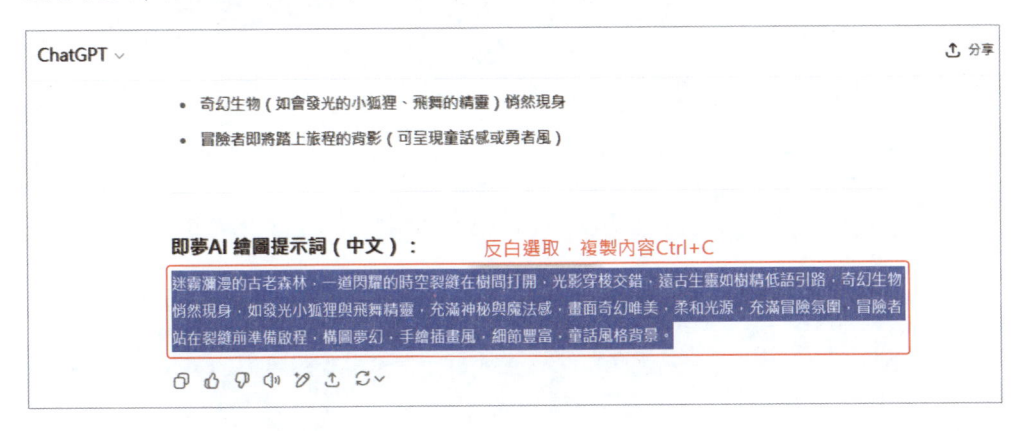

Step4. 進入即夢 AI 官網：連結至 https://dreamina.capcut.com/ 官方首頁。

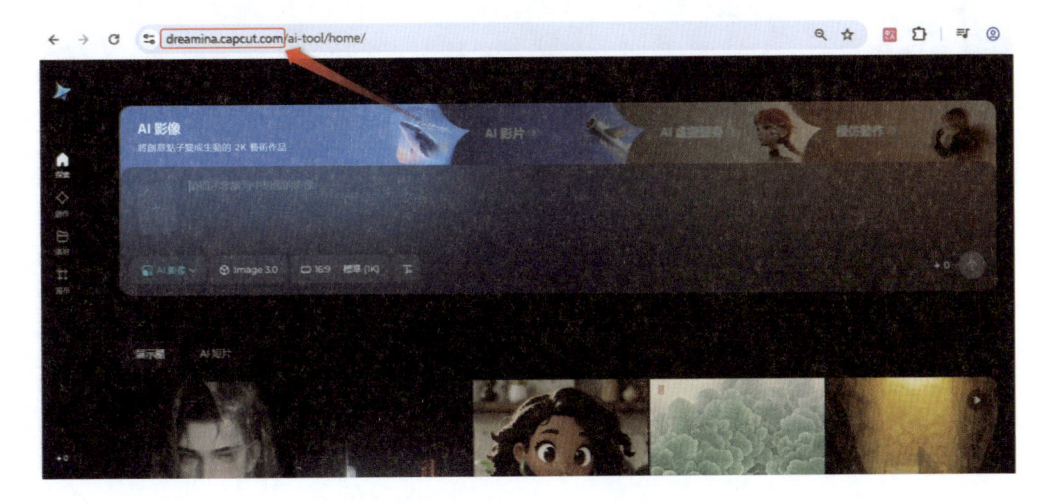

16-11

主題 1　善用 ChatGPT，高效完成影音創作設計

Step5. 貼入提示詞生圖：CTRL+V 貼上提示詞，選取 AI 影像、Image 3.0 模型、尺寸為 9:16，點選 ⬆ 產生。

說明：貼入提示詞後，可依需求再次進行文字微調 (如 : 如發光小狐狸與) 此段文字刪除後再生圖。

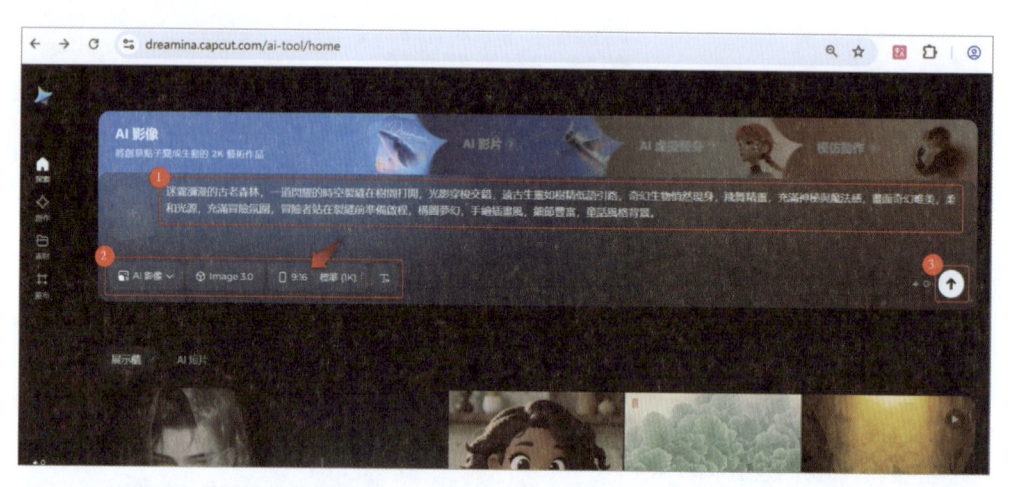

16-12

Step6. 繪圖風格與模型：點選重新編輯，將繪圖模型變更為（Image 2.0 PRO），點選⬆產生。

說明：重覆步驟 6，測試不同模型所生成的不同色彩、風格，找出最適合滿意的圖片素材。

主題 1　善用 ChatGPT，高效完成影音創作設計

Step7. 重新產生：保留原來提示詞，再次點選重新產生，即會再次生成 4 張不同的影像素材供選擇。

說明：無論是重新編輯還是重新產生，請記得向下移動視窗才能看見最新生成的圖片內容。

16-14

第 4 節　ChatGPT+ 即夢 AI 結合

Step8. 構圖細緻化：返回 ChatGPT 中，我們可以將提示詞更優化細節描述 (如：將提示詞再優化，加入攝影風格、光線效果、畫面構圖等)，再次將生成後的提示詞 CTRL+C 複製至即夢生圖。

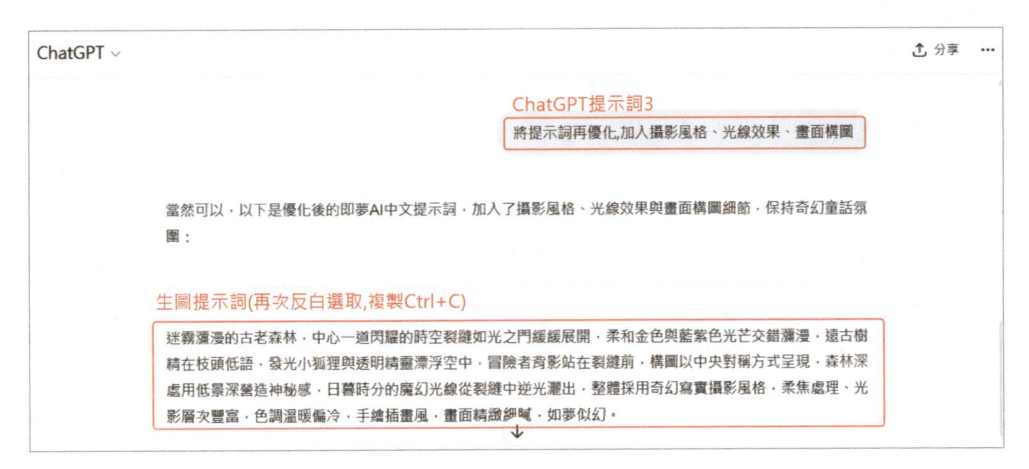

Step9. 再次重新生圖：CTRL+V 貼上優化後的提示詞，再次點選產生，即生成新元素的圖片，是不是簡單又有趣呢？不妨多試試幾個不同版本，讓您的影像素材庫可以更豐富。

主題 1　善用 ChatGPT，高效完成影音創作設計

02. 電商經營者

➤ 場景：電商廣告文案 → 商品展示畫面

➤ 案例：冬季促銷，製作「護手霜溫暖系」的商品主圖。

➤ 流程：ChatGPT 生成促銷文案 → 提取關鍵元素＋生成即夢 AI 提示詞 → 即夢 AI 生成圖片

Step1.　ChatGPT 生成促銷文案：輸入以下提示詞「請寫一段冬季護手霜促銷文案，要求溫暖治癒風格，50 字內。」

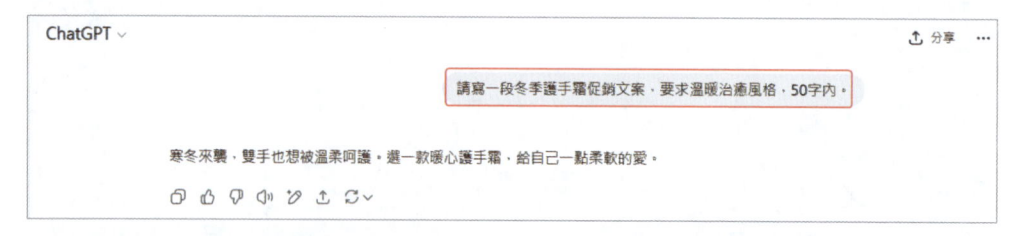

Step2.　提煉並生成即夢 AI 提示詞：輸入以下提示詞「根據這段護手霜文案，提煉出場景與物件，整理成適合即夢 AI 繪圖的中文提示詞，呈現溫暖感。」

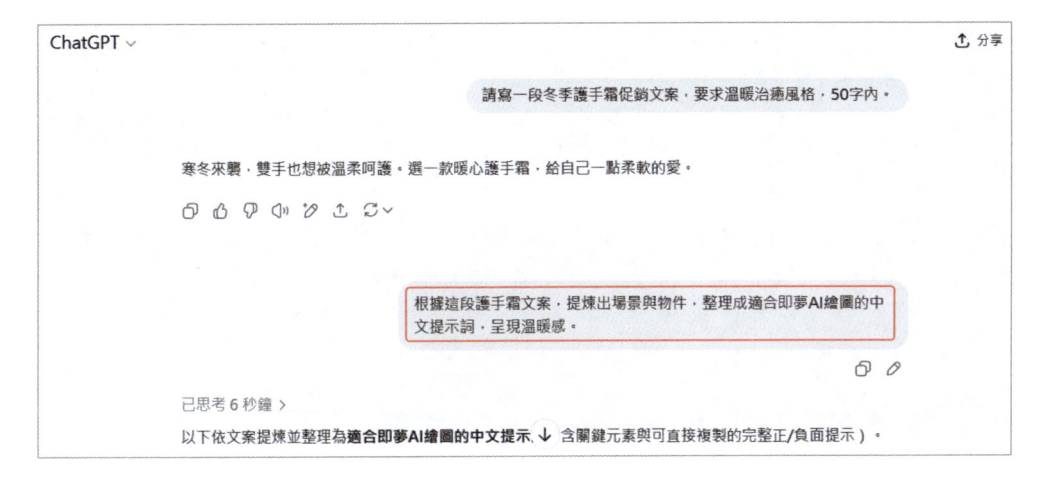

第 4 節　ChatGPT+ 即夢 AI 結合

Step3.　複製即夢提示詞：於對話下方中，將即夢提示詞進行反白選取後，CTRL+C 進行複製，待貼入即夢 AI 生圖。

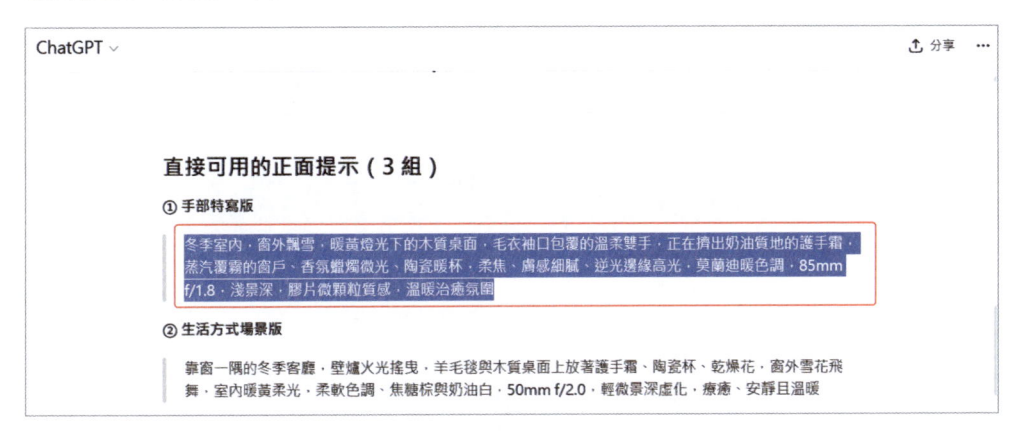

Step4.　啟動即夢 AI 生圖：CTRL+V 貼上提示詞，選取 Image 3.1 模型，尺寸為 16:9，點選 ⬆ 產生即可。

16-17

主題 1　善用 ChatGPT，高效完成影音創作設計

Step5. 使用不同提示詞：再次返回 ChatGPT，選取其它提示詞並複製 CTRL+C。

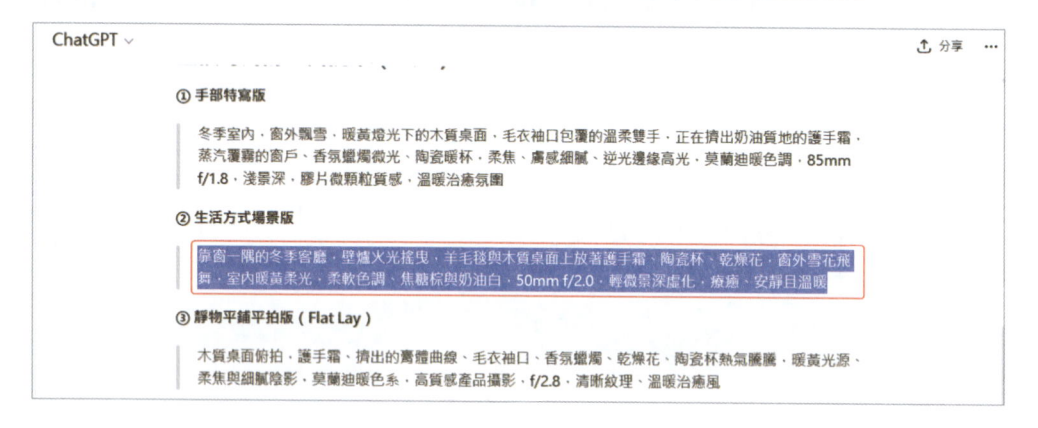

Step6. 重新生圖：返回即夢 AI，再次將提示詞 CTRL+V 貼上，並點選 ↑ 產生，即可重新生成圖像。

16-18

第 4 節　ChatGPT+ 即夢 AI 結合

03. 自媒體創作者

- 場景：自媒體語錄 → 背景插畫生成
- 案例：製作療癒語錄貼文背景，想要晨光森林風格
- 流程：ChatGPT 生成語錄文案 → 提取關鍵元素＋生成即夢 AI 提示詞 → 即夢 AI 生成圖片

Step1. ChatGPT 生成語錄文案：輸入以下提示詞「請寫一段與『情感正能量』有關的溫柔感性短句，限制 50 字內。」

```
ChatGPT

                        請寫一段與『情感正能量』有關的溫柔感性短句，限制50字內。

即使世界偶爾冷漠，你的溫柔依然值得保留，因為善良永遠不會白費。
```

Step2. 提煉並生成即夢 AI 提示詞：輸入以下提示詞「請從上方文案中，整理 3 至 5 個場景、氛圍畫面元素，並組成適合生成即夢 AI 提示詞，表現溫柔氛圍。」

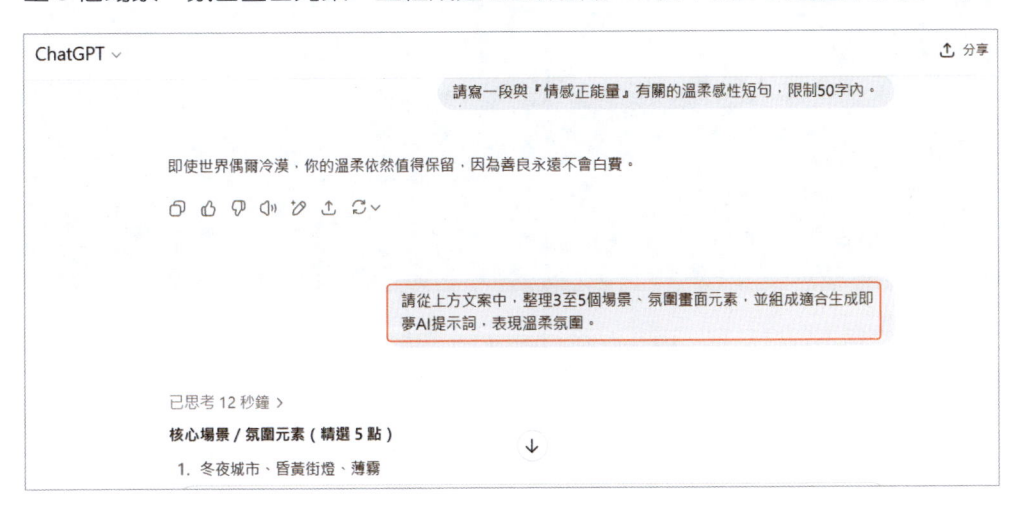

```
ChatGPT                                                              分享

                        請寫一段與『情感正能量』有關的溫柔感性短句，限制50字內。

即使世界偶爾冷漠，你的溫柔依然值得保留，因為善良永遠不會白費。

                        請從上方文案中，整理3至5個場景、氛圍畫面元素，並組成適合生成即
                        夢AI提示詞，表現溫柔氛圍。

已思考 12 秒鐘 >
核心場景 / 氛圍元素（精選 5 點）
 1. 冬夜城市、昏黃街燈、薄霧
```

Step3. 複製即夢提示詞：於對話下方中，將即夢提示詞進行反白選取後，CTRL+C 進行複製，待貼入即夢 AI 生圖。

16-19

主題 1　善用 ChatGPT，高效完成影音創作設計

說明：因 ChatGPT 輸出都會不同，在此讀者可依自己 ChatGPT 所生成的內容來練習即可。

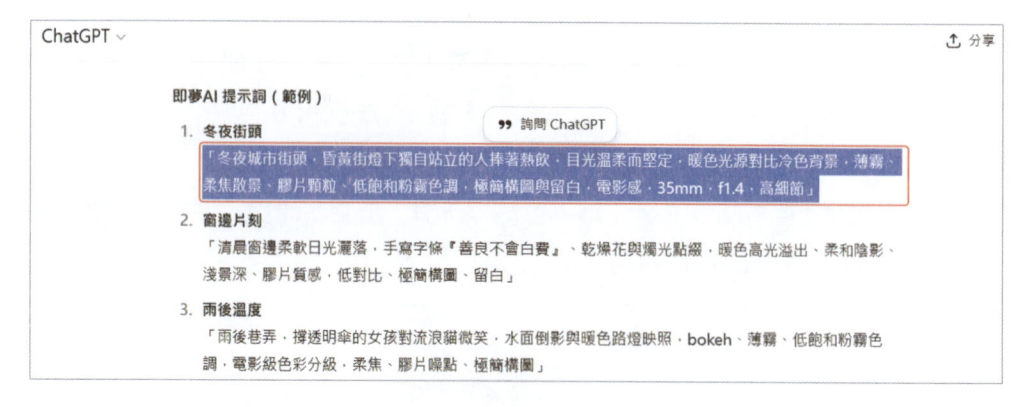

Step4. 啟動即夢 AI 生圖：CTRL+V 貼上提示詞，選取 Image 3.1 模型，尺寸為 16:9，點選 ⬆ 產生即可。

Step5. 使用不同提示詞：再次返回 ChatGPT，選取其它提示詞並複製 CTRL+C。

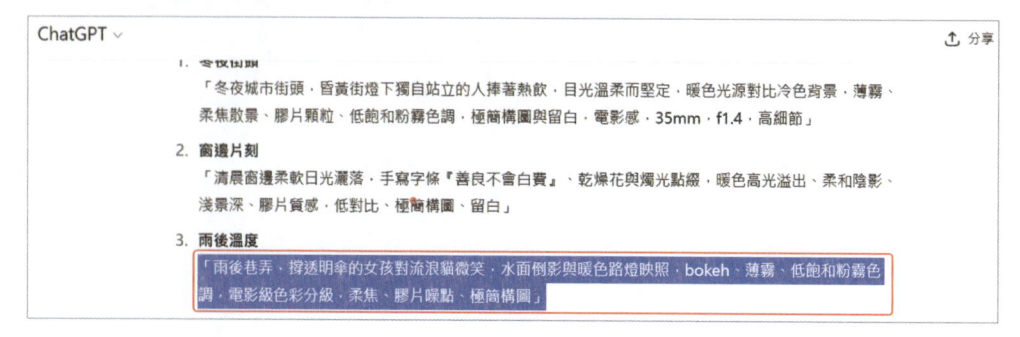

16-20

第 4 節　ChatGPT+ 即夢 AI 結合

Step6. 重新生圖：返回即夢 AI，再次將提示詞 CTRL+V 貼上，並點選 ⬆ 產生，即可重新生成圖像。

04. 社群小編

▶ 場景：社群主題貼文 → 節慶風格畫面生成

▶ 案例：聖誕節貼文需要溫暖節慶感的插畫背景

▶ 流程：ChatGPT 生成廣告文案 → 提取關鍵元素＋生成即夢 AI 提示詞 → 即夢 AI 生成圖片

Step1.　ChatGPT 生成廣告文案：輸入以下提示詞「請寫一段 30 字內的聖誕節溫馨祝福文案。」

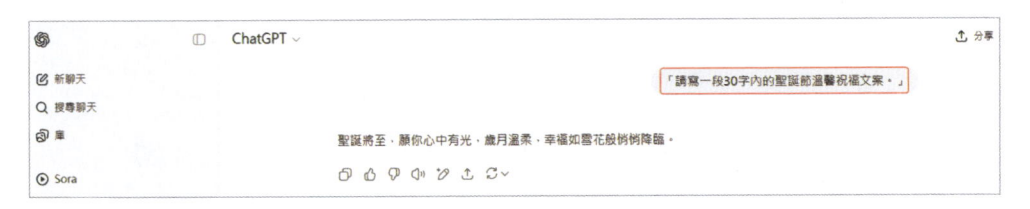

Step2.　提煉並生成即夢 AI 提示詞：輸入以下提示詞「請根據這段聖誕文案，整理 4 個畫面元素、氛圍風格，組成即夢 AI 提示詞，表現溫馨節慶氣氛。」

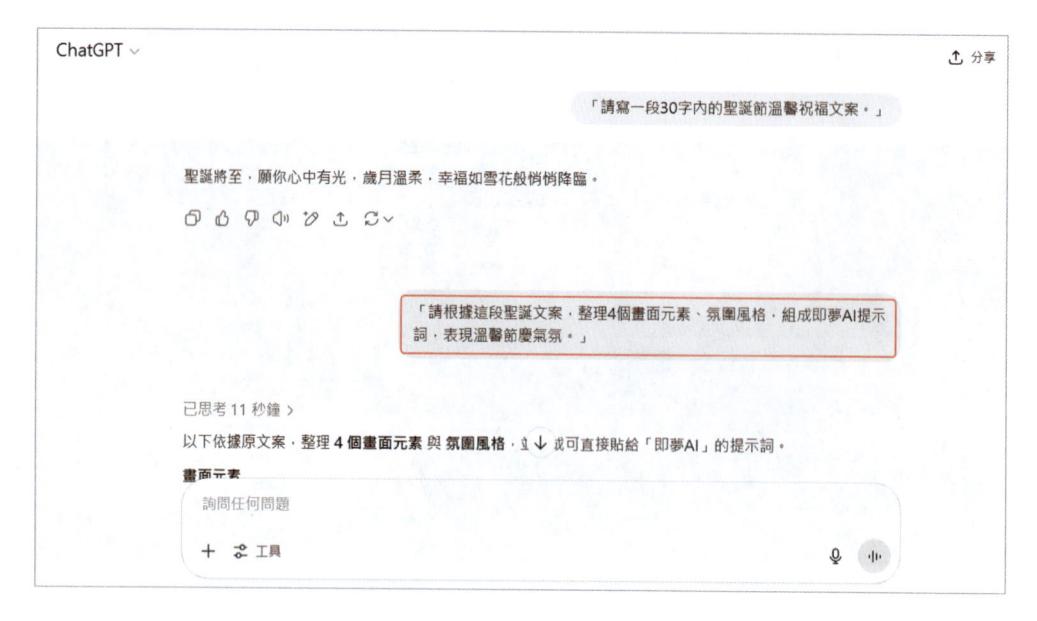

主題 1　善用 ChatGPT，高效完成影音創作設計

> 「請寫一段30字內的聖誕節溫馨祝福文案。」

聖誕將至，願你心中有光，歲月溫柔，幸福如雪花般悄悄降臨。

> 「請根據這段聖誕文案，整理4個畫面元素、氛圍風格，組成即夢AI提示詞，表現溫馨節慶氛圍。」

已思考 11 秒鐘

以下依據原文案，整理 **4個畫面元素** 與 **氛圍風格**，或可直接貼給「即夢AI」的提示詞。

畫面元素

Step3.　複製即夢提示詞：將生成的即夢 AI 提示詞點選複製，待貼入即夢 AI 生圖。

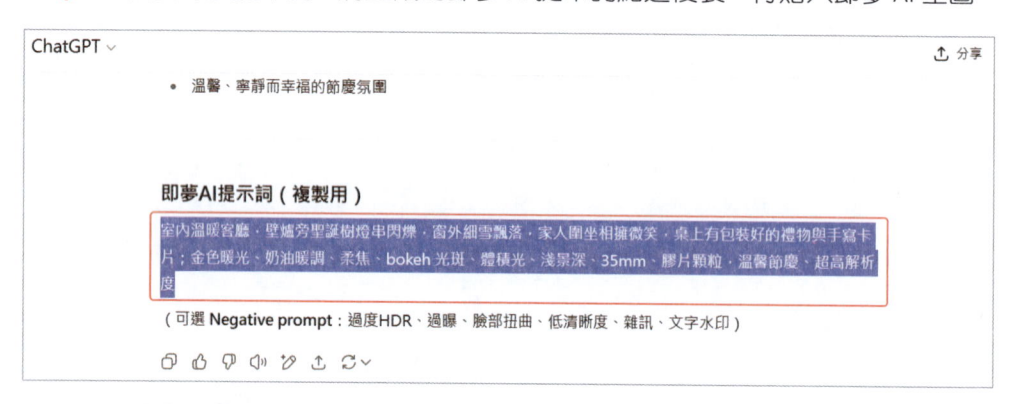

- 溫馨、寧靜而幸福的節慶氛圍

即夢AI提示詞（複製用）

室內溫暖客廳、壁爐旁聖誕樹燈串閃爍、窗外細雪飄落、家人圍坐相擁微笑、桌上有包裝好的禮物與手寫卡片；金色暖光、奶油暖調、柔焦、bokeh 光斑、體積光、淺景深、35mm、膠片顆粒、溫馨節慶、超高解析度

（可選 Negative prompt：過度HDR、過曝、臉部扭曲、低清晰度、雜訊、文字水印）

Step4.　啟動即夢 AI 生圖：CTRL+V 貼上提示詞，選取 Image 3.1 模型，尺寸為 16:9，點選產生即可，在此我們仍可使用不同模型來生成不同風格影像圖片。

16-22

第 4 節　ChatGPT+ 即夢 AI 結合

Step5. 不同模型生圖：應用相同提示詞，變更不同模型後重新生成圖片 (如：以 Image 3.0 模型生圖) 重新生成不同風格圖片。

16-23

主題 2
即夢 AI

即夢 AI 是一款利用簡易文字即可生成影像、視頻、音樂創作工具。操作方式強調即時互動與視覺敘事的結合，適合用於構思場景、快速草圖、劇情腳本視覺化等多元用途。

我們將從工具介面與操作流程說明開始，帶領讀者理解其提示詞設計邏輯與畫面生成的基礎結構。並且透過幾個實用範例，逐步示範如何運用即夢 AI 完成視覺創作技巧。

第 1 節　啟動即夢 AI

01. 版本介紹

即夢 AI 可分為官方版與國際版，登入方式不同；在此我們將以國際版介紹說明，因為即夢 AI 國際版支援以 Google 帳號、Tiktok、Facebook、及其它電子信箱等帳號類型登入；官方版本必需以抖音帳號 (非 Tiktok) 才可登入。

Step1.　登入官方網站：進入 https://dreamina.capcut.com/ 官方網站，可將語系變更為繁體中文，並且以 Capcut 帳號進行登入作業即可。

第 1 節　啟動即夢 AI

Step2.　即夢 AI 註冊：勾選使用您的 Capcut 帳號註冊，並點選登入。

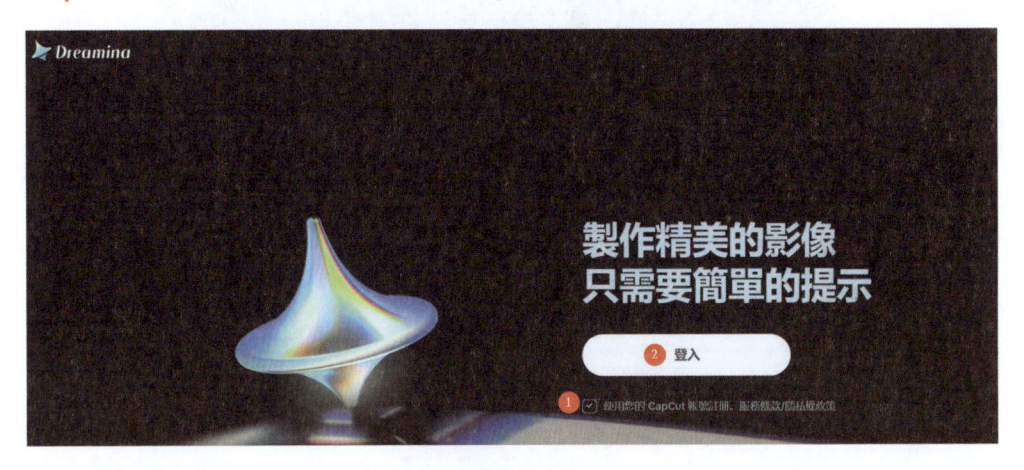

Step3.　綁定 Capcut 帳號：選擇最初綁定 Capcut 所使用的信箱，在此我們以 Google 信箱說明。

主題 1　即夢 AI

Step4.　指定 Google 帳號：點選最初註冊 Capcut 時所使用的 Google 帳號進行綁定。

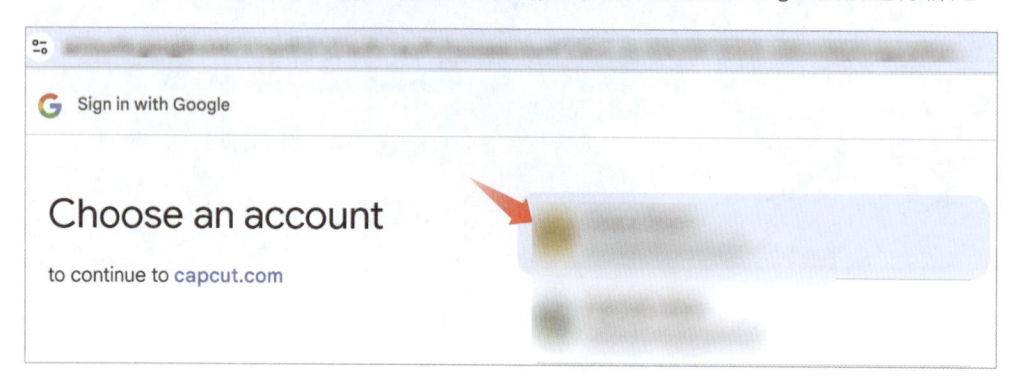

Step5.　正式進入首頁：在此即進入即夢 AI 首頁。

說明：點選 AI 影像，可見目前僅開放 AI 影像生成，其它功能尚未開放使用。

第 1 節　啟動即夢 AI

Step6.　即夢 AI 官方版：連結網址 https://jimeng.jianying.com，以陸版抖音 (非 Tiktok) 掃描 QR 碼才可登入，功能介面較為完整並全部開放使用。

說明：即夢 AI 官方版 (陸版) 採用積分扣點，預設 80 積分，依不同生成類型扣除固定積分，與目前使用的國際版比較來說，部份功能雖尚未開放，但可不限積分無限生成影像，其實是非常實用的 AI 工具，更解決了許多需要第三方工具才能解決的生圖後的修改問題，因為在此都可一站完成所有的生圖到編修設計需求。

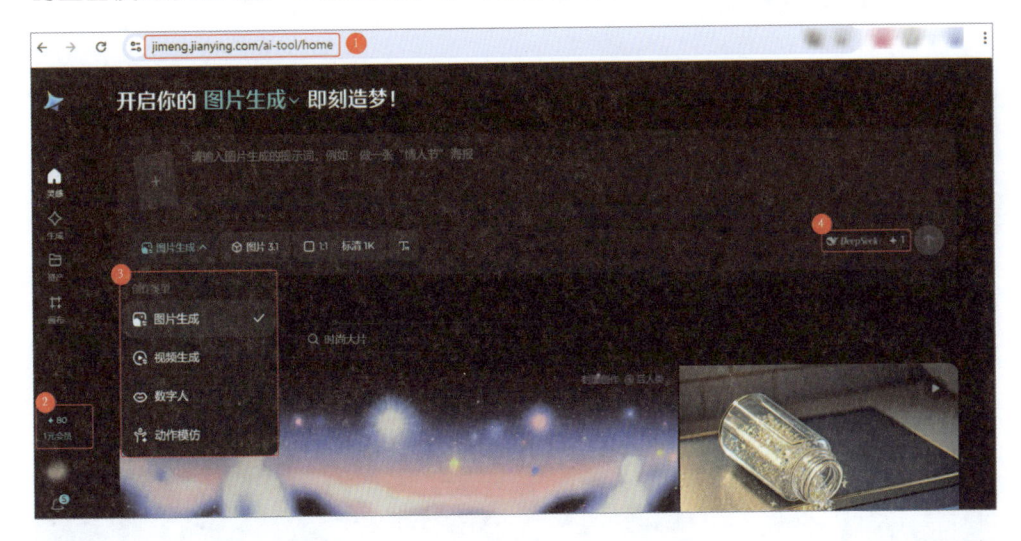

16-27

主題 1　即夢 AI

Step7. Capcut 剪輯中啟動即夢：當我們在 Capcut 進行影片剪輯時，左側視窗官方也會不定時推播這類工具的連結，只要點選一樣可直接進入即夢 AI 使用。

說明：未看見此類推播時，則必需手動連結至官方網站 https://dreamina.capcut.com/ 才可啟動編輯。

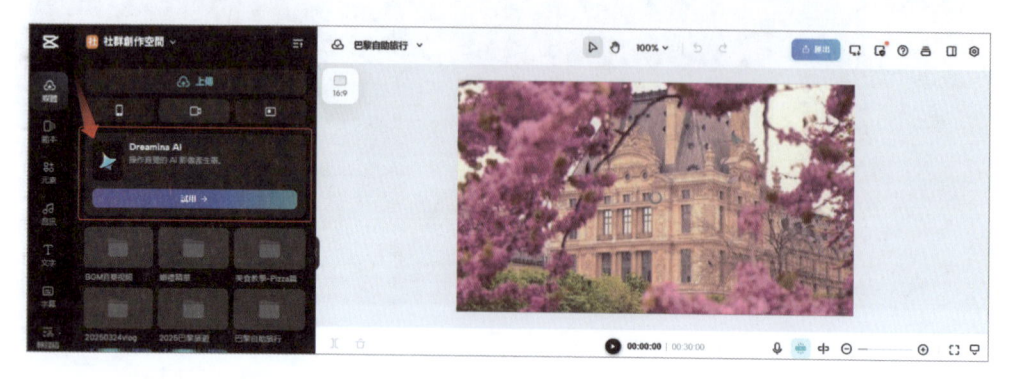

02. 快速導覽

Step1. AI 影像：即為文生圖編輯區，我們將練習如何以文字提示詞來生成影像技巧。

說明：在此我們將以即夢 AI 國際版示範說明，與官方版使用方式相同無差異，僅功能介面開放完整性不同而已。

第 1 節　啟動即夢 AI

Step2.　縮放視窗比例：為總覽視窗全局，請先調整 Chrome 檢視比例 80%，才可正常檢視左側視窗功能位置。

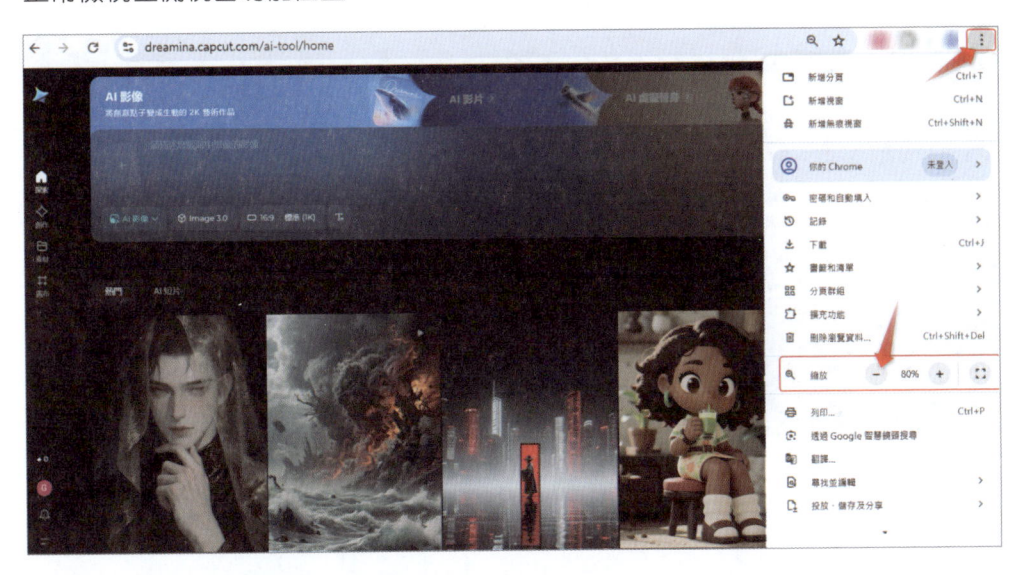

Step3.　視窗快速導覽：①主功能區 (探索首頁、創作、素材、畫布)、②帳號後台管理，③ (AI 提示詞生成區、使用模型、尺寸等參數)，④針對即夢 AI 創作者分享區 (熱門、AI 短片)。

16-29

主題 1　即夢 AI

Step4. 觀摩作品與提示詞：於熱門、AI 短片分類中，尋找喜愛的風格，於縮圖點選帳號進入該創作者作品區，即可見該創作者所有作品與提示詞內容。

Step5. 查看作品提示詞：左側為該帳號的資訊介紹，於右側視窗中點選任一影像即可瀏覽提示詞。

Step6. 使用提示詞仿寫：右側視窗可見提示詞內容，點選使用提示即導入文字框，點選 ⬆ 產生即可於創作功能中看見生成後影像。

16-30

第 2 節　提示詞技巧

在上一章節中瞭解如何應用 ChatGPT 結合即夢 AI 的提示詞技巧後，接續我們要來瞭解，如何直接在即夢 AI 中撰寫提示詞的技巧。

01. 基礎四要素

➤ 主體 + 動作 + 場景 + 風格
➤ 提示詞：一名戴耳機的年輕女孩，坐在咖啡廳角落，望向窗外，插畫風格

主題 1　即夢 AI

說明：

- 主體：年輕女孩
- 動作：坐著、望向窗外
- 場景：咖啡廳角落
- 風格：插畫風格

Step1.　AI 影像生成：於文字框輸入提示詞文字內容，選擇 AI 影像、Image 3.1 模型、16:9 尺寸，點選 ⬆ 產生。

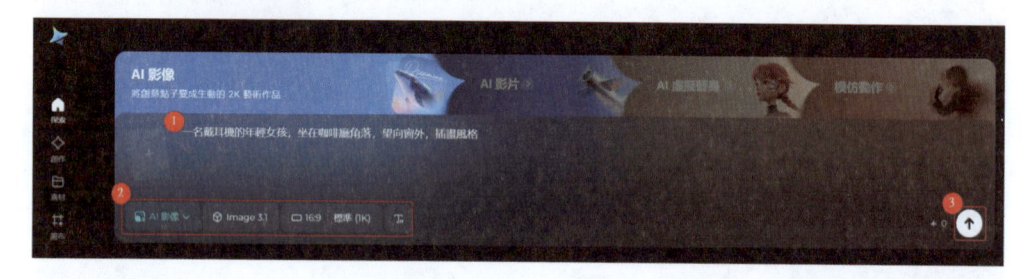

Step2.　完成影像生成：系統預設以 4 張圖片為單位，可於生成後的圖片中抽卡選擇喜愛的風格。

Step3.　重新產生：以相同提示詞，點選重新產生，即於視窗最下方瀏覽生成後的影像。

第 2 節　提示詞技巧

Step4. 編輯提示：點選編輯提示，返回文字框重新修改提示詞、模型、尺寸等參數後，再次點選 ⬆ 產生。

Step5. 下載檔案：對於喜歡的影像檔案，停駐於圖片上方點選下載即可儲存於本機電腦中。

16-33

主題 1　即夢 AI

02. 修改提示詞

➤ 應用場景：封面圖設計，可加上「耳機明顯」「聚焦臉部表情」「光線柔和」等描述詞。

➤ 提示詞：一名年輕女孩戴著大耳機，坐在窗邊，臉上露出放鬆的微笑，柔光，插畫風格。

強化細節描述：將提示詞加強細節描述內容 (依提示詞文字內容練習)，重新點選 ⬆ 產生，更豐富影像內容，是不是很簡單呢。

說明：上述條件與文字內容都可自由發揮創意與技巧，每次生成圖片都會有不同的驚喜呈現。

第 3 節　圖像風格

01. 一致風格

➤ 風格詞：插畫風、復古風、霓虹感、電影感、極簡風等。

➤ 提示詞：一輛停在街頭的復古摩托車，黃昏背景，復古底片感，畫面有雜點。

第 3 節　圖像風格

02. 風格＋商業應用

➤ 應用場景：製作系列風格一致 IG 限時動態封面。

➤ 提示詞：藍天背景的水果插圖，極簡線條風格，白色邊框。
　　　　　藍天背景的飲料插圖，極簡線條風格，白色邊框。

Step1.　風格應用：依提示詞文字內容，加入風格描述詞，使每次生成的圖片風格一致性。

說明：重新定義尺寸為 9:16 才可生成直式影像素材。

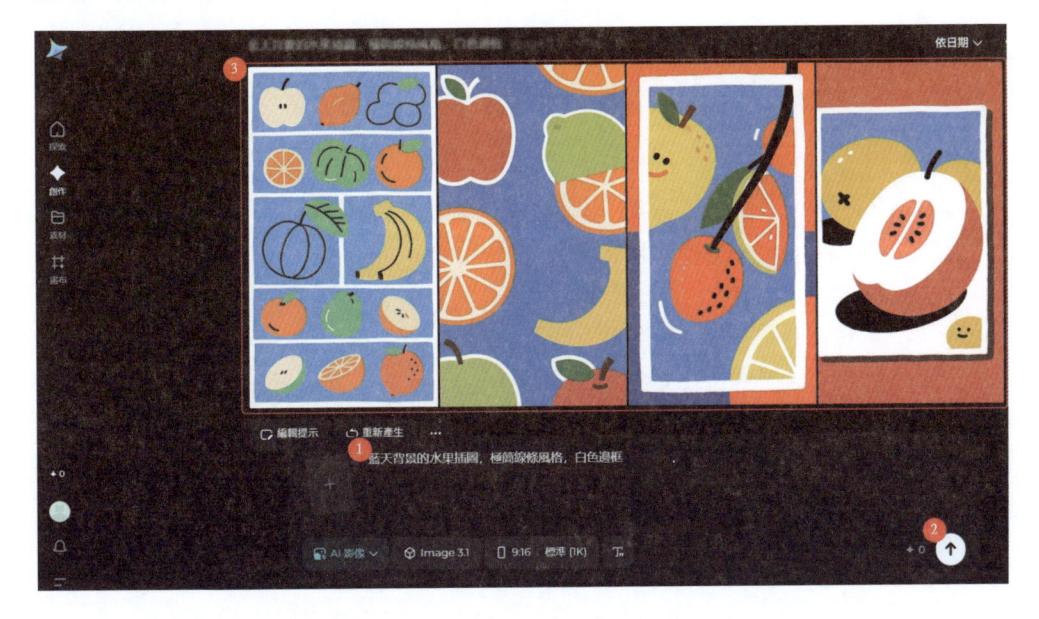

16-35

主題 1　即夢 AI

Step2. 變化主題：將主題產品變化，但風格描述固定不變。

第 4 節　畫面構圖

01. 主角位置

▶ 應用場景：品牌療癒系社群圖

▶ 位置詞：「畫面中央」、「右下角」、「背景中」、「畫面左側」、「靠邊站」

▶ 提示詞 1：畫面中央是一隻躺在沙發上的橘貓，旁邊放著一本書，柔和光線，溫馨風格

▶ 提示詞 2：畫面中央是一隻躺在沙發上的橘貓，旁邊放著一本書，柔和光線，溫馨風格，右下角圓形空白區域加入 "SPRING"

▶ 解構：
- 主體「居中」讓視覺自然聚焦
- 適合療癒感、對稱構圖，適用 IG 貼文或 LINE 品牌圖
- 可搭配文字疊加於上下空白區域

第 4 節　畫面構圖

Step1. 位置描述：依提示詞 1 文字內容練習，變更尺寸 16:9，並點選 ⬆ 產生即可。

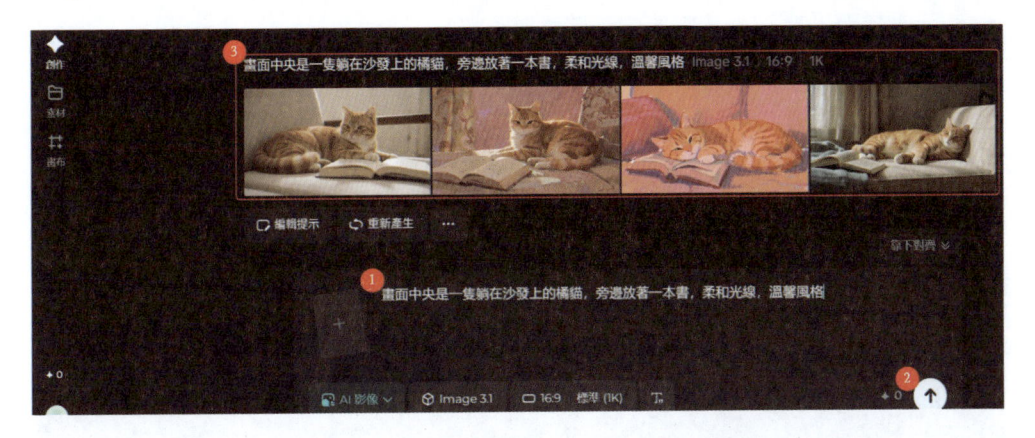

Step2. 位置＋文字：依提示詞 2 文字內容練習，並點選 ⬆ 產生即可；若是生成後與所需的影像有誤差只要再次點選重新產生，即可重新生成 4 張圖片。

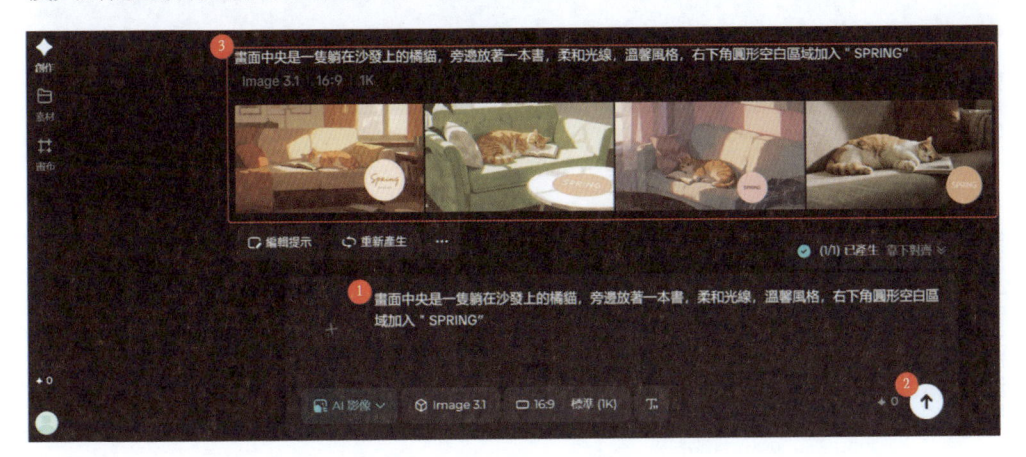

02. 距離描述

▶ 應用場景：個人風格廚房寫真插畫

▶ 距離描述：「特寫畫面」、「近距離」、「遠距視角」、「整個場景」

▶ 提示詞：特寫畫面，一雙手正在攪拌麵糊，廚房背景模糊，窗邊灑入自然光，柔和色調。

主題 1　即夢 AI

➤ 解構：
- 使用「特寫」將視覺焦點集中在雙手動作
- 背景模糊形成景深，提升真實感與沈浸感
- 適用於食譜封面、品牌教學插畫

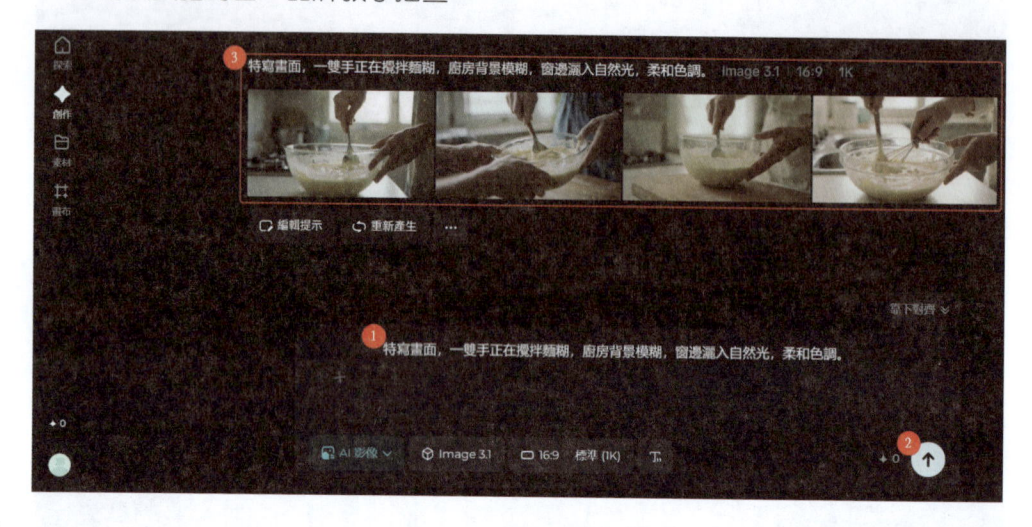

03. 層次感

➤ 應用場景：旅遊寫真風格插畫海報，利用前景與背景創造「層次感」。

➤ 層次描述：「前景有……」、「背景是……」、「模糊背景」、「前方放著……」應

➤ 提示詞：前景是一張木桌，桌上放著一杯咖啡，背景是一大片模糊的湖泊與山景，日出時分，遠距視角。

➤ 解構：
- 桌子與咖啡在前景形成引導視線的起點
- 背景模糊但色調豐富，營造空間感與故事性
- 適用於封面插畫、文青風廣告圖、海報背景

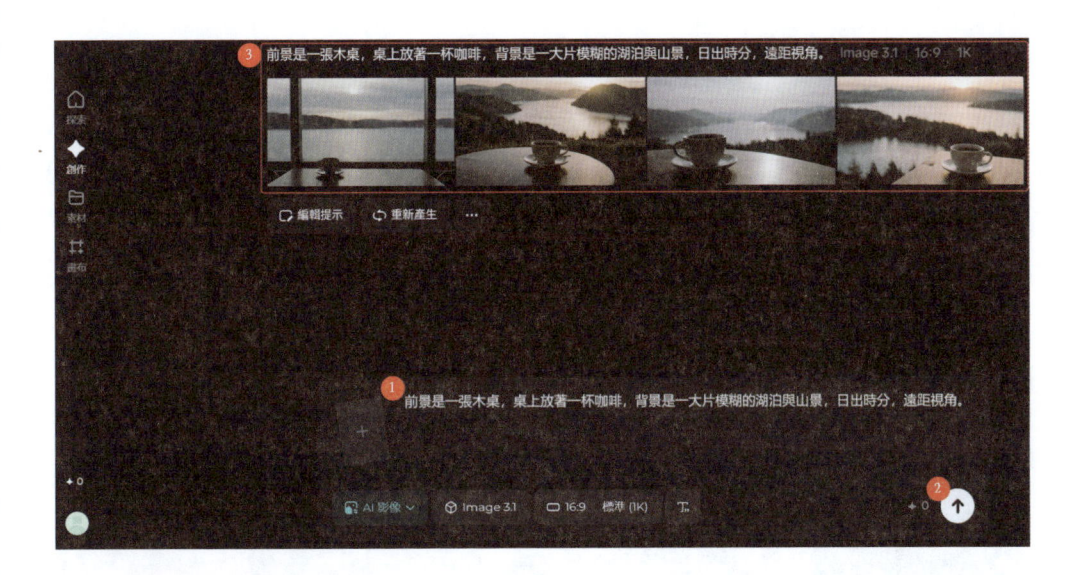

04. 位置距離層次

➤ 應用場景：適合用於行銷、視覺故事包裝或品牌場景圖設計。

➤ 三者混搭：「位置＋距離＋層次」，圖像更有敘事性。

➤ 提示詞：畫面右側是一位女性背影，遠距視角，前景是模糊的野花。

16-39

主題 1　即夢 AI

第 5 節　後製編輯應用

生成後的影像若是需要再次編修 (如：展開、移除、潤飾、增強解析、移除背景) 等相關後製設定時，我們可以利用以下兩種方式來完成設定。

方式一：快速編輯工具

Step1. 快速編輯工具：滑鼠停駐影像中，即可見快速編輯工具 (局部重繪、擴圖、產生影片、移除、修飾) 等功能項目。

說明：例如在此我們套用增強解析度功能。

Step2. 增強解析度：於快顯工具上點選增強解析度後，即於下方重新生成影像。

16-40

第 5 節　後製編輯應用

方式二：啟動畫布功能

Step1. 影像導入畫布：於生成影像上，點選 更多，直接導入畫布上編輯。

Step2. 啟用空白畫布：於左側功能區，直接點選畫布。

說明：此項功能定義即是，進入畫布後，再上傳影像進行後製編輯。

Step3. 上傳影像編輯：點選左側上傳影像，讀取檔案上傳後，於右側產生對應圖層結構視窗。

說明：此時注意畫布大小與圖像尺寸不相符，所以我們要再調整畫布大小。

16-41

主題 1　即夢 AI

Step4. 畫布配合內容：點選 配合內容，將畫布大小調整與圖像大小一致。

01. 在畫布上編輯

Step1. 影像導入畫布編輯：於生成影像上，點選 更多，直接導入畫布上編輯。

Step2. 介面總覽：左側①主功能區，而導入的影像自動對應右側②圖層管理；上方為③後製編輯工具，完成設計後即可④下載影像至本機電腦。

02. 文字轉影像

Step1. 設定畫布尺寸：點選設定畫布大小，確認畫布尺寸 16:9。

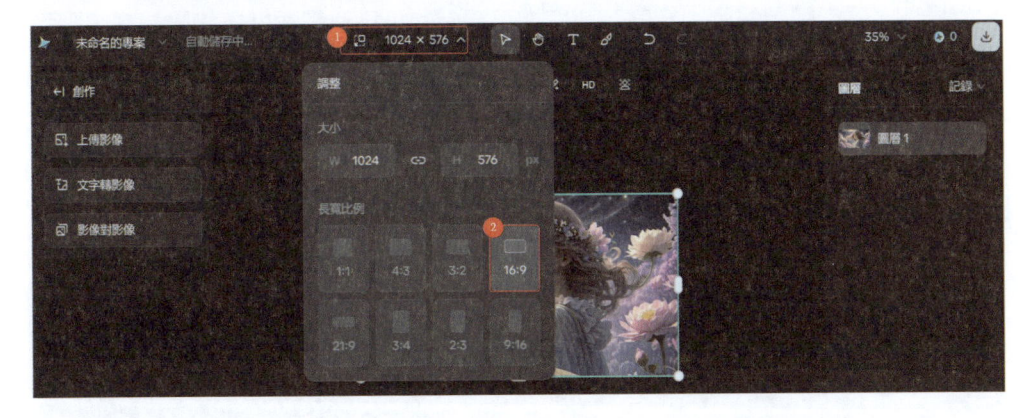

Step2. 文字轉影像：我們將以文生圖再堆疊新的素材，進行合成影像設計。

Step3. 文字提示詞：輸入文字提示詞，選擇模型 (Image 3.0)，點選 ⬆ 產生；於右側視窗中自動形成圖層 2，並於上方可見 4 張小縮圖，可自由選擇套用至圖層 2。

提示詞參考：森林小小精靈，側面視角，飛行姿勢，可愛風格，透明閃亮的小翅膀自然展開，長髮隨風飄動，穿著花瓣與嫩葉編織的小巧精靈裙裝，側臉輪廓精緻甜美，大眼睛、微笑表情，漂浮於森林空氣中，背景為光影斑駁的森林、漂浮光點與花草環繞，色調柔和，唯美童話插畫風，高解析度，筆觸細膩，構圖夢幻。

說明：提示詞可先於 ChatGPT 先提煉後，再複製到即夢生成圖片。

第 5 節　後製編輯應用

Step4. 增強解析度：可再次增強解析度，以提高影像畫質，影像修改後將置於第 1 順位縮圖。

Step5. 移除背景：右側目前停駐為圖層 2 (剛才生成的圖片)，點選移除背景。

Step6. 筆刷塗抹保留項：畫面中灰白格點範圍為保留區域 (其餘刪除)，確認範圍後，點選移除背景正式移除，移除後點選完成。

說明：移除背景是由系統自動偵測範圍，可再由筆刷塗抹需保留範圍後，再一次點選移除背景即可。

主題 1　即夢 AI

Step6. 移動縮放旋轉：將去背後的影像進行位置移動、大小縮放、並旋轉適當視角。

Step7. 檔案匯出：完成設計後點選匯出，選擇檔案類型 (如 :PNG)、大小、匯出這個畫布後，點選下載。

說明：PNG 具透明背景屬性，而匯出這個畫布意指所有圖層合併成一張圖片後匯出形成 PNG 檔案 (檔案類型可自訂)；匯出圖層的定義是指，將每個圖層獨立輸出一張圖片檔案，。

第 5 節　後製編輯應用

03. 增強解析度

增強解析度，可使影像自動提升畫質，讓模糊的畫面變得鮮明，細節更加豐富，適合用於專業用途，以呈現更好的高清效果。

Step1.　增強解析度：於圖像快速編輯工具上，點選增強解析度。

說明：若畫面圖像過於模糊不清時，我們可以多次增強解析度讓圖像更加清晰。

Step2.　重新生成影像：套用後記得向下捲動到最下方，該張影像會獨立生成新的一張高解析圖檔，並可重覆多次進行增強解析度設定。

16-47

主題 1　即夢 AI

04. 修飾

修飾功能為自動細化皮膚紋理、照明和色彩平衡等細節，讓影像後製修圖變得更加簡單輕鬆。

方式一：

Step1. 快速編輯工具：於快速編輯工具列上，點選修飾即可。

方式二：

Step2. 進入影像編輯器：或直接點選圖像，進入影像編輯器。

Step3. 人像修飾應用：原圖中臉部有著明顯雀斑，我們將以修飾功能完成去斑並美化膚質。

第 5 節　後製編輯應用

說明：可重覆多次修飾，直到效果滿意為止；而畫布中的潤飾與修飾均為同一功能定義。

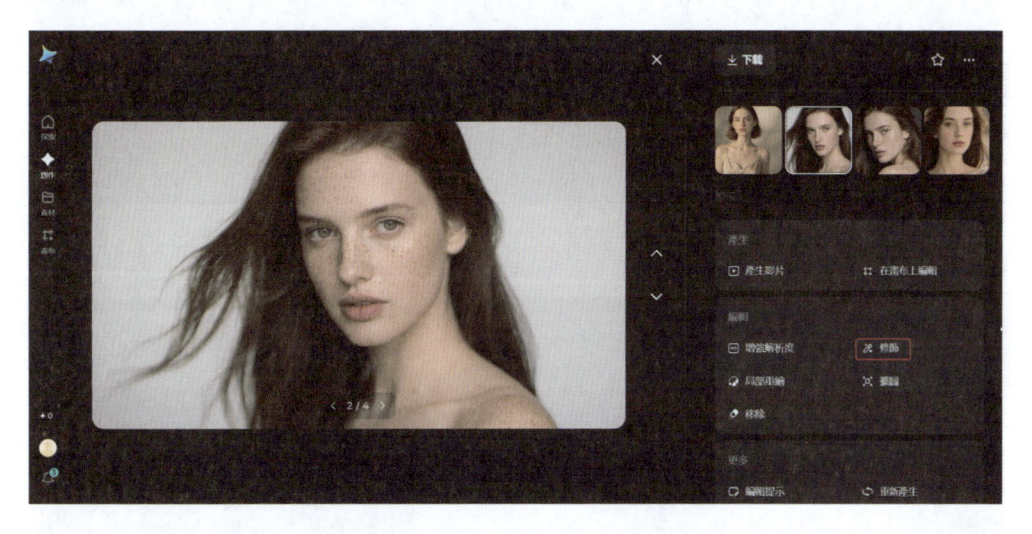

Step4. 完成皮膚美化：經多次修飾後，即可完成美化去斑，不妨再次增強解析度，以提高畫質。

05. 局部重繪

針對畫面中特定區域進行重繪，不需要重新拍攝或借助其他修圖工具，即可完成編修作業。

16-49

主題 1　即夢 AI

Step1. 進入影像編輯器：點選欲修改圖片，進入影像編輯器。

Step2. 局部重繪應用：點選局部重繪功能。

Step3. 重繪技巧：先以筆刷塗抹你需要重繪的範圍 (如：我希望在小女孩旁放著一個小音響)，所以我以長方形面積來塗抹範圍，輸入你要的提示詞 (重繪什麼物件)，點選產生即開始重繪。

第 5 節　後製編輯應用

Step4. 完成重繪影像：系統即自動生成 4 張重繪後影像圖片。

06. 移除

移除畫面中不需要的元素。

Step1. 進入影像編輯器：點選欲修改圖片，進入影像編輯器。

16-51

主題 1　即夢 AI

Step2. 點選移除功能：進入編輯視窗後，點選移除功能。

Step3. 移除元素：點選畫筆，並調整畫筆大小後，直接塗抹欲移除的物件，點選產生。

Step4. 圖片預覽：於最下方即可瀏覽移除後的圖片結果。

第 5 節　後製編輯應用

Step5. 圖片再修飾：對於移除後的圖像，若與背景呈現不自然融合的問題時（畫面中的毛毯有垂直切割面痕跡），我們只要再次點選修飾即可。

Step6. 修飾影像預覽：原移除元素的毛毯位置，重新修飾後與背景更加的融合自然。

16-53

主題 1　即夢 AI

07. 擴圖

將圖像保持原有風格並擴大尺寸；我們即稱為擴圖，應用場景 (如 9:16 直式素材)，展開形成 16:9(橫式圖片)。

Step1. 進入影像編輯器：於喜歡的影像圖片上，點選一下進入影像編輯器。

Step2. 擴圖編輯：進入編輯視窗後點選擴圖功能。

Step3. 擴圖設定：將原圖以倍數 (1.5X、2X、3X) 放大、或是改變比例 (1:1、3:4、4:3、16:9) 等類型，並輸入擴圖內容提示詞後，點選產生即可。

第 5 節　後製編輯應用

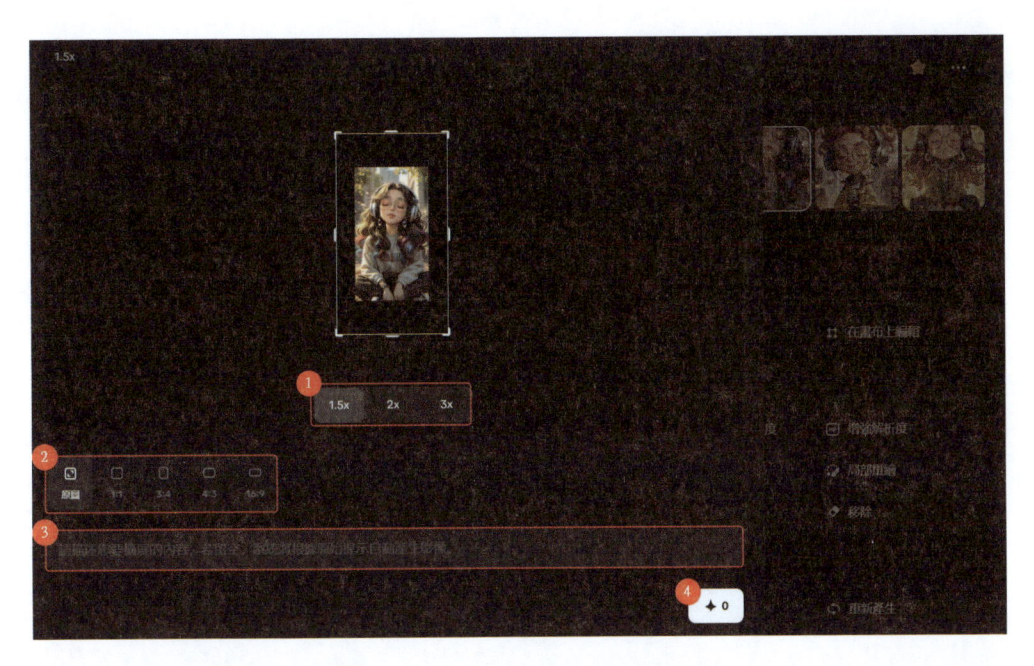

Step4. 比例與提示詞：設定 16:9 尺寸比例，並輸入提示詞文字 (或省略) 則以原圖像自動展開生成，點選產生。

說明：可先於 ChatGPT 提煉提示詞內容，並同時要求以中英文對照生成即夢 AI 生圖提示詞，建議在此以「英文」提示詞生圖會較順利。

主題 1　即夢 AI

Step5. 擴圖後影像：利用擴圖功能，我們就可以輕鬆將 9:16 素材變成 16:9 尺寸。

說明：應用場景：將原已拍攝的短視頻素材，截取一張圖片後，應用擴圖功能形成 16:9 素材後，匯集成為 >60 秒的影片內容，即是 Youtube 中長視頻內容。

08. 重新產生

選擇喜歡的影像圖片，利用重新產生功能即能以相同風格不同場景來生成更多更豐富影像圖片。

Step1. 進入影像編輯器：於喜歡的影像圖片上，點選一下進入影像編輯器。

第 5 節　後製編輯應用

Step2. 重新產生：進入編輯視窗後，點選 重新產生 。

Step3. 完成生圖：系統即以該風格影像，進行不同圖片生成。

16-57

主題 3

Pippit

當短影音成為主流行銷工具，品牌與商家不再只是「需要會剪影片」，而是需要一個能快速產出具備銷售力與品牌感內容的系統工具。Pippit（原名 Capcut Commerce Pro），正是為此而誕生——它是一款專為商業應用設計短影音製作平台，讓你能完成從商品素材、視覺排版、廣告風格剪輯，到社群發佈的完整流程。

Pippit 優勢在於：簡化流程、強化成效、可快速上手、適用多平台。透過內建範本與自動化工具，Pippit 為創作者與商家提供一個實用、模組化的影片製作解決方案，尤其適合用於商品介紹、上架宣傳、促銷活動與品牌內容經營。

Pippit 的實用功能特色

☑ 一鍵式商品影片生成

輸入商品頁網址（如 Shopify 或 Tiktok Shop），或上傳媒體、文件等素材，系統即自動擷取匯整標題、圖片、價格等資訊，快速生成一支含剪輯、字幕與畫面轉場的商品影片，適合秒上架與限時促銷使用。

☑ 大量影音模板與素材庫

內建大量熱門風格與適合推廣用途的影音模板，包括新品介紹、排行榜、優惠倒數、顧客好評等情境。

☑ AI 驅動的影片強化工具

整合移除背景、AI 模特兒、AI 語音、虛擬替身與配音、字幕辨識等功能，讓創作者能以最短時間製作出高品質的品牌影片，同時保持一致風格與說服力。

☑ 多平台格式適配與發佈整合

影片可依據目標平台自動裁切為適合比例（如 9:16, 1:1 等），並可直接連結 Tiktok

商業帳號、Facebook、IG、Yóutube 等社群，完成後一鍵發佈，或下載素材再自用編輯。

本章將以實作與範例為核心，帶領你了解如何善用 Pippit 這套工具，從操作到應用等技巧，每一步都具備明確教學與應用建議。

無論你是剛起步的小商家、內容創作者，還是需要優化短影音產出的行銷人員，都能透過本書與 Pippit，一步步打造出真正具有行銷力的影音內容。

第 1 節　啟動 Pippit

Step1. 進入 Pippit 首頁：點選左上方 Capcut Logo 選擇 Pippit 進入即可。

Step1. 變更語系：點選右上角 圖標，系統預設語系為 English 英文，在此可變更為繁體中文。

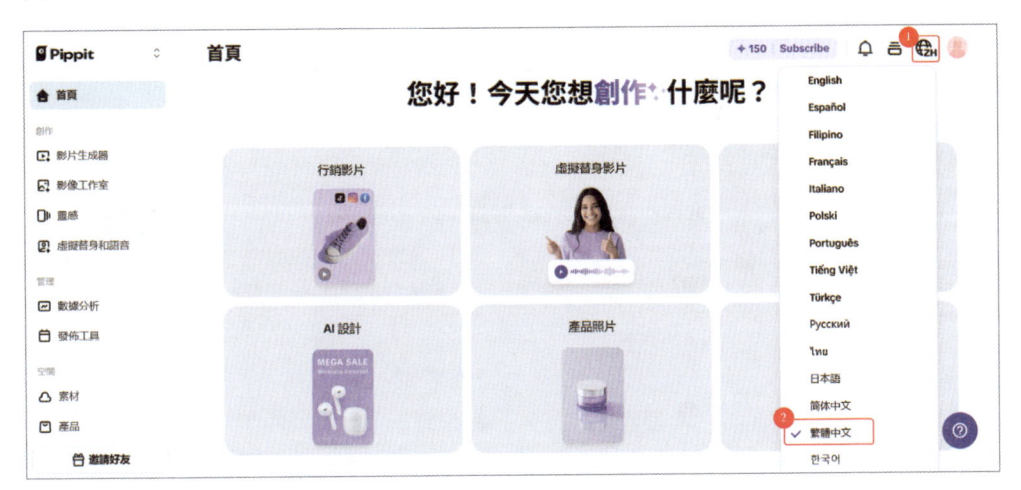

16-59

主題 3　Pippit

第 2 節　影片生成器

當短影音創作變得如此簡單，只需上傳素材，影片就能自動生成——這正是影片生成器的強大特色！只要輕鬆點選並上傳內容（如網址、媒體素材或文件），AI 就能迅速製作出融合素材內容的短影音，一次生成多達 10 支影片，讓自媒體經營從此不再繁瑣，輕鬆又高效。

01. 啟動與導覽

Step1.　每週 150 點免費：點選右上角圖示，查看官方免費版使用規範。

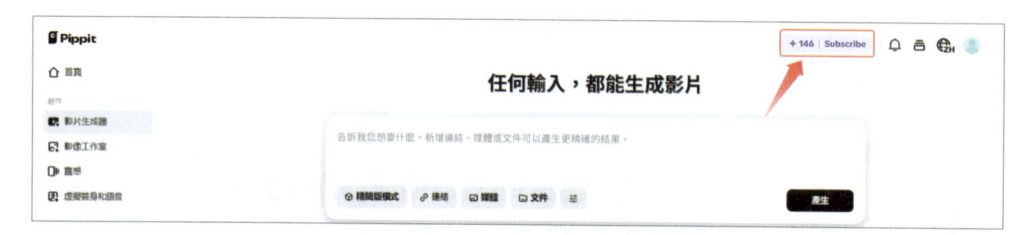

Step2.　功能導覽介紹：左側為① Pippit 主功能區點選影片生成器，右側視窗②精簡版模式 (速度快適用於行銷影片)、連結 (商品頁網址導入)、媒體 (本機或雲端素材媒體)、文件 (Powerpoint、PDF 等檔案)，或是由下方的③模版區選擇快速創作類型 (產品連結轉影片、品牌行銷影片等)，設定後點選④產生即開始生成影片。

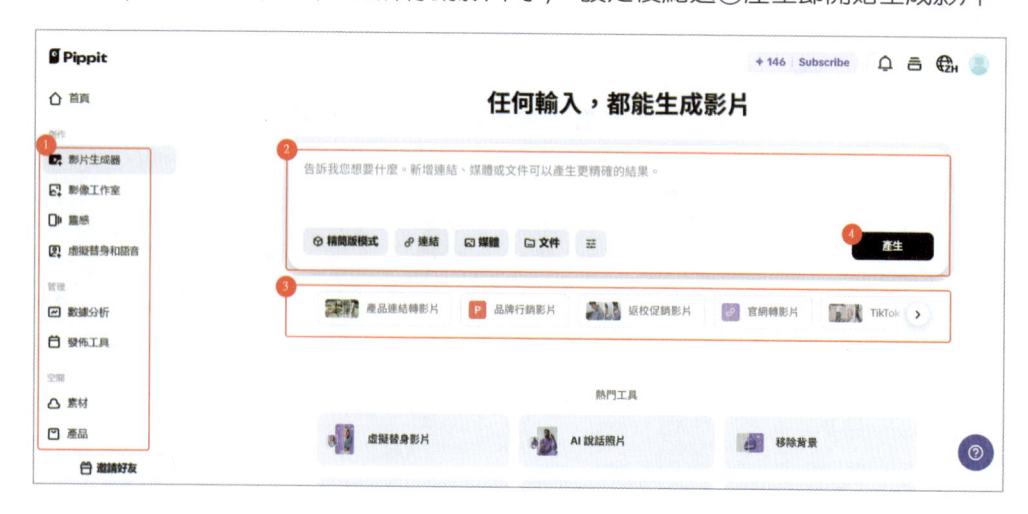

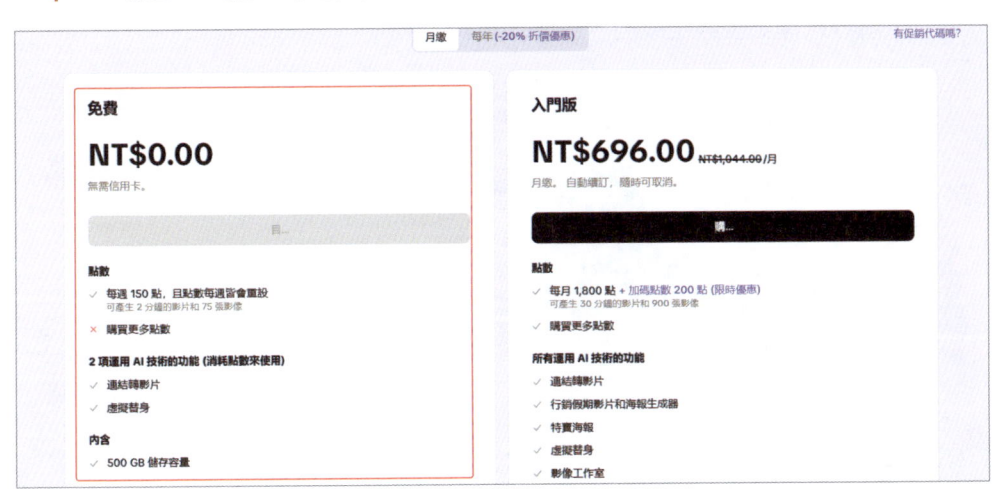

Step3. 每週 150 點：每週免費贈送 150 點，且點數每週會重設。

02. 連結生成影片

讓我們來了解如何應用產品頁網址導入 Pippit 後自動生成短視頻內容操作技巧。

Step1. 尋找產品頁連結網址：我們以亞馬遜聯盟行銷概念來說，進入某一項產品頁面後，於上方網址列點選右鍵複製（或 Ctrl+C）。

主題 3　Pippit

Step2.　總覽產品頁資訊：在導入連結前，先預覽官方頁面中產品介紹與產品圖的內容，了解導入連結後與生成的內容進行資料對照。

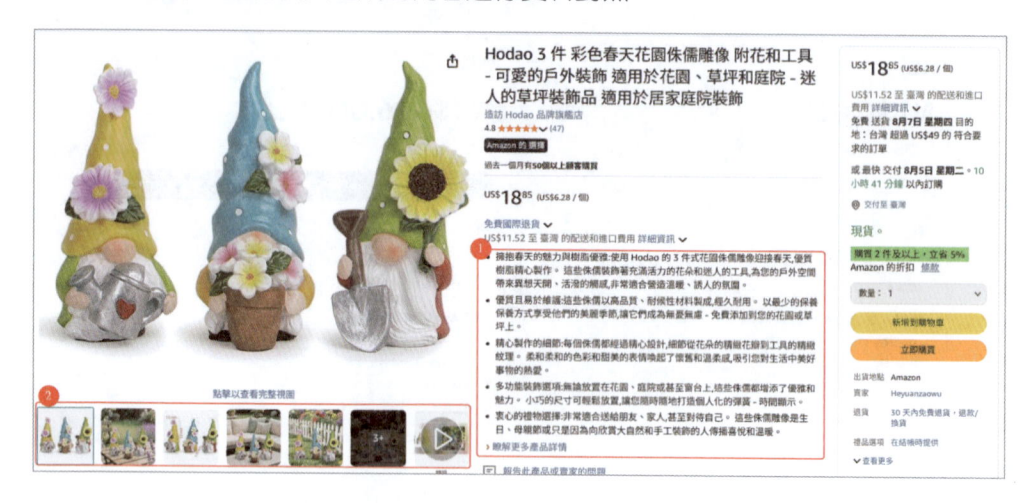

Step3.　連結貼上網址：返回 Pippit 後，點選連結於網址列位置，點選貼上 (或 Ctrl+V)。

說明：進行此頁面操作時，建議將 Chrome 檢視比例縮放至 90% 為最佳瀏覽模式。

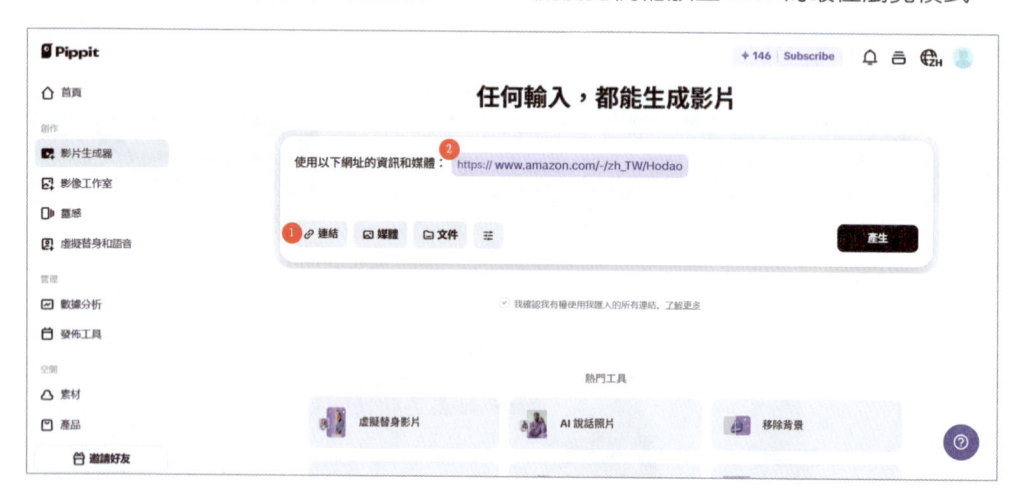

Step4.　影片參數設定：點選 ≡ 設定虛擬替身、語言、影片長度 (如 :15 秒) 等參數，並點選產生。

16-62

第 2 節　影片生成器

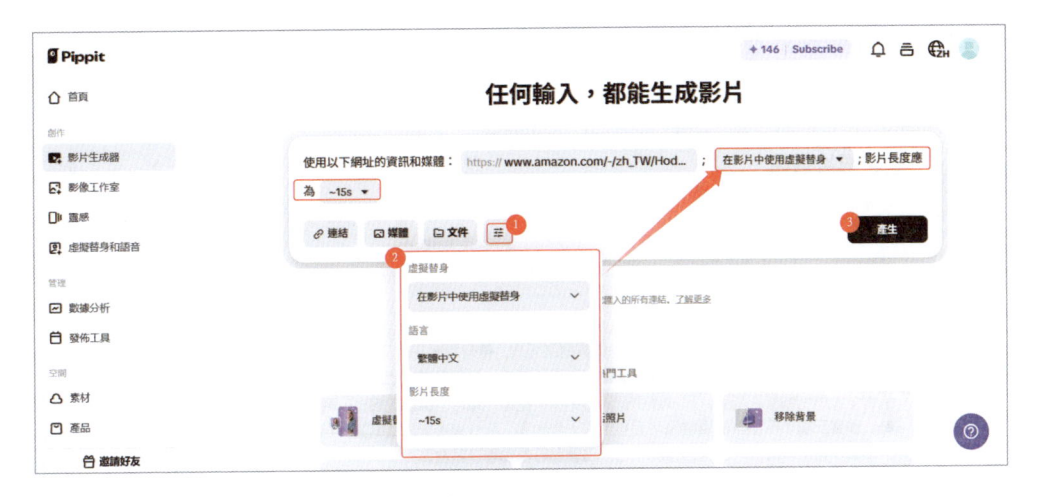

Step5.　進行影片分析：開始進行影片內容分析，待 100% 完成。

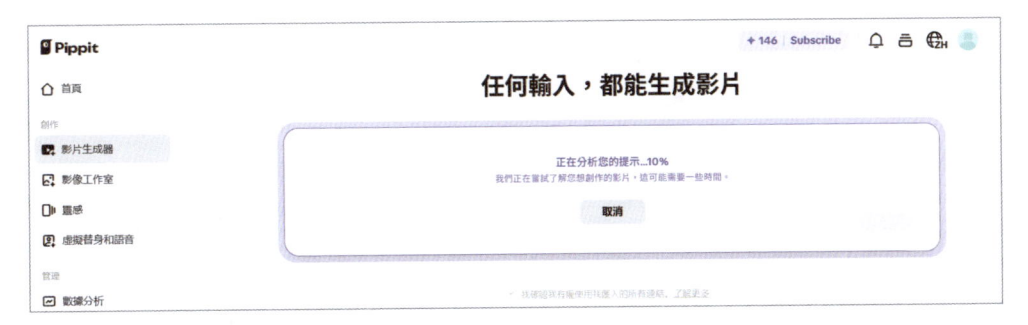

Step6.　修改產品介紹：於分析資訊區，點選 ✏ 編輯，進行旁白文字編修。

16-63

主題 3　Pippit

Step7.　自訂編修內容：可修訂主題、簡介、加入 Logo 圖片、品牌名、影片類別等相關資訊，完成後點選確認

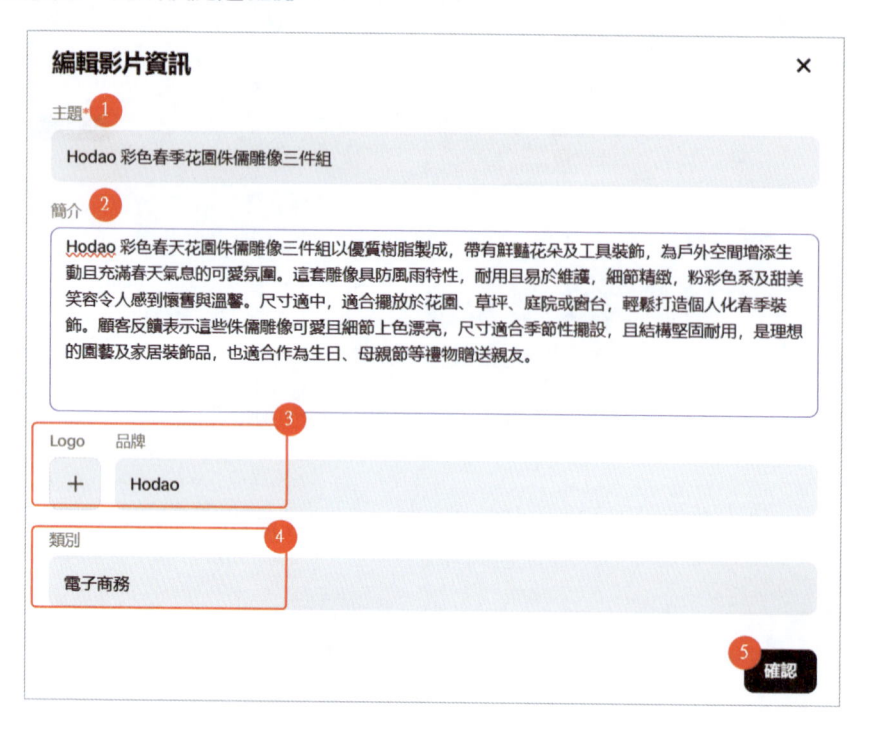

Step8.　增刪素材內容：在生成的媒體中，前 2 組素材是由 AI 自動生成加入內容，若與產品不相符時，可以點選刪除即可，或由 AI 推薦的媒體點選其它更豐富的素材內容。

16-64

第 2 節　影片生成器

Step9. 更多資訊：依產品特性點選加入<u>重點</u>、<u>驚喜優惠</u>、<u>偏好促銷</u>方式等條件設定。

說明：各欄位的內容需再次確認與產品頁內容是否相符一致。

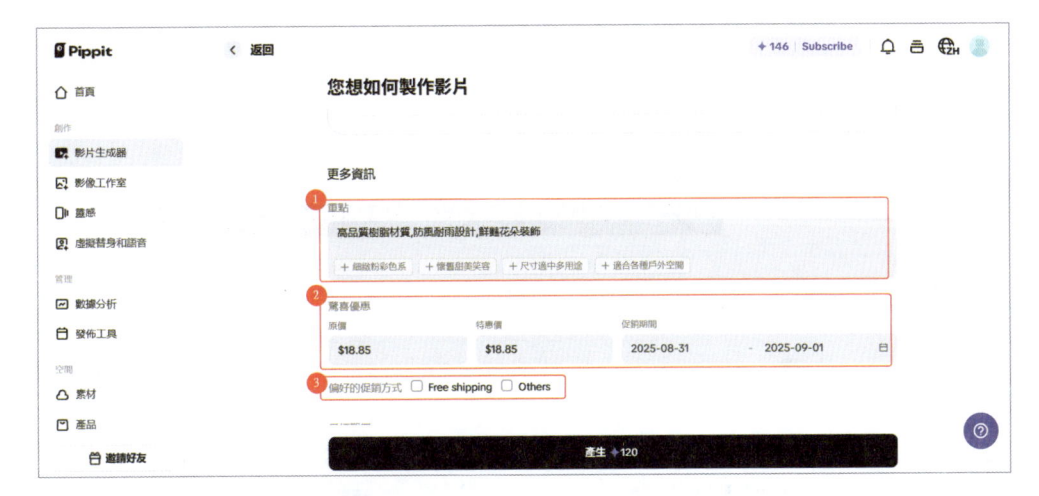

Step10. 受眾與影片類型：確認<u>目標觀眾</u>、<u>更多資訊</u>、<u>影片類型</u>等相關設定。

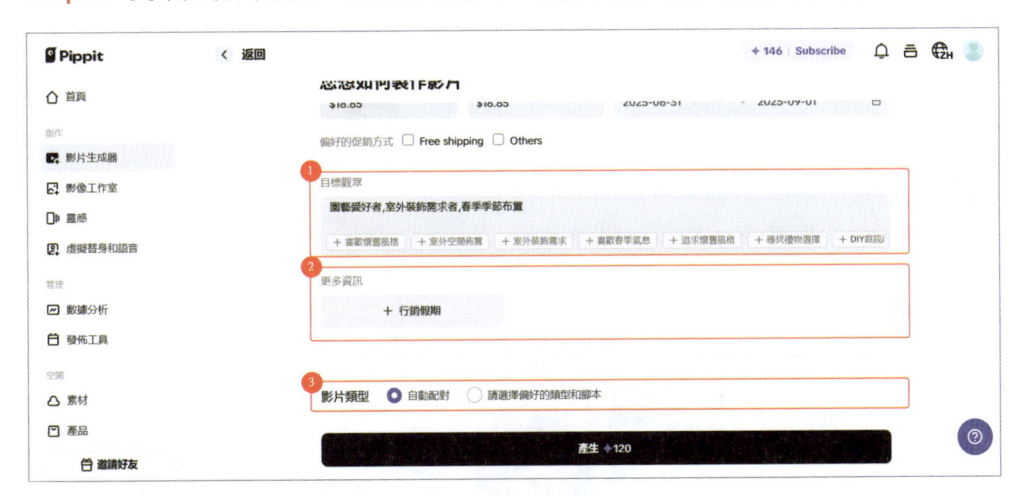

Step11. 影片設計與產生：設定影片中的<u>虛擬替身</u>、<u>語音</u>、<u>尺寸</u>、<u>語系</u>、<u>任意長度</u>(影片時長)後，點選<u>產生</u>即開始生成影片內容。

說明：注意點選產生後即正式扣除 120 點，所以務必確認相關參數後再點選產生。

16-65

主題 3　Pippit

Step12. 影片生成中：依視窗進度顯示影片生成作業中，待 100% 生成完成。

Step13. 影片生成完成：系統自動完成 10 支短影片生成，可供使用者自由選擇再修改創作。

16-66

03. 改變影片風格

Step1. 影像視窗總覽：影片上方可見該影片特色 (如：產品亮點、對話、情節轉折) 等不同風格；若是希望重新生成新的 10 支影片內容，可於右上角點選新建；而每支影片下方都可提供編輯或重新生成設定。

Step2. 改變影片風格：於影片下方編輯列中，點選 ⟳ 即可變更影片風格 1/5，共 5 種風格可變化。

Step3. 關於編輯模式：隨著不同影片類型，可編輯工具應用也不同，可逐項瀏覽參照。

說明：僅部份影片有提供編輯修改功能，其它僅供剪輯並匯出。

主題 3　Pippit

04. 快速編輯導覽

Step1.　啟動快速編輯：想要進行影片中的所有元素修改設定，點選快速編輯。

Step2.　視窗介面導覽：①影片播放預覽、②影片元素 (腳本、虛擬替身、語音、媒體、文字)、③編輯腳本、④影片語系、⑤字幕風格設計、⑥編輯更多 (CapCut 剪輯)、⑦完成後匯出影片。

16-68

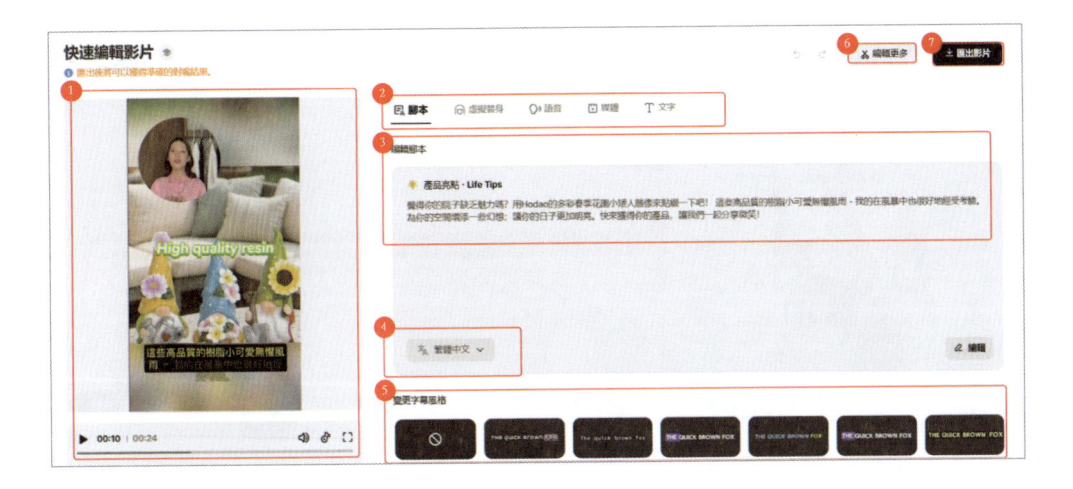

05. 腳本編輯

Step1. 語系變化：點選腳本，確認影片語系後，點選編輯，即可進入腳本編輯模式。

說明：行銷創意思路，我們可以相同腳本生成不同語系的短影片來分享以觸及更多其它國家的客群與瀏覽。

Step2. 腳本編寫：可將腳本內容進行編修設計，完成後點選儲存。

16-69

主題 3　Pippit

Step3. 變更字幕風格：字幕風格與特效設定，點選即套用預覽。

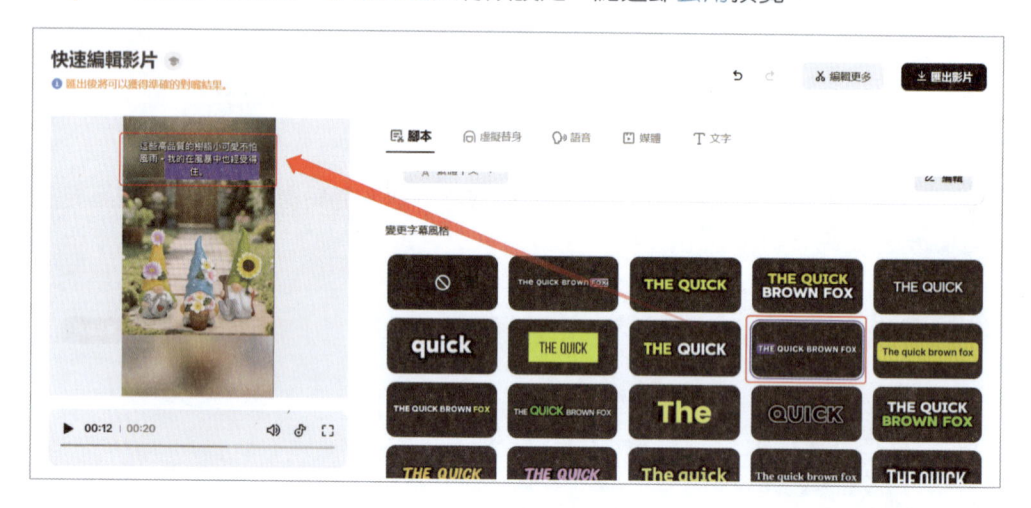

06 虛擬替身

虛擬替身：點選 虛擬替身，點選 推薦的虛擬替身，選擇喜愛的人物，或點選 🚫 無虛擬替身。

07. 語音

Step1. 變更語音：點選 語音，於下方列表中，先 試聽 聲音後，確認即可點選 ⭕ 正式 套用。

說明：特別注意的即是，虛擬替身若為男性，則語音請記得以男性配音為主。

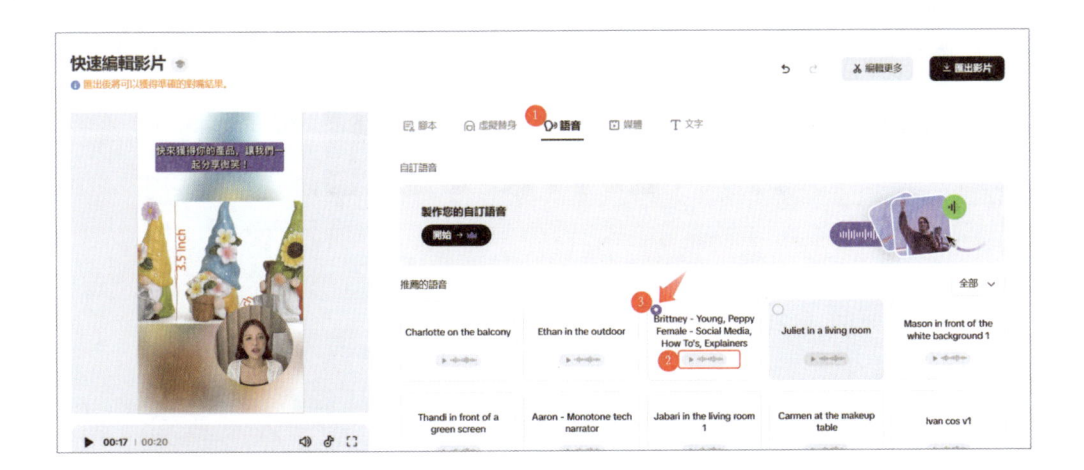

主題 3　Pippit

Step2.　自訂語音：可自訂自己的語言資料庫，目前為免費使用不妨試試收錄自己的聲音。

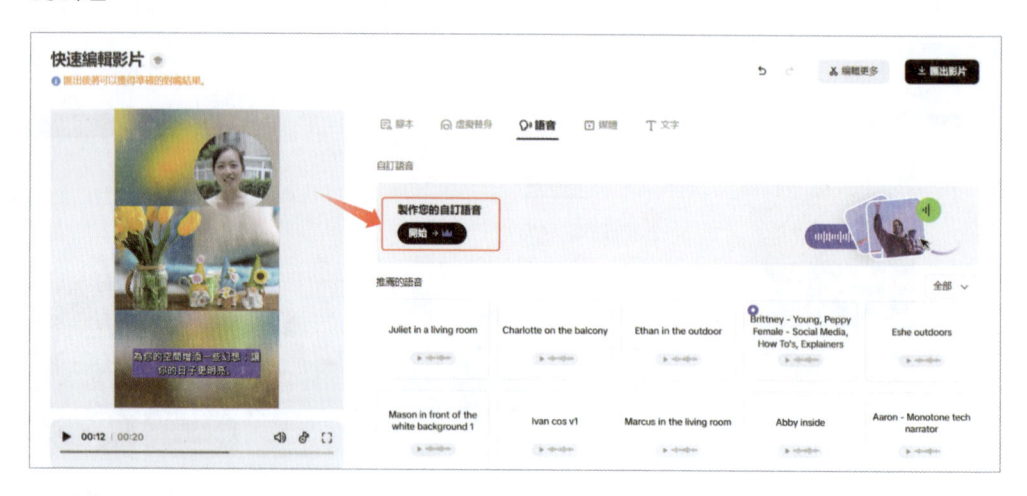

08. 媒體

Step1.　媒體素材：點選媒體，於縮圖右下角 ✏ 即可進行編輯。

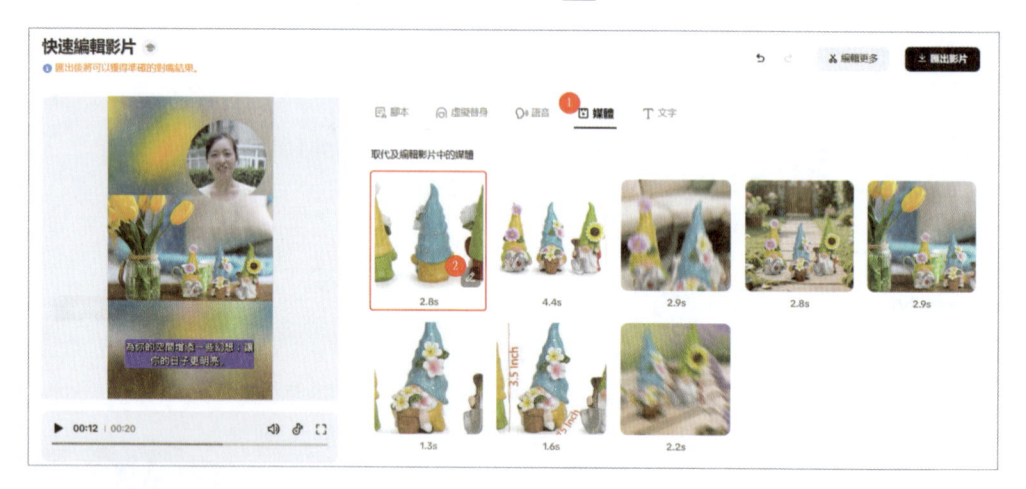

Step2. 素材編輯：可上傳電腦 (本機素材) 替換、素材庫 (雲端) 讀取、以及裁切與修剪設定。

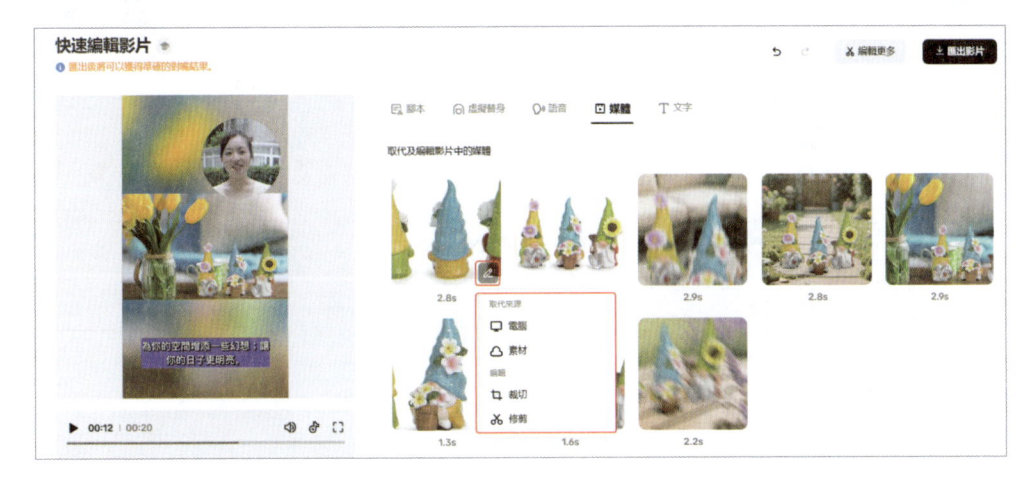

09. 文字

Step1. 文字編輯：在此的文字為影片中的標語文字，與旁白文字定義不同，不妨可播放預覽影片觀看文字標題出現位置，依序更改內容設計即可。

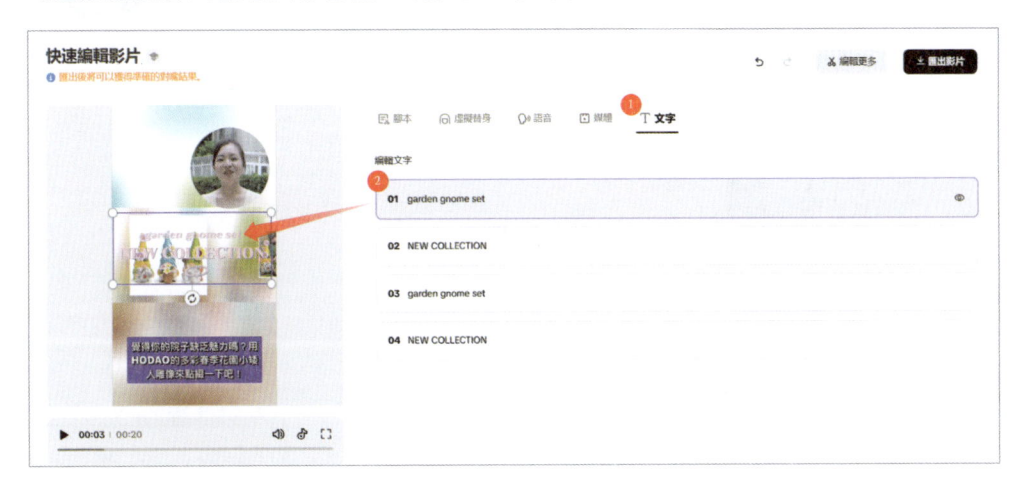

16-73

主題 3　Pippit

Step2.　隱藏文字顯示：該文字內容若不需要顯示時，在此以隱藏設定並非刪除。

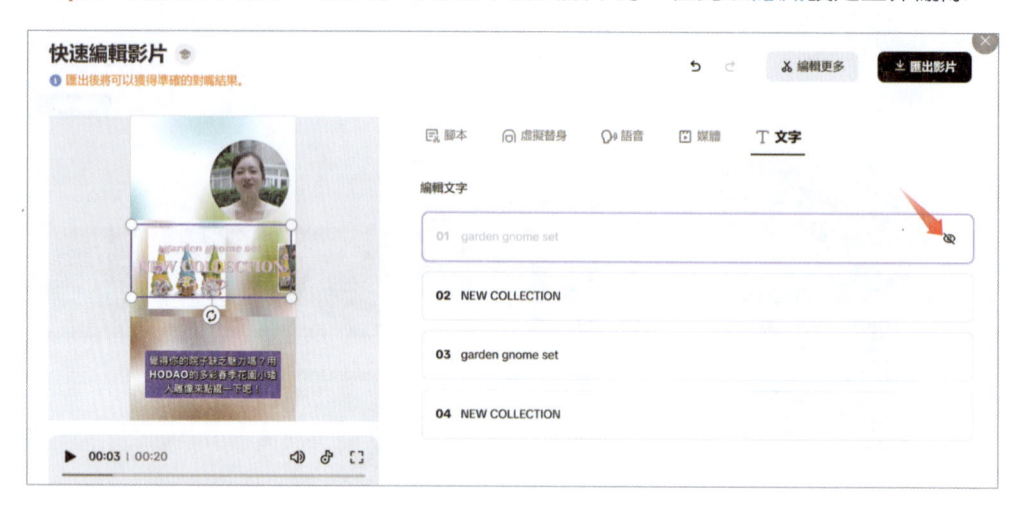

10. 字幕與語系翻譯

Step1.　編輯更多：點選右上角編輯更多功能，即可啟用 Capcut 影片編輯視窗。

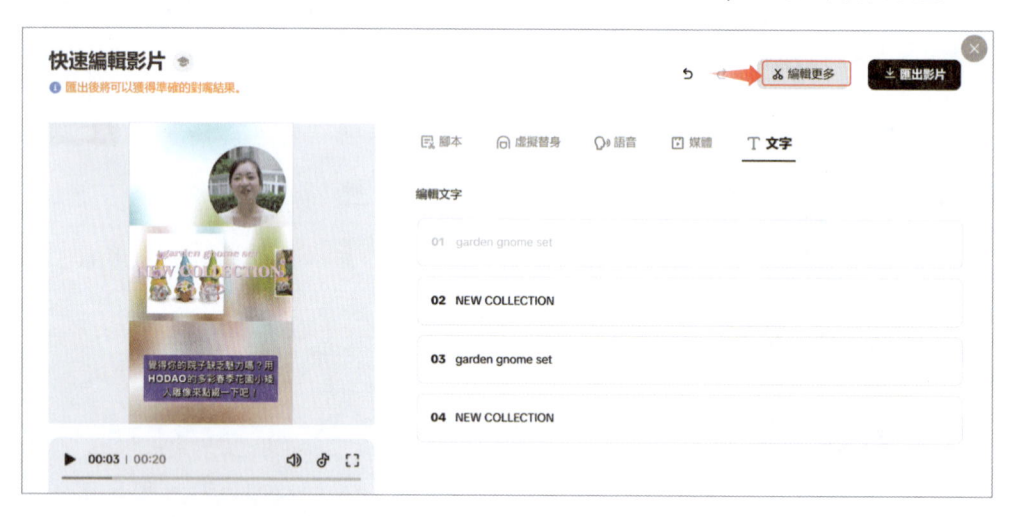

第 2 節　影片生成器

Step2. 編輯字幕：於時間軌道中點選字幕塊文字，系統自動切換到 Captions 字幕編修視窗。

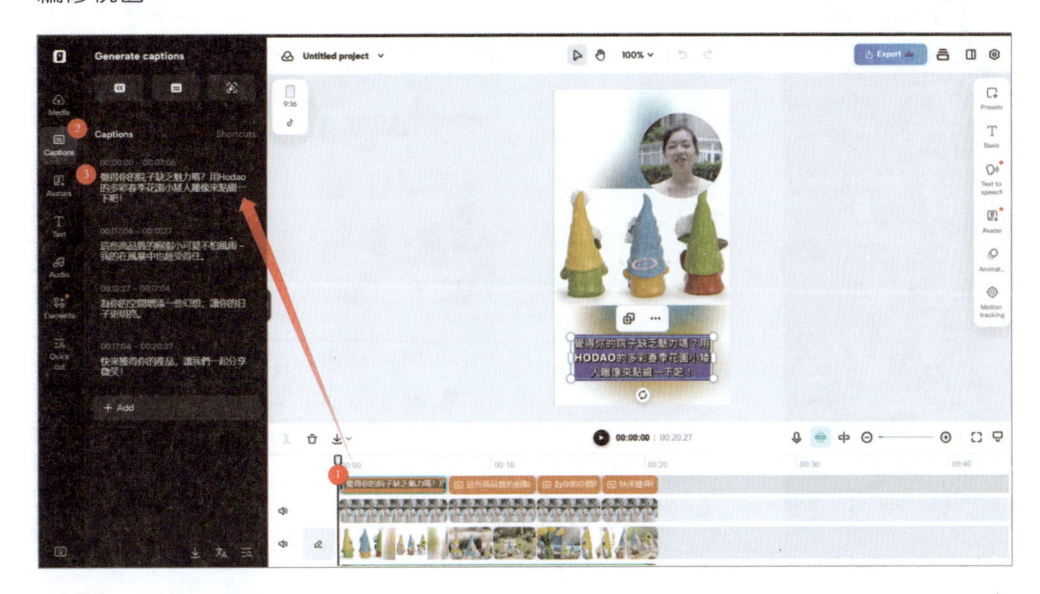

Step3. 分割字幕：以短句為單位，點選欲分割位置，按 Enter 進行字幕切割，依序完成所有分割。

說明：短視頻中以短句字幕呈現才能放大字體比例，以提供最佳瀏覽體驗。

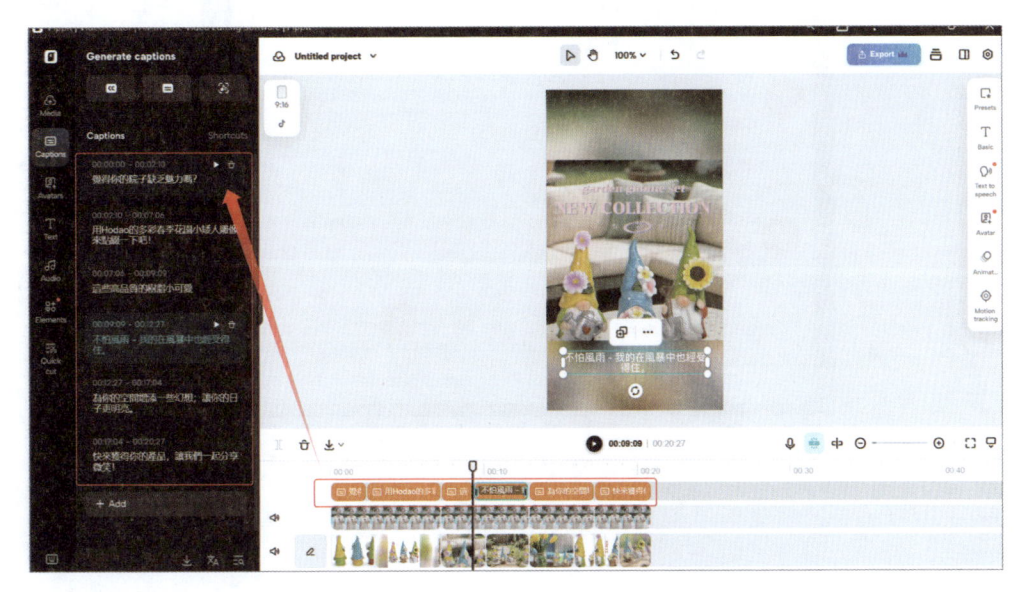

16-75

主題 3　Pippit

Step4. 翻譯語系：點選左側下方翻譯 文A 圖示。

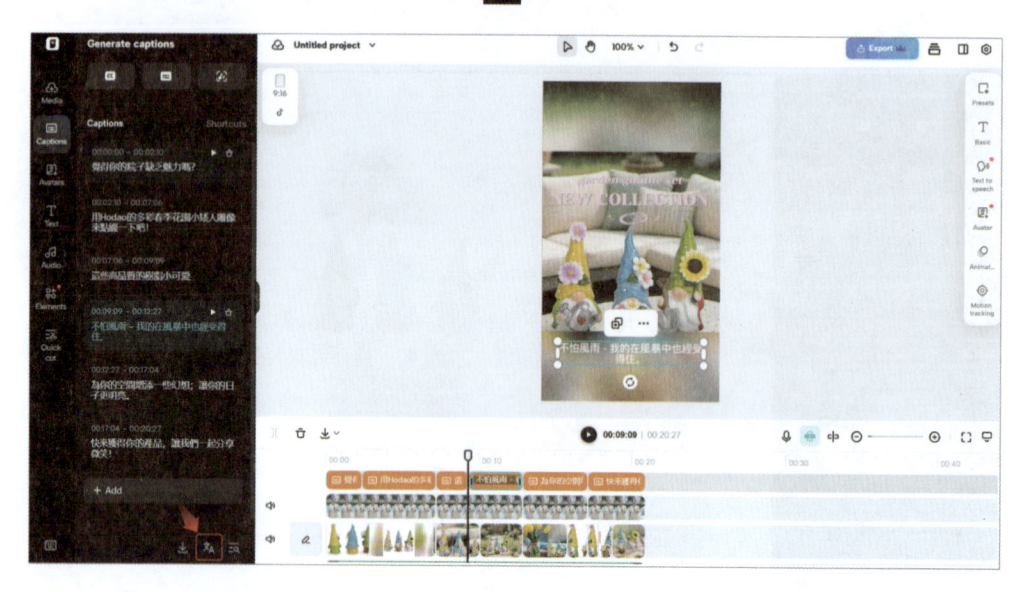

Step5. 翻譯其它語系：我們也可將繁體中文翻譯成其它語系，並點選 Translation 翻譯即可。

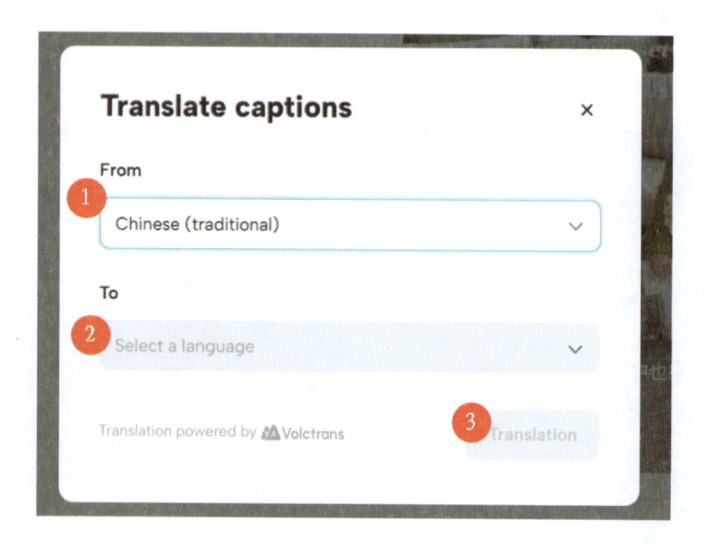

第 2 節　影片生成器

Step6. 字幕格式：點選時間軌中的字幕塊，於右側視窗中點選 Presets，切換至 Templates 類別，下方即為字幕動畫範本，可再次重新套用。

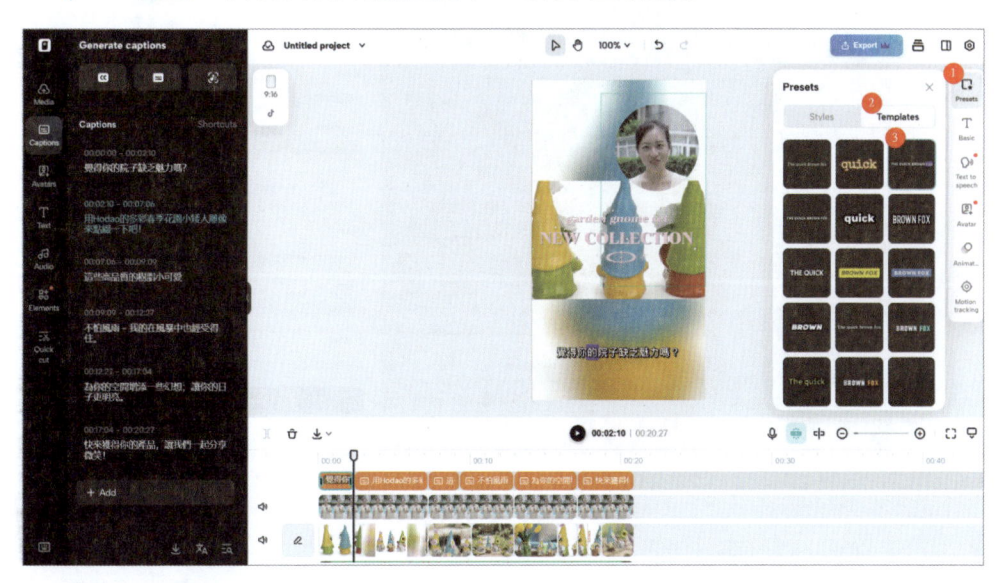

11. 匯出影片

Step1. 匯出並下載：完成所有設計後，於右上角點選 Export 匯出，並點選 Download 下載。

Step2. 檔名與去浮水印：設定檔案名稱、並點選 No Watermark 去除浮水印，其餘參數可以預設值設定，點選 Download 下載。

16-77

主題 3　Pippit

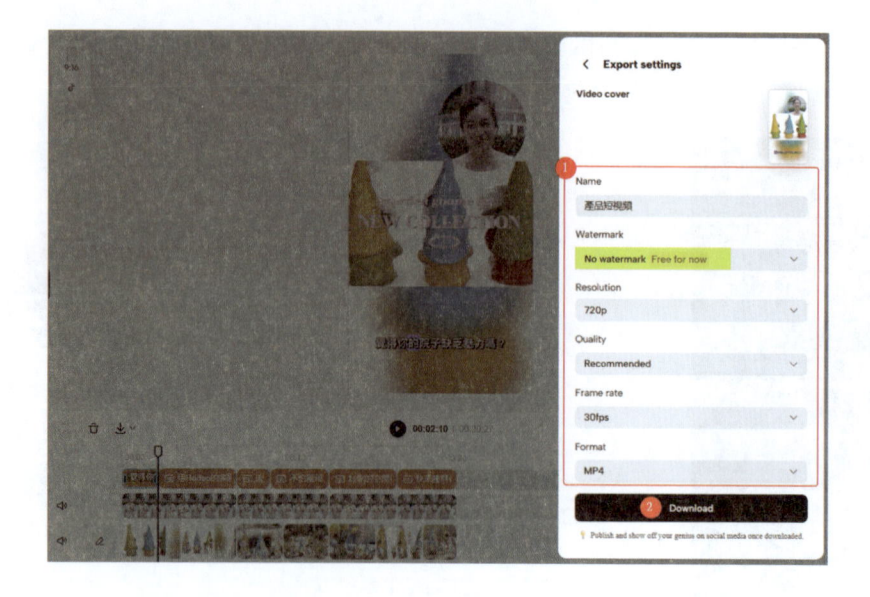

第 3 節　影像工作室

影像工作室整合多種實用功能，從移除背景、AI 背景、AI 設計、增強解析度、AI 陰影等，一站完成所有圖像處理需求。內建靈感庫讓創作更有效率，也更有趣。

01. 啟動與導覽

功能導覽：切換①至影像工作室功能，②提升行銷影像等級 (移除背景、AI 背景、AI 設計、增強影像解析度)、③快速工具 (以圖片素材快速製作電商商品圖設計)、④尋找靈感 (透過範本快速完成海報圖片設計)。

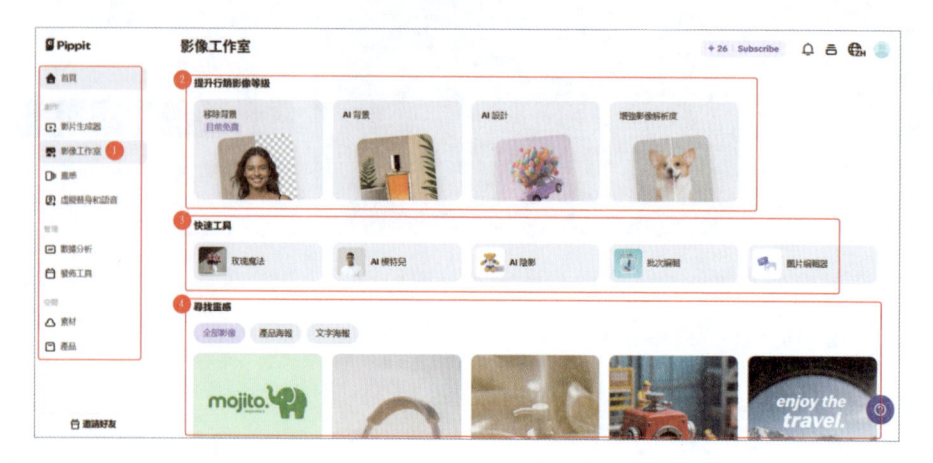

16-78

02. 移除背景

Step1. 進入移除背景：於 Pippit 首頁中，點選左側影像工作室類別中移除背景功能。

說明：在此的移除背景為圖片去背與影片去背不同。

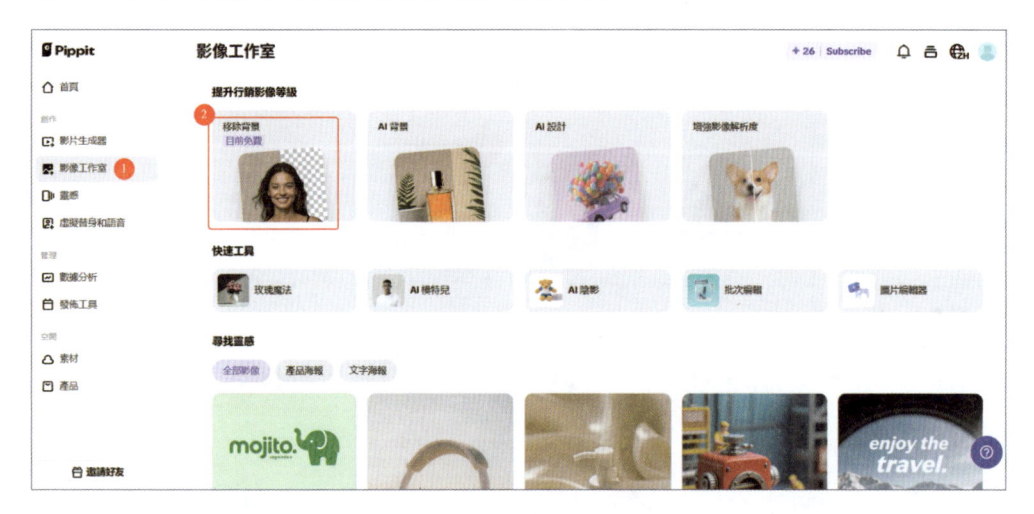

Step2. 上傳商品圖片：點選裝置 (指本機電腦上傳媒體)。

主題 3　Pippit

Step3. 選擇圖片檔案：於左側指定圖片路徑 (如：商品圖)，點選檢視大圖示，預覽圖片縮圖後，選擇檔案名稱後開啟。

說明：可自選影像圖檔進行去背練習。

Step4. 增強解析度：去背後的圖片，可以上方工具再次進行圖片修改 (如：增強解析度)。

說明：如圖所示每增強解析度都會消耗 1 點。

16-80

Step5. 自訂背景色：去背後 (呈透明背景屬性)，即可於上方工具指定所需背景色彩。

說明：注意無需要點選圖片，才可看見背景色彩定義。

Step6. 下載檔案：點選右上方下載，格式指定 PNG(具透明背景屬性)，浮水印 (指定無浮水印模式)，大小為 1x， 儲存至 [素材]，並點選 Download 下載至本機。

說明：在此 儲存至素材 指 Pippit 雲端素材庫的定義。

主題 3　Pippit

Step7. 素材預覽：於檔案總管中，點選下載，於右側可見圖片縮圖，尺寸已變更為 1:1(1024*1024) 大小。

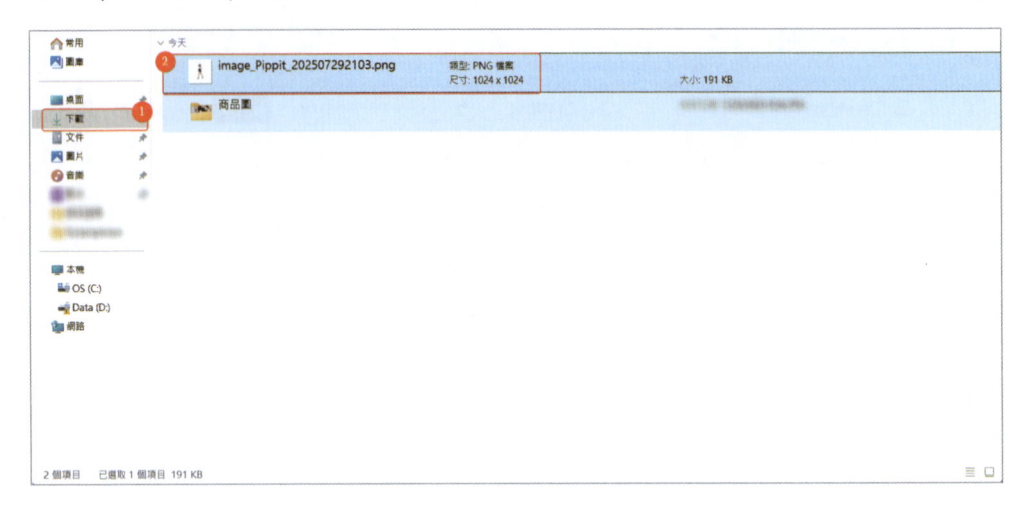

Step8. 進階 AI 應用：返回至編輯頁，更可應用左側功能區進行更多 AI 設計編排。說明：左側功能區操作技巧，接續下列章節主題即有完整介紹與說明。

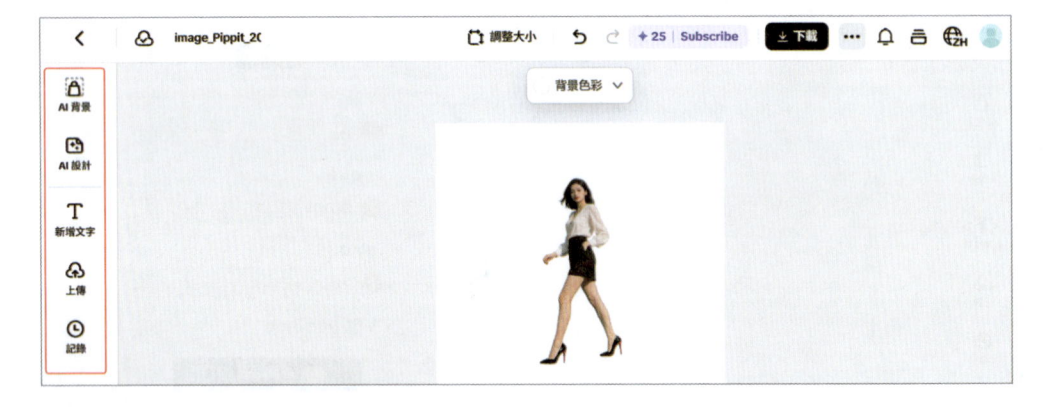

03. AI 背景

Step1. 進入 AI 背景：於 Pippit 首頁中，點選左側影像工作室類別中 AI 背景功能。

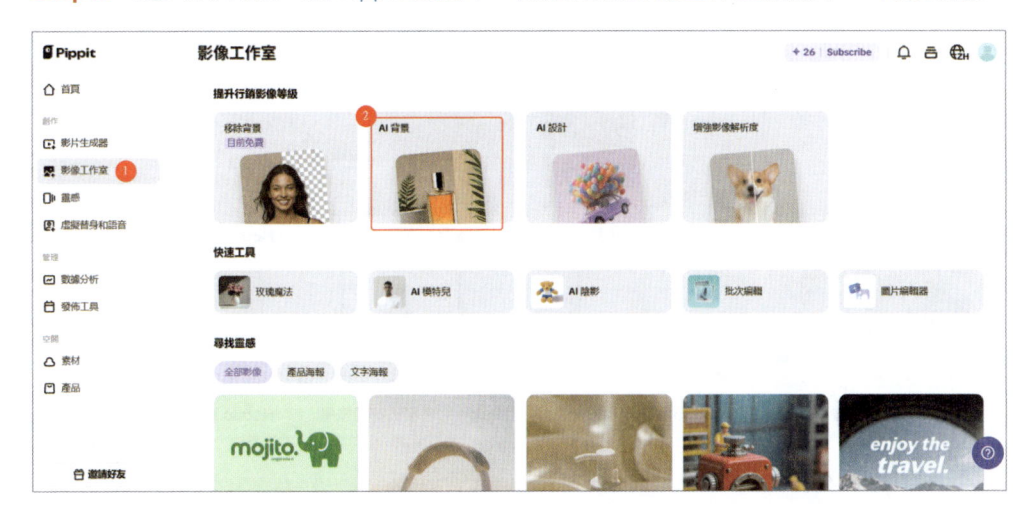

Step2. 由素材庫匯入：接續上一節我們可以直接於素材 (Pippit 雲端素材庫)，或是由本機電腦上傳圖片。

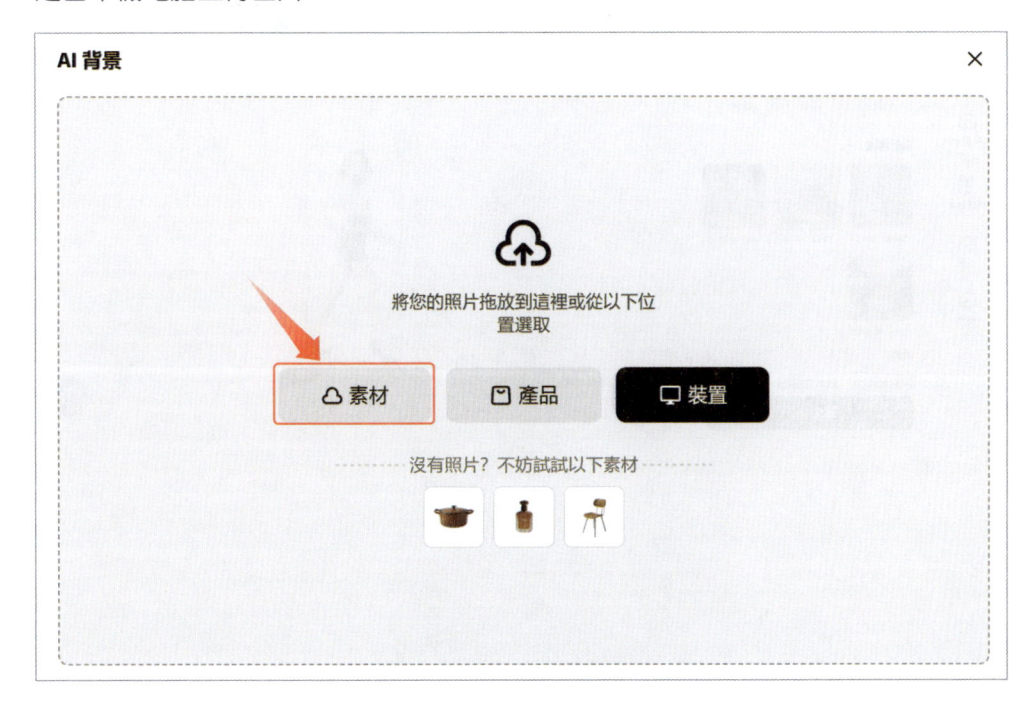

16-83

主題 3　Pippit

Step3. 選取影像圖片：點選所需圖片後繼續。

Step4. 縮放圖片大小：在進行 AI 背景設定前，我們可以先將圖片進行放大比例。

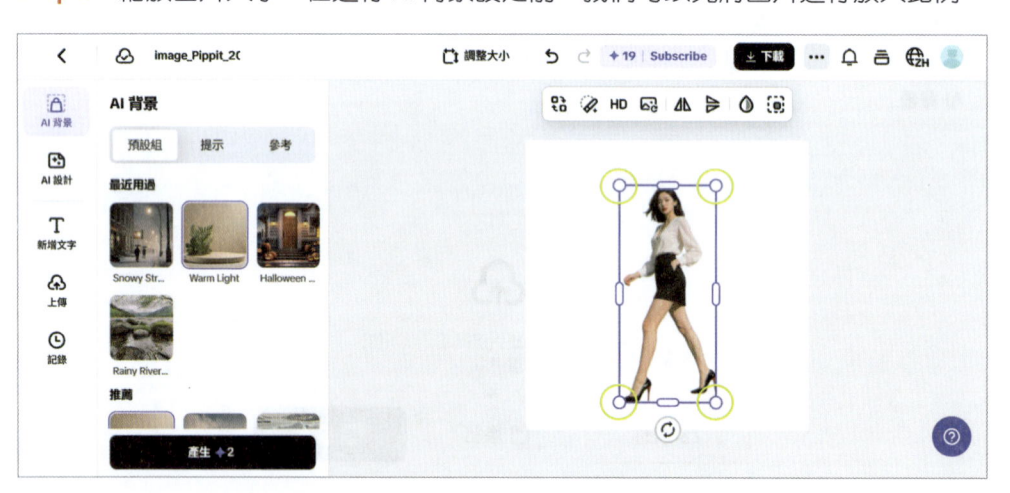

第 3 節　影像工作室

Step5.　AI 背景套用：於 AI 背景主題下，點選預設組中的推薦，選擇與主題相符場景，點選產生。

說明：生成影像即扣除 2 點。

Step6.　圖片生成：系統預設一次生成 4 張圖片，可供選擇，當然可再次點選產生更多更豐富的圖片。

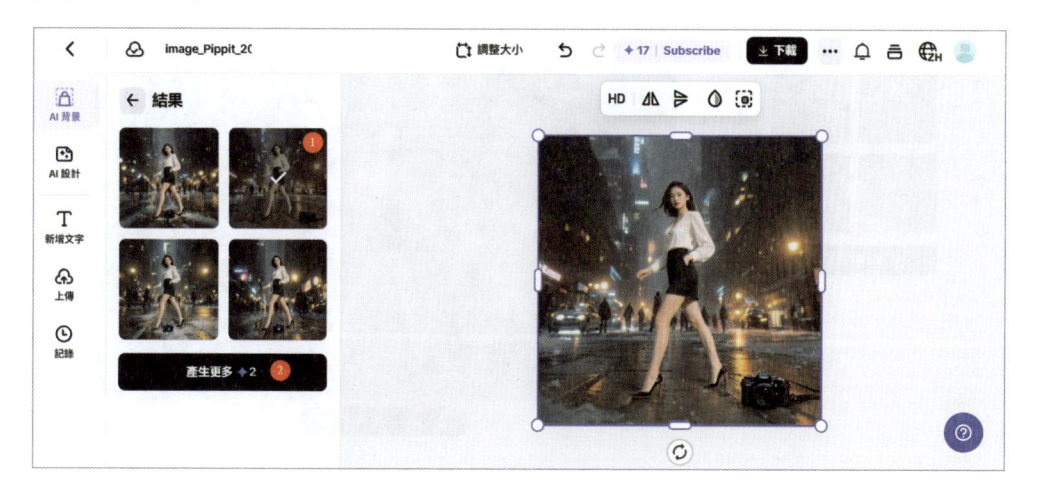

16-85

主題 3　Pippit

Step7. 調整影像大小：將原尺寸為 1:1 的圖片，改變為 16:9 橫式圖片，並點選 AI 擴圖開始執行。

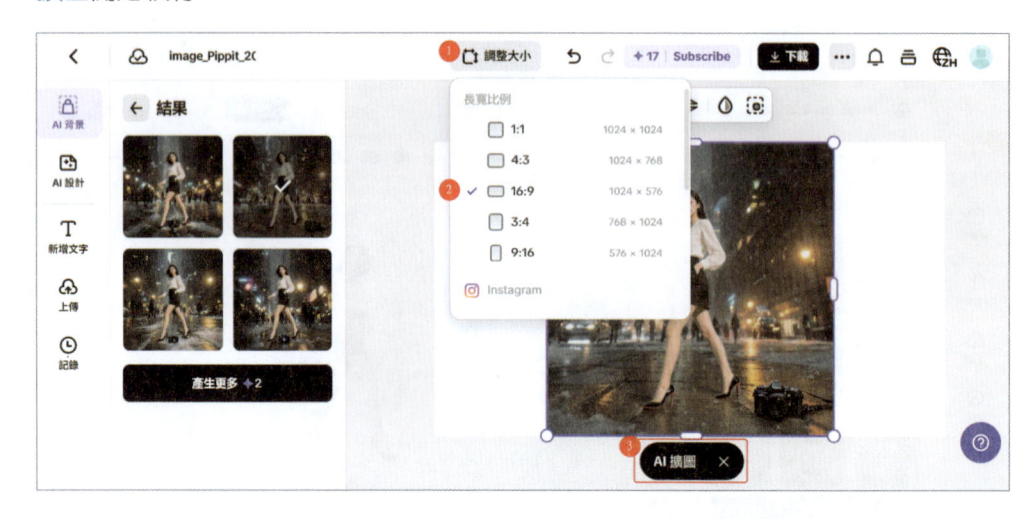

Step8. 擴圖預覽：擴圖後，於下方工具列中可見兩個縮圖，點選即圖片預覽，完成即套用。

第 3 節　影像工作室

Step9. 影像編輯：生成後的影像仍可再次編修，點選人物、或點選背景圖，都可再次利用上方工具列再次進行相關屬性編輯與修改設定。

說明：點選人物與點選背景所呈現的屬性工具列完全不同，不妨測試看看。

Step10. 下載檔案：點選右上方下載，並完成相關格式設定後再次點選 Download 下載即可。

16-87

04. AI 設計

Step1. 進入 AI 設計：於 Pippit 首頁中，點選左側影像工作室類別中 AI 設計。

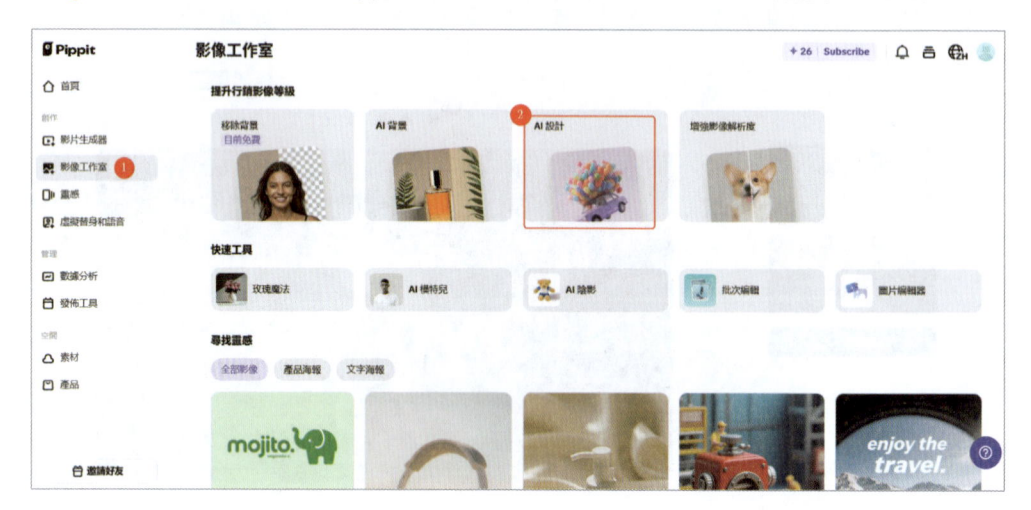

Step2. 介面導覽：①輸入影像提示詞內容，②影像類型 (任何影像、產品海報)，③風格 (自動)，點選④產生即自動生成海報設計。

說明：描述想要的主題、背景、風格、促銷期限以及更多內容，生成海報設計。

Step3. 提示詞提煉技巧：

ChatGPT 生成海報文案 ▶ 於文案中提煉關鍵訊息 ▶ 生成中文、英文提示詞 ▶ 將提示詞複製貼入至 Pippit 中，開始生成海報設計。

第 3 節　影像工作室

1. **ChatGPT 設計文案**：輸入需求，請 ChatGPT 進行文案設計。

提示詞：幫我設計海報宣傳用的文案內容，商品：3 色口紅。

```
ChatGPT

                                            幫我設計海報宣傳用的文案內容，商品：3色口紅

當然可以！以下是為「3色口紅」設計的海報宣傳文案，你可以依照風格偏好再微調：

🌟 限量上市・美力三重奏 🌟
【女王系3色口紅組】
💄 一組3色，百變氣場
無論是約會甜美、上班自信、還是夜晚魅惑，
每天一抹，打造你的專屬風格！

✨ 絲絨柔霧感・顯色持久不掉色
🍓 色號A：甜莓裸粉 ｜ 溫柔日常首選
🍒 色號B：紅寶石正紅 ｜ 氣場全開不失優雅
☕ 色號C：摩卡奶棕 ｜ 知性沉穩氣質爆棚

🎁 現在購買即享：
✔ 限量包裝設計
```

2. **提煉關鍵訊息**：如場景、風格、人物特色、商品特色、鏡頭等描述。

提示詞：依上述文案內容，以關鍵場景與風格、商品特色、模特兒人物展示、幫我提煉 Capcut Pippit 專屬海報生成提示詞。

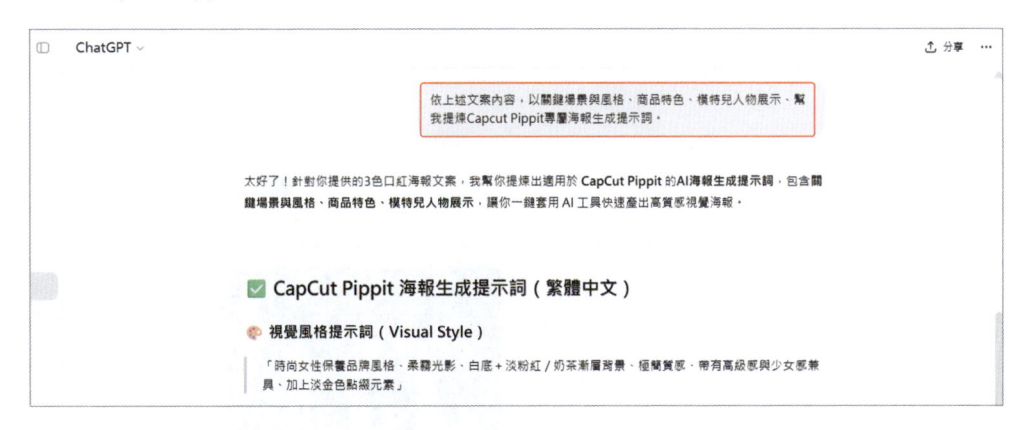

```
ChatGPT                                                                    ↑ 分享  ···

                          依上述文案內容，以關鍵場景與風格、商品特色、模特兒人物展示、幫
                          我提煉Capcut Pippit專屬海報生成提示詞。

太好了！針對你提供的3色口紅海報文案，我幫你提煉出適用於 CapCut Pippit 的AI海報生成提示詞，包含關
鍵場景與風格、商品特色、模特兒人物展示，讓你一鍵套用 AI 工具快速產出高質感視覺海報。

☑ CapCut Pippit 海報生成提示詞（繁體中文）

🎨 視覺風格提示詞（Visual Style）
「時尚女性保養品牌風格、柔霧光影、白底＋淡粉紅／奶茶漸層背景、極簡質感、帶有高級感與少女感兼
具、加上淡金色點綴元素」
```

3. **加入風格描述**：於 ChatGPT 加入風格描述句。如：暗色高級時尚版、韓系清新風格。

提示詞：以暗色高級時尚版，提煉中文提示詞。

16-89

主題 3　Pippit

> 以暗色高級時尚版，提煉中文提示詞

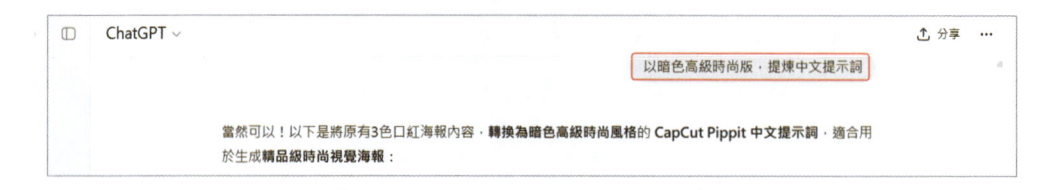

當然可以！以下是將原有3色口紅海報內容，**轉換為暗色高級時尚風格的 CapCut Pippit 中文提示詞**，適合用於生成**精品級時尚視覺海報**：

4. 提示詞生成完成：選取反白提示詞內容，**並點選**右鍵 / 複製，**並於** Pippit 中貼上**提示詞即可。**

說明：生成後的提示詞內容，我們都可再次編修後，再複製貼入至 Pippit 生成海報設計。

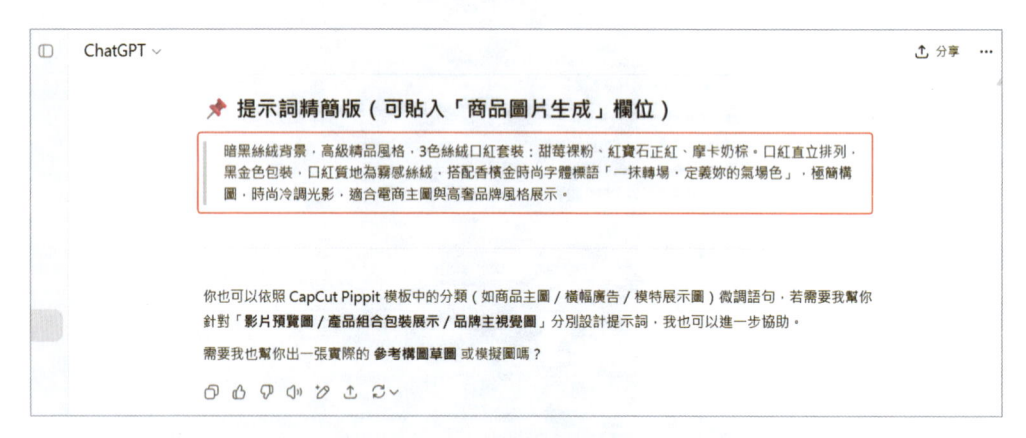

📌 提示詞精簡版（可貼入「商品圖片生成」欄位）

暗黑絲絨背景，高級精品風格，3色絲絨口紅套裝：甜莓裸粉、紅寶石正紅、摩卡奶棕。口紅直立排列，黑金色包裝，口紅質地為霧感絲絨，搭配香檳金時尚字體標語「一抹轉場，定義妳的氣場色」，極簡構圖，時尚冷調光影，適合電商主圖與高奢品牌風格展示。

你也可以依照 CapCut Pippit 模板中的分類（如商品主圖 / 橫幅廣告 / 模特展示圖）微調語句，若需要我幫你針對「影片預覽圖 / 產品組合包裝圖 / 品牌主視覺圖」分別設計提示詞，我也可以進一步協助。

需要我也幫你出一張實際的 **參考構圖草圖** 或模擬圖嗎？

Step4. 生成海報設計：於文字框中，點選右鍵 / 貼上 (Ctrl+V)，並進行內容修改，海報類型：產品海報、風格：簡約 (可任選不同風格樣式)，點選產生，預設一次4 張海報設計。

16-90

第 3 節　影像工作室

Step5. 生成更多內容：生成後的海報直接點選即可預覽，也可再次點選產生更多內容，提供多樣化選擇。

Step6. 海報內容編修：於右上方點選 ••• 編輯更多，即可進入 Capcut 圖片編輯器，進行圖文內容修改與設計。

16-91

主題 3　Pippit

Step7.　物件編修技巧：於右側圖層點選欲修改物件（如：文字圖層），並且於左側點選文字工具，屬性工具點選預設組，選擇所需樣式套用。

說明：部份物件若無獨立圖層即代表無法編輯與修改。

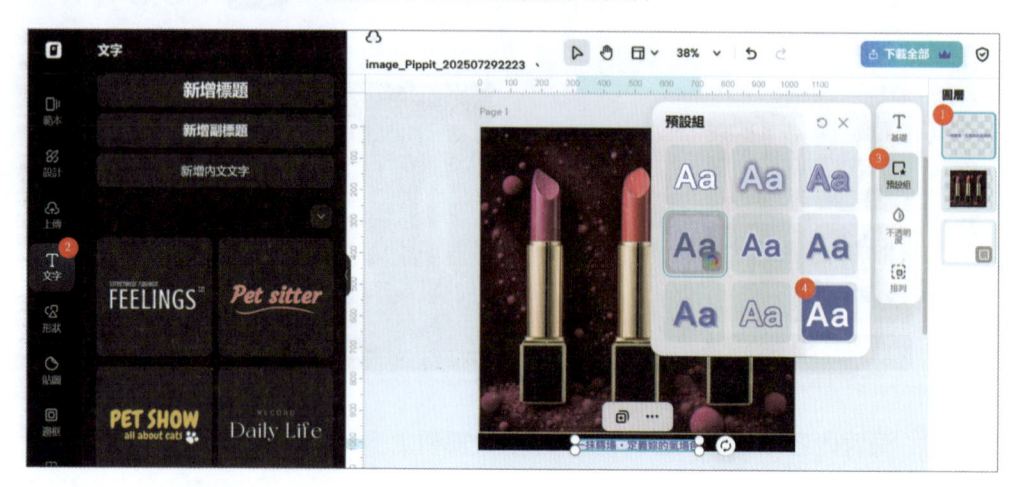

Step8.　色彩與大小：重新設定字型色彩、與縮放文字大小。

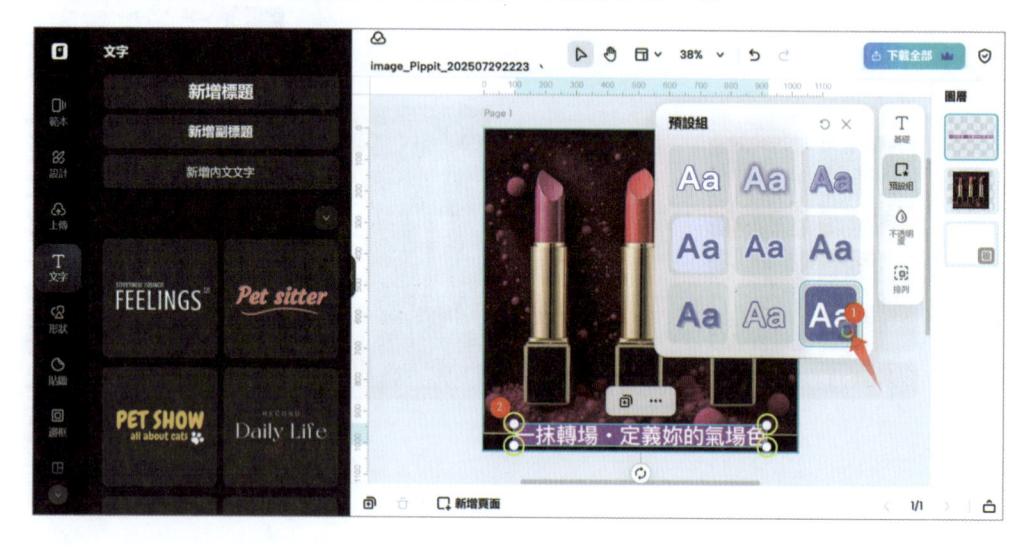

Step9. 下載檔案：點選右上角下載全部，依序設定所需格式與大小，即可將設計後檔案下載成 PNG、JPG 等圖片格式。

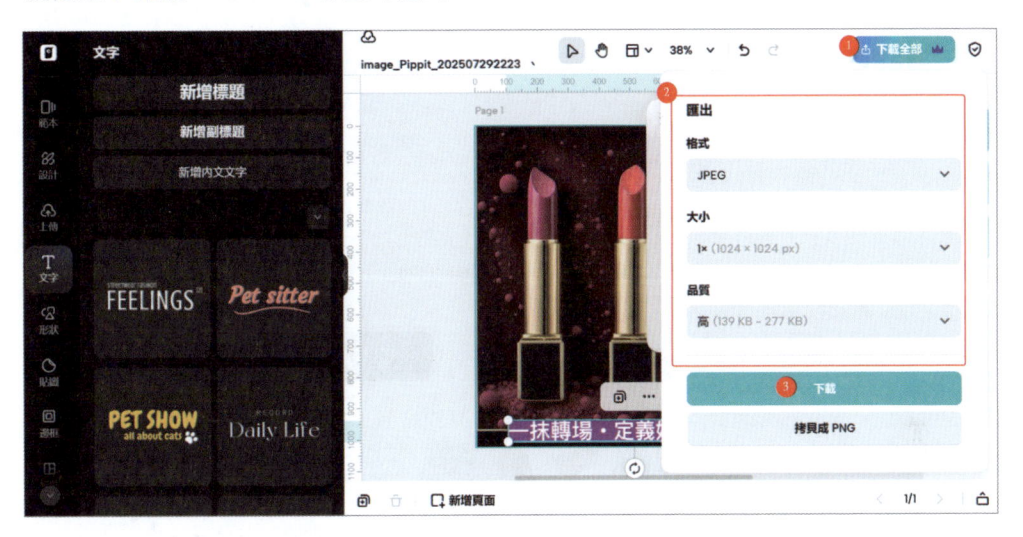

06. 增強影像解析度

Step1. 進入增強影像解析度：於 Pippit 首頁中，點選左側影像工作室類別中增強影像解析度。

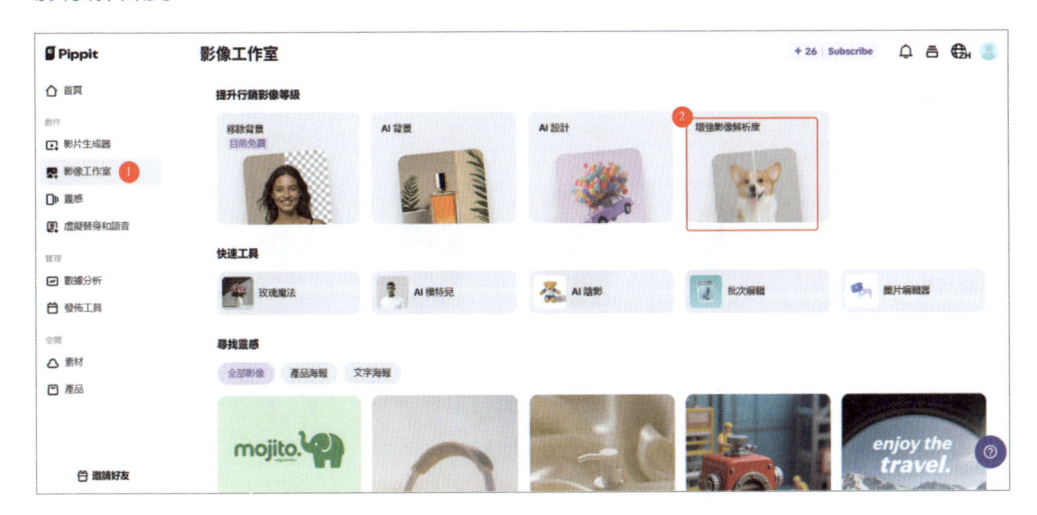

主題 3　Pippit

Step2. 匯入素材來源：點選從裝置 (本機電腦) 上傳所需素材圖片來進行畫質調整設定。

Step3. 指定圖片路徑：點選欲修改圖片路徑，指定圖片後點選開啟。

16-94

Step4. 提升畫質：點選上方圖片編修工具，套用增強解析度即可 (每次使用扣除 1 點)。

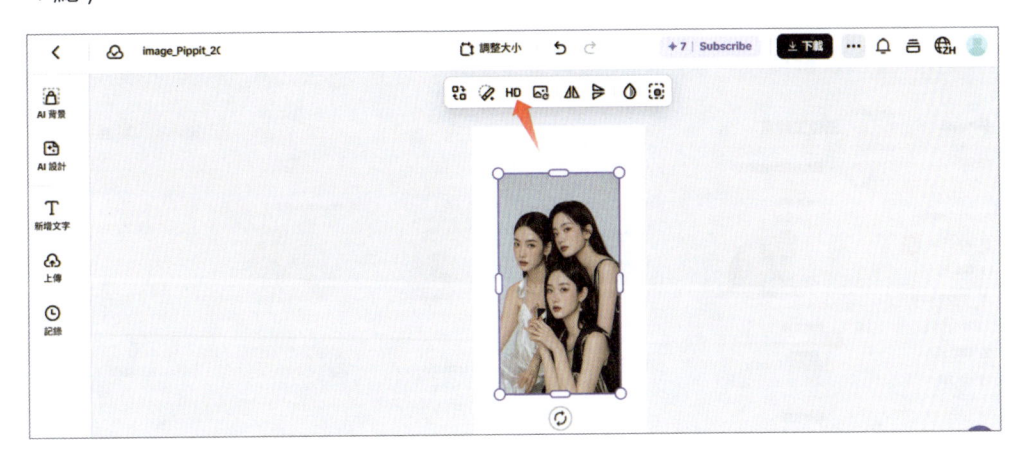

Step5. 下載素材：點選右上角下載功能，依所需格式進行設定後，點選 Download 下載即可。

主題 3　Pippit

06. 玫瑰魔法

應用 AI 演算將圖片素材週圍點綴玫瑰花圖片，我們也可替換素材來進行點綴設計。

Step1. 進入玫瑰魔法：於 Pippit 首頁中，點選左側影像工作室，點選玫瑰魔法。

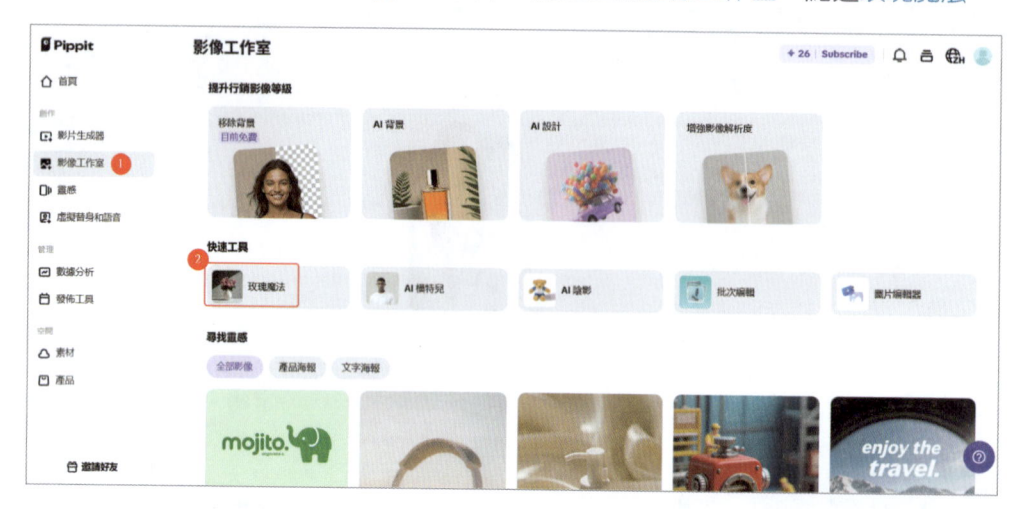

Step2. 介面導覽：①更換照片導入本機素材，②預設組：玫瑰花點綴效果，③重新產生：重新生成圖片進行抽卡選圖，④轉為影片⑤下載至本機電腦中。

Step3. 更換圖片素材：點選更換，重新選擇所需圖片素材，開啟後即自動生成照片效果。

Step4. 變化不同類型風格：於左側位置中，點選不同類型風格套用設計。

說明：於圖片下方中可點選重新產生，即可以該風格生成新圖片設計。

Step5. 轉換為影片與下載：點選右上角轉為影片功能即可將該特效轉換為影片，即可播放預覽影片內容，完成後點選下載。

主題 3　Pippit

說明：目前該項功能為訂閱會員服務。

07. AI 模特兒

在電商類別中，服飾類的商品往往需要真人穿搭展示，在此我們只要將服飾照先進行拍攝後，以 AI 模特兒穿搭來進行一系列商品照的生成設計，即可快速上架進行銷售。

說明：服飾照片拍攝以純色背景無人物穿搭的純商品照較容易識別成功，如示例圖片定義。

Step1.　進入 AI 模特兒：於 Pippit 首頁中，點選左側影像工作室，點選 AI 模特兒。

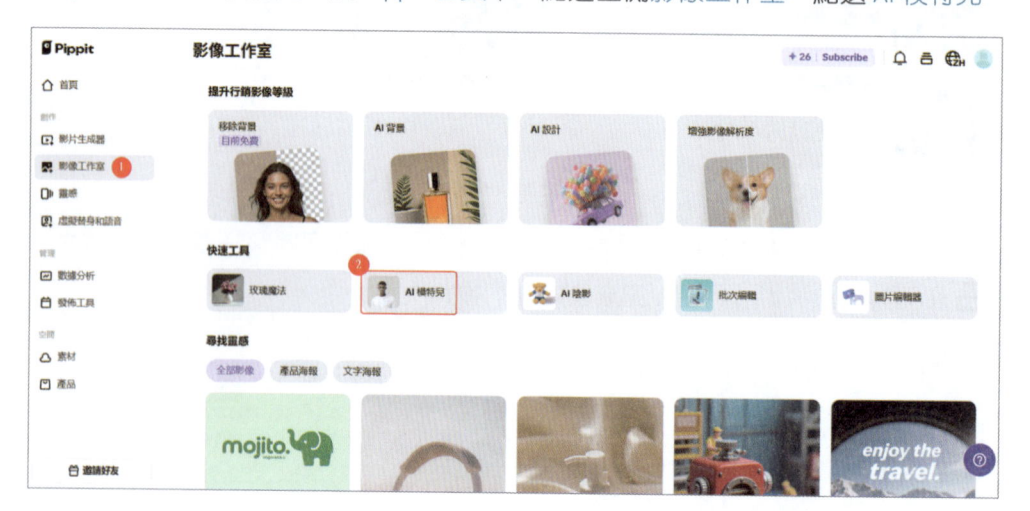

第 3 節　影像工作室

Step2.　介面導覽：點選①新增頁面，於左側進行②商品圖上傳後，指定③模特兒穿搭設計。

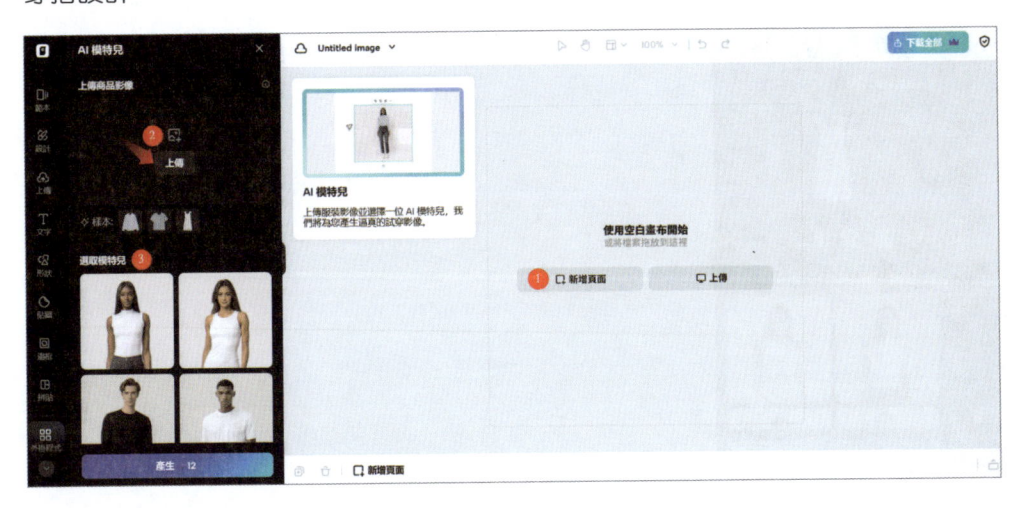

Step3.　新增頁面：選擇欲發佈的社群平台類型，決定頁面大小尺寸 (如：IG 限時動態)。

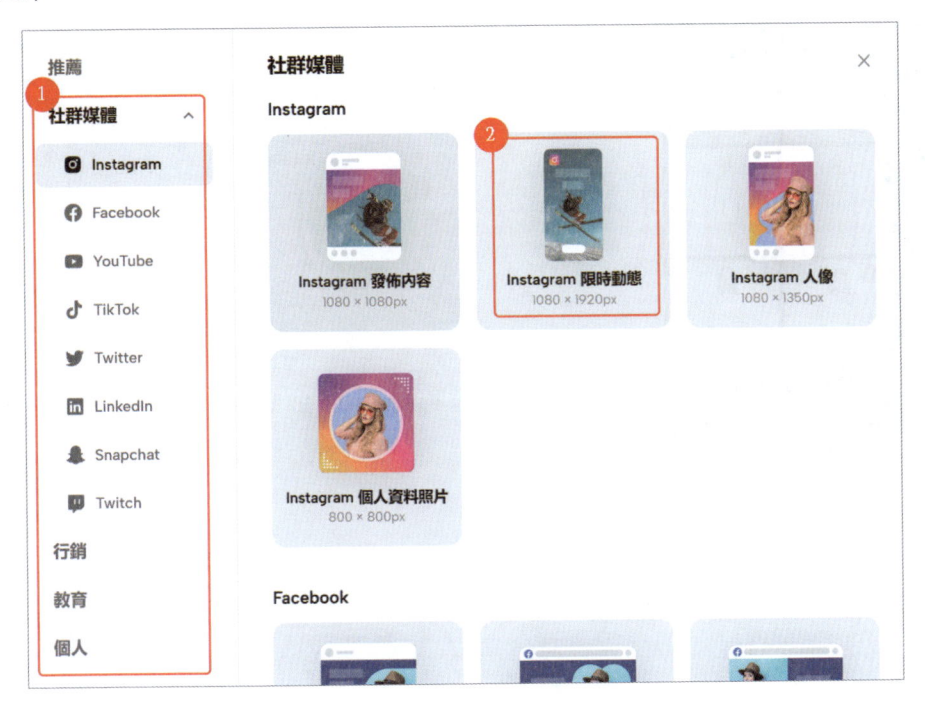

16-99

主題 3　Pippit

Step4. 上傳商品圖：可上傳商品圖或由樣本點選圖片，選擇模特兒 (最多可同時選擇 3 位) 點選產生，系統一次生成 4 張圖片設計。

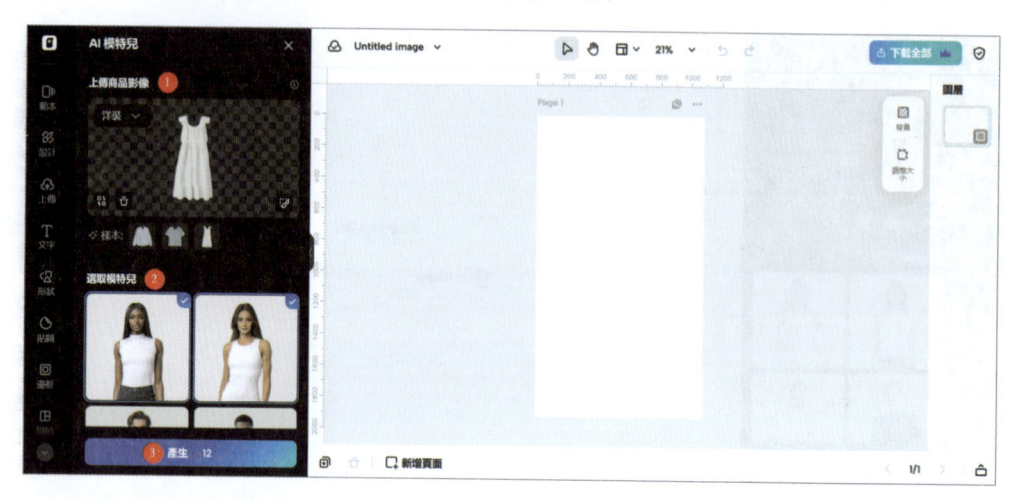

Step5. 套用至頁面：點選生成後的圖片，即套用至頁面中，利用四個端點處進行大小縮放設定，也可利用右側屬性工具列進行圖片屬性調整。

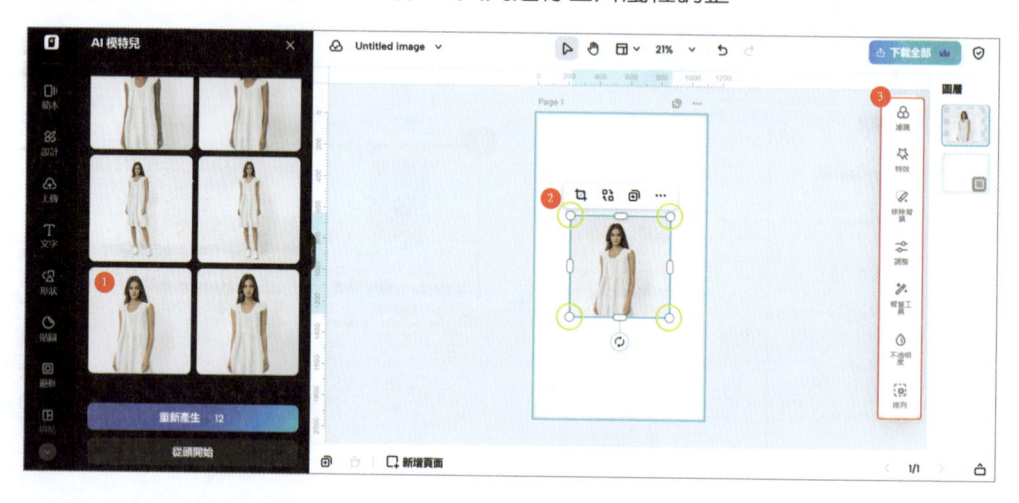

第 3 節　影像工作室

Step6. 新增頁面：利用新增頁面功能 (如：相同大小) 進行不同模特兒穿搭圖片，形成不同風格穿搭照，並以獨立圖檔方式輸出。

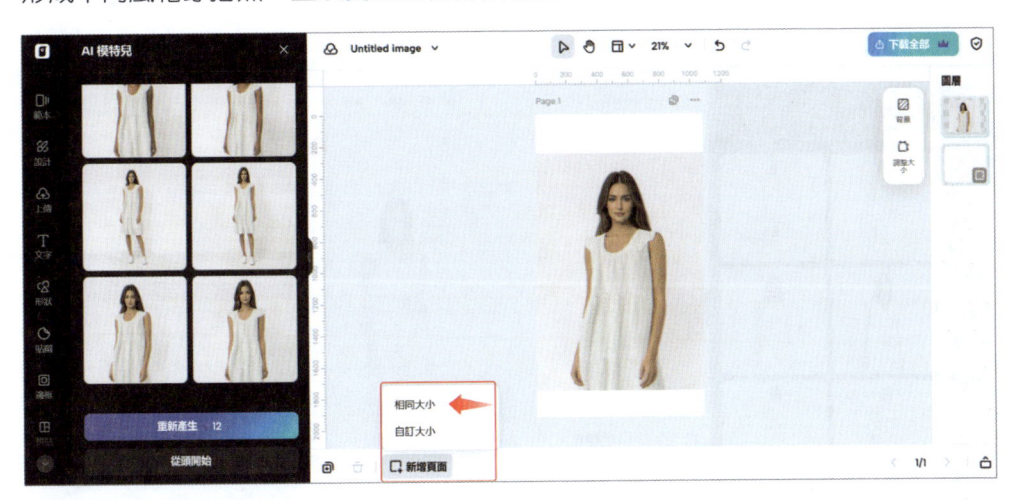

Step7. 多頁穿搭照：下方頁面中即可呈現多頁的圖片內容。

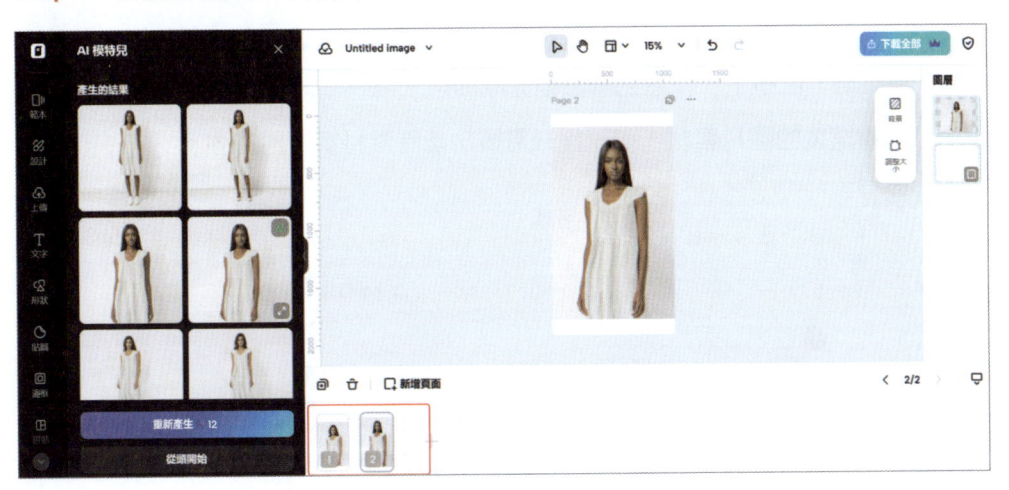

16-101

主題 3　Pippit

Step8. 全部下載：完成所有設計後，點選下載全部即可導出全部頁面，形成獨立圖片素材庫。

說明：目前該項功能為訂閱會員服務。

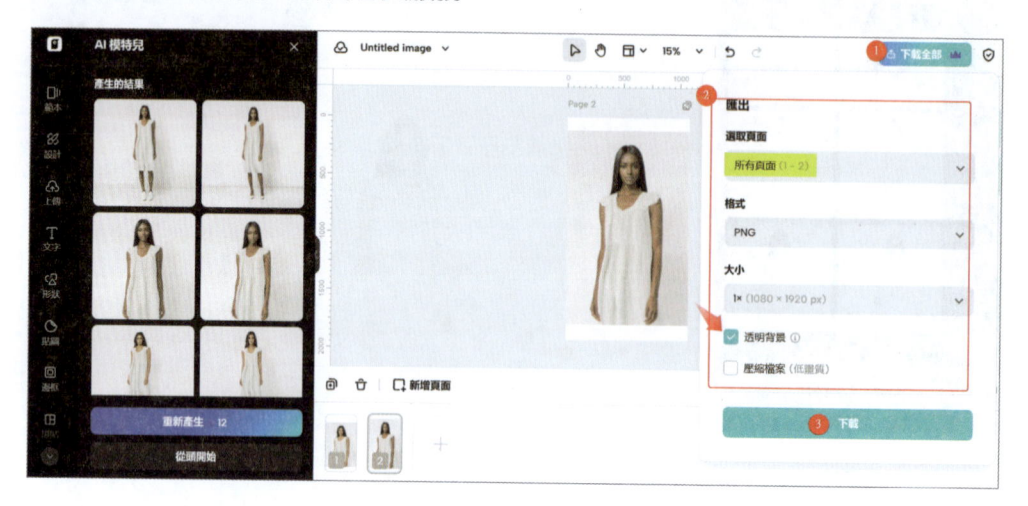

Step9. 解壓縮檔案：多頁內容下載後會以壓縮檔方式呈現，在此於該檔案上點選右鍵 / 解壓縮，依序下一步直到解壓縮完成即可。

說明：解壓縮後的圖片素材，可以提升畫質功能將素材畫質再加強。

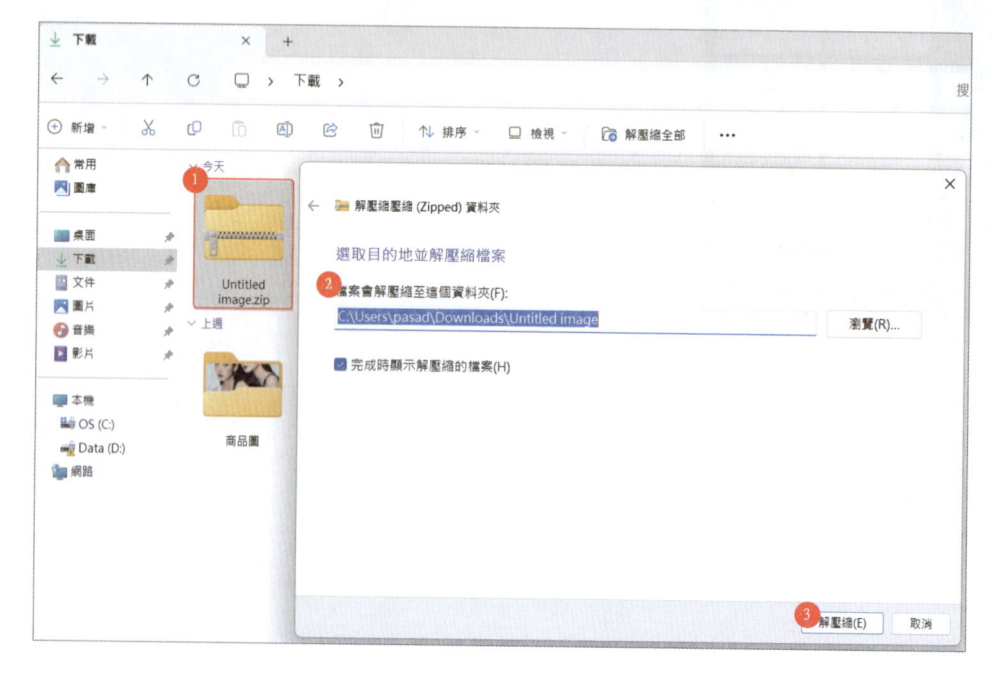

08. AI 陰影

Step1. 進入 AI 陰影：於 Pippit 首頁中，點選左側影像工作室，點選 AI 陰影。

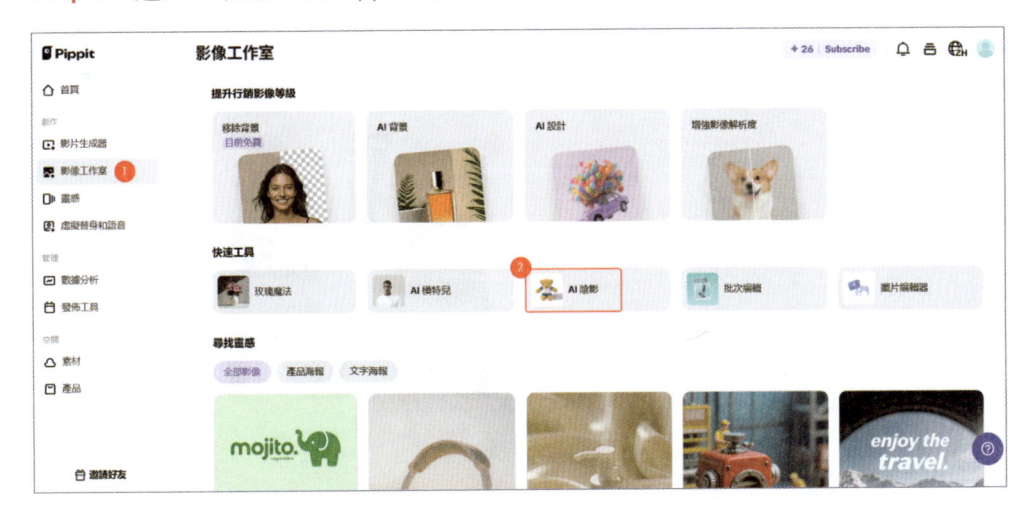

Step2. 上傳圖片素材：尋找圖片素材來源並完成匯入作業。

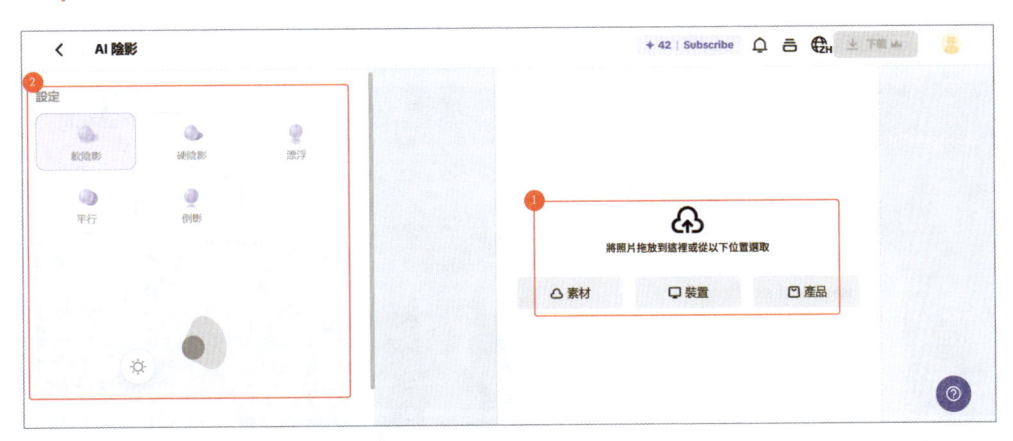

主題 3　Pippit

Step3. 陰影參數設定：依左側功能項目，修改所需要的陰影參數即可。

說明：若是效果不明顯，請將不透明度數值加大 (數值越大越不透明) 則陰影效果較能呈現。

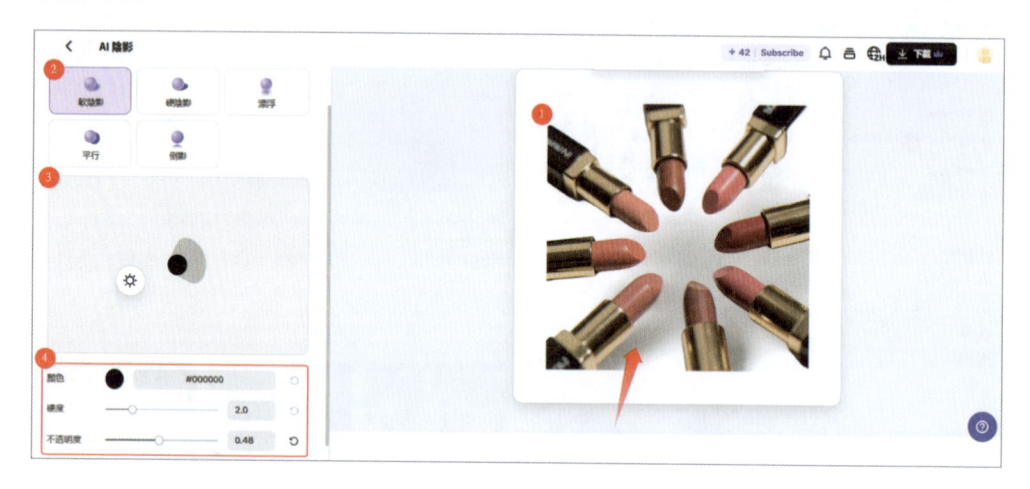

Step4. 下載檔案：完成設定後，下載檔案至本機即可。

說明：目前該項功能為訂閱會員服務。

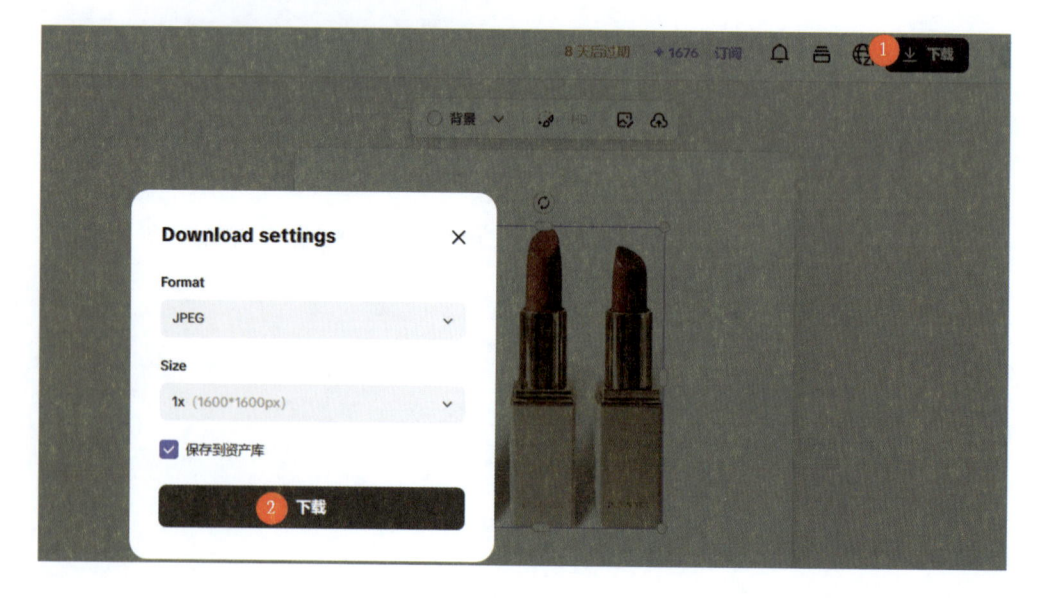

第 3 節　影像工作室

09. 批次編輯

Step1. 進入批次編輯：於 Pippit 首頁中，點選左側影像工作室，點選批次編輯。

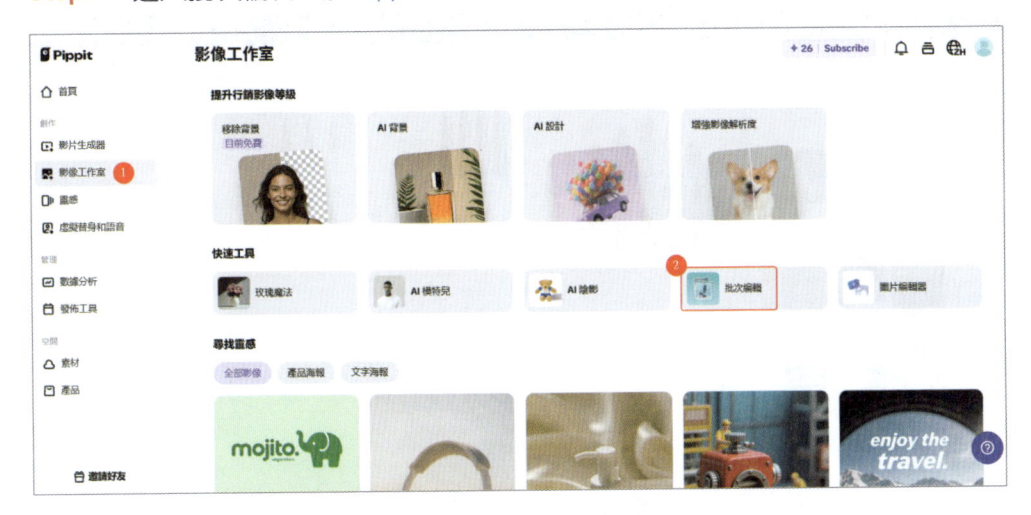

Step2. 批量圖片選取：點選上傳圖片素材，最多一次 50 張圖片。

說明：以 Ctrl 鍵進行不連續素材選取。

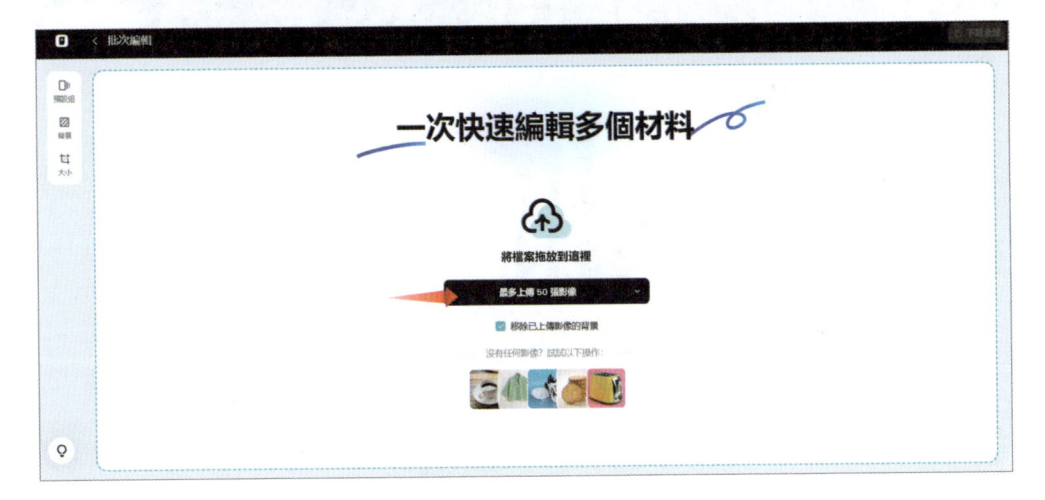

16-105

主題 3　Pippit

Step3. 介面導覽：匯入素材後，將依序左側功能項 (預設、背景、大小) 進行批次編輯設計。

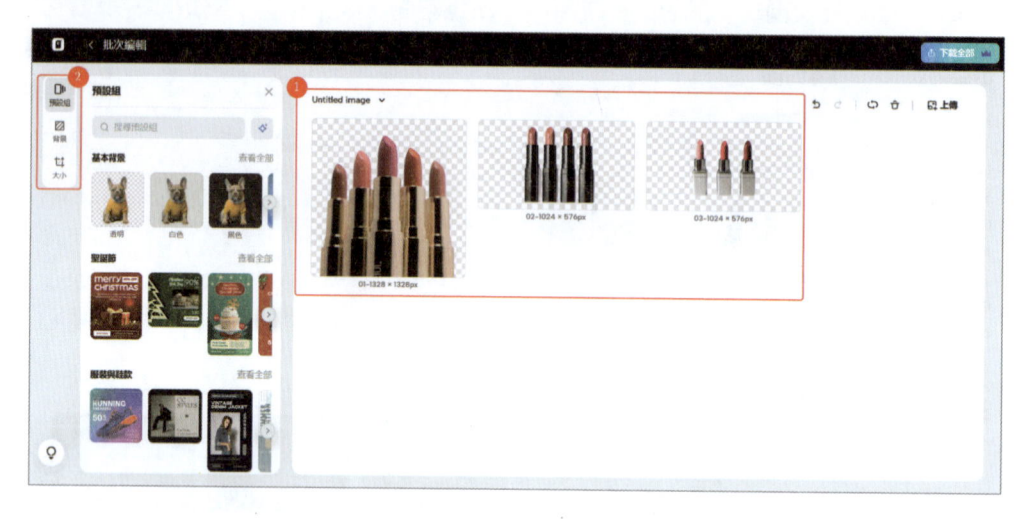

Step4. 選擇風格版型：於預設類別中，向下瀏覽選擇美妝與個人護理類別，並點選查看全部。

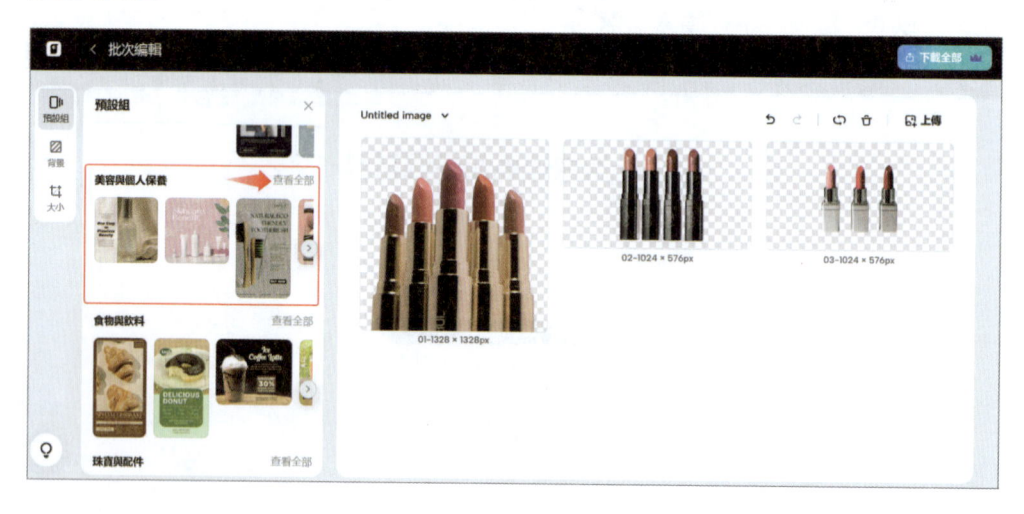

Step5.　套用範本設計：選擇喜愛的風格範本後，即全部套用。

說明：風格版型選擇，除了風格設計外，注意橫式與直式版面決定套版尺寸。

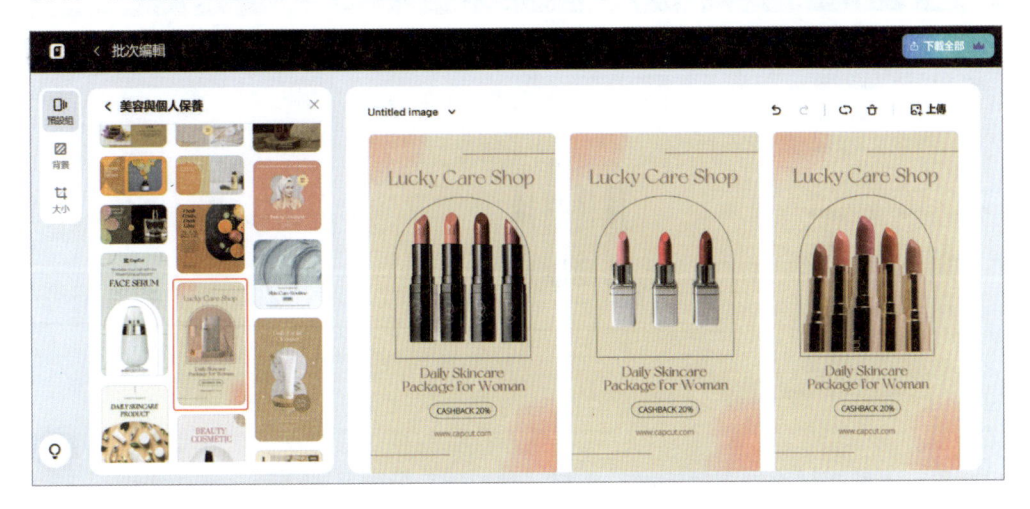

Step6.　不同尺寸設計：於每張圖片素材右上方，點選 ⋯ 以多種大小進行創作。

主題 3　Pippit

Step7. 以 Youtube 封面為例：選擇所需發布平台尺寸，點選完成。

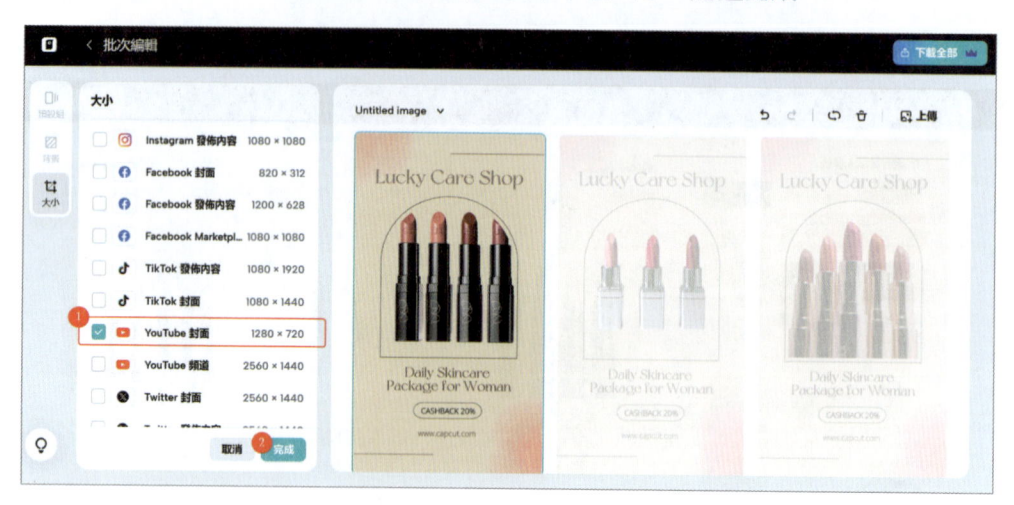

Step8. 下載素材：生成後的圖片素材，會以獨立分頁呈現內容，完成後即可下載至本機電腦。

說明：目前該項功能為訂閱會員服務。

Step9. 多個預設組來建立：再次切換回原來分頁，並點選 ⋯ 以使用多個預設組來建立，簡單來說即是以相同素材進行不同風格創作設計。

第 3 節　影像工作室

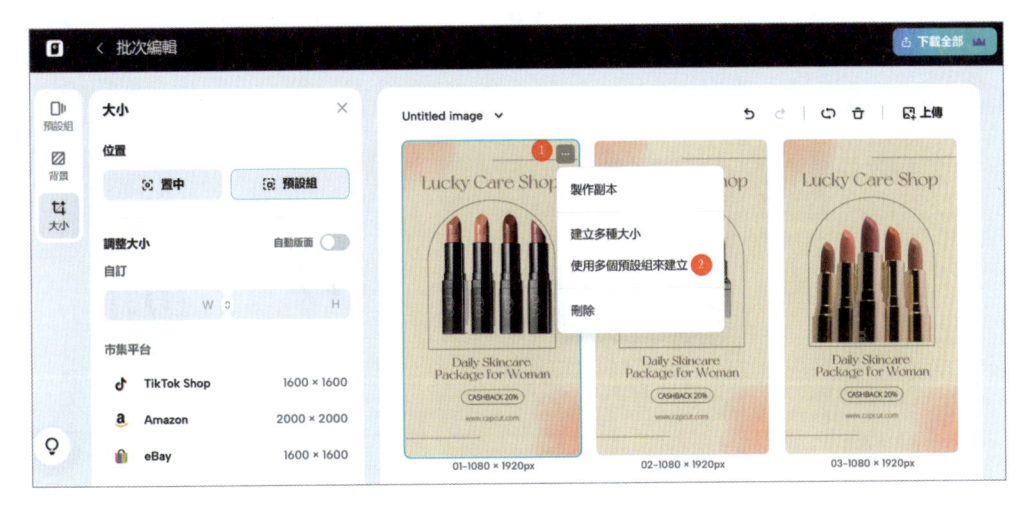

Step10. 風格範本套用：再次點選新風格範本，並完成套用。

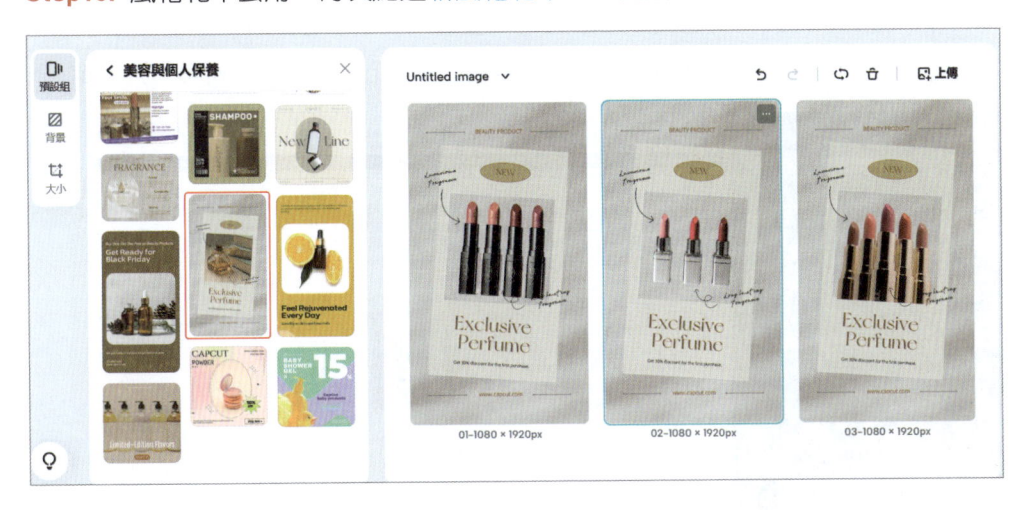

16-109

主題 3　Pippit

Step11. 圖片素材編修：於縮圖位置直接點選後，即可進入圖片編輯器視窗。

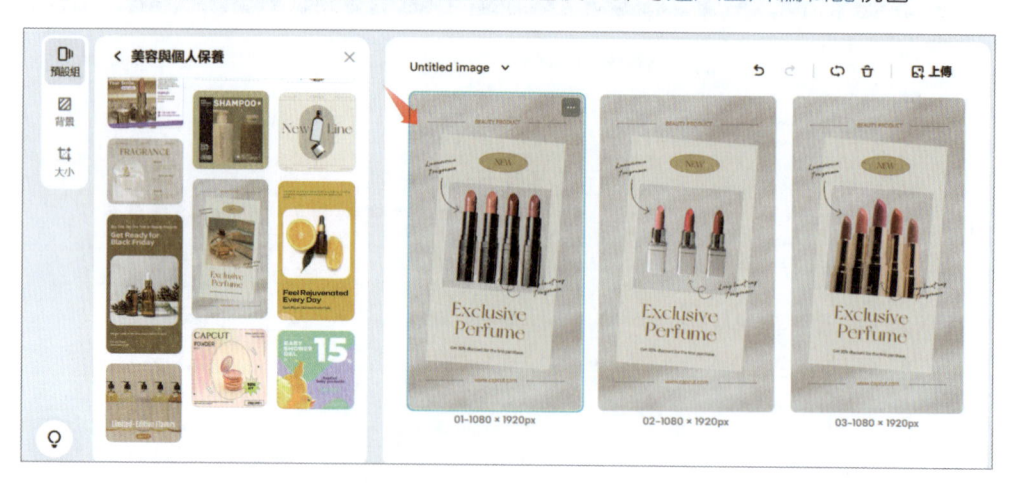

Step12. 圖片素材編輯：右側即為圖層物件位置，點選欲修改物件圖層後即可進行編輯，並且利用左側功能 (如 : 文字工具) 進行各類元素、圖片編輯與修改設定。

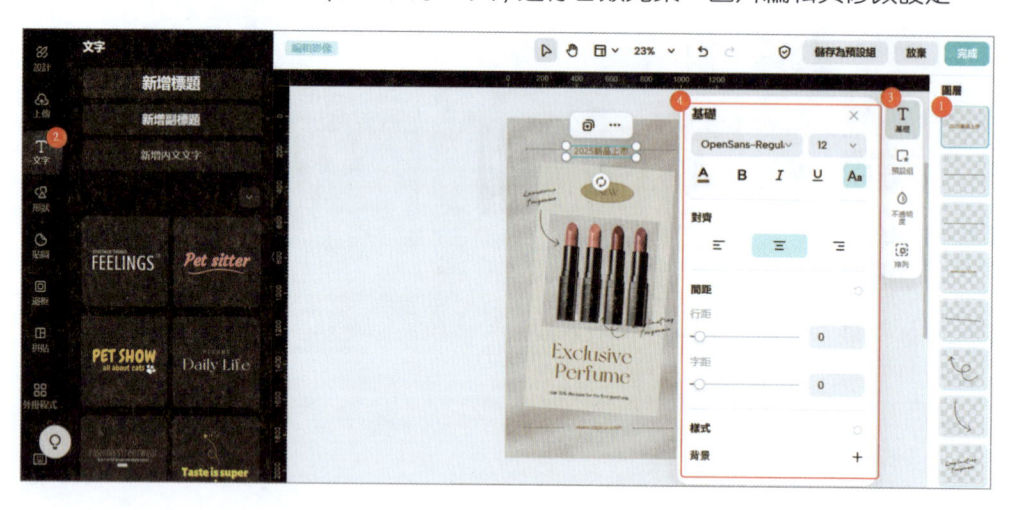

Step13. 儲存為預設組：確認修改後，點選儲存為預設組。

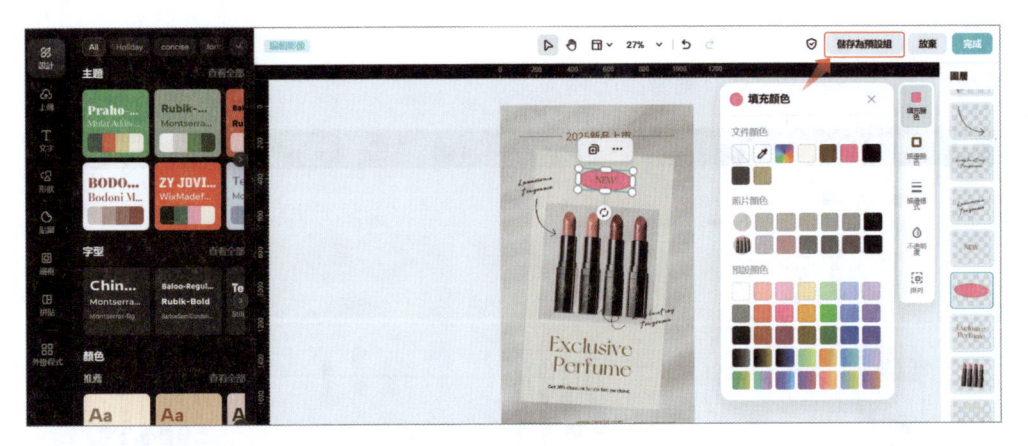

Step14. 更改名稱：指定名稱並點選儲存，並再次點選完成，返回批次編輯視窗。

主題 3　Pippit

Step15. 完成並下載：於批次編輯視窗中，點選下載全部即可將所有素材儲存於本機電腦。

說明：目前該項功能為訂閱會員服務。

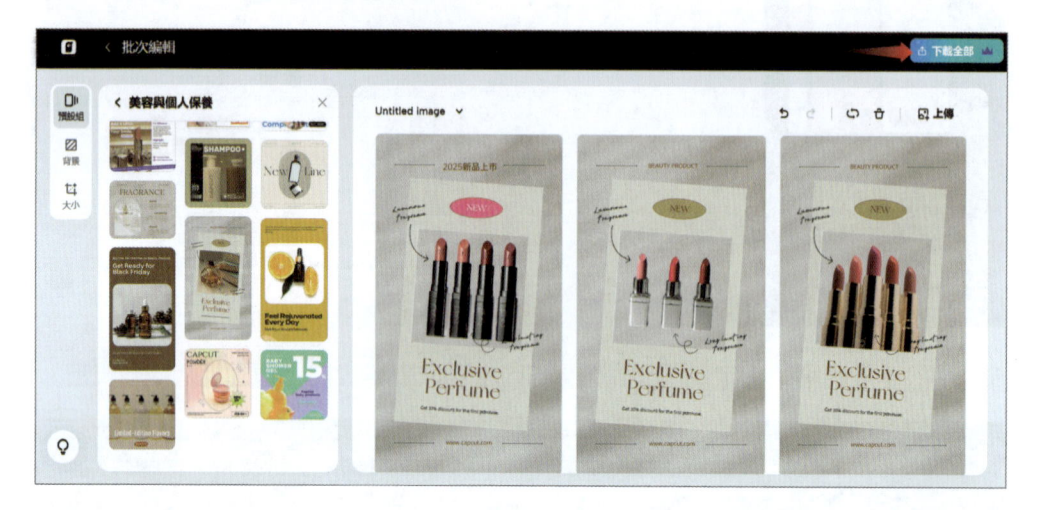

10. 圖片編輯器

Step1. 進入圖片編輯器：於 Pippit 首頁中，點選左側影像工作室，點選圖片編輯器。

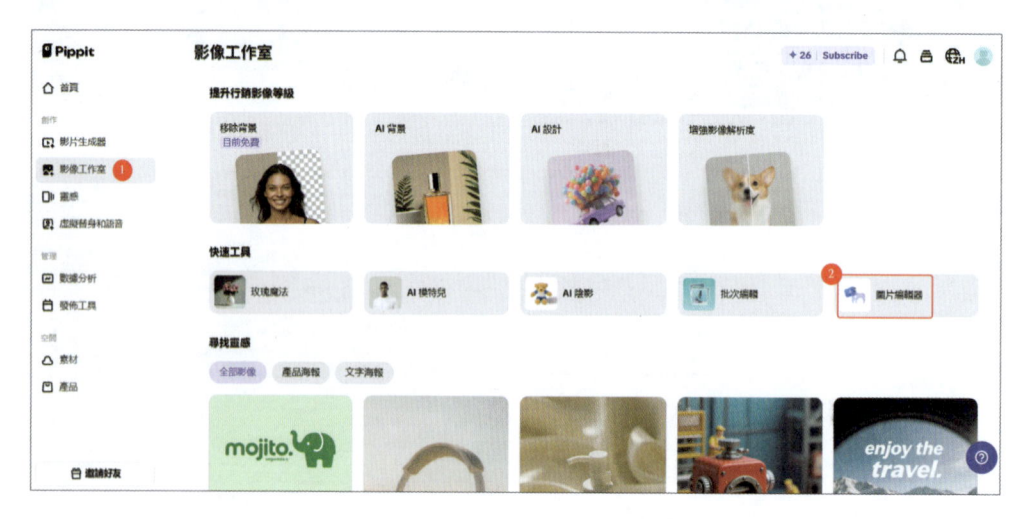

16-112

第 3 節　影像工作室

Step2. 進入圖片編輯器：定義圖片編輯尺寸後，點選創作。

說明：相關應用操作可參考第 15 章教學。

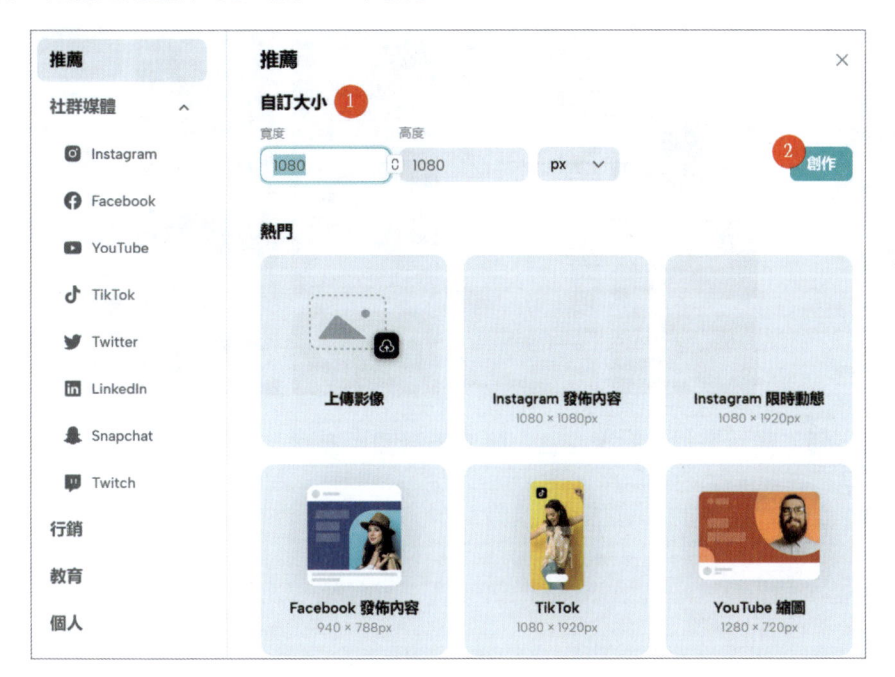

11. 尋找靈感

Step1. 進入尋找靈感：於 Pippit 首頁中，點選左側影像工作室，向下捲動點選尋找靈感，選擇喜愛的風格海報設計，點選尋找靈感。

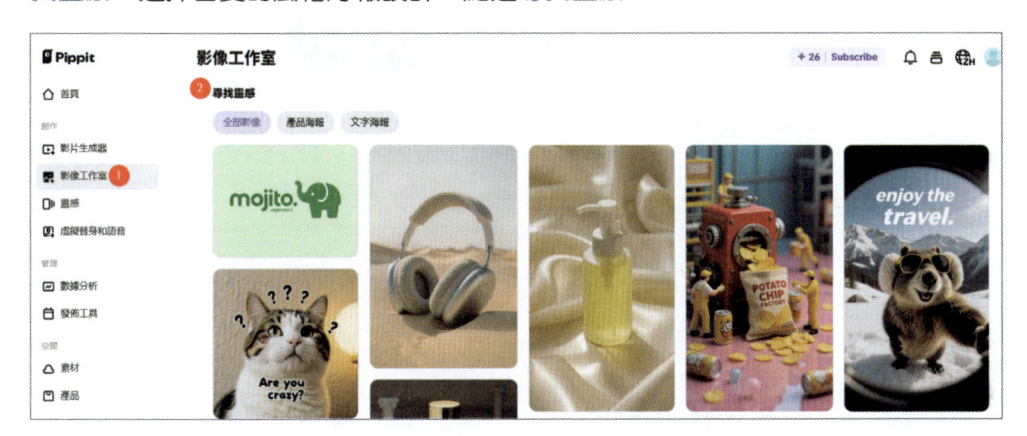

16-113

主題 3　Pippit

Step2. 選擇範本：於下方尋找適合產品的風格範本，並點選變更產品。

Step3. 匯入圖片素材：點選裝置，匯入所需圖片素材。

16-114

Step4. 設定提示詞生成圖片：可重新修訂提示詞內容後，並以增強提示來豐富元素後，點選產生。

Step5. 完成下載：確認設計後，即可點選下載儲存於本機電腦中。

第 4 節　靈感

靈感收錄了最新流行的短影音風格與素材，讓您不僅能從中獲得創作靈感，更能透過簡單替換素材，輕鬆完成屬於自己的短影音作品。

主題 3　Pippit

Step1. 切換至靈感：於 Pippit 首頁中，點選左側靈感，依 TikTok 上的熱門內容篩選產業類別，來瀏覽素材庫內容。

Step2. 選擇行業類型：依所需行業類型篩選 (如 : 美容)，瀏覽並選擇適用範本素材。

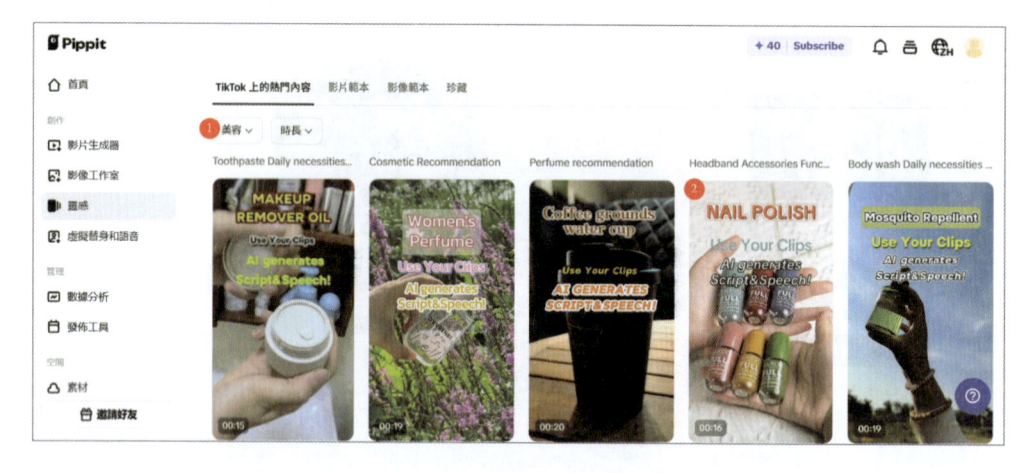

第 4 節　靈感

Step3. 套用範本素材：點選所需要的素材範本後，進行產生這種風格的影片設定，選擇商品匯入方式 (手動新增商品)。

Step4. 設定視頻資訊：依序設定商品名稱、強調商品特色與功能、商品圖上傳、AI 生成視頻後，點選產生。

說明：目前生圖功能為訂閱會員制。

主題 3　Pippit

Step5.　編修與導出：生成後的視頻都可重新編輯或直接導出 Mp4 影片。
（第三部份 AI 高級應用中，主題 3：第 2 節影片生成器等各主題教學內容，均有詳細解說）

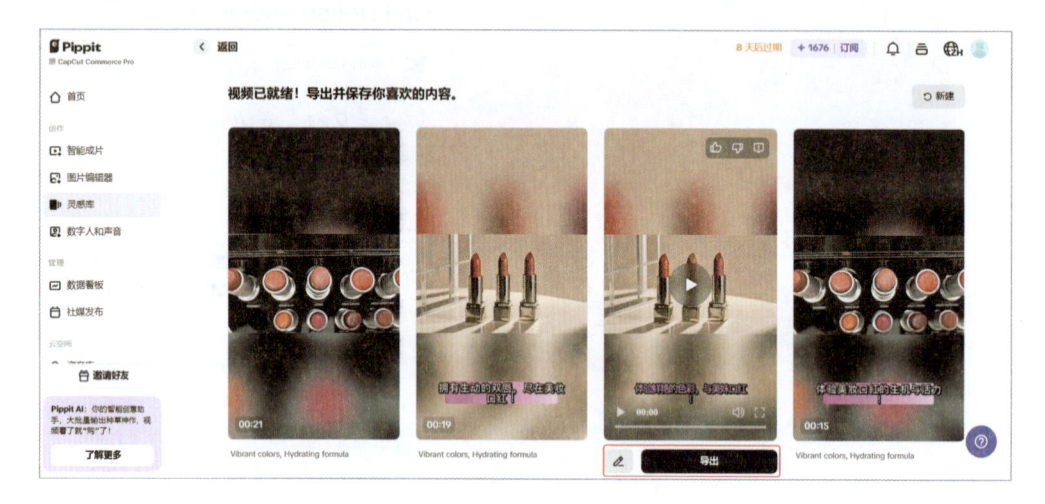

第 5 節　虛擬替身和語音

只需要一張自己的正面照片，就能快速生成一位對口型的專屬數位分身，替你完成影片中所需的解說與口播。不再需要真人出鏡錄影，也省去了繁瑣的剪輯與後製流程，讓內容創作變得更快速、更簡單。人人都能輕鬆成為自己的主播，打造個人風格的影音內容，馬上來體驗創建自己的虛擬替身。

第 5 節　虛擬替身和語音

01. 虛擬替身

Step1.　介面導覽：於 Pippit 首頁中，點選左側虛擬替身和語音，上傳照片訂製自己專屬虛擬替身；另外自訂語音 (目前台灣不支援)。

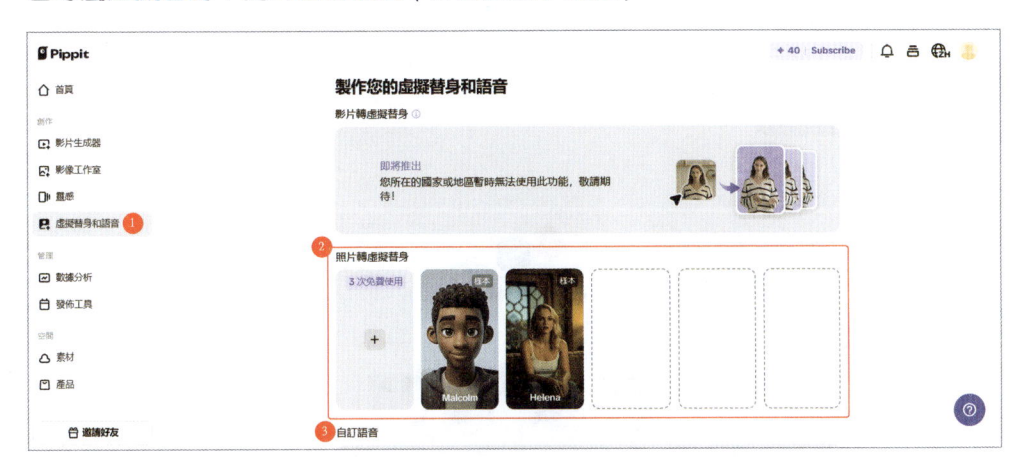

Step2.　照片轉虛擬替身：點選 + 新建，上傳照片。

說明：照片拍攝建議以正面拍攝，近照或全身照均可。

16-119

主題 3　Pippit

Step3. 上傳照片：點選 ➕ 上傳照片，並 ☑ 同意授權用途，點選下一步。
說明：下圖為拍攝角度說明，適合定製的拍攝角度。

Step4. 圖片編修：上傳照片可再旋轉、縮放與剪裁、確認後點選任務完成。

第 5 節　虛擬替身和語音

Step5.　進行驗證：點選下一步，進行驗證。

Step6.　命名與變更語音：為虛擬替身命名，並點選變更語音。

16-121

主題 3　Pippit

Step7. 選擇聲音：篩選女性，試聽播放聲音效果，確認套用。

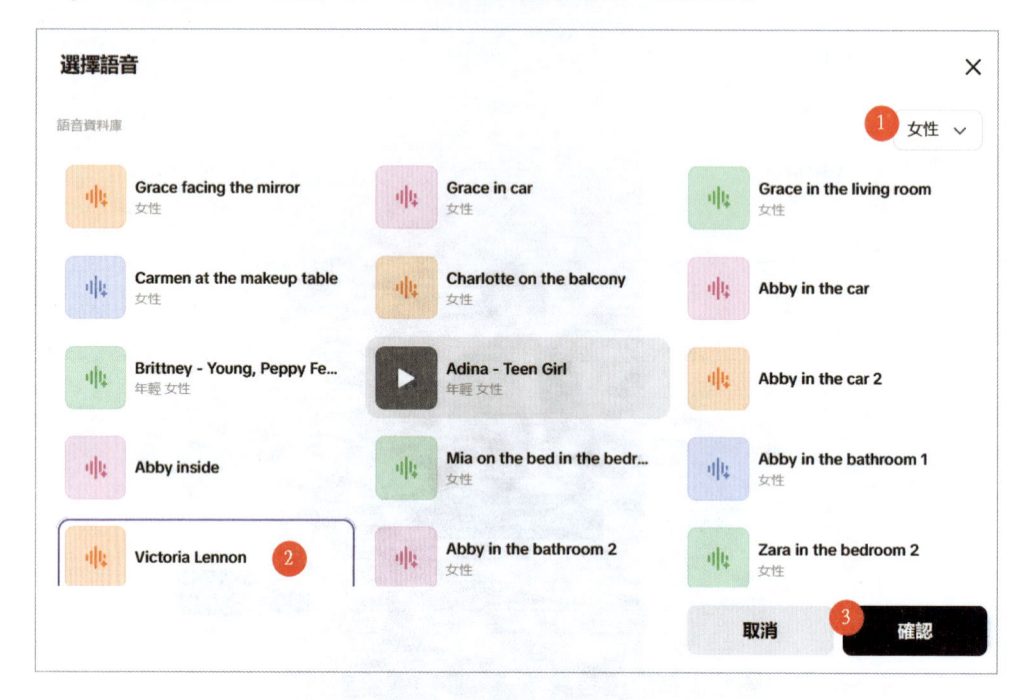

Step8. 提交：確認設計後，點選提交即開始進行虛擬替身生成。

第 5 節　虛擬替身和語音

Step9.　虛擬替身完成：返回首頁中，即可見完成後的虛擬替身設計。

02. 虛擬替身應用

Step1.　虛擬替身應用：於縮圖上點選套用，進行腳本編輯與視頻生成設計。

主題 3　Pippit

Step2.　編輯腳本內容：點選編輯腳本，於下方再次點選編輯。

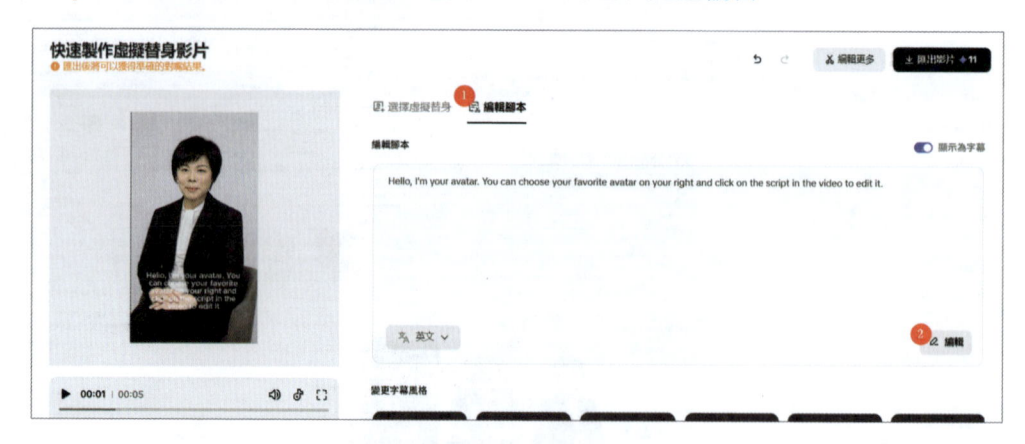

Step3.　更新腳本內容：貼上腳本內容後，更改為繁體中文，點選儲存後播放試聽。

Step4.　字幕風格與匯出：字幕風格設定，於播放預覽試聽後，即可匯出影片。

第 4 部份

AI 工具系列 - 用 AI 創作系列功能

- 主題 1　免費 AI 影片製作工具
- 主題 2　片段轉影片
- 主題 3　文字轉設計
- 主題 4　長片剪成短片

主題 1
免費 AI 影片製作工具

只需簡單描述您的靈感與創意發想，AI 就能全自動完成腳本撰寫、語音配置與媒體圖片搭配，所有生成內容也都可再進行修改與編輯。大幅簡化從靈感誕生到後製編輯的繁瑣流程，讓影音創作變得更直覺、更容易上手。對於需要每日大量產出影片的創作者而言，不僅大幅縮短製作時間，也有效提升內容品質——這正是 AI Video Maker（免費 AI 影片製作工具）的最大特色。

第 1 節　啟動與導覽

Step1. 進入 AI 影片製作工具：於 Capcut 首頁視窗中，點選 AI 工具下的用 AI 來創作類別，並選擇免費的 AI 影片製作工具進入編輯視窗。

Step2. Chrome 翻譯成中文 (繁體)：於頁面空白處，點選右鍵選擇翻譯成中文 (繁體)。

說明：於 Chrome 瀏覽器中開啟的頁面，我們都可於空白處點選右鍵進行語系轉換。

第 2 節　Instant AI Video

Step3.　視窗總覽：AI 影片製作器可分為 3 大類型的應用，可以利用 1. 新專案進行自己的創意發想，或是由 2. 四大類型來進行創意組合，以及下方的 AI 模版應用直接進行套版設計。

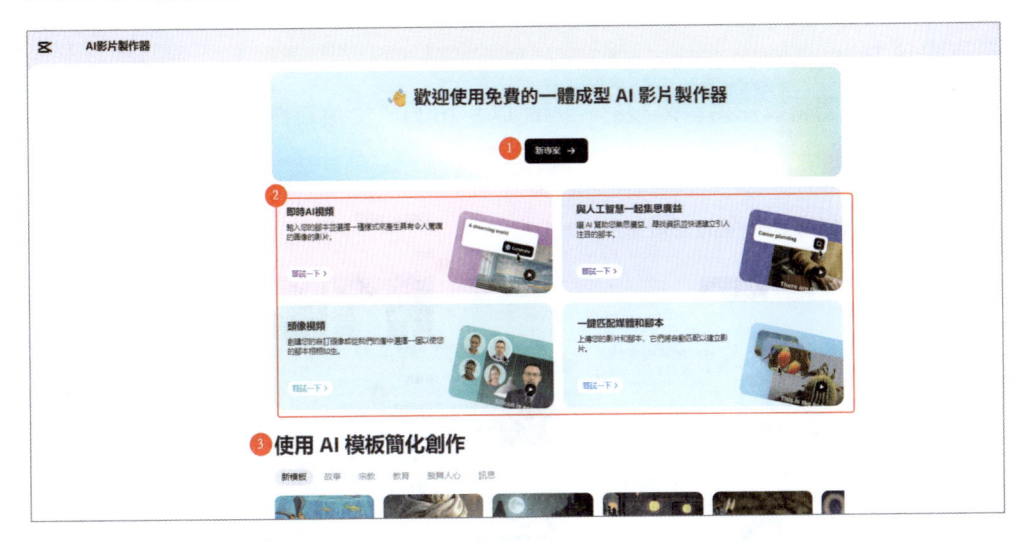

第 2 節　Instant AI Video

Instant AI Video 是 AI 自動化影片生成工具 (AI 一鍵成片)，它可以根據你簡單描述的創意想法，自動生成 (影片腳本、數字人、配音、媒體對應素材、背景音樂) 等影片創作；更提供我們將生成後的影音內容，都可再次進行二次性修改，以達到最

17-3

主題 1　免費 AI 影片製作工具

滿意的影片創作。

Step1.　Instant AI Video 即時 AI 視頻：點選進入即時 AI 視頻。

Step2.　風格與視頻比例：於即時 AI 視頻中，進行風格選取 (寫真電影)，與視頻長寬比 (9:16)。

說明：在此我們將以短影音來設計，因此以 9:16 直式影片為例。

Step3.　輸入腳本 (自訂)：我們可以藉由 ChatGPT 中進行腳本提問 (如：給我 5 句職場正能量語錄)。

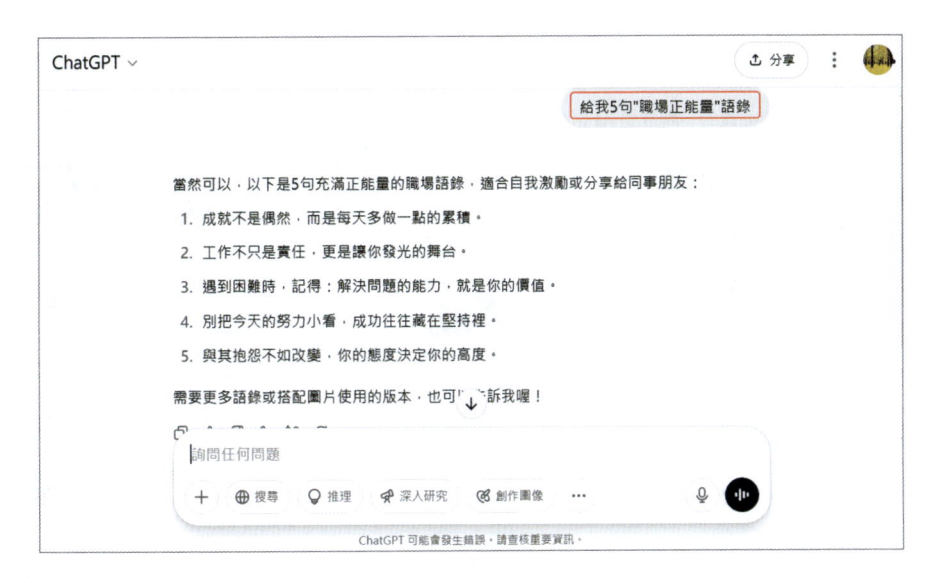

第 2 節　Instant AI Video

Step4. 複製腳本設計：將 ChatGPT 生成的內容，依序複製至腳本文字框內。

說明：注意腳本生成後會有時間、序號等元素內容，建議先清理資料後再貼上；另在此的腳本「輸入腳本」指由使用者自己設計腳本，而「產生腳本」是由 AI 依據你提供的關鍵字來自動生成腳本設計，所以是不同應用類型，不妨多加嘗試演練找出您最喜歡的創作方式。

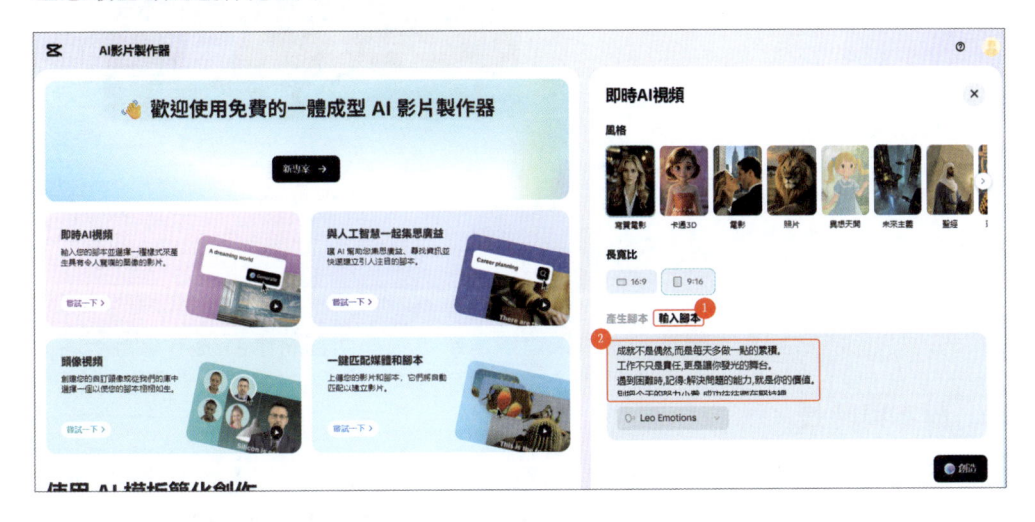

Step5. 語音與創造：尋找適合的語音呈現 (貴族女人)，並點選創造。

17-5

主題 1　免費 AI 影片製作工具

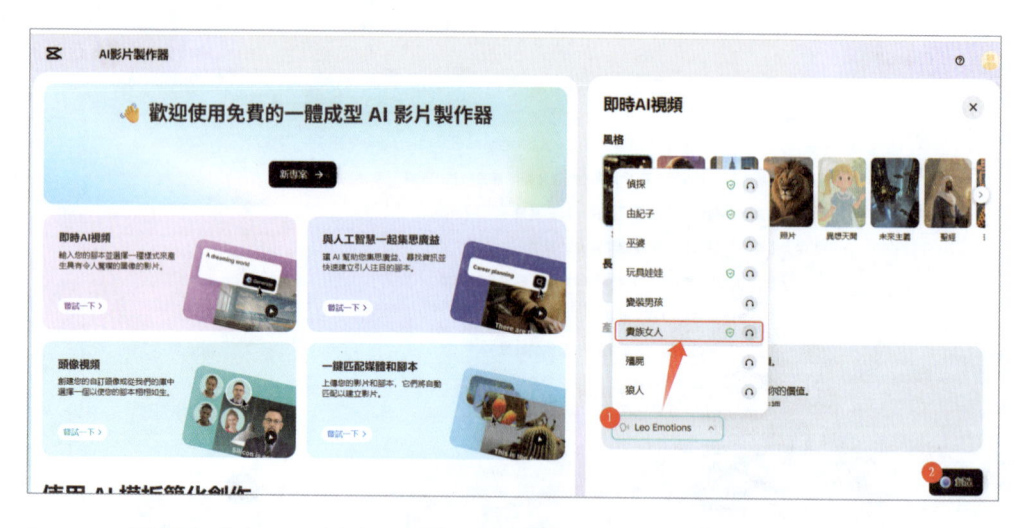

Step6.　視頻生成中：AI 創建視頻中，待處理至 100% 後完成。

說明：部份語言僅支援英文語系，所以生成後的視頻會無聲音，我們都可再次修改。

第 3 節　視頻內容修改

對於生成後的內容腳本、場景、元素與背景音樂等，都可重新修訂後再匯出。

01. 腳本與時長

修訂腳本設計：點選左側腳本功能，依序話題、關鍵點、期間可重新設計所需的條件與內容後，再次點選創造，即重新生成腳本設計；若無需異動則省略此步驟即可。

注意：在此的腳本生成後，是以向下新增方式加入至原腳本內容中，而非取代設計。

17-6

第 3 節　視頻內容修改

02. 語音與語系

部份語音功能因不支援中文語系,所以在生成視頻後會有靜音問題,在此我們只要更改語言素材類型即可,識別小技巧即是人像為亞洲人圖像的語音即可進行中文發音哦!

Step1. 語音更改:點選左側場景功能,切換至畫外音,並點選嗓音,於下方列表中向右捲動,找尋女性類別,並點選播放試聽後,即可替換所有場景的語音檔。

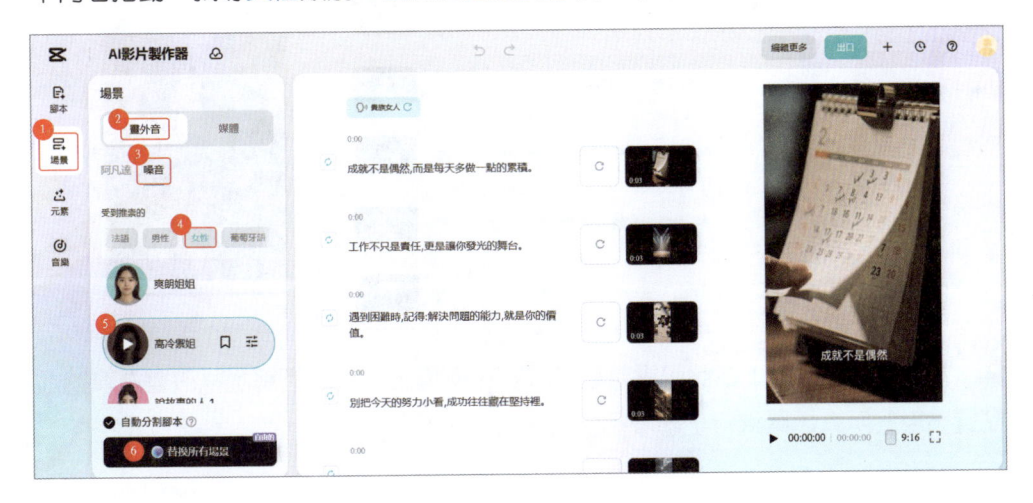

Step2. 試聽播放:變更後可於視窗上方看見目前語音設置,並於右方預覽窗格中點選播放試聽即可,若不喜歡可重複更換。

17-7

主題 1　免費 AI 影片製作工具

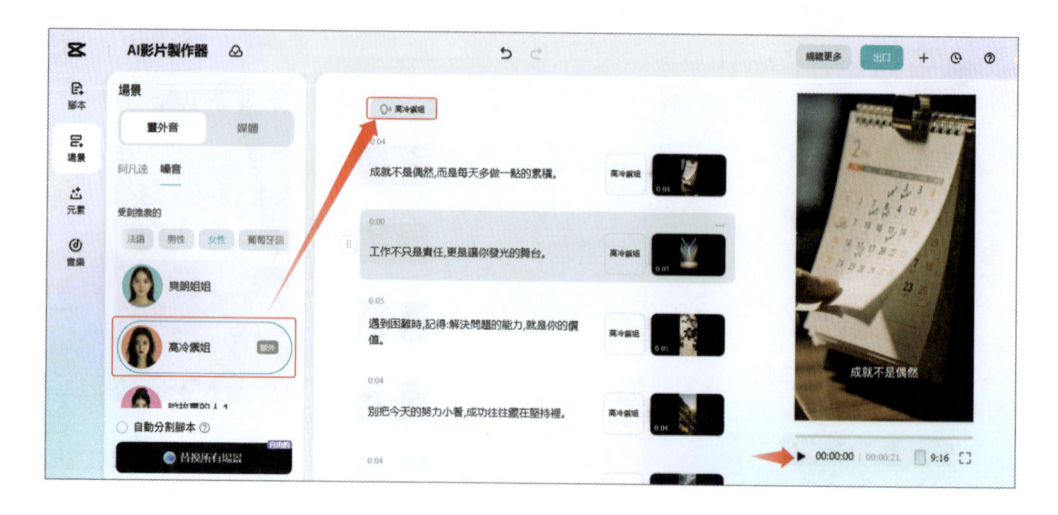

03. 影像素材更換

Step1.　進入媒體設定：點選左側場景功能，並且選取媒體，系統提供 3 類型的影像媒體生成應用，點選生成 AI 媒體。

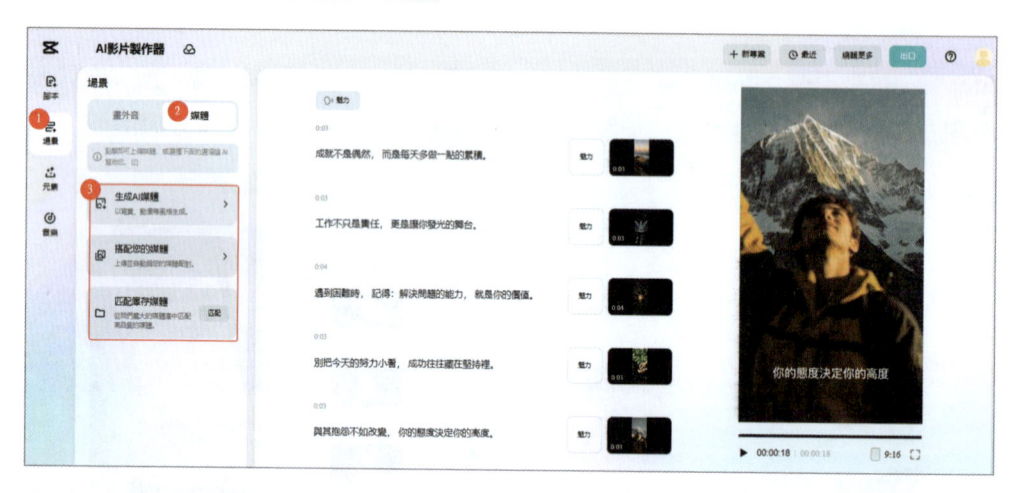

Step2.　風格與比例：在此可重新設定視頻比例與風格，我們將風格改變為莫內並點選適用於所有場景進行全部取代設定。

第 3 節　視頻內容修改

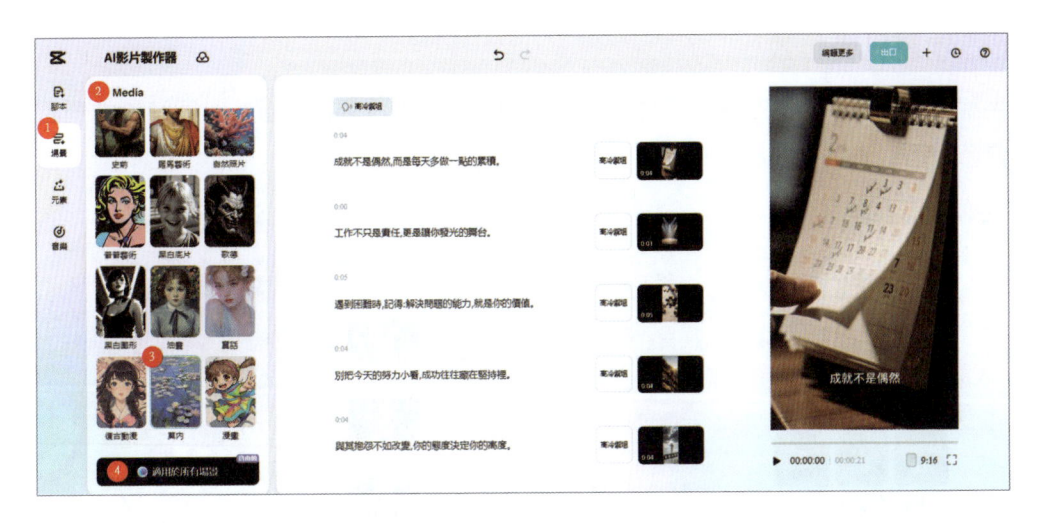

Step3.　確認取代目前媒體：在此點選繼續即可。

Step4.　完成媒體取代：於右側腳本時間位置，依序點選即可瀏覽最新的媒體素材。

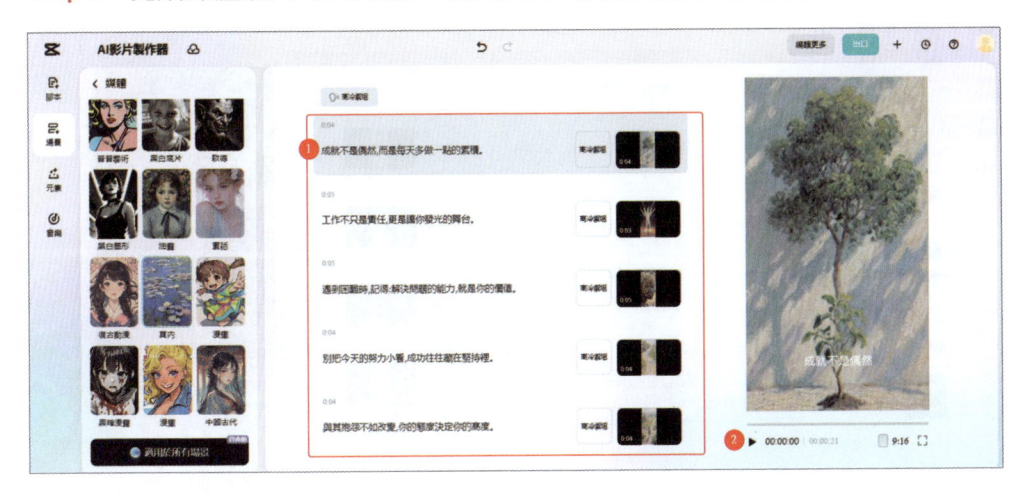

17-9

04. 字幕元素特效

字幕特效設計：點選左側元素功能，於標題模版中選擇喜歡的樣式，同時於右側瀏覽窗格播放測試，才能正確了解實際效果。

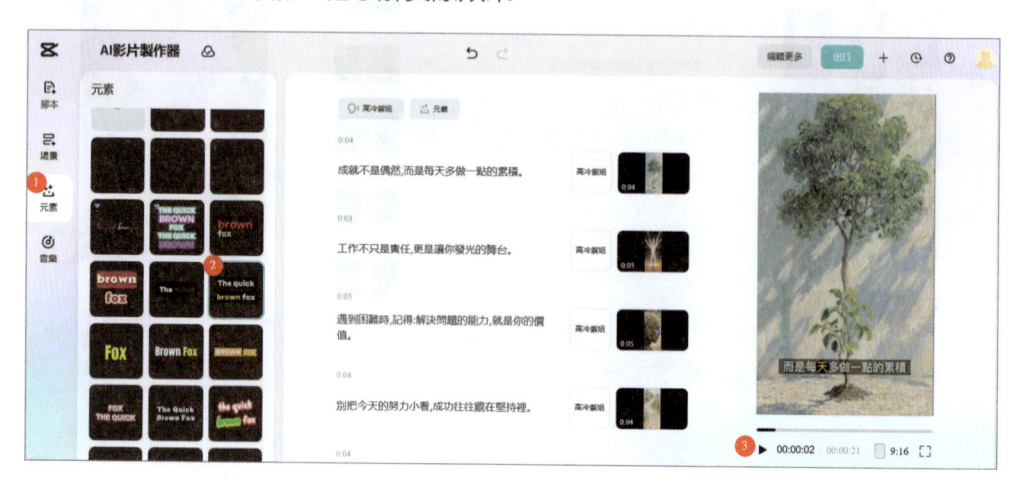

05. 背景音樂

Step1. 加入背景音樂：點選左側音樂功能，於音樂類別中選擇背景音樂，播放測試後直接點選 ➕ 即套用背景音樂。

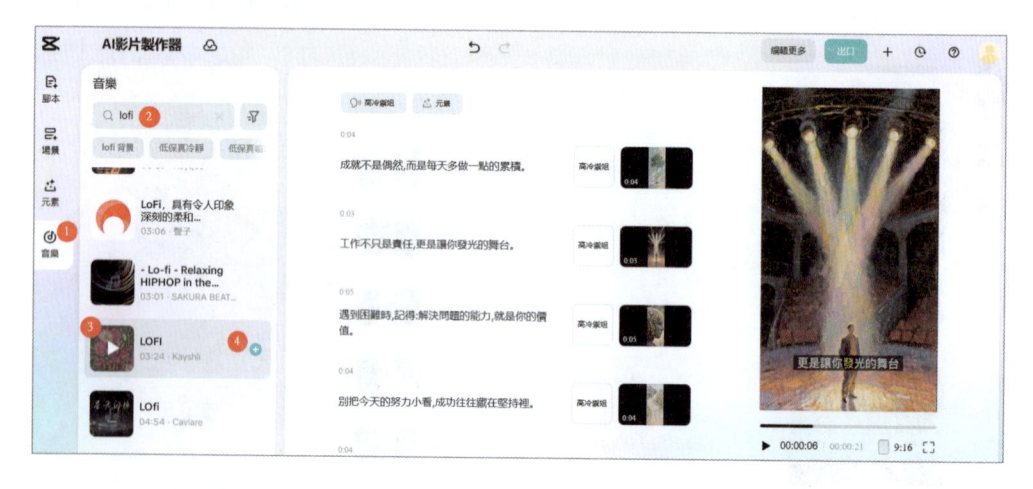

Step2. 刪除背景音樂：背景音樂套用後，於頂端列即呈現背景音樂清單，若需刪除點選 ✖ 即可。

第 3 節　視頻內容修改

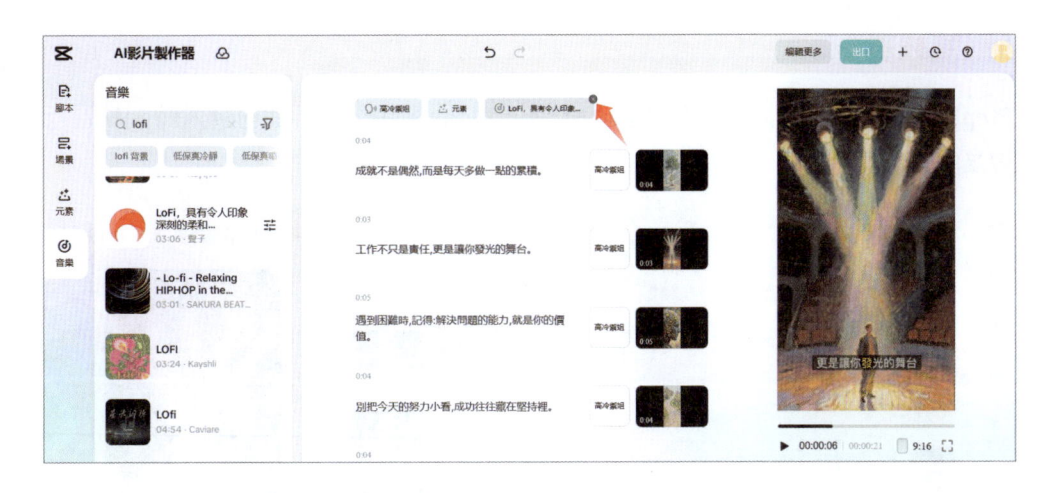

06. 單一元素修改

Step1. 獨立素材修改：於該腳本位置區，點選預覽圖像中，即可進行取代、修剪、刪除。

說明：上述的修改都是針對所有場景、媒體圖片、腳本等全部修改，若是需要單一元素修改時，腳於圖像中進行點選即可。

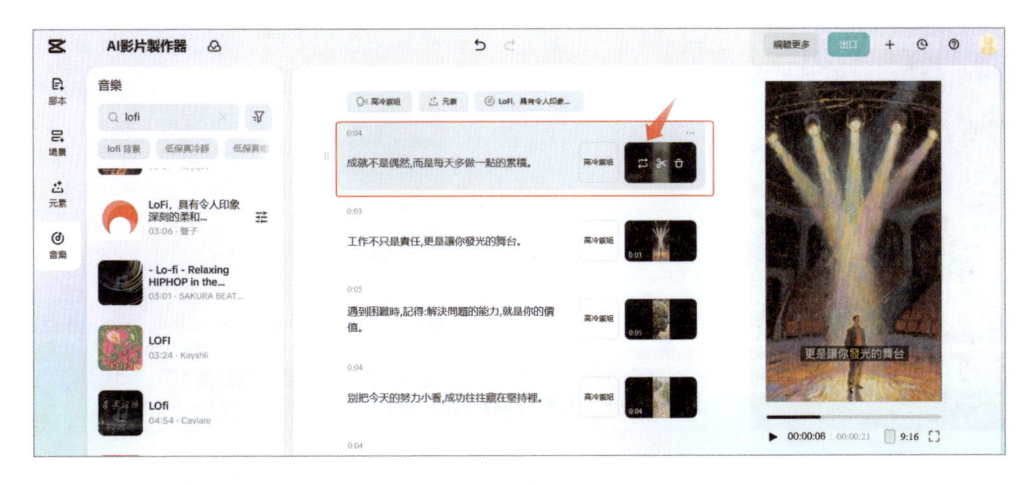

Step2. 腳本複製：於腳本圖像上方，點選更多也可提供 (刪除、複製) 功能

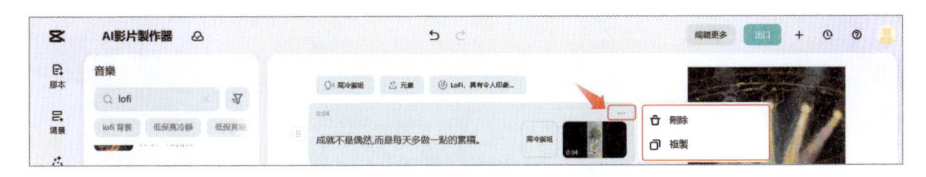

17-11

07. 編輯更多

Step1. 進階修改：點選頂端工具列中 Edit More 編輯更多，即可進入時間軌進行專業的後製編輯。

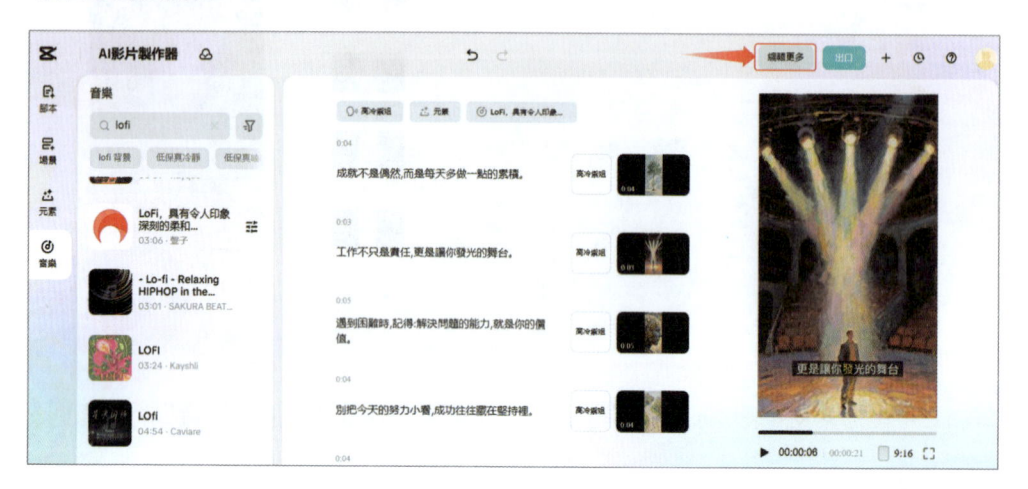

Step2. 於 Capcut 中進行編修：進入 Capcut 編輯視窗，並且利用左側工具進行專業的後製編輯。

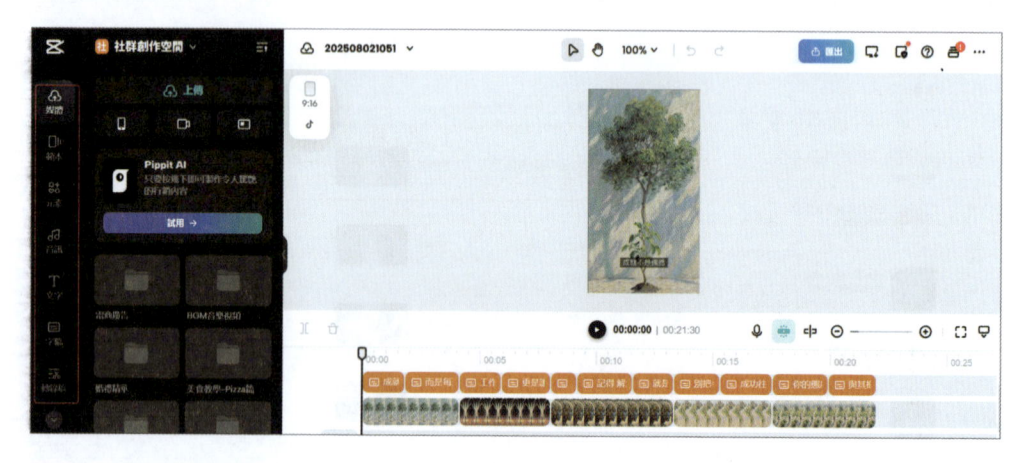

Step3. 返回 AI 影片製作器：於上方視窗分頁中，再次切換即可返回原 AI 影片製作器視窗。

08. 影片匯出

Step1. 影片匯出：完成所有編修設計後，點選 Export 出口進行影片輸出。

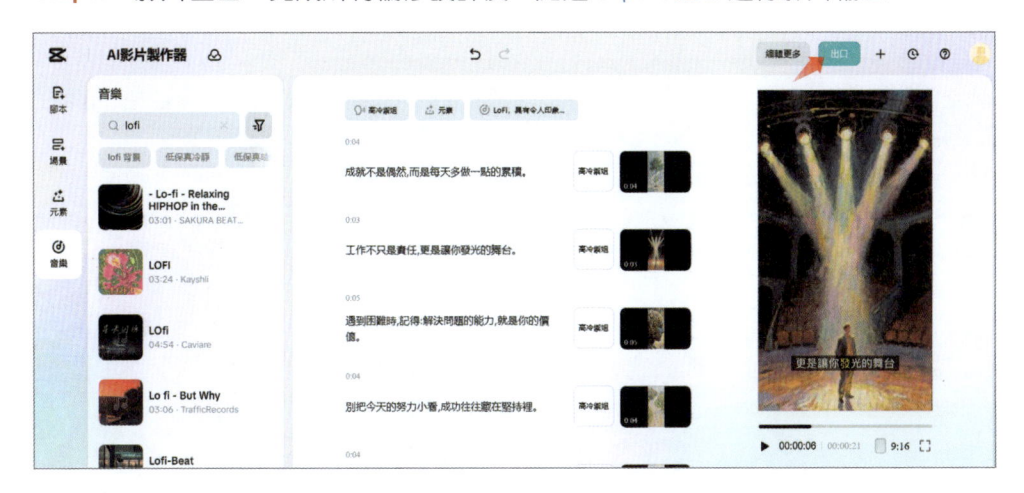

Step2. 匯出資訊設定：設定檔案名稱、品質等相關參數，在此我們可以預設值直接匯出即可。

17-13

主題 1　免費 AI 影片製作工具

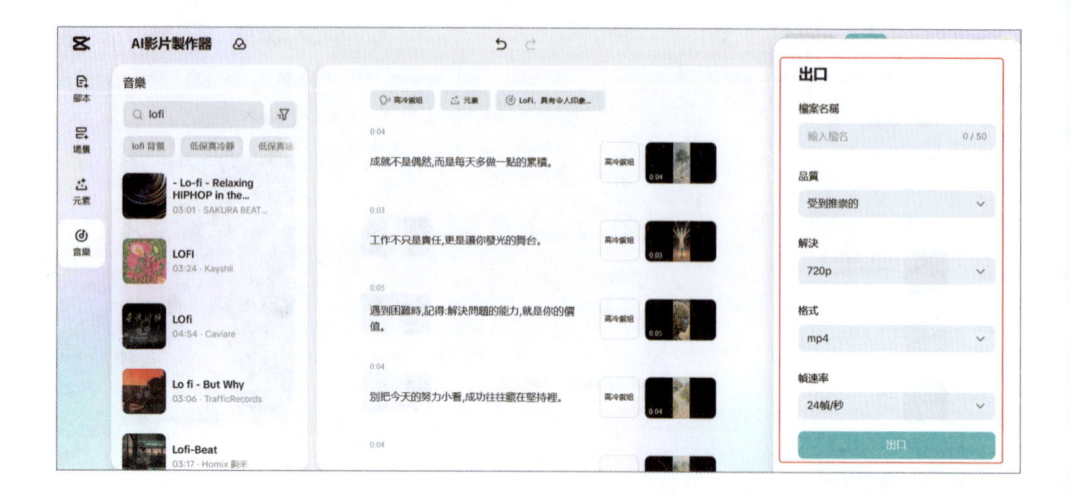

主題 2
片段轉影片

片段轉影片定義即是,將多個素材片段(如影片片段、圖片、音訊等)合併編排成一支完整影片的過程。我們可以想像一種場景,由於現在多以短視頻內容為主流,若是我們將相同主題的短視頻片段匯集而成一個專輯主題,就成為中長視頻內容,如此不僅可以經營短視頻流量,也同時經營中長視頻流量池。

第 1 節　啟動與導覽

Step1. 進入片段轉影片:於 Capcut 首頁視窗中,點選 AI 工具下的用 AI 來創作類別,並選擇片段轉影片進入編輯視窗。。

Step2. 本機上傳素材:點選上傳,從這台裝置。

17-15

主題 2　片段轉影片

Step3.　指定素材路徑：指定素材路徑，框選所需素材，點選開啟。

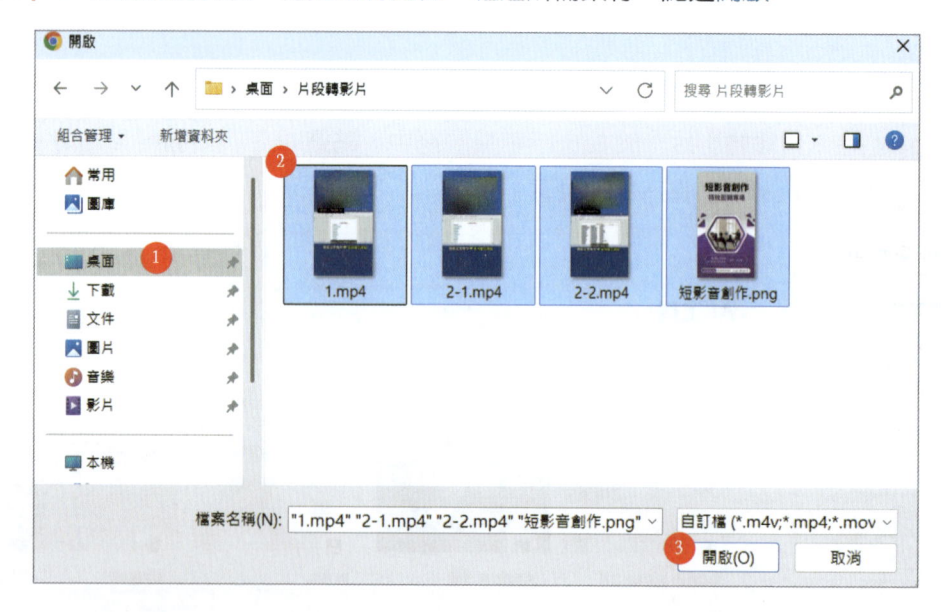

Step4.　素材調整：匯入後的素材於圖示上左拖拉，可重新調整腳本順序，並於下方指定時長 (或不限)、設定影片比例 (9:16)，並點選產生即開始進行轉換成影片。

17-16

第 1 節　啟動與導覽

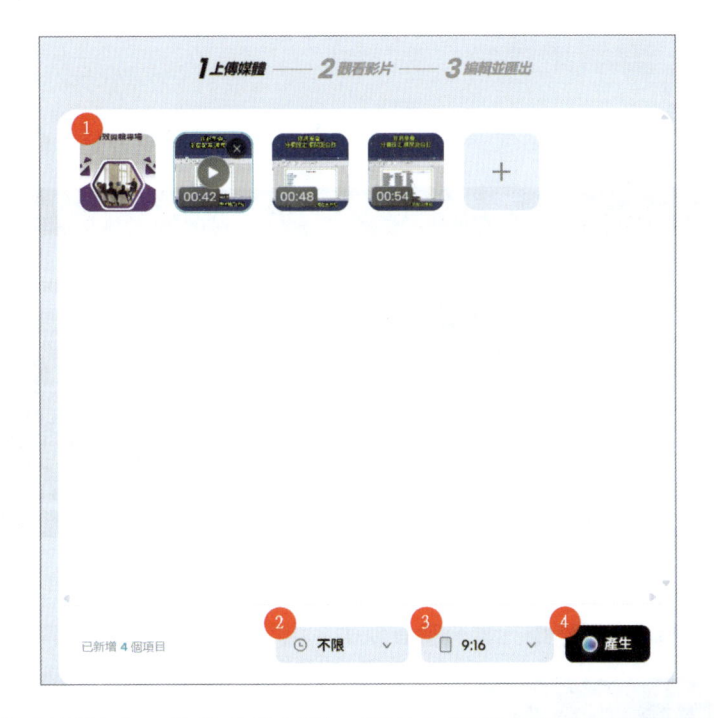

Step5.　選擇風格範本：轉換後的影片，可於右側範本視窗 中選擇由系統配置的色彩風格、與轉場特效套用至影片中 (也可省略)，並點選播放預覽效果。

17-17

主題 2　片段轉影片

第 2 節　編輯更多

Step1. 進階編修技巧：點選編輯更多，進入 Capcut 時間軌進階編輯。

Step2. 素材特效修改：素材可重新左拖拉調整順序，並利用左側工具列 (媒體、範本、照片、音訊) 再新增元素至時間軌中，進行更豐富的影片內容配置。

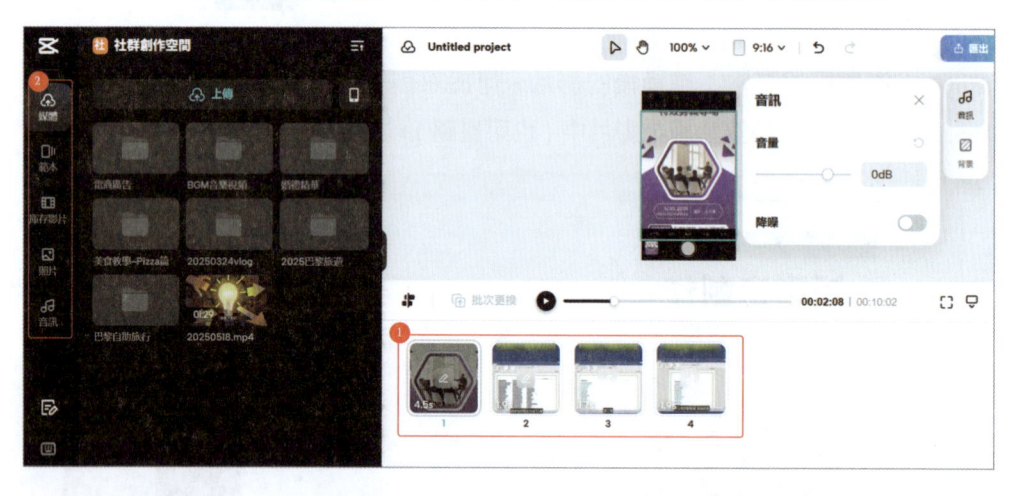

Step3. 查看時間軸：若需要以時間軸模式來進行軌道細部編排設計，只要點選 切換即可。

說明：編修後只要再次點選 查看片段，即返回縮圖模式編輯。

第 3 節　匯出並下載

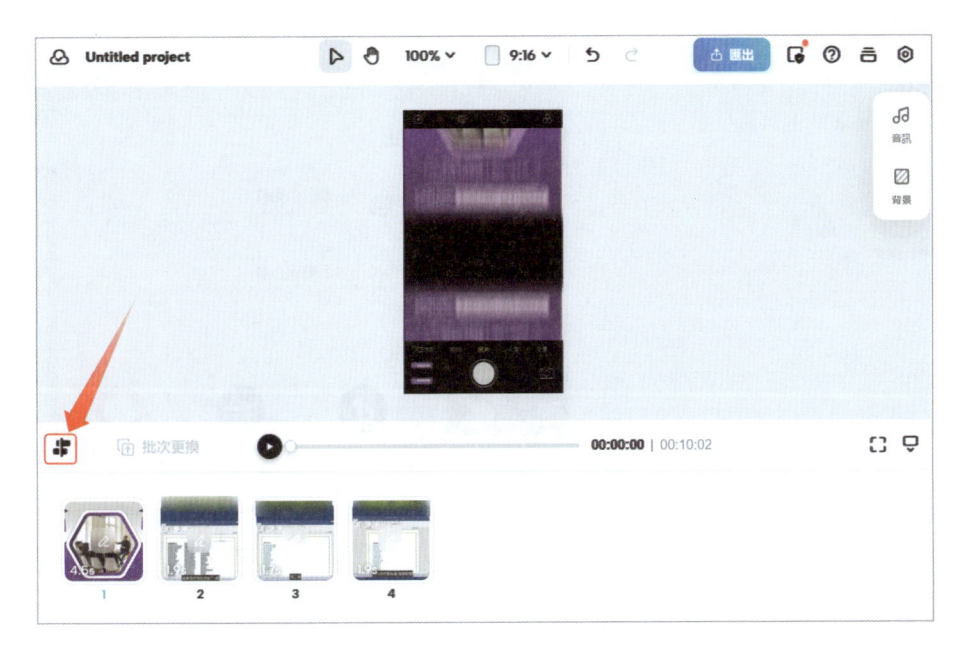

Step4. 增加背景音樂：點選左側音訊類別，並搜尋背景音樂，尋找適合的背景音樂後左拖拉加入至時間軌中，完成背景音樂配樂設計。

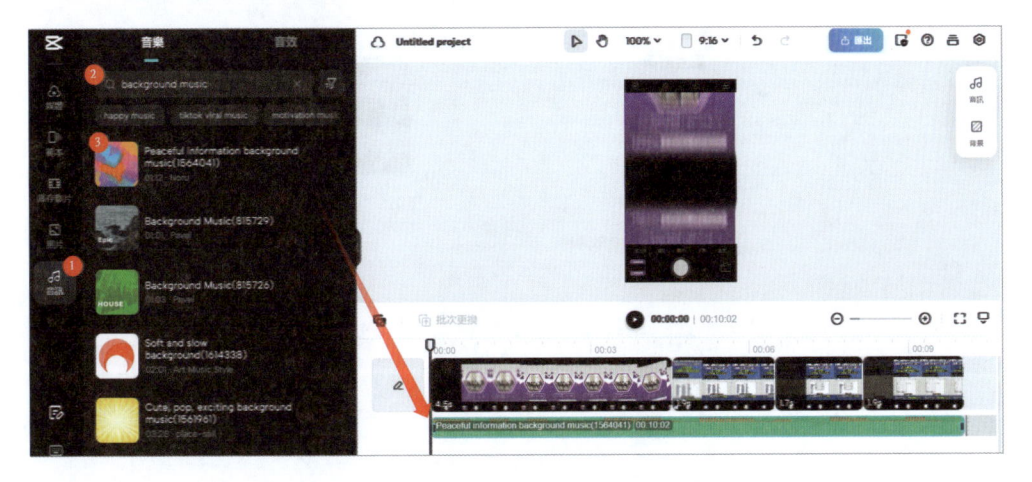

第 3 節　匯出並下載

Step1. 匯出並下載影片：完成所有設計後，直接點選匯出並下載影片。

17-19

主題 2　片段轉影片

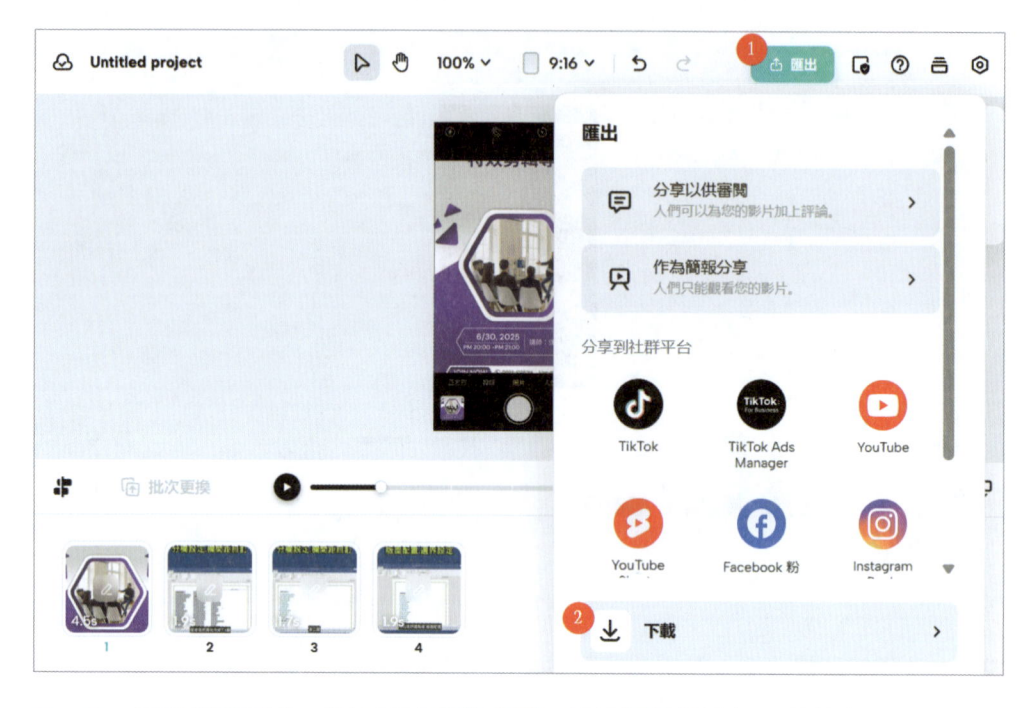

Step2. 設定檔案資訊：輸入影片檔案名稱，並以預設值進行下載輸出即可。

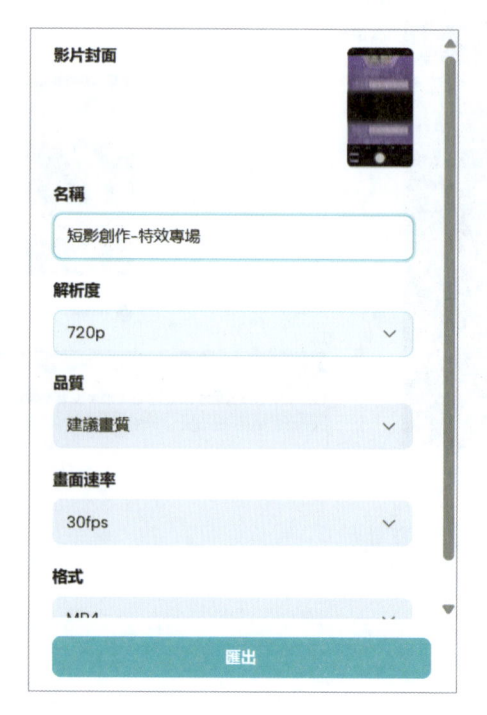

17-20

主題 3
文字轉設計

文字轉設計功能可以根據您的提示詞結合您上傳的影像參考圖，來進行圖片生成設計。使用提示詞指定您想要描述的內容或產品資訊。

第 1 節　啟動與導覽

Step1. 進入文字轉設計：於 Capcut 首頁視窗中，點選 AI 工具下的用 AI 來創作類別，並選擇文字轉設計進入編輯視窗。。

Step2. 設計流程作業：進行設計前，我們將先決定頁面尺寸大小、輸入您的需求(提示詞)、上傳圖片參考、點選產生，即開始生成海報設計。

說明：在此提示詞目前仍以英文輸入會較穩定且正確，可利用 Google 翻譯後再貼入即可；經作者實測若是需要以中文設計的朋友們，不妨直接上傳參考圖(如：商品圖)，再以簡單描述(或省略不輸入)一樣也可生成的不同類型海報設計風格。

主題 3　文字轉設計

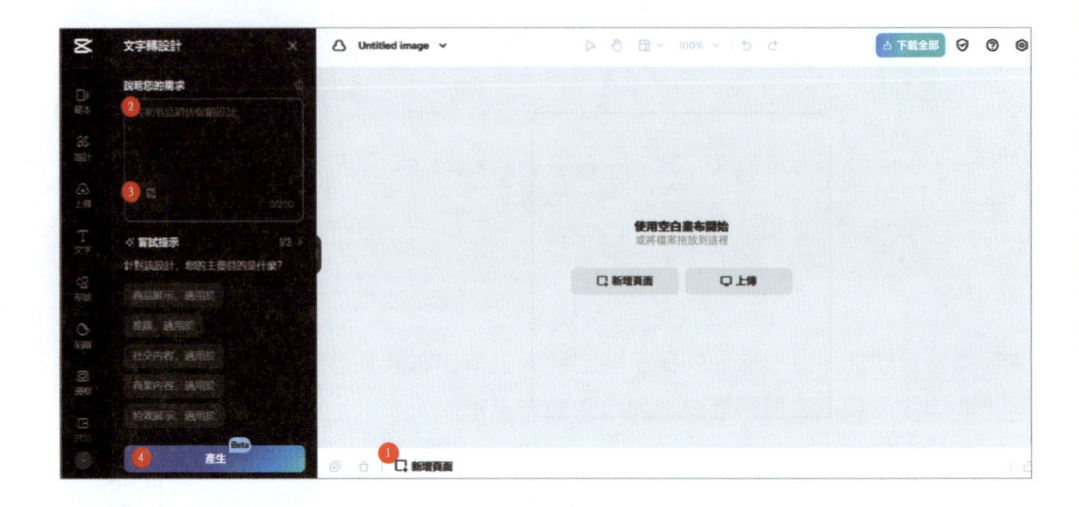

第 2 節　新增頁面

Step1.　新增頁面大小：首先定義所需圖片尺寸大小，點選新增頁面。

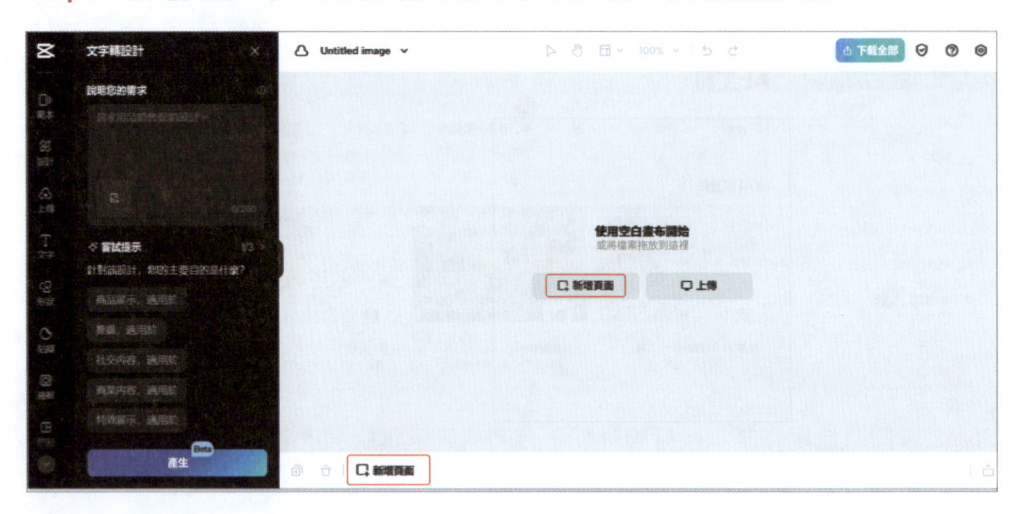

Step2.　選擇所需海報尺寸：點選 Youtube 類型中的 Youtube 簡介 (也可自由選擇類型)。

第 2 節　新增頁面

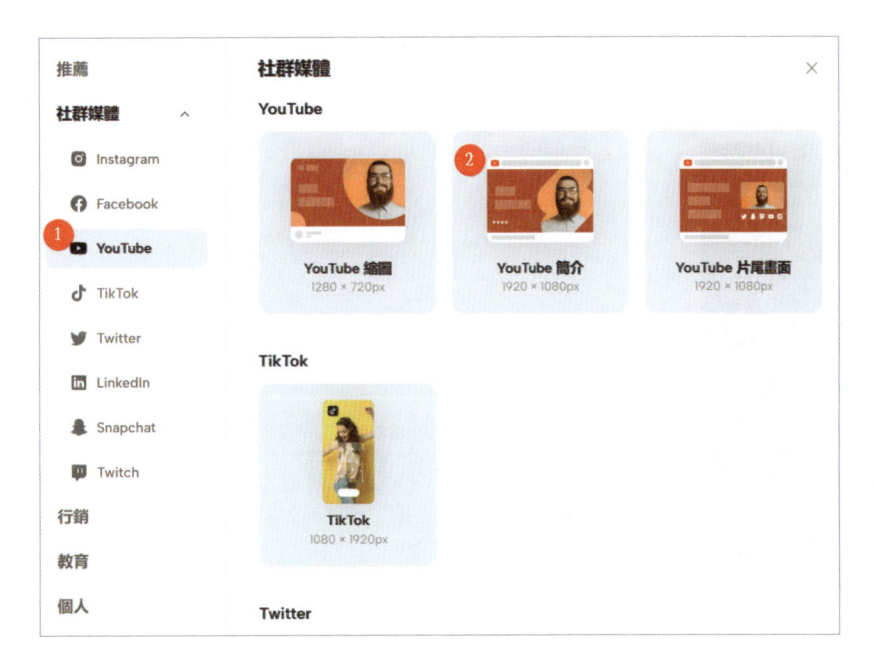

Step3. 　圖層物件定義：在新增頁面後，於右側視窗即<u>自動新增圖層</u>，而中央頁面即為所選的 1920*1080 尺寸版面大小，待後續生成海報設計即會以此大小來設計；我們也可再次新增頁面來進行多頁海報設計。

說明：所謂的圖層即是在頁面中所有的元素 (文字、圖片、物件、貼圖等)，系統會隨著先後編輯順序由下至上進行堆疊，並且一個物件獨立一層，以供使用者可獨立編輯與調整置前置後的順序。

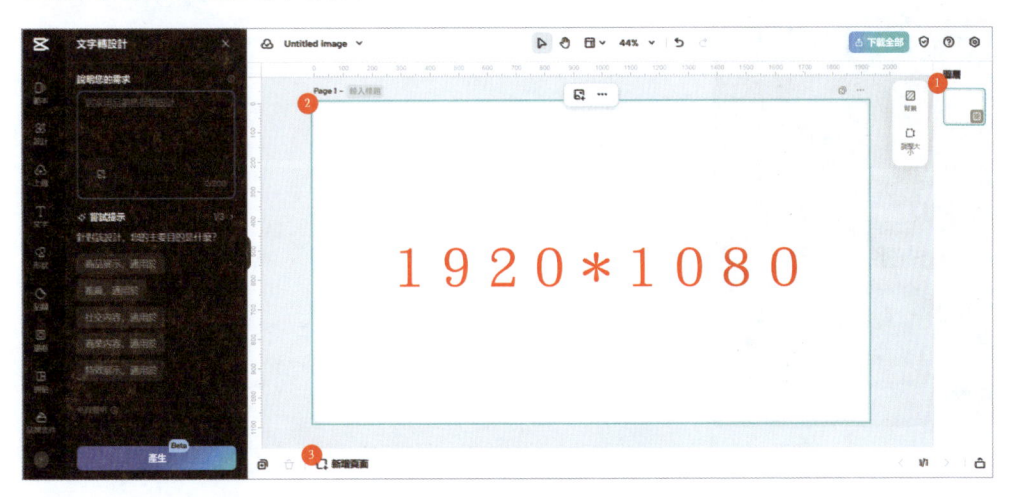

17-23

主題 3　文字轉設計

Step4.　頁面管理技巧：新增多頁後，我們可以於右下角位置進行頁面切換，或是於左下角位置進行頁面複製、刪除等管理作業。

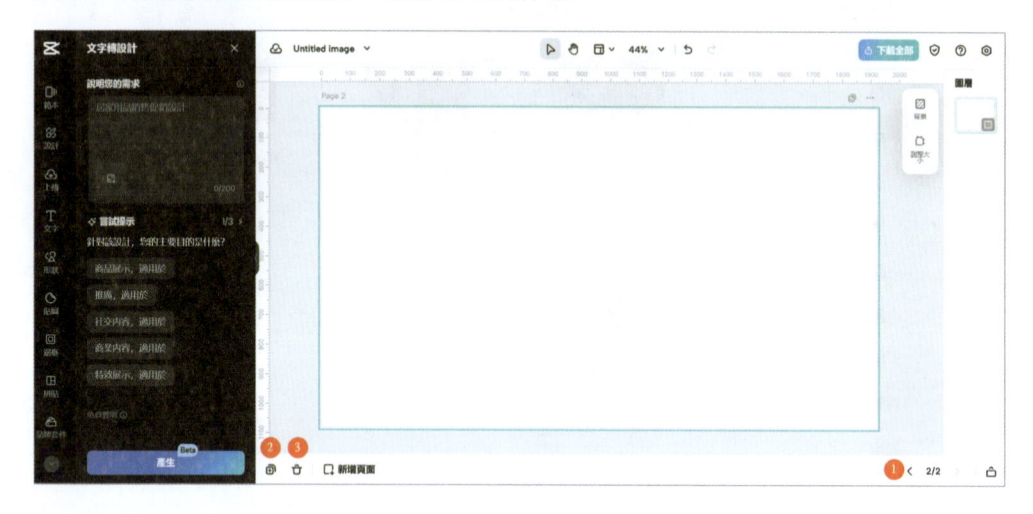

第 3 節　文字轉設計

應用場景：2025 美妝商品口紅 9 折優惠

提示詞：2025 Newest Colors, 10% Off

Step1.　輸入提示詞：輸入提示詞僅需關鍵訊息文字即可。

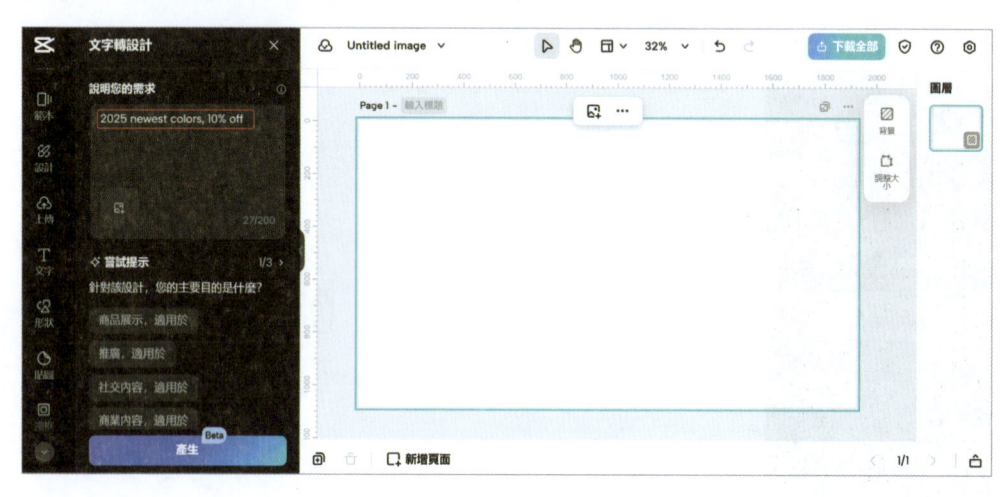

Step2. 上傳圖片參考：上傳與主題相關圖片素材（如：新品口紅圖片），並點選產生即開始設計。

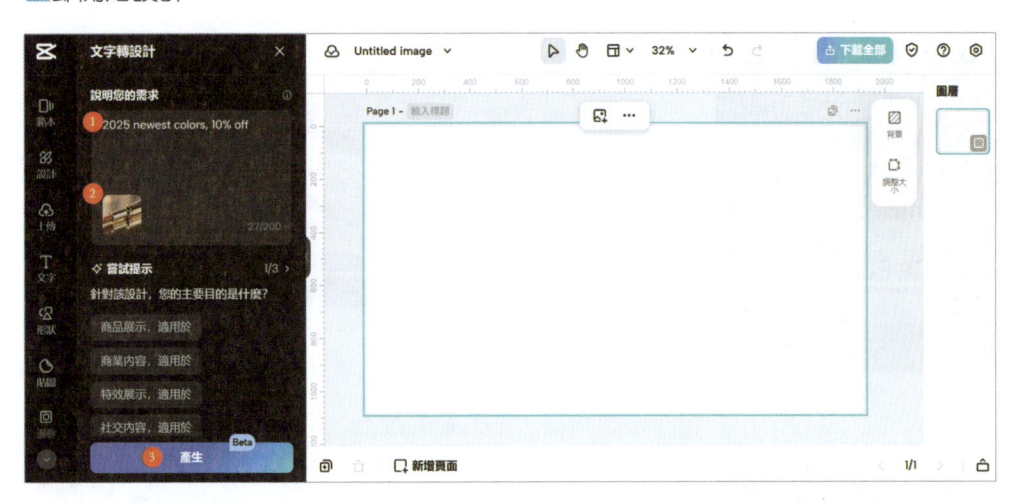

Step3. 套用與圖層：一次生成 10 張海報設計，直接點選即套用至頁面，於右側圖層視窗即可見海報中的每個物件均為各自獨立，點選圖層物件即可進行修改。

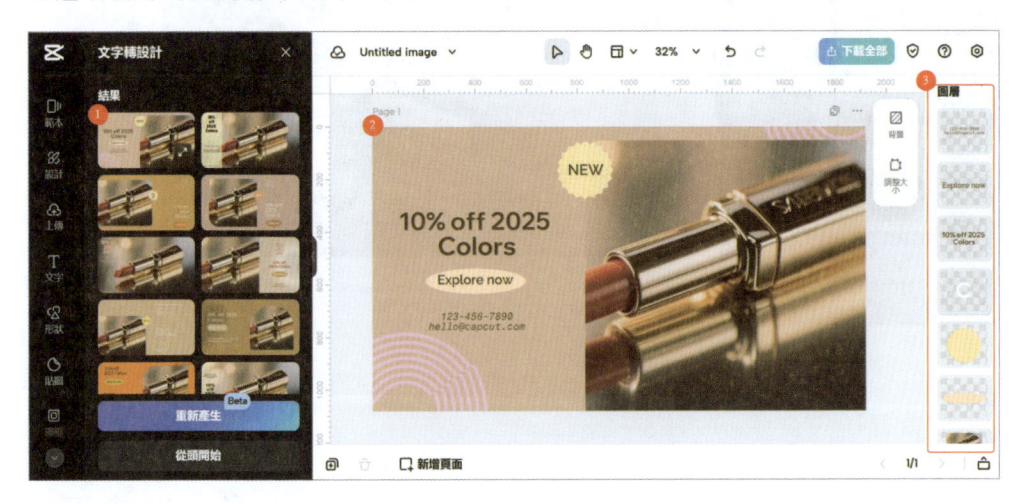

第 4 節　重新設計

Step1. 重新設計：依原提示詞再次重新產生新的海報風格設計。

主題 3　文字轉設計

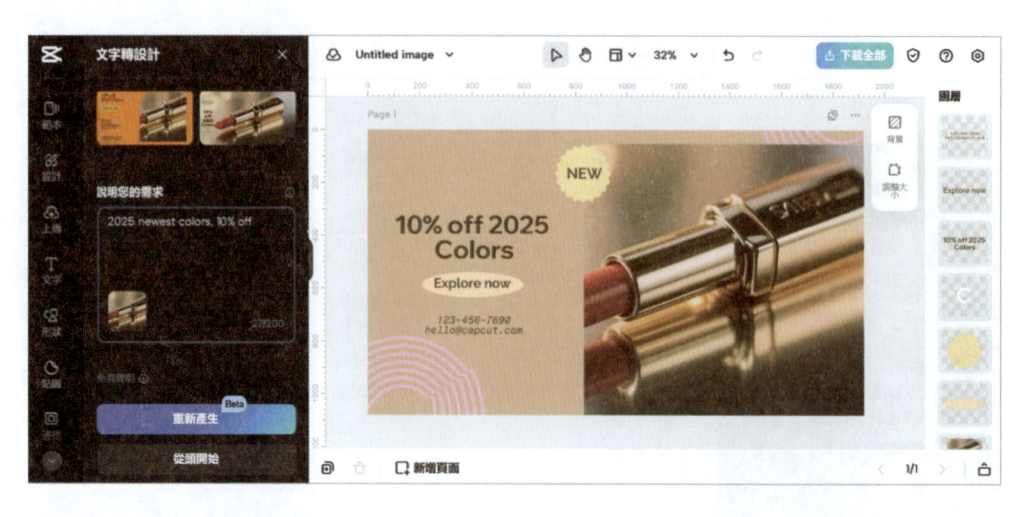

Step2.　加入新設計：點選新增頁面後，加入新的設計，形成多頁海報內容。

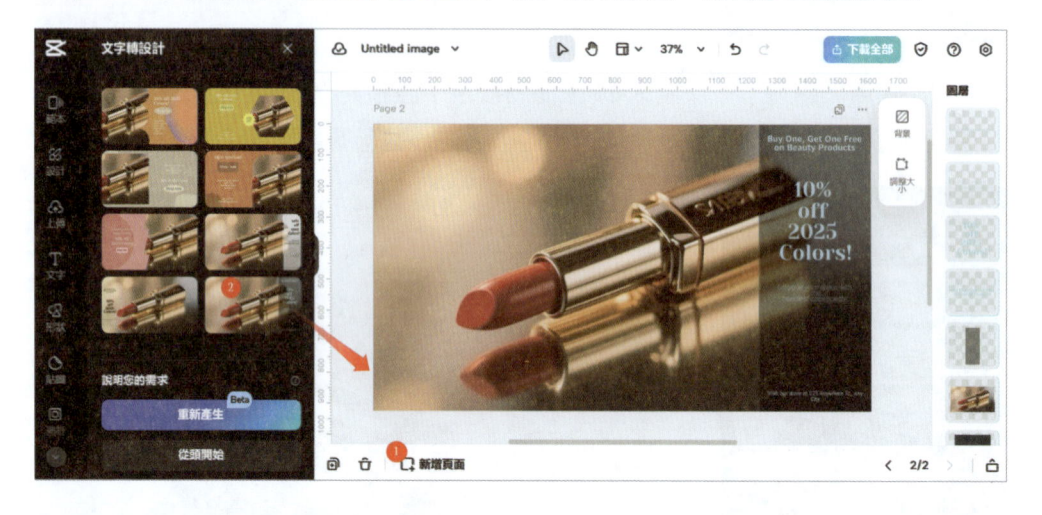

第 5 節　檔案下載與輸出

Step1.　下載全部：完成設計後，點選上方下載全部，在此的下載 (為 Zip 壓縮檔，以 Jpeg 格式輸出)。

說明：特別說明在此的「拷貝成 PNG」，僅是複製到剪貼簿的拷貝，所以需要開啟軟體後再貼上才可看見圖片內容 (簡單的說即是 Ctrl+C 的拷貝定義)：另外若是需要直接以圖文方式分享至社群，則選擇下方分享到社群平台即可，以簡化下載後

再上傳的繁瑣步驟。

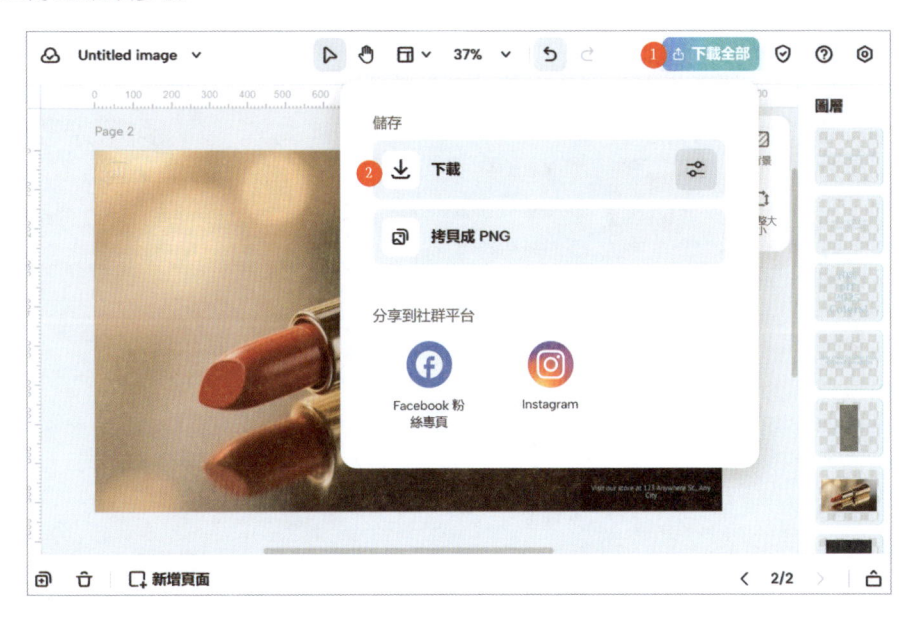

Step2. 解壓縮檔案：於檔案總管中找尋下載路徑該資料夾位置，點選右鍵解壓縮全部。

說明：由於圖片為多頁資料內容，因此系統會以壓縮檔方式包裝，所以下載後必需解壓縮才可使用獨立檔案。

主題 3　文字轉設計

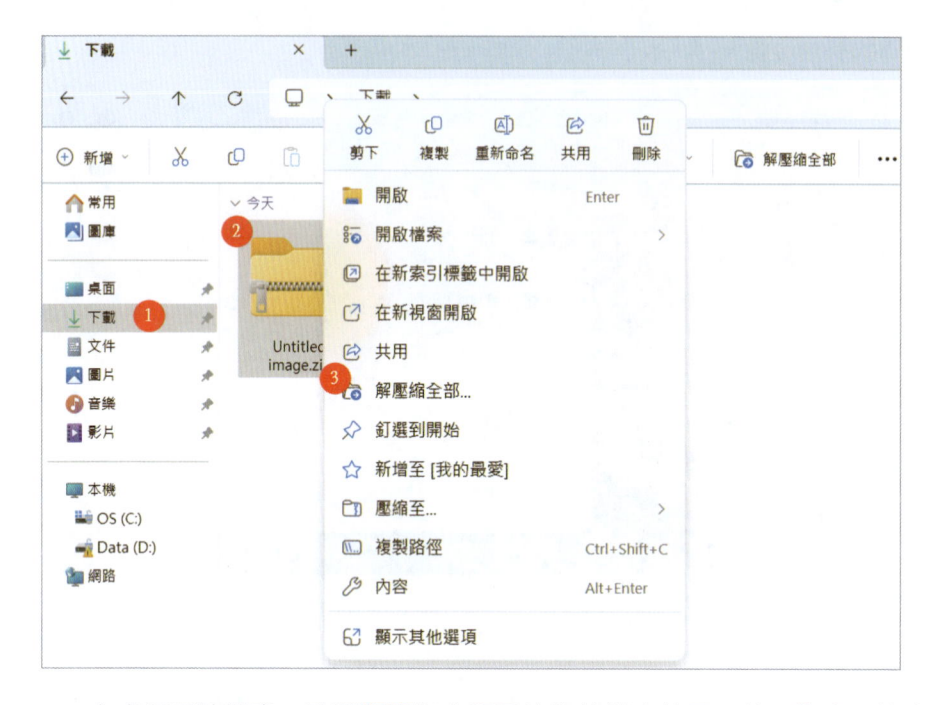

Step3.　完成解壓縮檔案：點選瀏覽指定解壓縮後的檔案位置，若不指定系統會以原路徑直接進行解壓縮，點選解壓縮即可。

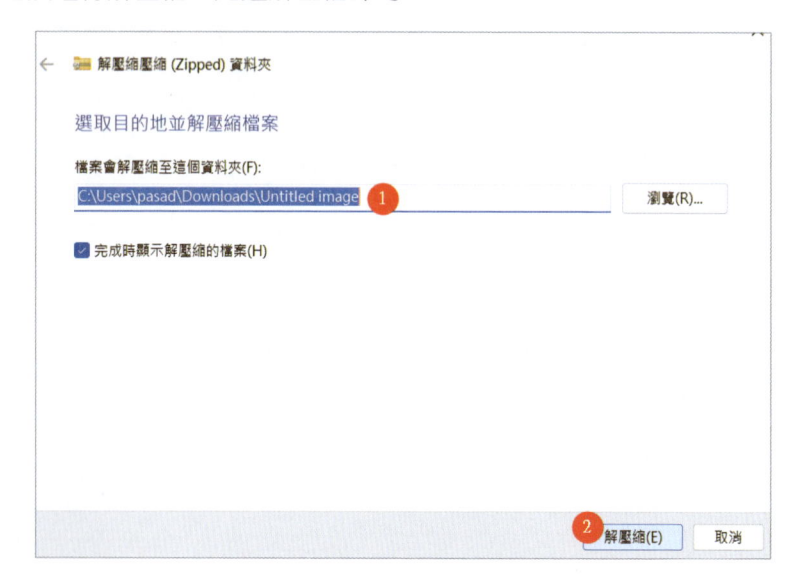

17-28

第 5 節　檔案下載與輸出

Step4. 瀏覽檔案清單：解壓縮後的視窗會自動開啟，如圖所示輸出為 JPEG 檔案格式。

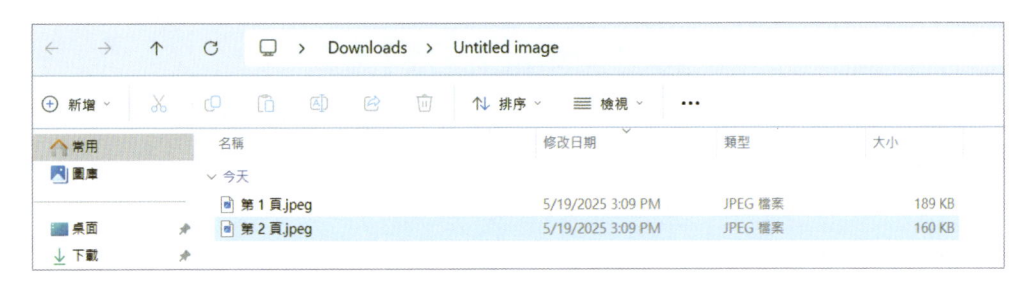

名稱	修改日期	類型	大小
∨ 今天			
第 1 頁.jpeg	5/19/2025 3:09 PM	JPEG 檔案	189 KB
第 2 頁.jpeg	5/19/2025 3:09 PM	JPEG 檔案	160 KB

主題 4

長片剪成短片

長片剪成短片功能可協助創作者,將已完成的中長視頻內容 (1 分鐘以上的影片) 以一鍵上傳後指定剪輯時長,快速轉換成短影音的內容創作。

第 1 節　啟動與導覽

Step1. 進入長片剪成短片:於 Capcut 首頁視窗中,點選 AI 工具下的全部類別,並選擇長片剪成短片進入編輯視窗。

Step2. 視窗導覽:將檔案拖放到這裡 (指本機電腦上傳檔案),或由雲端硬碟 (Google、Dropbox、Capcut 雲端空間) 上傳來源影片檔案,下方為先前的專案即曾經上傳的影片歷程記錄。

說明:由於使用為免費版有時長限制,剩餘時間意指可目前免費轉換的時長;上傳時長限制 3 小時以內,且大小 <10GB 以下的影片,因此超出時長的影片,建議分段上傳進行剪輯。

第 2 節　上傳剪輯

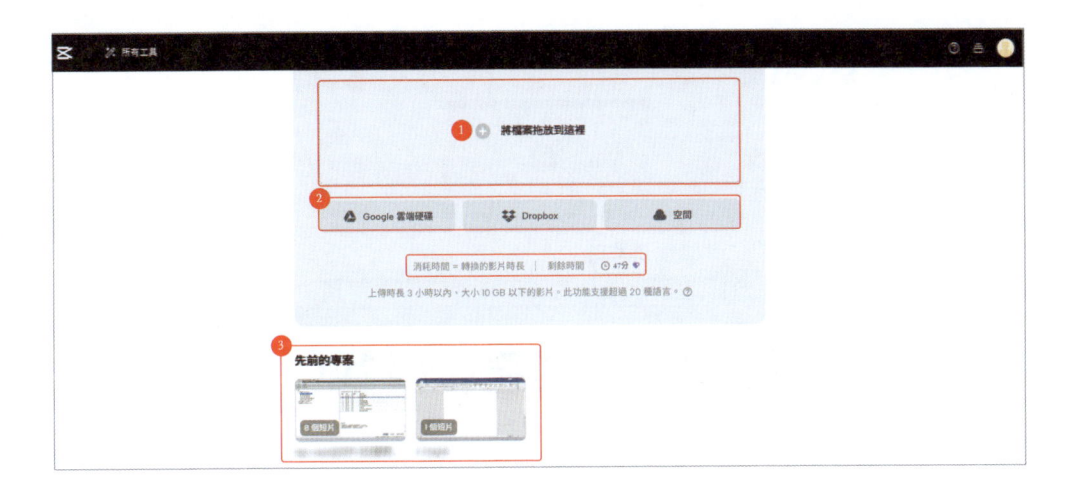

第 2 節　上傳剪輯

Step1. 上傳影片檔案：點選檔案拖放到這裡 (本機電腦上傳)，指定影片路徑並點選檔案名稱後，開啟檔案。

Step2. 設定剪輯條件：替換功能可重新選擇影片素材，於時間軌道中起、迄位置拖拉 (黃色標記處) 可重新定義這段影片有效的剪輯範圍，選擇短影片中所需要呈現的字幕樣式，與短影片的時長 (建議 <60 秒)，確認後點選轉換，即開始進行剪輯作業。

主題 4　長片剪成短片

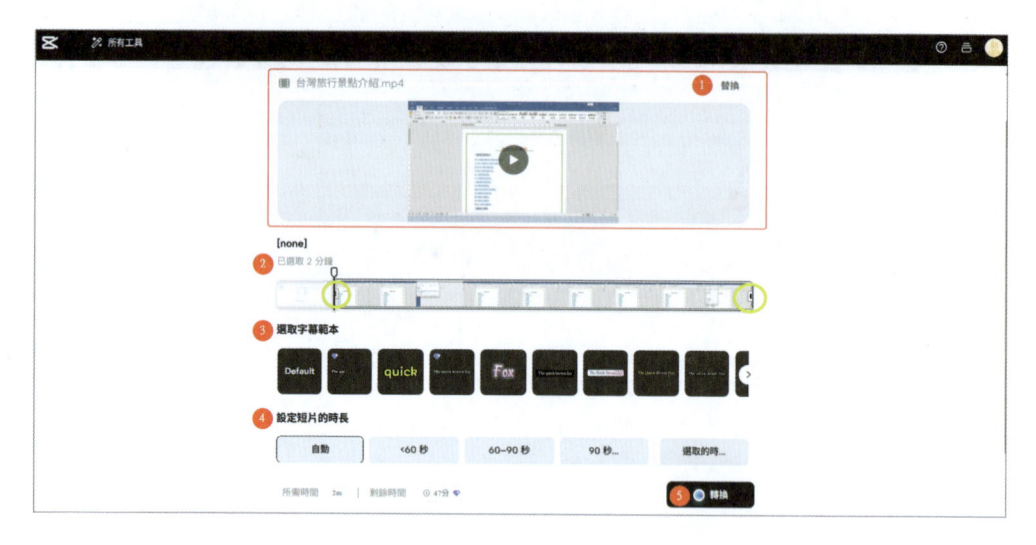

Step3. 正在製作短影片：此時即開始進行短影片轉換作業，待 100% 後完成。

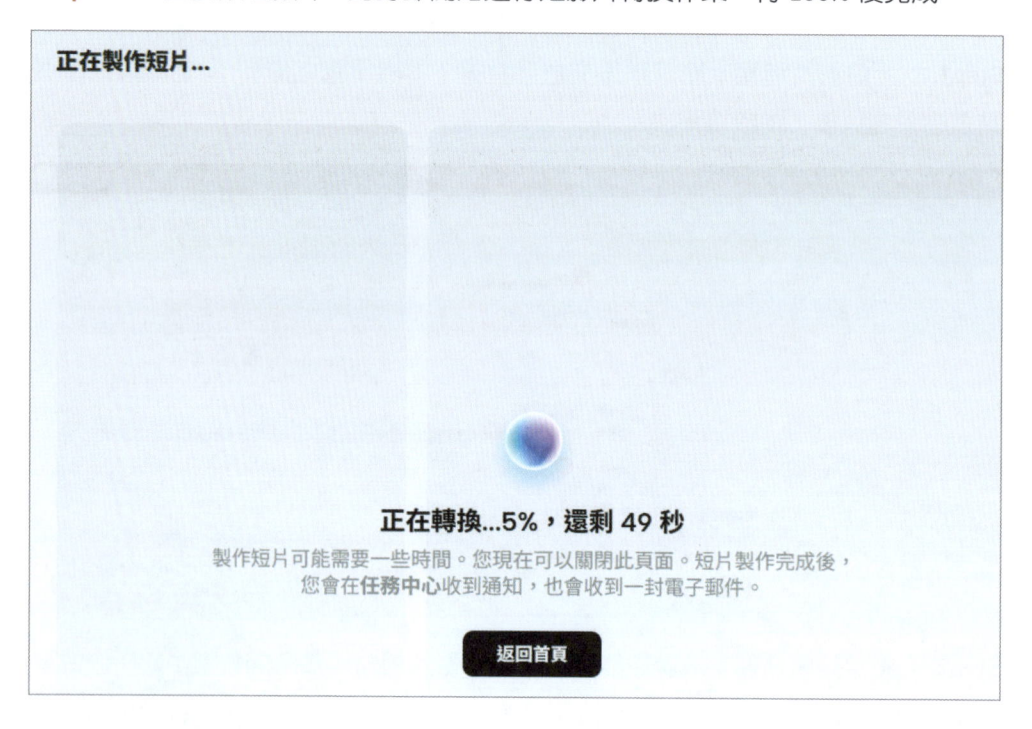

Step4. 完成剪輯：共剪輯 2 支短片，可於①視窗中播放預覽，下方提供我們直接②匯出或發布到 Tiktok、Youtube，也可點選編輯進行進階設計，右側為③系統分析影片關鍵內容 (可做為短視頻發布的說明文字)，而 # Hashtag 標記可做為短視

17-32

頻發布後的熱搜關鍵詞，④下方系統會自動產生適合的影片標題與字幕內容生成。

說明：在此不僅只是剪輯短片完成，而是包含發布影片中所需要的元素 (影片標題、說明介紹、#Hashtag) 都自動幫我們識別完成。

第 3 節　編輯內容

Step1.　短片編輯：點選下方編輯工具。

17-33

主題 4　長片剪成短片

Step2.　字幕與版面：可重新自訂字幕樣式與影片版面大小設定，若修訂完成即可進行匯出；編輯更多即進入 Capcut 時間軌專業編修介面。

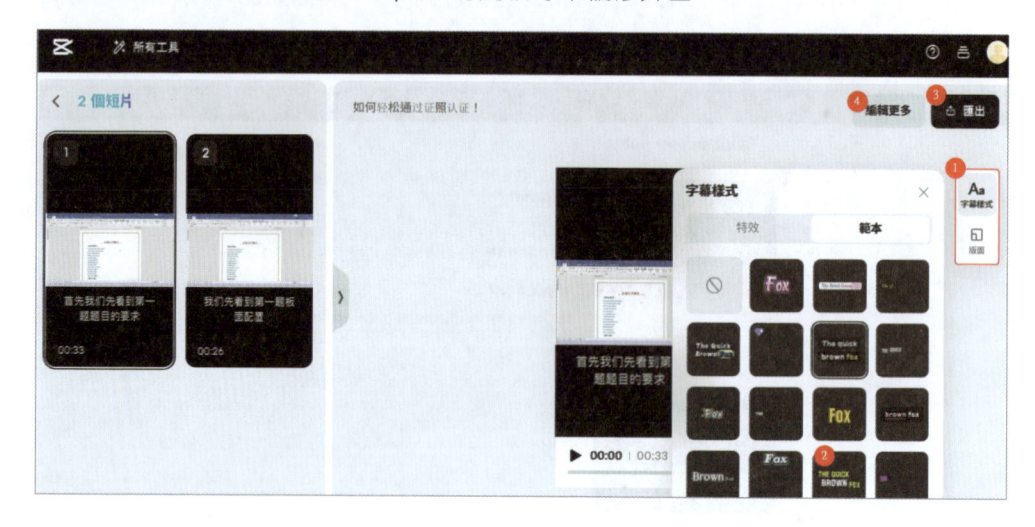

Step3.　Capcut 專業剪輯介面：應用左側功能項，進行時間軸編修與右側屬性工具進行字幕、動畫等相關設計，完成設定後點選匯出影片即可。

第 5 部份

AI 工具 - 用於影片系列

AI 角色創作可參考第三部份：AI 高級應用全系列教學。

- 主題 1　AI 字幕
- 主題 2　移除背景
- 主題 3　影片畫質提升器
- 主題 4　調整影片大小
- 主題 5　影片穩定
- 主題 6　超級慢動作

主題 1

AI 字幕

第 1 節　啟動與導覽

Step1. 啟動 AI 字幕：於 Capcut 首頁視窗中，點選 AI 工具下的用於影片類別，並選擇 AI 字幕進入編輯視窗。

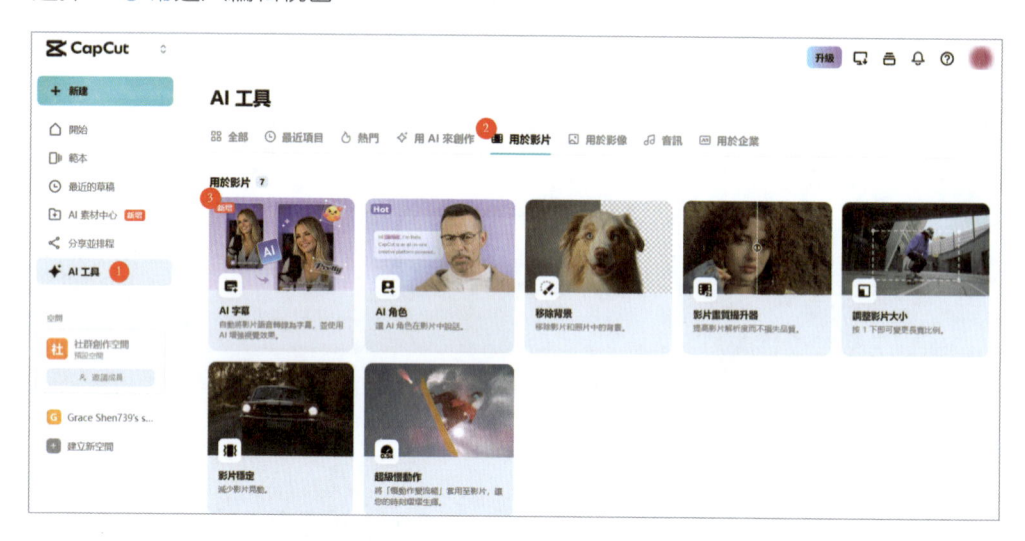

Step2. 上傳影片素材：點選上傳影片，或由下方範例進行演練。

第 2 節　AI 字幕

Step1.　自動生成字幕：系統依上傳檔案進行自動識別語系並生成字幕功能。

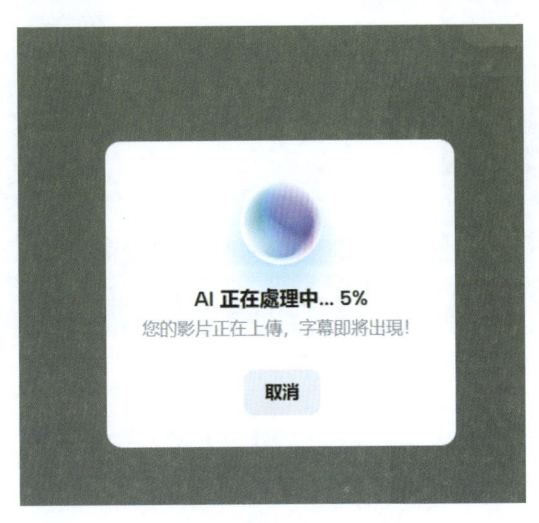

主題 1　AI 字幕

Step2.　字幕樣式：Style 套用字幕樣式，可選擇喜愛樣式點選後即套用。

Step3.　翻譯語系：點選 Subtitles 功能，於下方點選 🗛 翻譯功能，進行簡體中文翻譯成繁體中文。

18-4

第 3 節　字幕編修

Step1. 字幕分割：點選欲分割位置，按 Enter 即可自動分割字幕塊。

說明：短影音字幕以簡單短句為主，過長文字建議適當分割成獨立字幕塊。

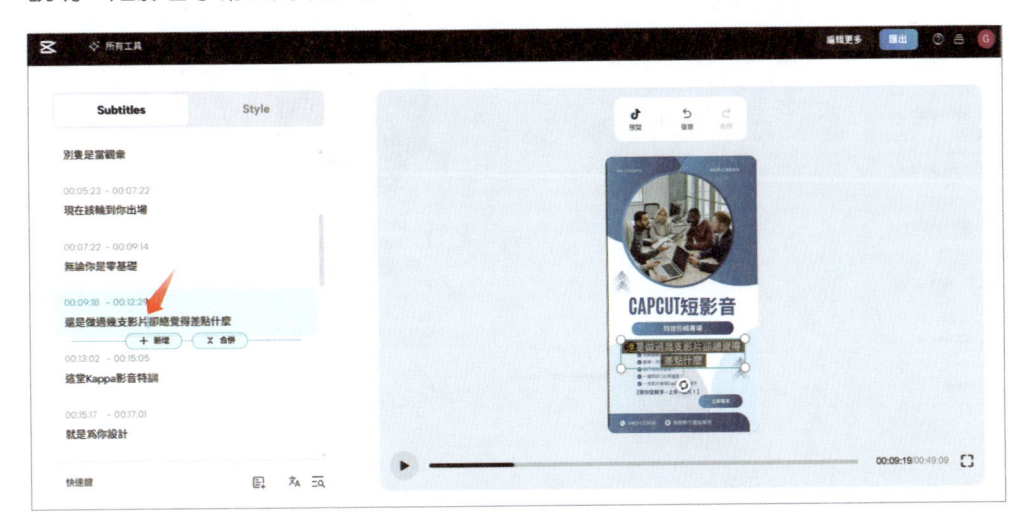

Step2. 分割後合併：停駐於合併的位置，滑鼠於兩字幕塊中間即可見合併功能。

18-5

主題 1　AI 字幕

Step3. 更多字幕編輯：點選上方編輯更多，即可進入 Capcut 字幕編輯視窗。
說明：更多詳細字幕編輯可參考第 11 章第 6 節相關教學。

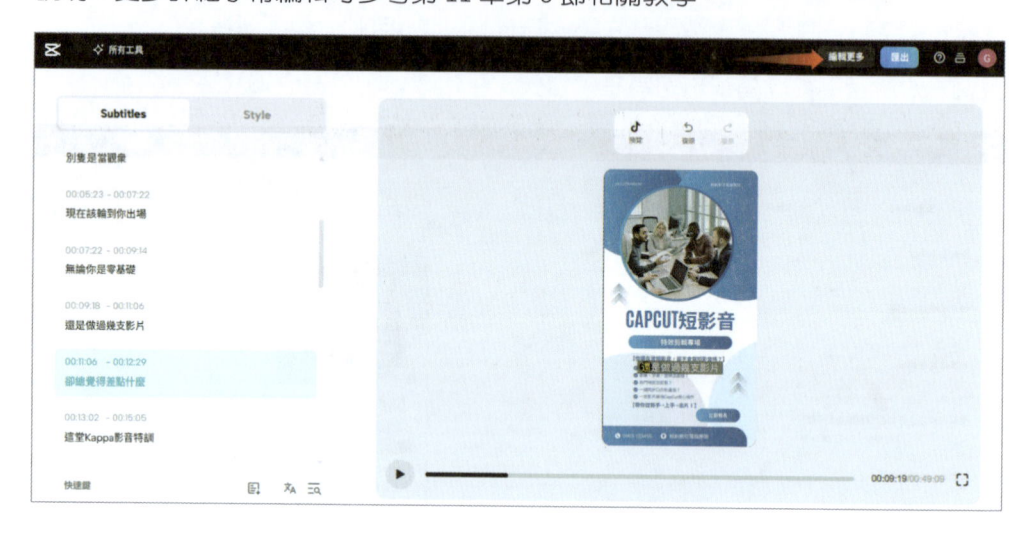

第 4 節　匯出檔案

Step1. 匯出檔案：點選右上角匯出，並點選下載。

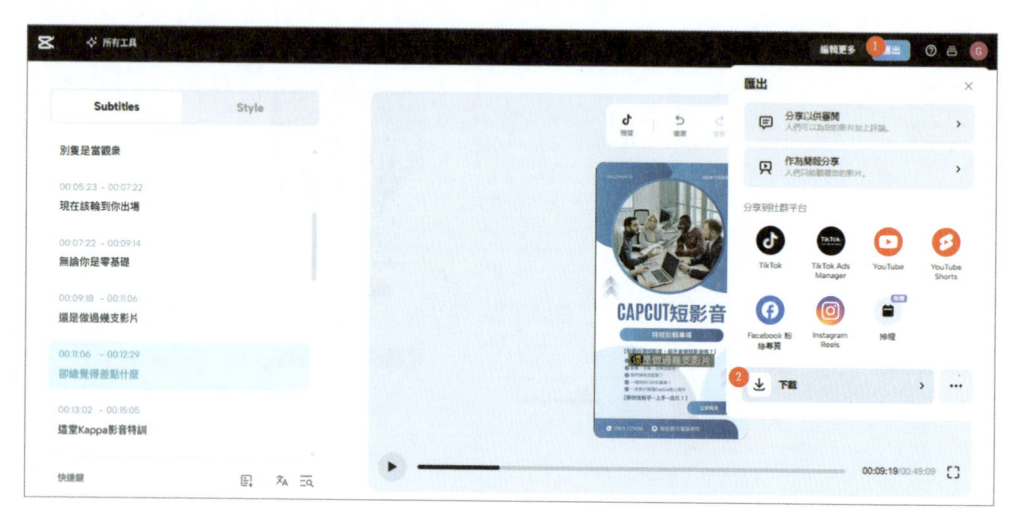

18-6

第 4 節　匯出檔案

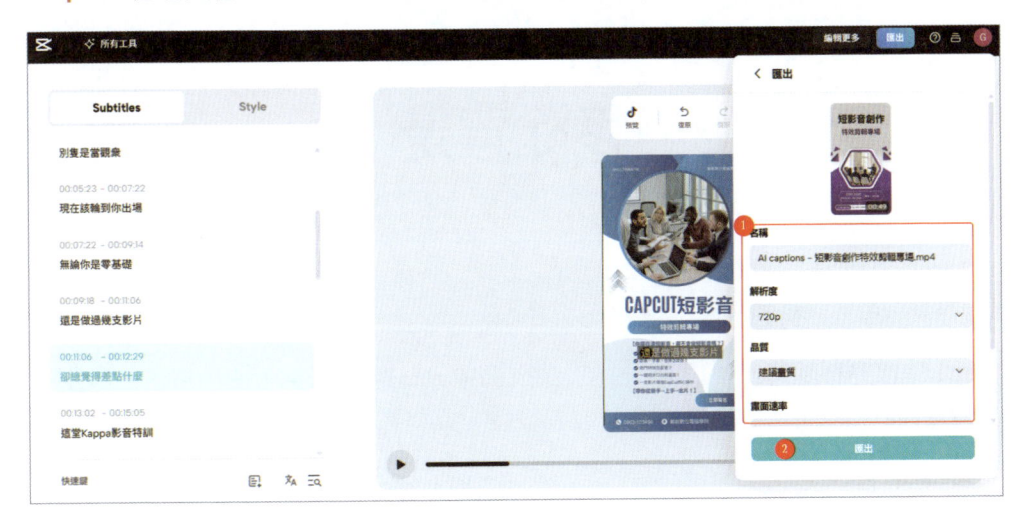

Step2. 檔名與格式：定義檔案名稱與相關格式設定後，點選匯出影片。

18-7

主題 2

移除背景

第 1 節　啟動與導覽

Step1.　啟動移除背景：於 Capcut 首頁視窗中，點選 AI 工具下的用於影片類別，並選擇移除背景進入編輯視窗。

Step2.　上傳影片檔案：點選上傳檔案。

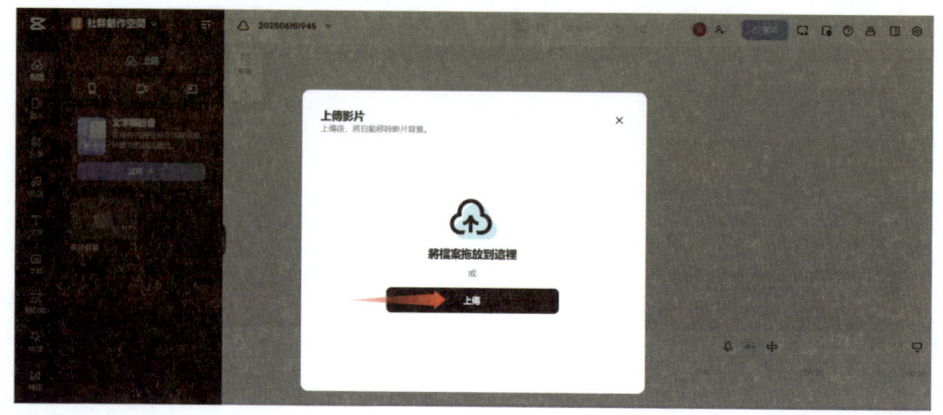

第 2 節　手動移除背景

Step3. 自動移除背景：上傳檔案後，於左側媒體功能區即可見該檔案上傳記錄，並且自動進行背景移除動作，待 100% 後即完成去背。

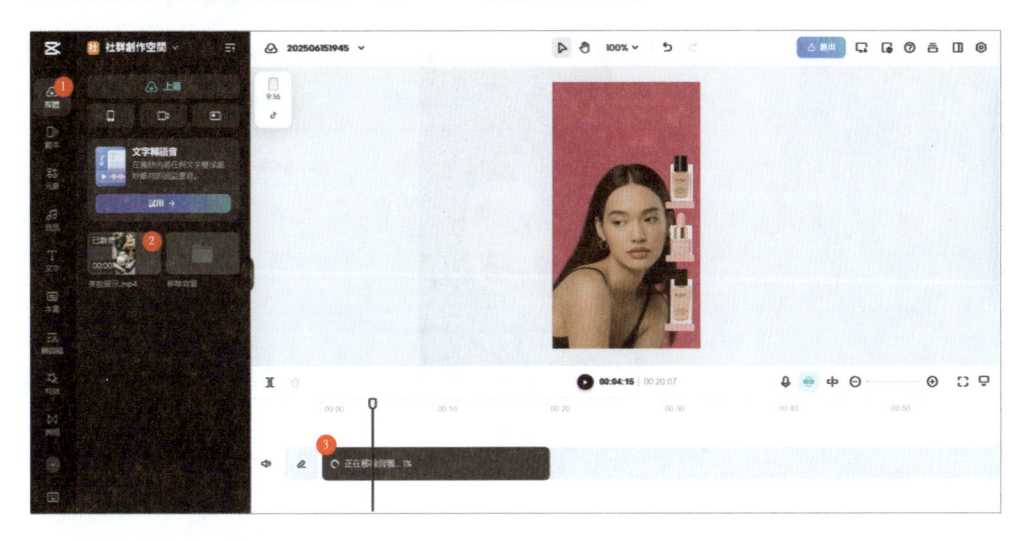

第 2 節　手動移除背景

Step1. 手動移除：點選時間軸影片軌 (呈藍色外框)，於右側點選智慧工具中移除背景。

說明：移除背景為 Pro 付費功能，我們仍可簡單了解主要操作與應用，匯出前可再移除該功能即可。

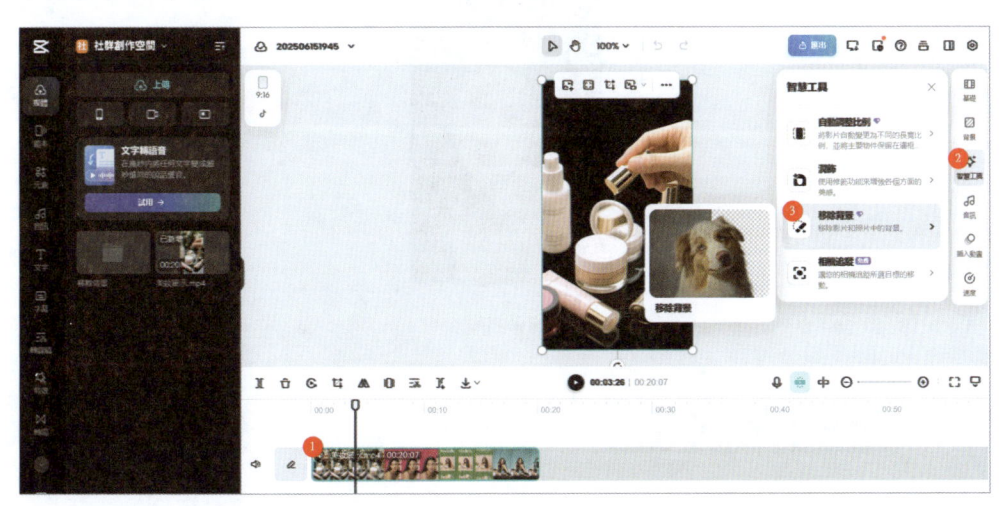

18-9

主題 2　移除背景

Step2.　自動移除：即啟動 On、該項為付費功能，若是要取消只要向左移 Off 即可。

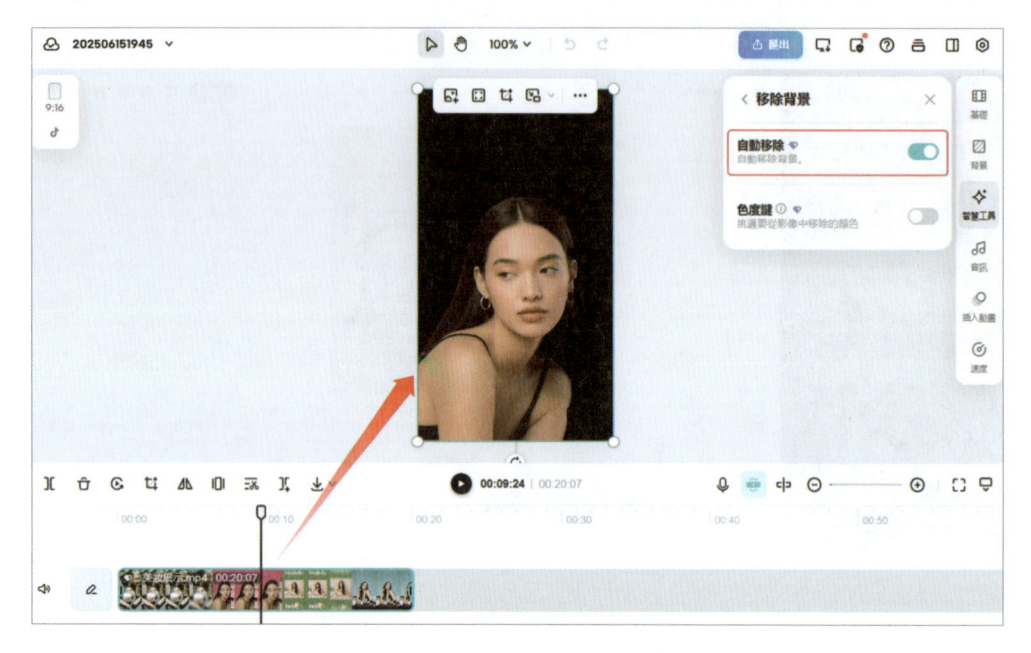

Step3.　色度鍵技巧：若是自動去色不完整時，啟動色度鍵 On，利用 🖉 圖示於影片中點選欲去背的色彩取樣即可。

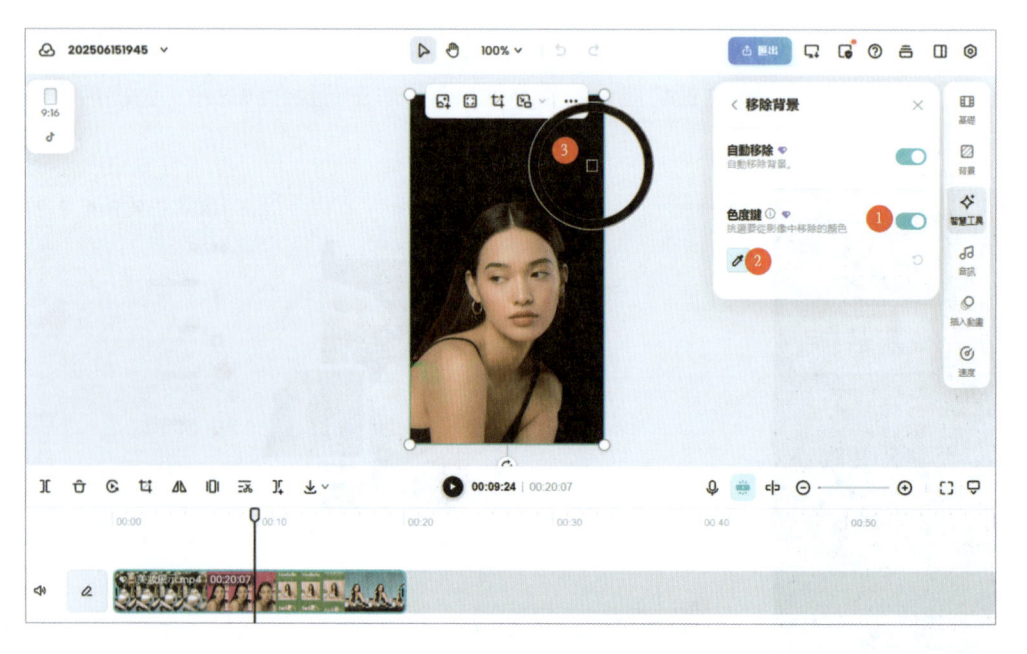

第 3 節　自訂背景

Step1. 自訂背景色彩：點選時間軸影片物件 (呈藍色外框)，於右側點選背景，自選色彩即完成套用。

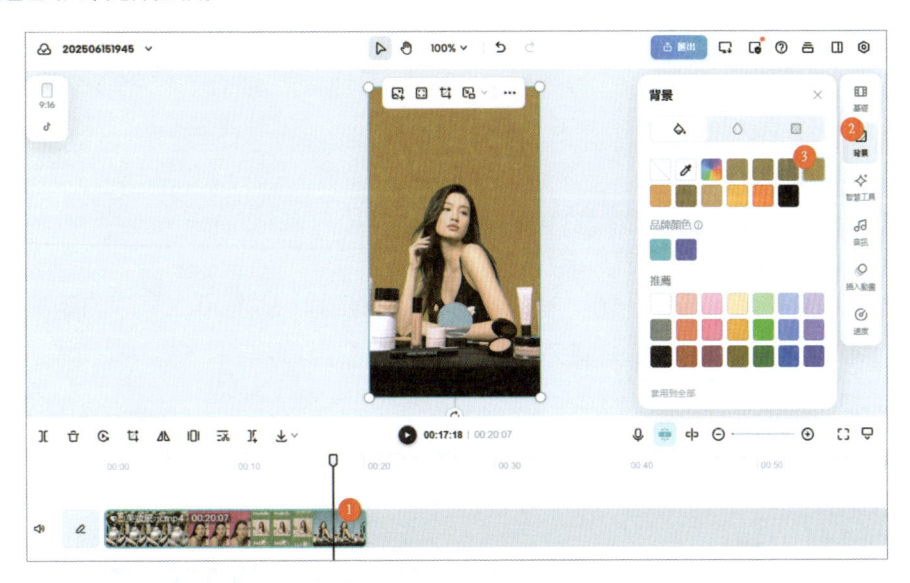

Step2. 還原背景：點選時間軸影片物件 (呈藍色外框)，於右側點選智慧工具，將自動移除 OFF 即還原原始背景配色。

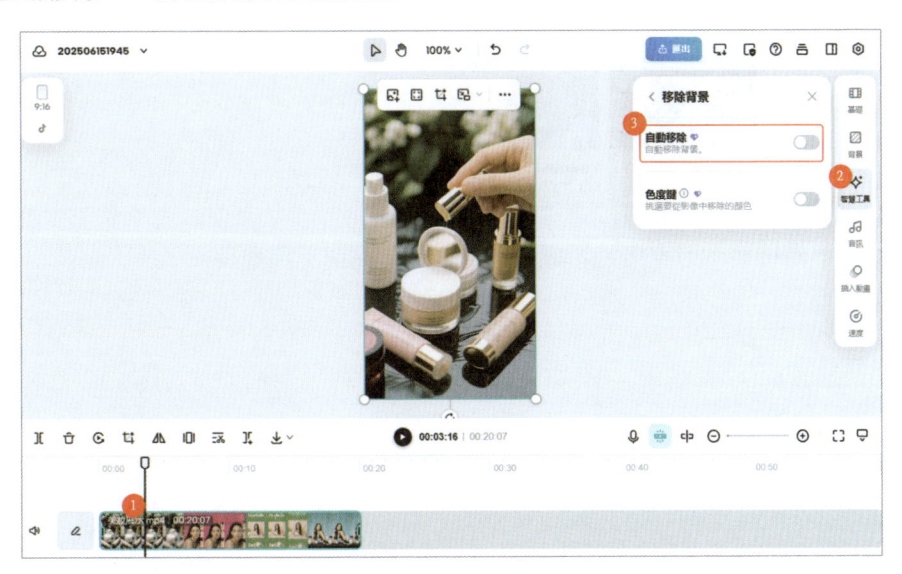

主題 3

影片畫質提升器

第 1 節　啟動與導覽

Step1.　啟動影片畫質提升器：於 Capcut 首頁視窗中，點選 AI 工具下的用於影片類別，並選擇影片畫質提升器進入編輯視窗。

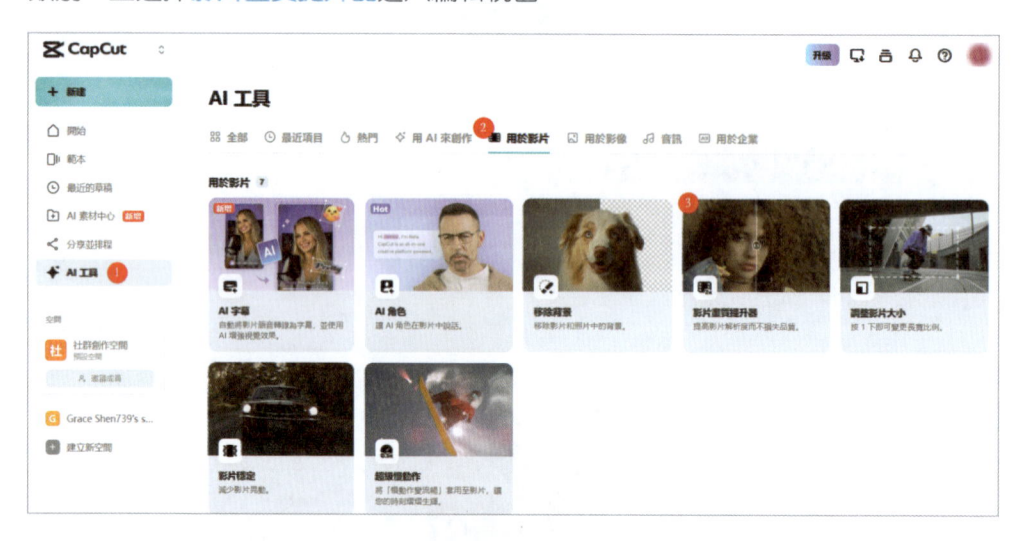

Step2.　上傳檔案：可直接拖拉檔案上傳、或是點選上傳檔案。

第 2 節　提升畫質

Step1. 選取解析度：系統預設 2x(1440*2560) 2 倍解析度，點選提升畫質即進行解析。

Step2. 預覽前後對比：點選預覽提升前後對比。

主題 3　影片畫質提升器

Step3. 編輯更多：點選編輯更多，即進入 Capcut 影片編輯視窗，提供更完整的編修應用。

第 3 節　匯出檔案

Step1. 匯出檔案：完成影片畫質提升後，即可直接點選匯出影片。

18-14

第 3 節　匯出檔案

Step2. 下載檔案：於匯出後點選下載即可。

Step3. 直接發布社群：可在此連動社群帳號直接分享發佈，簡化下載後再上傳作業程序。

Step4. 返回或建立新專案：若需要再次修改影片內容，可點選返回以編輯，或創建新專案內容。

主題 3　影片畫質提升器

主題 4

調整影片大小

第 1 節　啟動與導覽

Step1. 啟動調整影片大小：於 Capcut 首頁視窗中，點選 AI 工具下的用於影片類別，並選擇調整影片大小進入編輯視窗。

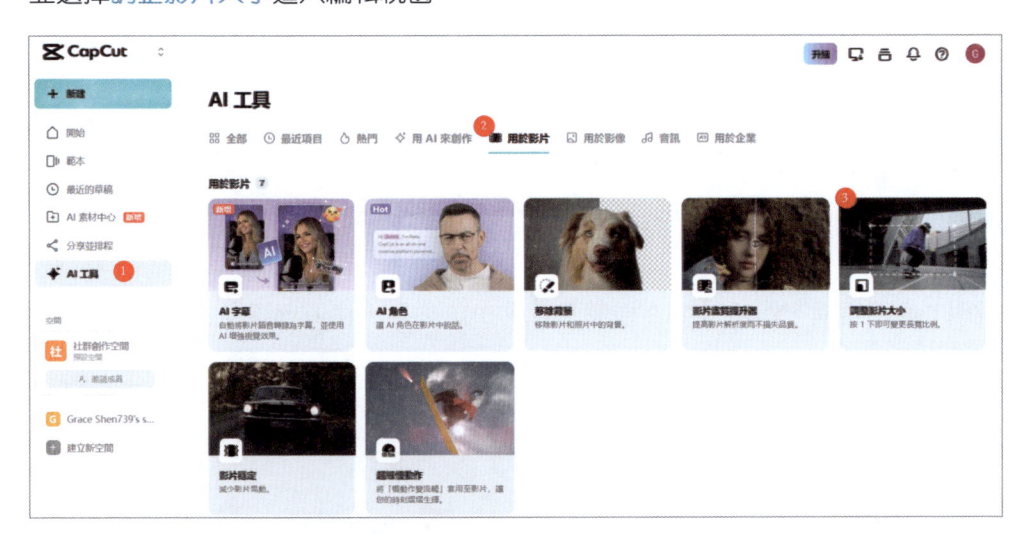

Step2. 上傳檔案：可直接拖拉檔案上傳、或是點選上傳檔案。

主題 4　調整影片大小

第 2 節　自動調整大小

Step1. 選擇裁剪長寬比例：指定所需裁剪尺寸大小，模式為自動調整比例，系統會自動偵測主要物件，(藍色框選範圍為主要物件識別)，進行自動尺寸裁剪，確認後套用。

說明：使用情境，例如將 16:9 視頻裁剪成 9:16 內容，由系統識別主要物件位置進行 AI 識別裁剪。

第 2 節　自動調整大小

Step2. 調整影像尺寸：自動調整大小後，於影片編輯區左上方，確認 9:16 與素材同尺寸，播放預覽影片效果，即完成 16:9 裁剪成 9:16 視頻。

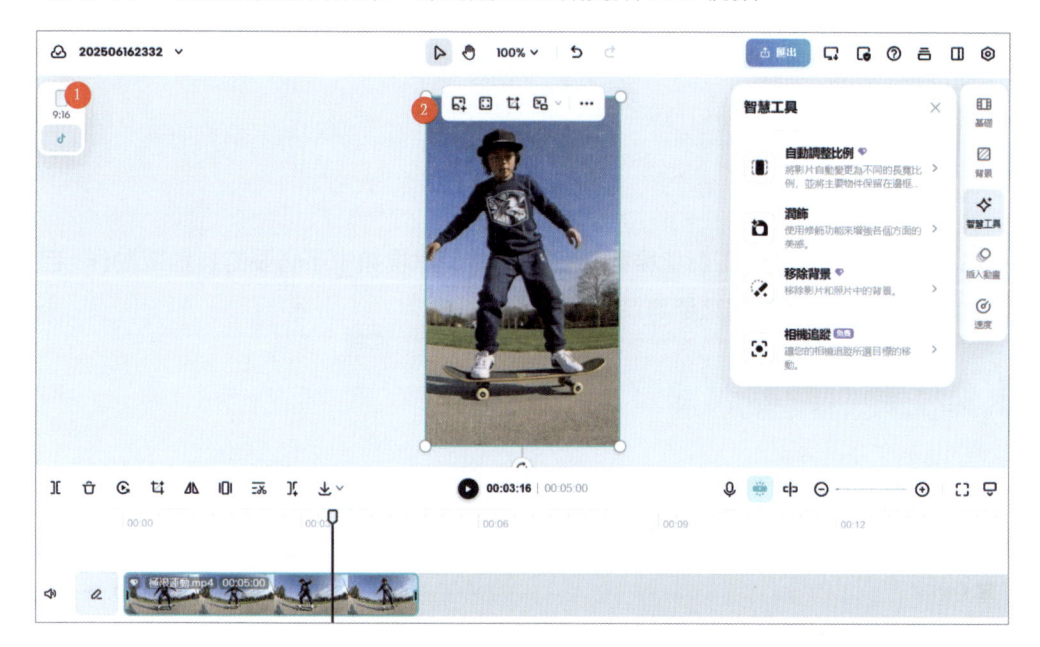

18-19

主題 5

影片穩定

影片穩定功能,透過人工智能視頻穩定器一鍵消除視頻中不必要的抖動或動作(自動糾正顫抖);使其看起來更專業。

第 1 節　啟動與導覽

Step1. 啟動影片畫質提升器:於 Capcut 首頁視窗中,點選 AI 工具下的用於影片類別,並選擇影片穩定進入編輯視窗。

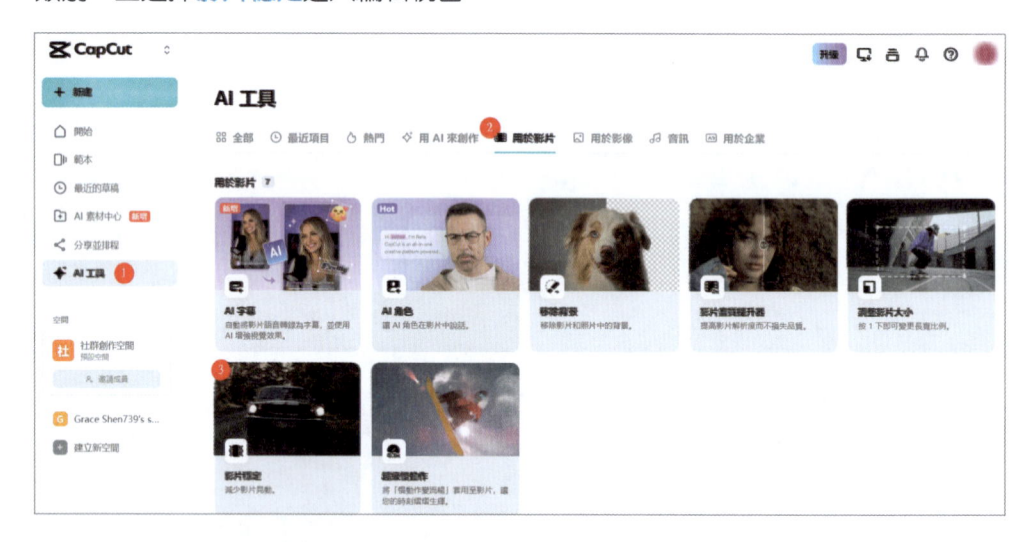

Step2. 上傳檔案:可直接拖拉檔案上傳、或是點選上傳檔案。

第 2 節　影片修正

Step1. 畫面穩定修正：上傳檔案後即自動修正穩定設定，並且於右側視窗中啟動畫面穩定功能。

說明：該項功能為 Pro 付費，需為 Pro 會員才可匯出影片。

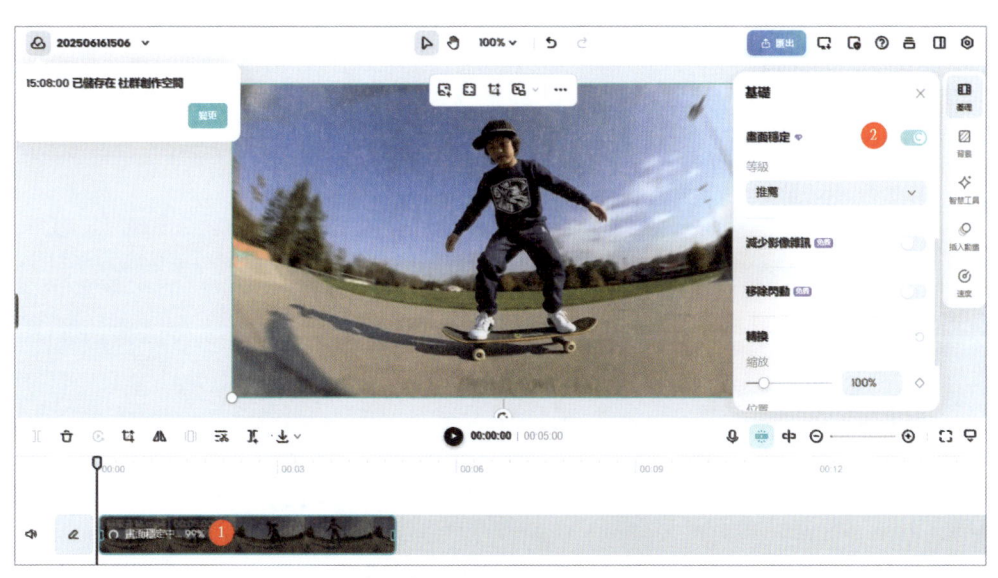

Step2. 各類等級：可依不同需求，套用不同等級來進行穩定設定，在此以推薦為主。

主題 5　影片穩定

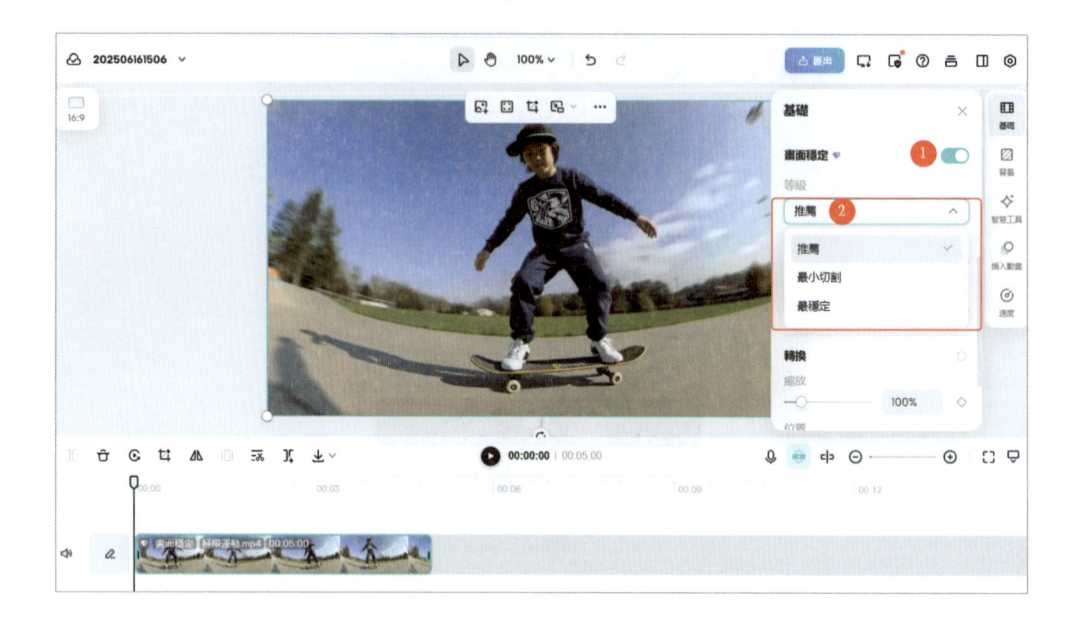

主題 6

超級慢動作

第 1 節　啟動與導覽

Step1.　啟動影片畫質提升器：於 Capcut 首頁視窗中，點選 AI 工具下的用於影片類別，並選擇超級慢動作進入編輯視窗。

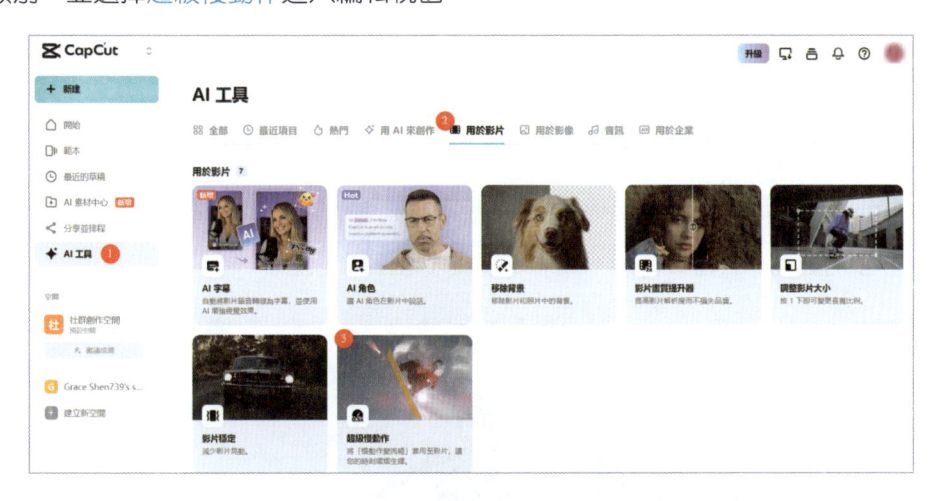

Step2.　上傳檔案：可直接拖拉檔案上傳、或是點選上傳檔案。

18-23

主題 6　超級慢動作

第 2 節　變速設定

01. 整體變速

以影片素材區段為單位，整體變速調整 (如：全部變慢、全部變快)。

Step1.　慢動作流暢化：上傳檔案後系統自動執行慢動作流暢化程序。

說明：該功能為 Pro 付費功能，需 Pro 會員才可正常匯出。

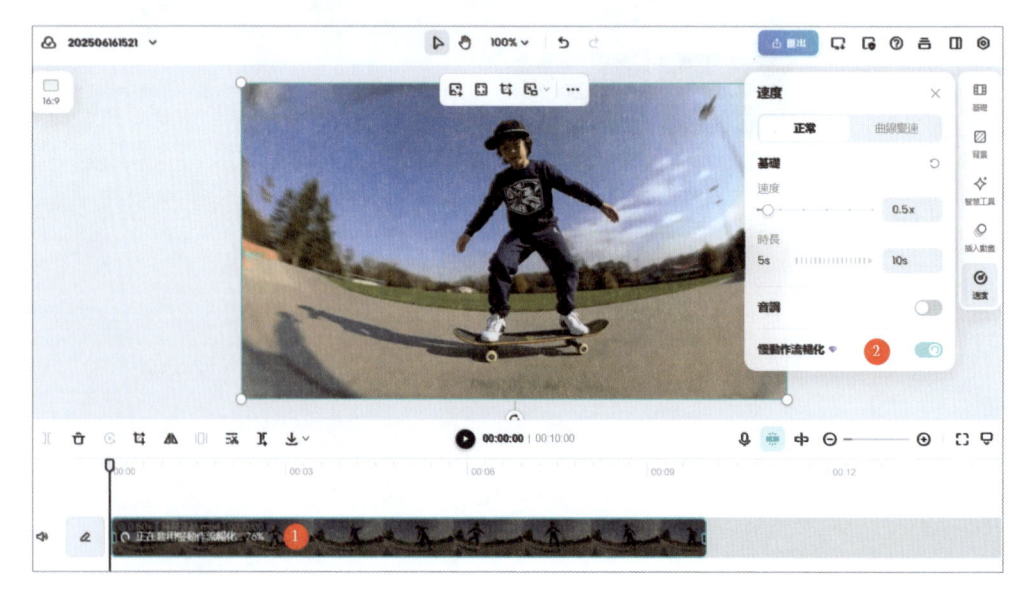

Step2. 速度與時長：點選影片素材 (呈藍色外框)，於右側點選速度，在正常類別下可速度 1x、時長 5s-5s，其定義為目前正常速度 1x、時長為 5s 到 5s。

說明：關於速度定義，標準速度為 1，速度 <1 為慢速、速度 >1 快速；快速時長縮短、慢速時長增加。

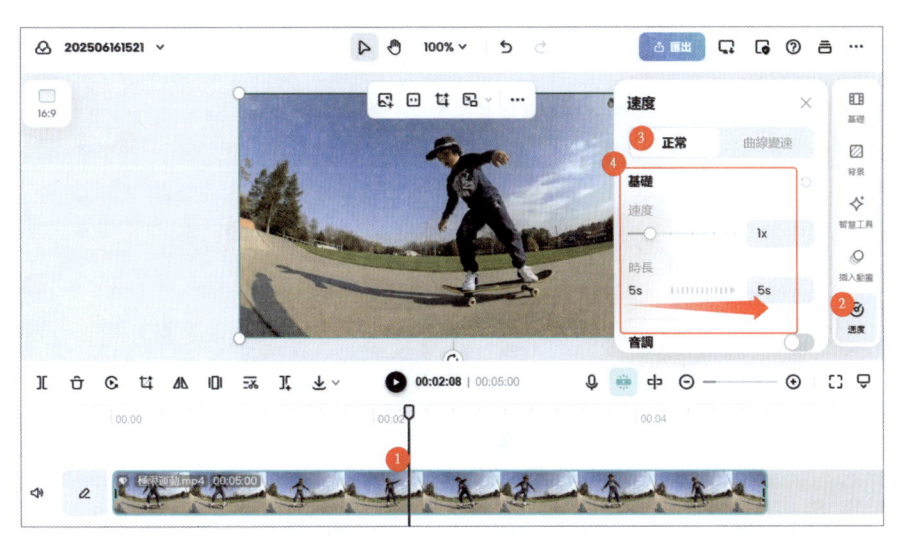

Step3. 自訂速度：當速度加快至 2x(2 倍) 時，時長由原來的 5s 縮短為 2.5s(S 秒)。

說明：調整速度時長同步改變。

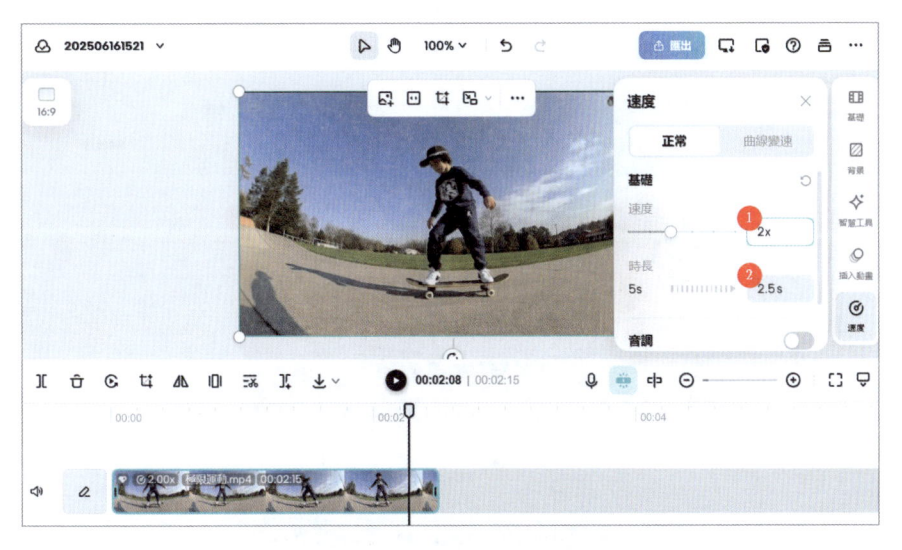

18-25

主題 6　超級慢動作

02. 曲線變速

隨著故事腳本與情境不同、節奏快慢需有多重變化時，我們以曲線變速設計。

Step1. 曲線變速：點選影片素材，右側速度功能選擇曲線變速，於下方位置可自選不同樣式套用，觀看不同變速特效。

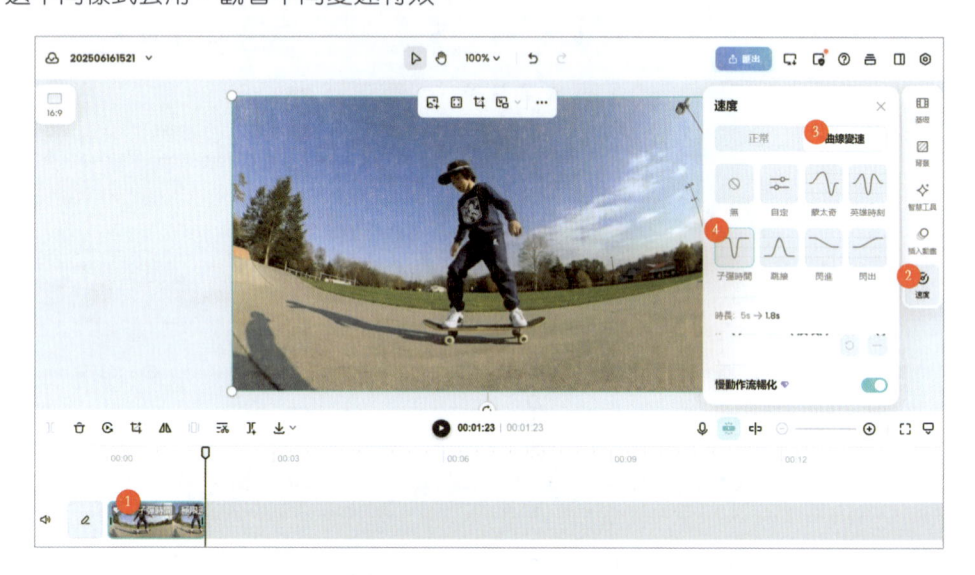

Step2. 曲線變速自定義：預設標準速度，時長為 5s-5s；速度為 1x(標準速度)，向上移動為 >1(加速)、向下移動 <1(慢速)

18-26

第 2 節　變速設定

Step3.　曲線變速：左鍵拖拉 🔍 圓形控點移動，向上與向下交互，時長由原來 5s-1s(秒)，播放預覽影片效果。

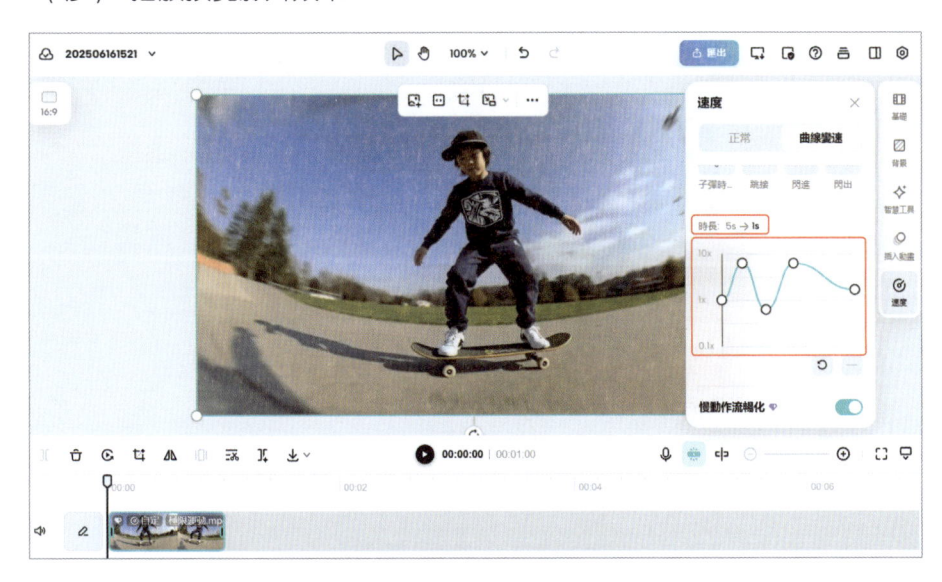

Step4.　還原標準速度：點選 ↻ 即可還原標準速度。

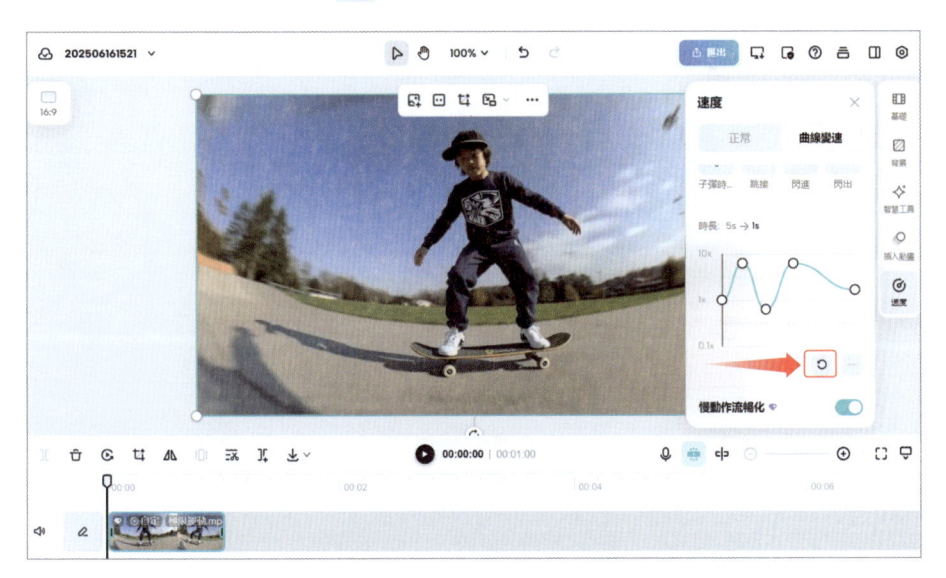

18-27

主題 6　超級慢動作

第 6 部份

AI 工具 - 用於影像

批次編輯可參考第三部份 / AI 高級應用 / 主題 3/ 第 3 節 /09 批量編輯教學內容
移除影片背景可參考：第五部份／主題 2 教學內容

- 主題 1　文字轉影像
- 主題 2　影像轉影像
- 主題 3　老照片還原
- 主題 4　人像產生器
- 主題 5　影像畫質提升器
- 主題 6　影像風格轉移
- 主題 7　AI 顏色校正
- 主題 8　照片著色器
- 主題 9　低光度影像增強器

主題 1

文字轉影像

AI 文字轉影像創作，主要依提示詞文字生成圖像設計，可用於影片創作素材、網站設計素材、海報設計素材等場景應用。

第 1 節　啟動與導覽

Step1. 啟動文字轉影像：於 Capcut 首頁視窗中，點選 AI 工具下的用於影像類別，並選擇文字轉影像進入編輯視窗。

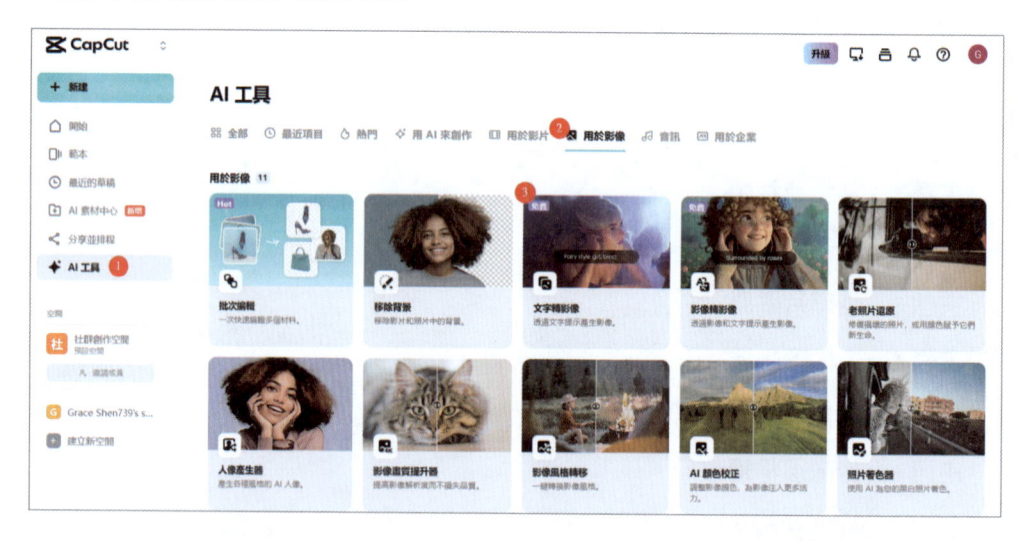

Step2. 文字轉影像：進入主視窗後，選擇長寬比例 (如 :16:9)、生成影像張數 (4 張)、影像樣式風格 (自定) 後，輸入提示詞文字 (也可點選靈感 ✧) 由系統自動生成提示詞，點選產生即開始生成圖像。

說明：提示詞文字，中英文均可。

19-2

第 2 節　進階設定

第 2 節　進階設定

Step1. 調整縮放參數：選擇樣式風格 (如：自定)，縮放值越高產生影像看起來更像參考圖與提示詞，建議 7.5-10，輸入提示詞後，點選產生即可。

說明：提示詞描述簡潔明了，不需要太複雜的文字與句子結構，關鍵描述即可生成圖像。

19-3

主題 1　文字轉影像

Step2. 重新生成影像：變更不同樣式風格，或保留原風格重新產生更多不同的影像創作。

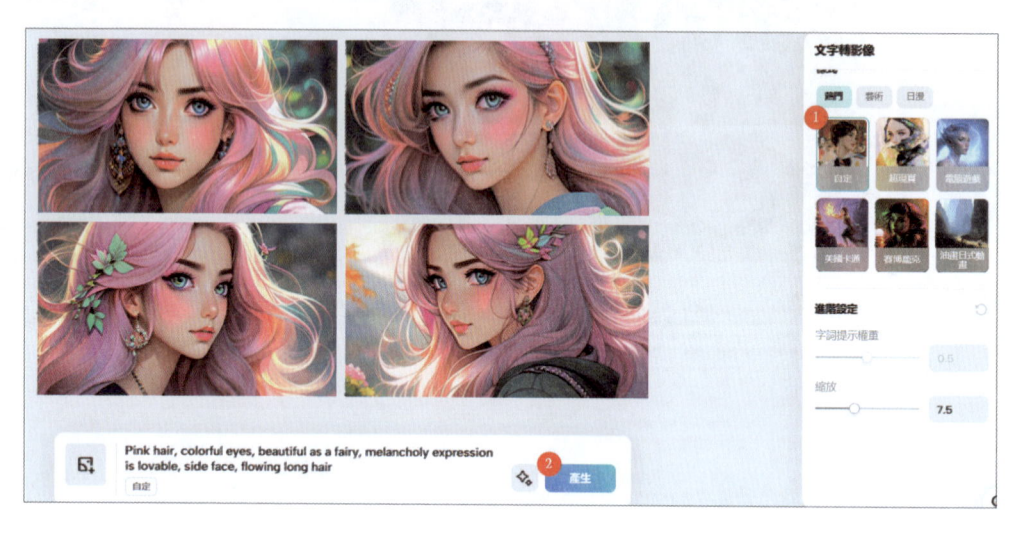

01. 產生相似影像

Step1. 產生相似影像：停駐圖片位置上，右下角 ≈ 可再次產生相似影像生成。

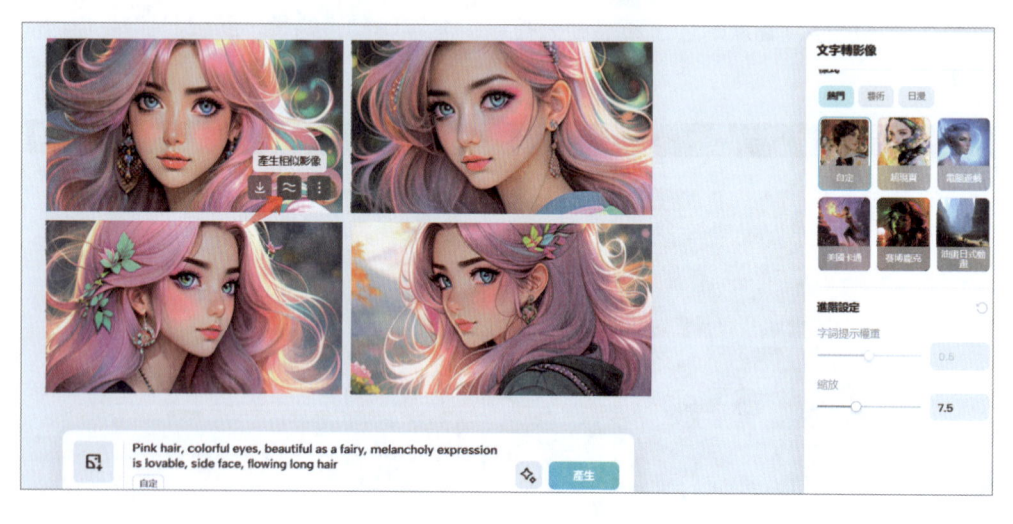

Step2. 重新生成相似影像：系統自動重新生成相似影像。

19-4

第 2 節　進階設定

02. 使用提示詞

Step1. 使用該圖提示詞：點選影像上的 ⋮ 更多，使用提示詞 (系統即自動複製)。

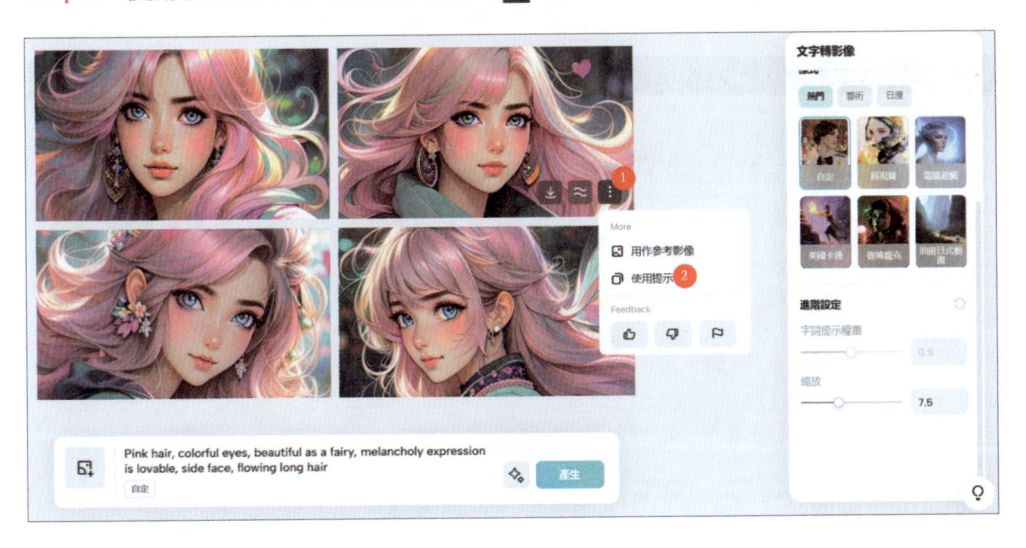

Step2. 貼上提示詞生圖：改變樣式風格，於文字框內右鍵 / 貼上提示詞後，可進行文字修改，再次點選產生重新生圖。

19-5

主題 1　文字轉影像

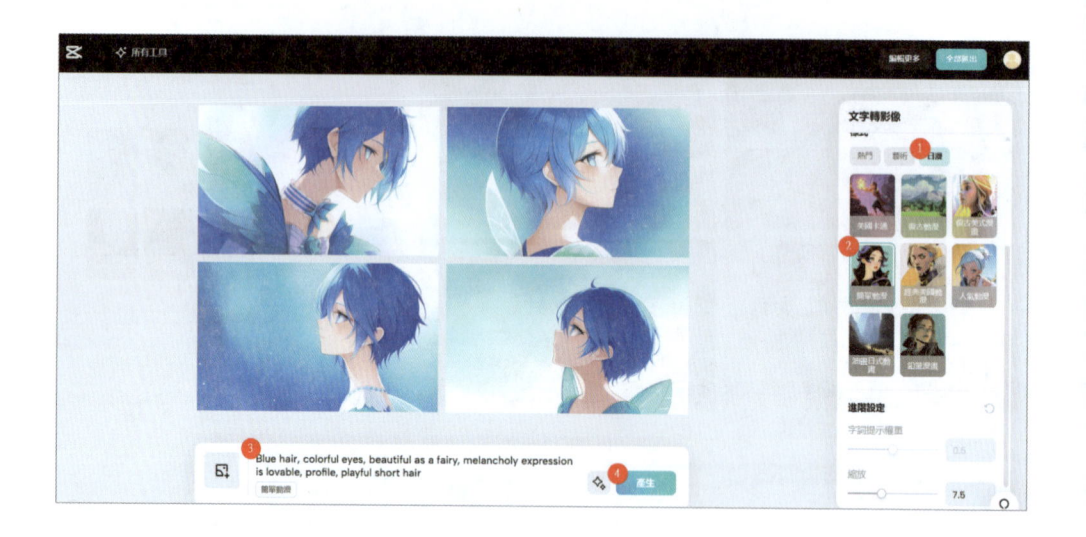

第 3 節　下載與匯出

Step1.　單圖下載：於喜愛的圖片上，右下角點選下載即可。

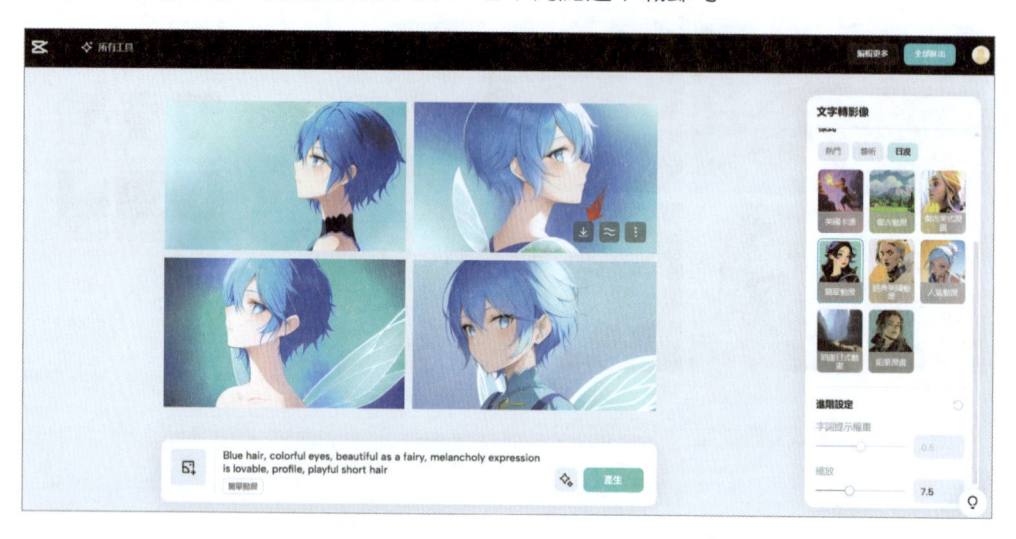

Step2.　全部匯出：點選右上角全部匯出，即可將 4 張圖片一次性下載匯出。

第 4 節　編輯更多

第 4 節　編輯更多

Step1. 編輯更多：點選右上角編輯更多，勾選欲編輯的影像圖片，再次點選編輯更多。

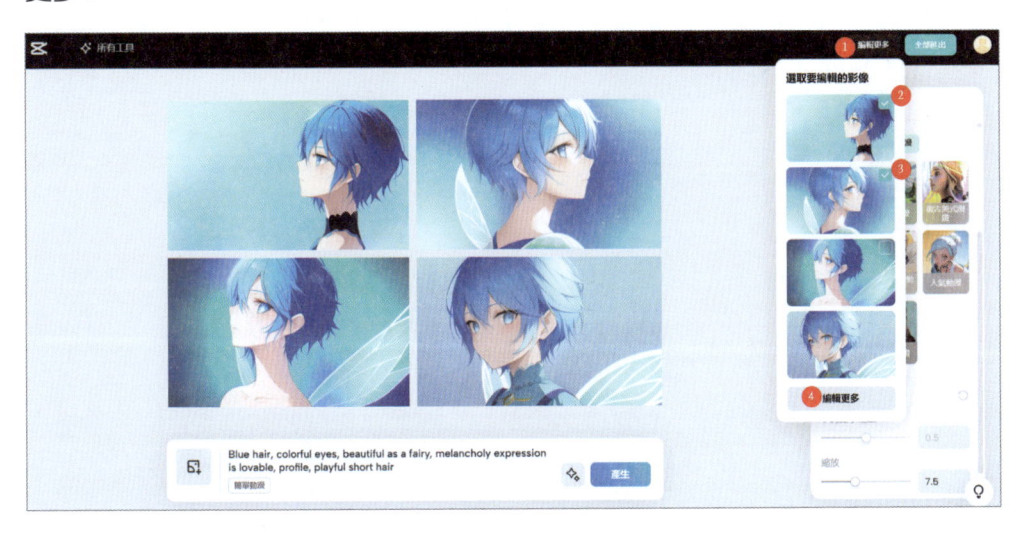

Step2. 進入影像編輯視窗：啟動 Capcut 編輯視窗，來進行更詳細的編修作業，完成後匯出即可。

主題 1　文字轉影像

主題 2
影像轉影像

影像轉影像主要功能為，由上傳的參考影像圖片經由提示詞設定後，轉換為其它影像內容設計；可以加入豐富提示詞，也可透過樣式風格改變，呈現不同型態影像圖片。

第 1 節　啟動與導覽

Step1. 啟動影像轉影像：於 Capcut 首頁視窗中，點選 AI 工具下的用於影像類別，並選擇影像轉影像進入編輯視窗。

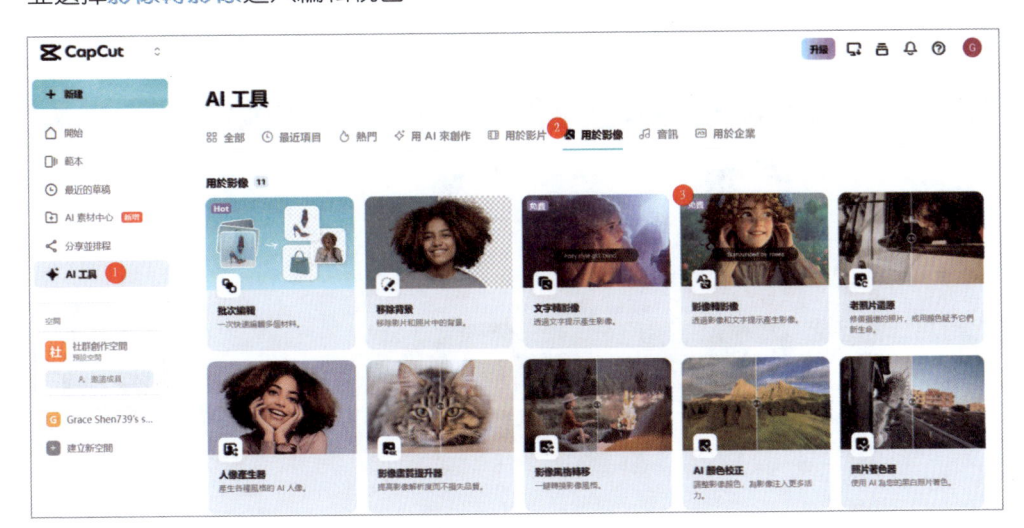

Step2 上傳影像：點選上傳影像，從這台裝置讀取影像圖片。

19-9

主題 2　影像轉影像

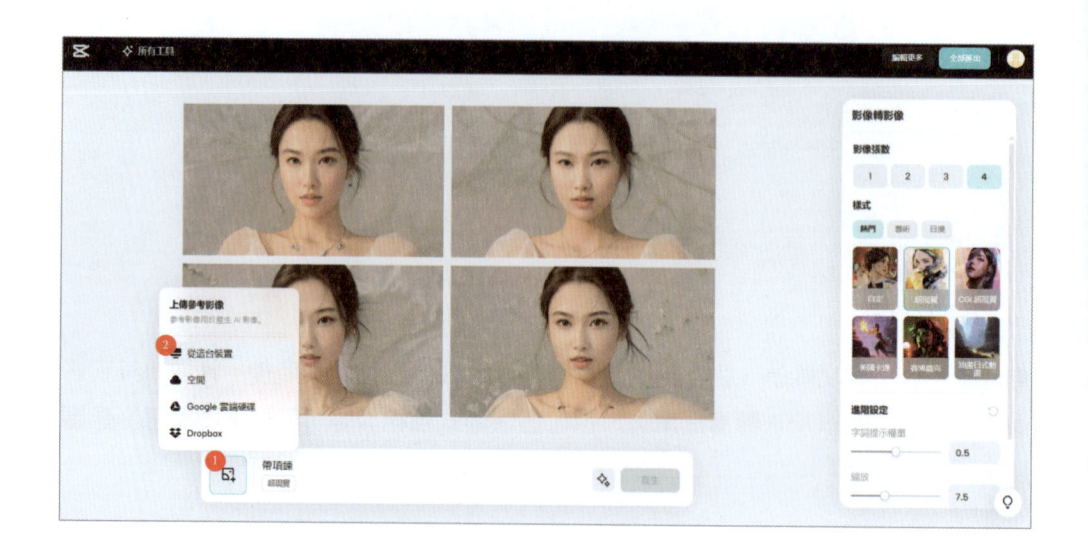

第 2 節　影像轉影像

Step1. 風格與提示詞：上傳影像圖片後，輸入提示詞，選擇影像生成張數與樣式風格後，點選產生。

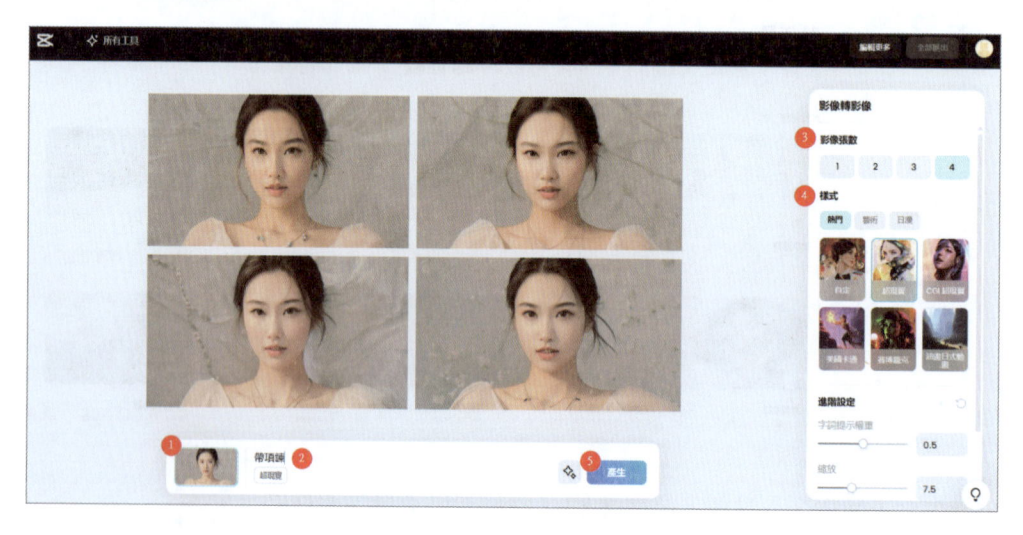

Step2. 進階設定：設定字詞權重、縮放設定，重新點選產生。

說明：字詞權重定義 (值越高產生影像看起來更像字詞提示，值越小產生影像看起

第 3 節　下載與匯出

來更像參考圖設計），縮放（值越高產生影像看起來更像參考圖與提示詞）。

第 3 節　下載與匯出

Step1. 單圖下載：於影像圖片右下角點選下載圖示。

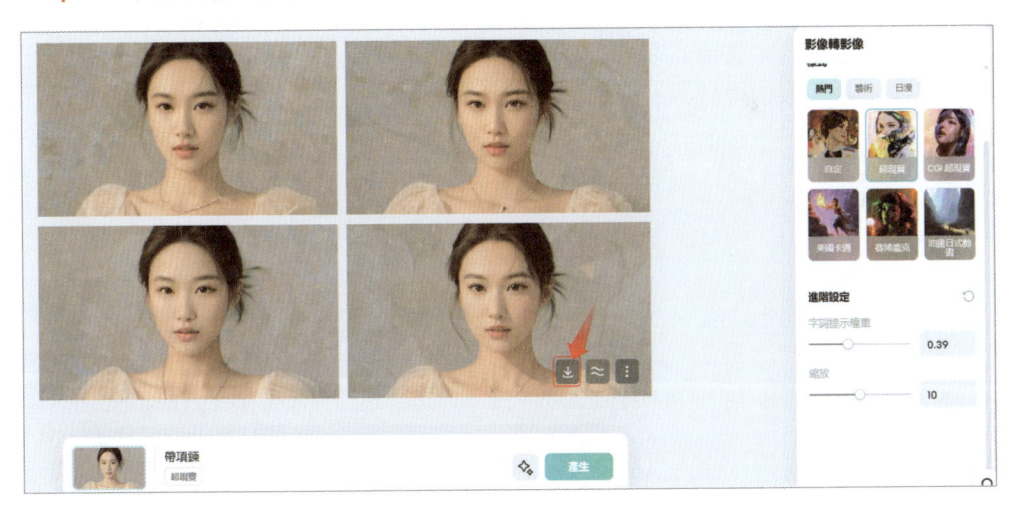

Step2. 全部匯出：點選右上角全部匯出，自動完成所有圖片下載。

主題 2　影像轉影像

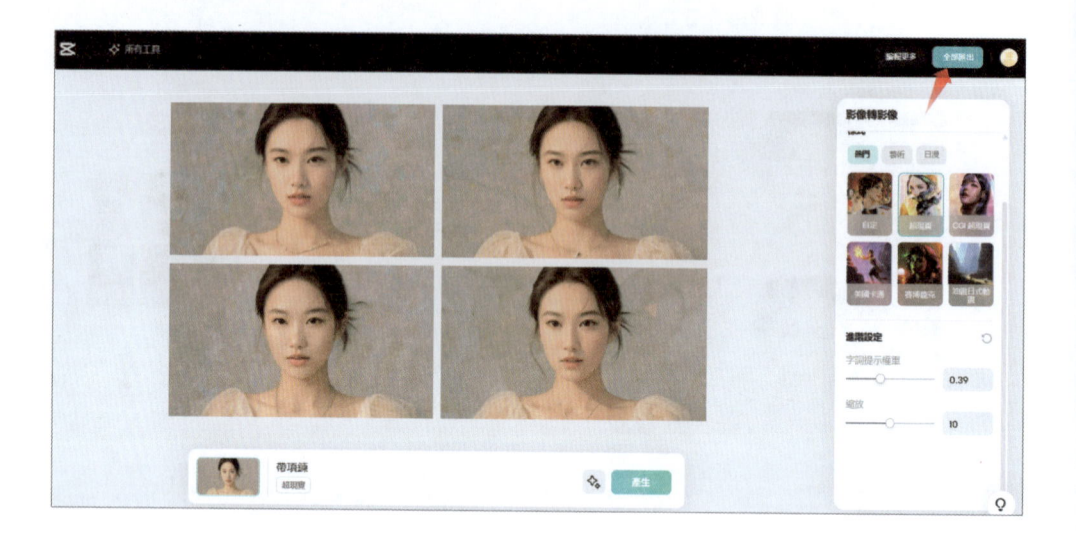

主題 3

老照片還原

第 1 節　啟動與導覽

Step1. 啟動老照片還原：於 Capcut 首頁視窗中，點選 AI 工具下的用於影像類別，並選擇老照片還原進入編輯視窗。

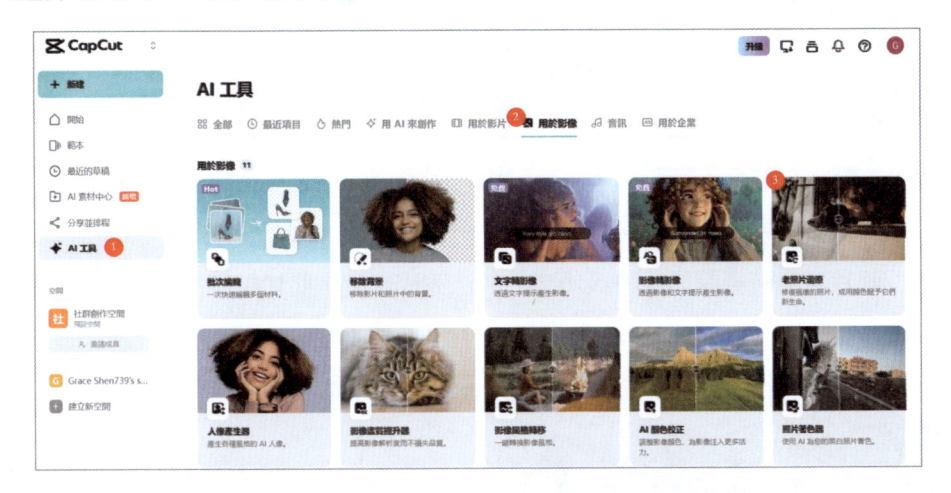

Step2. 上傳檔案：直接檔案拖拉上傳，或是點選上傳檔案。

第 2 節　修復照片

Step1. 修復照片：檔案讀取影像同時修復中。

Step2. 變更為彩色：讀取影像後，可由右側選擇彩色效果，照片也修復完成，點選 中 可查看修改前後對比。

說明：照片若有破損問題目前該功能仍無法完成修復，此功能僅以照片清晰度修復較多。

第 3 節　編輯與匯出

Step1. 匯出檔案：點選右上角匯出檔案，即自動下載至本機電腦。

Step2. 編輯更多：點選編輯更多，即啟動 Capcut 編輯視窗進行設計。

主題 4

人像產生器

上傳一張照片，就能一鍵生成多種風格的個人化人像，從寫實到動漫，從潮流到藝術，通通不必手繪、不用修圖。無論是當作社群頭像、影片角色或品牌形象，都能快速搞定，讓你的個人頭像更有特色、更吸睛。

Step1. 啟動人像產生器：於 Capcut 首頁視窗中，點選 AI 工具下的用於影像類別，並選擇人像產生器進入編輯視窗。

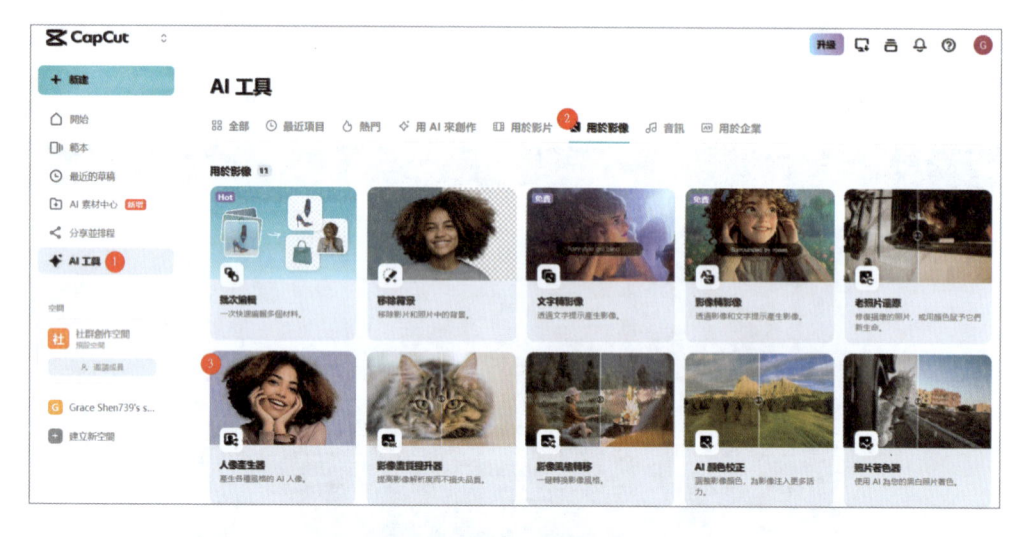

Step2. 上傳檔案：直接檔案拖拉上傳，或是點選上傳檔案

19-16

第 3 節　編輯與匯出

Step3. 樣式風格：點選樣式風格 (如：曼加)，點選轉移。

Step4. 匯出或編輯更多：完成後即可匯出，或點選編輯更多進行更多設計。

主題 5

影像畫質提升器

影像畫質提升器能有效改善模糊與失焦的畫面,讓影片細節更銳利,色彩更飽和。無需繁瑣設定,只需簡單操作,就能讓影像質感全面升級。

Step1. 啟動影像畫質提升器:於 Capcut 首頁視窗中,點選 AI 工具下的用於影像類別,並選擇影像畫質提升器進入編輯視窗。

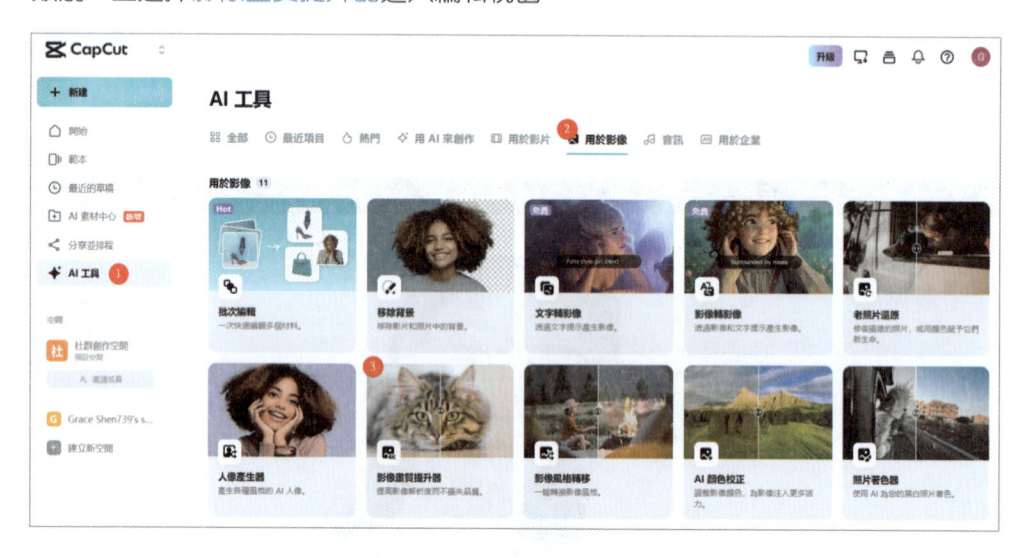

Step2. 上傳檔案:直接檔案拖拉上傳,或是點選上傳檔案

19-18

Step3. 選取解析度：選擇影像提升解析度 (1080p)，點選提升畫質。

Step4. 匯出或編輯更多：完成後即可匯出，或點選編輯更多進行更多設計。

主題 6

影像風格轉移

影像風格移轉功能，普通畫面也能轉化為油畫、漫畫、插畫等多種視覺風格，快速打造獨特氛圍與藝術感。無需美術基礎，也不必手動修圖，幾個步驟就能完成風格化轉換。

Step1. 啟動影像風格轉移：於 Capcut 首頁視窗中，點選 AI 工具下的用於影像類別，並選擇影像風格轉移進入編輯視窗。

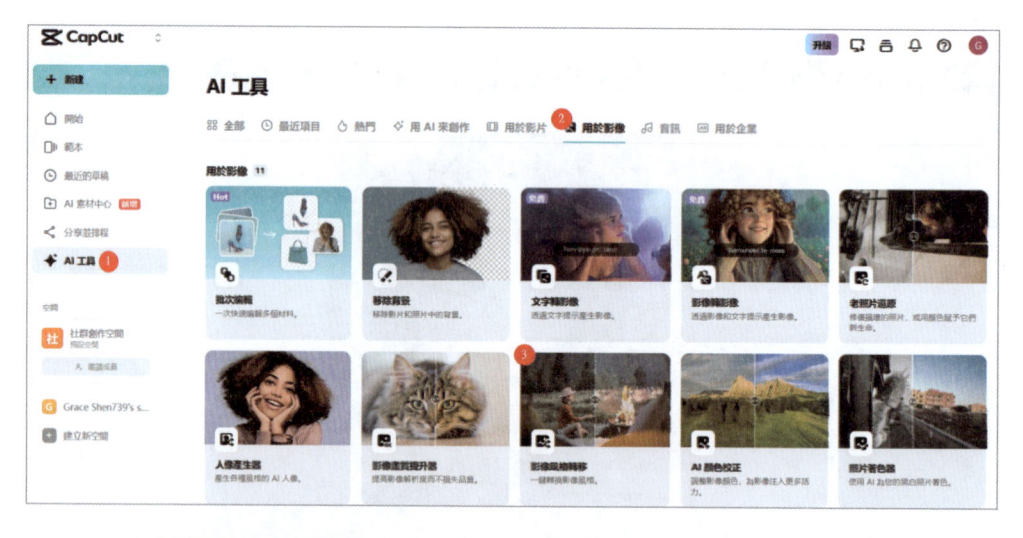

Step2. 上傳檔案：直接檔案拖拉上傳，或是點選上傳檔案。

19-20

第 3 節　編輯與匯出

Step3. 影像風格轉移：點選樣式風格 (曼加)，再次點選轉移。

Step4. 匯出或編輯更多：完成後即可匯出，或點選編輯更多進行更多設計。

19-21

主題 7

AI 顏色校正

顏色校正工具，能自動辨識畫面中的亮度、對比與色溫差異，快速完成調色與修正。無論是過暗的場景、偏色的人像，還是光線不均的戶外畫面，都能透過這項工具迅速還原自然真實的色調。

Step1. 啟動 AI 顏色校正：於 Capcut 首頁視窗中，點選 AI 工具下的用於影像類別，並選擇 AI 顏色校正進入編輯視窗。

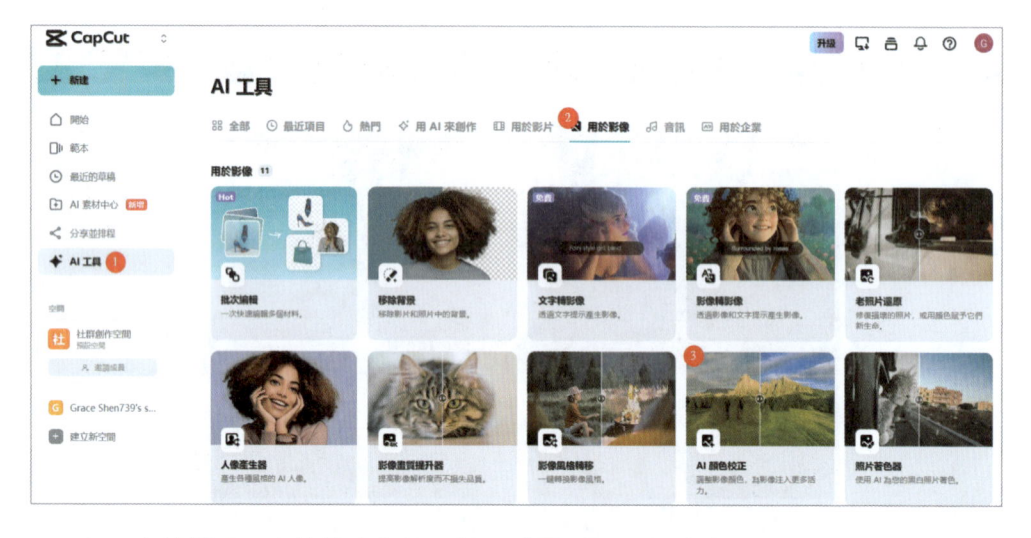

Step2 上傳檔案：直接檔案拖拉上傳，或是點選上傳檔案。

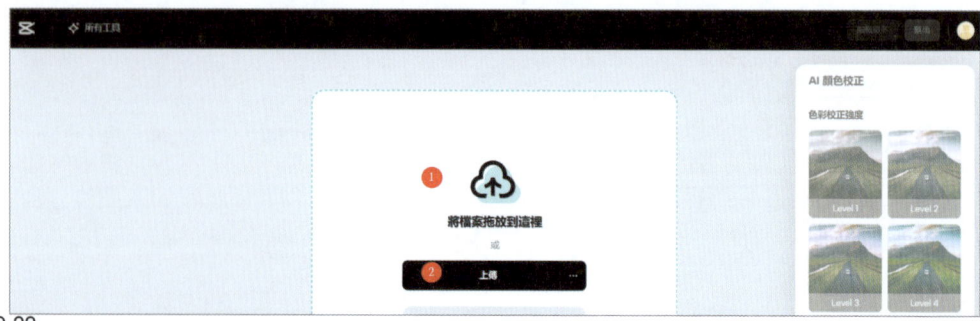

第 3 節　編輯與匯出

Step3. 色彩校正強度：點選右側色彩校正強度，可預覽不同強度呈現色彩效果。

Step4. 匯出或編輯更多：完成後即可匯出，或點選編輯更多進行更多設計。

19-23

主題 8

照片著色器

照片著色器，能將單色影像轉化為色彩豐富的畫面，讓原本平淡的照片呈現出更生動、更具層次的視覺效果。透過智慧辨識與色彩套用，不需手動填色，也能讓舊照片、素描風格圖像或單色素材輕鬆上色，展現全新風貌。

Step1. 啟動照片著色器：於 Capcut 首頁視窗中，點選 AI 工具下的用於影像類別，並選擇人像產生器進入編輯視窗。

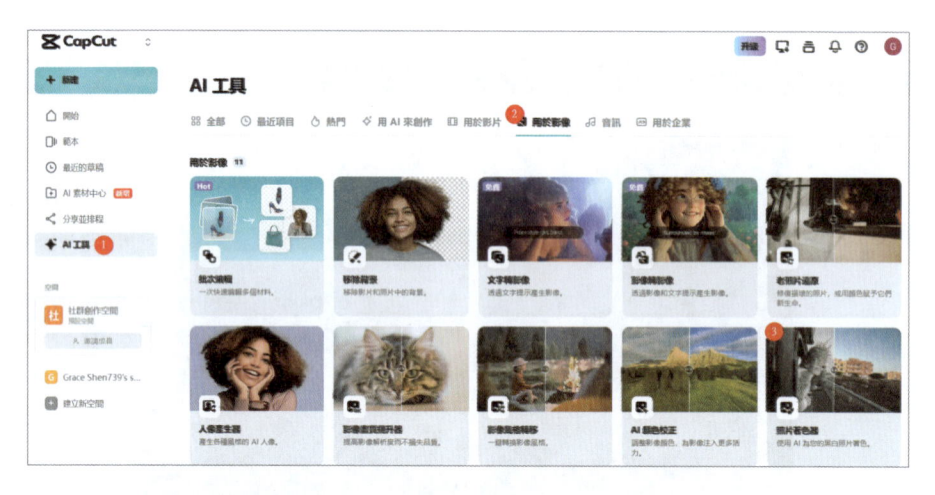

Step2. 上傳檔案：直接檔案拖拉上傳，或是點選上傳檔案。

說明：建議以黑白照片為主，效果更加顯著。

Step3. AI 著色器：上傳檔案後，系統自動進行著色。

Step4. 匯出或編輯更多：完成後即可匯出，或點選編輯更多進行更多設計。

Step5. 優化影像：結合上述 AI 工具 (AI 顏色校正、影像畫質提升、影像風格轉移等) 都可重新再優化影像品質。

主題 8　照片著色器

主題 9
低光度影像增強器

低光度影像增強器能有效提升暗部細節與亮度，減少噪點，讓低光環境下的影片畫面更清晰自然。簡單操作，一鍵完成，提升影片整體質感。

Step1. 啟動低光度影像增強器：於 Capcut 首頁視窗中，點選 AI 工具下的用於影像類別，並選擇低光度影像增強器進入編輯視窗。

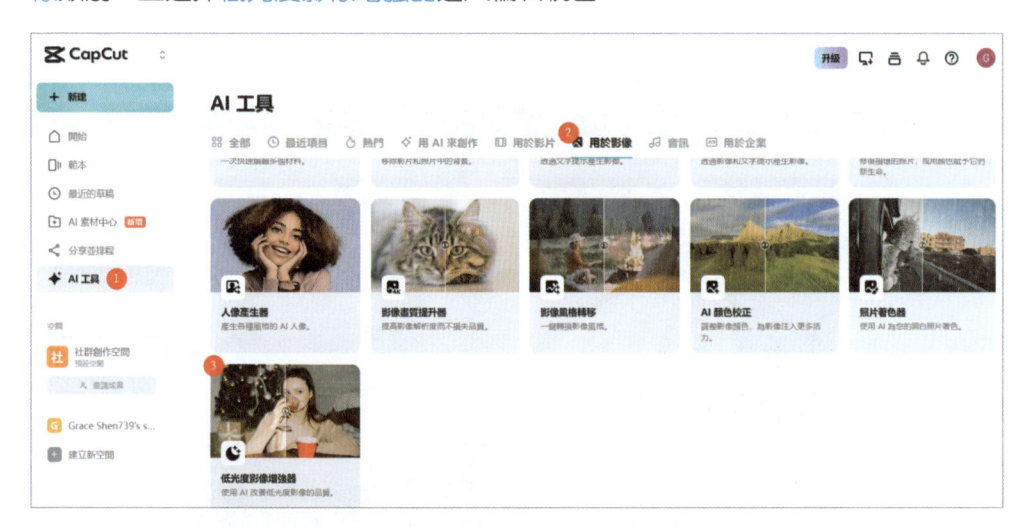

Step2. 上傳檔案：直接檔案拖拉上傳，或是點選上傳檔案。

19-27

主題 9　低光度影像增強器

Step3. 色彩校正強度：於右側色彩校正強度，選擇適用類型。

Step4. 匯出或編輯更多：完成後即可匯出，或點選編輯更多進行更多設計。

第 7 部份
AI 工具 - 用於音訊

- 主題 1　文字轉語音
- 主題 2　變聲

主題 1
文字轉語音

文字轉語音功能,能快速將輸入的文字轉換成自然流暢的語音,不需錄音也能製作專業配音。多種聲音風格與語調選擇,讓你的影片更具吸引力與感染力。

第 1 節　啟動與導覽

Step1.　啟動文字轉語音:於 Capcut 首頁視窗中,點選 AI 工具下的音訊類別,並選擇文字轉語音進入編輯視窗。

Step2.　視窗總覽:輸入文字文案內容,並於資料庫中播放語音類型,確認後即可試聽 5 秒 (以文字內容朗讀),點選產生即生成語音檔。

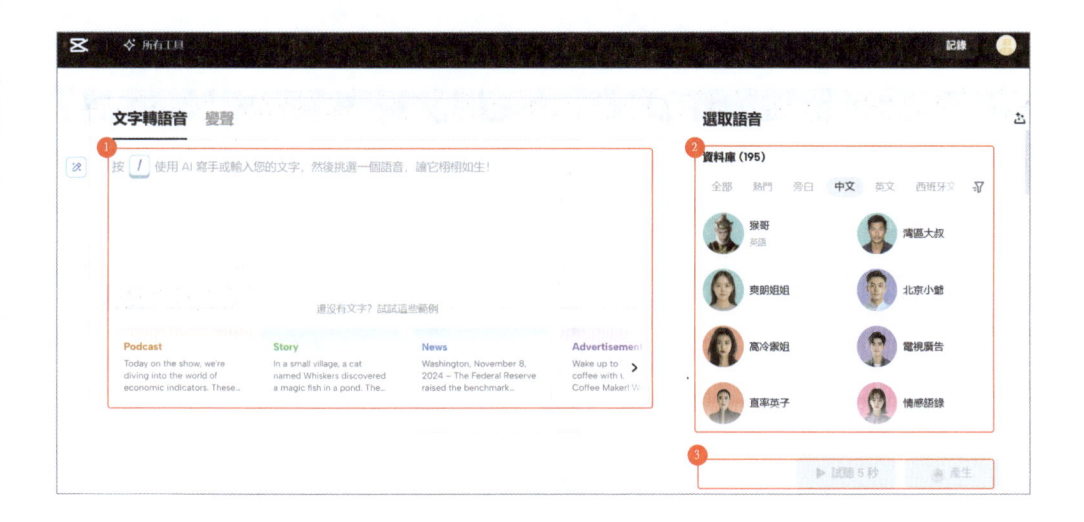

第 2 節　文字創建

自由創建文字內容或由 ChatGPT 生成文字文案腳本後，貼上來進行語音生成。

01. 輸入文字內容

Step1.　文字轉語音：於文字框內填寫文案內容，資料庫 (中文) 類型，選擇語音類型 (顧姐)，點選試聽 5 秒，確認後點選產生。

說明：中文文案以中文語音朗讀，可呈現純中文語音的效果。

20-3

主題 1　文字轉語音

Step2.　下載檔案：下載語音檔案，並點選僅音訊。

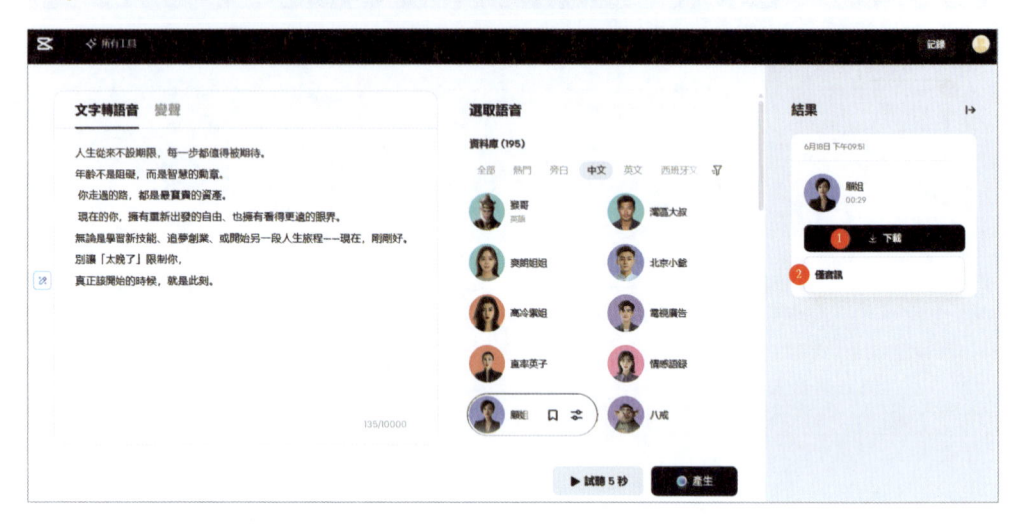

02. AI 生成文案

Step1.　AI 生成文案：點選文字轉語音，於文字框內輸入 ／ 由 AI 生成文案內容或由下方範例中，點選主題由 AI 生成文案內容 (如：Story)。

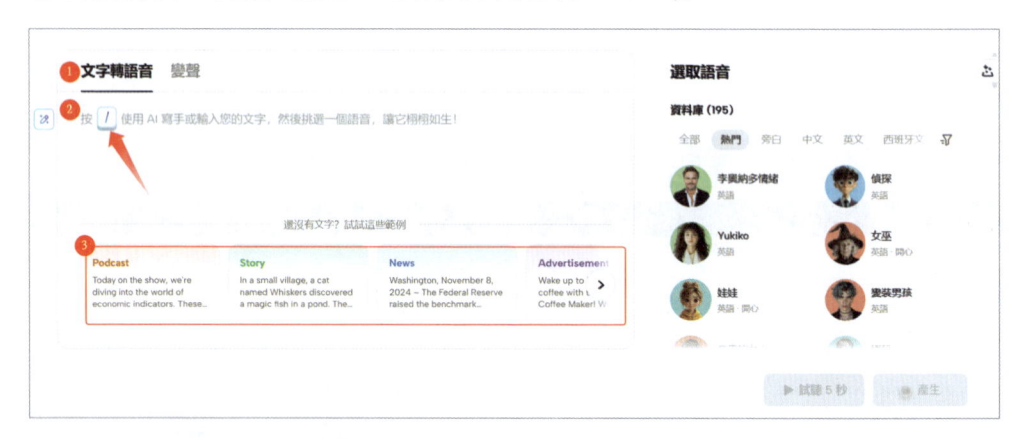

Step2.　潤飾文案：點選　　　圖示，AI 將進行文案潤飾、縮短、擴展、產生腳本。

20-4

第 2 節　文字創建

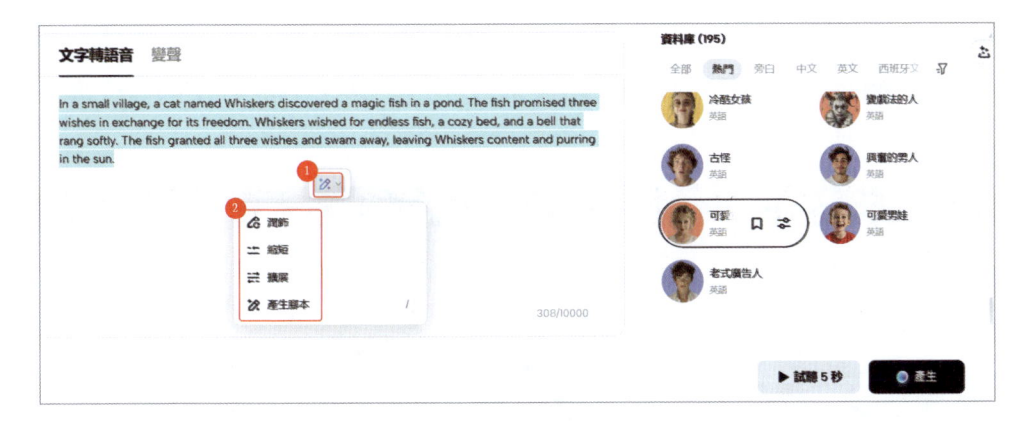

Step3. 確認文案內容：點選 √ 即確認 內容，或 取消 X；點選 看看其他的 即重新潤飾內容。

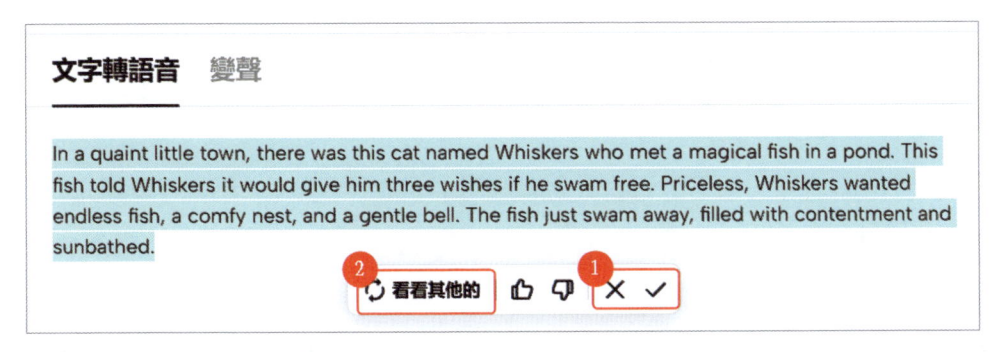

03. 語音生成與下載

Step1. 語音生成：於 資料庫 中選擇適合的語音類型，點選 試聽 5 秒，確認後點選 產生，即生成語音檔案內容。

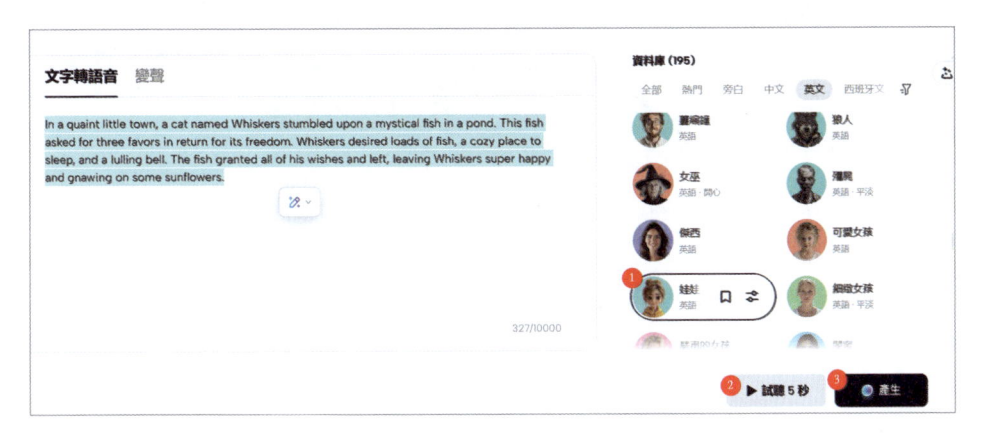

20-5

主題 1　文字轉語音

Step2.　下載檔案：點選下載，可選擇音訊或音訊和字幕。

說明：下載音訊僅提供 (*.Mp3) 語音檔；而音訊和字幕為 (*.Mp3)、(*.Srt) 字幕檔一併下載。

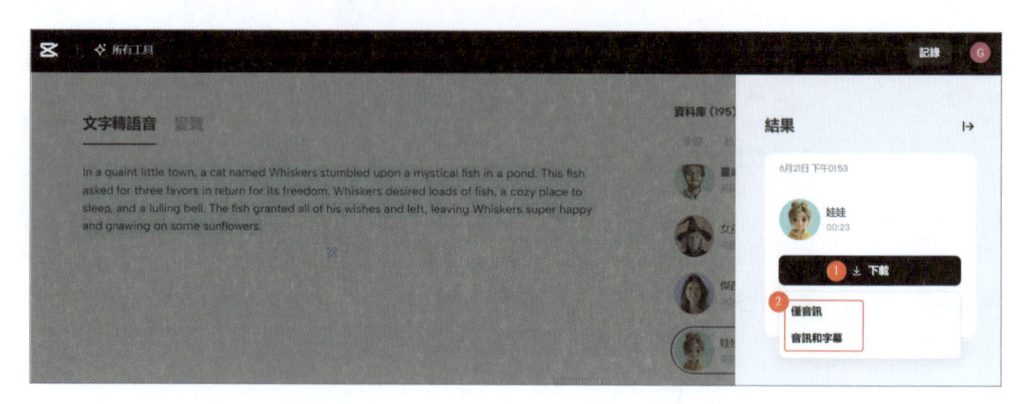

第 3 節　編輯更多

生成後的語音檔案，即可至 Capcut 影音編輯中，結合至影片、圖片等素材完成最終影音設計內容。

Step1.　編輯更多：點選編輯更多，進入 Capcut 視窗進行圖片或影片素材設計。

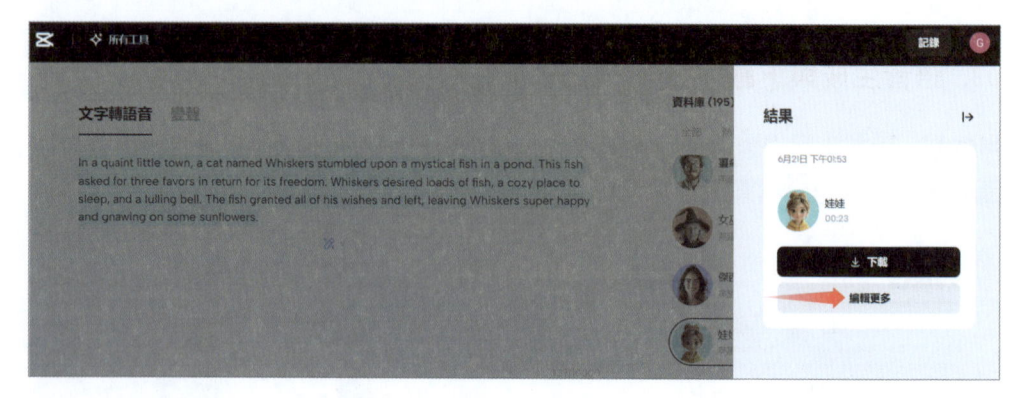

Step2.　更多設計：點選媒體項，選擇圖片或影片拖拉至時間軸，調整圖片時長與語音相同。

第 3 節　編輯更多

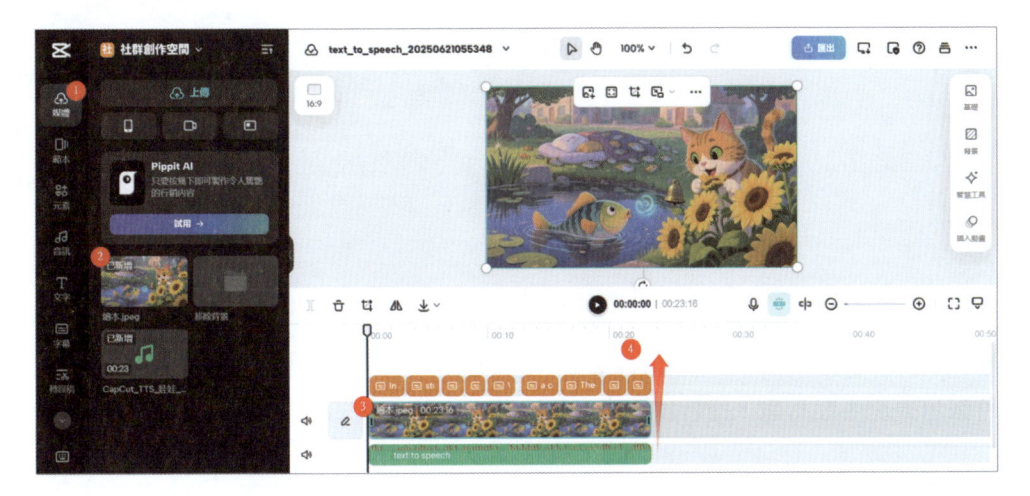

Step3.　匯出與下載：點選匯出即可下載檔案或直接於社群 (Tiktok、Youtube 等) 發佈。

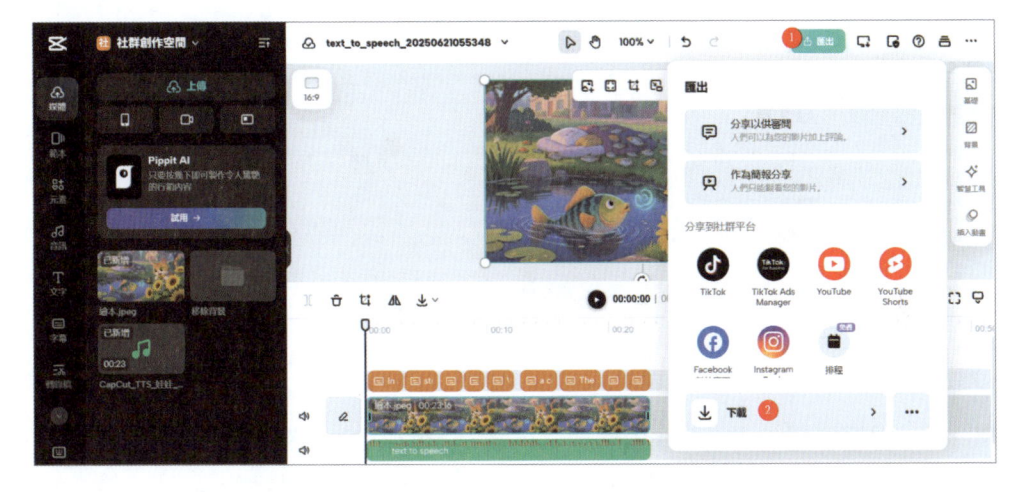

20-7

主題 2

變聲

變聲功能能快速改變你的聲音音色與風格，從童聲、機器人聲到趣味角色音，讓影片聲音更加生動有趣，適合各種創意內容與表達需求。

01. 啟動與導覽

Step1. 啟動變聲：於 Capcut 首頁視窗中，點選 AI 工具下的音訊類別，並選擇變聲進入編輯視窗。

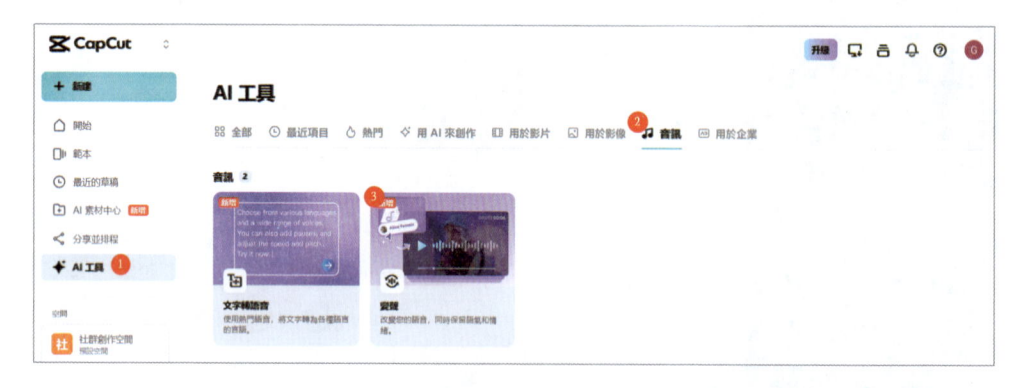

Step2. 視窗導覽：選取檔案上傳語音檔案 (*.Mp3)，或是開始錄音 (錄製自己的聲音)；於資料庫中選擇語音類型，即可試聽或重新產生語音檔案。

第 3 節　編輯更多

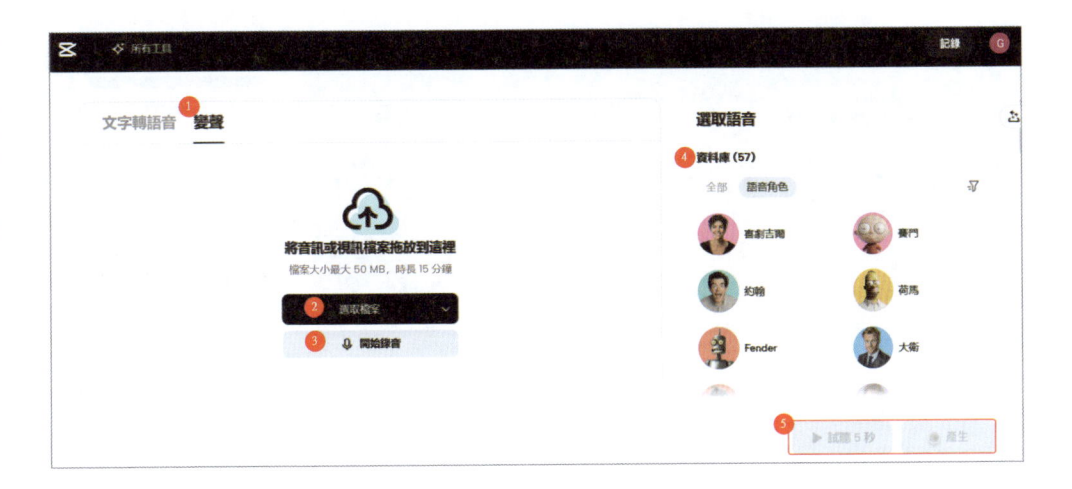

02. 變聲設計

Step1.　選取新語音：上傳語音檔後，於資料庫中重新選擇語音類型，並完成試聽 5 秒後，點選產生即可生成新語音內容。

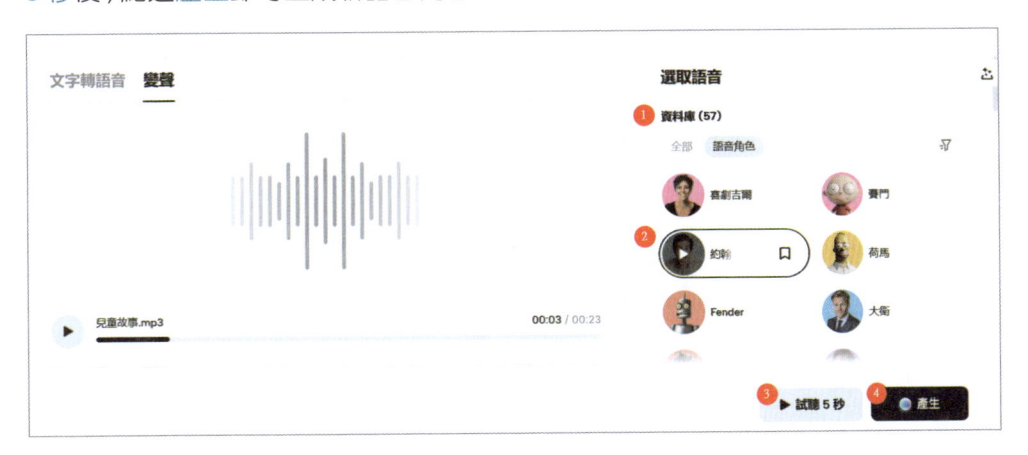

Step2.　下載與匯出：完成後即可下載與匯出檔案內容。

20-9

主題 2　變聲

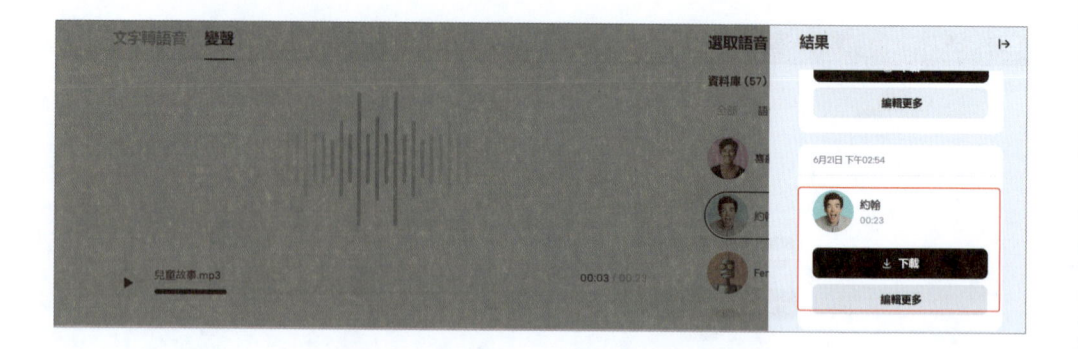

第 8 部份

Capcut 手機版專業應用

- 主題 1　從入門到上手 -Capcut 手機版操作基礎
- 主題 2　強化影片風格——進階編輯與美化技巧
- 主題 3　影片匯出與發布

主題 1
從入門到上手 -Capcut 手機版操作基礎

Capcut 影片剪輯不僅支援網頁版、桌面版影片剪輯外，對於需要即時性以手機剪輯的朋友們，也提供了行動版的 Capcut APP 工具，不僅能同步雲端與桌面檔案剪輯，更可即時性以手機完成快速剪輯需求。只要一支手機，也可以創作屬於自己的影片。

認識 Capcut 手機版的操作介面，從素材匯入、基本剪接、加字幕、配音樂，到完整掌握短影片的製作流程。不論你是否有剪輯經驗，都能輕鬆上手，為日後的創作打下基礎。

第 1 節　認識 Capcut 手機版介面與功能區介紹

熟悉手機版主要編輯區域與操作邏輯，進入剪輯前先掌握工具位置與功能分區視窗結構概念。

Step1.　安裝手機版 Capcut：進入 Google Play 商店，搜尋 Capcut 點選安裝。

說明：IOS 系統請於 Apple Store 安裝即可。

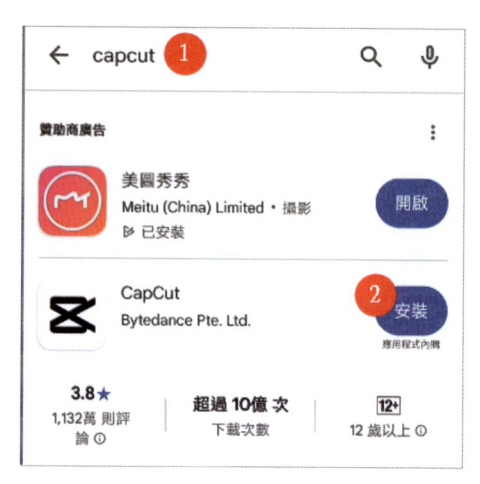

第 1 節　認識 Capcut 手機版介面與功能區介紹

Step1.　允許存取權限：在此必需以允許啟動，否則無法讀取手機端的相片、媒體、影片等檔案素材。

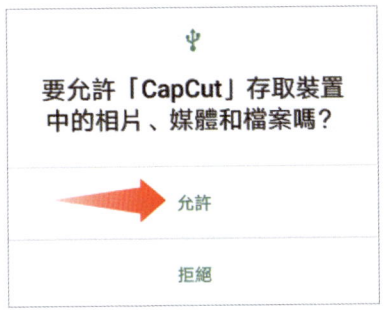

Step2.　啟動與視窗導覽：在此為 Capcut 手機端首頁，讓我們先來認識首頁視窗結構。

1. 開始創作：為開新檔案的定義，點選後即開始創建影片內容
2. AI 工具：點選所有工具，查看更完整內容
3. 草稿：舊檔歷程清單，在編輯作業中系統會自動存檔，於草稿位置即可見所有舊檔清單內容
4. 首頁功能列：為個人帳號管理後台與影片範本素材庫資源。

21-3

主題 1　從入門到上手 -Capcut 手機版操作基礎

第 2 節　開啟新專案：導入素材與影片剪輯流程

所謂的專案，即是開新檔案的定義，由於影片剪輯的過程不僅只使用一個檔案而是多個素材匯集設計而成的作品，因此以專案名稱來定義。本節將說明如何匯入影片與照片素材，認識剪輯初步操作流程。

01. 匯入素材

Step1. Capcut 素材庫：點選開始創作後即進入素材選取位置，點選素材庫於下方導覽列中為素材分類資源（熱門、背景、片頭與片尾、轉場）等，可選取匯入。

說明：使用素材時請務必注意版權授權使用範圍，避免侵犯版權。

Step2. 匯入手機素材：點選相簿 (指手機內建相簿)，即自動讀取影片、照片素材 (如：照片)。

說明：在此示範如何將照片製作成影片技巧，所以選取照片素材即可。

21-4

第 2 節　開啟新專案：導入素材與影片剪輯流程

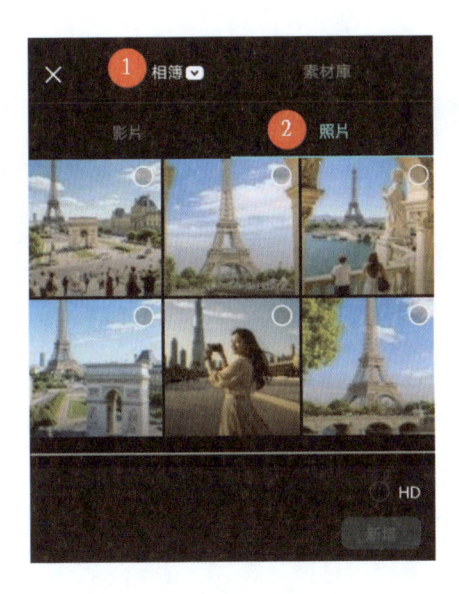

Step3.　選取素材：點選圖片右上方○進行照片選取，完成後新增即匯入並進入編輯視窗。

說明：注意點選照片順序同時也決定影片腳本進場順序，可由圖示上的編號了解。

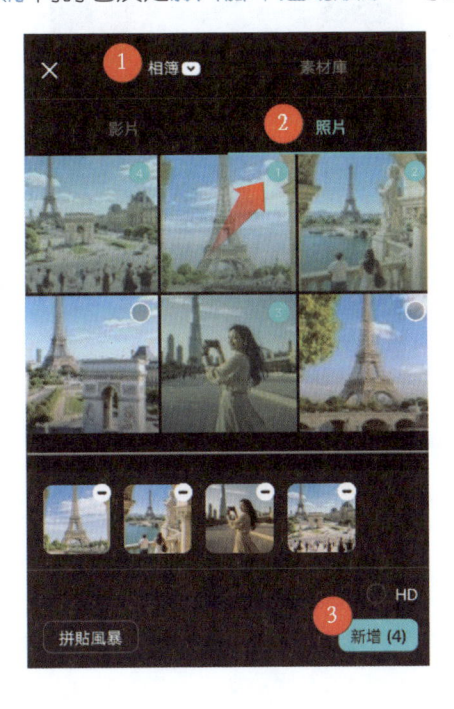

21-5

主題 1　從入門到上手 -Capcut 手機版操作基礎

Step4.　刪除選取：於下方素材列表中，點選一即可刪除素材重新選取。

02. 三大區導覽

Step1.　視窗快速導覽：進入主要編輯視窗後，在此我們分為主要三區分別為

1. 預覽區（上方）：播放預覽與顯示目前時間點編輯內容。

2. 時間軸區（中央）：由主軌道開始，顯示剪輯軌道與各類素材特效項目。

3. 功能列（下方）：包含編輯、音樂、文字、重疊、特效、字幕等選項。

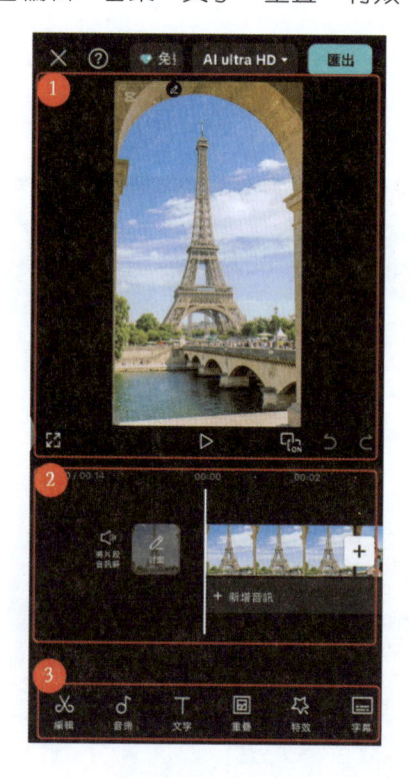

第 2 節　開啟新專案：導入素材與影片剪輯流程

Step2.　認識功能選單技巧：在進行操作練習前，我們先了解選單的操作應用，點選編輯工具。

Step3.　認識子選單：在此所見 ⟨ 圖示即為返回上一層選單 (即首頁主功能)，而右側即為編輯下的子選單定義；相對若是圖示為 ⟪ 即表示目前為第 2 層選單位置，若需返回首頁，則必需點選 2 次才可，以此類推。

說明：此圖示定義務必先了解，以免操作中找不到工具位置。

主題 1　從入門到上手 -Capcut 手機版操作基礎

Step4.　操作手勢：於手機操作，建議以畫面標示位置來進行時間軸移動與時間線定位，以免造成其它軌道素材位移。

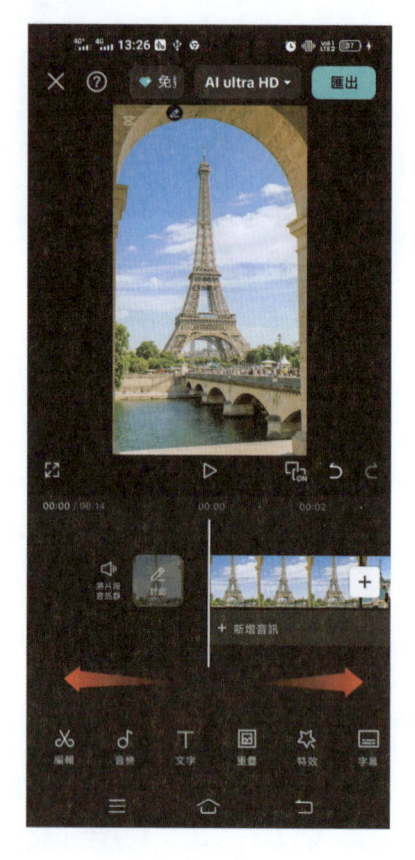

Step5.　時間軌放大與縮小：於時間軌道上，以雙指手勢捏合向內為縮小、手勢捏合向外為放大。

第 2 節　開啟新專案：導入素材與影片剪輯流程

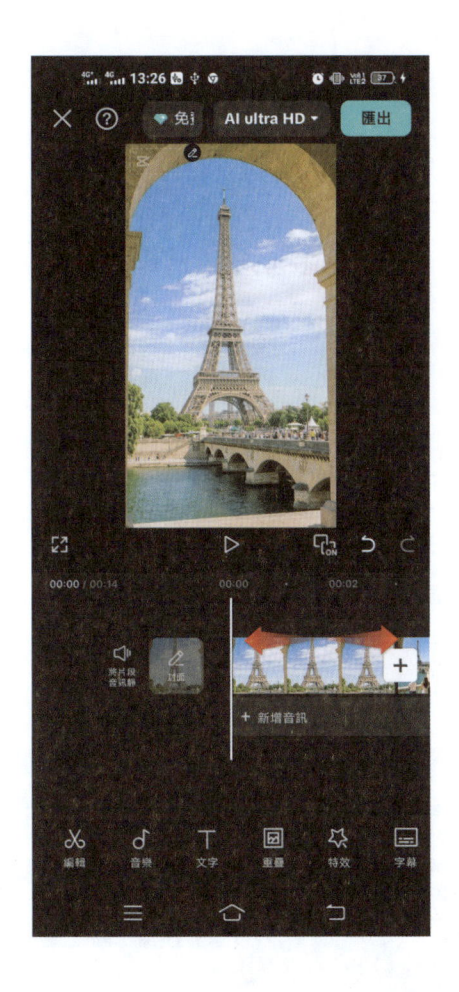

03. 各區功能介紹

Step1. 預覽區介紹：在此我們分為 3 大區域來介紹說明。

1. 專案設定列： AI Ultra HD(新專案環境設定)、匯出 (影片輸出) 功能。
2. 播放預覽瀏覽視窗：剪輯設計過程中，可隨時預覽觀看視窗內容。
3. 播放控制列：⬚全螢幕播放、▷播放、⬚主軌道連結、↶ ↷ 取消復原功能。

說明：主軌道連結功能系統預設為 On，主要控制當主軌道進行異動時，相關軌道素材一併異動。

主題 1　從入門到上手 -Capcut 手機版操作基礎

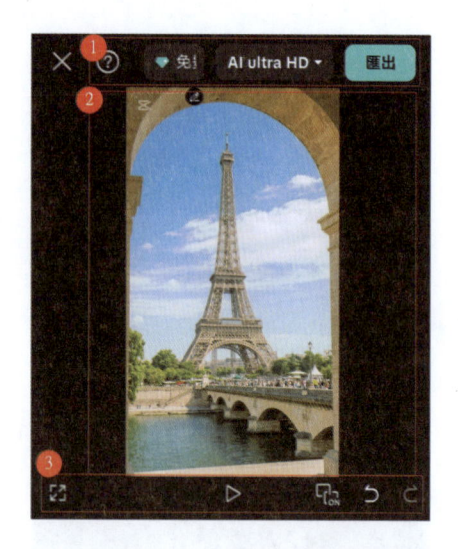

Step2. 時間軸區：分別為時間標記、主軌道、音訊軌、時間線等 4 區。

1. 時間：(00:00/00:14) 定義為目前時間線停駐時間點／影片總時長。
2. 主軌道：🔊 靜音設定，點選後主軌道所有素材全部靜音；✏️ 影片封面設計。
3. 音訊軌：音樂與音效素材一律置於主軌道下方音訊軌編輯。
4. 時間線：時間線停駐時間點位置，同步顯示於預覽視窗中觀看內容。

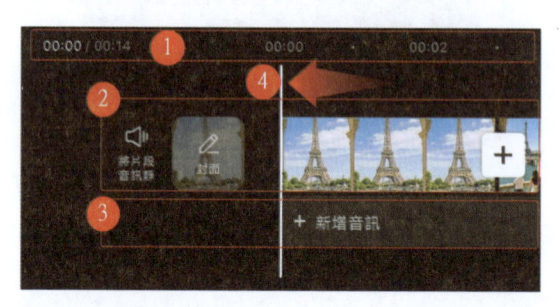

Step3. 功能列：更多工具選擇，利用向左、向右滑動即可見更多工具功能。

21-10

第 2 節　開啟新專案：導入素材與影片剪輯流程

04. 素材編輯

Step1. 新增素材：移動時間線停駐插入位置，點選＋新增素材加入。

Step2. 選取素材來源：點選相簿並選擇照片類型，點選素材後新增即可匯入。

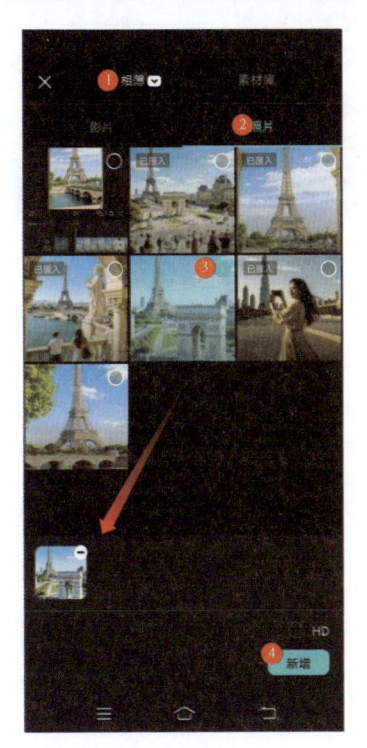

21-11

主題 1　從入門到上手 -Capcut 手機版操作基礎

Step3. 刪除素材：移動時間線停駐於欲刪除的位置，點選照片素材 (呈白色外框)，於下方工具點選刪除。

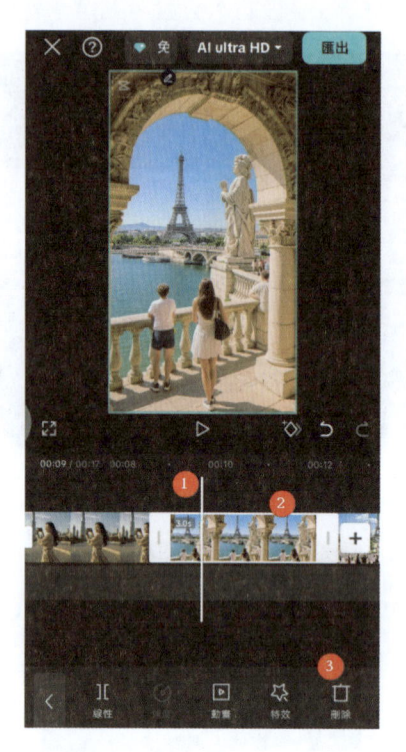

第 2 節　開啟新專案：導入素材與影片剪輯流程

Step4.　移動素材：欲移動的照片素材按住 2 秒後 (即形成縮圖圖示)，此時不能放開直接 (向左、向右) 拖拉移動調整順序即可。

Step5.　刪除 Capcut 片尾水印：將時間線移動至最後方片尾處，即可看見 Capcut 片尾浮水印，點選片尾 (呈白色外框)，並刪除即可。

說明：很多朋友們使用 Capcut 手機版剪影片，都容易忽略此步驟，片尾是可以刪除的；但注意的是一但再次點選即重新加入水印，這點請特別注意。

21-13

主題 1　從入門到上手 -Capcut 手機版操作基礎

05. 建立新專案

Step1.　專案環境設定 AI Ultra HD：點選此項 AI Ultra HD 功能，在此分為 5 大主題，分別來說明。

1. AI Ultra HD：為 Pro 付費會員功能，開啟後可透過 AI 增強和影格內插功能，讓影片更清晰更流暢
2. 解析度：數值越大畫質越高，可享受高畫質體驗。
3. 畫面速率：每秒幀數預設 30 幀 / 秒，數值越大幀數越高，畫質越佳。
4. 編碼速率：預設推薦值即可。
5. 浮水印：新專案左上角 CAPCUT 水印標註，目前可免費取消。

說明：以上設定以預設值為主，依手機規格不同需求不同。

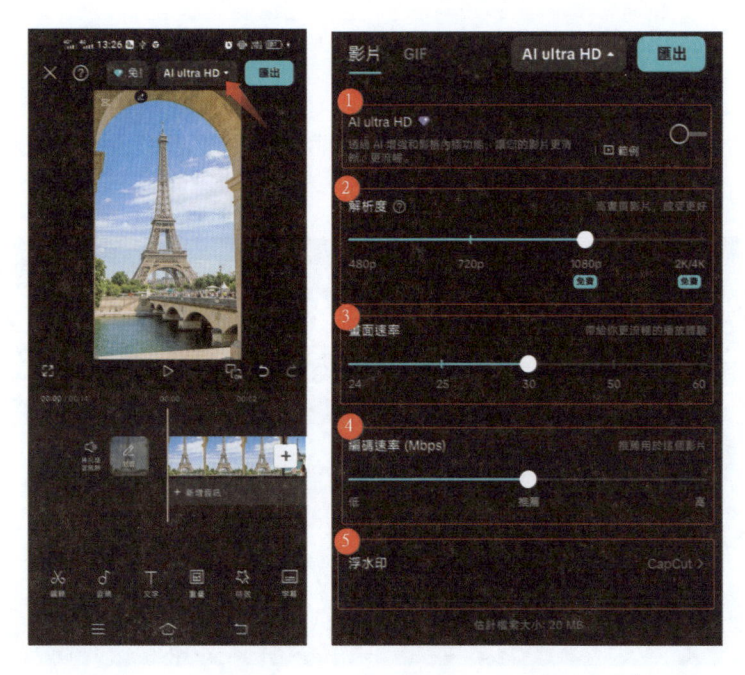

第 2 節　開啟新專案：導入素材與影片剪輯流程

Step2. 取消水印設定：點選浮水印進入頁面後，點選隱藏 (目前免費)，左上方 CAPCUT 水印即取消。

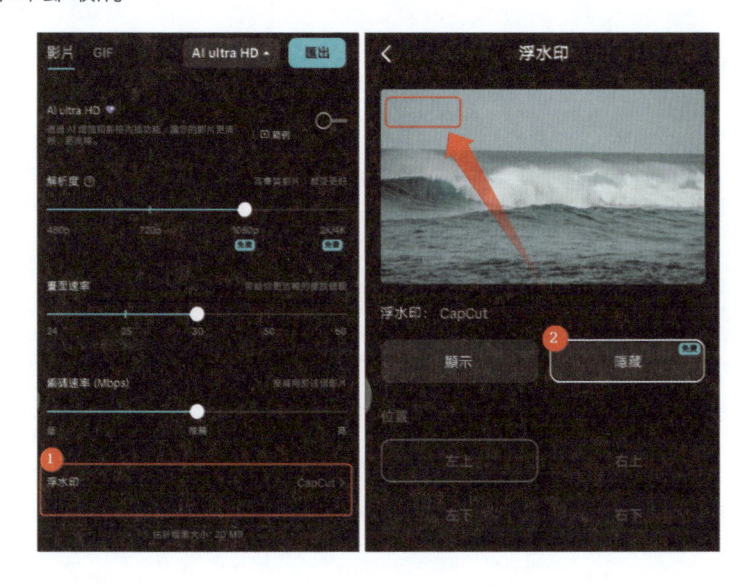

21-15

主題 1　從入門到上手 -Capcut 手機版操作基礎

Step3. 認識時間結構：移動時間線駐於 00:00 影片起始位置，左上方可見時間定義 (目前停駐時間 / 影片總時長)。

說明：照片 (圖片) 素材，預設 3 秒 / 張，因此 4 張素材 (共 12 秒) 總時長；特別提醒最後方的 Capcut 片尾浮水印記得要刪除，否則總時長會加入片尾時間。

06. 設定影片尺寸

Step1. 定義影片尺寸：影片尺寸即為專案尺寸，向左滑動工具列，點選長寬比例。

說明：在開始進行影片創作前，請務必確認影片所需尺寸為直式(9:16)、橫式(16:9)，再開始進行影片剪輯作業。

主題 1　從入門到上手 -Capcut 手機版操作基礎

Step2.　選擇尺寸大小：依所需創作影片尺寸，選擇適合大小在此我們以 9:16 短影音，並點選√確定。

07. 調整素材尺寸

Step1. 轉換工具：點選素材 (呈白色外框)，向左滑動工具列，點選轉換工具。

說明：確認影片尺寸後，即進入素材尺寸調整 (如：圖片、影片)。

主題 1　從入門到上手 -Capcut 手機版操作基礎

Step2.　調整大小：於次選單下再次點選調整大小。

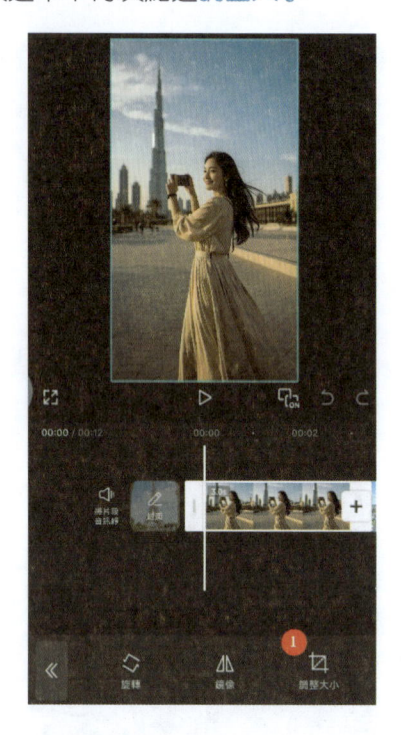

第 2 節　開啟新專案：導入素材與影片剪輯流程

Step3.　縮放與調整位置：選擇 9:16，並於 4 個端點可拖拉縮放大小，1/2 為裁剪照片，於中央位置拖拉照片即可重新定義視角，完成後 √ 確認。

說明：於圖片內利用兩指捏合向內縮小、向外放大可任意調整圖片大小。

21-21

主題 1　從入門到上手 -Capcut 手機版操作基礎

Step4.　取消重設：取消設定，直接點選重設，或於左上方點選Ⅹ返回上一層選單即可。

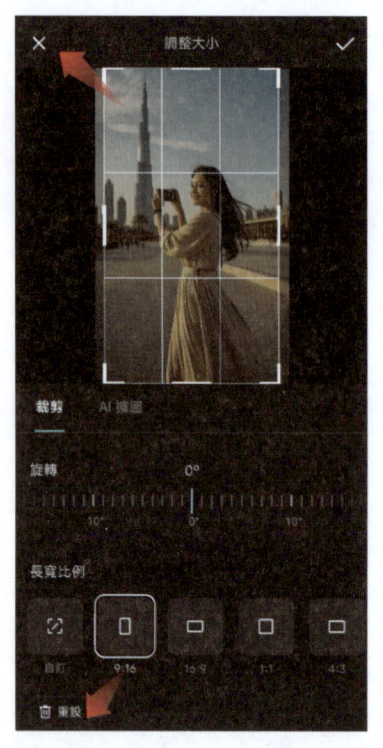

08. 橫式轉直式

方式一：裁剪成 9:16 直式

Step1. 橫式轉直式：在此即是常見的直式影片橫式素材問題，解決方式之一即是調整素材大小。

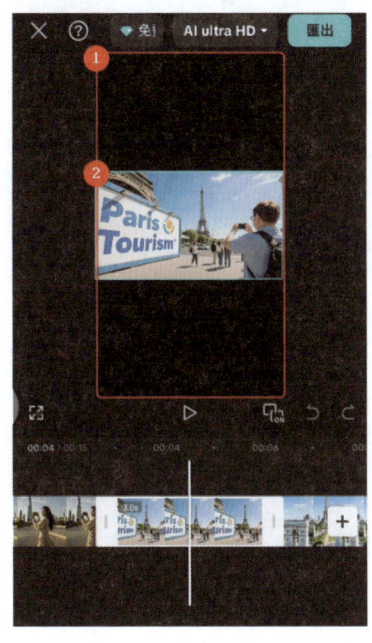

主題 1　從入門到上手 -Capcut 手機版操作基礎

Step2.　裁剪為直式素材：點選長寬比例為 9:16，於照片區手指進行大小縮放 (向內縮小、向外放大)，再調整白色外框想要呈現的位置，完成後√確認。

21-24

第 2 節　開啟新專案：導入素材與影片剪輯流程

方式二：填滿背景設計

由於裁剪比例會形成素材內容訊息不完整，所以若需保留原素材內容，我們可以填滿背景方式來設計。

Step1.　背景設定：返回至首頁主選單，向左滑動至最右側，點選背景。

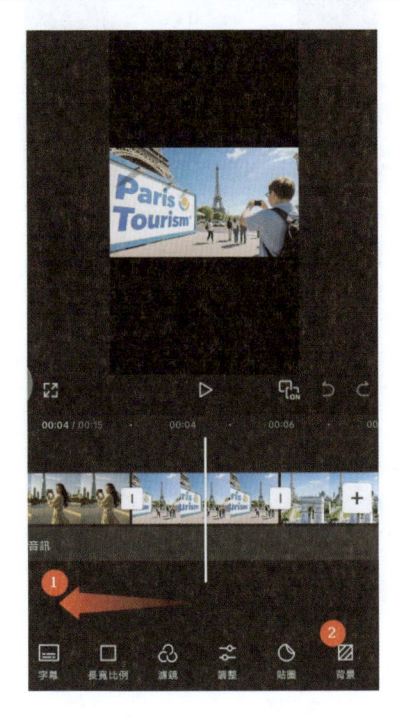

21-25

主題 1　從入門到上手 -Capcut 手機版操作基礎

Step2.　填滿色彩：進入背景後，點選顏色。

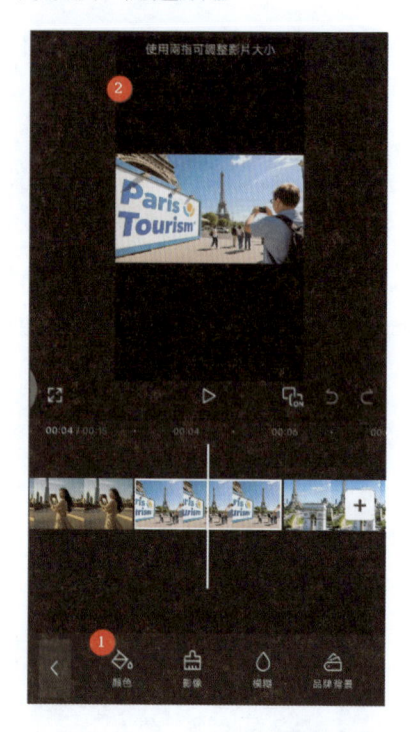

第 2 節　開啟新專案：導入素材與影片剪輯流程

Step3. 選擇色彩：向左滑動更多色彩，點選色彩後√ 確認。

Step4. 套用到全部：點選套用至全部，即所有尺寸不相符的素材，背景都套用一致色彩。

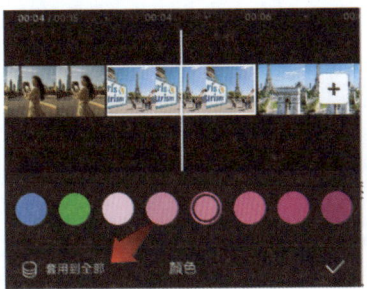

21-27

主題 1　從入門到上手 -Capcut 手機版操作基礎

Step5. 更多背景設計：除了色彩外，還有更多不同設計 (如：影像、模糊等)，不妨試試不同的設計風格。

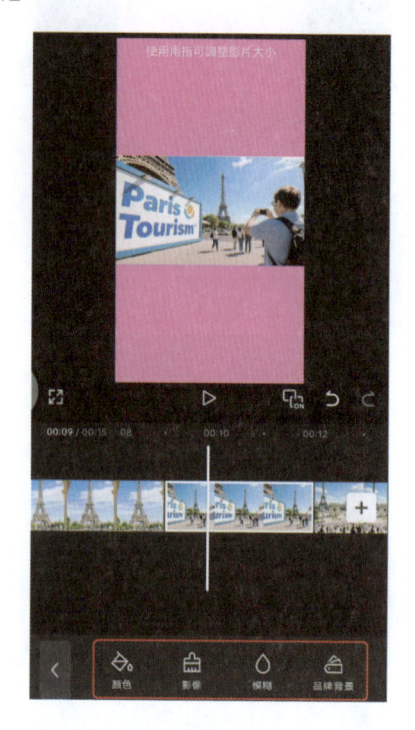

第 3 節　影片剪接與裁切：靈活調整片段長度

掌握精準剪接技巧，去除多餘畫面、強化節奏感。

01. 新增影片素材

Step1. 新增影片素材：點選 ＋，新增影片素材。

第 3 節　影片剪接與裁切：靈活調整片段長度

Step2. 　相簿選取影片：於相簿 (指手機內建相簿) 讀取影片素材，點選素材後以新增匯入。

說明：可自行加入多支影片內容。

21-29

Step3. 觀看總時長變化：點選影片素材，可見素材時長為 15.1s(秒)，總時長為 00:27 秒。

02. 分割素材

關於分割素材原理，可參考第二部份：第 9 章第 4 節主題有詳細介紹與說明。

在此我們將以刪中段為例來說明分割使用的技巧，操作中可於時間軌道上，利用手指捏合的操作 (向內縮小、向外放大) 縮放時間軌大小，以觀看時間點的精準位置。

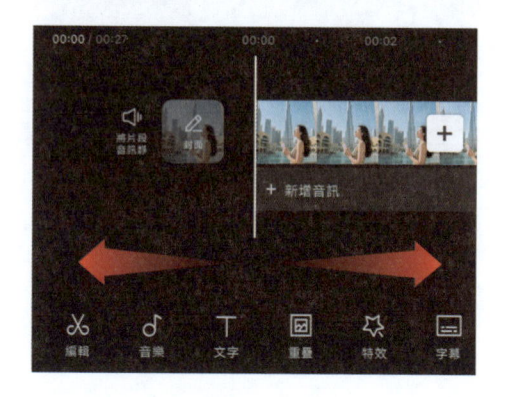

第 3 節　影片剪接與裁切：靈活調整片段長度

欲將影片內容將 00:06-00:08 秒刪除，我們必需先找到 (A 起點 -00:06 秒位置)，及 (B 終點 -00:08 秒) 位置。

Step1.　定位起點位置：移動時間線停駐至 00:06 秒位置，點選影片素材 (呈白色外框)，點選線性 (即分割) 設定。

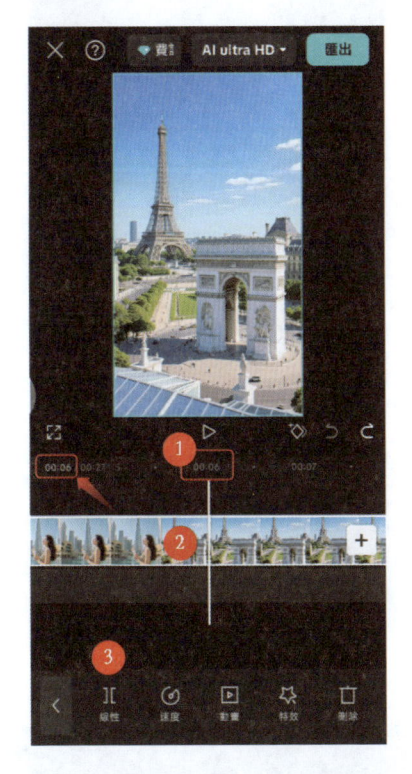

Step2.　線性分割：點選線性後，原素材由一段分割成二段獨立區段。

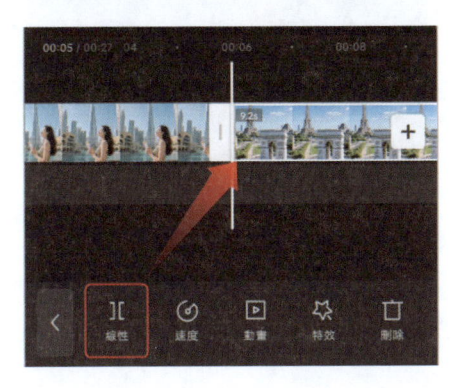

21-31

主題 1　從入門到上手 -Capcut 手機版操作基礎

Step3. 定位終點位置：重複步驟 1-2，移動時間線至 00:08 秒位置後，點選影片素材 (呈白色外框)，於下方工具列點選線性分割設定。

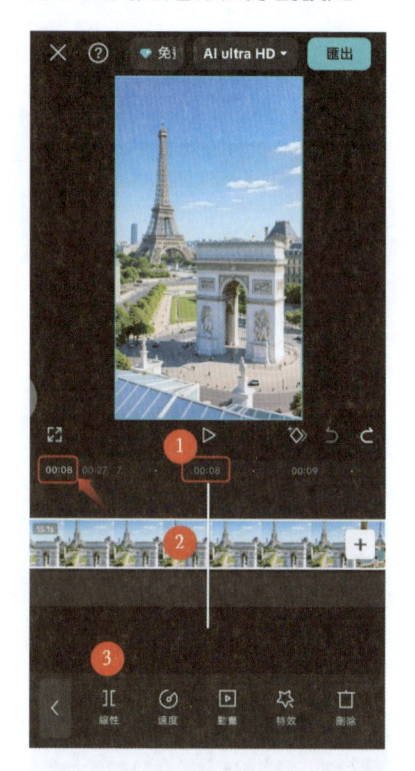

Step4. 刪除素材：點選欲刪除的區段 (呈白色外框)，點選下方工具刪除即可。

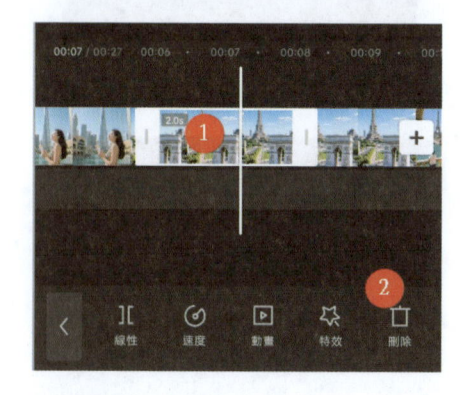

21-32

第 3 節　影片剪接與裁切：靈活調整片段長度

Step5. 剪輯小技巧：於影片區段 (前後白色標記位置)，也就是片段的 (入點、出點)，可再拖拉向左 (裁剪)、向右 (還原) 來進行細剪。

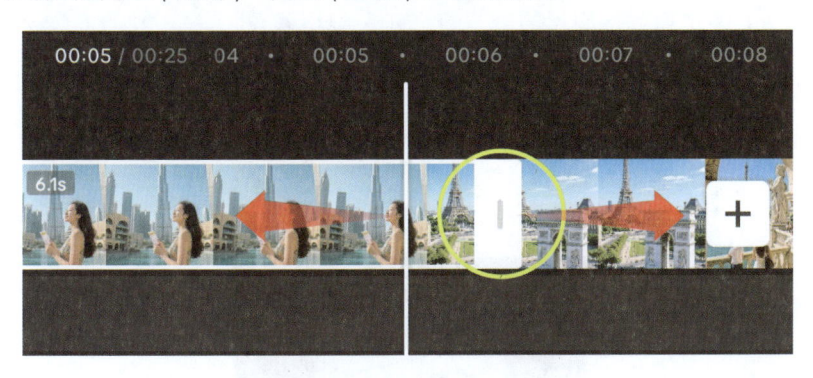

Step6. 播放預覽效果：完成後影片總時長由原來的 00:27，精簡為 00:25，播放預覽剪輯效果。

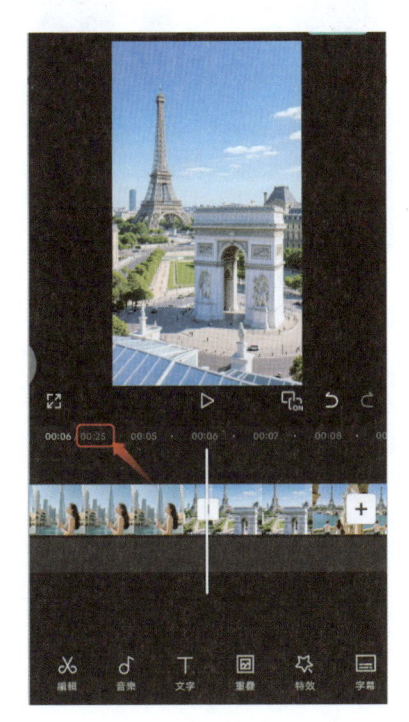

21-33

主題 1　從入門到上手 -Capcut 手機版操作基礎

第 4 節　色彩調整與濾鏡：打造一致色調風格

利用濾鏡與調色工具強化影片質感，打造統一風格視覺

01. 調整色彩

Step1. 調整素材：點選欲調色素材 (如：圖片、影片)，向左滑動工具列，點選調整功能。

第 4 節　色彩調整與濾鏡：打造一致色調風格

Step2.　色彩與飽和度：點選調整，選擇飽和度，向右滑動 (+)、向左滑動 (-)，完成後√確認。

說明：鑽石圖標效果為付費會員專屬，匯出影片時會有付費程序使用時特別注意。

主題 1　從入門到上手 -Capcut 手機版操作基礎

Step3.　其它參數調整：依序進行其它參數設定 (如：亮度、對比等) 參數。

第 4 節　色彩調整與濾鏡：打造一致色調風格

Step4. 套用至全部：為使多段影片素材套用相同對比參數時，可使用「套用至全部片段」，確保風格一致。

說明：實務中若是每張素材拍攝條件不同，則色彩調整建議逐一校色。

> 主題 1　從入門到上手 -Capcut 手機版操作基礎

Step5. 重設調整參數：利用「柔焦」、「HDR」、「銳化」等進階設定提升細節表現。

第 4 節　色彩調整與濾鏡：打造一致色調風格

02. 濾鏡效果

Step1.　濾鏡效果：點選濾鏡，選擇樣式後調整參數值，完成後√確認。

說明：依場景氛圍決定濾鏡，如食物影片偏暖色調，科技產品可用冷色調。

主題 1　從入門到上手 -Capcut 手機版操作基礎

Step2.　取消重設：點選 ⊘ 即可取消重設，完成 √ 確認

第 5 節　基礎轉場特效：讓影片過場更順暢

運用轉場特效讓片段之間過渡更有節奏感與情緒銜接

Step1.　轉場設定：於兩個片段之間點選 I 符號，進入「轉場效果」。

說明：操作中注意「不需要選取」片段，即不可有白色外框，才能看見轉場圖示。

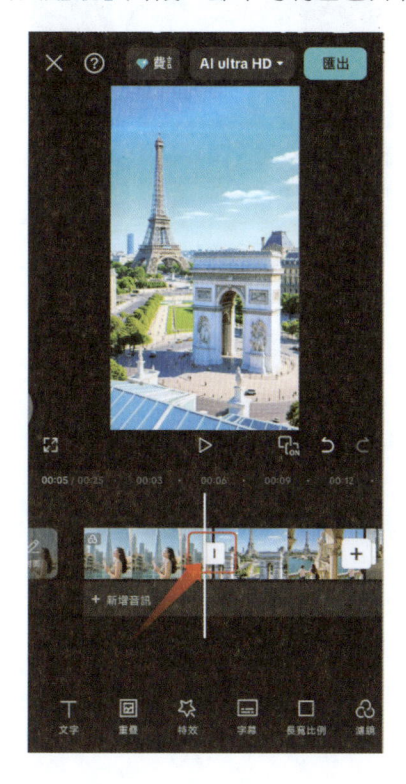

主題 1　從入門到上手 -Capcut 手機版操作基礎

Step2.　選擇轉場效果：選擇轉場類型（如:重疊），於下方效果樣式點選即套用，設定轉場秒數 (2.0)，完成√確認。

說明：轉場秒數原理增加＋ (時間越長，速度越慢)、秒數減少 -(時間越短，速度越快)。

第 5 節　基礎轉場特效：讓影片過場更順暢

Step3. 播放預覽：已套用轉場圖示呈現 ⋈，播放預覽效果，視影片需求調整轉場秒數。

Step4. 轉場秒數原理：為橫跨片段一、片段二的秒數合計。

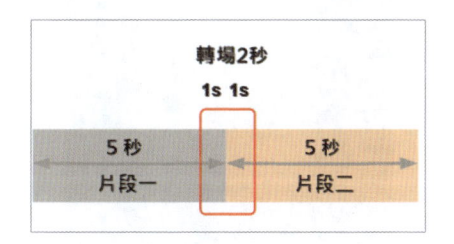

主題 2

強化影片風格——進階編輯與美化技巧

如何運用 Capcut 範本文字特效、動態文字、背景音樂、封面設計等進階功能，讓影片更具風格與吸引力，輕鬆打造專屬的視覺美感。

第 1 節　標題與動態文字設計：影片標題怎麼做

如何加入標題文字與動畫效果，提升內容識別度與吸引力。

01. 字型與樣式

Step1.　文字設計：移動時間線 (即文字顯示的時間點)，點選文字。

第 1 節　標題與動態文字設計：影片標題怎麼做

Step2. 新增文字：點選新增文字。

Step3. 字型設定：輸入文字，點選換行 ⏎ 可進行多行文字輸入。

21-45

主題 2　強化影片風格——進階編輯與美化技巧

Step4　字型設定：切換至字型類別，點選中文並選擇適合字型套用 (如：思源粗宋)。

Step5.　樣式與大小：點選樣式並選擇喜愛的色彩樣式，同時調整文字大小設定，完成√確認。

第 1 節　標題與動態文字設計：影片標題怎麼做

Step6. 文字移動：於預覽視窗中，拖拉文字框即可移動位置。

Step7. 物件操作技巧：編輯文字物件時，於物件框上的四個端點可直接進行常用編輯操作。

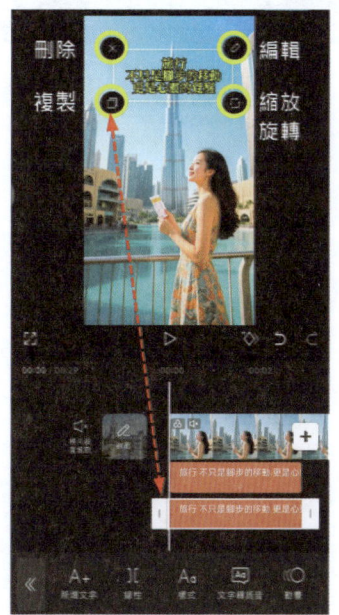

21-47

主題 2　強化影片風格——進階編輯與美化技巧

01. 特效與泡泡效果

Step1.　編輯文字效果：點選文字物件 (呈白色外框)，於下方工具列點選樣式，返回編輯模式。

Step2.　特效設定：切換至特效類型，並於下方選擇喜愛的特效套用。

第 1 節　標題與動態文字設計：影片標題怎麼做

Step3. 泡泡效果：切換至泡泡，選擇效果即套用 (主要應用於如橫幅、標語等文字效果設計)，完成√確認。

21-49

主題 2　強化影片風格——進階編輯與美化技巧

02. 調整文字時長

Step1. 調整文字時長：依預覽窗格內容，決定文字顯示時長，點選文字物件，於片尾處拖拉白色區段 (即出點) 向右延伸時長即可。

Step2. 播放預覽效果：如圖將文字時長延伸至片段二，即為文字顯示有效時長。

21-50

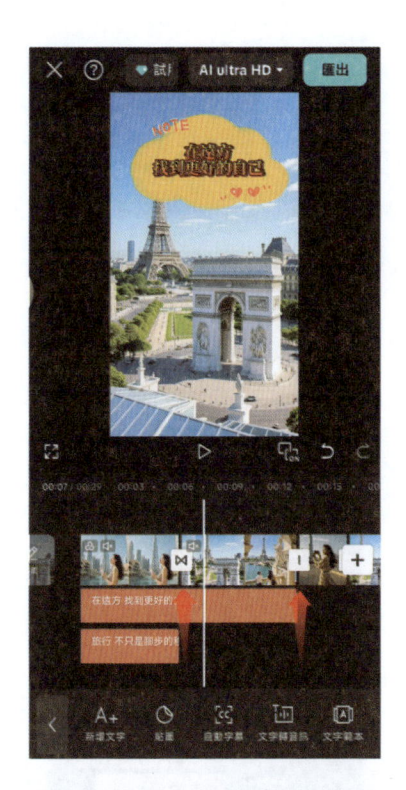

第 1 節　標題與動態文字設計：影片標題怎麼做

Step3. 多段文字設計：重複上述步驟並依節奏時長對齊，創作多段文字內容。

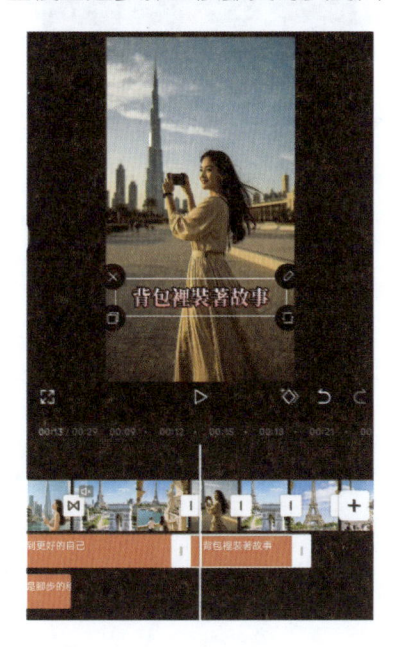

21-51

主題 2　強化影片風格——進階編輯與美化技巧

第 2 節　範本與貼圖應用：提升影片視覺吸引力

應用範本動態文字與貼圖元素設計，豐富畫面層次

Step1. 編輯樣式：點選文字物件（呈白色外框），於下方工具列選擇樣式設定。

Step2. 範本設定：返回文字編輯模式後，可重新修改文字內容外，切換至範本類型，點選喜愛的類型完成√確認。

21-52

第 2 節　範本與貼圖應用：提升影片視覺吸引力

Step3. 取消範本：於範本類型下，點選最上層預設即還原至原始文字格式設定效果，完成√確認。

21-53

主題 2　強化影片風格――進階編輯與美化技巧

Step4.　貼圖效果：<u>移動時間線</u>停駐所需時間點 (貼圖出現時間點)，下方工具列點選<u>貼圖</u>。

Step5.　加入貼圖元素：點選<u>貼圖</u>類型並選擇適合樣式後，於預覽視窗中，貼圖<u>物件框右下角</u>進行<u>縮放</u>、<u>旋轉</u>設計，調整適合效果。

21-54

Step6. 貼圖時長：於貼圖片尾拖拉白色區段 (即出點)，調整適當顯示時長，完成後播放預覽效果。

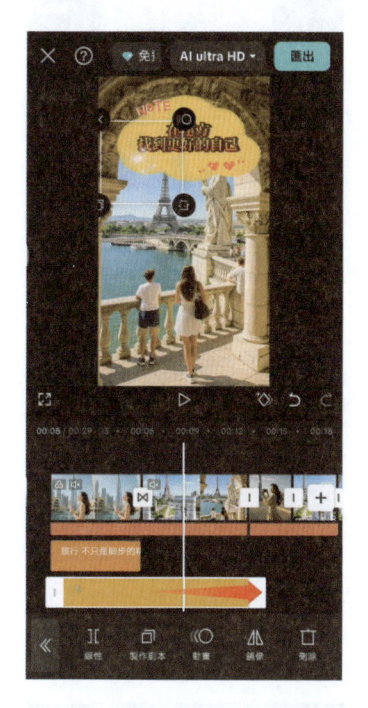

第 3 節　節奏與 BGM 搭配：快速掌握情緒節奏感

依據影片主題選擇適合的配樂，搭配轉場與節奏調整製作氛圍感

01. 加入背景音樂

Step1. 主軌道靜音：點選主軌道，於最左側前方圖示點選 🔇 ，即為靜音設定。

主題 2　強化影片風格——進階編輯與美化技巧

Step2.　背景音樂：移動時間線停駐時間點 (如：00:00)，點選音樂，進入音樂庫或音訊設計。

21-56

第 3 節　節奏與 BGM 搭配：快速掌握情緒節奏感

Step3.　選擇音樂：進入音樂主題。

Step4.　挑選背景音樂：選擇全部熱門音樂類型，於圖示上點選播放試聽後，可點選 ➕ 即套用至時間軌。

21-57

主題 2　強化影片風格——進階編輯與美化技巧

Step5. 調整音樂時長：移動時間線至影片最終點 (即音樂結束點)，點選音樂軌道 (呈白色外框)，點選線性分割 (將後方多餘音樂分割後刪除)。

Step6. 刪除音軌：點選欲刪除音樂片段後，刪除即可。

第 3 節　節奏與 BGM 搭配：快速掌握情緒節奏感

02. 淡入淡出

Step1.　淡化設定：點選音軌（呈白色外框），點選淡化功能。

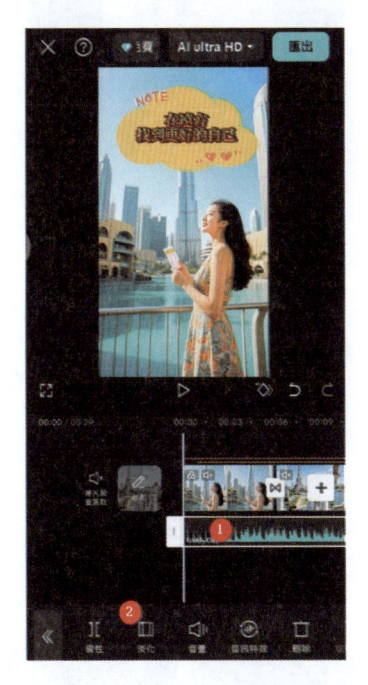

Step2.　淡入淡出：調整淡入淡出秒數時長，完成 √ 確認。

說明：淡入 (音樂進場時漸強)、淡出 (音樂出場時漸弱至無聲)。

主題 2　強化影片風格——進階編輯與美化技巧

Step3.　播放預覽：完成淡入淡出後，播放預覽試聽。

第 4 節　封面設計吸睛術：打造高點閱起手式

如何設計影片封面、讓封面瞬間傳達重點、引起興趣。

Step1.　封面設計：移動時間軸至起始時間 (00:00) 位置處，點選封面圖示進入。

第 4 節　封面設計吸睛術：打造高點閱起手式

Step2.　從影片中選取：點選從影片中選取最吸睛的畫面，左右滑動時間軸，並停駐於想要呈現的畫面位置，點選儲存。

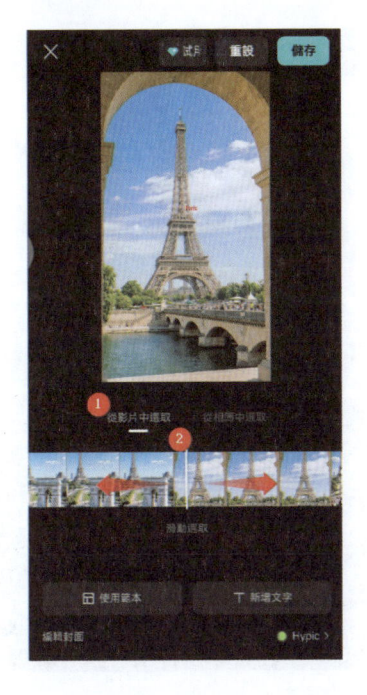

21-61

主題 2　強化影片風格――進階編輯與美化技巧

Step3. 使用範本：點選使用範本加入風格化封面設計。

Step4. 修改文字：點選 進入文字編輯視窗，完成<u>文字內容與樣式</u>設定後<u>儲存</u>即可。

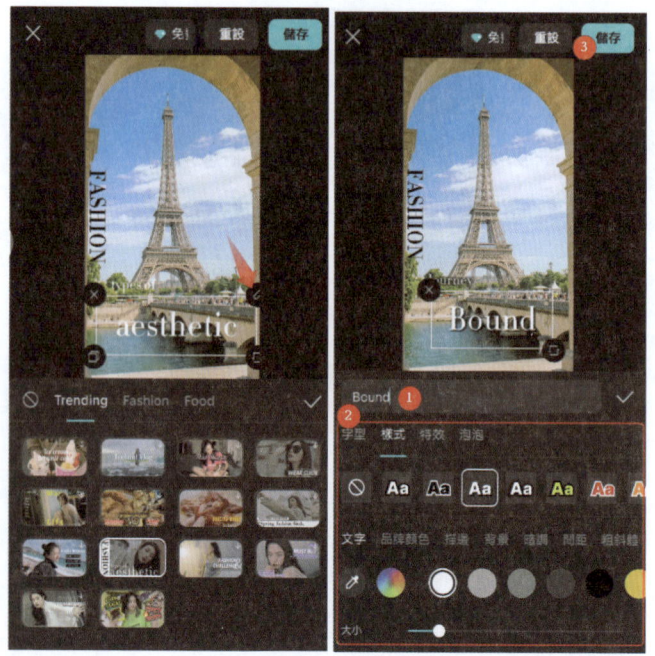

21-62

主題 3
影片匯出與發布

在完成影片剪輯後,將作品以高品質匯出並發布到社群平台,是讓創作被看見的關鍵。依不同平台需求設定不同匯出,包含解析度、格式與檔案大小選擇,確保影片兼具品質與流暢度。

01. 專案匯出

Step1. 專案預設值:於專案首頁位置中,點選 AI Ultra HD 即可查看專案預設格式。

主題 3　影片匯出與發布

Step2.　預設參數：解析度、畫面速率、編碼速率等參數確認後，即可點選匯出。

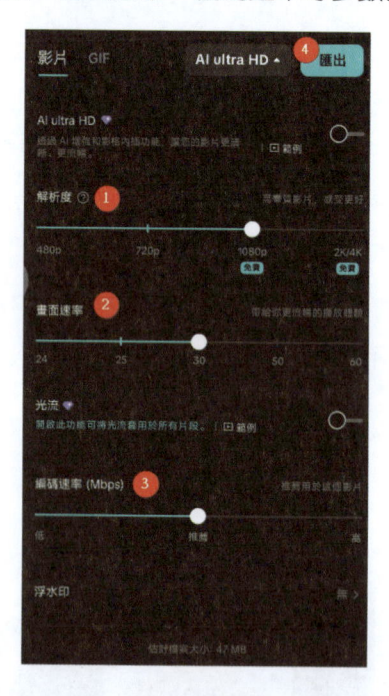

Step3.　匯出作業：待進度 100% 即完全匯出後，即可於手機端預設相簿中查看輸出影片檔案。

21-64

第 4 節　封面設計吸睛術：打造高點閱起手式

Step4.　完成專案設計：在此即完成專案匯出，可直接返回上一頁，或點選任務完成返回 Capcut 首頁。

Step5.　返回 Capcut 首頁：系統自動返回首頁中，而編輯的文件即於草稿中自動存檔，不再使用即關閉此視窗即可。

說明：匯出後的影片檔案，會自動儲存於手機端的預設相簿中，再由使用端自行發佈至各社群平台。

21-65

主題 3　影片匯出與發布

02. 發佈 Youtube

Step1.　開啟 Youtube APP：未安裝的朋友們可於 Google Play 商店中搜尋 Youtube 即可，安裝後並同時開啟。

Step2.　點選上傳：於 Youtube 首頁中，點選 ＋ 進行上傳作業。

說明：在上傳作業前，請先確認 Youtube 帳號已登入完成 (可直接綁定 Google 帳號即可)。

21-66

第 4 節　封面設計吸睛術：打造高點閱起手式

Step3. 選取影片素材：點選欲上傳的影片素材。

Step4. 預覽影片：播放預覽影片內容，繼續點選下一步。

主題 3　影片匯出與發布

Step5. 上傳影片：輸入影片標題，點選上傳即發布影片。

03. 影片瀏覽

Step1. 個人中心：於 Youtube 首頁中，下方功能列點選個人中心，向上滑動找尋你的影片。

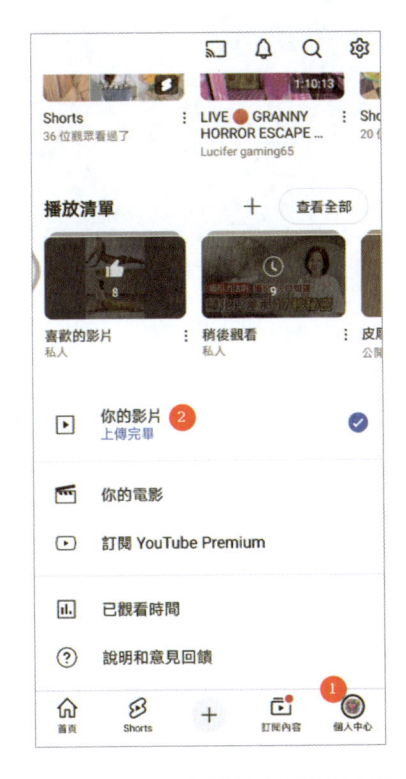

Step2. 發佈影片清單：在此即可見所有發佈的影片清單內容。

主題 3　影片匯出與發布

Step3. 更多選項：點選 ┆ 更多，即可進行更詳細的影片管理作業。

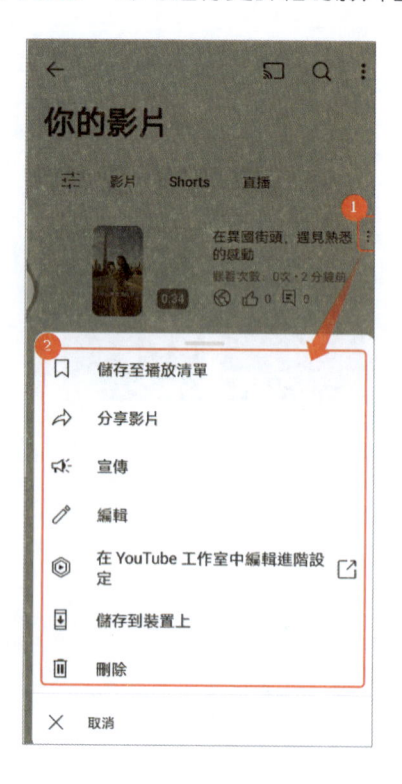

21-70

第 4 節　封面設計吸睛術：打造高點閱起手式

Step4. 播放預覽：返回個人中心，你的影片中點選影片即可播放預覽影片效果。

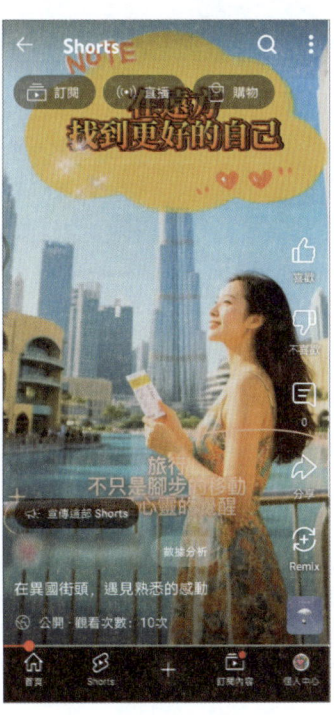

主題 3　影片匯出與發布

04. Youtube Short 封面設定

影片發佈於 Youtube Short 後，封面設定並未正確套用，主因是 Youtbe Shorts 封面為獨立設定，所以我們需另行設定。

Step1. 返回 Youtube 個人中心：返回至 Youtube 個人中心，點選你的影片。

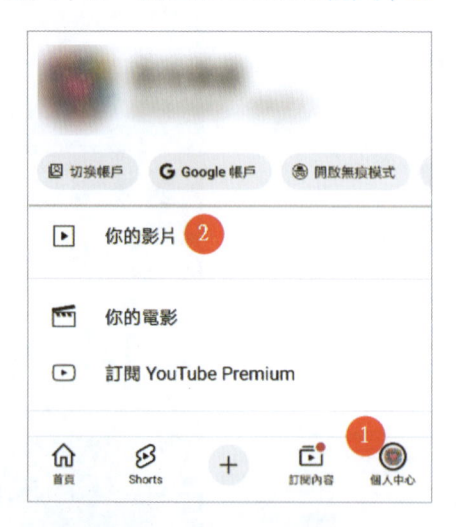

Step2 進入編輯管理：點選 ⋮ 更多，進入編輯視窗。

21-72

第 4 節　封面設計吸睛術：打造高點閱起手式

Step3. 封面設定：點選影片縮圖左上角 🖉 圖示，進入封面設定。

Step4. 設定封面：在此選擇封面畫格位置，完成 √ 確認。

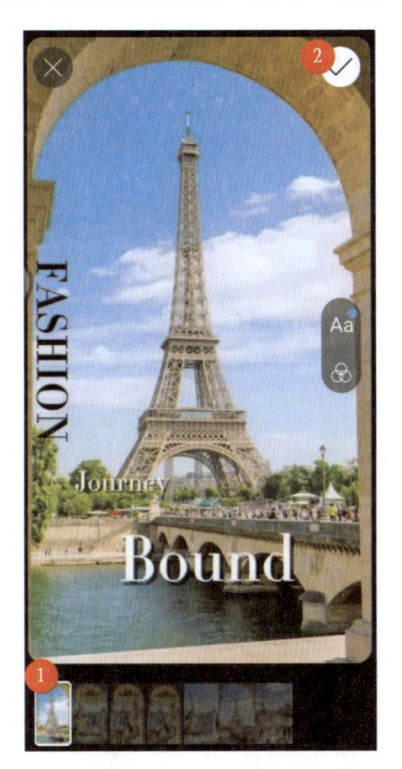

21-73

主題 3　影片匯出與發布

Step5. 再次儲存：返回後記得再次點選儲存。

Step6. 封面變更預覽：完成設定後，返回你的影片預覽封面已完成變更。

Note

Note

Note

Note